Handbuch der Gasindustrie

Herausgegeben von Dr.-Ing. Horst Brückner, Karlsruhe

Band 1

Gaserzeugungsöfen

München und Berlin 1938

Verlag von R. Oldenbourg

Druck von R. Oldenbourg, München.
Printed in Germany.

Zum Geleit.

Die Gasindustrie ist ihrem Wesen nach chemische Technik; denn sie wandelt die Kohle durch eine tiefgreifende Änderung der Substanz um und erzeugt neue, andersartige, hochwertigere Stoffe, Koks, Gas, Teer und andere Nebenerzeugnisse. Bei der Durchführung dieser chemischen Umwandlungs- und Reinigungsprozesse, bei der Verteilung und Verwendung des Gases, spielen aber die ingenieur- und maschinentechnischen und die konstruktiven Aufgaben, vor allem die Massengüterbewegung, die Behandlung von Gasen und die Energiewirtschaft die weit überragende Rolle.

Ein Handbuch der Gasindustrie muß also, wie der Gasfachmann selbst, gleicherweise chemisch-technisch und ingenieurwissenschaftlich ausgerichtet sein. Schon hieraus ergibt sich für ein Handbuch der Gasindustrie der Vorteil, ja die Notwendigkeit der Zusammenarbeit einer Mehrzahl von Bearbeitern. Der Herausgeber hat sie mit glücklicher Hand gewählt.

Die Gaswerke haben sich im Laufe des letzten halben Jahrhunderts von den Retorten-Gasanstalten bis zu den Gaskokereien entwickelt; die Gasverwendung ist vom Leuchtgas zum Heizgas und zur Industriefeuerung fortgeschritten. Es liegt aber in der Natur der vorläufig noch stark dezentralisierten Gaserzeugung, daß kaum eine der Entwicklungsstufen ganz als historisch anzusehen wäre und unberücksichtigt bleiben könnte. Hieraus ergibt sich die Notwendigkeit, alle Teile der Gaserzeugung sowohl nach den Gesichtspunkten und aus den Erfahrungen der größten als auch der kleinsten Werke darzustellen. Auch dem trägt die Auswahl der Bearbeiter Rechnung.

So kann dem Handbuch, das auch die Grenzgebiete der Gaserzeugung im weiteren Sinne zur Darstellung bringt und mit der Behandlung der Großgaswerke auch das Gebiet der Kokereien erfaßt, nicht nur Glück auf den Weg gewünscht, sondern auch ein guter Erfolg vorausgesagt werden.

Karlsruhe, im April 1938.

Dr. K. Bunte.

Den Pionieren

für die wissenschaftlich-technische Durchdringung

der Gasindustrie,

dem Geheimen Rat Prof. Dr. phil.

Dr.-Ing. e.h. Hans Bunte

zum ehrenden Gedächtnis

sowie seinem Sohn und Nachfolger,

dem ord. Professor Dr. phil. Karl Bunte

Vorstand des Gasinstituts

in Verehrung und Dankbarkeit gewidmet

vom Herausgeber

Inhaltsverzeichnis.

Geleitwort

von Professor Dr. Karl Bunte, Vorstand des Gasinstituts, Karlsruhe.

I. Teil: Grundlagen der Entgasung und Koksbildung

Von Dr.-Ing. Horst Brückner

2. Teil: Die Kohlen

von Betriebsdirektor Franz Reichard

3. Teil: Horizontalkammeröfen

von Prof. Dr. Heinrich Hock

4. Teil: Der Schrägkammerofen

von Dr.-Ing. E. h. Bernhard Ludwig

5. Teil: Vertikalöfen

von Dr.-Ing. Fritz Wehrmann

6. Teil: Kleinraumöfen

von Oberingenieur Ludwig Rodde

7. Teil: Kokskühlung, Koksaufbereitung

von Dr.-Ing. Fritz Wehrmann

8. Teil: Regeln für Gewährleistungen und deren Nachweis an Gaserzeugungsöfen.

1. Teil

Grundlagen der Entgasung und Koksbildung

Von

Dr.-Ing. Horst Brückner
Karlsruhe

A. Einleitung.

Die Verkokung backender Steinkohlen führt als eine chemische Auswertung der Kohle zur Erzeugung der Edelbrennstoffe Steinkohlengas und Koks bei gleichzeitiger Gewinnung wertvoller Beiprodukte. Die damit verbundene Wertsteigerung bei den Gaswerken und Kokereien verteilt sich auf sämtliche Verkokungserzeugnisse. Einerseits erzeugen die Gaswerke durch entsprechende Kohlenauswahl und Kohlenmischung immer mehr einen Gaskoks, der sich von dem Koks der Kokereien wertmäßig nicht mehr unterscheidet; andererseits erlangt bei den Kokereien die Gaserzeugung durch ihre Eingliederung in die Großraumgaswirtschaft eine stetig wachsende Bedeutung. Die Gasindustrie und die Kokereien stellen daher nicht mehr Industriezweige mit getrennten Richtungszielen dar, sondern eine Einheit, den Industriezweig der Kohlenveredlung als Erzeugungsstätten von Edelbrennstoffen bei gleichzeitiger Gewinnung wertvoller Beiprodukte. Nahezu gleich geworden sind die Verfahren der Kohlenentgasung, die im Regenerativverbundofen der »Gaskokerei« eine Endlösung darstellen, es stimmen überein die Verfahren der Gasförderung, Gaskühlung und Gasreinigung, bei denen die Gasindustrie sogar zum großen Teil richtungweisend war. Die sichtbarsten Unterschiede sind gegenüber den Großgaswerken die Größenbemessungen bei der Zentralkokerei sowie deren Ortgebundenheit an die Zechen. Aber auch hier ist diese Linie durch einzelne Kokereien, wie durch die der Norddeutschen Hütte Bremen, die Großgaserei Magdeburg und die der Reichswerke Hermann Göring durchbrochen worden, so daß die Gaskokereien und die Gasverbundwirtschaft mit den Kokereien sich als Endlösung für die Verkokungsindustrie abzeichnen.

Die Verkokung der Steinkohle nimmt im Rahmen der gesamten Steinkohlenverbrauchswirtschaft die erste Stelle ein. Dies zeigt deutlich die nachstehende Zahlentafel 1:

Zahlentafel 1. Steinkohlenförderung, Kokserzeugung und Gasgewinnung in Deutschland.

Jahr	Steinkohlenförderung Mio t	Kokserzeugung Mio t	Gasgewinnung insgesamt Mio m³	davon in Gaswerken Mio m³	davon in Kokereien Mio m³
1932	104,7	19,4	10645	2815	7830
1933	109,7	21,2	11090	2820	8270
1934	124,9	24,5	13010	2800	10210
1935	143,0	29,8	15560	2820	12740
1936	158,3	35,8	18170	2950	15220
1937	184,5	40,9	20450*)	3100*)	17350*)

*) Geschätzt.

Während die Steinkohlenförderung sich in den Jahren 1932—1937 um 76% erhöhte, stieg im gleichen Zeitraum die gesamte Kokserzeugung um 109% und die Gasgewinnung um 94% an.

Die zukünftige Weiterentwicklung der Verkokungsindustrie ist für einen langen Zeitraum gesichert. In der nachfolgenden Zahlentafel 2 sind die in den deutschen Lagerstätten enthaltenen Steinkohlenvorräte zusammengestellt und nach ihren sicheren und wahrscheinlichen Vorräten, die sicheren Vorräte ferner für verschiedene Teufen unterteilt[1]).

Zahlentafel 2.

Die Steinkohlenvorräte Deutschlands.

Kohlenart	Sichere Vorräte bis 1200 m Teufe Mio t	Sichere Vorräte bis 2000 m Teufe Mio t	Wahrscheinliche Vorräte Mio t	Vorräte insgesamt Mio t	Vorräte insgesamt %
Gasflammkohle	8216	10577	27409	37986	21,55
Gaskohle . . .	9980	11439	25253	36692	20,82
Fettkohle . . .	25629	35364	26086	61450	34,87
Magerkohle . .	18353	28451	11657	40108	22,76
Insgesamt	62178	85831	90405	176236	100,00

Es ergibt sich somit, daß insbesondere die Vorräte an verkokungsfähigen Gas- und Fettkohlen bei gleichbleibendem Verbrauch noch für mehr als ein Jahrtausend in ausreichender Menge zur Verfügung stehen.

Den Anteil der Gaswerke und Kokereien im Jahre 1935 an der gesamten Verkokungsindustrie, deren Verbrauch an Steinkohle, ihre Erzeugung an Koks, Gas und Beiprodukten sowie ihre Abgabe von Koks und Gas an die einzelnen Verbrauchergruppen zeigt die nachfolgende Abb. 1, in der sämtliche Angaben auf Mia Wärmeeinheiten bezogen sind.

Mit Anfang des zwanzigsten Jahrhunderts begann für die Gasindustrie ein vollkommen neuer Entwicklungsabschnitt. Die ursprüngliche Bedeutung des Steinkohlengases als Leuchtgas trat zurück gegenüber der Erschließung neuer Verwendungsgebiete als Wärme- und Energieträger für gewerbliche und Industriezwecke. Dies wurde begünstigt durch den gleichzeitigen Anstieg der Verkaufswerte für den Koks und die Beiprodukte, so daß die Gestehungskosten des Gases sich immer mehr senkten.

Der veränderten Verwendung entsprechend war es nicht mehr notwendig, ein Gas von hohem Leuchtvermögen zu erzeugen. Von ausschlaggebender Bedeutung für das Stadtgas wurden die Brenneigenschaften, die nicht allein vom Heizwert des Gases bestimmt werden. Zur gleichen Zeit begannen die Zechen- und Hüttenkokereien, vor allem

[1]) Deutsche Energiewirtschaft. Deutsche Berichte zur III. Weltkraftkonferenz, Washington 1936, S. 65.

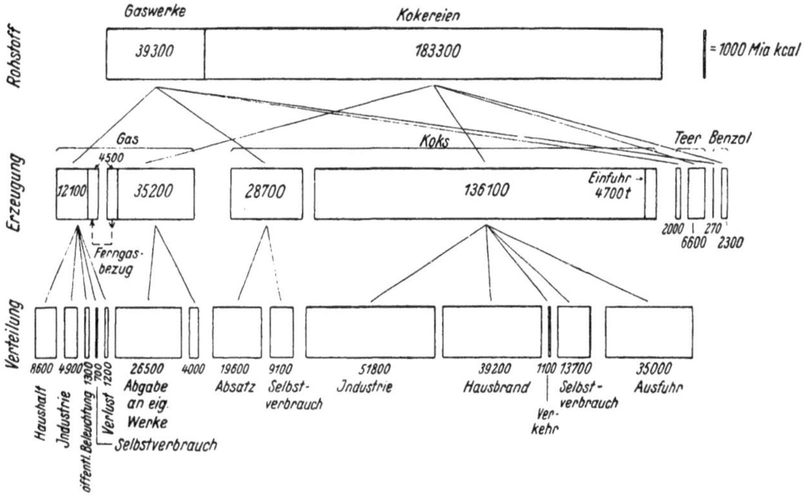

Abb. 1. Energiewirtschaft der Gaswerke und Kokereien.

des Ruhrgebietes, ihre Überschußgasmengen durch Abgabe als Ferngas wirtschaftlich auszunutzen.

Das Stadtgas unterscheidet sich von dem früheren Leuchtgas infolge der stärkeren Ausgasung und durch die Zumischung von Wassergas zwecks Erhöhung der Verbrennungsdichte vor allem durch einen höheren Wasserstoff- und Kohlenoxydgehalt, damit ermäßigt sich der Heizwert von etwa 5300 kcal/m³ auf 4200—4400 kcal m³ [1]). Das Kokereigas ist dem Stadtgas in seiner Zusammensetzung und damit in seinen Brenneigenschaften ziemlich gleich, so daß die für Stadtgas erschlossenen Verwendungsgebiete in der Haushalt-, gewerblichen und Industriegasversorgung auch dem Kokereigas offenstehen. Der Aufschwung der Ferngasversorgung durch Kokereien begann nach länger zurückliegenden ersten Anfängen etwa in den Jahren 1927 und 1928 und stieg, wie die Abb. 2 zeigt, im Verlauf des letzten Jahrzehntes außerordentlich rasch an.

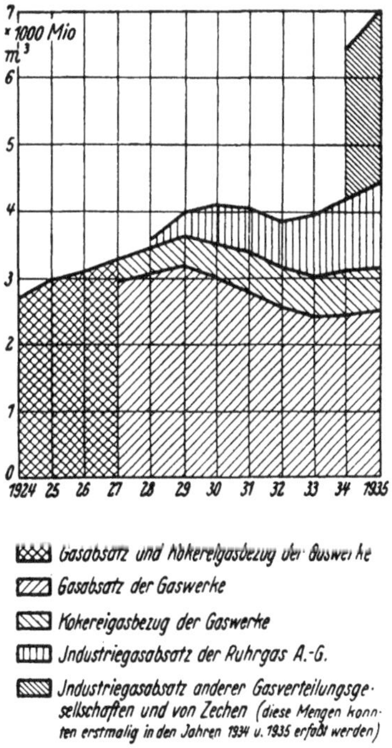

Abb. 2. Entwicklung des deutschen Gasabsatzes von 1924—1935 (nach Erhebungen des DVGW).

[1]) Deutsche Richtlinien für die Beschaffenheit des Stadtgases. Gas- und Wasserfach **64** (1921), S. 857; **68** (1925), S. 387; **70** (1927), S. 639, 797.

Wie die Zahlentafel 1 bereits zeigte, hat sich die Gasgewinnung der Kokereien von 1933 bis 1937 nahezu verdoppelt. Noch stärker stieg der Gasabsatz an, da der Eigenverbrauch der Kokereien für Unterfeuerung, Kesselfeuerung und zum Antrieb von Gasmaschinen in zunehmendem Maße durch Gichtgas und andere Schwachgase gedeckt wird. Diese Entwicklung ist noch keineswegs abgeschlossen.

Die Gasabgabe der deutschen Gaswerke (Eigenerzeugung und Kokereigasbezug) erreichte 1929 ihren Höchststand mit 3,83 Mio m³, nahm infolge ihrer Krisenunempfindlichkeit daraufhin nur wenig ab und hat im Jahre 1936 mit 3724 Mio m³ den Stand von 1930 (3703 Mio m³) erstmalig wieder überschritten. Dabei ist zu berücksichtigen, daß die Bedarfssteigerung an gasförmiger Energie in den letzten Jahren teilweise durch Verbesserungen der Gasgeräte ausgeglichen wurde, so daß der Mehrbedarf vornehmlich auf Gewerbe- und Industrieabgabe entfiel, wie die nachfolgende Zahlentafel 3 zeigt.

Zahlentafel 3.

Aufteilung des Gasabsatzes der Gaswerke.

	1933		1936	
	Mio m³	%	Mio m³	%
Haushalt und öffentliche Gebäude . .	2007,3	60,7	2037,5	54,7
Gewerbe und Industrie	556,8	16,8	801,4	21,5
Straßenbeleuchtung	306,0	9,2	345,8	9,3
Auslandsabsatz	2,2	0,1	2,2	0,1
Selbstverbrauch und Verluste	436,6	13,2	537,4	14,4
	3308,9	100,0	3724,3	100,0

Insgesamt waren 1936 noch 879 Gaserzeugungswerke und 311 Verteilerwerke tätig. Die Gaserzeugung der ersteren belief sich 1936 zu 2950 Mio m³ gegen 2820 Mio m³ im Jahre 1933, dazu wurden noch 151 Mio m³ Kokereigas bezogen. Von der Eigenerzeugung entfielen etwa 70% auf 48 Großgaswerke, deren jedes über 10 Mio m³ jährlich herstellte. Die Gasverteilerwerke bezogen 1936 598 Mio m³ Kokereigas.

Die Erzeugerwerke verbrauchten 1936 6,626 Mio t Kohle, davon waren 41% Fettkohle und 58% Gaskohle. Die Kohle entfiel zu 61% auf das Ruhrgebiet, zu 11,5% auf Oberschlesien, zu 6,8% auf Niederschlesien, zu 4,9% auf die Saar, zu 5,3% auf sonstige deutsche Kohlenreviere und zu 10,5% auf Auslandskohle.

Von der Kokserzeugung der Gaswerke wurden zur Unterfeuerung und zur Herstellung von Wassergas in Generatoren sowie für sonstige Zwecke 30,2% verbraucht, der übrige Teil, der etwa 16% der gesamten deutschen Kokserzeugung betrug, gelangte zum Verkauf.

Die Steinkohlenteererzeugung belief sich auf den Gaswerken 1936 auf 276221 t gegenüber 249696 t im Jahre 1933. An Rohbenzol wurden

1936 38850 t gegenüber 27230 t im Jahre 1933 gewonnen, davon entfielen 89% auf die Großgaswerke, 6% auf die mittleren Werke von 5 bis 10 Mio m³ Jahresgaserzeugung und der Rest auf die kleineren Werke. Die Rohbenzolerzeugung der Gaswerke bezifferte sich zu etwa 10% der gesamten deutschen Benzolerzeugung.

Der Erlös aus den gesamten abgegebenen Gasmengen einschließlich der aus Kokereien grundbezogenen Gasmengen für die Jahre 1933, 1935 und 1936 ist in der nachfolgenden Zahlentafel zusammengestellt.

Zahlentafel 4.
Gesamterlös der Gaswerke durch Gasabsatz.

Jahr	Nutzbare Gasabgabe		Erlös		Durchschnittserlös je m³ in Rpf.
	Mio m³	1933 = 100	Mio RM.	1933 = 100	
1933	2872,3	100,0	446,7	100,0	15,5
1935	3057,6	106,4	450,2	100,8	14,7
1936	3186,9	111,0	492,6	110,3	15,5

Der Absatz an Koks und an Beiprodukten erbrachte im Jahre 1936 weitere 110 Mio RM., so daß der Gesamterlös der deutschen Gaswerke mehr als 600 Mio RM. betrug.

B. Entgasung und Koksbildung.

1. Verlauf der Entgasung und Koksbildung.

a) Grundlagen des Erweichungsverhaltens von Backkohlen.

Die Verkokung der Steinkohle erfordert die Verwendung von backenden Kohlen, die einen stückigen Koksrückstand ergeben. Als solche sind geeignet Gas- und Kokskohlen, d. h. Kohlen von mittlerem Inkohlungsgrad und einem Gehalt an flüchtigen Bestandteilen von etwa 18—36%. Jüngere, gasreichere Steinkohlen, wie Gasflamm- und Flammkohlen, sowie ältere Kohlen, wie Eß- und Magerkohlen sind als Sinter- oder Sandkohlen hierfür nur als Zusatzkohlen in beschränktem Umfang geeignet[1]).

Die zur Verkokung gelangende Backkohle beginnt bei Temperaturen von 350 bis 420° zu erweichen, und in einem Bereich von etwa 100—150° vollzieht sich die Zersetzung, die Wiedererstarrung und die Umwandlung zu Schwelkoks, in dem das Koksgefüge bereits fertig gebildet vorliegt. Gleichzeitig erfolgt die Abspaltung des Schwelteers, die für sämtliche Kohlen bei 550° beendet ist. Das nachfolgende weitere Erhitzen dieses

[1]) Einzelheiten über die Zusammensetzung der Steinkohlenarten siehe Bd. VI, 1, 99.

Schwelkokses dient dazu, den restlichen Anteil an gasförmigen flüchtigen Bestandteilen auszutreiben, wobei der ursprüngliche Schwelkoks unter Schwindung, Zerklüftung und infolge Graphitierung des Kokskohlenstoffes in Hochtemperaturkoks übergeht. Den Verlauf der Verkokung einer Gaskohle mit etwa 30% Gehalt an flüchtigen Bestandteilen, 8% Wasser- und 4% Aschegehalt zeigt die Abbildung 3.

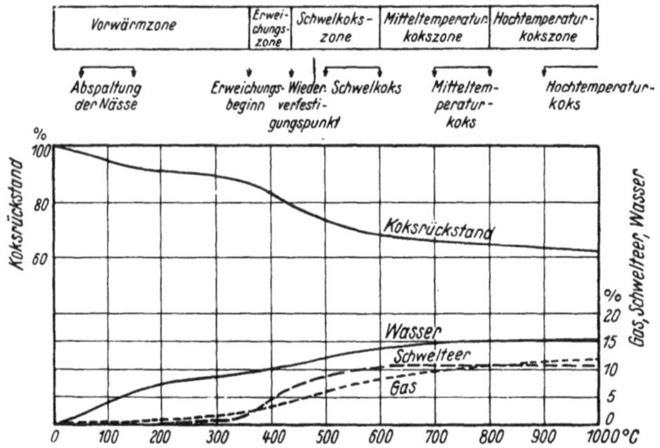

Abb. 3. Verlauf der Verkokung einer Gaskohle.
(8% Wasser- und 4% Aschegehalt, 30% flüchtige Bestandteile.)

Während der Erhitzung der Kohle erfolgt bei etwa 50—150° zunächst die Abspaltung der Nässe, von hygroskopisch gebundenem Wasser und von adsorbierten Gasen, wie von Kohlendioxyd. Gleichzeitig beginnt langsam eine teilweise Depolymerisation der die Kohle aufbauenden Kolloidmoleküle unter Abspaltung von extraktionsfähigen Bitumina. Diese besitzen zum Teil bereits einen beträchtlichen Dampfdruck und destillieren ab. So konnten Börnstein[1]) und später H. A. Pieters und H. Koopmans[2]) bereits im Temperaturbereich von 200 bis 250° die Bildung öliger Zersetzungsprodukte nachweisen.

Voraussetzung für das Erweichungsvermögen einer Steinkohle ist ein Gehalt derselben an schmelzfähigen Bitumina. Steinkohle besteht allgemein aus den Inkohlungsprodukten von pflanzlichen Stoffen. Diese unterlagen unter weitgehendem Luftabschluß zunächst zum Teil einem biologischen Abbau durch anaerobe Bakterien, darauf ferner einer Druck- und Temperatureinwirkung, so daß die in der Steinkohle nunmehr enthaltenen Stoffe gemäß ihrer Genesis unterteilt werden können in rezente Harze, Kohlenwasserstoffe, Pflanzenüberreste mit zum Teil noch erhaltener Struktur und kolloide Humine, den Kondensationsprodukten der Zellgewebe und Proteine. Das Bitumen kann nach

[1]) Journ. Gasbel. **49** (1906), S. 667.
[2]) Brennstoffchem. **13** (1932), S. 261.

einem Vorschlag von F. Fischer[1]) durch Benzoldruckextraktion als Öl- und Festbitumen herausgelöst werden, nach Cockram und Wheeler[2]) durch Pyridinextraktion bei nur wenig erhöhter Temperatur. Bei Anwendung beider Methoden tritt aber bereits eine teilweise Depolymerisation der Kohle ein, da mittels der sonstigen, zumeist gebräuchlichen Lösungsmittel nur weniger als 1% der Kohle herausgelöst werden kann. Durch Anwendung der Benzoldruck- oder Pyridinextraktion werden dagegen bis zu 25% der Backkohle in den löslichen Zustand übergeführt.

Während des Erweichens der Backkohle dringt das geschmolzene Bitumen, das durch Depolymerisation der Bitumenbildner entstanden ist, in die zellartige Mizellarstruktur der Kohle ein. Dadurch werden die Mizellen solvatisiert und quellen, indem die solvatisierten Mizellen peptisiert werden. Die Mizellarstruktur der Backkohle muß daher als sehr locker betrachtet werden. Bei jüngeren Steinkohlen zersetzt sich im Gegensatz dazu das Bitumen zu flüchtigen Verbindungen, so daß die Restkohle nicht mehr durch Quellung zu einer kolloiden Lösung gebracht werden kann. Der Schwelkoks ist bei derartigen Sinterkohlen vielmehr nur durch einen Teil der Bitumenzersetzungsprodukte zusammengesintert. Kohlen von höherem Inkohlungsgrad besitzen eine dichtere und zusammenhängendere Mizellarstruktur, in die das in an sich geringerem Maße enthaltene Bitumen unter Quellung nicht mehr einzudringen vermag.

Die koksbindenden Eigenschaften einer Kohle oder eines Kohlengemisches hängen ab von deren Gehalt an β- und γ-Bestandteilen (nach dem Trennungsgang von Wheeler), insbesondere von dem an β- und γ_{3+4}-Anteilen, die allein backende Eigenschaften aufweisen und als Inkohlungsprodukte von Harzen anzusprechen sind, während die γ_1- und γ_2-Anteile nur die backenden Eigenschaften verstärken. Als Kohlenwasserstoffe sind diese in sehr weitgehendem Maße destillierbar und befördern daher nur die Solvatisierung der die Kohle als Hauptbestandteil aufbauenden Mizellen. Das Erweichungsverhalten der Kohlen wird ferner zusätzlich beeinflußt von der Beschaffenheit der in Lösungsmitteln unlöslichen α-Bestandteile, insbesondere von deren Benetzungsfähigkeit, die wiederum von deren Sauerstoffgehalt abzuhängen scheint.

Nach Untersuchungen von K. Bunte, H. Brückner und H. Simpson[3]) wird der Temperaturbeginn der Erweichung und einer merklichen thermischen Zersetzung im wesentlichen von dem Inkohlungsgrad der Kohle bestimmt und liegt durchschnittlich im Bereich von 350—420°. Die Ver-

---

[1]) Brennstoffchem. **5** (1924), S. 299; 6 (1925), S. 33.

[2]) Journ. chem. Soc. (London) 1927, S. 700.

[3]) Gas- und Wasserfach **76** (1933), S. 685; Fuel (London) **12** (1933), S. 222.

änderung des Gefüges der Kohle beginnt jedoch bereits bei tieferer Temperatur (Anlassen der Kohle) und wurde durch Ausziehen der pyridinlöslichen Anteile sowie deren Untertrennung in β- und γ-Bestandteile ermittelt. Deren Mengenanteil steigt, wie die Abb. 4 zeigt, bei 250° ziemlich stark an und fällt erst nach Eintritt des Erweichungszustandes wieder ab. Da Pyridin jedoch nicht nur lösend sondern auch an sich bereits depolymerisierend einwirkt, treten hierin die Veränderungen im Gefügeaufbau der Kohle nur teilweise in Erscheinung.

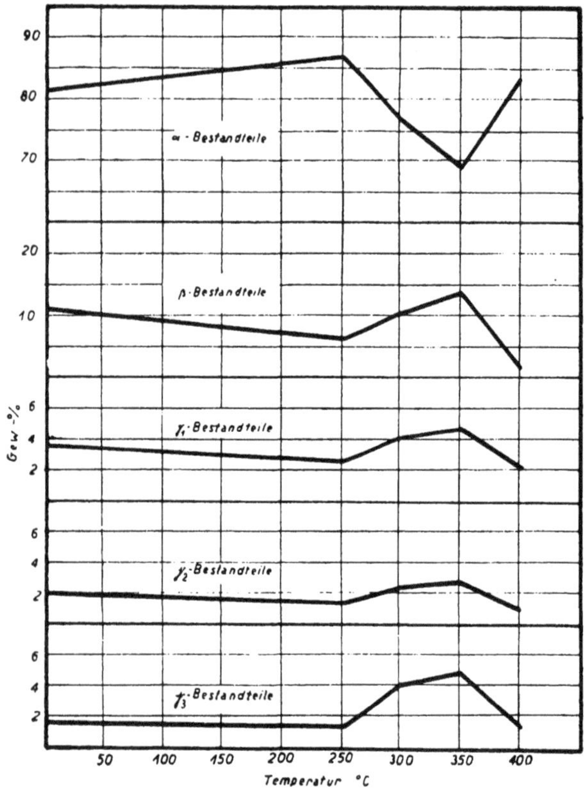

Abb. 4.

b) Blähen der Kohle.

Mit dem Übergehen der Kohle in den plastischen Zustand beginnt gleichzeitig infolge der Zersetzungsreaktionen zwischen den Kohlebestandteilen eine stärkere Abspaltung von Gasen und Dämpfen. Während bei den jungen, nicht backenden Steinkohlen das geschmolzene Bitumen nach der Depolymerisation der Bitumenbildner sich sofort zersetzt, erfolgt bei den Backkohlen zunächst die bereits beschriebene Solvatisierung der Mizellen unter Quellung, die das Erweichen der Kohle bedingt.

Die in diesem plastischen Zustand der Kohle durch Verdampfung, durch thermische Zersetzung einzelner Bestandteile oder durch Zersetzung miteinander reagierender Anteile freiwerdenden Gase und Dämpfe können nur insoweit entweichen, als sie an der Kohleoberfläche entbunden werden. Die im Innern der Kohleteilchen entwickelten Gase bilden Blasen, die von der plastischen Masse umschlossen sind. Bei einem nur teilweise Übergehen der Kohle in den erweichten Zustand gelingt es den eingeschlossenen Blasen noch zum größten Teil, zur Oberfläche der Kohleteilchen zu gelangen. Bei einem Teigigwerden der Kohle zu einer ziemlich dünnflüssigen Masse bleiben die gebildeten Blasen dagegen eingeschlossen, die Kohle bläht auf. Dieses Blähen kann bei starker Entgasung der Kohle während des plastischen Zustandes zu einer Volumenausdehnung auf das Mehrfache des Ausgangsvolumens führen. Voraussetzung hierfür ist jedoch, daß dem Blähen der Kohle kein äußerer Widerstand entgegensteht. Anderenfalls gelingt es den Gasblasen, sich einen Weg nach einer freien Oberfläche zu bahnen, ohne daß ein merklicher Druck auf die Umfassungswände ausgeübt wird. Dieses Blähen führt während der Verkokung zu einer geringen Verdichtung des Einsatzes, und in der Mitte desselben, insbesondere bei einem stärkeren Schwinden des Kokses, zu der Ausbildung einer schaumigen Teernaht von nur geringer Festigkeit.

c) Treiben der Kohle.

Streng zu unterscheiden von dem Blähen ist das Treiben der Kohle. Als das Treiben ist der Druck zu verstehen, den die in den Verkokungsraum eingesetzte Kohle ausübt, wenn sie an einer freien Ausdehnung verhindert ist. Besonders gefährlich für den Ofenbetrieb ist vor allem das vorübergehende Treiben. Dieses tritt dann ein, wenn während der Garungszeit der Treibdruck das Schwinden des bereits fertig ausgebildeten Kokses überschreitet und durch den Druck des harten und festen stückigen Kokses die Kammerwände gefährdet werden, während bei der Nachentgasung der Koks wieder so stark schwindet, daß er leicht und ohne Mühe gestoßen werden kann und die Warnung durch den sog. schweren Ofengang ausbleibt. Da das Treiben jedoch zumeist nur bei älteren Kokskohlen mit einem geringen Gehalt an flüchtigen Bestandteilen auftritt, die an sich wenig schwinden, führt das Treiben ferner häufig zu einem Hängenbleiben des Kokses in der Kammer. Ein geringes Treiben, begleitet von einem genügenden Schwinden des Kokses, ist dagegen erwünscht, da es zur Bildung eines dichteren Kokses führt.

Das Blähen einer Kohle findet in dem Temperaturbereich zwischen dem Entweichungsbeginn und dem Widererstarrungspunkt, d. h. etwa zwischen 350 und 450° statt. Das Treiben der Kohle erfolgt dagegen, wie kürzlich H. Imhof[1]) zeigen konnte, bereits vor dem Durchschreiten der Erweichungszone, und zwar im Temperaturbereich zwischen 250 und 400°. Es ist zurückzuführen auf Depolymerisationsvorgänge, die bereits beim Anlassen der Kohle, d. h. bei dem Erhitzen bis zum Erweichungsbeginn vonstatten gehen. Bei Kohlen, die stark schwinden und eine nicht zu zähe Masse im Erweichungszustand bilden, wird dieser Treibdruck

[1]) Dissertation Karlsruhe, 1938.

von der Kohle aufgenommen. Den charakteristischen Verlauf des Erweichungsverhaltens, bestimmt nach der Methode von K. Bunte, H. Brückner und W. Ludewig[1]), zusammen mit dem Blähgrad, Treibdruck und dem gewichtsmäßigen Entgasungsverlauf zeigt die Abb. 5.

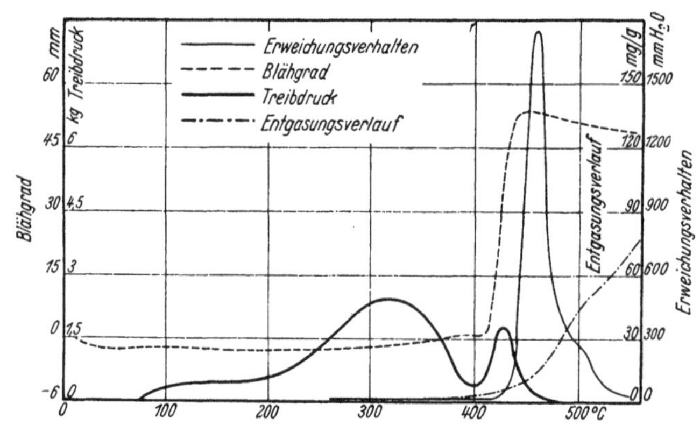

Abb. 5. Erweichungsverhalten, Blähgrad, Treibdruck und Entgasungsverlauf einer Kokskohle.

Die Verschiedenheit der Ursachen für das Blähen und Treiben einer Kohle gibt die Begründung dafür, daß eine Kohle keineswegs um so stärker treibt, je größer ihr Blähgrad ist. Kohlen, wie ältere Kokskohlen, die nur wenig blähen, weil deren Gasentwicklung während des Erweichens gering ist, die andererseits infolge ihres hohen Inkohlungsgrades während des Anlassens stark depolymerisiert werden, können einen hohen Treibdruck erzeugen. Andere Kohlen, insbesondere Gaskohlen und jüngere Kokskohlen, blähen sehr stark, sie üben aber trotzdem keinen Treibdruck aus, weil die in der erweichten Kohle gebildeten Gasblasen sofort zerplatzen, wenn sie auf einen Widerstand stoßen.

Die Verkokung und Entgasung der Kohle im gasbeheizten Kammerofen oder in der Retorte erfolgt von außen nach innen. Die Kohle durchläuft dabei die Zonen der Vorerhitzung, des plastischen Zustandes bis zur Schwelkoksbildung, den allmählichen Übergang vom Schwelkoks zum Hochtemperaturkoks und dabei dessen teilweise Graphitierung. In den von beiden Seiten beheizten Kammeröfen erhält man diese Übergänge von den beiden Kammerwandungen an beginnend und allmählich nach innen fortschreitend. Die beiden plastischen Zonen, d. h. jeweils der Übergang von der Kohle- zur Koksstruktur, werden allgemein als Koksnaht bezeichnet. Diese bewegen sich parallel zur Kammerwand bis zur Mitte des Ofens (Abb. 6).

[1]) Glückauf **69** (1933), S. 765.

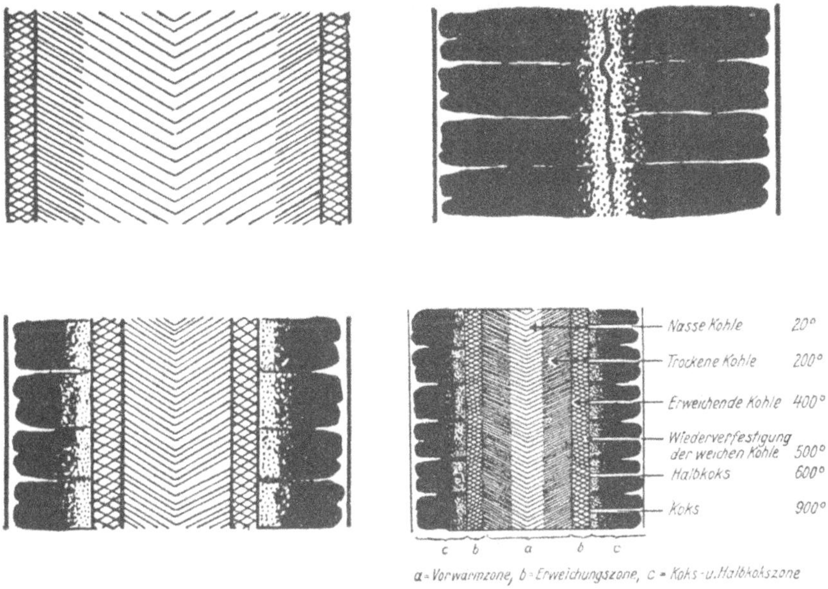

Abb. 6. Schematische Darstellung des Verkokungsvorganges (nach Damm).

I. Beginn der Ausstehzeit; plastische Zone längs der Kammerwand, daran anschließend Zonen vorgewärmter und trocknender Kohle.
II. Mitte der Ausstehzeit; Hochtemperaturkoks längs der Kammerwand, daran anschließend Schwelkoks, Erweichungsbereiche, vorgewärmte getrocknete Kohle.
III. Ende der Ausstehzeit; Vereinigung der beiden Erweichungszonen unter Bildung der Teernaht.
IV. Schematische Darstellung des gesamten Verkokungsvorganges.

d) Erhitzungsgeschwindigkeit der Kohle während der Verkokung.

Mit zunehmender Erhitzungsgeschwindigkeit werden die destillationsfähigen Spaltprodukte der Kohle weniger schnell abgespalten als bei langsamem Aufheizen. Dadurch wird das Bindevermögen der Kohle erhöht und das Erweichungsverhalten verändert. Die Plastizität wird bei an sich bitumenreichen Kohlen erhöht, d. h. die Masse wird dünnflüssiger, und damit werden treibende Eigenschaften aufgefangen und ausgeglichen. Bei alten, zwischen den Koks- und Eßkohlen liegenden Kohlen kann sich dagegen der gegenteilige Einfluß geltend machen. Im Erweichungszustand nehmen sie eine zähflüssigere Gestalt an und das Treibvermögen wird erhöht[1]). Als dritte Möglichkeit der Veränderung des Erweichungsverhaltens kann in einzelnen Fällen beobachtet werden, daß eine Kohle zunächst bei einer Erhöhung der Erhitzungsgeschwindigkeit in stärkerem Maße treibt. Bei noch höheren Aufheizgeschwindigkeiten beginnt das Treibvermögen dagegen infolge der immer dünnflüssiger werdenden Schmelze wieder abzufallen.

[1]) B. Hofmeister, Glückauf **66** (1930), S. 325.

Messungen über die Erhitzungsgeschwindigkeit der eingesetzten Kohle in Horizontalkammeröfen wurden erstmalig von K. Baum[1]) durch Einsetzen von Thermoelementen in verschiedenen Abständen von den Kammerwandungen durchgeführt. Dabei wurden für einen Horizontal-

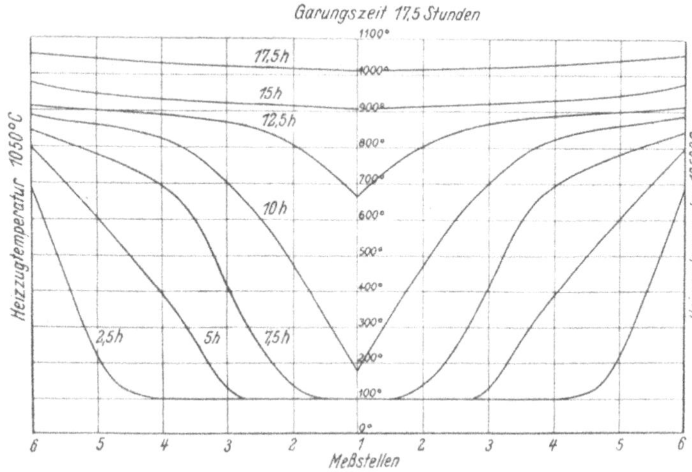

Abb. 7. Temperaturanstieg in dem Einsatz eines Horizontalkammerofens von 500 mm Breite (nach K. Baum).
Die Meßstellen 1—6 sind gleichmäßig von der Kammermitte nach der Kammerwand verteilt.

kammerofen von 500 mm mittlerer Breite die in Abb. 7 wiedergegebenen Ergebnisse erhalten.

Die Verkokungsgeschwindigkeit steigt somit nahe der Kammerwandungen rasch an, während sie in der Kammermitte etwa 8 Stunden lang zunächst bei 100° verbleibt. Deutlicher ergibt sich der Temperaturanstieg für die einzelnen Meßstellen und damit der Abstände von der Kammerwandung aus der Umwertung der obigen Darstellung durch Auftragen des Temperaturverlaufs über der Garungszeit (Abb. 8).

Durch Differenzieren der Kurven wird für diesen Ofen mit 17,5-stündiger Garungszeit eine durchschnittliche Erhitzungsgeschwindigkeit von etwa 1—1,5° C/min erhalten. Diese ist jedoch nicht für das gesamte Temperaturgebiet gleich, sondern erreicht bei 400—500° mit 2—3° C/min ihren Höchstwert, d. h. in dem Gebiet, in dem das Erweichen der Kohle und die Schwelkoksbildung vonstatten gehen.

Die Zersetzungsreaktionen während der Verkokung der Kohle bedingen einen Wärmeverbrauch, dessen kurvenmäßiger Verlauf eine fast gleichmäßige Abhängigkeit der Verkokungswärme von der Verkokungsendtemperatur ergibt[2]). Die üblichen Kokskohlen weisen in einem Be-

---

[1]) Glückauf **68** (1932), S. 43.

[2]) W. Litterscheidt, Glückauf **70** (1934), S. 77; **71** (1935), S. 173.

reich der Koksendtemperatur von 900—1100° eine Verkokungswärme von 360—420 kcal/kg Kohle auf. Auf Grund dieser Ergebnisse, der Ermittlung der Wärmeleitzahl der Kohle und zahlreicher wärmetechnischer Messungen im Großbetrieb ist es möglich, die gesamten Vorgänge beim

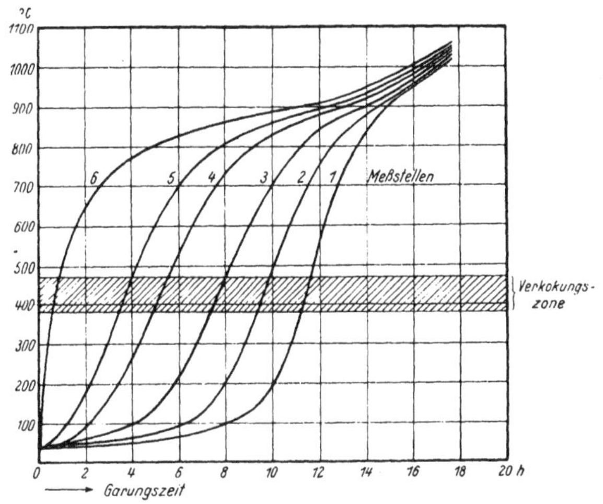

Abb. 8. Isochronische Darstellung des Temperaturanstieges in dem Einsatz eines Horizontalkammerofens von 500 mm mittlerer Breite (nach K. Baum).

Wärmefluß von den Heizzügen in den Inhalt des Kammerofens rechnerisch zu erfassen und damit die Leistung eines Ofens mit genügender Genauigkeit zu berechnen und im voraus zu bestimmen.

e) Einfluß von Wassergehalt und Schüttgewicht auf die Verkokung.

Arbeiten von W. Reerink[1]) haben gezeigt, daß durch die unvermeidlichen Schwankungen im Wassergehalt und Schüttgewicht der zur Verkokung gelangenden Kohle der Wärmefluß von den Heizzügen in die Kammer und damit die Temperaturverhältnisse im Ofen zwar verändert werden. Bei Einstellung der Heizzugtemperatur auf gleiche Höhe durch entsprechende Einreglung der Gas- und Luftzuführung sind innerhalb der üblichen Betriebsschwankungen Wassergehalt und Schüttgewicht bei gleicher Heizzug- und Koksendtemperatur jedoch von so geringem Einfluß auf die Ausstehzeit, daß die dadurch hervorgerufenen Unterschiede innerhalb der Bestimmungsgenauigkeit liegen. Zwischen dem Schüttgewicht, dem Feuchtigkeitsgehalt und dem Feinheitsgrad von Feinkohle bestehen Beziehungen derart, daß z. B. bei einer durch einen bestimmten Feinheitsgrad gekennzeichneten Feinkohle eine Änderung ihres Feuchtig-

[1]) W. Reerink, Glückauf **73** (1937), S. 813.

keitsgehaltes eine Veränderung ihres Schüttgewichtes zur Folge hat, das sowohl abnehmen als auch nach Erhöhung der Feuchtigkeit über einen bestimmten Wert hinaus wieder ansteigen kann.

Je geringer die Korngröße der Kohleteilchen ist, desto höher ist der Wassergehalt der Kohle infolge der Vergrößerung der Oberfläche der Kohle. Die Abhängigkeit des Schüttgewichtes von sechs verschiedenen Koksfeinkohlen von deren Feuchtigkeitsgehalt zeigt die nachstehende Abb. 9[1]).

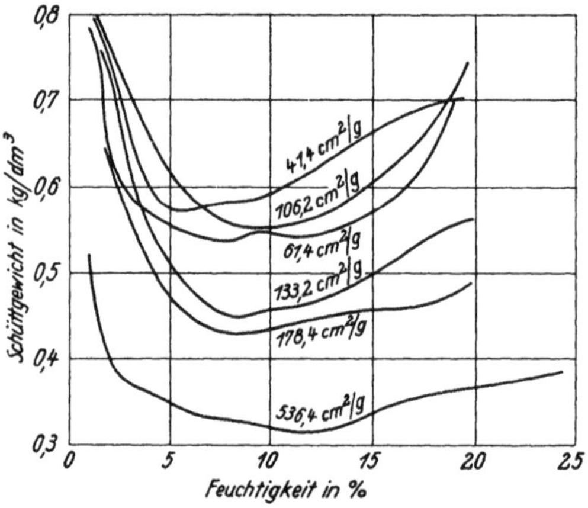

Abb. 9. Schüttgewicht von Kokskohlen verschiedener durchschnittlicher Körnung in Abhängigkeit von deren Feuchtigkeitsgehalt (nach Stuchtey).

Diese läßt deutlich erkennen, daß eine Kohle mit abnehmender durchschnittlicher Korngröße eine Verminderung des Schüttgewichtes erfährt. Diese Abnahme des Schüttgewichtes erfolgt jedoch nicht regelmäßig, sondern es ergeben sich vor allem bei niedrigen Wassergehalten Überschneidungen. Sämtliche in der obigen Abbildung dargestellten Schüttgewichtskurven zeigen dagegen ein ausgeprägtes Minimum, wobei mit zunehmendem Feinheitsgrad der niedrigste Wert sich nach steigendem Feuchtigkeitsgehalt zu verschiebt.

Allgemeingültig geht aus diesen Untersuchungen hervor, daß der niedrigste Wert für das Schüttgewicht einer Feinkohle sich in dem Bereich zwischen 5 und 11% Wassergehalt bewegt.

2. Ausbeute an Verkokungsprodukten.

a) Ausbeute an Steinkohlengas, Koks und Teer.

Die Ausbeute von Steinkohlengas, Koks und Teer bei der Verkokung von Koks- und von Gaskohlen zeigt die nachstehende Zusammenstellung:

---

[1]) R. Stuchtey, Techn. Mitteilungen Krupp **4** (1936), S. 19.

Zahlentafel 5.

Ausbeute an Steinkohlengas, Koks und Teer aus Koks- und Gaskohlen (bezogen auf asche- und wasserfreie Kohle).

	Kokskohle	Gaskohle
Gasausbeute je 100 kg Reinkohle . . . . . . Nm^3	32—34	34—36
Koksausbeute . . . . %	73—80	67—73
Teerausbeute . . . . %	3—4	4—5
Oberer Heizwert des Gases . . . . $kcal/Nm^3$	5100—5400	5400—5600
Heizwertzahl . . . . kcal/kg	1650—1800	1800—2000

Daraus ergibt sich die Verteilung des Energieinhaltes der Kohle in den Verkokungsprodukten ohne Berücksichtigung des Aufwandes für Unterfeuerung zu folgenden Werten:

Zahlentafel 6.

Verteilung des Energiegehaltes der Kohle auf die Verkokungsprodukte (in kcal/kg Ausgangskohle als Reinkohle).

	Kokskohle		Gaskohle	
	kcal/kg	%	kcal/kg	%
Heizwert der Kohle	8300—8500	100	8000—8300	100
Energieinhalt des Gases (Heizwertzahl)	1650—1800	19—22	1800—2000	21—25
Energieinhalt des Kokses	5800—6350	70—75	5300—5800	65—70
Energieinhalt des Teers	350—450	4—5,5	450—550	5,5—7

b) Beeinflussung der Ausbeuten durch die Art der Kohle und die Verkokungsbedingungen.

Die Zusammensetzung des Steinkohlengases wird zunächst von der Art der Ausgangskohle bestimmt (vgl. Abb. 10). Mit zunehmendem

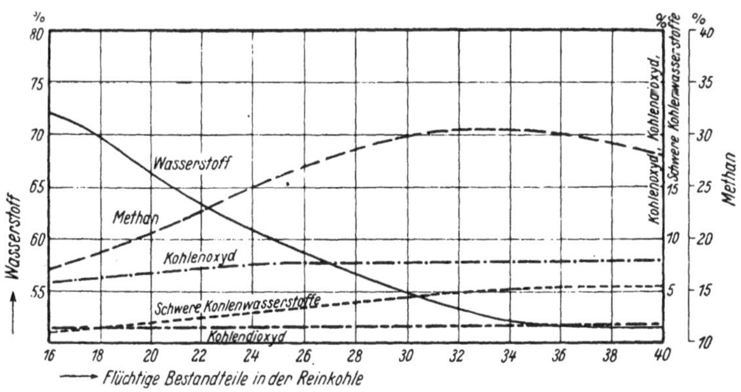

Abb. 10. Durchschnittliche Zusammensetzung des Destillationsgases bei einer Verkokungsendtemperatur von 900° in Abhängigkeit von dem Gehalt der Reinkohle an flüchtigen Bestandteilen.

Gehalt der Kohle an flüchtigen Bestandteilen fällt der Wasserstoffgehalt des Gases ab, während der an Methan, an schweren Kohlenwasserstoffen und, infolge des zunehmenden Sauerstoffgehaltes der Kohle, an Kohlenoxyd sowie an Kohlendioxyd ansteigt. Daneben wird die Beschaffenheit und Menge des Steinkohlengases, des Kokses, des Teeres und der sonstigen Beiprodukte von der petrographischen Zusammensetzung der Kohle, von dem Wege der Gase im Verkokungsraum, von der Entgasungstemperatur und von der Art der Entgasungsräume beeinflußt.

Von den petrographischen Bestandteilen der Steinkohlen ist die Glanzkohle der Träger der Verkokungsfähigkeit, des Bläh- und des Treibvermögens. Sie ergibt einen durchgeschmolzenen und zumeist geblähten Koks. Infolge ihres höheren Sauerstoffgehaltes ergibt sie mehr Gas als Mattkohle mit einem vermehrten Gehalt desselben an Kohlendioxyd und Kohlenoxyd.

Mattkohle besitzt dagegen einen höheren Wasserstoffgehalt und spaltet mehr flüchtige Bestandteile ab. Die Gasausbeute ist geringer, die Teerausbeute wesentlich höher als bei Glanzkohle, ebenso der Gehalt des Gases an Kohlenwasserstoffen. Der Koksrückstand der Mattkohle ist nicht durchgeschmolzen, sondern nur gesintert. Faserkohle bildet nur wenig Gas und Teer bleibt auch in ihrer Struktur unverändert.

Die während der Verkokung der Kohle abgespaltenen Gase und Dämpfe unterliegen im Entgasungsraum noch wesentlichen Veränderungen. Je nach der Entgasungstemperatur werden aus Gaskohle erhalten:

Zahlentafel 7.

Ausbeute an Entgasungsprodukten aus Gaskohle bei verschiedenen Entgasungstemperaturen.

Art der Verkokung	Schwelung (bis 550°)	Mitteltemperaturverkokung (bis 800°)	Hochtemperaturverkokung (bis 1000°)
Koks . . . . %	78—84	72—76	67—73
Teer . . . . %	8—12	6—8	4—5
Leichte Treibstoffe . . . . . . %	1	1	1,2—1,4
Gas . . . . m^3/t	110—130	180—220	340—360
Heizwert des Gases . . . $kcal/m^3$	6200—7000	5600—6000	5400—5600

Das Ansteigen der Gasmenge und das Absinken der Koksausbeute mit der Erhöhung der Entgasungstemperatur ist selbstverständlich, bemerkenswert ist dagegen die Verminderung der Teerausbeute. Diese hat ihren Grund in der Überhitzung der primären Zersetzungsstoffe, der gesättigten und ungesättigten alipathischen Kohlenwasserstoffe sowie der Sauerstoff enthaltenden Produkte.

c) Weg der Entgasungsprodukte im Verkokungsraum.

Die möglichen Wege der Entgasungsprodukte in dem Entgasungsraum zeigt die Abb. 11. Die während der Vorentgasung zusammen mit dem Wasser abgespaltenen Gase und Dämpfe nehmen ihren Weg durch

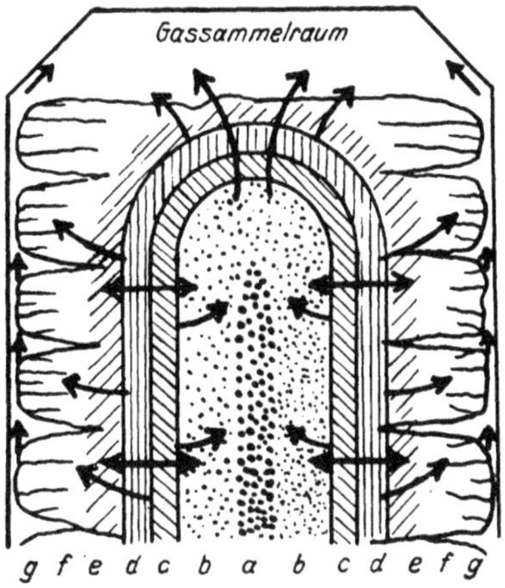

Abb. 11. Weg der Gase und Dämpfe im Kammerofen.

a = unveränderte Einsatzkohle
b = Einsatzkohle getrocknet (100—200°)
c = Erweichungsbereich
d = Schwelkoks mit geschlossenem Porenvolumen
e = Schwelkoks
f = Mitteltemperaturkoks
g = Hochtemperaturkoks.

die im Innern noch unverkokte Kohle, sie erleiden jedoch eine teilweise Überhitzung im oberen Gassammelraum. Die während des plastischen Zustandes entweichenden Produkte treten ebenfalls nach der Mitte über, der andere, größere Teil wandert nach der äußeren Kammerwand und unterliegt an dieser sowie an dem glühenden Koks einer starken thermischen Zersetzung. Die vom Schwelkoks abgespaltenen Gase nehmen ihren Weg ausschließlich durch die Klüftungen und Risse im Koks nach den Wandungen und von diesen nach dem oberen Gassammelraum.

Die zumeist mehrfach methylierten und äthylierten Phenole werden bei ihrer nachfolgenden Überhitzung bei 700—850° zunächst teilweise entalkyliert. Daraufhin findet eine Reduktion der Phenole zu Benzolkohlenwasserstoffen statt, und diese werden schließlich bei Temperaturen oberhalb 1000° nochmals in starkem Maße zu Benzol entalkyliert. Als Beispiel hierfür sei die Entalkylierung und Reduktion von Diäthylphenol zu Benzol formelmäßig dargestellt:

$$\begin{array}{lclcl} (C_2H_5)_2C_6H_3OH & + 2\,H_2 = & (CH_3)_2C_6H_3OH & + & 2\,CH_4 \\ (CH_3)_2C_6H_3OH & + \;H_2 = & C_6H_4(CH_3)_2 & + & H_2O \\ C_6H_4(CH_3)_2 & + \;H_2 = & C_6H_5CH_3 & + & CH_4 \\ C_6H_5CH_3 & + \;H_2 = & C_6H_6 & + & CH_4. \end{array}$$

Die im Steinkohlenschwelgas und Schwelteer enthaltenen Paraffinkohlenwasserstoffe werden bei gewissen Prozessen unverändert erhalten und als Benzine mit gewonnen. Bei der Überhitzung des Urteers werden sie zunächst im Temperaturgebiet von 700—900° durch endotherme Molekülspaltung und Dehydrierung in vornehmlich ungesättigte Kohlenwasserstoffe, wie Äthylen, Propylen, Butylen usw. neben Methan und Wasserstoff zerlegt. Die wesentlichsten ersten Teilreaktionen sind hierbei die Abspaltung endständiger Methylgruppen:

$$C_nH_{2n+2} = C_{n-1}H_{2n-2} + CH_4$$
$$C_{n-1}H_{2n-2} + H_2 = C_{n-1}H_{2n}$$
$$C_{n-1}H_{2n} = C_{n-2}H_{2n-4} + CH_4 \text{ usw.}$$

Daneben tritt eine reine Dehydrierung ein:

$$C_nH_{2n+2} = C_nH_{2n} + H_2.$$

Nachfolgend werden in einer zweiten Reaktionsstufe die gasförmigen Olefinkohlenwasserstoffe langsam unter Wärmeentwicklung und weiterer Wasserstoffabspaltung über Azetylen als Zwischenstufe zu zyklischen Kohlenwasserstoffen umgebildet:

$$C_2H_4 = C_2H_2 + H_2$$
$$3\,C_2H_2 = C_6H_6.$$

Diese Reaktionen verlaufen jedoch nicht glatt, sondern oberhalb 700° findet neben der Dehydrierung des Äthylens zu Azetylen noch eine teilweise Bildung von Kohlenstoff und von Methan gemäß den Reaktionsgleichungen:

$$C_2H_4 = 2\,C + 2\,H_2 \quad \text{und} \quad C_2H_4 = CH_4 + C$$

statt. Oberhalb 1000° haben bei einer genügend langen Erhitzungsdauer ferner Methan und Azetylen das Bestreben, unter Zerfall in Kohlenstoff und Wasserstoff in den stabilen Enzustand überzugehen:

$$2\,CH_4 = C_2H_2 + 3\,H_2$$
$$C_2H_2 = 2\,C + H_2.$$

Bei den hohen Gasgeschwindigkeiten in den Entgasungsöfen wird dieser thermische Zerfall je nach den Betriebsbedingungen (Entgasungstemperatur, Füllhöhe der Öfen und Ofenbauart) nur teilweise erreicht. Vor allem hat ein Teil der ungesättigten gasförmigen Kohlenwasserstoffe die Möglichkeit, Benzolkohlenwasserstoffe sowie Naphthalin, Anthrazen, Pyren und deren Abkömmlinge zu bilden.

Je niedriger die Erhitzungstemperatur ist, in desto vermehrtem Maße ist noch Äthylen vorhanden, worauf dieses in Verbindung mit Azetylen zur Bildung von methylierten Kohlenwasserstoffen führt, wie beispielsweise zu Xylol

$$2\,C_2H_2 + 2\,C_2H_4 = C_6H_4(CH_3)_2 + H_2.$$

Bereits im Temperaturgebiet von 750 bis 850° werden ferner mit steigendem Teildruck des Benzols zunehmende Mengen Diphenyl, p-Diphenylbenzol und noch höhere Kondensationsprodukte des Benzols erhalten. Diese entstehen im Gegensatz zu den Naphthalin- und Anthrazenkohlenwasserstoffen, die direkt aus Azetylen aufgebaut werden, durch Zusammenlagerung schon gebildeter Benzolkerne.

Die Art der Kohle beeinflußt neben dem Gesamtausbringen an flüssigen Kohlenwasserstoffen auch den Gehalt an Schwefel- und Stickstoffverbindungen. Je höher die Erhitzungstemperatur der Gase im Ofen ist, und je länger diese einwirkt, desto mehr verschiebt sich das Verhältnis der Benzolkohlenwasserstoffe in der Richtung Benzol > Toluol > Xylole. In gleichem Maße nimmt die Menge der aliphatischen Kohlenwasserstoffe ab. Die letzteren finden sich dagegen vor allem bei Vertikalöfen und in besonderem Maße bei solchen mit wandernder Ladung. Im letzteren Falle kann ihr Anteil bis zu 40% der gesamten Leichtöle ansteigen.

Der Weg der Gase im Entgasungsraum wird ferner beeinflußt von dem Durchgangswiderstand in der plastischen Zone. Falls dieser gering ist, ist der Anteil der Innengase höher als bei einem hohen Durch-

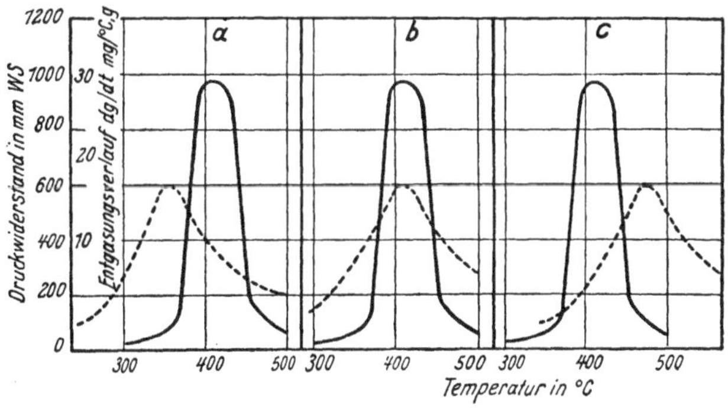

Abb. 12. Verschiedene Lage von Erweichungs- und Entgasungsbereich.
——— Erweichungsverhalten ——— Entgasungsverlauf.

gangswiderstand. Der Gasweg wird ferner mitbestimmt von der Lage des Bereiches der Hauptentgasung zu dem Bereich des plastischen Zustandes. In Abb. 12 sind die hierbei möglichen Verschiedenheiten schematisch dargestellt. Wenn der Hauptentgasungsbereich vor der Erweichungszone (*a*) liegt, werden die Kohlenwasserstoffdämpfe zum größten Teil ihren Weg durch die noch ungeschmolzene Kohle als den des geringsten Widerstandes nehmen, und ihre Zersetzung erfolgt in nur unvollkommener Weise. Bei einem Zusammenfallen der plastischen und der Hauptentgasungszone (*b*) verteilt sich der Weg der Kohlenwasserstoffdämpfe auf die Kohlenmitte und auf die äußere, bereits verkokte heiße Schicht. Insbesondere bei jüngeren Backkohlen (*c*) erfolgt die Hauptentgasung erst während der Wiederverfestigung der plastisch gewordenen Kohle zu Schwelkoks, so daß die Dämpfe zum weitaus überwiegenden Teil sofort durch den Koks nach der heißen Ofenwandung abgeführt und hierdurch thermisch stark zersetzt werden. Dieser letztere Fall kann die Ursache eines weitgehenden Versagens im Mehrausbringen an Leichtkraftstoffen bei Anwendung der Deckenkanal- und Innenabsaugung bilden.

3. Verteilung der Elementarbestandteile der Kohle in den Verkokungsprodukten.

a) Kohlenstoff, Wasserstoff und Sauerstoff.

Der Kohlenstoffgehalt der Ausgangskohle findet sich zu etwa 78% in Koks wieder, zu rund 5% ist er in den Leichtölen, im Teer und als Rest im Gas enthalten. Der Wasserstoffgehalt der Kohle verbleibt nur zu etwa 10% im Koks, im übrigen verteilt er sich zum geringeren Teil auf die flüssigen Zersetzungsprodukte, im wesentlichen entfällt er auf das Methan und den Wasserstoff des Gases.

Der Sauerstoffgehalt der Backkohlen wirkt sich bei deren Entgasung nicht nur in dem Kohlendioxyd- und Kohlenoxydgehalt des Gases sondern auch bei den sonstigen Gasbestandteilen aus. Dies zeigt die nachfolgende Zahlentafel, die mit englischen Kohlen ermittelt worden ist:

Zahlentafel 8.

Einfluß des Sauerstoffgehaltes von Backkohlen auf die Gaszusammensetzung bei der Hochtemperaturentgasung.

Gaszusammensetzung	Sauerstoffgehalt der Kohle in %				
	5—6,5	6,5—7,5	7,5—9	9—11	11—12
CO_2	1,5	1,6	1,7	2,7	3,1
CO	6,7	7,2	8,2	9,9	11,9
SKW	3,3	4,0	4,7	5,4	5,6
H_2	54,2	52,8	50,1	45,6	42,3
CH_4	34,3	34,4	35,3	36,4	37,1
Dichteverhältnis (Luft = 1)	0,352	0,376	0,399	0,441	0,482
$CO_2 + {}^1/_2\,CO$	4,9	5,2	5,8	7,7	9,1

b) Schwefel.

Der Schwefelgehalt der Steinkohlen (durchschnittlich 0,8 bis 3%) unterteilt sich ungefähr in gleichem Maße in organisch und anorganisch gebundenen Schwefel, der letztere besteht im wesentlichen aus Pyritschwefel. Von den anorganischen in der Kohle enthaltenen Bindungsformen des Schwefels wird der Pyrit bereits bei 500° vollkommen zersetzt unter Bildung von freiem Schwefel und von Pyrrholit, einem Mineral der durchschnittlichen Zusammensetzung Fe_5S_6 bis $Fe_{11}S_{12}$[1]). Daraus ergibt sich, daß bei der Verkokung der Pyritschwefel etwa zur Hälfte vermindert wird. Sonstiger Sulfidschwefel ist in Kohle nicht enthalten, Sulfatschwefel in größerem Ausmaß nur nach Verwitterung der Kohle durch Luftsauerstoff. Der Schwefelgehalt des Kokses wird vornehmlich von dem Gehalt der Kohle an organisch gebundenem und an Pyritschwefel bestimmt. Etwa 45% des ersteren und 60% des letzteren bleiben im Koks zurück. Angenähert gilt daher auch, daß der Schwefelgehalt des Kokses dem der Ausgangskohle proportional ist. Infolge der Gewichtsverminderung während der Entgasung beträgt der Schwefelgehalt des Kokses etwa 80% des der Kohle. In stärkerem Maße wird der Schwefel in den Fällen zurückgehalten, wenn die Kohle infolge Infiltrationen außer Pyrit noch sonstige Eisenverbindungen enthält.

Der Schwefelgehalt der Kohle verbleibt somit etwa zur Hälfte im Koks, etwa 3% sind im Teer und 45—50% im Gas enthalten. Der gasförmig abgespaltene Schwefel besteht zu etwa 95—98% aus Schwefelwasserstoff und im Rest aus organischen Schwefelverbindungen, wie Schwefelkohlenstoff, Thiophen, Merkaptanen, Kohlenoxysulfid u. a.

c) Stickstoff.

Der in organisch gebundener Form in der Kohle enthaltene Stickstoff (0,8—1,5%) verbleibt zu etwa 35—45% im Koks, der Rest verteilt sich auf Ammoniak (12—15%), Cyanwasserstoff (1,5—4%), organische im Teer enthaltene Stickstoffverbindungen (1—4%) und gasförmigen elementaren Stickstoff im Destillationsgas (35—55%).

d) Phosphor.

Der Phosphorgehalt der Steinkohlen, der bei Ruhrkohlen etwa 0,001—0,1% beträgt, liegt praktisch vollständig in anorganischer Bindung als Phosphat vor[2]). Er steigt im allgemeinen gleichmäßig mit dem Mineralgehalt der Kohlen an, es besteht daher die Möglichkeit, den Phosphorgehalt eines Kokses mit verhältnismäßig einfachen Mitteln,

---

[1]) Foxwell, Gas Journal (London) **217** (1937), Nr. 3842, S. 39.

[2]) W. Demann und W. Ter-Nedden, Techn. Mitteilungen Krupp **4** (1936), S. 1.

d. h. durch Senkung des Aschegehaltes der Kohle durch stärkeres Waschen bzw. durch Aussieben des Fusits zu vermindern. Glanz- und Mattkohle sind praktisch gleich arm an Phosphat, der höhere Phosphatgehalt des Fusits ist durch dessen wesentlich höheren Aschegehalt bestimmt. Während der Verkokung verbleibt das Phosphat unverändert in der Kokssubstanz, da eine Verkokungsendtemperatur von 1200° noch nicht genügt, es mit gleichzeitig vorhandener Kieselsäure und dem Kokskohlenstoff zu reduzieren.

Zusammenfassend kann folgendes gesagt werden. Namentlich durch zahlreiche, im Verlauf der letzten 20 Jahre durchgeführte Untersuchungen sind nunmehr die Grundlagen der Entgasung und Koksbildung in großen Zügen weitgehend aufgeklärt worden. Die vorstehenden Ausführungen sind das Ergebnis einer sehr großen Zahl technisch-wissenschaftlicher Arbeiten. Dennoch ist dieses Gebiet weiterhin eine Fundgrube, die manches wertvolle Ergebnis erhoffen läßt, das daraufhin auch der Praxis die Aufklärung für beobachtete Erscheinungen bringt und Hinweise für betriebliche Änderungen und Verbesserungen aufzeigen wird.

2. Teil

Die Kohlen

Von

Betriebsdirektor Franz Reichard VDI
Frankfurt a. M.

A. Auswahl und Bewertung der Kohlen.

Der wichtigste Rohstoff der Entgasung ist die Steinkohle. Die Braunkohle hat man in den Braunkohlengebieten bereits mit Erfolg zur Stadtgas- bzw. Ferngaserzeugung herangezogen. Entgasung und Verkokung sind heute keine verschiedenen Begriffe mehr, da die Kokereien und die Gaswerke die gleiche Aufgabe zu erfüllen haben, nämlich den Rohstoff Kohle in möglichst hochwertige Produkte zu verarbeiten, insbesondere den rohen Brennstoff zu zerlegen in Edelbrennstoffe.

In fester Form wird auf diese Weise gewonnen: der Hochofenkoks, der Gießereikoks, der Koks für Industrieöfen, für Gasgeneratoren und der Koks als rauch- und rußfreier Hausbrand; in Gasform: das Stadt- oder Ferngas für Industrie, Gewerbe, Haushalt und gasförmigen Treibstoff, und schließlich in flüssiger Form: Benzol, Toluol, Xylol für Treibstoff und chemische Zwecke.

Die Gleichheit der Aufgaben und damit der Verarbeitung des Rohstoffs Kohle brachte es mit sich, daß die Gasindustrie auch die gleichen Anforderungen an den Rohstoff Kohle stellt wie die Kokerei. Die Auswahl und die Bewertung der Kohlen kann daher in den meisten Fällen nicht nur nach ihrem Gaswert, auch nicht ausschließlich nach ihrem Kokswert erfolgen, sondern es müssen in der Regel eine Vielzahl von technischen und wirtschaftlichen Gesichtspunkten berücksichtigt werden, um einen besten Gesamtwert aller Erzeugnisse aus dem durch Entgasung durchgeführten Veredelungsprozeß der Kohle zu erzielen. Solange zur Bewertung der Kohle die Gasausbeute und daneben die Ausbeute an Nebenprodukten für die Gasindustrie allein bestimmend waren und die Entgasung in der Retorte vorgenommen wurde, konnten die in der Lehr- und Versuchsanstalt in Karlsruhe von Hans und Karl Bunte[1]) erstmalig nicht nur laboratoriumsmäßig, sondern in technischem, wenn auch verkleinertem Maßstab durchgeführten Entgasungsversuche fast aller in deutschen Gaswerken zur Entgasung kommenden Kohlen unmittelbar für ihre Bewertung in der Praxis verwendet werden. Wenn auch mit der Entwicklung der Entgasungsräume von der Retorte zur Kammer die in der Versuchsgasanstalt in der Retorte erhaltenen Werte, sowohl was Gaszusammensetzung und Nebenproduktenausbeute angeht, als auch insbesondere hinsichtlich der Koksbeschaffenheit den

[1]) Journ. f. Gasbel. **52** (1909), S. 725.

heutigen Verhältnissen in vielen Fällen nicht mehr gerecht werden können, so bilden die von K. Bunte[1]) und der Lehr- und Versuchsanstalt durchgeführten Untersuchungen und ausgearbeiteten Prüfverfahren noch heute die Grundlagen für das Erkennen und Beurteilen des zur Verwendung kommenden Rohstoffs. Mit der Bezeichnung der Zeche ist die Kohle in der Regel nicht eindeutig bestimmt, da die meisten Zechen verschiedene Flöze gleichzeitig abbauen, die verschiedenes Alter und damit unterschiedliche Eigenschaften aufweisen.

Für die laufende Kontrolle der Kohlenlieferungen genügt im allgemeinen die Feststellung des Wasser- und Aschengehaltes[2]) sowie die Verkokungsprobe[3]). Der Schwefelgehalt wird häufig ebenfalls festgestellt. Aus den ersten drei Bestimmungen ergibt sich die »Rohanalyse« (Immediatanalyse) mit z. B. folgenden Angaben:

Reinkoksausbeute	65,4%
Flüchtige Bestandteile	27,7%
Aschegehalt.	5,5%
Wassergehalt	1,4%
	100,00%

Da vergleichbare Ergebnisse bei dieser Tiegel-Verkokungsprobe nur erzielt werden können, wenn die gleichen Verfahren angewendet werden, ist es ratsam, die genormte Ausführungsform anzuwenden oder zwischen Lieferer und Abnehmer der Kohle die Methode vorher zu vereinbaren.

Die Verkokungsprobe zeigt das Verhalten der Kohle beim Erhitzen und die Koksausbeute. Aus der Länge und Leuchtstärke der Flamme der entweichenden Gase und aus der Beschaffenheit des Koksrückstandes kann man die Kohle in eine der nachstehenden Gruppen eingliedern:

Zahlentafel 1.

Allgemeine Einteilung der Steinkohlenarten nach dem Verhalten bei der Verkokung[3]):

	Koksbeschaffenheit
Sandkohlen	pulvrig
Gesinterte Sandkohlen . . .	gesintert, zum Teil locker
Sinterkohlen	gesintert
Backende Sinterkohlen . . .	gebacken, nicht gebläht, zerklüftet
Backkohlen	stark gebacken, fest, gebläht

Für die Verkokung werden koksbildende Kohlen, die in der Zahlentafel 2 mit backende, fette Steinkohlen bezeichnet sind, verlangt. Die

[1]) Journ. f. Gasbel. **62** (1919), S. 34 u. 504.
[2]) Normblatt DIN DVM 3721.
[3]) Normblatt DIN DVM 3725.

Zahlentafel 2.

Kennzeichnung und Vorkommen der deutschen Steinkohlenarten[1]).

Gehalt der Reinkohle an flüchtigen Bestandteilen in %	Kohlenart		Beschaffenheit des Kokses und der flüchtigen Bestandteile	Hauptvorkommen
	Einteilung nach der Tiegelprobe	Handelsbezeichnung		
44 42 40 38	Trockene oder Sinter-Steinkohle	Flamm- und Gasflammkohle	Koks gesintert, zum Teil locker, Gas matt mit langer Flamme	Ruhr, Saar, Oberschlesien und Sachsen
36 34 32 30	Backende, fette Steinkohle	Gaskohle (Saarfettkohle)	Koks gebacken, zerklüftet, Gas fett, lange Flamme	Ruhr, Saar und Niederschlesien
28 26 24		Fett- oder Kokskohle	Koks stark gebacken, fest, Gas fett, mittellange stark leuchtende Flamme	Ruhr, Aachen und Niederschlesien
22 20 18 16	Halbfette oder Sinter-Steinkohle	Eßkohle	Koks gesintert, Gas halbfett, kurze, wenig leuchtende Flamme	Ruhr, Aachen und Niedersachsen
14 12 10 8	Magere Steinkohle	Anthrazit	Koks pulvrig, Gas mager, kurze, nicht leuchtende Flamme	Ruhr und Aachen

Handelsbezeichnung dieser Kohlen ist Gaskohlen und Fett- oder Kokskohlen. Es sind Kohlen geologisch mittleren Alters. Eine starre Grenze gibt es nicht; namentlich in den Fällen, wenn Kohlen gemischt werden, kommen auch Kohlen höheren und geringeren Alters als Zusatzkohle mit zur Verwendung.

Während die Gaskohlen mit einem Gehalt an flüchtigen Bestandteilen von rd. 30 bis 36% einen Höchstwert an Gasausbeute und Heizwert aufweisen, liefern die Kokskohlen mit einem Gehalt an flüchtigen Bestandteilen von rd. 16 bis 30% Höchstwerte an Koksausbeute und Koksfestigkeit. Geeignete Mischungen von Gaskohlen mit Kokskohlen mit einem Gehalt von nicht über 26% Flüchtigem können gute Ausbeute mit Erzeugung eines guten, festen Kokses vereinen. Zur genaueren Cha-

[1]) In Anlehnung an die Kohleneinteilung nach Schondorff, Z. Berg-, Hütt.- u. Salinenw. 1875, S. 135 entn. aus Koppers Handbuch der Brennstofftechnik, 2. Aufl. Essen (1937), S. 222.

rakterisierung der Kohle wird die Elementaranalyse und die Heizwertbestimmung angewandt. Zwischen dem Heizwert der Kohle und dem im Koks zurückbleibenden bzw. dem Heizwert des erhaltenen Gases besteht ein enger Zusammenhang. Der Heizwert der Kohle findet sich bis auf wenige Prozente in den Erzeugnissen wieder vor. Aus dem Heizwert des Gases, vervielfacht mit der Gasmenge, ergibt sich die Heizwertzahl[1]), auch Gaswertzahl genannt, eine für die Bewertung der Gaskohlen wichtige Größe. Diese Zahl gibt an, wieviel Wärmeeinheiten in Form von Gas die untersuchte Kohle liefert. Bei Erzeugung von Mischgas muß man beachten, daß eine Kohle mit kleinerer Gaswertzahl, aber höherem Kohlengasheizwert, eine größere Mischgasausbeute ergeben kann als eine andere mit höherer Gaswertzahl, aber niedrigerem Heizwert. Die Bestimmung der Gaswertzahl erfolgt im allgemeinen nach der Methode von R. Geipert[2]).

Aus der von N. Heßler[3]) veröffentlichten Darstellung der Abhängigkeit des Gasheizwertes, der Gasausbeute und der Gaswertzahl von dem Gehalt an flüchtigen Bestandteilen von Kohlen verschiedener Herkunft geht hervor, daß die Gasausbeute bei den meisten Kohlen, bezogen auf Reinkohle, nur geringe Unterschiede aufweist, daß der Gasheizwert mit dem Gehalt an flüchtigen Bestandteilen langsam ansteigt, mit Ausnahme der Kohlen aus Oberschlesien. Bei den oberschlesischen Kohlen erreicht der Gasheizwert bei einer Kohle mit 33% flüchtigen Bestandteilen einen Tiefpunkt, bei der Ruhrkohle mit 33% flüchtigen Bestandteilen einen Höhepunkt. Die Ursache für den Abfall, bei weiterer Zunahme der flüchtigen Bestandteile, ist in der Zunahme des Sauerstoffgehaltes der hochflüchtigen Kohle zu suchen. Der Sauerstoff bildet zu einem großen Teil mit dem Wasserstoff der Kohle Wasser, zum anderen Teil wird er als Kohlendioxyd abgespalten. Infolge eines anderen Verlaufes der Zersetzungsvorgänge bei artverschiedenen Kohlen, die zur Gasbildung führen, können unmittelbare Schlüsse aus der Höhe des Gehaltes an flüchtigen Bestandteilen auf die zu erwartende Höhe der Gasausbeute nicht immer gezogen werden. Hier muß die Kenntnis der Elementaranalyse, in diesem Fall die Kenntnis der Höhe des Sauerstoffgehaltes die Beurteilung der Kohle unterstützen.

Ebenso wie für die Gasbildung sowohl Vorgänge im Entgasungsraum als auch Eigenschaften der Kohle maßgebend sind, so spielen für die Koksbildung sowohl Vorgänge während der Verkokung als auch Eigenschaften der Kohle eine Rolle. Die wichtigsten davon sind: Schmelzvermögen, Backfähigkeit, Blähen und Treiben, worüber im vorstehenden Abschnitt (1,1) näheres ausgeführt ist.

---

[1]) K. Bunte u. H. Schneider, Zum Gaskursus, 1929, S. 158.
[2]) Gas- und Wasserfach **70** (1927), S. 15.
[3]) Gas- und Wasserfach **76** (1933), S. 881, 899.

Schüttgewicht[1]), Wassergehalt[2]) und Korngröße der Kohle haben Einfluß auf den Treibdruck. Hohes Schüttgewicht erhöht den Treibdruck, begünstigt andererseits die Dichtheit des Kokses. Der Wassergehalt wirkt sich nach mehreren Richtungen nicht einheitlich aus. Mit steigendem Wassergehalt fällt zunächst das Schüttgewicht, und erst bei weiterer Zunahme nimmt das Schüttgewicht wieder zu. Ähnlich verhält sich der Wassergehalt der Kohle hinsichtlich des Unterfeuerungsaufwandes. Bis zu einem Gehalt von etwa 8% wirkt sich der Wassergehalt günstig auf den Unterfeuerungsverbrauch aus. Man begründet diese Feststellung damit, daß der Wasserdampf die Wärmeübertragung von der Kammerwand nach dem Kohlenkern zu begünstigt. Andererseits darf man den mehrbelastenden Einfluß eines hohen Wassergehaltes auf die Kondensationsanlage nicht außer acht lassen. Die Korngröße der Kohle hat insofern Einfluß auf den Treibdruck, als, je feiner das Korn der Kohle, um so mehr der Treibdruck vermindert wird. Gleichzeitig wird das Schüttgewicht verringert. Man ist also in der Lage, durch Feinmahlen der Kohle, in der Kammer Kohlen zu entgasen, die bei gröberer Körnung, des zu hohen Treibdruckes wegen, nicht mehr zu verwenden ist. Die Feinkohle eignet sich besonders deshalb für die Verkokung, weil nur bei feinem Korn die Möglichkeit gegeben ist, die in jeder Kohle vorhandenen verschiedenen Bestandteile innig und gleichmäßig zu vermischen, was die Voraussetzung ist, um einen guten Koks von einheitlichem Gefüge zu erhalten. Man nimmt für einen festen, großstückigen Koks aus Feinkohle in Kauf, daß das ausgebrachte Koksgewicht kleiner ist als das aus grobstückigen Kohlen mit einem höheren Schüttgewicht.

Besonders wichtig für die Beurteilung einer Kohle ist selbstverständlich der Aschengehalt.

K. Bunte[3]) hat an einem Beispiel ausgerechnet, daß 1% Asche einen Mehraufwand von rd. RM. 0,38/t an Kohlenkosten einschließlich Transportkosten, Unterfeuerung, Entgasungsraum und Bedienung verursacht. Der Aschengehalt beeinträchtigt zunächst die Backfähigkeit der Kohle. Da die Asche bei der Entgasung der Kohle im Koks sich wiederfindet, so steigt ihr prozentualer Gehalt mit der Gasausbeute. Der Aschengehalt der Kohle beeinflußt also in erhöhtem Maße den Heizwert des Kokses. Es kommt jedoch nicht nur auf die Menge an Asche an, sondern auch auf ihr Verhalten in der Hitze. Man bevorzugt Kohlen mit einem hohen Aschenschmelzpunkt, da das Fließen der Schlacke, überhaupt das Verhalten der Asche im Feuer, bei der Verwendung des Kokses eine große Rolle spielt. Man muß die sog. innere Asche unterscheiden, die mit den einzelnen Gefügebestandteilen der Kohle innig verbunden ist und durch

[1]) Glückauf **66** (1930), S. 834.
[2]) Gas- und Wasserfach **77** (1934), S. 273.
[3]) Gas- und Wasserfach **77** (1934), S. 273.

äußere Mittel nicht getrennt werden kann, und die äußere Asche, die in Gestalt von Schiefer, Letten oder sonstigem Nebengestein aus dem Gebirge herrührt. Dieser Anteil ist, vor allem bei ungewaschener Kohle, gewöhnlich höher als der der inneren Asche. Allerdings ist auch der Schmelzpunkt der äußeren Asche häufig höher wie der der inneren. Immerhin kann man durch sorgfältige Aufbereitung der Kohle den Anteil der äußeren Asche erheblich vermindern, und das ist der Grund, weshalb man in der Kokereitechnik gewaschene Kohlen und, aus früher genannten Gründen, gewaschene Feinkohlen fast ausschließlich verwendet.

Auch das Ausbringen der Nebenprodukte, wie Teer, Ammoniak und Benzol ist sowohl von der Art der Verkokung wie von der Eigenart der Kohle abhängig.

Dadurch, daß die Kohle kein einheitliches Gebilde ist, wird ihre Auswahl sehr erschwert. Sie ist ein Naturstoff mit sehr verschiedenartigem Charakter, der ihr Verhalten beim Verkoken stark beeinflußt. Sie ist über die ganze Erdoberfläche mehr oder minder verbreitet und besitzt, je nach der Herkunft und Alter, verschiedene stoffliche Eigenschaften sowohl physikalischer als chemischer Natur.

Die Forschungen über die Gefügezusammensetzung der Steinkohle, die Verkokungseigenschaften der Einzelbestandteile und über die ihrer Mischungen sowie die sonstigen physikalischen, chemischen Untersuchungen über das Erweichungsverhalten, den Entgasungsverlauf und über die Art und Verteilung von Öl- und Festbitumen in der Kohle halfen mit, unseren wichtigsten Rohstoff, die Kohle, immer vollkommener in der Gas- bzw. Koksindustrie auszunutzen.

Es ist gelungen, die Kohlenbasis zu verbreitern, den Anteil der Gaskohlen zur Koksherstellung durch Zusatz von Magerungsmitteln zu erhöhen, die Güte des Kokses zu verbessern und das Ausbringen an Nebenprodukten zu vermehren.

Bei Kohlenmischungen darf aus dem Verhalten der einzelnen Kohlensorten für sich nicht ohne weiteres auf das Verhalten der Mischung geschlossen werden, namentlich bei artverschiedenen Kohlen. Die Auswahl der zur Mischung geeigneten Kohlen kann vorläufig nur durch Versuche festgestellt werden. Es empfiehlt sich, auf die Laboratoriumsversuche zuerst einen Großversuch in einer Kammer durchzuführen, ehe die Mischung betriebsmäßig zur Anwendung kommt. Das Schmelzverhalten der einzelnen Sorten muß übereinstimmen. Die Mischung muß vollkommen gleichmäßig sein.

Wie O. Huppert[1]) anführt, soll man folgende Kohlen nicht unvermischt entgasen:

a) Treibende alte Kokskohle, weil sie die Kammerwände gefährdet,
b) stark backende und zugleich stark treibende Kohle, da sie einen minderwertigen, schaumigen Koks gibt,

[1]) Gas- und Wasserfach **74** (1931), S. 49.

c) Kohle mit starker Nachentgasung, weil der Koks infolge des zu starken Schwindens splittrig wird,

d) Kohle mit sehr geringer Nachentgasung, da infolge des ungenügenden Schwindens das Ausstoßen des Kokses erschwert wird,

e) Kohle mit zu starker Vorentgasung, weil dabei sich die Backfähigkeit vermindert.

Im Gegensatz zur Verkokung ist man nach P. Damm bei der Schwelung nicht an backende Kohlen gebunden. Das ist ein nicht zu unterschätzender Vorteil der Schwelung, der wirtschaftlich sehr bedeutungsvoll sein kann.

Wenn bei einer Förderung von 107 Millionen t Ruhrkohlen im Jahre 1936 Gas- und Flammkohlen nur mit rd. 20%, Fettkohlen dagegen mit

Zahlentafel 3.

Anzahl der deutschen Kohlenreviere sowie der ausländischen Lieferstaaten an der deutschen Kohlenversorgung und an dem Verbrauch der deutschen Gaswerke:

Gewinnungsbezirke	Verbrauch der Gaswerke[1])	Deutscher Gesamtkohlen-Verbrauch	
	1935 %	1935 %	1936 %
Steinkohlenreviere:			
Ruhrbezirk	60,2	59,8	60,5
Aachen	3,3	5,1	4,9
Saarland	5,2	5,7	6,5
Oberschlesien	12,0	16,2	15,8
Niederschlesien	6,8	3,9	3,7
Sachsen	2,5	3,0	2,8
Übrige deutsche Bezirke	0,2	1,6	1,5
Deutschland insgesamt:	90,2	95,3	95,7
England	9,4	2,7	2,5
Holland	0,4	1,4	1,2
Andere Länder	—	0,6	0,6
Deutsche und ausländische Lieferstaaten insgesamt:	100	100	100
Braunkohlenreviere:			
Ostelbien	—	26,2	26,3
Mitteldeutschland	—	41,6	41,6
Rheinland	—	25,9	26,2
Bayern	—	2,8	2,7
Deutschland insgesamt:	—	96,5	96,8
Tschechoslowakei	—	3,5	3,2
Deutsche und ausländische Lieferstaaten insgesamt:	—	100	100

[1]) Glückauf 73 (1937), S. 270, 939.

rd. 68%, Magerkohlen mit rd. 5% und Eßkohlen mit rd. 7% beteiligt waren, so sieht man aus diesen Zahlen, daß die Flözgruppe Fettkohle sehr angespannt ist. Wie hoch sich der Anteil der deutschen Kohlenreviere sowie der ausländischen Lieferstaaten an der deutschen Kohlenversorgung und an dem Verbrauch der deutschen Gaswerke prozentual stellt, zeigt Zahlentafel 3.

In ihrer Veröffentlichung »Notwendigkeit und Zielsetzung der Steinkohlenaufbereitungsforschung« stellen Fr. Herbst und F. L. Kühlwein[1]) den Grundsatz auf, daß bei der Verkokung von einer gut backenden und so reinen Feinkohle auszugehen sei, daß der Gehalt an Asche + Schwefel + Wasser unterhalb 10% bleibt. Nach den Erfahrungen des Verfassers wird man diese Garantie heute noch nicht vom Bergbau erhalten. Man kann bei Feinkohlen 6% Asche und 8% Wasser als obere Grenze zur Zeit als normal ansehen.

Mit der rechnerischen Feststellung des wirtschaftlichen Wertes der Kohle hat sich eingehend R. Geipert[2]) befaßt. K. Bunte[3]) kommt bei seiner Überprüfung des Geipertschen Schemas nach heutigen Gesichtspunkten zu dem Ergebnis, daß die Kohlenbewertung im wesentlichen eine Frage des Koksmarktes ist.

L. Winkler[4]) hat in seiner betriebswirtschaftlichen Untersuchung dieser Frage gefunden, daß bei den zugrunde liegenden örtlichen Verhältnissen die Entgasung von Kokskohlen wirtschaftliche Vorteile gegenüber der Entgasung von Gaskohlen bringt, sofern der Kokserlös etwa RM. 1,— über dem Kohleneinstandspreis liegt.

Bei der Verwertung der Kohlen für Gaswerke darf man nicht vergessen, daß rd. 70% des Heizwertes der Kohle in den Koks übergehen und nur rd. 23% in das Gas. Es liegt daher im Interesse des Gaswerks und im Sinne gesunden Wirtschaftens, daß diese 70% als Qualitätskoks auf den Markt kommen.

Man kann heute nicht mehr wie früher, als das Gas noch einen Monopolpreis hatte, den Wert des im Gas gewonnenen Heizwertes der Kohle mit dem Durchschnittserlös des verkauften Gases bemessen, sondern nur mit dem Marktpreis, der vom Ferngas frei Behälter bestimmt wird. Während also früher die Gegenüberstellung der Werte der Heizwerte in Gas- und Koksform etwa lautete:

10000 kcal als Gas in 2 m³ je 12,5 Pf. rd. 25 Pf.,
10000 » als Koks in 1,5 kg je 2 Pf. 3 Pf.,

sieht heute die Aufstellung etwa aus:

10000 kcal als Gas in 2,25 m³ je 3,5 Pf. rd. 8 Pf.,
10000 » als Koks in 1,5 kg je 2,4 Pf. rd. 3,5 Pf.,

[1]) Glückauf **70** (1934), S. 990.
[2]) Journ. f. Gasbeleuchtung **52** (1909), S. 253.
[3]) Gas- und Wasserfach **77** (1934), S. 273.
[4]) Gas- und Wasserfach **77** (1934), S. 377.

d. h. früher konnte man sagen, daß der Wert des im Gas gewonnenen Heizwertes etwa 8—9mal so groß ist, wie des im Koks vorhandenen Heizwertes; heute ist der Wert des im Gas gewonnenen Heizwertes nur etwa 2—3mal so groß, wenn man den Marktpreis von Ferngas frei Behälter zugrunde legt.

Die Ammonsulfatherstellung, die von den meisten größeren Gaswerken und Kokereien betrieben wird, leidet unter dem Wettbewerb des synthetischen Stickstoffes so sehr, daß mehrere Werke dazu übergegangen sind, entweder das Ammoniak durch Verbrennung des gasförmigen NH_3 zu vernichten, z. B. nach dem Verfahren Stief[1]), Hamburg, oder das Ammoniakwasser mit geringer Konzentration in die Kanalisation abzulassen, soweit das Wasser mit etwa 1% Ammoniakgehalt nicht der Landwirtschaft unmittelbar abgegeben wird.

Inwieweit das Katasulfverfahren oder andere im Versuchszustand befindlichen Verfahren in der Lage sein werden, die Aufgabe der wirtschaftlichsten Verwertung des bei der Gaserzeugung zwangläufig anfallenden NH_3 zu lösen, muß die Erfahrung mit Großanlagen lehren. Jedenfalls kann nur eine Lösung in Frage kommen, die den Bezug der teueren Schwefelsäure, die zur Zeit für Ammonsulfatherstellung erforderlich ist, überflüssig macht. Es ist eine dringende Aufgabe der Gastechnik, das Erstgeburtsrecht des Kohlen-Ammoniaks zu verteidigen und seine Vernichtung im Zeitalter der bestmöglichen Rohstoffausnützung nur als eine vorübergehende Notlösung gelten zu lassen.

Im Gegensatz zu den vorgenannten Nebenprodukten hat das Benzol von Jahr zu Jahr größere wirtschaftliche Bedeutung erreicht. Der Treibstoffhunger infolge der fortschreitenden Motorisierung des Verkehrs zwingt in allen ölarmen Ländern das im Gas befindliche Benzol als Motorentreibstoff zu gewinnen.

Liegt die Benzolerzeugung danach im volkswirtschaftlichen Interesse, so bringt sie auch betriebswirtschaftliche Vorteile und beeinflußt die Gestehungskosten des Gases im günstigen Sinne[2]). Gegenüber den anderen Nebenprodukten hat die Gewinnung von Benzol den großen Vorteil, daß sie nicht zwangläufig ist. Bei 27 g Benzol in 1 m³ Steinkohlengas und Entzug von 25 g = 250 kcal sollen folgende Werte zugrunde gelegt werden:

1. Mischgas (Stadtgas): 4200 kcal/m³.
2. Steinkohlengas (nicht entbenzoliert): 5000 kcal/m³.
3. Steinkohlengas (entbenzoliert): 4750 kcal/m³.
4. Wassergas: 2750 kcal/m³.

---

[1]) DRP. 641267 (1937). Ztschrft. VDI **82** (1938), S. 462.

[2]) Gas- und Wasserfach **68** (1925), S. 90; **73** (1930), S. 509; **76** (1933), S. 775; **77** (1934), S. 377; **77** (1934), S. 457.

Bei nichtentbenzoliertem Kohlengas sind zu mischen:

$$\frac{4200 - 2750}{5000 - 2750} = \frac{1450}{2250} = 0{,}644 \text{ m}^3 \text{ Steinkohlengas}$$

mit 0,356 » Wassergas

1,000 m³ Mischgas.

Bei entbenzoliertem Kohlengas sind zu mischen:

$$\frac{4200 - 2750}{4750 - 2750} = \frac{1450}{2000} = 0{,}725 \text{ m}^3 \text{ Steinkohlengas}$$

mit 0,275 » Wassergas

1,000 m³ Mischgas.

Sobald daher der Preis des Wassergases über dem des Steinkohlengases liegt, ist der Kubikmeter Mischgas beim Nichtentbenzolieren teurer. Es zeigt sich auch hier, daß die Preisspanne zwischen Koks und Kohle neben der Höhe des Erlöses für Benzol die Wirtschaftlichkeit der Benzolgewinnung und damit auch indirekt die Gasgestehungskosten in günstiger Weise beeinflußt.

Zusammenfassend kann man sagen, daß niedere, d. h. für die Verwendung des Gases in Gewerbe und Industrie tragbare Gaspreise nur dann erzielt werden, wenn durch einfache Verfahren möglichst hochwertige, zu guten Preisen absetzbare Beiprodukte bei der Gaserzeugung mit hergestellt werden. Durch richtige Wahl des Rohstoffes Kohle, der Verfahrenstechnik und der Betriebsweise, ist die Gewinnung dieser Erzeugnisse entweder unmittelbar oder durch Umwandlung in veredelter Gestalt zu erreichen.

Wenn man erkennt, wie einflußreich der Erlös aus dem Verkauf der Beiprodukte, insbesondere des Kokses auf die Gestehungskosten des Gases ist, so muß man folgern, daß bei der gegenseitigen Abhängigkeit der Anfallmengen von Gas und der Beiprodukte die Grenze der wirtschaftlichen Gaserzeugung dort liegt, wo die Grenze der Aufnahmefähigkeit für die Nebenprodukte, in der Hauptsache des Kokses, liegt. Hierbei wird das beste Ergebnis erzielt, wenn der Absatz des Kokses im Nahverkehr des eigenen Gasversorgungsgebietes, also ohne Belastung durch Ferntransportkosten, erfolgen kann.

Das bis jetzt erstmals in Hameln im Großbetrieb durchgeführte Verfahren der Entgiftung[1]) des Stadtgases belastet die Gestehungskosten des Stadtgases nach den bekanntgegebenen Zahlen zwischen 0,2 und 0,3 Pf. je m³. Vom Wiener Bösner-Marischka-Verfahren der Gasentgiftung liegen Erfahrungszahlen über die Kosten noch nicht vor.

In den letzten Jahren sind Verfahren entwickelt worden, die Braunkohle zur Herstellung von normgerechtem Stadtgas zu verwenden.

---

[1]) Gas- und Wasserfach **8** (1935), S. 573/593; **80** (1937), S. 114.

Hervorgetreten sind das Kasseler Gleichstrom-Entgasungsverfahren[1]) und das Vergasungsverfahren nach Lurgi[2]), das die Stadt Zittau von der Braunkohlenzeche Hirschfelde mit Gas versorgt.

Danach hat die heutige Verfahrenstechnik die Schwierigkeit des hohen Wassergehaltes der Braunkohle für die Entgasung und die Zurückführung des hohen Kohlendioxydgehaltes des daraus gewonnenen Gases auf ein für Stadtgas zulässiges Maß in wirtschaftlicher Weise gelöst, so daß bei Bewährung dieses Verfahrens günstige Gestehungskosten für Stadtgas aus Braunkohle in den Städten der Braunkohlengebiete zu erwarten sind.

Die Berechnung der Gasgestehungskosten dient nicht nur der Betriebskontrolle und dem Vergleich, sondern sie gibt vor allem auch die Grundlage für einen sachgemäßen Aufbau von Tarifen. Hierbei ist es besonders wichtig, daß die Erzeugungskosten frei gehalten werden von allen Kosten, die die Verwaltung und Gasverteilung betreffen.

H. Winterer[3]) weist mit Recht auf die Schwierigkeiten eines gerechten Vergleichs der Betriebskosten verschiedener Werke hin, solange nicht einheitliche, genaue Richtlinien für alle Werke bestehen. Alle örtlich bedingten Kostenteile müssen ausgeschieden oder getrennt verglichen werden. Auch die soziale Einstellung der zum Vergleich kommenden Werke muß berücksichtigt werden. Schließlich muß der Kapitaldienst gleichartig gehandhabt werden, wenn er bei den Vergleichen mit herangezogen werden soll.

Schrifttumsverzeichnis.

Kukuk, P., Unsere Kohlen, 3. Aufl., Leipzig 1924.
Gluud, W., Handbuch der Kokerei I, Halle 1927.
Bunte, K. u. Schneider, H., Zum Gaskursus, Karlsruhe 1929.
Schäfer, A., Einrichtung und Betrieb eines Gaswerks, IV. A. München 1929.
Ruhrkohlen-Handbuch, Berlin 1937.
Koppers, Handbuch für Brennstofftechnik, Essen 1937.

B. Gasgestehungskosten.

Die Selbstkosten des bei der Kohlenentgasung gewonnenen Gases allgemeingültig festzustellen, ist eine Aufgabe, die bis heute noch nicht einwandfrei nach den Grundsätzen einer neuzeitlichen Betriebswirtschaftslehre gelöst ist.

Die Schwierigkeit liegt darin, daß bei der Entgasung bzw. Verkokung der Kohle gleichzeitig mehrere Erzeugnisse, wie Gas, Koks, Teer, Ammoniak, zwangläufig anfallen, für die ein gemeinsamer restlos gültiger Wertmesser fehlt. Mangels dieses Schlüssels ist es daher

[1]) Braunkohle **35** (1936), S. 495.
[2]) Gas- und Wasserfach **80** (1937). S. 806.
[3]) Gas- und Wasserfach **81** (1938), S. 98.

schwer, die Rohstoffkosten (Kohle) auf die einzelnen Erzeugnisse anteilgemäß zu verteilen. Dies ist aber die Voraussetzung für die einwandfreie Feststellung der Einzelselbstkosten.

Die Kosten der Gasgestehung werden daher heute allgemein dadurch festgestellt, daß alle Aufwendungen des Erzeugungsbetriebes vom Rohstoff bis zum fertig aufbereiteten Gas frei Gasbehälter zusammengerechnet und davon die Einnahmen aus den Nebenprodukten abgesetzt werden. Der übrigbleibende Rest ergibt die Gasgestehungskosten. Daher wird diese Berechnungsweise auch Restwertrechnung genannt.

Diese Rechnungsmethode verzichtet auf die Feststellung der Rohstoffkosten der Kuppelprodukte des Gases, also der Beiprodukte Koks, Teer, Benzol usw., läßt nur deren Bearbeitungskosten aus der Kostenstellenrechnung erfassen und ermittelt die Gestehungskosten nur für das Haupterzeugnis Gas unter Zuhilfenahme des allen Preisschwankungen des Marktes unterworfenen Erlöses aus dem Verkauf der zwangläufig anfallenden Nebenprodukte.

Einerseits muß es vom betriebswirtschaftlichen Standpunkt aus als Mangel der Restwertrechnung angesehen werden, daß die Gasgestehungskosten abhängig sind von den Preisschwankungen des Marktes der Kuppelprodukte. Dieser Markt läßt sich deshalb so schwer beherrschen, weil der Anfall der Beiprodukte zwangläufig mit der Gaserzeugung gekuppelt ist. Wie sehr man daher nach einer besseren Kalkulationsmethode Ausschau hält, wie eingangs auseinandergesetzt, so sehr scheint andererseits diese innige Verknüpfung so vieler Produkte bei der Gaserzeugung von Vorteil gewesen zu sein für die technische und wirtschaftliche Entwicklung der Gasindustrie.

Solange dem Gas eine wettbewerbsfreie Stellung in der zentralen Licht- und Wärmeversorgung zukam — und diese Zeitspanne umfaßt viele Jahrzehnte — spielten die Kuppelerzeugnisse bei der Gaserzeugung keine bedeutende Rolle; daher der Name »Nebenprodukte«. Der Gaspreis konnte stets auf einer solchen Höhe gehalten werden, daß auch bei ungünstigen Erlösen aus dem Verkauf der Beiprodukte ein hinreichender Gewinn aus dem Gasverkaufsgeschäft verblieb.

Seit der Jahrhundertwende vollzog sich in der Gasverwendung ein gewaltiger Umschwung. Die Elektrizität übernahm von Jahr zu Jahr in steigendem Maße die Lichtversorgung. Das Gas drang in die Wärmeversorgung, namentlich der Haushalte, ein, in Gebiete, die seither dem festen Brennstoff restlos vorbehalten waren. Dies brachte eine außerordentliche Zunahme der Gasverwendung. Allerdings erst dann war die Werbung des Gases zu Koch- und Heizzwecken von Erfolg gekrönt, als man von dem hohen Lichttarif abging und Sondertarife für Koch- und Heizgas einführte.

Interessant ist es zu verfolgen, wie die Gaswerke diese Senkung der Einnahme je Kubikmeter ausglichen durch Herabsetzen der Gestehungskosten. Zunächst brachte die Einführung des Gases zu Kochzwecken bzw. im Haushalt beim Backen, Bügeln, Baden eine über das ganze Jahr immer mehr ausgeglichene Belastung und ein Verschwinden der früher üblichen großen Belastungsspitzen in den Wintermonaten.

Es ist immer das beste Mittel zur Herabsetzung von Gestehungskosten gewesen, eine über das ganze Jahr möglichst gleichmäßige Gasabgabe durch Werbung und Tarif herbeizuführen. Die Schwankungen während der Tageszeiten und innerhalb der Woche können im allgemeinen — sofern keine zu großen Industrie- und Heizgasabgaben vorhanden sind — durch die Behälter ausgeglichen werden. Vor allem fielen die früher in den Sommermonaten brachliegenden großen Bereitschaften an Öfen und sonstigen Einrichtungen weg.

Eine große Rolle bei dem Bestreben, die Gestehungskosten zu senken, spielte die Steigerung der Leistungsfähigkeit der Öfen. Es begann geradezu ein Wettlauf der Ofensysteme in bezug auf Grundflächenausnützung. Die Handbedienung wurde durch Maschinenarbeit ersetzt. Die Ausbeute an Gas je Tonne Kohle wurde gesteigert und die Unterfeuerung durch Verbesserung des Heizsystems und Ausnützung der Abwärme auf ein möglichst niedriges Maß gesenkt. Rekuperative und regenerative Beheizungssysteme stritten um den Vorrang. Die Lehr- und Versuchsanstalt in Karlsruhe, das jetzige Gasinstitut, wurde gegründet und gab durch systematische Untersuchungen der Kohlen und ihrer Entgasungseigenschaften, Durchführung von Abnahmeversuchen an Öfen und Gaswerkseinrichtungen und durch Schulung von Ingenieuren und Chemikern der Gasindustrie außerordentlich wertvolles Rüstzeug zur stetigen Verbesserung der Betriebsführung.

Neben diese zahlreichen technischen Maßnahmen, die Gestehungskosten des Gases herabzudrücken, traten solche organisatorischer Art. Die starke Zunahme des Gasverbrauchs brachte einen immer größer werdenden Anfall an Beiprodukten, der sich vor allem beim Koks bemerkbar machte. Der Koksbedarf war örtlich so verschieden, aus Gründen, die hier aufzuführen zu weit gingen, daß man eine zwischenörtliche Regelung des Koksabsatzes anstrebte. Das führte zur Gründung der Wirtschaftlichen Vereinigung Deutscher Gaswerke zu Beginn dieses Jahrhunderts. Entsprechend der geringen Bedeutung der übrigen Beiprodukte wurden diese erst später in das Aufgabengebiet der Wirtschaftlichen Vereinigung mit einbezogen.

Eine außerordentlich wichtige Maßnahme bedeuten weiter die vielen Versuche und Vorschläge, die Gasgestehungskosten nach einheitlichen Richtlinien zu ermitteln. Zur richtigen Erfassung der anfallenden Kosten an der Quelle wurden Kontenpläne ausgearbeitet, die das Gerippe eines geordneten Rechnungswesens bilden.

Diese Schemen haben alle im laufenden Betrieb anfallenden Kosten, insbesondere auch die Löhne und Materialkosten für Betrieb und Unterhaltung, der Betriebs- bzw. Hauptbuchhaltung zur Verrechnung und Gesamtkostenberechnung zu liefern.

Über die verschiedenen Kontenpläne, die in Abwandlung insbesondere der vom Deutschen Verein von Gas- und Wasserfachmännern herausgegebenen und von Obering. Radtke ausgearbeiteten »Richtlinien für die Aufstellung der kaufmännischen Rechnungslegung in deutschen Gaswerken nach einheitlichen Gesichtspunkten« entstanden sind, berichtet kritisch H. Lehmann in seiner Dissertation über Kalkulationsprobleme der Gaswerke. Man erkennt daraus die Schwierigkeiten, die für die Aufstellung eines für alle Gaswerksbetriebe passenden Kontenplanes vorhanden sind. Einerseits bestehen die Schwierigkeiten in den sehr verschiedenen Größen der Betriebe, andererseits in der Verschiedenheit des Rechnungswesens bei Regie- und vergesellschaftlichten Betrieben.

Grundsätzlich soll der Kontenplan die Kosten des gesamten Betriebs, entsprechend der gegebenen Dreiteilung, aufteilen in die Hauptkostengruppen:

Erzeugung, Verteilung, Verwaltung.

Die Kostengruppe »Erzeugung« gliedert sich z. B. in:

1. Gemeinsame Erzeugungskosten:
   10 Gemeinsame Betriebseinrichtungen,
   11 Gemeinsame Transporteinrichtungen.
2. Soziale Leistungen.
3. Erzeugungsbetriebe:
   30 Ofenbetrieb,
   31 Gasaufbereitung und Reinigung,
   32 Koksaufbereitung und Lagerung,
   33 Rohteer-Aufbereitung und Lagerung,
   38 Wassergasbetrieb.
4. Hilfsbetriebe:
   40 Kohlenbezug und -lagerung,
   41 Dampferzeugung unmittelbar oder aus Abhitze,
   42 Stromerzeugung und -bezug,
   43 Wasserförderung und -bezug.
5. Aufarbeitungsbetriebe:
   50 Teerverarbeitung,
   51 Benzolgewinnung und Aufbereitung,
   52 Ammoniakaufarbeitung.
6. Sonderbetriebe:
   60 Dampffernversorgung,
   61 Dampflieferung an Dritte, z. B. an Gasverteilung, Verwaltung.

Die einzelnen Kostenstellen können ihrerseits wieder untergliedert werden, wie z. B. an der Kostenstelle 30 Ofenbetrieb gezeigt werden soll.

30. Ofenbetrieb:

300 Gehälteranteile,
301 Bedienung, Löhne,
302 Geräte und Verbrauchsgegenstände,
303 Kohlenverbrauch,
304 Koksverbrauch für Unterfeuerung bzw. Schwachgas,
305 Dampf, Strom, Wasser, Gasverbrauch,
308 Sonstige Belastungen und Erkennungen,
309 Unterhaltungskosten (Lohn, Material, Rechnungen):

3091 Kohlenfördereinrichtung zwischen Lager und Ofen,
3093 Kohlenbrech-, -mahl- und -mischanlagen,
3095 Ofen mit Fuchs und Kamin,
3096 Kohlenfüll- und Kokstransportanlagen, Ausstoß- und Türabhebemaschinen,
3097 Zentralgeneratoren mit Waschern und Gebläse,
3099 Gebäude:

30990 Kohlenaufbereitung,
30991 Kohlenturm,
30992 Generatorenhaus.

Der gleiche Zahlenschlüssel bei allen Kostenstellen ermöglicht durch Zusammenfassung der unter gleichen Zahlen aufgeführten Kosten der Einzelkonten z. B. die gesamten Gebäudeunterhaltungskosten des ganzen Werkes unmittelbar zu ermitteln. Je nach der Größe des Betriebs wird man die Untergliederung der Konten ausdehnen oder einschränken. Immer muß die Bildung von Kostenstellen Sinn und Zweck haben. Sie muß die ordnungsgemäße Verteilung der einzelnen Kostenarten ermöglichen, z. B. der Löhne, der Gehälter, von Strom, Wasser usw., zwecks möglichst einwandfreier Feststellung der Selbstkosten der Erzeugnisse.

Schließlich soll man die Untergliederung nicht weitertreiben als nötig ist, um die einzelnen Abteilungen des Werkes oder die für den wirtschaftlichen Erfolg wichtigen Tätigkeiten zu prüfen bzw. den Betriebsvergleich zu ermöglichen. Bei größeren Betrieben genügt für die Betriebsabrechnung nicht die Aufteilung der Kosten nach Kostenarten. Man will nicht nur wissen, was für Kosten entstanden sind, z. B. an Rohstoffen, Gehältern, Löhnen usw., sondern man verlangt auch Rechenschaft darüber, an welcher Stelle und durch welche Tätigkeit die Kosten entstanden sind, d. h. man will die Aufteilung der Kostenarten auf die Kostenstellen kennen.

Die Betriebsabrechnung, die je nach der Größe des Betriebs monatlich, vierteljährlich oder bei kleineren Betrieben alljährlich aufzustellen ist, gliedert sich für die Hauptkostengruppe Erzeugung wie folgt:

Betriebsabrechnung nach Kostenarten:

Gaserzeugung ohne Eigenverbrauch im Jahr angenommen rd. 60000000 m³.

Aufwendungen z. B. für je 1000 m³:

Kohlen für Stadtgas	RM.	38,57
» » Starkgasbeheizung	»	4,90
» » Gaseigenverbrauch	»	0,11
» » Dampf	»	1,61
Koks für Dampf	»	1,12
» » Unterfeuerung	»	3,93
» » Wassergas	»	3,29
» » Sonstige	»	0,09
Strombezug von der Stadt	»	—,—
Wasserbezug von der Stadt	»	0,21
Betriebsstoffe	»	0,24
Geräte und Verbrauchsgegenstände	»	0,36
Betriebsgehälter	»	2,74
Betriebslöhne	»	7,63
Unterhaltungslöhne	»	2,31
Unterhaltungskosten, Material	»	2,32
Allgemeine Betriebskosten	»	0,66
Soziale Leistungen	»	1,52
Insgesamt:	RM.	71,61

Erträge, z. B. für je 1000 m³:

Koks	RM.	41,33
Rohteer	»	3,14
Schlacken	»	0,04
Sonstige	»	2,42
Insgesamt:	RM.	46,93

Gestehungskosten (ohne Erlös aus den Aufarbeitungsbetrieben)	RM.	24,68
Erträge der Aufarbeitungsbetriebe	»	5,14
Gasgestehungskosten einschließlich Aufarbeitungsbetriebe (ohne Kapitaldienst)	»	19,54

Betriebsabrechnung nach Kostenstellen:

Aufwendungen, z. B. für je 1000 m³:

10 Betriebseinrichtungen	RM.	5,84
11 Transporteinrichtungen	»	1,10
20 Soziale Leistungen	»	1,52
30 Ofenbetrieb	»	50,67
31 Gasaufbereitung und Reinigung	»	2,21
32 Koksaufbereitung und Lagerung	»	1,90
33 Rohteer und Ammoniakwasser	»	0,63
38 Wassergasbetrieb	»	5,44
Insgesamt:	RM.	69,31

Erträge:

910 Koks	»	41,33
911 Rohteer	»	3,14
912 Schlacken	»	0,04
913 Sonstige	»	—,—
901 Gaseigenverbrauch	»	—,12
Insgesamt:	RM.	44,63

Gestehungskosten (ohne Erlös aus den Aufarbeitungsbetrieben) . . . RM. 24,68

Aufarbeitungsbetriebe.

Aufwendungen, z. B. für je 1000 m³ Gaserzeugung:

50 Teerverarbeitung	RM.	1,14
51 Benzolgewinnung und Aufarbeitung	»	3,37
53 Ammoniakaufarbeitung	»	1,93
Insgesamt:	RM.	6,44

Erträge, z. B. für je 1000 m³ Gaserzeugung:

920 Teererzeugnisse	RM.	2,18
921 Benzolerzeugnisse	»	7,28
922 Ammoniaksalz	»	2,12
Insgesamt:	RM.	11,58

Erlös aus den Aufarbeitungsbetrieben	»	5,14
Gestehungskosten des Gases einschließlich Aufarbeitungsbetriebe (ohne Kapitaldienst)	RM.	19,54

Die Erzeugungskosten werden auf die Erzeugungsmenge umgelegt, und in der Gasindustrie werden sie auf den Kubikmeter Gas als Kostenträger ausgerechnet. Jedenfalls bietet auch die Restwertrechnung, trotz ihrer bereits eingangs angeführten Mängel, bei Herausschälen der wichtigen Kennziffern ein gutes Mittel durch zeitlichen und zwischenbetrieblichen Vergleich, stets über den Betriebsablauf unterrichtet zu sein und ihn richtig zu steuern.

L. Winkler[1]) untersucht in einer Arbeit über Restwertrechnung oder Einzelkostenermittlung in der Kohlenentgasung verschiedene Wege der Einzelkalkulation. Dem naheliegenden Vorschlag der Kostenaufteilung nach festen und flüchtigen Bestandteilen der Kohle fehlt der richtige Maßstab für die wertmäßige Verteilung des Rohstoffs »Kohle«. Auch bringt dieser Vorschlag nur eine Zweiteilung und keine Verteilung auf die vielfachen einzelnen Produkte.

Der zweite Weg ist die Gewichtswertrechnung.

1 t Steinkohlen gibt bei der Entgasung etwa:

160	kg	Steinkohlengas,
750	»	Koks,
40	»	Teer,
7	»	Benzol,
3	»	Ammoniak.

Wenn sich auf dieser Grundlage auch die gemeinsamen Aufarbeitungskosten brauchbar trennen lassen, so kann nach diesem rohen Schlüssel die wertmäßige Verteilung des Rohstoffes Kohle schlecht erfolgen.

Der dritte Weg geht vom Heizwert aus, der zweifellos für die beiden Hauptprodukte Gas und Koks einen einwandfreien Wertmaßstab bildet und für die beiden nächstwichtigen Erzeugnisse Teer und Benzol anwendbar ist. Die Marktbewertung dieser Produkte erfolgt allerdings nach anderen Gesichtspunkten.

Das Ammoniak dagegen kann man nur deshalb diesem Maßstab unterwerfen, weil es heute bei der Entgasung keine wertmäßige Bedeutung besitzt und es daher ziemlich gleichgültig ist, welchem Maßstab es unterworfen wird.

1 t Steinkohlen ergibt bei der Entgasung:

320 m³ Gas von 5000 kcal/m³	= 1600000 kcal	=	22,39%
750 kg Koks von 6800 kcal/kg	= 5100000 »	=	71,37%
40 » Teer von 9000 kcal/kg	= 360000 »	=	5,04%
7 » Benzol von 10000 kcal/kg	= 70000 »	=	0,98%
3 » Ammoniak von 5400 kcal/kg	= 16200 »	=	0,22%
		Insgesamt:	100,00%

Die Mängel der vorgenannten Methoden der Aufteilung werden bei einem vierten Weg vermieden. Man überführt alle Produkte einheitlich in die Gasform und stellt den Gaswert fest, den die bei der üblichen

[1]) Gas- und Wasserfach **79** (1936), S. 129.

Entgasungsweise anfallenden Einzelerzeugnisse besitzen. Es werden daher bei der Gaswertrechnung die in Gasform verwertbaren Wärmeinhalte der Einzelerzeugnisse dem Verteilungsschlüssel zugrunde gelegt.

Nimmt man wieder die gleichen Ausbeuteziffern, so sieht die Aufteilung einer Tonne Kohle nach der Gaswertrechnung etwa aus:

1. Steinkohlengas:
   $320\ m^3 \cdot 5000$ kcal = 1600000 kcal . . . . . . = 29,33%
2. Gas aus Koks:
   750 kg Koks
   0,6 kg Koks/m^3 Gas · 2800 kcal = 3522700 kcal = 64,56%
3. Gas aus Teer:
   In 40 kg Teer sind 360000 kcal, davon 70% in Gas überführbar = 252000 kcal . . . . = 4,62%
4. Gas aus Benzol:
   100% in Gas überführbar = 70000 kcal . . . . = 1,28%
5. Gas aus Ammoniak:
   In 3 kg Ammoniak sind 16200 kcal, davon 70% des Stickstoffgehalts wegen anrechenbar = 11340 kcal . . . . = 0,21%

Zusammen 5456740 kcal = 100,00%

Die Gaswert- und Heizwertrechnung ergeben bei einem Kohlenpreis von RM. 20,— folgende Unterschiede in der Aufteilung der Rohstoffkosten:

	Nach Heizwert RM.	Nach Gaswert RM.
Für Gas	4,48	5,87
» Koks	14,27	12,91
» Teer	1,01	0,92
» Benzol	0,20	0,26
» Ammoniak	0,04	0,04
	20,00	20,00

Die Ergebnisse der vorgenannten verschiedenen Vorschläge, den Kostenanteil der Einzelerzeugnisse bei der Entgasung an dem Rohstoff Kohle festzustellen, zeigen verhältnismäßig geringe Unterschiede, so daß sowohl die Heizwert- wie auch die Gaswertrechnung einen brauchbaren Wert zur wirklichen Selbstkostenberechnung von Gas, Koks, Teer, Benzol usw. aufweisen. Die Gaswertrechnung stellt vielleicht dadurch eine verfeinerte Methode dar, weil sie den Wert der Nebenprodukte nach dem Zustand des Hauptprodukts Gas ausrechnet.

In Anbetracht des geringen Anteils, den Teer, Benzol und Ammoniak der Menge und des Wertes nach an dem Rohstoff Kohle im Verhältnis zu den Hauptprodukten Gas und Koks beanspruchen, kann man den Schönheitsfehler übersehen, den das Anlegen des Heiz- oder Gaswertmaßstabs an Teer und Ammoniak z. B. bedeutet. So notwendig heute auch in der Gasindustrie eine genaue Kalkulation aller Erzeugnisse ist, so hat sich die Einzelkalkulation der Kuppelprodukte noch nicht durchsetzen können.

Alle Selbstkostenberechnungen ergeben, daß die Rohstoffkosten schon bei einem Kohlenpreis von RM. 16/t über die Hälfte aller Aufwendungen für die Gaserzeugung ausmachen. Die Wahl der Kohlen beeinflußt die Gestehungskosten des Gases zu allererst.

L. Winkler[1]) hat in einer Veröffentlichung »Die Nebenprodukte — Träger der Wirtschaftlichkeit« z. B. unter bestimmten Verhältnissen ausgerechnet, daß die Erzeugungskosten je m^3 Gas bei Einsatz von Kokskohle gegenüber Gaskohle, und bei gleichem Preis der beiden Kohlensorten, eine Ermäßigung um rd. 10% erfahren. Das Ergebnis ist bei der Erzeugung einer bestimmten Gasmenge begründet durch die Spanne zwischen Kohlenpreis und Kokserlös und der Höhe des Anfalls an verkäuflichem Koks.

Für den zwischenbetrieblichen Vergleich ist es wichtig, nicht nur die Einsatzkosten der Kohlen, sondern auch den Preis ab Zeche und die Transportkosten ab Zeche frei Lager zu wissen. Ein für die Allgemeinheit so wichtiger Rohstoff wie Kohle kann selbstverständlich bei gleicher Sorte und gleichem Verwendungszweck nur einen Wert haben, gleichgültig, ob er am Fundort oder an einer anderen Wirtschaftsstelle des Landes verarbeitet wird. Lediglich die Transportkosten verändern den Einsatzpreis. Bei einem Schienenweg von rd. 280 km erfordert z. B. die Bahnfracht bereits über 50% des Kohlenpreises, während die Wasserfracht ein Drittel der Bahnfracht beträgt.

Von allen Nebenprodukten beeinflußt der Erlös aus dem Koksgeschäft in überragendem Maß das wirtschaftliche Ergebnis. Die folgende Berechnung läßt die Bedeutung der einzelnen Nebenprodukte erkennen:

Einfluß der Nebenprodukte auf die Erzeugungskosten des Gases[2]).

Z. B.	Jahreserzeugung Stadtgas	60 Mio Nm^3
	75% der Unterfeuerung durch Starkgas	17,24 Mio Nm^3
	Unterfeuerungsbedarf	630 kcal/kg Kohle
	Kohlendurchsatz	180265 t
	Steinkohlengasausbeute	320 Nm^3
	Mischgasausbeute (Stadtgas)	475 Nm^3

[1]) Gas- und Wasserfach 77 (1934), S. 383 u. ff.
[2]) Nach Gas- und Wasserfach 77 (1934), S. 383.

Heizwert des Steinkohlengases. . . .	4941 kcal
Heizwert des Wassergases	2700 »
Heizwert des Zentralgeneratorgases .	1120 »
Heizwert des Stadtgases	4200 »
Koksausbeute	750 kg/t Kohle
Verkäuflicher Koks	547 » »
Teerausbeute	34 » »
Ammoniaksalzerzeugung	12 » »
Benzolauswaschung	8 » »

Kohleneinsatzkosten .	180265 t	18 RM./t	3244770 RM.	5,4 Pf./Nm³
Hiervon ab Erlös aus Nebenprodukten:				
Verkäufl. Koks . . .	98623 t	22 RM./t	2169706 »	3,61 »
» Teer . . .	6129 »	40 »	245200 »	0,41 »
» Ammoniaksalz	2163 »	60 »	129780 »	0,21 »
» Benzol . .	1442 »	320 »	461440 »	0,77 »
		Insgesamt:	3006126 RM.	5,00 Pf./Nm³
Ungedeckte Kohlenkosten:			238644 RM.	0,4 Pf./Nm³

Die Aufstellung zeigt den in der Praxis oft gebrauchten Begriff »ungedeckte Kohlenkosten«, d. i. der nach Abzug des Erlöses aus den Nebenprodukten von den Kohlenkosten übrigbleibende Betrag. Die Erzeugung besten Kokses sichert am ehesten Absatz zu guten Preisen und ermöglicht es dadurch, von der Seite des Kokses die Erzeugungskosten des Gases zu verringern.

Neben der Kohlenauswahl, dem erzielbaren Kokspreis, besteht die Möglichkeit, durch Beheizung der Öfen mit Starkgas den Unterfeuerungskoks zum Verkauf freizumachen und darüber hinaus den Anfall an Koks um die Mengen zu steigern, die sich aus dem Mehrbedarf an Kohlen für die Herstellung des Unterfeuerungsstarkgases ergeben. Wie sich die Starkgasbeheizung der Öfen auf die Erzeugungskosten auswirkt, hat L. Winkler in der obengenannten Veröffentlichung dargestellt.

Auch E. Schumacher[1]) hat in seiner Veröffentlichung »Gerade Wege — feste Ziele in der Gaswirtschaft« ausgerechnet, daß die Starkgasbeheizung der Öfen, d. h. der Kokereibetrieb, auch für kleine Gaswerke große wirtschaftliche Vorteile bringen kann. Aus den vielen Gegenüberstellungen soll eine herausgegriffen werden, um zu zeigen, wie sich die Erzeugungskosten verringern, wenn bei einer Jahresgaserzeugung von 1000000 m³ (Heizwert 4600 kcal/m³ Wärmeverbrauch bei Kokereibetrieb 600 kcal/kg Kohle) vom Gaswerksbetrieb (Gasfahrt) auf Kokereibetrieb (Koksfahrt) übergegangen wird.

[1]) Zeitschr. f. öff. Wirtschaft 2 (1935), S. 376.

Zahlentafel 4.

Gaserzeugung bei einer Jahresgasabgabe von 1000000 m³[1]): Heizwert 4600 kcal, Wärmeverbrauch bei Kokereibetrieb 600 kcal/kg Kohle

	Gaswerkbetrieb	Kokereibetrieb
	m³	m³
Gaserzeugung	1030000	1700000
Starkgasunterfeuerung	—	670000
Sonstiger Gaseigenverbrauch	30000	30000
Stadtabgabe	1000000	1000000
Gleichbleibende Aufwendungen		
Kohlen für Stadtgas bei einer Ausbeute von 330 m³/t = 3030 t à 20,— RM.	RM. 60600.—	RM. 60600.—
Kohlen für Gaseigenverbrauch = 90 bzw. 2120 t à 20,— RM.	1800.—	42400.—
Strom- und Wasserbezug	1500.—	2000.—
Betriebsgehälter	5000.—	5000.—
Betriebslöhne 7 bzw. 8 Mann à 2500,— RM.	17500.—	20000.—
Unterhaltungslöhne 3 Mann à 2500,— RM.	7500.—	7500.—
Unterhaltungsmaterial	3000.—	4500.—
Allgemeine Kosten	2000.—	2000.—
	98900.—	144000.—

Zu diesen gleichbleibenden Aufwendungen kommen die Kokskosten, deren Höhe von der Spanne zwischen Kohlenpreis und Kokserlös abhängig ist; es ergibt sich für eine Spanne von 4,— RM. folgendes Gesamtbild:

Zahlentafel 5.

	Gaswerkbetrieb		Kokereibetrieb	
1. Aufwendungen:	RM.	RM.	RM.	RM.
Gleichbleibende	98900,—		144000,—	
Koksverbrauch für Unterfeuerung = 25% der entgasten Kohlen = 780 t à 24,— RM.	18720,—		—	
Insgesamt:		117620,—		144000,—
Erträge:				
Gleichbleibende Teererzeugung 4% der entgasten Kohle = 124 bzw. 206 t à 40,— RM.	4960,—		8240,—	
Kokserzeugung = 70 bzw. 75% der entgasten Kohlen = 2184 bzw. 3862 t à 24,— RM.	52416,—		92688,—	
Insgesamt:		57376,—		100928,—
Reine Produktionskosten (ohne Kapitaldienst)		60244,—		43072,—
d. i. pro m³		6,02 Rpf.		4,31 Rpf.

[1]) Entnommen der Zeitschr. f. öffentl. Wirtschaft 2 (1935), S. 379.

Von den übrigen Nebenerzeugnissen kann die Mehrerzeugung von Teer bei Koksfahrt die Erzeugungskosten nicht besonders beeinflussen, da beim Übergang von Gaskohlen auf Kokskohlen die Ausbeute an Teer zurückgeht und der Erlös aus Rohteer durch den erhöhten Kohlendurchsatz nicht entsprechend steigt. Bei großen Werken allerdings besteht die Möglichkeit, durch Weiterverarbeitung des Teeres die Einnahmen bei günstigen Absatzverhältnissen für die Teerprodukte zu steigern. Auch bei diesem Nebenprodukt wird die Gastechnik zu einer werterhöhenden Aufbereitung schreiten.

Bei dem anderen zwangsläufig anfallenden Nebenprodukt, dem Ammoniak, ist die von Jahr zu Jahr zurückgehende Wirtschaftlichkeit seiner Verarbeitung geradezu zu einem Problem der Gasindustrie geworden.

Schrifttumsverzeichnis.

Radtke, Berth., Die Betriebsorganisation der Frankfurter Gasgesellschaft in ihrer Entwicklung. Selbstverlag des Deutschen Vereins von Gas- und Wasserfachmännern, E. V., Berlin, 1922.

Radtke, Berth., Werksaufbau, München 1926.

Schmahlenbach, Prof. Dr., Grundlagen der Selbstkostenberechnung und Preispolitik, Leipzig 1927.

D. V. v. Gas- und Wasserfachmännern: Richtlinien für die Aufstellung der kaufmännischen Rechnungslegung in deutschen Gaswerken nach einheitlichen Gesichtspunkten. München 1928.

Wittig, H., Der Betriebsvergleich kommunaler Gaswerke, Berlin 1931.

Lehmann, H., Kalkulationsprobleme der Gaswerke, Inaugural-Dissertation Universität Frankfurt, Frankfurt am Main 1923.

Reichskuratorium für Wirtschaftlichkeit: Größere Wirtschaftlichkeit durch geordnetes Rechnungswesen und Betriebsuntersuchung. Leipzig 1937.

C. Kohlenlagerung.

Die Kohlen werden entweder im Freien oder unter Dach gelagert. Bei kleinen Gaswerken findet man in der Regel einen Kohlenschuppen. Bei mittleren Werken, die aus der Vorkriegszeit stammen, ist ebenfalls meistens ein Kohlenschuppen oder ein Silo vorhanden. Diese fassen jedoch gewöhnlich nur einen Teil des Vorrats. Das gleiche gilt für einzelne große Werke. Die übrigen lagern ihre Kohlen heute durchweg im Freien.

Es sind vielfach Untersuchungen angestellt worden, wieviel die Kohlen durch das Lagern leiden und ob beim Lagern in gedeckten Räumen die geringere Wertminderung der Kohle die Zinsen der Baukosten einer Lagerhalle ausgleichen.

Hierüber haben insbesondere H. Prenger[1]) und R. Nübling[2]) berichtet. Die Mehrverluste an Ausbeute durch Freilagerung gegenüber gedeckter Lagerung werden angegeben:

[1]) Journ. f. Gasbel. **52** (1909), S. 793.

[2]) Journ. f. Gasbel. **55** (1912), S. 1193.

bei Saarkohlen mit 1,7%
» Ruhrkohlen mit 3,3%
» bei englischer Kohle mit . . . 3,0%

Bei schlesischer und sächsischer Kohle sind keine nennenswerten Mehrverluste bei offener Lagerung gegenüber gedeckter beobachtet worden. Zu diesen Ausbeuteverlusten kommt noch ein Mehraufwand an Unterfeuerung, der nach den angeführten Quellen zwischen 0 und 10% schwankt. Demgegenüber kann man das Verhältnis des Aufwandes an Zinsen und Abschreibung beim gedeckten Lager zum Freilager je t Kohle etwa wie folgt annehmen:

Gedecktes Lager einschließlich Förderanlagen . . RM. 1,40
Freilager einschließlich Förderanlagen . . . . . . » 0,60

Man findet immer wieder den Hinweis, daß Kohle unter Wasser sich verlustlos lagern läßt.

Auf dem Gaswerk der Soc. d'Éclairage, Chauffage et Force Motrice in Gennevilliers bei Paris ist ein Kohlenlager unter Wasser angeordnet. Ein über 8 Jahre laufender Versuch hat weder eine Verschlechterung noch eine Veränderung der Entgasungsprodukte gezeigt. Eine derartige Lagerung ist einesteils aus örtlichen Gründen, andernteils wegen der Kostspieligkeit der Anlage so selten durchgeführt worden, daß sie eine allgemeine Anwendung bis jetzt nicht hat finden können.

Zusammenfassend kann man sagen, daß heute, sofern nicht von früher her Kohlenschuppen vorhanden sind, die Kohlen im Freien gelagert werden. Man begnügt sich damit, nur die für einen ein- bis dreitägigen Durchsatz in Frage kommenden Kohlen in aufbereitetem Zustand in dem Betriebsbunker und gegebenenfalls in den Bunkern der Mischanlage gedeckt einzulagern. Während die Kokereien der Bergbaugebiete, die in unmittelbarer Nähe der Kohlengruben liegen, keine oder nur ganz geringe Kohlenlager besitzen, sind die Gaswerke zur Sicherung der Gasversorgung gehalten, große Kohlenmengen zu stapeln. Werden auf diese Weise auch große Werte in den Kohlenlagern der Gaswerke festgelegt, so bilden andererseits diese Rohstofflager der über das ganze Land zerstreuten Gaswerke einen unschätzbaren Wert für Volk und Staat. Mit der Größe des Werks wächst die Bedeutung eines großen Kohlenvorrats. Während man für kleine Werke einen Vorrat von 2 bis 3 Monaten, bei mittleren Werken von 3 bis 4 Monaten als ausreichend ansehen kann, sollte man bei großen Werken die Lagerungsmöglichkeit für 4 bis 6 Monate anstreben. Auch in dieser Hinsicht gilt keine strenge Regel, denn die Entfernung von den Kohlengruben, die Störungsmöglichkeit der Kohlenzufuhr u. a. m. sind zu berücksichtigen. Je größer die Kohlenlager sind, und je weniger man daher in der Lage ist, sie den Einflüssen der Witterung durch Überdachung zu entziehen, um so notwendiger ist es, die Kohlen so zu lagern, daß ihre Wertminderung so gering wie möglich, die Erwärmung so nieder wie möglich gehalten und die Selbstentzündung vermieden wird.

Die Lagerbeständigkeit von Stückkohle ist im allgemeinen größer als die von Feinkohlen. Andererseits kann Feinkohle lagerfester sein wie etwa Nußkohle, weil das dicht gelagerte Korn dem Eindringen des Luftsauerstoffs in das Innere des Kohlenhaufens einen größeren Widerstand entgegensetzt als bei Haufen mit gröberem Korn.

Wichtiger als die Sorte ist die Herkunft der Kohle für das Verhalten beim Lagern.

Z. B. hat man festgestellt, daß schlesische Kohle, und zwar Gleiwitzkohle, selbst nach jahrelanger Lagerung im Freien keine Einbuße an Backfähigkeit und Gasausbeute erfährt. Ebenso lagert sich die Saarkohle im allgemeinen gut. Bei Ruhrkohlen und englischer Kohle kann das Verhalten ganz verschieden sein. Aber nicht nur nach der Herkunft verhält sich die Kohle anders, sondern auch im Lageralter. Die Wertminderung nimmt entweder ganz allmählich zu oder zuerst schneller und dann langsamer oder überhaupt nicht bemerkbar.

Der Gasausbeuteverlust ist z. B. bei einer Ruhrgaskohle (Kleinkohlen)

bei	einer	Lagerzeit	von 11	Tagen	mit	7,6%,
»	»	»	» 381	»	»	17,2%,

bei einer schlesischen Gaskohle (Kleinkohlen)

bei	einer	Lagerzeit	von 14	Tagen	mit	1,4%,
»	»	»	» 370	»	»	8,1%

festgestellt worden.

Bei Ostrauer, ein Jahr lang gelagerter Kohle wurde ein Rückgang der Gasausbeute von 326 auf 322 und 302 m^3/t festgestellt. Der Heizwert des Gases ging von 5500 kcal auf 5440 kcal und 5400 kcal zurück.

Nach K. Bunte[1]) macht sich die Wertminderung länger lagernder Kohle mehr in der Koksbeschaffenheit als in der Gasausbeute geltend. Über die Vorgänge, die zur Verwitterung und Selbstentzündung der Kohlen führen, liegen verschiedene Untersuchungen und Erklärungen von Forschern vor.

Hinrichsen und Taczak[2]) fassen die Ergebnisse dahin zusammen, daß die Verwitterung der Kohle durch Aufnahme von Sauerstoff erfolgt, der einen Teil des Kohlenstoffs und Wasserstoffs zu Kohlensäure und Wasser oxydiert oder unmittelbar in die Zusammensetzung der Kohle eintritt.

[1]) Niederschrift über den Erfahrungsaustausch d. Chemiker der Gaswerke in Frankfurt a. M., 1937.

[2]) Die Chemie d. Kohle. Leipzig 1916, S. 248, 262.

Erwärmt sich die Kohle, so tritt eine Reaktion des Sauerstoffs auf die verbrennliche Substanz der Kohle ein. Die Abnahme der Backfähigkeit, des Vergasungs- und Verkokungswertes erklärt sich aus der absoluten und relativen Abnahme des Kohlenstoffs und Wasserstoffs und der absoluten Zunahme des Sauerstoffs, die durch die Verwitterung eintritt.

C. W. Meyer[1]) nimmt an, daß der im Wasser der atmosphärischen Niederschläge, insbesondere im Gewitterregen als Ozon gelöste Sauerstoff die Verwitterung der Kohle begünstigt.

Franz Fischer[2]) nimmt an, daß die ungesättigten organischen Verbindungen der Kohle Sauerstoff in Peroxydform aufnehmen und führt darauf die Selbstentzündlichkeit der Kohle zurück. Je feiner das Korn der Kohle, um so größer ist die freie Oberfläche und damit die Angriffsfläche für die Oxydation. Aus diesem Grunde erhitzt sich Feinkohle erfahrungsgemäß leichter wie Stückkohle. Der Schwefelkiesgehalt unterstützt die Selbsterwärmung. Bei der langsamen Oxydation des Schwefelkieses wird Wärme frei. Feuchtigkeit beschleunigt die Pyritoxydation.

K. Bunte und H. Brückner[3]) vom Gasinstitut Karslruhe haben eine Methode ausgearbeitet, um die Neigung der einzelnen Kohlen zur Sauerstoffaufnahme bei gewöhnlicher Temperatur, vergleichsweise messend, festzustellen. Daraus lassen sich Schlüsse auf die Alterungsneigung der Kohlen ziehen. Der Einfluß der Alterung auf die Backfähigkeit zeigen nachstehende Zahlen, die nach der Methode von R. Kattwinkel[4]) gefunden wurden.

		Nach Lagerung von:		
Kohle	frisch	30	90	120 Tagen
Kokskohle Eschweiler	250	200	140	130
Kokskohle Gleiwitzgr.	200	190	150	120
Gaskohle Heinitz	200	180	120	90

Aus dem Vergleich dieser Werte mit den von K. Bunte und H. Brückner gefundenen Zahlen der Sauerstoffaufnahme findet man, daß die Abnahme der Backfähigkeitszahlen der Sauerstoffaufnahme dieser Kohlen ungefähr parallel verläuft. Es zeigte sich ferner, daß, je mehr Luftsauerstoff von der Kohle aufgenommen wird, um so größer die Einbuße an Gasausbeute ist. Über Oxydationsvorgänge an festen Brennstoffen haben K. Peters und W. Cremer[5]) vom Kohlenforschungsinstitut in Mülheim-Ruhr ihre Untersuchungen mitgeteilt. Danach handelt es sich bei der Oxy-

[1]) Journ. f. Gasbel. **49** (1906), S. 433.
[2]) Ges. Abhdlg. z. Kenntnis der Kohle **4** (1920), S. 8, 13.
[3]) Angew. Chemie **47** (1934), S. 84.
[4]) Brennstoff-Chem. **13** (1932) S. 103.
[5]) Angew. Chemie **47** (1934), S. 529.

dation von Steinkohlen um eine die gesamte Substanz erfassende chemische Umwandlung in sauerstoffreichere Verbindungen. Die folgende erhebliche Abnahme des Heizwertes der Kohlen beweist, daß schon der erste Oxydationsvorgang von starken Temperatursteigerungen begleitet ist, die, wenn die Wärme nicht abgeführt wird, zur Selbstentzündung führen können. Mit dem Fortschreiten der Oxydation steigt der Sauerstoffgehalt. Hierdurch wird die Substanz immer schwerer oxydierbar, und der Selbstentzündungspunkt steigt höher. Die Selbstentzündungspunkte der nicht oxydierten Kohlen liegen bei 143 bis 144°. Nach der Oxydation bei 110° liegt die Selbstentzündungstemperatur bei 192°. Bei 180° oxydierte Steinkohle hat einen Selbstentzündungspunkt von 265°.

Für die Praxis ergeben sich hieraus folgende Lehren für die Lagerung von Kohlen im Freien:

1. Die einzelnen Kohlensorten sind getrennt voneinander zu lagern.

2. Die Kohle ist in möglichst gleichmäßigen horizontalen Schichten über die Lagerfläche zu stapeln. Reiht man nämlich Schüttkegel an Schüttkegel, so bilden sich in dem groben Korn an den Fußenden der Kegel luftführende Kanäle, die die Sauerstoffzuführung begünstigen. Bei mechanischer Beschickung durch über eine Lagerplatzbrücke laufende Kippmulden oder Bänder kann man durch selbsttätigen wandernden Entriegelungsanschlag obige Beschickungsart zwangläufig erreichen.

3. Die einzelnen Kohlenlager sollen an den Fußenden der Böschungen, insbesondere an den Windanfallseiten, gegen Luftzufuhr geschützt sein. Es genügt im allgemeinen, wenn die Fußenden der Böschungen sich etwa in einer Höhe von ½ m gegen eine Mauereinfassung anlehnen.

Bei großen Lagern, die durch eine Lagerplatzbrücke beschickt werden, legt man, wenn möglich, die Lagerfläche mindestens um obengenanntes Maß tiefer als die Oberkante der Brückenfahrbahn. Vereinzelt ist man auch den umgekehrten Weg schon gegangen und hat, wie z. B. das Gaswerk Mariendorf in Berlin, starke Bodendurchlüftung mittels Luftzuführungskanälen am Boden angewandt, um die bei der Oxydation freiwerdende Wärme abzuführen und dadurch einen Wärmestau im Lager zu verhüten.

4. Die T e m p e r a t u r d e r L a g e r k o h l e ist fortlaufend zu beobachten. Man steckt zu diesem Zweck in die Kohlenhaufen bis nahe an den Boden reichende, am unteren Ende zugespitzte eiserne Rohre, in die man Thermometer einführen kann. Je nach der Neigung der betreffenden Kohlensorten zur Selbstentzündung ist die Dichte der Beobachtungsstellen zu wählen. Man versäume nicht, an den Seiten der Kohlenhaufen, wo die Hauptwindanfallstellen sind, Messungen vorzunehmen. Die Meßergebnisse sind zu registrieren. Bei großen Lagern kann die Beschaffung von selbstschreibenden Fernthermometeranlagen angebracht sein. Bei Lagertemperatur, die 60° erreicht, muß man die erwärmte Kohle ent-

weder verarbeiten oder bei Greiferbetrieb das erwärmte Nest durch Umlagern ausräumen. Ist die Temperatur im ganzen Lager zu hoch, greift man eine durchgehende Furche aus dem Lager.

5. Die Kohle soll man nicht in zu hohen Schütthöhen lagern. Die vielfach empfohlene obere Grenze von 5 bis 6 m kann man bei den hohen Anforderungen an die Lagervorräte nicht immer einhalten, und wenn man nicht besonders gefährliche Kohlensorten zu lagern hat, so kann man sogar bei Feinkohle bis zu 10 m Schütthöhe gehen, vorausgesetzt, daß die vorstehend angeführten Vorsichtsmaßnahmen gewissenhaft durchgeführt werden.

6. Bei größeren Kohlenlagern unterteilt man die Kohle in einzelne Abteilungsfelder, und zwar nicht nur dann, wenn verschiedene Kohlensorten dazu zwingen, sondern auch wenn das Lager einer Sorte über einen Monatsbedarf etwa wächst. Es ist selbstverständlich, daß eine strenge Lagerordnung jederzeit die Lagerzeit der einzelnen Lager erkennen lassen muß, für einen Abbau der Lager möglichst in der Reihenfolge ihres Alters sorgt und vermeidet, daß die am bequemsten erreichbaren Lager vorgezogen werden. Je größer die Lagervorräte und je älter dadurch die Kohlen werden, um so sorgfältiger muß eine gewissenhafte Lagerpflege den großen Wert, den ein Kohlenlager ausmacht, vor Minderung schützen. Eine große Hilfe hierbei leistet eine gut angelegte Kohlenförderanlage. Bei größeren Lagern hat sich auf das beste die das ganze Lager bestreichende Lagerplatzbrücke mit Greiferdrehkran oder Greiferkatze bewährt.

Das ganze Kohlenlager bleibt bei dieser Anordnung der Transportanlage frei von Stützen.

Bei reinen Freilagern ist im Winter Vorsicht geboten, wenn mit Schnee und Eis zu rechnen ist. Die oberen Schichten von Feinkohlenlagern können derartig fest zusammenfrieren, daß man sie sehr schlecht aufgreifen kann. Ebenso bereitet die Förderung von gefrorenen Kohlen auf vereisten Schrägbändern Schwierigkeiten. Es gibt zwei Wege der Hilfe, einmal, man hält sich für diese kalten Tage ein Lager mit warmgehaltener Kohle bereit, oder man hält sich hierfür ein Notlager von Stück- bzw. Nußkohlen.

Die Frage, ob es richtiger ist, alle Kohle über Lager gehen zu lassen und immer nur die älteste Kohle zu verarbeiten oder soviel wie möglich frisch eingehende Kohle unmittelbar zur Verkokung zu bringen und nur den Rest zu lagern und dadurch eine Art von Dauerlager zu schaffen, ist dahin zu beantworten, daß die letztere Arbeitsweise erstrebenswert ist. Die erste Voraussetzung für diese Arbeitsweise ist, daß man eine lagerbeständige Kohle zur Verfügung hat. In vielen Fällen wird dieser Kohlenplan dadurch erschwert, daß der Kohleneingang bei Schiffsbezug infolge der Wasserstandsverhältnisse nicht gleichmäßig über das Jahr verteilt ist und schließlich, daß bei Mischung von mehreren Kohlensorten in der Regel nur ein Anteil der Kohlenmischung unmittelbar vom Eingang genommen werden kann. Ferner wird die Kohlenverwendung dadurch beeinflußt, daß man bei großem Gasbedarf mehr frische Kohlen entgasen wird, umgekehrt bei Mangel an Gasabsatz zu den älteren Lagerkohlen greift. Für jede Art der Kohlenlagerung und den Kohlenverwendungsplan bleibt stets der Grundsatz bestehen: Die Güte des erzeugten Kokses muß ständig gleichmäßig sein und darf weder von den Schwankungen im Kohleneingang und in den Beständen des Kohlenlagers, noch vom Gasbedarf berührt werden. Die Lösung dieser Aufgabe neben dem Schutz der Kohlen gegen Erwärmung, Verlust der Backfähigkeit und Entzündung ist Ziel und Zweck einer wirtschaftlichen Lagerpflege und Ordnung.

Schrifttum.

Gluud, W., Handbuch der Kokerei, Bd. I, Halle 1927.
Schäfer, A., Einrichtung und Betrieb eines Gaswerkes, IV. Aufl., München 1929.

D. Kohlenmahl- und Misch-Einrichtungen, Transport-Einrichtungen.

1. Aufbereitung der Kohle.

Die Gaswerke bezogen früher überwiegend Roh- oder Förderkohlen. Die größten Stücke mußten vor dem Einbringen in die Retorten oft aus rein fördertechnischen Gründen zerkleinert werden. So kamen z. B. bei großen Stücken von Saarförderkohlen Kantenlängen von 80 cm vor.

Mit dem Übergang von der Handbeschickung der Retorten, bei der ein Zerschlagen von Hand noch möglich war, zur mechanischen Beladung der Schräg- oder Vertikalretorten ergab sich die Notwendigkeit, die Kohlen vor der Entgasung allgemein zu zerkleinern. Gleichzeitig

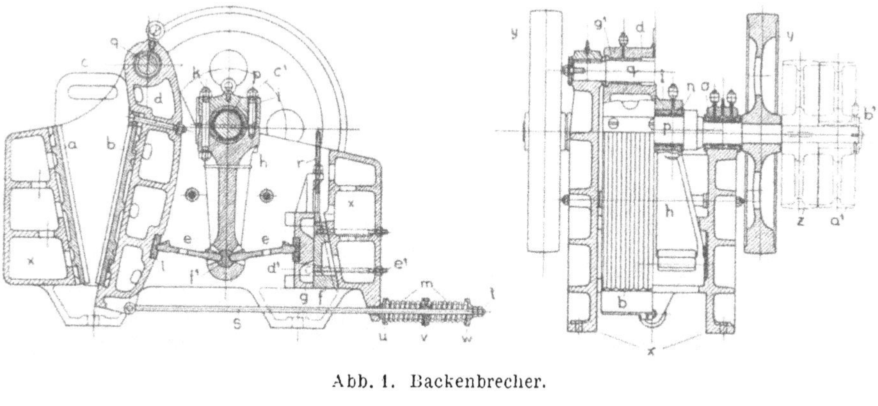

Abb. 1. Backenbrecher.

fand man, daß zerkleinerte, mehr gleichstückige Kohle auch einen gleichmäßiger aussehenden und wertvolleren Koks lieferte. Für diese Zerkleinerung der Kohle auf etwa Faust- bis Nußgröße verwandte man zuerst die aus der Steinindustrie bekannten Backenbrecher (Abb. 1). Diese eignen sich für besonders großstückige Kohle beliebiger Härte.

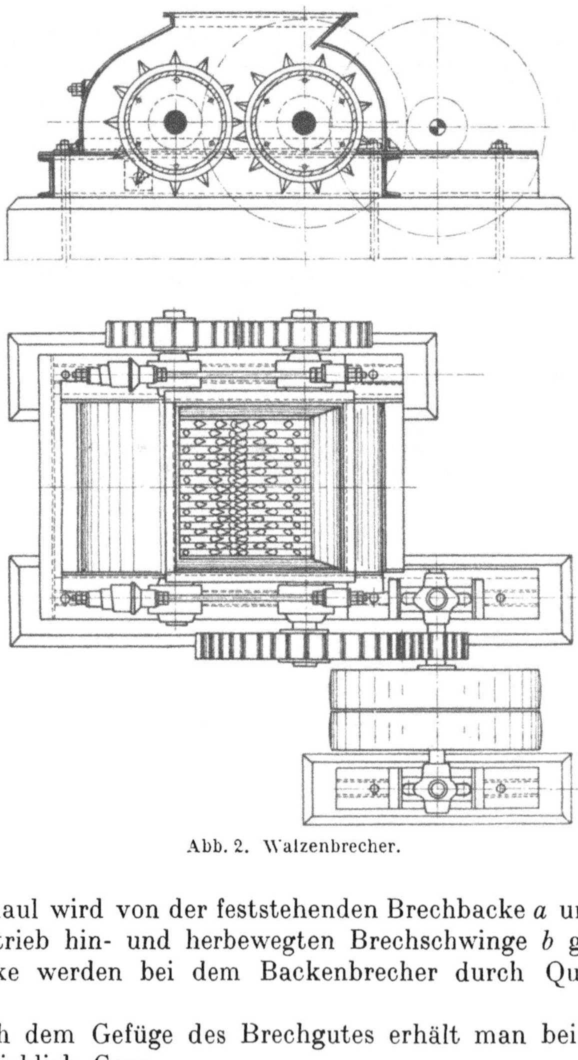

Abb. 2. Walzenbrecher.

Das Brechmaul wird von der feststehenden Brechbacke *a* und der durch Exzenterantrieb hin- und herbewegten Brechschwinge *b* gebildet. Die Kohlenstücke werden bei dem Backenbrecher durch Quetschen zerkleinert.

Je nach dem Gefüge des Brechgutes erhält man beim Backenbrecher reichlich Grus.

Während bei diesem Brechertyp Beschicken und Brechen fortlaufend sich ablösen, der Brechvorgang also intermittierend vor sich geht, arbeiten die Walzenbrecher (Abb. 2) kontinuierlich. Sie bestehen gewöhnlich aus zwei in der Horizontalebene parallel zueinander liegenden Walzen, die mit Stacheln besetzt sind. Je größer die Stückgröße der Kohle, um so größer ist der Walzendurchmesser zu wählen, damit die Kohlenstücke zwischen die Walzen eingezogen werden. Bei großstückiger Förderkohle verwendet man auch zwei Brecher übereinander mit dazwischengeschaltetem Schwingsieb wie in Abb. 3 oder Walzenbrecher mit Vorbrechwalzen wie in Abb. 4 dargestellt.

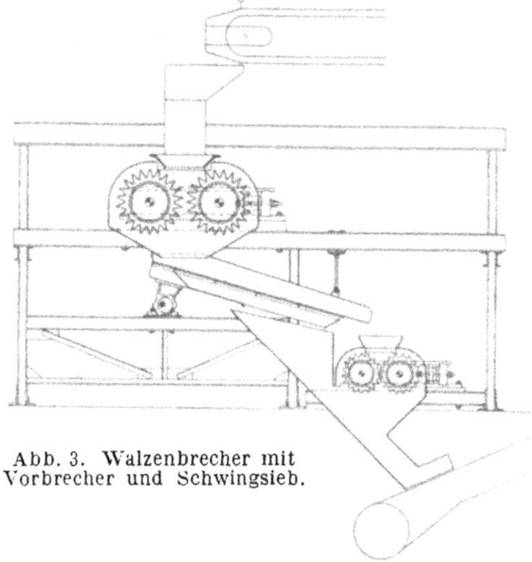
Abb. 3. Walzenbrecher mit Vorbrecher und Schwingsieb.

Spaltweite, Umfangsgeschwindigkeit und Zahngestaltung sind abhängig von der aufzugebenden Stückgröße.

Die Brechwalzen haben einzelne auswechselbare Brechringe oder einzelne auswechselbare Brechzähne, die aus besonders verschleißfestem Material wie Hartguß, Hartstahl, Manganhartstahl hergestellt werden. Die eine Walze ist fest gelagert, die zweite in der Regel verschiebbar, wobei durch Federkraft der Brechdruck aufgenommen wird.

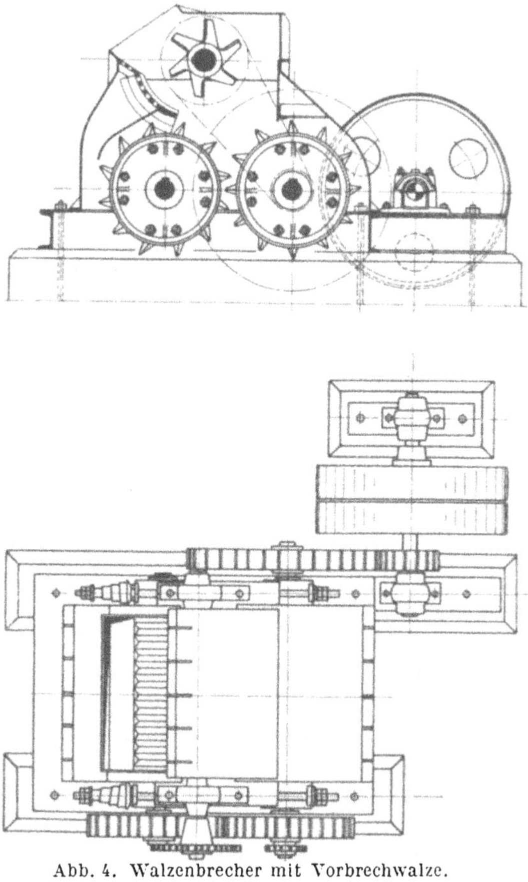
Abb. 4. Walzenbrecher mit Vorbrechwalze.

Eine weitere Ausführungsform von Brechern ist der rotierende Nadelbrecher nach Koppers, bei dem zwei mit Brechnadeln versehene Scheiben, die eine auf einer horizontalen Welle, die andere auf einer schrägliegenden Welle im gleichen Sinn rotieren und dabei das von den Nadeln erfaßte Material aufsprengen.

Bei allen Brechern muß eine gut arbeitende Aufgabevorrichtung vorgeschaltet werden. Vorteilhaft wird ein Vorsieb angeordnet, damit die bereits kleinen Kohlenstücke den Brecher umgehen können und ihn nicht unnötig belasten. Bei Rohkohlen erfüllt es gleichzeitig den Zweck, Eisenteile, die von der Förderung oder dem Versand herrühren, vor dem Brecher aufzuzeigen. In diesem Falle muß ein ständiger Wärter am Vorsieb stehen, um die Eisenteile auszuklauben, wenn nicht durch Vorschalten von Magneten eine selbsttätige Ausscheidung der Eisenteile vorgesehen wird. Bei steinhaltigen Förderkohlen läßt man das Ausklauben der Steine durch den Wärter am Vorsieb mit vornehmen. Der Antrieb der Brecher erfolgt in der Regel über Riemen, die man als elastisches Glied dazwischenschaltet und nicht zu knapp bemißt.

Das Zerkleinern der Kohle mit Brechern war die einzige Aufbereitung der Kohle auf den Gaswerken, solange diese einseitig als Gaserzeugungsanstalten orientiert waren und auf ein gutes inertfreies Gas hinarbeiteten, dagegen den Koks als eine verschieden eingeschätzte Mitgabe betrachteten.

Auf der anderen Seite waren die Zechenkokereien bestrebt, einerseits die Güte ihres Kokses für den Hochofen zu verbessern, andererseits die Kohlenbasis für Zechenkoks zu verbreitern. Heute werden fast 30% der in Deutschland geförderten Kohle in Kokereien und Gaswerken verkokt bzw. entgast. Der weitaus größte Teil der Kokserzeugung der Zechenkokereien geht in den Hochofenbetrieb der Eisenindustrie. Die Bedürfnisse des Hochofens bestimmen daher die erforderlichen Eigenschaften des Zechenkokses in erster Linie. Es werden im wesentlichen vom Koks verlangt: große Härte (Sturz-, Druck- und Abriebfestigkeit), um der Beanspruchung beim Einfüllen und beim Absinken in den unteren Teil des hohen Schachtofens durch die hohe Beschickung gewachsen zu sein; genügende Porosität, um nicht zu schwer zu brennen, Unschmelzbarkeit, um der Gebläseluft im Hochofen keine zu großen Durchgangswiderstände zu bieten, geringer Asche- und Schwefelgehalt, um unnötigen Ballast zu vermeiden und das Roheisen möglichst wenig zu verunreinigen.

Im Abschnitt »Auswahl der Kohle« ist ferner darauf hingewiesen, daß es nicht nur auf die Menge von Asche, sondern auch auf ihr Verhalten in der Feuerzone ankommt. Man muß sich diese hohen Anforderungen, die von seiten des Hauptverbrauchers an Zechenkoks gestellt werden, immer wieder vor Augen halten, um verstehen zu können, weshalb sich der Zechenkoks auch auf dem Hausbrandmarkt so gut eingeführt hat und ein gefährlicher Wettbewerber für den Gaskoks, namentlich bei den immer zahlreicher werdenden Zentralheizungen, wurde.

Es war daher natürlich, daß die Gaswerke sich hinsichtlich der Koksqualität den Kokereien anzugleichen suchten und die gleichen Mittel anwandten, die auf Grund von Erfahrungen und Forschungen die Kokereien gebrauchten, um einen guten Koks zu erzeugen, auch unter Mitverwendung von Kohlensorten, die nicht zu den eigentlichen Kokskohlen gehörten.

Zur Lösung dieser Aufgabe war vor allem nötig, Einrichtungen zu finden, die es ermöglichen, daß im Entgasungs- bzw. Verkokungsraum (Kammer, Retorte) ein Kohlenkorn neben das andere mit gleicher und möglichst geringer Menge an Verunreinigungen (Asche) gelagert wird. Bei Verwendung verschiedener Kohlensorten war es wichtig, daß die vorher vorgenommene innige Durchmischung auch im Entgasungsraum erhalten bleibt, so daß an allen Stellen der Kammer bzw. Retorte gleiche Entgasungsbedingungen vorliegen. Die besten Bedingungen, einen guten Koks zu erhalten, werden vorliegen, wenn das Kohlenkorn klein gewählt wird, weil nur dann die einmal vorhandenen Verunreinigungen in der Kohle gleichmäßig verteilt werden können.

Die zahlreichen Untersuchungen der Kohlenaschen unterscheiden zwei Arten von unverbrennlichen Beimengungen zur Kohle, die eine, die sog. innere oder gebundene Asche, worunter die untrennbar mit dem Kohlenstoff verbundenen anorganischen Anteile zu verstehen sind, die vom Aschenskelett der Pflanze herrühren, und die etwa der Asche entspricht bei der Verbrennung von Holz; die andere, die sog. äußere oder freie Asche, die aus Schiefer, Letten oder anderen Mineralbestandteilen besteht. Im Verhältnis zu dieser äußeren Asche ist der Anteil an innerer Asche mengenmäßig nicht bedeutend. Es ist selbstverständlich, daß sich derartige Ablagerungen, die die äußere Asche bilden, niemals gleichmäßig vollzogen haben, und daß es daher nicht verwunderlich ist, wenn in einem Kohlenstück der Aschegehalt einzelner Teile in weiten Grenzen schwankt. Wenn man noch berücksichtigt, daß auch die Kohlenart im gleichen Flöz wechselt, daß neben der tiefschwarzen, glasglänzenden, aschenarmen, gutbackenden Glanzkohle die mattglänzende, grauschwarze, aschenreiche, schlechtbackende, jedoch mehr Gas gebende Mattkohle vorkommt, und daneben noch eine dritte Art, die weiche, nicht mehr backende Faserkohle, erscheint, so ist es einleuchtend, wie wichtig es ist, die Kohle vor der Verkokung bzw. Entgasung sorgfältig aufzubereiten.

Die Aufbereitung der Kohle zerfällt grundsätzlich in zwei Abschnitte. Der erste Teil, das Reinigen der Kohle von aschebildenden Beimengungen, erfolgt in der Regel auf den Kohlenzechen selbst. Der zweite Teil, das Mahlen und Mischen geeigneter Kohlensorten, erfolgt bei den Verbrauchern, in den Kokereien oder Gaswerken. Auf den Zechen werden die Kohlen teils trocken in der Sieberei, teils naß in der Wäsche aufbereitet.

Durch Siebvorrichtungen werden in der Trockenseparation die Stückkohlen von dem Kohlenklein, gewöhnlich unter 80 mm, getrennt und die Steine (Berge) auf Bändern oder Tischen ausgelesen. In der Wäsche werden die kleinstückigen Kohlensorten und die Feinkohlen

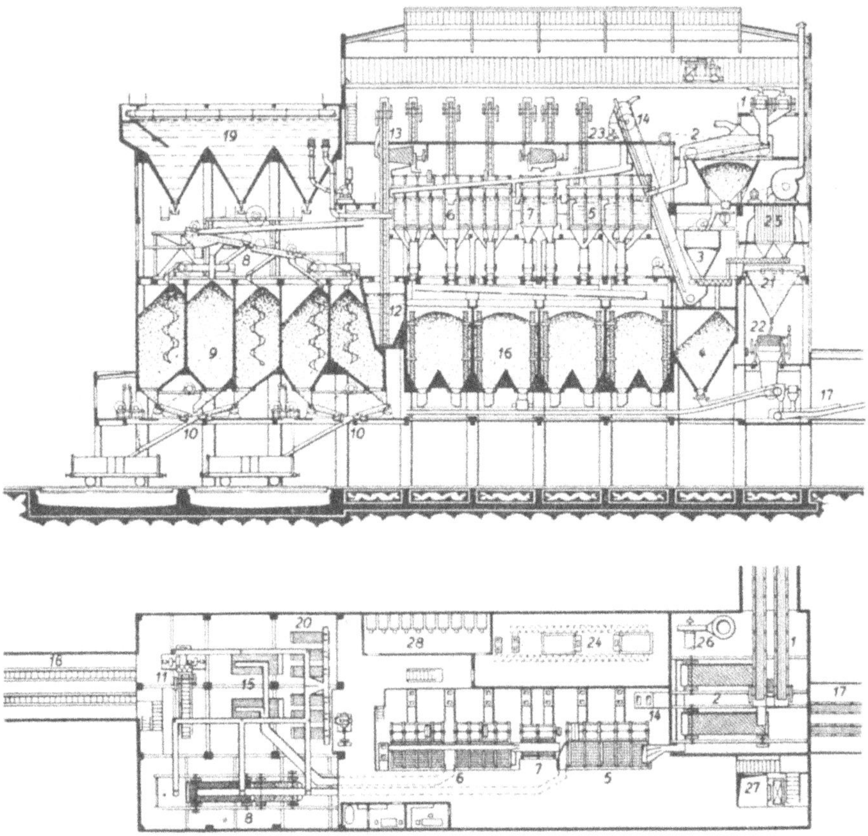

Abb. 5. Kohlenaufbereitungsanlage (Zentralwäsche Gneisenau).

1 Waschgutbänder
2 Vorklassiersiebe
3 Kreiselsichter
4 Staubtasche
5 Grobkornsetzmaschine
6 Feinkornsetzmaschine
7 Nachsetzmaschine
8 Nußklassiersiebe
9 Nußtaschen
10 Nußverladung
11 Nußkohlenmahlanlage
12 Körnersumpf
13 Körnerbecherwerk
14 Feinkohlenbecherwerk
15 Feinkohlenentschlämmungssiebe
16 Feinkohlenschwemmsümpfe
17 Gurtbänder zum Kokskohlenturm
18 Kratzbänder zum Bergeturm
19 Klärbehälter
20 Schlammfedersiebe
21 Eindicker
22 Schlammfilter
23 Aufgabeband zur Trockenaufbereitung
24 Trockenaufbereitung
25 Staubfilter mit Ventilator
26 Raumentstaubung
27 Treppenhaus mit Aufzug
28 Hochspannungsschaltanlage

auf mechanischem Wege in Setzmaschinen von den groben Verunreinigungen getrennt. Neben diesen Arbeitsweisen gibt es Verfahren, die auch bei den kleinstückigen Sorten nur trocken arbeiten oder teils trocken, teils naß.

Wie umfangreich und feingestaltig derartige Kohlenaufbereitungslagen sind, zeigt Abb. 5. Die aus der Wäsche kommende, bakkende Feinkohle mit einem Korn unter 10 mm bildet das Hauptkontingent der zur Verkokung kommenden Kohle, da sie sich, wie weiter vorne ausgeführt, besonders gut zur Verkokung und Entgasung eignet.

Die Mechanisierung des Kohlenbergbaues ließ den Anteil an Feinkohle erheblich steigen, so daß nicht nur die Zechenkokereien damit versorgt werden, sondern noch erhebliche Mengen zum Fernabsatz gelangen konnten.

Infolge des großen Anfalls an Feinkohle lag der Marktpreis recht günstig gegenüber den Nuß- oder Stückkohlen. So kam es, daß viele industrielle Feuerungen umgestellt wurden von den teuren Nußkohlen auf Feinkohlen, mit dem Erfolg, daß heute schon die Nachfrage nach Feinkohlen größer ist als das Angebot, und Nüsse unter Nachfrage leiden. Die Folge ist, daß eine Preisregelung zuungunsten der Feinkohle den Verbrauch der verschiedenen Sorten regeln soll.

Für die Gasindustrie, die mit wenigen Ausnahmen über keine eigene Kohlenbasis verfügt, ist es notwendig, darauf bedacht zu sein, sich nicht in Abhängigkeit von einer Kohlensorte oder nur wenigen Kohlensorten zu begeben. Insbesondere darf nicht damit gerechnet werden, daß stets Feinkohlen in genügender Menge und zu tragbaren Preisen zur Verfügung stehen.

Die Gaswerke tun daher gut, soweit sie es nicht schon getan haben, ihre Anlagen zum Brechen, Mahlen und Mischen der Kohlen so einzurichten, daß sie möglichst unabhängig von einzelnen Kohlensorten sind.

Aus diesen vielartigen Gesichtspunkten heraus sind sowohl auf den Zechenkokereien, wie auch auf den Hüttenkokereien und Gaswerken in immer steigendem Maße teilweise sehr ausgedehnte Kohlen-Brech-, -Mahl- und -Mischanlagen entstanden.

Von den deutschen Gaswerken hat das von Königsberg als eines der ersten im Jahre 1923 eine Kohlen-Mahl- und -Mischanlage in seine Förderanlagen eingebaut. Diese Kohlenaufbereitungen auf den Gaswerken und Kokereien verlangen an Arbeitsvorgängen:

1. Brechen, sobald mit Förder- oder Stückkohlen zu rechnen ist,
2. Mahlen der vorgebrochenen Förder- oder Stückkohlen, der Nußkohle und groben Feinkohle mit Korn über 8 mm.
3. Bunkern der für das Mischen in Frage kommenden vorgebrochenen oder gemahlenen oder als Feinkohle bereits bezogenen Kohlensorten.

4. Rohvormischen der gebunkerten, gebrochenen oder schon gemahlenen Kohlensorten durch Mischteller, Schnecken oder Stabketten.

5. Inniges Nachmischen und Nachmahlen der vorgemischten Feinkohle durch Mischmühle oder Desintegrator.

Das Brechen der Kohle geschieht in Brechanlagen, die, wie eingangs erwähnt, schon lange in der Gasindustrie eingeführt und bereits beschrieben sind.

Für das Mahlen benutzt man in der Regel Hammermühlen (Abb. 6).

Das Schlagwerk besteht aus zahlreichen zueinander versetzt angeordneten Hämmern, die, an durchgehenden Stahlbolzen pendelnd,

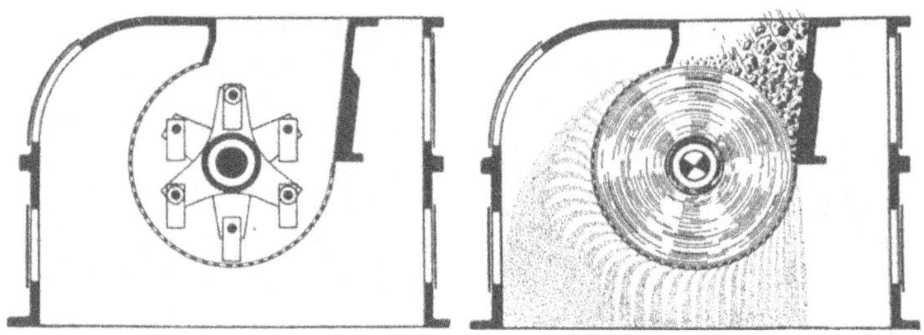

Abb. 6. Hammermühle (schematische Darstellung).

an den Enden der Arme eines auf der Welle aufgekeilten Achsenkreuzes befestigt sind.

Der Mahlraum wird umgrenzt von dem kreisförmig angeordneten Rost. Die Spaltweite des Rostes richtet sich nach der gewünschten Korngröße. Die Kohle wird durch den schräg nach oben gerichteten Einfülltrichter aufgegeben, von dem Schlageisen erfaßt und so lange durch Hammerschläge über dem Rost bearbeitet, bis sie in der gewünschten Korngröße durch die Rostspalten hindurchgeschleudert wird. Sehr häufig wird ein Teil der Mahlbahn als gebogener Stabrost gestaltet, der andere aus starken gebogenen Siebblechen gebildet. Die Roste sind aufklappbar, so daß nach Abstellen der Mühle Fremdkörper leicht entfernt werden können. Eine geregelte Materialaufgabe ist notwendig, empfehlenswert die Vorschaltung eines Magneteisenausscheiders, einen Umgang wird man immer vorsehen. Für die Aufstellung ist zu beachten:

Alle Verschlüsse müssen gut zugänglich, Hammer, Roste und Wellen leicht ausbaubar sein. Der Antrieb geschieht am besten über Riemen, Antriebsmotor ist reichlich zu wählen. Durchsatzleistung ist ebenso vorsichtig anzunehmen, da sie von Kohlenart und Feuchtigkeit abhängig ist.

Die Untersuchung einer von der Humboldt-Deutz-Motoren-A.-G. gelieferten Hammermühle ergab z. B. folgende Werte:

Hammermühle: 1200 mm Dmr.
Breite: 1200 mm Dmr.
Umfangsgeschwindigkeit: 45 m/s.
Leistung i. M.: 31 t.
Kraftbedarf: 3,5—3,75 PS/t.

Feuchtigkeit: ungefähr 4,5% (24stünd. Trocknen bei 60° C).
Art der gemahlenen Kohle: Mischung aus oberschlesischen Gasflammkohlen, Ruhrgaskohlen und englischen Gaskohlen.
Größte Stückgröße: 250 mm.

Vor der Mahlung:

Korngröße in mm	Mengenanteil in %
> als 10	43,8
5—10	10,4
3—5	15,0
1—3	12,8
< als 1	18,0
	100,0

Nach der Mahlung:

Korngröße in mm	Mengenanteil in %
> als 3	1,57
2—3	1,88
1—2	19,50
0,75—1	11,03
0,5—0,75	15,70
0,3—0,5	14,45
0,2—0,3	5,47
< als 0,2	30,40
	100,00

Als Mischmühle für die vorgemahlene Kohle verwendet man gerne Schleudermühlen, sog. Desintegratoren.

In einem Gehäuse drehen sich zwei Körbe in entgegengesetzter Richtung. Jeder Korb besteht aus 2 bis 3 konzentrisch angeordneten

Abb. 7. Schleudermühle (Desintegrator).

Trommeln, auf deren Umfang Stahlstäbe angebracht sind. Diese sind einerseits auf einer Mitnehmerscheibe, auf der anderen Seite in einem Verbindungsring befestigt.

Der Kohleneinlauf erfolgt seitlich in der Mitte des Gehäuses (Abb. 7). Geregelte Materialaufgabe, Fernhaltung aller Fremdkörper, Eisenteile durch Magneteisenausscheider, ist erforderlich. Der Antrieb erfolgt über Riemen.

Die Untersuchung einer von der Humboldt-Deutz-Motoren-A.-G. gelieferten Schleudermühle ergab z. B. bei folgenden Abmessungen und Zahlen nachstehende Daten:

Schleudermühlen-Dmr.: 2400 mm
Zahl der Stabreihen: 4
Drehzahl: 180 U/min
Umfangsgeschwindigkeit: 22,6 m/s
Gewährleistete Mühlenleistung: 100 t/h
Erzielte Mühlenleistung: 160 t/h

Kraftbedarf: etwa 200—250 PS
Feuchtigkeit der feinzumahlenden und zu mischenden Ruhrgasfeinkohle: 13,75%
Siebanalyse der geschleuderten Kohle:

Korngröße in mm	Mengenanteil in %
8	4,4
6—8	4,2
4—6	3,5
3—4	10,3
2—3	7,0
1—2	16,7
0,5—1	17,3
unter 0,5	36,6
	100,0

In jüngster Zeit sind an verschiedenen Stellen Versuche durchgeführt worden, den gemahlenen Kohlen feingemahlenen Koksgrus zuzusetzen, um dadurch die Koksqualität zu verbessern.

Die Firma Dr. C. Otto & Comp. hat auf diesem Gebiet eingehende Versuche durchgeführt und gefunden, daß Verbesserung des Kokses nicht durch Zumischen von Koksgrus der üblichen Körnung, sondern nur mit feingemahlenem Koksmehl zu erzielen ist.

Die Versuche berechtigten, die Regel aufzustellen, daß man insbesondere bei den gasreicheren Kohlensorten durch Koksmehlzusatz die Koksqualität verbessern kann. Bei einer Kohle mit 28% Flüchtigen z. B. hat man bis 8% Koksmehl zusetzen können.

Die schwierige Aufgabe der Koksgrusfeinmahlung soll nach Angabe der Firma mit einer Stabrostmühle am besten gelungen sein. Eine solche Koksmahlanlage zeigt Abb. 8.

Aus Vorstehendem geht hervor, daß die Aufbereitung der Kohle umfangreicher maschineller Einrichtungen bedarf, und daß diese in der Gestalt, wie sie aus der Kokerei-Industrie von den Gaswerken übernommen wurde, nur für größere Werke tragbar ist.

Da es aber Aufgabe auch der kleineren Werke sein muß, ihre gesamten Erzeugnisse in edelster Form auf den Markt zu bringen, ist es eine interessante Aufgabe für die kleinen Gaswerke und die beteiligte Industrie, einfache Kohlenmahl- und -Mischanlagen zu entwickeln. Mischer nach Art der Betonmischmaschinen und fahrbarer Förderbänder werden hierfür nutzbar gemacht werden können.

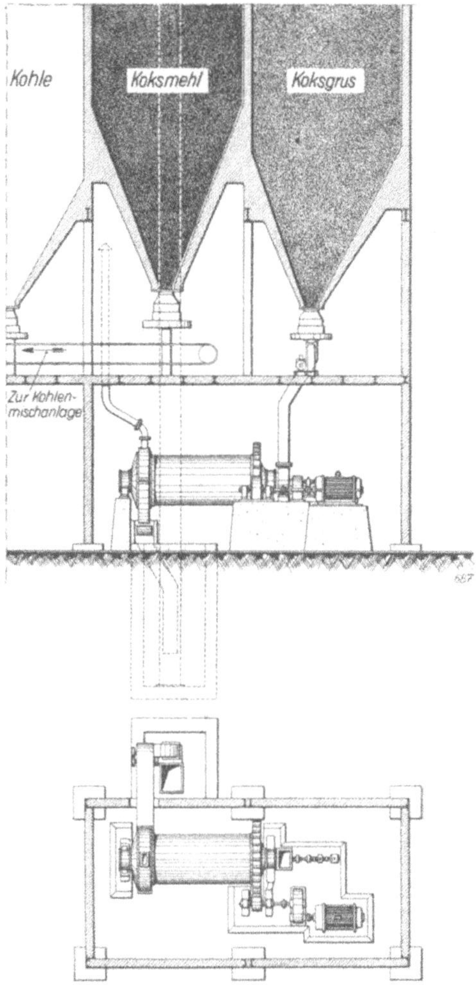

Abb. 8. Koks-Mahlanlage.

2. Anordnung der Aufbereitungsanlagen und Förderanlagen.

Die Anordnung der Kohlen-Brech-, -Mahl- und -Mischeinrichtungen ist abhängig von der Gesamtgestaltung der Kohlenförderanlage eines Werkes. In jedem Fall ist die Kohlenaufbereitungsanlage eingebaut in den letzten Abschnitt des Förderweges der Kohle zwischen Kohlenausladestelle, Kohlenlager und Kohlenturm bzw. Betriebsbunker über den Öfen; es kann somit sowohl die Kohle vom Lager, wie die frisch ankommende über die Anlage laufen.

Das Muster einer neuzeitlichen Kohlenförderanlage mit Misch- und Mahleinrichtung ist in Abb. 9 schematisch dargestellt. Es handelt sich hierbei um die Transporteinrichtung für Kohle in der neuen Gaskokerei Basel, die fördertechnisch interessante Lösungen aufweist. Man erkennt aus dem Grundrißplan des Werks (Abb. 10), daß die Transporteinrichtung den Grundriß in besonderer Weise mitbestimmt.

Das Hafenbecken, wichtig für die billige Kohlenzufuhr, verlangt das Kohlenlager am Hafen.

Die Ausbildung und Verwendung der Schiffsentladeanlage, gleich-

Transportbewegungen

Rohkohle:

a) Schiff: Greifen, Heben, Verbringen auf Lager
oder: » » » in Übergabetrichter (Kohlenaufbereitung)
b) Bahn: » » » auf Lager
oder: » » » in Übergabetrichter
c) Lager: » » » in Übergabetrichter

Automat. Abziehen aus Übergabetrichter
Verfahren zum Kohlenturm in Zwischenbunker (Längsfahren, Heben, Querfahren)
Zubringen zum Grobbrecher
Zubringen zum Feinbrecher

Feinkohle:

Automat. Abziehen aus Zwischenbunker
Heben in Mischbunker
Austragen, Mischen und 2. Feinbrechen
Automat. Abziehen aus Zwischenbunker
Heben in Betriebsbunker
Abziehen aus Betriebsbunker

Verfahren zu den Horizontalkammeröfen

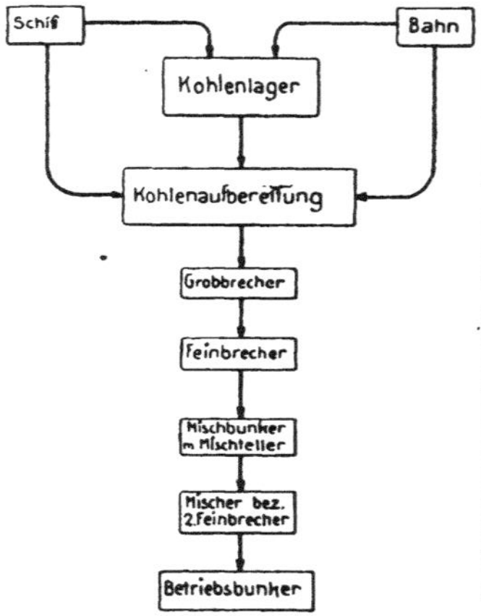

Förderelemente

Fahrbare Brücke mit Zweischienenlaufkatze und Selbstgreifer
Übergabetrichter an fahrbarer Brücke

Vollautomat
Kübelförderer

Vollautomat. Tandemkübelförderer
4 Walzenaufgabeapparate
Walzenbrecher
1. Schlaghammermühle
Vollautomat. Tandemkübelförderer
4 Mischbunker mit je 1 Mischteller
2. Schlaghammermühle
4 Betriebsbunker
Füllwagen für Horizontalkammeröfen

Bedienung

1 Katzfahrer
1 Helfer
1 Maschinist

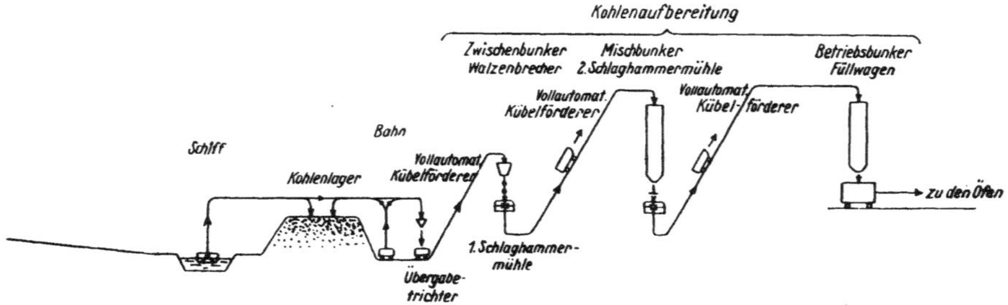

Abb. 9. Schema der Kohlentransportanlagen Gaskokerei Basel.

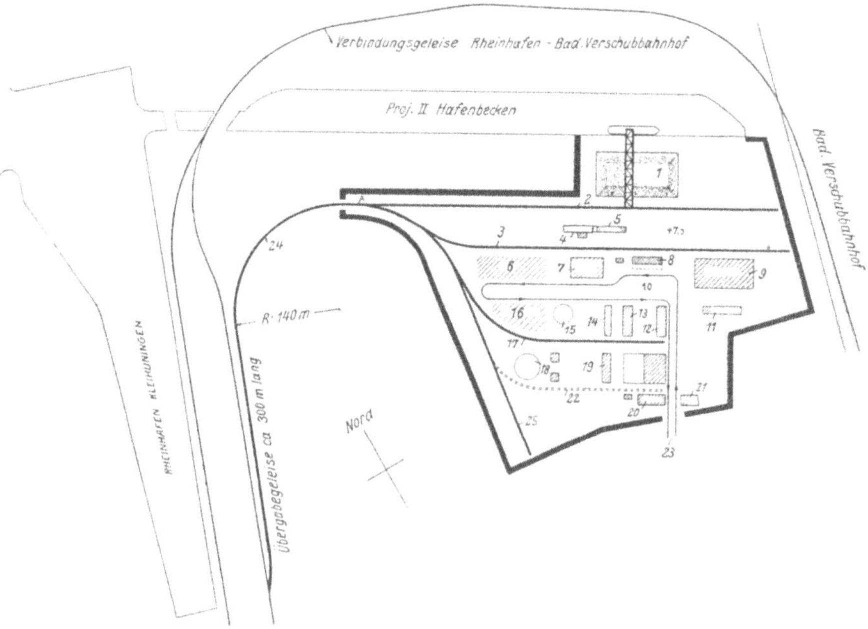

Abb. 10. Grundrißplan Gaskokerei Basel.

1 Kohlenlager
2 Kohlengeleise
3 Koksgeleise
4 Kohlenturm
5 Öfen
6 Teer
7 Schwach- und Wassergasanlage
8 Brecherei und Sieberei
9 Kokshalle
10 Koksplatz
11 Garagen
12 Magazin
13 Werkstatt
14 Kompressoren
15 Wassergas
16 Ammoniak
17 Geleise für diverse Nebenprodukte, Werkstatt, Magazin usw.
18 Stadtgas
19 Reiniger
20 Wohlfahrt
21 Büro
22 Reservegeleise
23 Autos
24 Zufahrtsgeleise
25 Abstellgeleise

zeitig als fahrbare Lagerplatzbrücke und Waggon-Entladeeinrichtung beim Versagen des Wasserweges, ist zweckmäßig und wirtschaftlich.

Die Gleisanlage zeigt ebenfalls alle Voraussetzungen für eine zweckmäßige und wirtschaftliche Anordnung. Drehscheiben sind vermieden, alle Gleise bekommen die Wagen durch Lokomotivbetrieb zugestellt. Die Koksgleise sind von Nebenproduktenwagen freigehalten.

Ein beachtenswerter Vorteil der Basler Lösung des Verkehrsproblems besteht auch darin, daß jede Kreuzung der Auto-Hauptverkehrswege mit Bahngleisen im Fabrikgelände vermieden worden ist.

Besonders bemerkenswert ist, daß für die Förderung der Kohle ab Greifer der frisch entladenen Kohle oder ab Lager nach der Mahl- und Mischanlage und von da zum Betriebsbunker ausschließlich vollautomatische Gefäßförderer, System Zurstraßen, zur Anwendung kommen.

Als besondere Vorteile dieser Lösung gibt M. Thoma[1]) an: Kurze Transportwege, daher übersichtliche Disposition der Förderanlage,

[1]) Monatsbulletin des S. V. G. W. **12** (1932), S. 33.

geringe Bedienungskosten, kleine Reparaturkosten, da nur wenige Teile dem Verschleiß unterworfen (Seile, Zahnräder).

Steuer- und Schalteinrichtungen verlangen dafür befähigte Bedienung.

Brech-, Mahl-, Misch- und Betriebsbunker-Anlagen sind alle in gedrungener und übersichtlicher Anordnung in einem einzigen Gebäude im Kohlenturm vereinigt (Abb. 11).

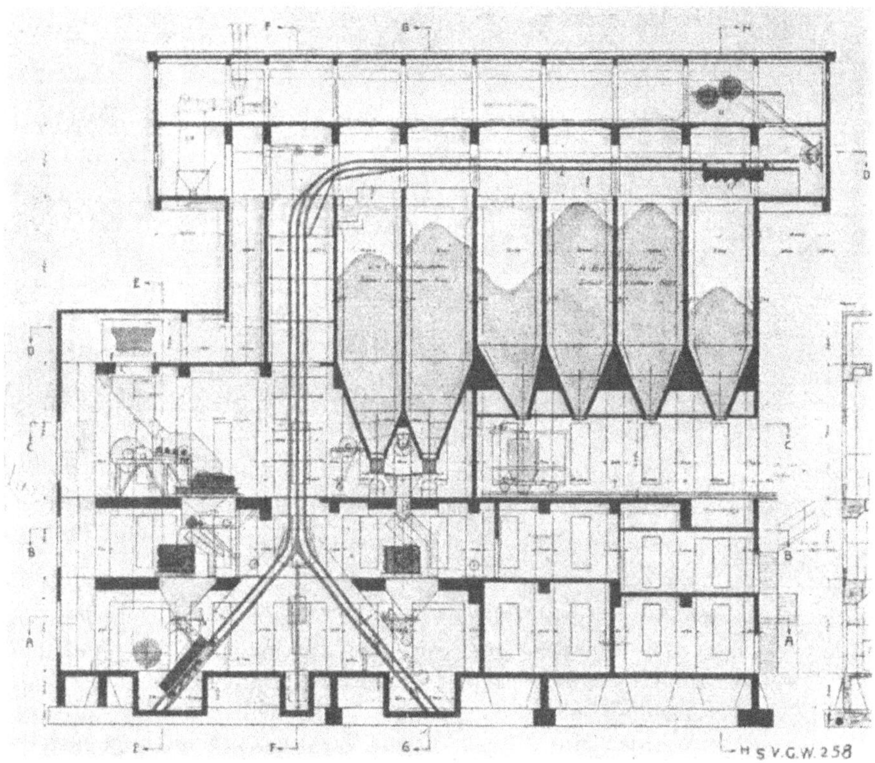

Abb. 11. Einrichtung des Kohlenturms Gaskokerei Basel.

Ein beachtenswertes Merkmal ist schließlich, daß unterirdische Bauwerke, die bei hohem Wasserstand verteuernd wirken, bei den Transportanlagen vermieden worden sind.

Für die ganze Kohlenbehandlung, das Ausladen, Lagern, Fördern zum Kohlenturm sowie das Mahlen und Mischen werden 3 Mann Bedienung als erforderlich angegeben, die reinen Transportkosten erfordern bei einer Kohlenmenge von 100000 t und 60 t Stundenleistung nur 0,20 sfrs für Bedienung.

Das Gaswerk in Zürich ist ein weiteres Beispiel, um zu zeigen, welch wichtige Rolle einer gut disponierten Transportanlage für die Massengüter im Gaswerksbetrieb beizumessen ist.

Bei dem großen Umbau dieses Werkes in den Jahren 1928/33 wurde nach Escher[1]) gefordert:

Zu- und Abfuhr der Rohmaterialien und Nebenprodukte hat in ganzen Zügen zu erfolgen: Transportwege für Kohle und Koks sollen möglichst kurz und einfach sein. Die Kohlen sind hauptsächlich im Freien zu lagern.

Aus dem Lageplan des Werks (Abb. 12) ersieht man, daß man die früher von Süden in das Werk einmündenden Gleise, die in Querrichtung

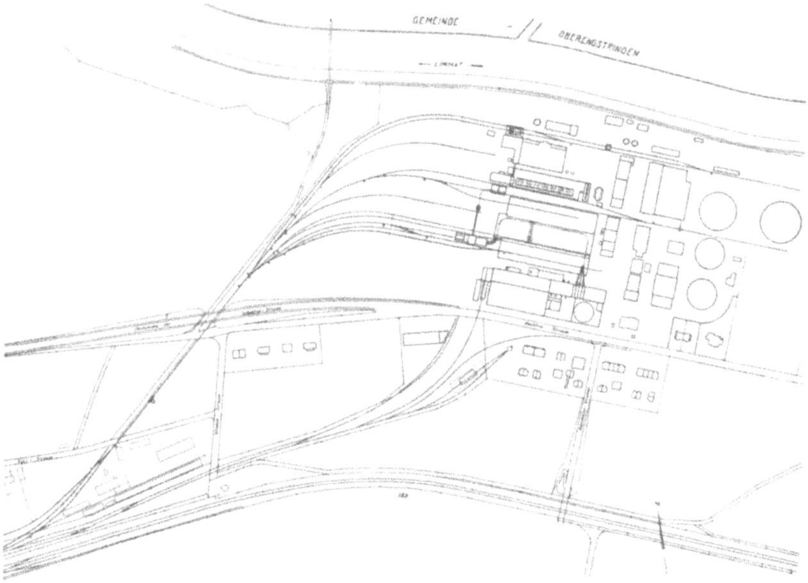

Abb. 12. Gaswerk Schlieren, Situationsplan.

der Betriebsanlagen lagen, aufgegeben und einen vollständig neuen Gleisanschluß von Westen geschaffen hat, der die Betriebsanlagen längsseitig faßt und damit ermöglicht, den früher notwendigen Drehscheibenbetrieb auszuschalten.

Bei einem Kohlenverbrauch von 150000 t im Jahr, einem Kohleneingang, der zwischen 200 und 2000 t/Tag schwankt, wird eine große Elastizität von den Förderanlagen verlangt.

Zürich hat in der neuen Anlage (Abb. 13) fast ausschließlich Gefäßförderer in Form von automatischen Schrägaufzügen, Kübelwagen,

[1]) Züricher Statistische Nachrichten (1935), Sonderdruck: Das Gaswerk der Stadt Zürich von F. Escher.

Seilbahn angewandt. Die Geschwindigkeit dieser Fördermittel beträgt bis 2,6 m/s.

Die Werkleitung begründet diese Wahl mit geringeren Anschaffungskosten im Vergleich zu anderen Transporteinrichtungen und hält solche automatischen Anlagen im Betrieb für wirtschaftlicher, sofern die Steuerung den Betriebsvorkommnissen Rechnung trägt. Die Entleerung der Eisenbahnwagen erfolgt durch feststehende Kipper.

Aus den Mischbunkern gelangt die zerkleinerte Kohle über Mischteller und Transportbänder zu einer Hammermühle. In dieser wird die vorgemischte Kohle von 70% unter 3 mm fein gemahlen und vollkommen

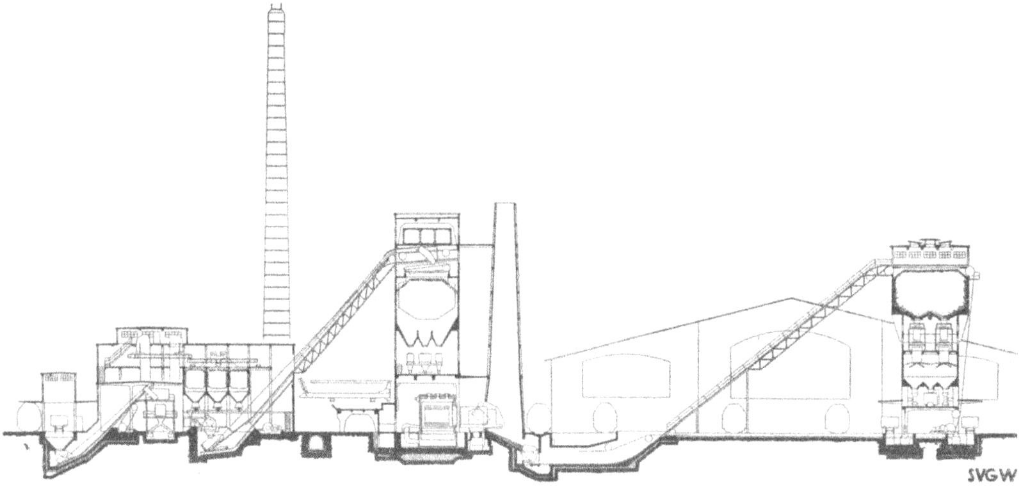

Abb. 13. Gaswerk Schlieren, Schnitt durch die Kohlen- und Kokstransportanlagen.

gemischt. Auch wird an dieser Stelle der Feuchtigkeitsgehalt der fertiggemischten Kohle geregelt, indem man die zu trockene Kohle durch Brausen anfeuchtet. Diese Anfeuchtung ist in der Regel notwendig bei Verwendung von Lagerkohlen nach einer Trockenperiode, und bei trocken aufbereiteten, nicht gewaschenen Kohlen ist sie erforderlich, um eine Durchschnittsfeuchtigkeit von rd. 8% zu erreichen.

Besondere Sorgfalt ist in Zürich darauf gelegt worden, ein Entmischen der gemahlenen Kohle im Kohlenwagen zu verhindern. Zu diesem Zweck erfolgt die Verteilung der Kohle über die ganze Breite der Zellen im Kohlenturm durch einen Verteilerwagen.

Bei den Förder- und Aufbereitungsanlagen für Kohle des im Jahre 1936 in Betrieb genommenen neuen Gaswerks in Freiburg[1]) im

[1]) Sonderbeilage des »Alemannen« (1936), Das neue Freiburger Gaswerk von M. Binder.

Breisgau (Abb. 14) benutzt man als Fördermittel für eine Leistung von 25 t/h selbsttätige Kübelförderer von Zurstraßen. Die Kohle wird auf hochliegendem Werkgleis entweder in Selbstentladewagen über das Kohlenlager oder den Überladebunker gefahren oder durch Gleisfahrzeuggreifer *2* aus gewöhnlichen Eisenbahnwagen entladen und auf Lager oder unmittelbar in den Überladebunker *1* gebracht.

Der Gleisfahrzeuggreifer bringt auch die Kohle vom Lager zum Überladebunker. Der Grobkohlenförderer bringt die Kohlen von den Überladebunkern am Kohlenlager *A* nach oben in das Mischgebäude *B*. Dort

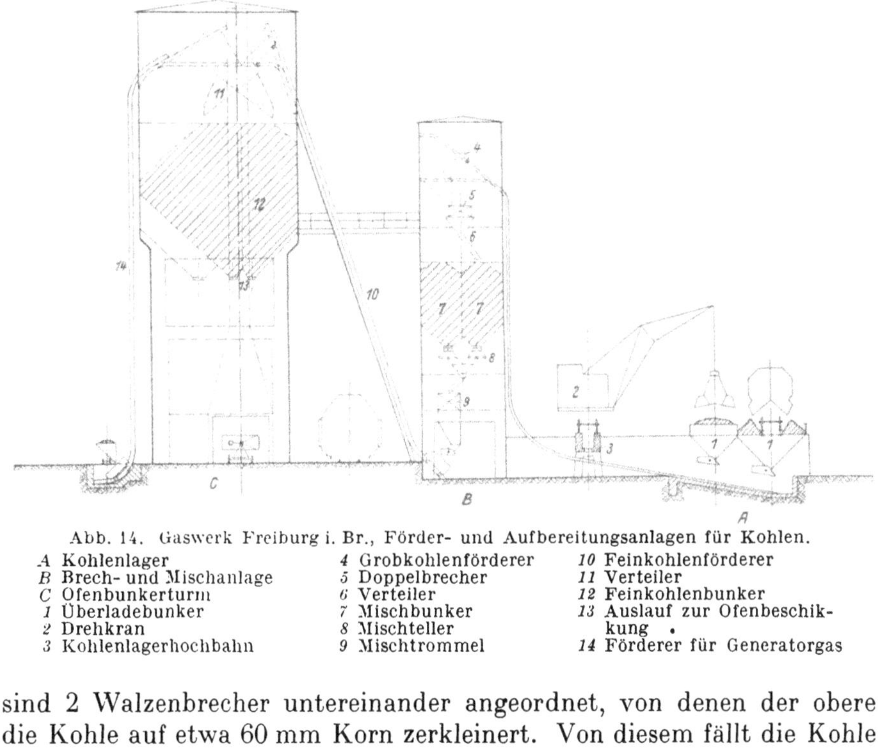

Abb. 14. Gaswerk Freiburg i. Br., Förder- und Aufbereitungsanlagen für Kohlen.

A Kohlenlager
B Brech- und Mischanlage
C Ofenbunkerturm
1 Überladebunker
2 Drehkran
3 Kohlenlagerhochbahn
4 Grobkohlenförderer
5 Doppelbrecher
6 Verteiler
7 Mischbunker
8 Mischteller
9 Mischtrommel
10 Feinkohlenförderer
11 Verteiler
12 Feinkohlenbunker
13 Auslauf zur Ofenbeschikkung
14 Förderer für Generatorgas

sind 2 Walzenbrecher untereinander angeordnet, von denen der obere die Kohle auf etwa 60 mm Korn zerkleinert. Von diesem fällt die Kohle in einen Feinbrecher für ein Maximalkorn von 15 mm Dmr. Eine Verteilerschurre leitet die verschiedenen Kohlensorten von hier in die darunter befindlichen 4 Mischbunker von je 30 t Inhalt. Durch Mischteller werden die einzelnen Kohlensorten in den Mischbunker im gewünschten Verhältnis abgezogen und nach Durchgang durch eine Mischtrommel dem Feinkohlenförderer *10* zugeführt. Dieser bringt die Kohlen nach den zusammen 280 t fassenden 2 Kohlenbunkern im Ofenbunkerturm *C*.

Es ist selbstverständlich, daß die einzelnen voneinander abhängigen Fördermittel sich gegenseitig selbsttätig steuern müssen, damit eine Überfüllung des nachfolgenden ausgeschlossen ist.

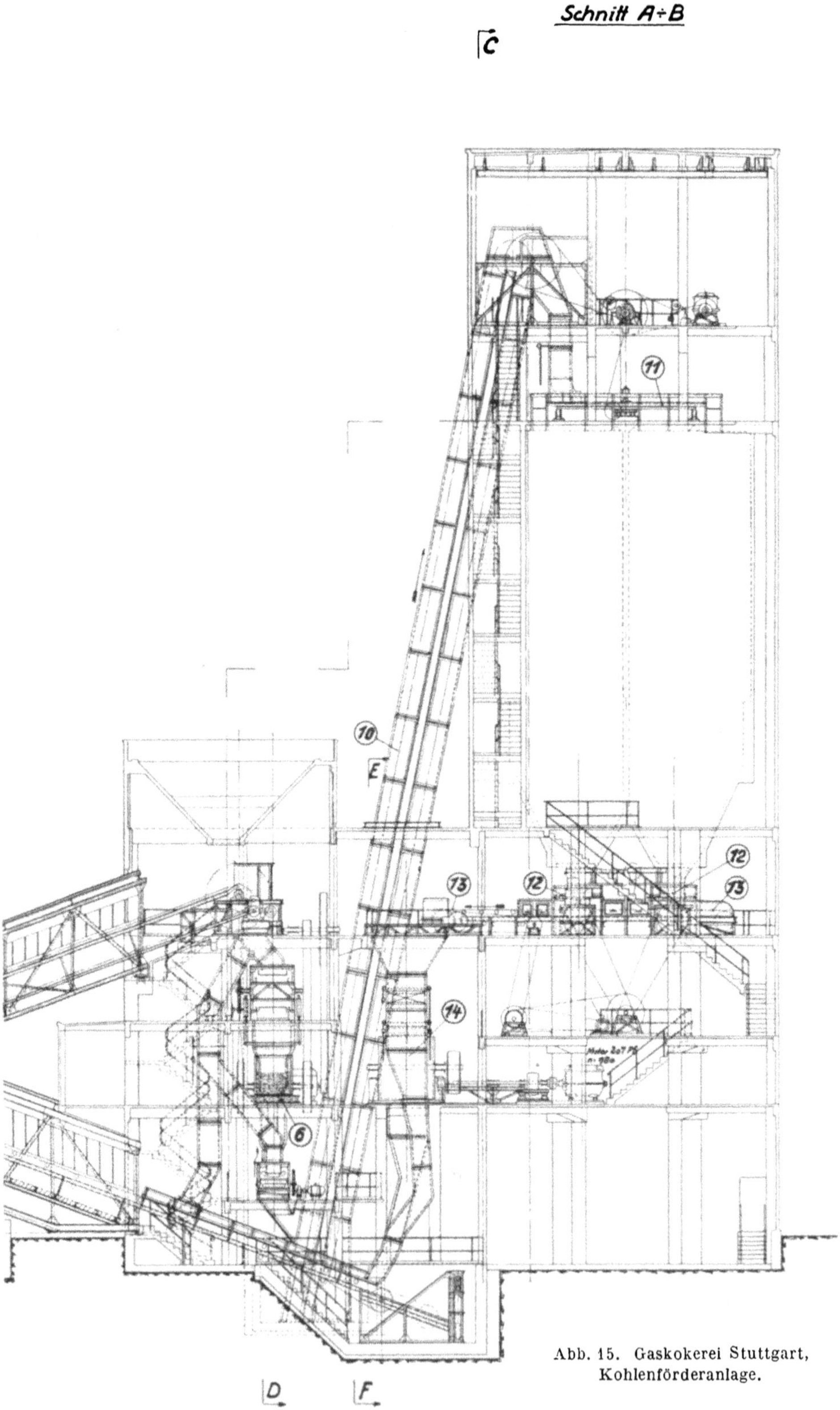

Abb. 15. Gaskokerei Stuttgart, Kohlenförderanlage.

Schnitt C÷D

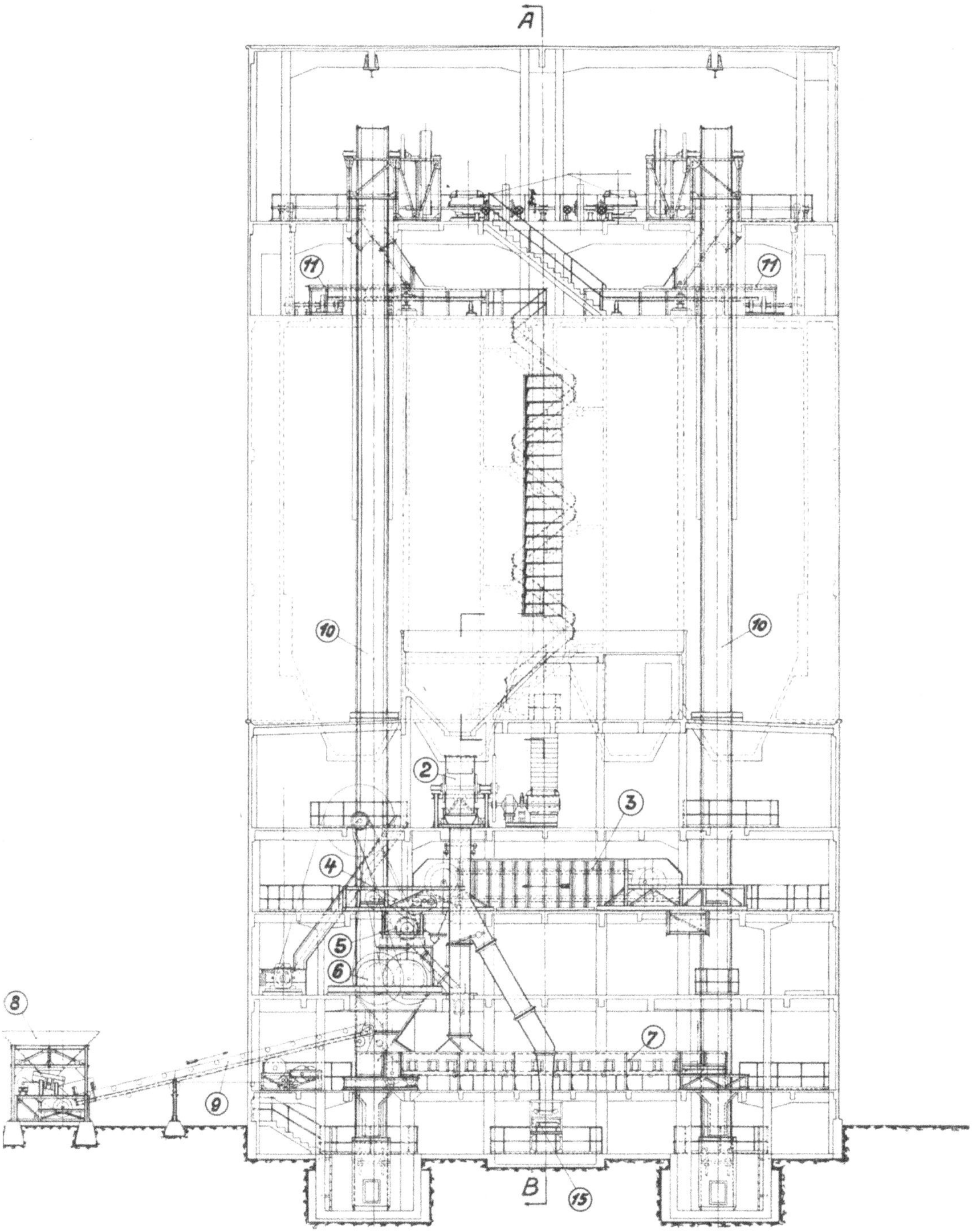

Abb. 15a. Gaskokerei Stuttgart, Kohlenförderanlage.

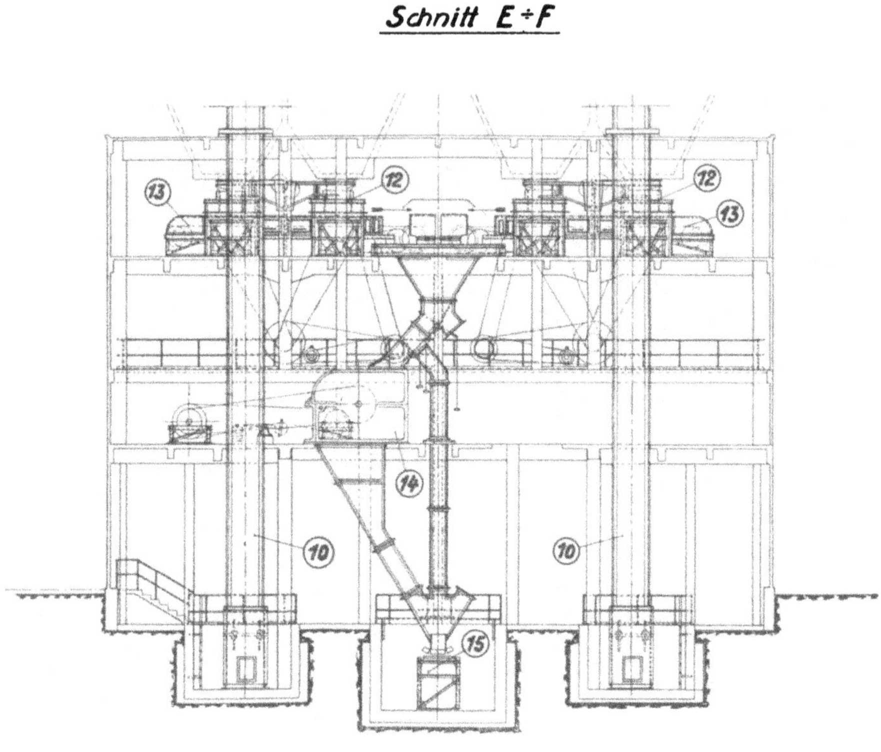

Abb. 15b. Gaskokerei Stuttgart, Kohlenförderanlage.

Stuttgart, die jüngste deutsche Gaskokerei mit Horizontal-Kammeröfen hat zur Lösung der Aufgaben der Kohlenbewegung selbsttätige Fördermittel[1]), Bauart Fredenhagen, angewandt, und zwar zur Förderung bis zu den Brechern Stahltrogförderer, dahinter Gummibänder (Abb. 15, 15a, 15b).

Bei der Planung der Transportanlage in Stuttgart wurde für den Vollausbau ein Durchsatz von 2200 t Kohle je Tag zugrunde gelegt.

Die Entladung der Kohle erfolgt über die bereits im alten Werk vorhandene Kipperanlage, soweit nicht die Anfuhr unmittelbar durch Großraumselbstentlader von je 60 t Fassungsraum geschieht, die die Kohle in einen Gleisbunker von rd. 240 t Fassungsvermögen ausschütten.

Stahltragbänder, die mit 0,26 m/s Geschwindigkeit laufen, fördern die Kohlen zur Brecheranlage *6*. Feinkohlen oder Nußkohlen können die Brecheranlage umgehen. Von der Brecheranlage bringen Elevatoren *10* die vorgebrochene Kohle mit 0,46 m/s Geschwindigkeit zu 2 Speicherbehältern in der Misch- und Mahlanlage. Jeder der Speicherbehälter

[1]) Gas- und Wasserfach **74** (1931), S. 1145, 1175, 1198.

von je 600 t Inhalt ist in 4 Einzelsilos eingeteilt, so daß weitgehende Möglichkeit zum Mischen verschiedener Kohlensorten besteht. Abstreichteller *12* unter den Mischbunkern und Sammelbänder *13* unter den Abstreichtellern entnehmen die einzelnen Kohlensorten, mischen sie vor und bringen sie zum Mahlen und fertigen Mischen zur Hammermühle *14*. Von hier wird die fertig aufbereitete Kohle durch Gummitransportband *15* mit 20° Steigung und 1,25 m/s Geschwindigkeit zum Kohlenturm, der 2000 t Inhalt hat, gebracht.

Wie vielgestaltet hinsichtlich der Anordnung und der Wahl der Fördermittel die Kohlentransportanlagen mit eingeschalteten Brech-, Mahl- und Mischanlagen sein können, zeigt die Kohlenförderanlage im Gaswerk Leipzig (Abb. 16). Diese Anlage ist für eine Leistung von 100 t/h mit Bleichertschen Nahfördermitteln ausgerüstet.

Die charakteristische Gestaltung der Kohlentransport- und Mischanlage einer Großkokerei, die auf eigener Kohlenbasis steht, zeigt Abb. 17[1]).

Die von der Wäsche *a* kommende Kohle gelangt über ein Kohlenförderband unmittelbar in die Mischbunkeranlage *b*. Die durch Großraumselbstentlader von einer anderen Zeche hereingeförderte Kohle kommt zur Übergabe auf Bandförderer in den Erdbunker *c*. Ist die fremde Kohle stückig, so wird sie zunächst dem Brech- und Mahlwerk *d* durch Schrägband zugeleitet; ist sie fein, so wird sie unter Umgehung der Brech- und Mahlanlage durch das Schrägband unmittelbar zur Mischbunkeranlage gefördert. Ein Verteilerband mit fahrbarem Abwurfwagen verteilt die einzelnen Kohlensorten getrennt in die einzelnen Zellen. Den unteren Bunkerausläufen wird die Kohle im gewünschten Mischungsverhältnis vom rotierenden Teller durch Abstreifer entnommen. Die aus verschiedenen Zellen herausgestreifte Kohle fällt auf ein seitlich unter den Mischteller vorbeiführendes Förderband, das die roh auf dem Band vorgemischte Kohle den bei *e* angeordneten Mischmühlen zubringt. Vom Mischwerk wird die fertigaufbereitete Kokskohle zum Kohlenturm *f* gefördert.

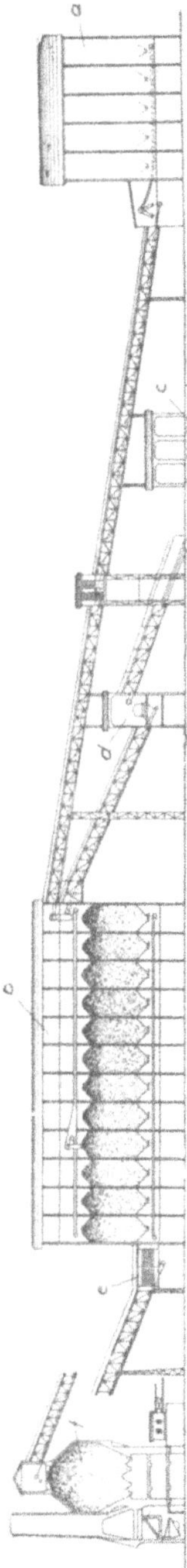

1) Koppers Mitteilungen (1926), S. 124.

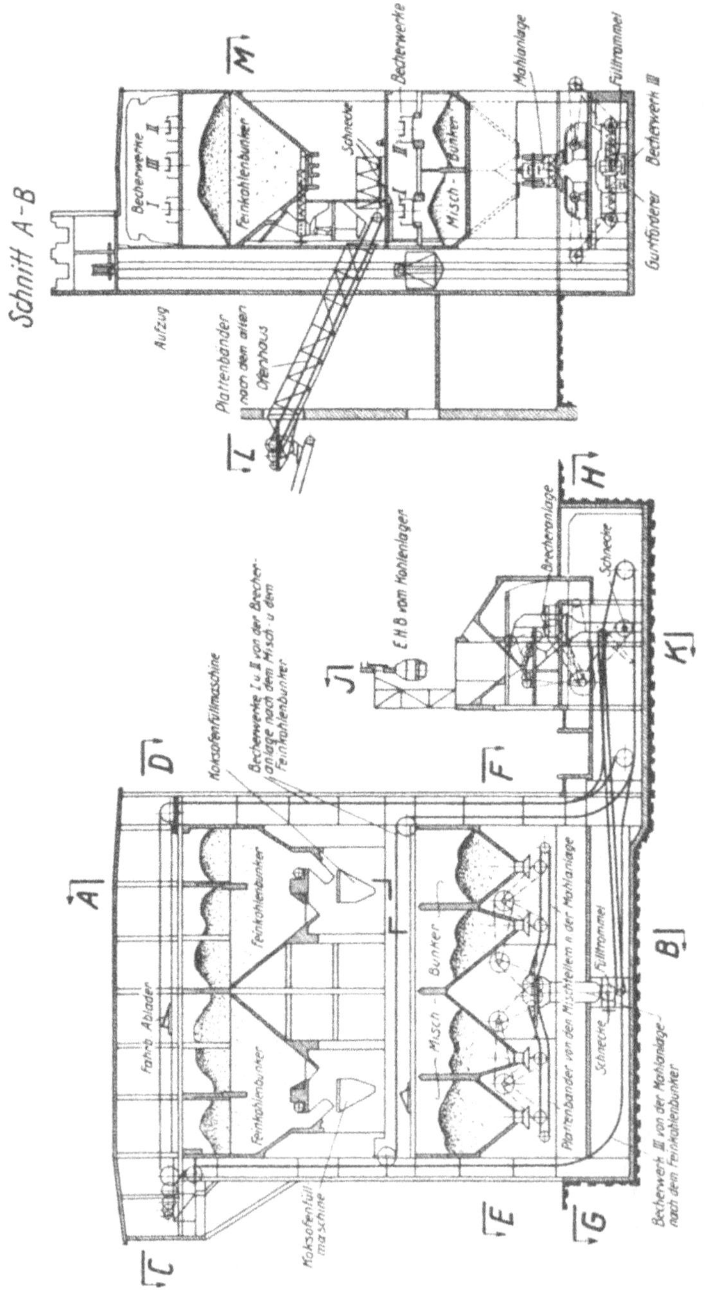

Abb. 16. Kohlenförderanlage Gaswerk Leipzig.

Gleis- oder Erdbunker, die bei Verwendung von Selbstentladewagen üblich sind, werden zur Ersparung von Bauhöhe häufig als Schlitzbunker ausgebildet[1]) (Abb. 18).

Die Kohle wird hierbei mittels eines elektrisch angetriebenen Räumers aus dem Schlitz herausgeschabt und auf ein Förderband abgegeben. Ordnet man je nach der Zahl der zu mischenden Kohlensorten 2 oder mehr Abteile an, so können die Gleisbunker zugleich die Mischbunker mitvertreten. Der Räumer steuert sich am Ende des betreffenden Bunkerabteils zur Rückfahrt selbsttätig um.

Die Kokerei des Ilseder Hütte[2]) (Abb. 19), die ihre Kohlen restlos mit Selbstentladewagen zuführt, hat diese Art von Erdbunker zur Über-

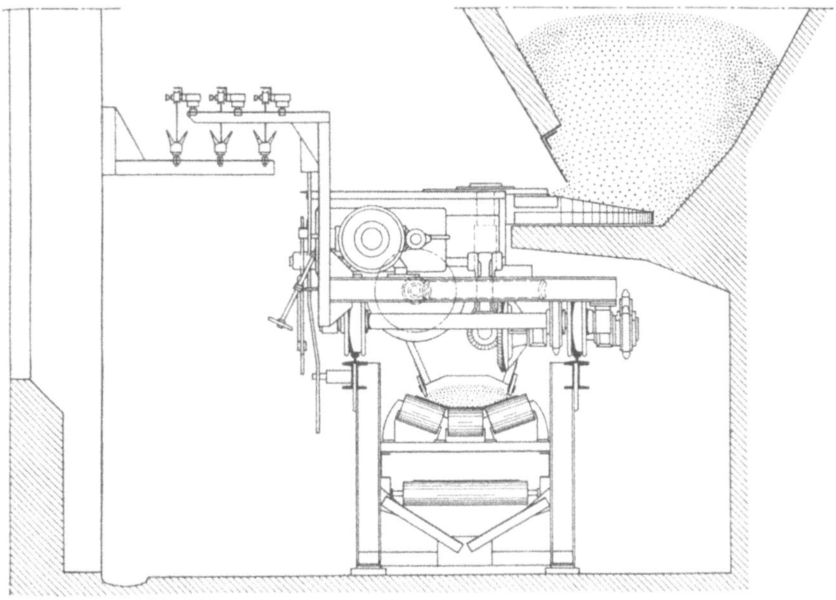

Abb. 18. Ilseder Hütte, Schlitzbunker mit Räumerwagen.

gabe der Kohle an die Förderanlagen der Kokerei angewandt und dadurch eine sehr übersichtliche Anordnung ihrer Transportanlagen erreicht (Abb. 20).

Die Beispiele zeigen, daß für die verschiedenen Aufgaben der Kohlenförderung fast alle Arten von Fördermittel zur Anwendung kommen. Namentlich bei den Gaswerken, die eine jahrzehntelange Entwicklungszeit hinter sich haben, die auf dem einmal gegebenen Gelände gewachsen sind und ihre Leistung vervielfacht haben, mußten die oft nachträglich eingebauten Förderanlagen nach den gegebenen Verhältnissen eingepaßt werden.

[1]) Koppers Mitteilungen (1931), S. 44.
[2]) Koppers Mitteilungen (1931), S. 43.

Und doch spielen die Transporteinrichtungen neben der Gaserzeugungsanlage, je größer ein Werk ist, eine um so wichtigere Rolle, so daß es notwendig ist, bei allen Neuanlagen bei dem Grundrißentwurf die Werk- und Förderanlagen gemeinsam zu entwerfen. Dadurch werden von Anfang an klare und einfache Förderwege festgelegt und der künftigen Entwicklung des Werkes am besten Rechnung getragen.

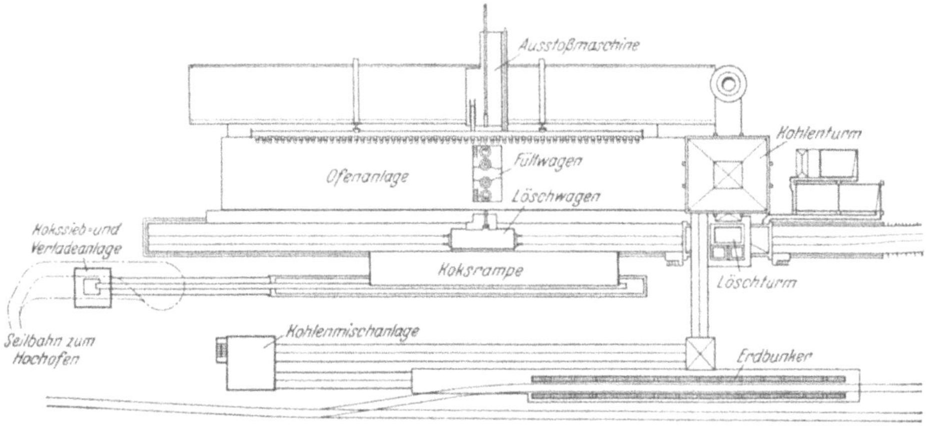

Abb. 19. Ilseder Hütte, Lageplan der Kokerei.

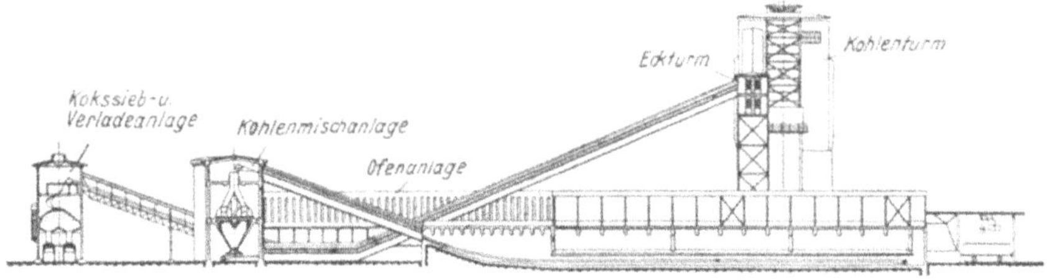

Abb. 20. Ilseder Hütte, Kohlentransport- und -mischanlage.

An Hand der angeführten Beispiele und nach Erfahrung kann man an allgemeinen Gesichtspunkten und Richtlinien für den Bau und Betrieb von Kohlenförderanlagen in der Gasindustrie etwa folgendes aufstellen:

1. Die Förderanlagen müssen für jede Art von Kohlen, Stück-, Nuß- und Feinkohlen, angelegt sein.

2. Die Fördereinrichtungen sind so zu wählen, daß das Fördergut so wenig wie möglich umgeladen wird.

3. Werkgleise sind so zu führen, daß das Zustellen und Abholen der Wagen möglichst überall mit Lokomotivbetrieb erfolgen kann. Drehscheiben sind auf unvermeidliche Fälle zu beschränken, dagegen

können Schiebebühnen mit eingebautem Spill am Ende von mehreren Stumpfgleisen das Rangiergeschäft vorteilhaft erleichtern. Längs der Gleise sind möglichst überall, nicht nur an den Betriebslagerplätzen, ausgedehnte Freistreifen zu lassen zum Lagern von Materialien für Notfälle und Bauzwecke.

Auf gute Gleisübersicht für das Rangierpersonal ist zu achten.

Niveaukreuzungen von Werkgleisen mit Kraftwagenwerkstraßen sind auf das äußerste zu beschränken.

Der Abstand paralleler Gleise ist nicht zu klein zu wählen.

4. Lagerplätze und Lagerstraßen sind möglichst frei von Stützen zu lassen. Wo sie nicht zu entbehren sind, sind sie so anzuordnen, daß Kraftlastwagenzüge ungehindert verkehren können. Selbst wenn für den Regelbetrieb nur Schiffs- oder Bahnumschlag in Frage kommt, sollte heute stets die Möglichkeit des Umschlags auf Kraftlastwagen von jedem Lagerplatz gefordert werden.

Schleifleitungskanäle, die Verkehrsstraßen kreuzen, können heute auf einfache Weise durch ein den Schlitz abdeckendes Stahlband, das vom Stromabnehmer der Verladebrücke aufgenommen und selbsttätig wieder auf den Schlitz abgelegt wird, für schwerste Lastzüge überfahrbar gemacht werden.

5. Bei den Förderanlagen in der Gasindustrie spielen die Bunker, sowohl Zwischenbunker wie die Vorratsbunker (Betriebsbunker, Kohlenturm), eine sehr große Rolle. Von ihrer Gestaltung hängt nicht nur die Wirtschaftlichkeit, sondern oft auch die Brauchbarkeit der ganzen Anlage ab. Namentlich bei Feinkohlen muß die Neigung der schrägen Behälterböden, und zwar an den ungünstigen Stellen in den Ecken, der Neigung des Reibungswinkels des Fördergutes in sich (Böschungswinkel) — d. s. mindestens 45° — entsprechen.

Zur Vermeidung von Brückenbildung bei Feinkohle mit größerem Feuchtigkeitsgehalt gestaltet man die Bunker wenn möglich so, daß eine Seite keine Schräge erhält, sondern von oben bis zum Auslauf senkrecht durchgeht. Es ergibt sich hieraus die Notwendigkeit, mit der Anzahl der Ausläufe nicht zu sparsam zu sein.

Bei Feinkohlen genügt die Glätte von Betonwänden selbst mit gehobelter Schalung oder mit Zementverputz nicht, um das Fördergut bequem herausgleiten zu lassen. Man hat daher derartige Bunker mit Erfolg schon mit Glas- oder geglätteten Steinplatten ausgekleidet und dadurch erreicht, daß eine glatte Entleerung der Bunker möglich wurde. Der Bunkerinhalt kann infolgedessen voll ausgenützt und das lästige und teure Nachstochern vermieden werden. Die Größe der Betriebsbunker wählt man mindestens für einen Vorrat für 48 Stunden des größten Tagesdurchsatzes, die der Mischbunker so, daß jede Bunkerzelle für die einzelnen Kohlensorten einen Inhalt hat, der mindestens dem größten

Wochendurchsatz, geteilt durch 40, entspricht, wenn man annimmt, daß der größte Wochendurchsatz in 40 Wochenstunden in die Betriebsbunker gefördert wird.

Es ist selbstverständlich, daß auch alle Auslaufschurren und Übergaberutschen sowie die Verschlüsse an Bunkern der Eigenart und dem Reibungswinkel des Fördergutes in der Bewegung angepaßt sein müssen. Ebenso wichtig ist die passende Ausbildung der Aufgabevorrichtung, wenn, wie z. B. bei Becherwerken, Elevatoren und Förderbändern, der Zufluß des Fördergutes geregelt werden muß.

Die Verschlüsse müssen sich nicht nur leicht öffnen, sondern auch leicht und sicher schließen lassen. Ein großer Teil aller Anstände bei Förderanlagen ist auf unsachgemäße Ausführung der Verschlüsse oder Aufgabevorrichtungen zurückzuführen. Es muß von Auslaufschurren heute verlangt werden, daß weder ein Nachstochern noch ein Überschießen des Fördergutes vorkommt.

6. Alle der Abnutzung besonders unterworfenen Teile, wie Getriebe, Lager, Laufräder, müssen leicht zugänglich und auswechselbar sein. Schnellaufende Zahnräder sollen in öldicht gebauten Kästen unter Öl und geräuschlos laufen.

Kugel-, Walzen- oder Rollenlager, selbsttätig arbeitende Fett- oder Ölschmierungen und Zentralschmierungen sind weitgehendst anzuwenden. Die Mehrkosten machen sich durch Ersparnis an Unterhaltung und Strom bezahlt. Eisenkonstruktionen sind so zu bauen, daß das Regenwasser überall, auch an allen Knotenpunkten und Stützenfüßen, außen abfließen kann, und daß die Konstruktionen im Anstrich bequem unterhalten werden können.

Hohe Eisengerüste, auch solche hoher fahrbarer Brücken, die täglich begangen werden, sollen durch Treppenläufe statt Leitern zugänglich sein.

7. Bei der elektrischen Ausrüstung ist die Frage nach der Stromart meistens entschieden durch die örtsübliche Stromart, die in Deutschland der Drehstrom ist. Die Vorteile, die der Gleichstrom bei Krananlagen z. B. der leichten Regulierbarkeit der Motoren wegen besitzt, können heute in den meisten Fällen nicht mehr in die Wagschale geworfen werden, da die Antriebe mit Drehstrom heute die gleichen Bedingungen im allgemeinen erfüllen können. Bei größeren Anlagen, insbesondere auch bei gegeneinander elektrisch verriegelten Fördermitteln hat sich die Schützensteuerung gut bewährt.

Für die Motore ist eine staubgeschützte Bauart zu wählen, sofern nicht regen- und staubgeschützte Ausführung am Platze ist. Die Schalt- und Anlaßapparate sind entsprechend gekapselt zu nehmen. Bei sehr verwickelten Schaltanlagen ist es oft übersichtlicher, die Schaltapparate in offener Ausführung in einem vollkommen staubgeschützten Raum, z. B. in geschweißter Blechausführung mit abgedichteter Tür unterzubringen, da die Apparate leichter überwacht und Fehler schneller gefunden und beseitigt werden können. Mangelhaft ist häufig der Anschluß der Kabel und Leitungen an die Schaltgeräte. Verlangt man von den Geräten und Motoren wettergeschützte Ausführung, dann muß auch der Anschluß der wetterfesten Leitungen in staub- und regensicherer Ausführung, z. B. durch Stopfbüchsen, erfolgen.

Bei ferngesteuerten und allen vom Standpunkt des Maschinisten oder Kranführers nicht völlig übersehbaren Fahrwegen sind akustische und gegebenenfalls optische selbsttätige und rechtzeitig warnende Signale vorzusehen.

Bei der Gestaltung der Förderanlage und der Wahl der Fördermittel wird die Frage der Wirtschaftlichkeit durch Vergleich der verschiedenen Fördermöglichkeiten in erster Linie zu prüfen sein. Wenn auch das Hauptziel bei der Schaffung der Fördereinrichtungen immer sein muß, die Förderkosten möglichst klein zu halten, so darf anderenfalls die Betriebssicherheit und zweckmäßige Gestaltung in Hinsicht auf die zu erwartende weitere Entwicklung nicht darunter leiden. Die Abschreibung und Verzinsung der Anlagekosten machen bei Transportanlagen einen Hauptposten aus. Namentlich die Höhe der Abschreibung, die oft nicht nach den technischen Erfordernissen, sondern nach rein kaufmännischen Überlegungen festgesetzt wird, erschwert häufig einen Vergleich der einzelnen Verladeanlagen. H. Aumund[1]) schlägt daher vor, für einen allgemeinen Vergleich die Abschreibung von der jährlichen Betriebszeit abhängig zu machen.

Im allgemeinen kann man annehmen, daß die Lebensdauer einer Anlage abnimmt mit Steigerung der jährlichen Betriebszeit.

B. Ludwig[2]) und Aumund (s. o.) nehmen bei regelmäßigem Tagesbetrieb, Einschichtbetrieb und 300 Arbeitstagen für die Förderanlage eine Abschreibung in 10 Jahren an.

Der Nutzungsgrad einer Förderanlage ist in der Regel nicht konstant. Man wird eine Transportanlage meistens nicht so knapp bauen, daß sie bereits bei der Inbetriebnahme voll ausgenutzt ist. In den meisten Fällen muß sie deshalb größer gewählt werden, weil die Zufuhr der Kohle nicht regelmäßig erfolgt.

Wird nach Aumund z. B. 3000 Betriebsstunden im Jahr als normaler Wert angenommen, so ergibt sich die Abschreibungsziffer a, wenn x die Zahl der wirklichen jährlichen Betriebsstunden ist, nach der Formel

$$a = 10\left(1 - \frac{3000 - x}{2 \cdot 3000}\right).$$

Bei Tagbetrieb mit 3000 Betriebsstunden im Jahr ergibt sich daraus:

$a = 10$, d. h. eine Abschreibung von 10% oder in 10 Jahren.

---

[1]) Hebe- u. Förderanlagen, Berlin 1916.

[2]) Journ. f. Gasbel. **56** (1913), S. 805, 829.

Bei Tag- und Nachtbetrieb mit 6000 Betriebsstunden:

$a = 15$, d. h. eine Abschreibung von 15 % oder in $6\frac{2}{3}$ Jahren.

Bei völlig ruhender Anlage:

$a = 5$, d. h. eine Abschreibung von 5 % oder in 20 Jahren.

Die stündliche Belastung mit Verzinsung und Abschreibung s ergibt sich mit genügender Genauigkeit nach Aumund, wenn bedeuten:

M = Anlagewert,
p = Zinsfuß,
a = Abschreibungsziffer aus vorgenannter Formel,
x = Zahl der jährlichen Betriebsstunden,

$$s = \frac{M}{100}\left(\frac{p}{2} + a\right)\frac{1}{x}.$$

Die erforderliche Abschreibungszeit ist noch von einem weiteren Faktor abhängig, der häufig nicht berücksichtigt wird. Verwendet man Regelausführungen und keine Sonderkonstruktionen, kann man mit normalen Abschreibungssätzen auskommen, während es bei besonders zugepaßten Fördermitteln meistens angebracht ist, mit höheren Abschreibungssätzen zu rechnen.

Das vorstehend angegebene Rechnungsverfahren paßt sich insofern auch den tatsächlichen Verhältnissen an, als es bei Neuanlagen, die gewöhnlich zunächst nicht vollbelastet sind, mit Recht eine längere Abschreibungsdauer zuläßt.

Die Unterhaltungskosten kann man bei normaler Belastung der Anlage mit 2 % des Neuwertes in die Wirtschaftlichkeitsrechnung einsetzen. Bei Fördermitteln, die besonders starkem Verschleiß unterworfen sind, wird man einen etwas höheren Satz einsetzen, während man dagegen bei schweren, ruhenden Eisenkonstruktionen und Betonbauwerken mit einem entsprechend niederen Satz auskommt.

Die reinen Betriebskosten setzen sich aus Bedienungslöhnen, Stromkosten und Schmiermittelkosten zusammen.

Die Lohnkosten sind in weitem Maße schwankend und davon abhängig, wieweit die Fördermittel selbsttätig sich einschalten, arbeiten und abstellen.

Man soll den Zeitaufwand für Schmieren und Reinigen der Fördermittel und der übrigen Transportanlageteile nicht zu gering einschätzen und zu den Bedienungslöhnen und nicht zur Unterhaltung rechnen. Auch findet man häufig bei Vergleichsrechnung gegenüber Handbetrieb nur die reinen Grundlohnsätze eingesetzt, dagegen die Lohnzuschläge vernachlässigt.

Sind bei der schweren Handarbeit des Kohlenentladens häufig Leistungszuschläge in Form von Prämien oder Akkordsätzen zu den

Grundlöhnen üblich, wird man bei verwickelten Fördermitteln eine besser bezahlte, handwerklich geschulte Kraft für die Wartung verwenden müssen.

Für die meistens vorkommende Art der Ausladung aus offenen Güterwagen kann man bei Vergleichsrechnungen zwischen Hand- und maschineller Entladung damit rechnen, daß mit höchstens 4 Arbeitern auf 1 Waggon 20 t Kohlen in der Stunde entladen werden können. Bei Feinkohlen und Ausschaufeln in eine darunter oder seitlich angeordnete Einschüttgrube kann diese Leistung auf etwa 28 t/h gesteigert werden.

Bei RM. 1,00 Stundenlohn mit Zuschlägen kostet danach 1 t Kohle von Hand aus einem offenen Güterwagen zu entladen rd. RM. 0,20.

Für die horizontale Förderung von Kohlen und zum Stapeln haben sich ortsbewegliche Förderbänder auch für kleine Leistungen gut ein geführt. Sie bilden in Verbindung mit der Handentladung von Bahnwagen die einfachste Stufe der Mechanisierung des Kohlentransportes. Bei mittleren Förderleistungen bereits beginnt die Entladung von Bahnwagen mit Selbstgreifern wirtschaftlicher zu werden als die Handentladung. Man kann überschlägig rechnen, daß man mittels Greifer in der Stunde 2 Bahnwagen mit insgesamt 40 t Kohlen entleeren und den Inhalt lagern kann. Ein einfacher fahrbarer Regelspurgreifer (Raupengreifer), dessen Anschaffungskosten etwa RM. 30000,— betragen, wird sich schon bei einer Jahresförderleistung von 15000 t lohnen.

Bei Fein- oder Nußkohlen haben sich auch die Heinzelmannentlader zum Herausnehmen von Kohlen aus Bahnwagen bewährt. Sie arbeiten in der Regel ortsfest und sind mit anschließenden Förderanlagen verbunden. Waggonkipper kommen nur für größere Leistungen in Frage. Sie werden sowohl ortsfest wie auch fahrbar gebaut. Ihre Leistung beträgt betriebsmäßig 6 bis 12 Bahnwagen in der Stunde. Bei der Entleerung von Feinkohlen ist darauf zu achten, daß steile Schrägstellung (50^0) möglich ist. Die ortsfesten Kipper benötigen entweder Einschüttgruben oder hochliegendes Kohlenanfuhrgleis. Letzteres ist auch beim fahrbaren Kipper zweckmäßig.

Diese Nebenkosten findet man oft nicht genügend berücksichtigt bei Wirtschaftlichkeitsberechnungen von Kipperanlagen.

Bei ganz großen Werken, die keinen Hafenanschluß besitzen, haben sich die Selbstentladewagen bewährt, namentlich dann, wenn ganze Züge zwischen Empfangs- und Abgabestation ständig verkehren können. Das Entleeren geschieht entweder in, unter oder neben dem Gleis liegende Vorratsbehälter oder bei hochliegendem Entladegleis in seitlich liegende Abschüttgrube. Die Schiffsentladung von Kohlen geschieht fast durchweg mit Greifer. Die Wahl der Fördereinrichtungen von den Entladestellen zu den Aufbereitungsanlagen und Verbrauchsstellen richtet sich nach Leistung und den örtlichen Verhältnissen. Gefäßförderung und

Bandtransport stehen hier vor allem in Wettbewerb. Über den Kraftbedarf verschiedener Transport-, Brech- und Mahleinrichtungen geben die nachstehenden Zahlentafeln Auskunft, die dem Verfasser in entgegenkommender Weise vom Gaswerk Stuttgart zur Verfügung gestellt wurden.

Über die Betriebskosten und die Aufwendungen für den Kapitaldienst einer Kohlentransportanlage geben beispielsweise die freundlicherweise vom Gaswerk Basel mitgeteilten Angaben Auskunft. In Basel gehen sämtliche einlaufenden Kohlen über Lager. Dieser von der üblichen Arbeitsweise abweichende Betrieb ergab sich hauptsächlich dadurch, daß ausschließlich Feinkohlen bzw. Förderkohlen entgast werden, die ein längeres Lagern nicht vertragen. Der Kohlenvorrat deckt den Bedarf von etwa 4 Monaten. Die Kohle liegt daher nie länger als 4 Monate auf Lager, und es kommt daher zu keiner unzulässigen Erwärmung des Lagers. Die stärkere Inanspruchnahme der Kohlenverladebrücke wird in Kauf genommen gegen die Vorteile eines stetigen Lagerzustandes. Die Umschlagziffer der Verladebrücke ist dadurch wesentlich erhöht, da sie die Kohle sowohl aus dem Bahnwagen (Schiffsentladung wird erst aufgenommen) auf Lager, wie vom Lager zum Förderer bringen muß. Mit Ausnahme der Unkosten auf die Betriebslöhne und die Magazin- und Werkstattkostenanteile sind sämtliche anfallenden Kosten in der nachstehenden Aufstellung enthalten. Das Betriebspersonal wird im Monatslohn entlöhnt. Es erhalten (in Klammern die Werte in Reichsmark bei einem Kurs von 57,30):

Maschinist der Kohlenverladebrücke oder des Kohlenturms	sfrs 490	(RM. 281)
Reparaturschlosser	» 470	(» 269)
Helfer im Waggon beim Ausladen	» 420	(» 240)

bei einer Arbeitszeit von 208 Stunden im Monat.
Verzinsung: $5\frac{1}{4}$%.

Amortisationsquote 1936

für die Kohlenlagerungsanlagen	6,38%
» » Förderanlagen	4,00%
» » Mahl- und Mischanlagen	3,76%
» den Kohlenturm	1,88%

Für Kraftstrom wurde 1936 an das Eltwerk im Mittel 4,63 Rp. (2,65 Pf.) je kWh bezahlt.

Kohleneingang 1936	106027 t
Entgasung 1936	104277 »
Leistung der Kohlenverladebrücke	210304 t

Meßergebnisse über den Kraftbedarf der Kohlenförder-, Brech-, Misch- u. Mahleinrichtungen im Neubau der Gaskokerei Stuttgart-Gaisburg, festgestellt 1930/31.

Gegenstand	Größenverhältnisse	Sonstige Abmessung	Geschw.	Besondere Merkmale	Leistg.	Motorstärke Neuleistung	Zulässige Stromaufnahme $b \cdot \cos\varphi = 1$	Strombedarf bei Leerlauf	Abgeles. Strombedarf bei Volleistung	Anordnung Bemerkung
Stahltrogband	32 m A. A. 1100 mm Breite 225 mm Kast. H.	Kettentlg. 500 mm Rollentlg. 500 mm Rollen-ϕ 130 mm	0,26 m	Doppelkettenstrang einer Laschenstahlbolzenkette	150 t	11,4 kW	24,5 A	12 A	15 — 30 A	horizontal
Stahltrogband	72 m A. A. 1100 mm Breite 225 mm Kast. H.	» »	0,26 m	»	150 t	28,5 kW	60,0 A	35 A	46 — 50 A	schräg ansteigend 22^0
Stahltrogband	11,5 m A. A. 1100 mm Breite 225 mm Kast. H.	» »	0,27 m	»	150 t	4,25 kW	10,0 A	5 — 6 A	6 — 7 A	horizontal
Bandtransporteur	11,5 m A. A. 800 mm breit 9 mm stark	Antr.-Trommel ϕ = 800 mm; L. = 900 mm; Entferng. d. Tragstat. ob. 1000, unt. 2000 mm	1,25 m	muldenförmig	150 t	4,25 kW	10,0 A	5,0 A	5,1 — 5,5 A	horizontal
Zweiwalzen-Kohl.-Brech.	1200 mm Walz.-ϕ » » » L.				150 t	61,0 kW	119 A	35 A	38 — 45 A	
Becherwerk	37 m A. A. Becherzell. 650 × 325	Kettentlg. 500 mm Rollentlg. 500 mm Rollen-ϕ 130 mm	0,58 m		150 t	38,0 kW	77 A	29 — 36 A	40 — 65 A	schräg ansteigend 80^0
Kohlenmühle	Schlagmühle		$n = 500$		150 t	152 kW	285 A	90 A	160—240 A	
Band mit 2 Mischtellern	11,5 m A. A. 800 mm breit 9 mm stark	Mischteller-ϕ = 2000 mm	Band = 1,25 m	Band muldenförmig	Bd. = 150 t Mischt. je 75 t	11,4 kW	24,5 A	10,0 A	13,0 A	Band horizontal
Band mit 3 Mischtellern	11,5 m A. A. 800 mm breit 9 mm stark	Mischteller-ϕ = 2000 mm	Band = 1,25 m	»	»	11,4 kW	24,5 A	11,0 A	15,0 A	Band horizontal
Bandtransporteur	113 m A. A. 800 mm breit 11,5 mm stark	Antriebstrommel 1000 mm ϕ, 900 br. Entf. d. Tragst. ob. 1200, unt. 2500 mm	1,25 m	Band muldenförmig Tragstat. ϕ 130 mm	150 t	28,5 kW	60 A	26 — 28 A	45 — 50 A	schräg ansteigend 20^0

Unter diesen Bedingungen ergaben sich im Jahre 1936 folgende Kosten:

1. Umschlag der Kohle aus Bahnwagen auf Lager und vom Lager in den Übergabebunker des Rohkohlenförderers mittels Kohlenverladebrücke und Greiferkatze je t eingegangener Kohle:

Betriebslöhne, Betriebsmaterial und Reparaturen	31,8 Rp.	(18,22 Pf.)
Kraftstrom	3,4 »	(1,95 »)
Kapitaldienst	18,9 »	(10,83 »)
Gesamtkosten der Kohlenlager	54,1 Rp.	(31,00 Pf.)

2. Förderung der Rohkohle vom Übergabebunker an der Kohlenverladebrücke bis in den Rohkohlenbunker im Kohlenturm je t entgaste Kohle:

Betriebslöhne, Betriebsmaterial und Reparaturen	5,8 Rp.	(3,32 Pf.)
Kraftstrom	1,3 »	(0,74 »)
Kapitaldienst	14,3 »	(8,19 »)
Gesamtkosten der Rohkohlenförderung	21,4 Rp.	(12,25 Pf.)

3. Mahlen und Mischen einschließlich Transport der gemahlenen Kohle je t entgaste Kohle:

Betriebslöhne, Betriebsmaterial und Reparaturen	19,3 Rp.	(11,06 Pf.)
Kraftstrom	6,3 »	(3,61 »)
Kapitaldienst	44,6 »	(25,55 »)
Gesamtkosten für das Mahlen und Mischen einschließlich Förderung im Kohlenturm	70,2 Rp.	(40,22 Pf.)

Schrifttum.

Aumund, H., Hebe- und Förderanlagen, Berlin 1916.

Toussaint, F., Vereinfachung der Kohlen- und Koksförderung in Gaswerken. Fördertechnik (1928), S. 356.

Huppert, O., Kohlenmahl- und Mischanlagen für Gaswerke. Gas- und Wasserfach 74 (1931), S. 49.

Gluud, W., Handbuch der Kokerei, Bd. I, Halle 1927.

3. Teil

Horizontalkammeröfen

Von

Prof. Dr. Heinrich Hock
Clausthal

A. Geschichtlicher Überblick über die Entwicklung der Horizontalkammeröfen, Einführung von Großraumöfen auf Gaswerken.

Während die im Jahre 1792 einsetzende Entwicklung des Retortenofens für die Entgasung der Steinkohle zur Leuchtgasgewinnung sich über einen Zeitraum von mehr als 100 Jahren erstreckte, vollzog sich die Einführung der Kammeröfen wesentlich rascher und war in knapp 10 Jahren als abgeschlossen zu betrachten. Was insbesondere den Eingang des Horizontal-Kammerofens in den Gaswerksbetrieb anlangt, so war bekanntlich diese Ofenbauart bereits im Kokereiwesen, also auf einer besonders breiten Grundlage, in jahrzehntelanger Entwicklungsarbeit zu einer großen Vervollkommnung gelangt. Die horizontale Verkokungskammer auf Kokereien wurde schon um etwa 1850 bei den Öfen von Smet, Laumonier, Frommont, Francois-Rexroth und anderen Konstruktionen benutzt. Die Smetöfen, s. Z. bei einer ganzen Anzahl westfälischer Kokereien eingeführt, waren 7,8 m lang und etwa 1,50 m hoch, wobei die Ofenfüllung 2½ bis 5 t betrug. Beim Ofen von Frommont war besonders kennzeichnend, daß derselbe zwei übereinanderliegende Ofenkammern besaß. Die untere derselben hatte eine Länge von 3 m, eine Höhe von 1 m und eine Breite von 1,10 m. Die Maße der oberen Kammer waren jeweils um ungefähr 20 cm kleiner. Die Beschickung dieser Öfen erfolgte nur zur Hälfte ihrer Höhe mit etwa 1,2 t Kohle. Die Garungsdauer betrug 24 Stunden und das Koksausbringen 65 bis 67%. Dieser Ofen entspricht somit weitgehend den später auf Gaswerken gebräuchlichen Kleinkammer-Horizontalöfen, die zumeist aus dem Umbau von Horizontalretortenöfen hervorgegangen sind.

Die Horizontalkammeröfen von Francois-Rexroth hatten bereits senkrechte Heizzüge, wodurch die Standfestigkeit der Kammerwände erhöht und eine Verringerung ihrer Wandstärke ermöglicht wurde. Die Kammerbreite des Ofens betrug bis zu 0,9 m, bei einer Ofenladung von 3 t war die Garungszeit 48 Stunden. Mit der horizontalen, durch seitliche, senkrechte Heizzüge beheizten Kammer hat Francois-Rexroth die Grundform für die noch heute üblichen Koksöfen und damit auch gleichzeitig für die im Gaswerksbetriebe späterhin eingeführten Horizontalkammeröfen gegeben.

Etwa 1865 wurden diese Systeme durch einen neuen Horizontalkammerofen von Coppée abgelöst, der 1867 in Deutschland von Dr. C. Otto gebaut wurde (Abb. 1). Er verband die Vorzüge der früheren Konstruktionen, so daß der Grundsatz der Verkokung in einer schmalen, hohen Kammer, also großer Heizfläche bei kleinem Inhalt, weitgehend durchgeführt wurde. Die Länge der Öfen betrug rd. 10 m, ihre Höhe 1,7 m, bei einer mittleren Breite von 600 mm. Die Türen bestanden meist aus Gußeisen mit feuerfester Ausfütterung; vorwiegend wurden

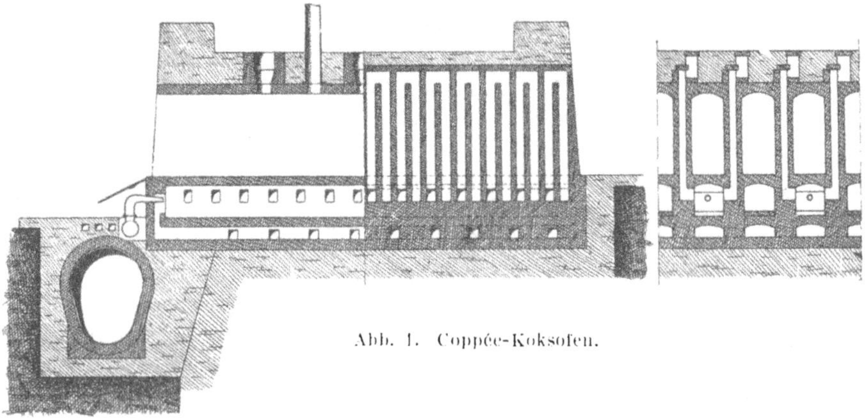

Abb. 1. Coppée-Koksofen.

Schiebetüren verwendet, die mittels Hebel aufgezogen wurden. Das gesamte anfallende Destillationsgas diente zur Beheizung der Kammern. Erst einige Zeit später ging man beim Betrieb der Kokereiöfen dazu über, das gesamte Gas durch Kondensations- und Nebenproduktengewinnungsanlagen zu schicken und das zum Heizen der Öfen erforderliche Gas zum Ofen zurückzuleiten. Der Anstoß zu dieser Maßnahme erfolgte von der Leuchtgasherstellung aus, indem man die dort bei der Leuchtgasbehandlung benutzten Einrichtungen zur Kühlung und Waschung des Gases auf den Kokereibetrieb übertrug. Im Jahre 1881 begann sich auch die Firma C. Otto in Dahlhausen mit dem Horizontalkammerofen mit Nebenproduktengewinnung zu beschäftigen und errichtete auf Zeche Holland bei Wattenscheid eine aus 20 Ofenkammern bestehende Versuchsanlage.

Um diese Zeit erfolgte ein weiterer, sehr wichtiger technischer Fortschritt, indem Dr. von Bauer zum ersten Male das Prinzip der Wärmerückgewinnung beim Bau der Horizontalkammeröfen auf Kokereien angewendet hat. Durch die Anwendung der von Siemens erfundenen Regeneratoren war es möglich, die Ofentemperaturen durch Vorwärmung der Verbrennungsluft zu erhöhen. G. Hoffmann erbaute 1881 in Niederschlesien eine erste solche Anlage mit Nebenproduktengewinnung, eine weitere Anlage mit 20 Öfen folgte auf Zeche Pluto bei Wanne

(1883). Auf Grund der gemachten Erfahrungen wurden dann später von Dr. Otto Regenerativöfen, die sog. Otto-Hoffmann-Öfen erbaut, wobei auf der Maschinen- bzw. Koksseite der Batterie je zwei nebeneinanderliegende Längsregeneratoren vorhanden waren, von denen der eine zur Vorwärmung des Steinkohlengases, der andere zur Erhitzung der Verbrennungsluft diente. Später wurde dann nur je 1 Regenerator auf jeder Seite des Ofens für die Vorwärmung der Luft vorgesehen, da sich mittlerweile herausgestellt hatte, daß die Vorwärmung von Koksofengas keinen Zweck hat. Diese Otto-Hoffmann-Öfen fanden sehr bald erhebliche Verbreitung. In der Folgezeit wurde an diesen Öfen eine ganze Reihe von Verbesserungen durchgeführt, die alle grundsätzlich darauf hinausgingen, eine möglichst wirtschaftliche und damit gleichmäßige Beheizung der Ofenkammern zu erzielen, indem auf eine möglichst gute Verteilung und restlose Verbrennung der Heizgase Bedacht genommen wurde.

Da indessen die regenerativ beheizten Otto-Hoffmann-Öfen noch allerlei Mängel zeigten, verließ man das Regeneratorprinzip zunächst wieder. Insbesondere zeichneten sich die von Brunck erbauten Horizontalkammeröfen (1884) durch eine sehr vorteilhafte Wärmeverteilung aus, wodurch eine Überhitzung einzelner Ofenteile vermieden wurde,

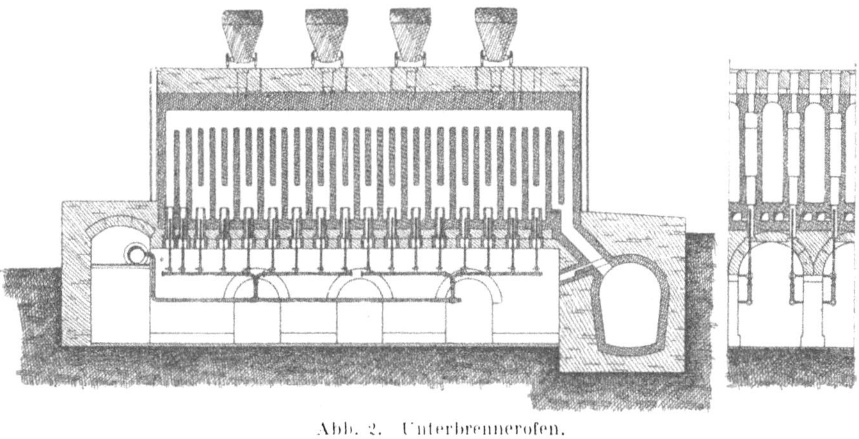

Abb. 2. Unterbrennerofen.

was insbesondere in der guten Koksqualität zum Ausdruck kam. Die günstigen Ergebnisse dieser ohne Luftvorwärmung arbeitenden Anlagen veranlaßten auch die Firma Otto, Koksöfen ohne Regeneratoren zu erbauen, wobei die Abhitze zur Dampferzeugung verwendet wurde. In diesem Bestreben entstand 1895 der sog. Otto-Unterbrennerofen, der durch die in Richtung der Kammer durchgeführte Unterkellerung gekennzeichnet ist (Abb. 2.) Von diesen Gewölben aus erfolgte die Zuführung des Heizgases (Koksofengas) und der Verbrennungsluft in zahlreichen Brennern für jede Heizwand. Die auf die ganze Kammerlänge gleichmäßige Gasverteilung bewirkte in dieser Richtung eine gleichmäßige Beheizung. Die Gase brannten in mehreren Heizzügen nach oben, sammelten sich im oberen Horizontalkanal und zogen durch einige nicht beheizte Heizzüge am Ende des Ofens zum Fuchs. Die ersten Unterbrenneröfen hatten sieben Brenner auf 10,25 m Länge, die zunächst unter der Ofensohle angeordnet waren, alsdann jedoch in die Heizwände verlegt wurden, wobei durch die Anwendung von Bunsenbrennern eine kurzflammige Verbrennung erzielt wurde. Außer den Nebenprodukten konnte noch etwa 1 t Dampf je t Kohle aus der Abhitze erzeugt werden.

Als sich jedoch etwa um das Jahr 1900 das Bedürfnis nach möglichst viel überschüssiger Energie in Form von Gas geltend machte, kehrte man wieder zur regenerativen Wärmerückgewinnung zurück, und zwar diesmal mit vollem Erfolg. Von diesem Zeitpunkte ab nahmen alsdann eine ganze Reihe deutscher Firmen den Bau von Horizontalkammeröfen für Kokereien auf, wodurch dieses Gebiet ganz außerordentlich befruchtet wurde. In der nun folgenden Entwicklungszeit bildeten sich schrittweise die neueren Ofenkonstruktionen heraus, wie sie uns in ihrer derzeitigen Vollendung begegnen.

Die so auf den Kokereien im Verlaufe vieler Jahrzehnte entwickelten Horizontalkammeröfen wurden alsdann in entsprechender Anpassung an die besonderen Betriebsverhältnisse auch auf Gaswerken eingeführt, und zwar in Fällen, wo entweder größere Verbrauchsgebiete oder ausgedehntere Bezirke mit Gas beliefert werden sollten. So haben sich die Horizontalkammeröfen als eigentliche »Großraumöfen« auf den zentralen Gaswerken großer Städte einerseits und auf Werken zur Gruppengasversorgung andererseits eingeführt. Zwischen derartigen Anlagen mit einem Kammerladegewicht von 10 t Kohlen und mehr und einer Zechenkokerei bestehen heutigentags kaum mehr wesentliche Unterschiede. Selbstverständlich sind die »Gaswerks-Kokereien«, wie man sie auch nennen kann, auf die speziellen von ihnen zu erfüllenden Anforderungen und Aufgaben zugeschnitten. Umgekehrt haben auch gewisse, für Gaswerke seit langem typische Einrichtungen, wie z. B. der Naßbetrieb der Kammern, in letzter Zeit auf den Zechenkokereien in dem Maße Eingang gefunden, als bei letzteren die Gaserzeugung und die Belieferung mit Ferngas an Bedeutung und Umfang zugenommen hat, d. h. eine Erhöhung der Gasausbeute und eine Regelung des Heizwertes wünschenswert geworden ist. Eine besondere Bedeutung haben solche Maßnahmen für die Abdeckung des Spitzenbedarfes und somit für eine elastische Gestaltung der Gasabgabe.

Hinsichtlich der Anpassung der Großraum-Horizontalkammeröfen an den Gaswerksbetrieb spielt auch die im Vergleich zu den Zechenkokereien wohl zumeist anders geartete Rohstoffgrundlage eine nicht unwesentliche Rolle. So verfügen die Zechenkokereien, wie z. B. diejenigen des Ruhrgebietes, in Gestalt der Fettkohle (Kokskohle) über eine eigene, praktisch sehr gleichmäßige und gleichartige Rohstoffgrundlage über längere Zeiten. Die Art der jeweiligen Rohstoffgrundlage, d. h. der Charakter der zu entgasenden Kohle, ist jedoch von wesentlichem Einfluß auf die Wahl der Kammern, besonders auf die Kammerbreite. Für stärker inkohlte Steinkohlen sind z. B. sehr oft breitere Kammern empfehlenswert, um etwaigen Treiberscheinungen der Kohlen zu begegnen. Auch für normale Fettkohlen geht man im Ruhrgebiet nach den mit schmäleren Kammern gemachten Erfahrungen nicht unter eine mittlere Kammerbreite von 450 mm, die sich durchweg eingeführt und als zweckmäßig erwiesen hat, herunter, um bei günstigen Garungszeiten eine für metallurgische Zwecke günstige Stückigkeit des Kokses zu erzielen, die von der Kammerbreite abhängt. Demgegenüber ist jedoch bekannt, daß jüngere Kohlen, wie Gaskohlen usw., die für sich oder in Mischung z. T. auch von Großgaswerken als Rohstoff herangezogen werden, sich in schmäleren und daher kürzer garenden Kammern günstiger verkoken lassen, d. h. einen besseren Koks ergeben. Dessen ungeachtet lassen sich solche Kammern aber auch für Fettkohlen als solche verwenden. Daher hat man bei einer Anzahl von Horizontalkammeranlagen auf Gaswerken die Kammerbreite mitunter etwas kleiner (400 mm) gewählt. Die schmäleren Kammern geben hinsichtlich der Auswahl der zu verarbeitenden Kohlenarten eine größere Bewegungsfreiheit. Diese elastische Betriebsgestaltung ist nicht zuletzt dadurch bedingt, daß zumeist die eigene Kohlengrundlage fehlt und ein Wechsel der Bezugsquelle eintreten kann. Die Verbraucher des auf den Gaswerken erzeugten Kokses benötigen auch zumeist kleinere Stückgrößen als ein Teil der Zechenkoksverbraucher, so daß es oft nicht einmal wünschenswert ist, die Stückigkeit des Kokses über ein gewisses Maß hinaus zu treiben.

Die Einführung des Horizontalkammerofens, wenigstens von seiten deutscher Erbauerfirmen, ist wohl im Jahre 1892 durch die Fa. Aug. Klönne in Dortmund erfolgt, die auf dem Gaswerk Rotterdam eine Horizontalkammerofenanlage mit einer Kohlenladung von 5 t je Kammer errichtete. In der Folgezeit hat man allerdings bei der Anwendung von Kammern sich mehr dem Schrägkammerofen zugewandt, und erst im Anschluß hieran begann man mit der Übertragung von Kokereikammeröfen in Gaswerke bzw. mit der Anpassung dieser Öfen für Zwecke der Gaserzeugung in Städten.

Die Entwicklung von den Retortenöfen zu den Kammeröfen, speziell zu dem für die Großgaserzeugung besonders geeigneten Kokereiofen, vollzog sich im Zeichen der Erhöhung der Leistung, der Verkürzung der Garungsdauer je Einheit der Gaserzeugung, Verbesserung der Wärmewirtschaft, Verbesserung der Erzeugnisse, Vergrößerung der Entgasungsräume, Verminderung der Arbeiterzahl und Vergrößerung des Durchsatzes. Eine größere Ofenleistung hängt im wesentlichen ab von der Möglichkeit, die Entgasungstemperaturen im Ofen steigern zu können, was insbesondere durch die Verwendung von Silikasteinen als Baustoff ermöglicht worden ist, die höheren Temperaturen standhalten als Chamottesteine. Im Gegensatz zu den sonstigen Kammeröfen und ebenso den sog. Kleinraum-Horizontalkammeröfen mit Kammerladungen bis zu wenigen Tonnen, sind die Großraum-Horizontalkammeröfen ebenso wie die Kokereiöfen durchweg für regenerative Beheizung eingerichtet. Bei Schwachgasbetrieb wird das zur Beheizung dienende Schwachgas in besonderen Zentralgeneratoranlagen aus einem Teile des anfallenden Kokses hergestellt und nach seiner Reinigung und der damit verbundenen Kühlung in kaltem Zustande nach den Öfen geführt, wo es, ebenso wie die Verbrennungsluft, in Regeneratoren vorgewärmt wird. Diese sind vorzugsweise für das Arbeiten bei höheren Temperaturen geeignet und ermöglichen auch eine weitergehende Wärmerückgewinnung als Rekuperatoren, da die Temperaturen der Abgase beim Regenerativofen wesentlich niedriger sind als beim rekuperativen Wärmeaustausch, was naturgemäß den Aufwand an Unterfeuerung entsprechend verringert.

Hinsichtlich ihrer Betriebsweise gleichen die Horizontalgroßraumöfen auf Gaswerken den mit Schwachgas beheizten Verbundöfen der Kokereien, lassen sich aber ebenso wie letztere wahlweise ganz oder z. T. mit Starkgas (Leuchtgas) betreiben, was die Elastizität sowohl hinsichtlich der Gaserzeugung als auch der Kokserzeugung außerordentlich erhöht.

B. Allgemeine Kennzeichen der neueren Horizontalkammeröfen in bezug auf Bau und Arbeitsweise.

1. Fortschritte im Ofenbau, Beheizungsarten, Ofenleistungen, Kammerbreite, Garungszeit und Koksqualität, Wärmeleitung und Wärmeübertragung beim Kammerofen.

Im folgenden soll kurz über die allgemeinen Kennzeichen sowie über die wärmetechnischen Fragen der neueren Horizontalkammerofensysteme einiges ausgeführt werden, besonders über diejenigen, die in Gaswerksbetrieben Anwendung gefunden haben. Es handelt sich hierbei um Kammerinhalte, die für etwa 10 t Kohle und mehr bemessen sind, so daß sie sich auch in ihren Ladegewichten im allgemeinen wenig oder überhaupt nicht von den Kokereiöfen unterscheiden, die, wie früher bemerkt, etwa seit dem Jahre 1900 in ein sehr lebhaftes und fruchtbares Entwicklungsstadium getreten waren, wovon natürlich die sich etwa seit 1909 entwickelnden Großgaswerke (Wien-Simmering, Leopoldau usw.) in gleicher Weise Nutzen zogen.

Den bereits erwähnten Fortschritten in der Durchbildung der Heizwand und der Gasführung (Dr. C. Otto) reiht sich die Erfindung der Einzelregeneratoren durch H. Koppers, Essen, wohl als die bemerkenswerteste Neuerung auf diesem Gebiete an; sie ermöglicht es auch, die Heizwand unmittelbar ohne Verteilungskanäle mit den Wärmespeichern zu verbinden. Die Erbauung der Verbundöfen zur wahlweisen Beheizung mit Leuchtgas oder mit Schwachgas (Generatorgas) war wesentlich abhängig von der wirkungsvollen Ausnutzung des Raumes unter den Öfen.

Neben der weitgehenden Mechanisierung des Betriebes hat man sich beim modernen Ofenbau insbesondere von drei Richtlinien leiten lassen, nämlich der Erhöhung der Kammerleistung, der Verminderung des Bedarfes an Unterfeuerung und der Verbesserung der Gas- und Koksqualität.

Was die Beheizung der Öfen betrifft, so ist bekanntlich eine möglichst gleichmäßige Abgarung des ganzen Kammerinhaltes anzustreben, was mit zunehmender Ofenhöhe schwieriger wird. Allerdings spielt letzterer Umstand wohl nicht die Rolle wie bei den Kokereiöfen als solchen, bei denen die immer weitergetriebene Erhöhung der Öfen von der Erreichung möglichst maximaler Kammerleistungen diktiert wurde. Zur Erzielung einer gleichmäßigen Durchgarung des Kokskuchens in der Vertikalen hat man verschiedene Wege eingeschlagen, wie bei den einzelnen Ofenbauarten noch ausgeführt werden wird. Dabei ist beim Betrieb mit Schwachgas (Generatorgas) infolge der größeren Flammenlänge schon an sich eine verhältnismäßig gleichmäßigere Beheizung zu erreichen.

Über die Gleichmäßigkeit der Abgarung des Kammerinhaltes in horizontaler und vertikaler Richtung hat neuerdings K. Baum[1]) umfangreiche Untersuchungen an Koksöfen im Betriebe durchgeführt. Mit Hilfe von durch die Füllochdeckel der Kammer in verschiedenen Höhen über der Ofensohle eingeführten Thermoelementen wurde der Temperaturanstieg an den verschiedenen Stellen der Längsmittelebene des Ofens (Koksnaht) in Abhängigkeit von der Zeit festgestellt. Bei gleichmäßiger Abgarung wird die Endtemperatur in der Koksnaht an allen Meßstellen gleichzeitig erreicht. Zufolge der horizontalen Kammerverjüngung müssen die Heizzugtemperaturen von der Maschinenseite der Batterie nach der Koksseite entsprechend ansteigen. Die Gleichmäßigkeit der Abgarung ist naturgemäß auch von Einfluß auf den für die Verkokung erforderlichen Wärmeaufwand.

---

[1]) Glückauf **65** (1929), S. 774ff., 812ff. u. 850ff.

Was die mittleren Heizzugtemperaturen anlangt, so ist man nach Einführung der Silikasteine für den Ofenbau zu immer gesteigerten Temperaturen übergegangen und hat bereits Großraumöfen bei einer mittleren Heizzugtemperatur von 1500° betrieben, die bei einer mittleren Kammerbreite von 450 mm in weniger als 12 Stunden abgegart werden konnten.

Die unten beschriebenen Ofenbauarten haben durchweg senkrecht angeordnete Heizzüge, die im sog. Wechselzug bei etwa halbstündiger Umstellung der Gas- und Luftwege betrieben werden. Hinsichtlich der Führung der Heizgase in den Heizwänden sind zu unterscheiden die Ausführungsform als halbgeteilter Ofen, den Koppers alternativ bei größeren Ofenhöhen auch in Viertelteilung ausgeführt hat, ohne daß aber diese Form auf Gaswerken Anwendung gefunden hat. Als ein weiterer Schritt in der letztgenannten Richtung kann die Ausführung in Zwillingsgruppen gelten (Hinselmann) und schließlich der eigentliche Zwillingszugofen von Otto, der durch kürzere Gaswege und kleine Überführungskanäle gekennzeichnet ist, was ebenso für den Kreisstromofen von Koppers gilt. Über die grundsätzlichen Unterschiede hinsichtlich der Beheizung in zwei Wandhälften und der Zwillingszugbeheizung berichten Hilgenstock und Demann[1]) unter Hinweis auf den Fortfall des Horizontalkanals, wodurch insbesondere das Auftreten nachteiliger Druckunterschiede zwischen Heizwand und Kokskammer vermieden wird.

Bei gegebenen Abmessungen der Ofenkammer ist deren Leistung abhängig von der je Quadratmeter und Stunde von den Wänden auf die Beschickung übertragenen Wärmemenge. Letztere steigt naturgemäß mit der Betriebstemperatur der Kammerwände bzw. der Heizzüge. Über das Anwachsen des Wärmedurchganges durch die Koksofenwand in Abhängigkeit von steigenden Heizzugtemperaturen macht Koppers nähere Angaben[2]). Anstatt auf die übertragene Wärmemenge kann die spezifische Heizflächenleistung auch auf die je Quadratmeter und Stunde verkokte Kohlenmenge bezogen werden[3]).

Unter im übrigen gleichen Verhältnissen hängt jedoch die auf den Kammerinhalt übertragene Wärmemenge auch noch von der jeweiligen Kammerbreite ab, indem bei schmäleren Kammern je Quadratmeter und Stunde mehr Wärme auf den Kammerinhalt übertragen wird. Diese Erscheinung hat ihren Grund in der größeren Verkokungsgeschwindigkeit, die sich bei dünneren Kohleschichten (Schmalkammern) gegenüber dickeren (breitere Kammern) zeigt, da ja mit zunehmender Abgarung des Kammerinhaltes der von der Wärme zurückzulegende Weg und damit der Wärmewiderstand zusehends größer wird. Für die Abhängig-

[1]) Techn. Blätter der Deutschen Bergwerks-Ztg. 1926, S. 177.

[2]) Koppers Mitteilungen **3** (1921), Heft 2, S. 44.

[3]) Koppers Mitteilungen **9** (1927), S. 15.

keit der Verkokungsgeschwindigkeit von der Ofenbreite gibt Koppers folgende Vergleichszahlen:

Breite (in mm)	v (in mm)	v (in %)	Garungszeit (in Stunden)
500	10,40	100,0	24
450	10,75	104,0	21
350	14,60	140,5	12
300	16,00	160,0	9

Hiernach verhalten sich die Garungszeiten etwa wie Quadrate der Kammerbreiten, gleiche Heizzugtemperatur und Koksendtemperatur vorausgesetzt. Diese rein empirischen Feststellungen wurden neuerdings von Litterscheidt[1]) theoretisch begründet und bestätigt. Das hierfür aufgestellte Diagramm (Koksendtemperatur 950°) ist in Abb. 3

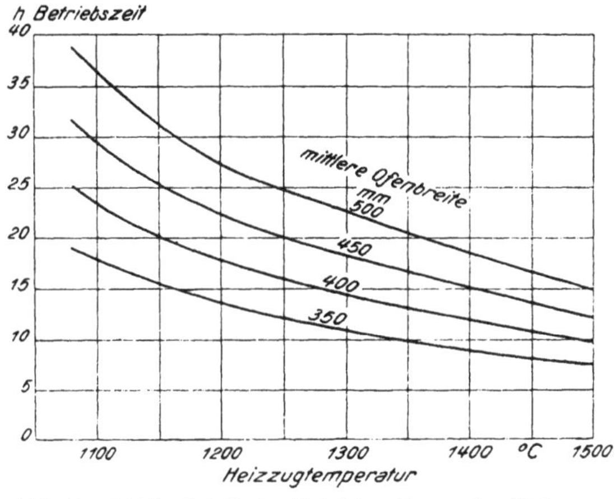

Abb. 3. Abhängigkeit der Betriebszeit von der Heizzugtemperatur und Ofenbreite.

wiedergegeben. Ferner sei auf diesbezügliche Berechnungen von W. Lohrisch[2]) verwiesen.

In den mit abnehmender Kammerbreite abnehmenden Garungszeiten kommt die wachsende Leistung der Heizflächeneinheit zum Ausdruck. Dabei ist noch der Umstand zu berücksichtigen, daß sich, auf die gleiche bauliche Grundfläche bezogen, bei schmäleren Kammern gegenüber breiteren Kammern eine wesentlich größere Gesamtheizfläche unterbringen läßt, was ebenfalls einen entsprechend größeren Kohlendurchsatz bedeutet.

Auf den Einfluß der Kammerbreite, d. h. der schmäleren und schneller abgarenden Kammern auf die Koksstückigkeit, wurde bereits oben kurz hingewiesen.

[1]) Glückauf **70** (1934), S. 111.

[2]) Feuerungstechnik **16** (1928), S. 133ff.

Nach Versuchen von Koppers in einer Horizontalkammerofenanlage auf dem Gaswerk Stockholm (Baujahr 1914), wobei Öfen mit einer Kammerbreite von 450 bzw. 350 mm vorhanden waren, ergaben sich bei Verarbeitung der gleichen Kohlensorte hinsichtlich Koksstückigkeit folgende Vergleichszahlen:

	Kammerbreite 450 mm		Kammerbreite 350 mm	
	einzeln %	gesamt %	einzeln %	gesamt %
über 80 mm	52,5	52,5	41,4	41,4
45—80 »	33,0	85,5	41,4	82,8
25—45 »	7,8	93,3	9,8	92,6
15—25 »	2,0	95,3	2,2	94,8
0—15 »	4,7	100,0	5,2	100,0
	100,0		100,0	

Dieser interessante Versuch zeigt, daß der Einfluß der Kammerbreite sich nur auf das Verhältnis der Kokskörnungen über 80 mm und von 45 bis 80 mm auswirkt. Bei den breiteren Öfen mit 450 mm mittlerer Kammerbreite ist der Koksanteil über 80 mm größer als der von 45 bis 80 mm, während bei den Öfen von 350 mm Kammerbreite der Anteil dieser beiden Kokskörnungen praktisch gleich ist. Hieraus ist ersichtlich, daß die Kammerbreite kaum Einfluß auf den Kleinkoksanfall hat. Was den Koks mit einer Körnung über 80 mm anlangt, so kann derselbe nicht in dieser Größe verkauft, sondern muß gebrochen werden.

Was die Übertragung der zur Verkokung der Kohle erforderlichen Wärme von den Heizgasen in den Heizzügen durch die Kammerwand auf die Kohlebeschickung anlangt, so interessieren mit Rücksicht auf die Garungszeit die entsprechenden Wärmeleitzahlen der verschiedenen Stoffe. Drückt man die Wärmeleitzahl in technischem Maße aus, das ist die stündlich durch 1 m² Fläche des Stoffes zu einer anderen im Abstand von 1 m übertretende Wärmemenge (in kcal) bei 1° Temperaturunterschied beider Flächen, so gelten hierfür etwa folgende Werte[1]):

Chamotte (bei 1000°)	0,82
Silika (bei 1000°)	1,19
Kohle (in Form von Feinkorn zum Verkoken)	0,12
Kohle (am zusammenhängenden Stück) . .	0,23
Koks (im Ofen)	2,30 (bei 500°) 2,76 (bei 875°)

Wie ersichtlich, beträgt die Wärmeleitfähigkeit geschütteter Kohle nur etwa $^1/_7$ bis $^1/_{10}$ derjenigen der Kammerbaustoffe.

Versuche zur Ermittlung der Wärmeleitzahlen (λ) verschiedener Steinmaterialien wurden von Kubach[2]) durchgeführt, und zwar wurden

[1]) Vgl. u. a. Handbuch der Brennstofftechnik. Essen 1928, S. 107f.

[2]) Glückauf **61** (1925), S. 269ff.

im praktischen Betriebe an Koksofenbatterien die Leitfähigkeiten für Chamotte und Silika ermittelt. Hierbei wurde der Unterfeuerungsverbrauch gemessen sowie die Abhitze festgestellt. Die Leitungs- und Strahlungsverluste der Batterie wurden allerdings außer acht gelassen, was jedoch den Vergleich der erhaltenen Zahlenwerte kaum beeinflußt. Temperaturmessungen erfolgten stündlich im Horizontalkanal der Heizzüge und an der Kammerwandseite.

Die Wärmeleitzahlen werden berechnet nach

$$\lambda = \frac{(W - Sv) \cdot D}{F \cdot G\,(T_1 - T_2)},$$

wobei W die zugeführte Wärme in kcal,
Sv der Wärmeverlust durch den Schornstein in kcal,
D die Stärke der Steinwand gleich der Länge des Wärmeweges in m,
T_1 die Wandtemperatur im Heizzug,
T_2 die Wandtemperatur in der Ofenkammer,
G die Garungszeit in Stunden,
F die wärmeabgebende Fläche in m^2
ist.

Die je Quadratmeter und Stunde durch die Kammerwand übertragenen Wärmemengen ($W_{ü}$) werden errechnet nach:

$$W_{ü} = \frac{W - Sv}{F \cdot G}.$$

Die Versuchsergebnisse sind in der folgenden Übersicht aufgeführt:

Steinmaterial	Silika	Schamotte	Silika	Schamotte	Silika	Schamotte	Silika	Schamotte
Wärmeübergang in kcal je m^2 und h	3634	3438	3890	3450	4065	3389	4111	3645
Wärmeleitzahl (λ) der Kammersteine . . .	1,71	1,54	1,76	1,62	1,83	1,57	1,84	1,70

Daraus ergibt sich die größere Wärmeleitfähigkeit des Silikasteines gegenüber Chamotte, die rd. 15% mehr beträgt, und zwar unter gleichen Bedingungen, indem sowohl die Heizflächen als auch die Wärmewege sowie die Temperaturen gleich gewesen sind. Lediglich die Gaszufuhren waren verschieden, insofern den besser leitenden Silikawänden vergleichsweise mehr Heizgas zugeführt werden konnte, weil ja die Wärme schneller abgeleitet wurde. Trotz der erhöhten Wärmezufuhr wurden die Wandtemperaturen nicht erhöht, als Zeichen der besseren Wärmeleitfähigkeit und demzufolge kürzeren Garungszeit. Auch anderwärts wurden ähnliche Feststellungen[1]) gemacht.

[1]) Gas- und Wasserfach **67** (1924), S. 359.

Wie eine einfache Überlegung zeigt, würden bei Berücksichtigung der Leitungs- und Strahlungsverluste die Wärmeleitzahlen niedriger sein.

Was die Wärmeleitzahl für die Kammerfüllung anlangt, so ergibt sich aus den Versuchen von Kubach, daß diese die Wärme besser leitet als die Steinmaterialien (Chamotte bzw. Silika). Das würde bedeuten, daß durch ein noch besser leitendes Steinmaterial eine weitere Abkürzung der Garungszeit erfolgen könnte, da die Kammerwände den größeren Wärmewiderstand besitzen (vgl. hingegen die unten folgenden Ergebnisse von Terres).

Zusätzlich wurde zu diesem Zwecke die mittlere Temperatur in der Mitte des Kohlekuchens (T_3) festgestellt, die etwa 274° war, wobei die Länge des Wärmeweges in der Kammer (d = halbe Kammerbreite) 0,26 m betrug, bei einer Garungszeit von etwa 33 Stunden.

Die Wärmeleitzahl für den Kammerinhalt beträgt hiernach:

$$\lambda = \frac{(W - S v) \cdot d}{F \cdot G (T_2 - T_3)}.$$

Aus drei Versuchen ergibt sich als Mittel eine Wärmeleitzahl von rd. 2,0 für den Kammerinhalt.

Demgegenüber wurden für Koks, und zwar in dem Zustande, wie er sich in der Kammer befindet, die Wärmeleitzahl im Mittel mit 2,76 bei durchschnittlich 875° festgestellt.

Neuere Untersuchungen über diesen Gegenstand auf Grund von Laboratoriumsversuchen wurden insbesondere von Terres und Mitarbeitern[1]) angestellt, und zwar mit Steinkohlen von verschiedenen Körnungen sowie am Stück, ferner mit Koks von verschiedenen Körnungen und verschiedenem Ausgarungsgrad. Hiernach beträgt die Wärmeleitfähigkeit der geschütteten Kohle nur den achten bis sechsten Teil derjenigen von Chamotte (siehe oben). Die Korngröße des Materials ist von großem Einfluß. Die bereits oben angegebenen Zahlen sind als Mittelwerte den Ergebnissen entnommen und in technisches Maß umgerechnet worden. Bedeutend größere Werte als Kohle ergibt ausgegarter Koks. Auch hier ergibt das gröbere Korn höhere Werte. Bei höheren Temperaturen kann Koks größere Wärmeleitzahlen erreichen als Chamotte.

Wichtig erscheinen die Wärmeleitzahlen für den stetigen Übergang von Kohle von 20° in Koks von 1000°, wie er in der Kammer stattfindet. Diese Werte sind an zusammenhängenden Koksstücken, die bei verschiedenen Verkokungstemperaturen erhalten wurden, ermittelt worden. Dabei sind die Einzelwerte verschieden je nach Porosität des entstandenen Kokses. Der geblähte Koks hat die niedrigsten, der dichte Hüttenkoks die höchsten Wärmeleitzahlen.

[1]) Gas- und Wasserfach **72** (1929), S. 361ff.; Brennstoffchemie **13** (1932), S. 221.

Terres hat so für verschiedene Kohlen den Anstieg der Wärmeleitzahl mit steigender Temperatur ermittelt und für die erhaltenen Kurven Näherungsformeln aufgestellt, die die Kurven in befriedigender Weise wiedergeben. Für Gaskohle, die einen mittelharten Koks ergibt, ist hiernach die mittlere Wärmeleitzahl in Abhängigkeit von der Verkokungsendtemperatur:

$$\lambda = 0{,}0003 + 0{,}0013 \times 10^{-3}\, t^2 + 0{,}0015 \times 10^{-6}\, t.$$

Für eine Verkokungsendtemperatur von 1000^0 errechnet sich hieraus eine mittlere Wärmeleitzahl von 0,0031 im absoluten Maß bzw. von 1,116 im technischen Maß.

Nach diesen Versuchen würde also die mittlere Wärmeleitzahl des Kammerinhaltes nur etwa halb so hoch sein wie bei den oben erwähnten technischen Versuchen von Kubach.

Weiterhin errechnet Terres auf Grund der laboratoriumsmäßig festgestellten Verkokungswärmen, d. h. der Wärmemenge, die zur Überführung von Kohle in Koks von einer bestimmten Temperatur erforderlich ist, unter Zuhilfenahme der Wärmeleitzahl die Garungszeit. Der hierfür formelmäßig angegebene Ausdruck lautet in etwas übersichtlicherer Darstellung, wobei zugleich der Zusammenhang mit der Berechnung von Kubach augenscheinlich hervortritt:

$$\lambda = \frac{V \cdot M \cdot d}{G \cdot dt},$$

V = Verkokungswärme (im Laboratoriumsversuch festgestellt), in kcal je kg Kohle,

M = Gewicht der Kohle je m^2 Kammerwand in kg, bezogen auf die halbe Kammerbreite, bei einem Schüttgewicht der Kohle von 0,8 t/m^3,

d = halbe Kammerbreite,

G = Garungszeit in Stunden,

dt = mittlere Verkokungstemperatur in ^{0}C,

λ = mittlere Wärmeleitzahl bei einer Verkokungsendtemperatur von 1000^0 (siehe oben).

Bei Einsetzung des obigen λ-Wertes ergibt sich dann für eine 0,480 m breite Kammer und eine Verkokungswärme von 325 kcal/kg Kohle

$$G = \frac{V \cdot M \cdot d}{\lambda \cdot dt} = \frac{325 \cdot 192 \cdot 0{,}24}{1{,}116 \cdot 500} = 26{,}84 \text{ Stunden.}$$

Hierzu bemerkt Terres, daß in Anbetracht der Kleinheit der Wärmeleitzahlen von Kohle und Koks, die von denen von Chamotte und Silika nur wenig abweichen, es auch bei Verwendung eines besser leitenden Baustoffes für die Kammern nicht möglich wäre, die Ausstehzeit wesentlich zu verkürzen, da das Kohle- und Koksmaterial selbst dem Wärmedurchgang den größeren Widerstand entgegensetzt.

In einer umfangreichen Arbeit hat zuletzt Litterscheidt[1]) die Frage der Ausstehzeit behandelt. Auch hierbei wird die Wärmefortpflanzung in dem Kammereinsatz vornehmlich auf Wärmeleitung zurückgeführt. Als maßgebende Kenngröße bei dem zeitlich veränderlichen Wärmestrom in der Kammer wird die Temperaturleitfähigkeit angegeben. Hiernach ist:

$$a = \frac{\lambda}{c \cdot \gamma},$$

wobei a die Temperaturleitzahl in m^2/h, λ die Wärmeleitzahl in kcal/m h ^{0}C, ferner c die spezifische Wärme in kcal/kg ^{0}C und γ die Dichte des Stoffes in kg/m^3 bedeutet. Die Temperaturleitfähigkeit des Kammereinsatzes, die als Maß der Aufheizgeschwindigkeit des Kammerinhaltes bei gegebenen Temperaturverhältnissen angesehen werden kann, wird aus Messungen des Temperaturanstieges in der Mitte der Kammer festgestellt, wobei die von Baum und anderen vorgenommenen Temperaturmessungen an Koksöfen benutzt werden. In Abhängigkeit von der Heizzugtemperatur ergibt sich beispielsweise bei 1200^0 (Temperatur der Heizzugsohle) eine Temperaturleitfähigkeit von 0,0016, bei 1500^0 eine solche von 0,0026. Anschließend sind unter Zuhilfenahme der Wärmebilanzen von Koksöfen die Wärmeleitfähigkeit und die scheinbare spezifische Wärme des Kammereinsatzes bestimmt worden. Hierbei ergeben sich Wärmeleitzahlen von etwa 0,3 bis 0,6 kcal/m h ^{0}C und scheinbare spezifische Wärmen von etwa 0,350 bis 0,400.

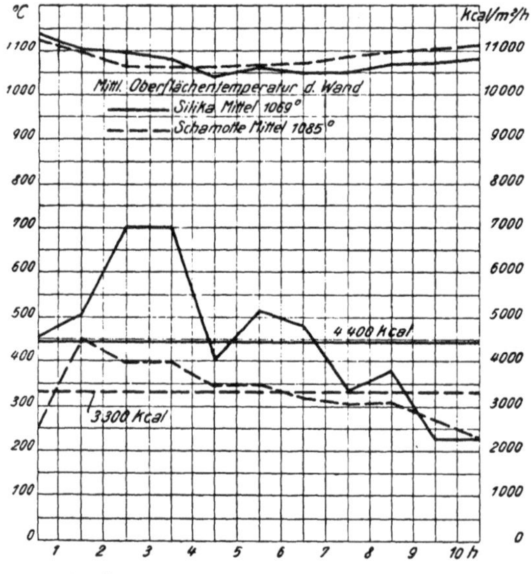

Abb. 4. Übertragene Wärmemengen (nach Rummel u. Steinschläger).

Nach diesen Untersuchungen üben Kohlenart, Wassergehalt und Schüttgewicht der Kohle keinen Einfluß auf den Temperaturanstieg in der Kammer und damit auf die Garungszeit aus. Auf Grund der in der Originalarbeit im einzelnen angegebenen Auswertungen ist die Ausstehzeit abhängig von der Heizzugtemperatur, der erforderlichen Verkokungsendtemperatur in der Mitte der Kammer und dem Quadrat der

[1]) Glückauf **70** (1934), S. 77ff. u. 106ff.; ebenda **71** (1935), S. 173ff.

halben Kammerbreite. Die aufgeführten Beispiele zeugen von einer guten Übereinstimmung der berechneten mit den betriebsmäßig festgestellten Werten.

Rummel und Steinschläger[1]) haben versuchmäßig die auf die Beschickung übertragene Wärmemenge je m² Kammerwand und Stunde vom Beginn der Füllung bis zur vollzogenen Abgarung, also in Abhängigkeit von der fortschreitenden Garung, festgestellt, und zwar sowohl für Silika als auch für Chamotte. Das aufschlußreiche Diagramm ist in Abb. 4 wiedergegeben. Abgesehen von einem anfänglich auftretenden Maximum an übertragener Wärme klingen die Kurven im großen und ganzen mit dem Fortschritt der Garung ab. Die größere Wärmeleistung von Silikawänden im Vergleich zu Chamottewänden kommt darin zum Ausdruck, daß gegenüber einer Übertragung von im Mittel 4400 kcal/m²/h nur eine solche von 3300 kcal festgestellt worden ist (siehe hierzu die oben aufgeführten Vergleichsversuche von Kubach).

2. Zersetzungs- und Verkokungswärmen von Kohlen, Wärmebilanzen, Unterfeuerungsverbrauch, feuerungstechnischer Wirkungsgrad der Koksöfen, Einfluß der Kohlennässe.

Ein in letzter Zeit besonders viel umstrittenes Problem bezieht sich auf die Frage der Zersetzungswärme der Kohle während der Verkokung, da von deren positivem bzw. negativem Betrag die Verkokungswärme und damit der Unterfeuerungsaufwand je kg zu verkokender Kohle beeinflußt wird. Um diesen zahlenmäßig zumeist nicht näher bekannten Einfluß bei Beurteilung der Ofengüte hinsichtlich ihrer wärmewirtschaftlichen Seite auszuschalten bzw. diese eindeutig zu kennzeichnen, hat man vorgeschlagen, neben dem Unterfeuerungsverbrauch den feuerungstechnischen Wirkungsgrad des Koksofens zu bestimmen.

Hinsichtlich der laboratoriumsmäßigen Bestimmung der Zersetzungs- bzw. Verkokungswärmen von Steinkohlen sind insbesondere die neueren Untersuchungen von Terres und Mitarbeitern[2]) zu erwähnen. Bezüglich früherer Untersuchungen sei auf eine zusammenfassende kritische Behandlung des Schrifttums verwiesen[3]). Zu den Feststellungen von Terres haben K. Baum und W. Litterscheidt[4]) kritisch Stellung genommen und insbesondere den zuweilen eigentümlichen Verlauf der von Terres aufgestellten Kurven der Zersetzungs- bzw. Verkokungswärmen auf Meßfehler, d. h. auf Streuungen der Messungen

[1]) K. Baum, Glückauf **65** (1929), S. 814.

[2]) Terres u. Wolter, Gas- u. Wasserfach **70** (1927), S. 1, 30, 53, 81; Terres u. Meier, ebenda **71** (1928), S. 457, 519; Terres, ebenda **72** (1929), S. 361; Terres u. Voituret, ebenda **74** (1931), S. 97, 122, 148, 178; Terres u. Doermann, Brennstoffchemie **13** (1932), S. 221.

[3]) H. Hock u. H. Stuhlmann, Glückauf **64** (1928), S. 1445.

[4]) Brennstoffchemie **13** (1932), S. 386ff.

zurückgeführt, zumal es sich hierbei um eine Restbestimmung handelt, wobei alle übrigen Fehler in Erscheinung treten. Sie kommen zu dem Schluß, daß der zur Verkokung erforderliche Mindestwärmeaufwand nur durch genaue Messungen an einem Ofen im Großbetrieb festgestellt werden kann. Nachprüfende Versuche von Terres und Johswich[1]) haben ergeben, daß bei der Bestimmung in der Tat größere Fehler auftreten können, weshalb das Meßspiel bei weiteren Versuchen weitgehend herabgedrückt worden ist. Von Belang erscheint auch die Feststellung, daß sich die Verkokungswärme einer Kohlenmischung additiv aus den Verkokungswärmen der Komponenten zusammensetzt[2]).

Während man früher in die Wärmebilanz der Öfen auch den Einsatz, d. h. die zu verkokende Kohle, und auf der anderen Seite die Heizwerte der Verkokungserzeugnisse mit aufgenommen hat, ist man neuerdings sinngemäß dazu übergegangen, anstatt kombinierte Stoff- und Wärmebilanzen auch hier (wie etwa bei einem Martinofen) lediglich Wärmebilanzen[3]) aufzustellen. Denn die Kohle ist im Falle der Verkokung kein Brennstoff, sondern ein zu veredelnder Rohstoff. Hiernach wird also der in Form von Heizgas erfolgte Wärmeaufwand der in die Kokskammer übergetretenen Wärmemenge zuzüglich den durch Abgase sowie durch Leitung und Strahlung der gesamten Batterie bedingten Wärmeverlusten gegenübergestellt. Die in die Kammer übergetretene Wärme, die sog. Nutzwärme, findet sich in den verschiedenen Verkokungserzeugnissen (heißer Koks, Gas, Teerdämpfe, Wasserdampf).

Solange man jedoch insbesondere hinsichtlich der meßtechnischen Seite nicht in der Lage war, die verschiedenen Einzelposten der ausgebrachten Wärme mit genügender Sicherheit zu erfassen, hat man als Kennzahl für die Wärmewirtschaft der Öfen bzw. der Batterie lediglich den Wärmeaufwand je kg durchgesetzter Kohle angesehen. Daneben hat sich, und zwar ausgehend von den Vorschlägen von Rummel und Oestrich[4]), neuerdings auch die Kennzeichnung der Öfen durch ihren feuerungstechnischen Wirkungsgrad eingeführt. Dieser ergibt sich aus dem Verhältnis der Nutzwärme (W_2) zu der gesamten, in Form von Heizgas zugeführten Wärme (W_1).

$$\eta = \frac{W_2}{W_1} \cdot 100\,{}^0/_0.$$

[1]) Diss. Friedr. Johswich, T. H. Berlin 1936, Über die Verkokungswärme von Steinkohlen verschiedenen Feuchtigkeitsgrades und von Kohlegemischen.

[2]) Ebenda, Schrifttumsverzeichnis, S. 58.

[3]) K. Rummel, u. H. Oestrich, Arch. f. d. Eisenhüttenw. **1** (1927), Heft 6; ferner Glückauf **63** (1927), S. 1809; K. Baum, Glückauf **65** (1929), S. 769, 812, 850; Arch. f. d. Eisenhüttenw. (1929), Heft 12, S. 779; Brennstoffchemie **11** (1930), S. 47; K. Baum u. Litterscheidt, Glückauf **66** (1930), S. 1424; K. Baum, Glückauf **68** (1932), S. 1; Richtlinien für die Vergebung und Abnahme von Koksöfen, herausgeg. vom Bergbau-Verein, Essen, Verlag Glückauf, 1931.

[4]) loc. cit.

Der Ofenwirkungsgrad ist u. a. von der Ofengröße abhängig, ferner von der Kammerbreite bzw. der Garungszeit. Die Verluste durch Leitung und Strahlung werden durch das Verhältnis Ofengröße zu Ofenoberfläche in dem Sinne beeinflußt, daß sie bei kleinen und breiten Öfen groß, bei großen und schmalen Öfen klein sind. Diese Verluste sind im wesentlichen gekennzeichnet durch das Verhältnis von Oberfläche zu nutzbarem Kammerinhalt. Während ein Koksofen von 10 m³ Fassungsraum je t Kohle fast 5 m² wärmeabstrahlende Oberfläche aufweist, geht dieser Anteil bei Großraumöfen von 30 m³ Inhalt auf 2,2 m²/t zurück, und während man bei niedrigen Öfen von 10 m³ Inhalt und 500 mm Breite mit einem Wärmeverbrauch von mindestens 600 kcal je kg Kohle rechnen mußte, beträgt dieser bei Großraumöfen mit je 30 m³ Inhalt nur wenig mehr als 500 kcal[1]). Besonders wenn die Zusammensetzung und das Verhalten der Kohle sich ändert, ist es zweckmäßig, den feuerungstechnischen Wirkungsgrad mit heranzuziehen, da der Verbrauch an Unterfeuerung zu sehr von den verschiedenen Faktoren, wie Verkokungs- (und Zersetzungs-) wärme der Kohle, Wärmeleitfähigkeit von Kohle und Koks, Feuchtigkeit der Kohle usw. abhängt.

Bei den modernen, mit Starkgas bzw. Schwachgas betriebenen Regenerativanlagen ergeben sich hierbei, je nach der Größe der Kammern und ihrer Breite (Garungszeit), Wirkungsgrade zwischen etwa 65 und 75%, bei Verkokungsendtemperaturen von rd. 1000° und Wassergehalten der Besatzkohle von etwa 11%.

Wärmeverbrauch (W_1) kcal je kg feuchter Kohle .	513	551
Verkokungswärme (W_2) kcal je kg feuchter Kohle . .	347	415
Wirkungsgrad, %	65	75

Bei einem mittleren Wärmeverbrauch von etwa 525 kcal/kg Kohle mit 11,5% Wasser, was bei einem durchschnittlichen Wirkungsgrad der Öfen von 70% einer Verkokungswärme von etwa 375 kcal entspricht, stehen bei Eigengasbeheizung mehr als 50% des erzeugten Gases anderweitig zur Verfügung. Bei Schwachgasbeheizung (Generatorgas) ist für den gesamten Wärmeaufwand, also beispielsweise für den Koksverbrauch, außer dem Wirkungsgrad der Ofenkammern naturgemäß noch der Vergasungswirkungsgrad des Generators (65 bis 75%) zu berücksichtigen.

Bei einer durchschnittlichen Verkokungsendtemperatur von 950° in Kokskuchenmitte hat K. Baum[2]) eine mittlere Kennziffer für Ruhrkokereien wie folgt aufgestellt:

---

[1]) W. Reerink, Überblick über die Entwicklung der Steinkohlenverkokung in den letzten 10 Jahren, Glückauf **73** (1937), S. 813ff.

[2]) K. Baum, Glückauf **68** (1932), S. 3.

Koksausbringen (Trockenkoks/Trockenkohle) . . .	%	77
Gasausbeute	nm³/t	310
Heizwertzahl (0,310 · H_u = 4150)		1285
Teerausbringen	kg/t	32
Rohbenzole	»	9
Temperaturen (im Mittel)		
Koksendtemperatur	°C	950
Gas, Teer, Benzol	»	685
Wasserdampf	»	585
Fühlbare Wärmemengen im		
Koks	kcal	218,5
Gas	»	75,7
Wasserdampf	»	101,2
Teer	»	12,8
Benzol	»	2,8
insges.	kcal	411,0

Dieser Wärmeaufwand beim Verkoken ist in Abhängigkeit von dem jeweiligen Ofenwirkungsgrad in Abb. 5 dargestellt, wobei die Verkokung ohne Wärmetönung verläuft. Werte, die hierbei unterhalb der Kurve liegen, sind durch exothermen Verkokungsverlauf, Werte oberhalb der Kurve durch endothermen Verlauf gekennzeichnet.

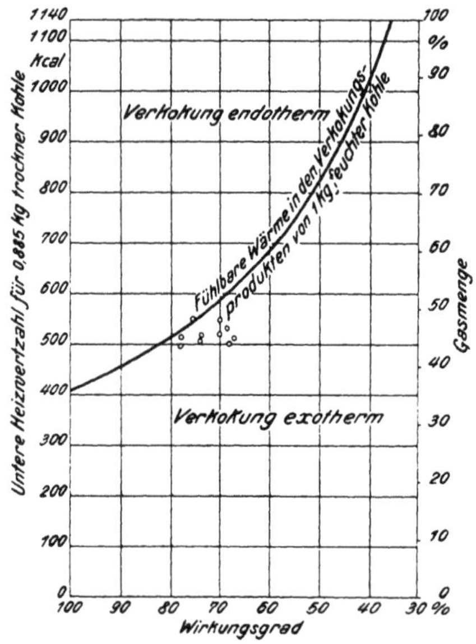

Abb. 5. Wärmeaufwand bei Verkokung ohne Wärmetönung und praktisch ermittelte Werte.

In Abb. 6 ist noch das Wärmeschaubild eines Regenerativofens dargestellt, der mit einer Nutzwärme von rd. 70% arbeitet.

In jüngster Zeit wurde auch die Frage hinsichtlich des Einflusses des Wassergehaltes der Kokskohle auf den Unterfeuerungsverbrauch bzw. auf die Verkokungswärme einer kritischen Prüfung unterzogen. Bekanntlich wurden je g Wassergehalt der Kokskohle für die Verdampfung und Überhitzung ein Wärmeverbrauch von 1 kcal eingesetzt. Wenn sonach eine Kohle mit 12% Wassergehalt einen Wärmeverbrauch von beispielsweise 531 kcal ergab, wovon die Wasserverdampfung 120 kcal erforderte, so errechneten sich für 0,880 kg Trockenkohle ein Wärmeverbrauch von

531 — 120 = 411 kcal oder 467 kcal je kg Trockenkohle. Solche errechneten Wärmeverbrauchszahlen lagen jedoch erheblich niedriger als die ermittelten Betriebszahlen, die man beim Verkoken von entsprechend wasserarmen Kohlen anderwärts festgestellt hat. H. Koppers[1]) hat darauf hingewiesen, daß die Gase der Vorentgasung der Kohle etwa 5 bis 8% der Kohlefeuchtigkeit verdampfen können, ohne daß hierfür ein besonderer, durch die Beheizung zu deckender Wärmeaufwand erforderlich ist. Hiernach ist die bisher übliche Umrech-

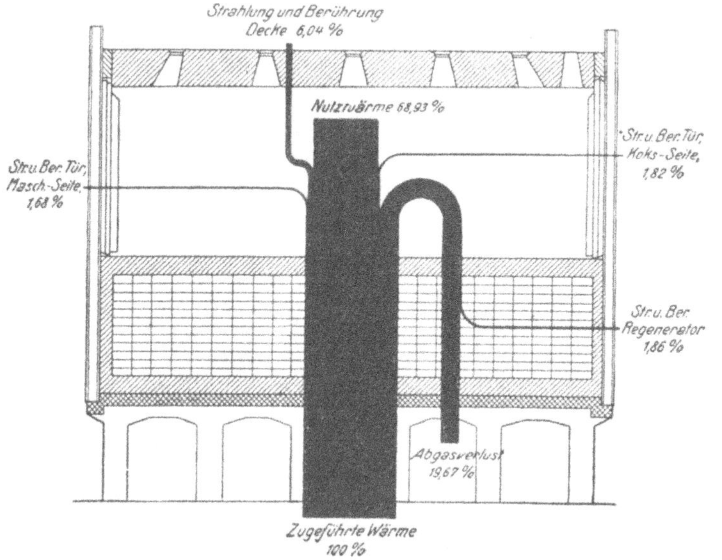

Abb. 6. Wärmeschaubild eines Horizontalkammerofens.

nung des Wärmeverbrauches auf Trockenkohle unrichtig, d. h. sie bedarf einer gewissen Einschränkung und Berichtigung. Es ist daher zwecklos, mit Rücksicht auf den Wärmeverbrauch etwa Kohle unter den sog. optimalen Wassergehalt herab zu trocknen. Entsprechende, von K. Baum[2]) durchgeführte Berechnungen zeigen, daß bis zu 6% Nässe der Wassergehalt im großen und ganzen praktisch ohne Einfluß ist, da der Wärmeaufwand für die Wasserverdampfung den durch die Kohleschicht abziehenden heißen Gasen entzogen werden kann, während der gleiche Betrag an fühlbarer Wärme dieser Gase bei trocken eingesetzter Kohle infolge deren schlechter Wärmeleitfähigkeit nur zu einem geringen Teil als Kohlenvorwärmung in Erscheinung tritt, was für den Verkokungsvorgang selbst als unbedeutend angesehen werden kann. Da ferner die Überhitzung des Wasserdampfes im wesent-

[1]) Koppers Mitteilungen **14** (1932), Heft 1, S. 3ff.
[2]) Arch. f. d. Eisenhüttenw. **6** (1932/33), 263ff.

lichen durch den Wärmeaustausch mit den heißen Rohgasen, die zwischen Teernaht und Kammerwand hochsteigen, erfolgt, ändert sich damit nicht die den Ofen mit den Gasen verlassende Wärmemenge. Bei Werten über 6% wirkt sich dagegen steigende Nässe immer ungünstiger auf den Wärmeaufwand aus, einmal infolge erhöhten Wärmebedarfes für die zusätzliche Verdampfung von Wasser und zweitens infolge des Minderanteils an »Trockenkohle«.

C. Die Baustoffe für Öfen und Regeneratoren.

1. Eigenschaften, Zusammensetzung, Rohstoffe.

Die Großraum-Horizontalkammeröfen sind auf der Schmalseite liegende, rechteckige Kammern, die in wechselnder Anzahl in Gruppen zusammengefaßt werden, die man als Ofenbatterien bezeichnet. Letztere stellen ein in sich geschlossenes, stabiles, gegen Wärmeverlust weitgehend geschütztes Mauerwerk dar.

Alle Teile des Ofenmauerwerkes, die von den Heizgasen berührt werden, bestehen aus feuerfesten Baustoffen. Im übrigen kann, wie z. B. für die obere Abdeckung der Öfen, gewöhnliches Ziegelmauerwerk Verwendung finden. Zumeist werden zur Verhütung von Wärmeverlusten durch Konvektion und Strahlung an den der Außenkühlung unterworfenen äußeren Teilen des Ofenblockes Isolierungen eingemauert, wie an der Batteriedecke, den Regeneratorstirnwänden, Batterieköpfen, Ofentüren usw.

Der Begriff der feuerfesten Steine ist auch heute noch nicht scharf umrissen, da die Anforderungen an dieselben verschiedenartiger Natur sind. Über 1580° schmelzende Rohstoffe werden als feuerfest, über 1730° schmelzende als hochfeuerfest bezeichnet. Je nach dem Verwendungszweck treten indessen auch andere Eigenschaften der feuerfesten Stoffe mehr oder weniger in den Vordergrund, wie das Verhalten unter Belastung und die Raumbeständigkeit bei hohen Temperaturen, die mechanische Festigkeit und Dichte, das Verhalten gegen Temperaturwechsel, Wärmeleitfähigkeit, Gasdurchlässigkeit, chemische Zusammensetzung usw.

Die ungefähre chemische Zusammensetzung des feuerfesten Stoffes ist durch den Charakter der mit den Steinen in Berührung kommenden Schmelzflüsse, Dämpfe oder Asche bestimmt. So wählt man bei basischen Prozessen tonerdereiche (basische), bei sauren Prozessen kieselsäurereiche (saure) Steine. Die feuerfesten Steine besitzen keinen scharf ausgeprägten Schmelzpunkt, sondern erweichen in einem bestimmten Intervall unterhalb des Schmelzpunktes, das bei tonhaltigen Steinen mehr als 100° betragen kann. Der Schmelzpunkt ist daher kein Maßstab für die Bewährung feuerfester Steine in der Praxis, da er nicht die Temperaturgrenze darstellt, bis zu der der feuerfeste Stoff beansprucht werden darf, besonders dann, wenn zu der Beanspruchung durch Hitze noch eine solche durch Druck hinzukommt. Daher ist es sehr wichtig, das Verhalten feuerfester Stoffe bei hohen Temperaturen unter Belastung zu kennen.

Von den vielen Arten feuerfester Erzeugnisse, insbesondere für den Ofenbau, kommen für Kohlendestillationsöfen, also für Gaswerks- und Kokereiöfen, nur solche in Frage, die in der Hauptsache aus Ton oder Quarziten hergestellt werden. Man kann diese Steine zweckmäßig in drei Gruppen einteilen, die ihrerseits zuweilen wieder in Untergruppen, entsprechend den kleineren Verschiebungen in der Zusammensetzung, unterteilt werden. Da das Verhältnis von Kieselsäure zu Tonerde in der Hauptsache den Charakter bestimmt, sind die gebräuchlichsten Steine etwa wie folgt gekennzeichnet:

	Schamottesteine (basische Steine)	Kieselsäurereiche Schamottesteine (Tondinassteine)	Kalkgebundene kieselsäurereiche Steine (Silikasteine)
Al_2O_3	30—45 %	8—17 %	1— 3 %
SiO_2	50—65 %	80—90 %	94—96 %.

Bei diesen Angaben handelt es sich allerdings nur um Grenzwerte. Bei den basischen Steinen beruht die Schwerschmelzbarkeit auf dem Gehalt an Tonerde, bei den Silikasteinen hingegen auf dem Gehalt an Kieselsäure.

Einige Analysen von Silikasteinen[1]) sind nachstehend aufgeführt und gleichzeitig auch von Silikasteinen zweiter Qualität (sog. Dinassteine), die etwa 2 bis 3% weniger Kieselsäure und entsprechend mehr Flußmittel enthalten.

SiO_2	Al_2O_3	Fe_2O_3	CaO	MgO	Alkalien	Herkunft des Rohmaterials
			Silikasteine			
95,28	2,53	0,64	1,30	0,17	0,08	Sächs. Findlingsquarzit
95,24	2,28	0,27	1,45	0,14	0,62	Westerwälder Quarzit
			Dinassteine			
93,84	3,40	0,34	1,38	0,16	0,88	Koblenz
92,85	3,37	0,33	2,72	0,40	0,62	—
			Tondinassteine			
86,42	11,30	0,87	0,18	0,13	1,10	—
90,61	7,64	0,72	0,03	0,11	0,89	—
			Schamottesteine			
59,28	42,52	1,92	0,20	0,25	1,83	—
52,50	43,60	1,60	0,56	0,48	1,22	—

[1]) L. Litinsky, Kokerei- und Gaswerksöfen, Halle 1928, S. 242ff.

Die kieselsäurereichen Schamottesteine (Tondinassteine) werden, wie die kalkgebundenen Silikasteine, aus Quarz hergestellt, jedoch tritt an Stelle des Kalkes Ton als Bindemittel.

Ganz anders sind dagegen die (basischen) Schamottesteine, deren Ausgangsstoff Ton ist. Die Tone in der Natur enthalten neben der eigentlichen Tonsubstanz noch Beimengungen, wie unzersetzten Feldspat, Alkalien und Quarz, die als Flußmittel die Erweichungstemperatur herabsetzen. Zufolge des starken Schwindens beim Trocknen und Brennen wird für die Herstellung der Steine bereits gebrannter Ton oder Schamotte mit rohem plastischen Ton (30 bis 40%) als Bindemittel gemischt. Für Spezialsteine mit besonders günstigen Eigenschaften, wie Maßhaltigkeit, Dichte, Temperaturwechselbeständigkeit usw., kann durch besondere Arbeitsweisen der Tonzusatz auf 5 bis 10% herabgedrückt werden. Zufolge ihrer geringen Wärmedehnung sind die hochbasischen Schamottesteine gegen Temperaturwechsel im allgemeinen wenig empfindlich. Unter einer Belastung von 2 kg/cm² liegt der Erweichungsbeginn bei etwa 1250 bis 1350°, der Schmelzpunkt bei etwa 1750°, so daß zwischen beginnender Erweichung und eigentlichem Schmelzen die große Spanne von etwa 500° besteht. Man verwendet daher Schamottesteine an all den Stellen, an denen keine allzu hohen Temperaturen auftreten und häufiger Temperaturwechsel stattfindet, wie z. B. in Regeneratoren, an Ofentüren usw. Über die chemische Zusammensetzung vgl. die vorstehende Zahlentafel.

Gegenüber den eigentlichen Schamottesteinen zeigen die kieselsäurereichen Schamottesteine (Tondinas) höhere Erweichungstemperaturen (1350 bis 1450°). Gegen Temperaturwechsel sind sie unterhalb Rotglut empfindlich.

Als Rohstoff für die Herstellung der Silikasteine als dem bevorzugt verwendeten Baustoff für Ofenkammern dienen Quarzite, die in der Hauptsache aus Kieselsäure bestehen. Die einzelnen Körnchen sind durch ein kieseliges Bindemittel verfestigt. Das Gefüge des Quarzites spielt bei der Herstellung der Steine eine große Rolle, da ein mürbes Gefüge beim Brennen zerfällt. Am besten lassen sich Silikasteine aus sog. Findlingsquarziten herstellen, bei denen die einzelnen Körnchen in einer feinkörnigen Grundmasse eingebettet sind. Da jedoch die Findlingsquarzite nicht in ausreichender Menge zu haben sind, werden die Silikasteine vielfach aus sog. Felsquarziten, die kristallinisches Gefüge haben, hergestellt. Im letzteren Falle ist jedoch besondere Sorgfalt erforderlich.

Die Kieselsäure als Hauptbestandteil der Quarzite tritt in verschiedenen Modifikationen auf, wie Quarz, Tridymit und Kristobalit, deren Beständigkeitsgebiete durch bestimmte Temperaturen begrenzt sind. Die Quarzite »wachsen« im Feuer, was auf dem allmählichen Übergang des Quarzes in Kristobalit bzw. Tridymit bei höheren

Temperaturen beruht, und zwar ist eine vollkommene Umwandlung in Kristobalit mit einer Raumzunahme von 13,7% und in Tridymit von 16,7% verbunden. Die Existenzbereiche überschneiden sich jedoch nicht unerheblich, insofern die Umwandlung in die andere Erscheinungsform auch von der Erhitzungsdauer, der Gegenwart von als Kristallisatoren wirkenden Flußmitteln usw. abhängig ist. Bei der nachfolgenden Abkühlung bleiben die bei höherer Temperatur entstandenen Modifikationen erhalten, d. h. es erfolgt keine Rückumwandlung. Während sich Kristobalit unmittelbar aus Quarz bereits etwa oberhalb 1200 bis 1300° bildet, erfolgt die Bildung von Tridymit nur aus einer Schmelze, wobei der zugesetzte Kalk zusammen mit tonigen Verunreinigungen das Flußmittel bildet. Die Umwandlungsgeschwindigkeit ist von der Korngröße und dem Gefüge abhängig, was besonders für Findlingsquarzite günstig ist.

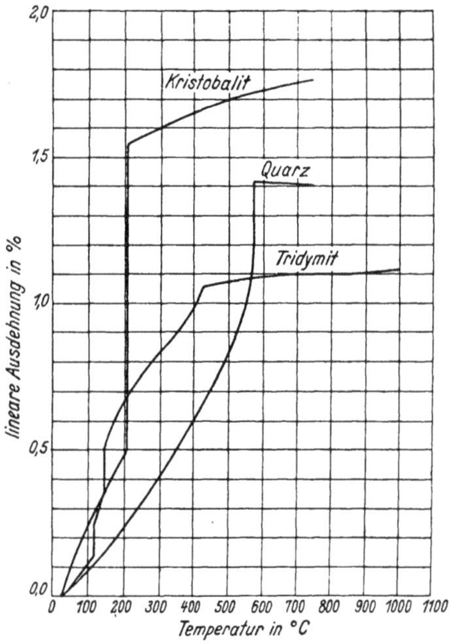

Abb. 7. Lineare Wärmedehnungen der drei Kieselsäureformen nach Travers u. Goloubinoff.

Entsprechend der Volumdehnung erfolgt eine Abnahme des spezifischen Gewichtes von 2,65 beim Quarz auf 2,33 beim Kristobalit bzw. 2,27 beim Tridymit. Wenn nun der Quarz durch entsprechend lange Einwirkung des Brennfeuers und hohe Temperatur möglichst weitgehend in die anderen Modifikationen mit dem niedrigeren spezifischen Gewicht übergegangen ist, so kann der Stein schließlich volumbeständig werden. Der Grad der erreichten Umwandlung wird durch Bestimmung des wahren spezifischen Gewichtes des Steinpulvers mittels Pyknometer ermittelt, wobei das spezifische Gewicht umgewandelter Steine rd. 2,35 bis 2,40 beträgt. Da bei jedem weiteren Brande der Steine die Quarzitumwandlung sich fortsetzt, muß beim Bau der Öfen auf die damit verbundene lineare Ausdehnung des Materials von 1 bis 1,5% durch Anordnung von Dehnfugen Rücksicht genommen werden. Je weitgehender die Umwandlung bei der Herstellung erfolgt ist, desto weniger wird das Gefüge des fertigen Ofens gefährdet.

Von dieser »bleibenden Dehnung« der Silikasteine ist verschieden die Wärmeausdehnung, die von dem Wärmeausdehnungskoeffizienten abhängt. Man bezeichnet sie als vorübergehende Dehnung. Sie ist bei Silikasteinen größer als bei Schamottesteinen, bei denen die Wärmedehnung nur etwa 0,5% ausmacht.

Aus dem Diagramm (Abb. 7) geht hervor, daß die Form des Tridymits die niedrigste Wärmedehnung und gleichzeitig die geringsten Unstetigkeiten aufweist, so daß die weitmöglichste Umwandlung der Steine in Tridymit erwünscht ist, was durch einen sehr langen Brand bei hohen Temperaturen und in Gegenwart von Kristallisatoren erreicht wird.

Erstklassige Silikasteine zeichnen sich durch hohe Erweichungstemperatur unter Belastung aus, die fast mit dem Schmelzpunkt zusammenfällt. Als Grenze der Beanspruchung gilt bei einseitiger Beheizung eine Oberflächentemperatur von etwa 1550 bis 1700°. Unterhalb Rotglut sind die Steine gegenüber Temperaturwechsel sehr empfindlich, darüber aber genügend widerstandsfähig.

Eine weitere, sehr wichtige Frage bei Kohledestillationsöfen ist die der Salzanfressungen. Die in der Kohle befindlichen Salze bestehen hauptsächlich aus Chloriden, Sulfaten und Karbonaten der Alkalien und Erdalkalien, die bei den in den Öfen herrschenden Temperaturen eine hydrolytische Spaltung erleiden. Die entstandenen Hydroxyde bzw. Oxyde bilden nun mit dem Tonerdesilikat der Schamottesteine leicht schmelzende Verbindungen von Tonerdealkalisilikat. Auf diese Weise erfolgt schließlich eine Lockerung des Steingefüges, das mit der Zeit abblättert und so zerstört wird. Bei Silikasteinen hingegen tritt diese Erscheinung kaum ein, so daß hier der gefürchtete »Salzfraß« ausbleibt. Es dürfte dies eine Folge ihrer glatten, regelmäßigen Oberfläche und ihres außerordentlich hohen Kieselsäuregehaltes sein, insofern auf den hohen Kieselsäuregehalt ein geringer Alkalizusatz viel weniger schmelzpunkterniedrigend als auf das Dreistoffsystem bei tongebundenen Steinen einwirkt. Ein dichtes Gefüge hat auch den Vorteil, daß die Steine weniger aufnahmefähig für Kohlenstoffablagerungen sind, die die Struktur des Steines lockern.

2. Herstellung.

Mit der Herstellung von Schamotte- und Silikasteinen befassen sich in Deutschland eine ganze Reihe von Ofenbaugesellschaften, wie z. B. die Fa. Koppers, Essen, in ihren Werken in Elz bei Limburg, im Tonwerk Ratingen, im Silikawerk Düsseldorf-Heerdt, ferner die Fa. Didier in ihrer Steinfabrik in Stettin usw.

Für die Herstellung von Schamottesteinen wird ein Teil des verwendeten Tones zu Schamotte vorgebrannt und diese entsprechend zerkleinert. Getrockneter Ton wird gleichzeitig in Zerkleinerungsmaschinen aufbereitet. Je nach dem Charakter der Steine werden die beiden Stoffe in wechselnden Verhältnissen trocken gemischt und unter Wasserzusatz in Mischmaschinen aufgegeben, wobei Bindeton und Magerungsmittel innig vermengt werden. Die formfertige Masse wird teils von Hand, teils maschinell geformt und anschließend die Formlinge auf Darren oder in Trockenkammern getrocknet. Das Brennen erfolgt in Ringöfen, wobei zunächst die Vorwärmgase und anschließend die Brenngase den ganzen Einsatz gleichmäßig bestreichen. Die Temperaturen der Brennöfen liegen bei etwa 1350 bis 1380°.

Für die Herstellung hochwertiger Silikasteine werden Findlingsquarzite verarbeitet, während bei Steinen, die geringeren Beanspruchungen ausgesetzt sind, den Findlingsquarziten Felsquarzite oder Kohlensandsteine zugesetzt werden. Findlingsquarzite finden sich u. a. in Hessen, im Westerwald und im Siebengebirge mit einem Kieselsäuregehalt von 98 bis 99%. Das von allen anhaftenden Verunreinigungen befreite Rohmaterial wird nach entsprechender Vorbrechung auf Faustgröße in Siebkollergängen, Rohr- und Walzenmühlen weiter zerkleinert. In den Mischkollergängen erfolgt alsdann die innige Vermengung mit Kalkmilch. Die formfertige Masse wird anschließend auf Drehtischpressen oder hydraulischen Pressen geformt. Kompliziertere Steinformungen erfolgen von Hand. Nach der Trocknung mittels Abhitze werden die Steine auf Brennwagen gesetzt und in mittels Generatorgas beheizten Tunnelöfen bis zu einer Höchsttemperatur von 1450 bis 1500° gebrannt.

3. Prüfung.

Die Prüfung erstreckt sich in erster Linie auf das Verhalten bei hohen Temperaturen unter Belastung (2 kg/cm²), zu welchem Zwecke aus den Steinen herausgebohrte zylindrische Prüfkörper hergestellt werden. Zur Beurteilung des Umwandlungsgrades des Quarzes dient, wie bereits ausgeführt, die Bestimmung des wahren spezifischen Gewichtes des Steinpulvers. Auch werden von den Steinen Dünnschliffe hergestellt und diese unter dem Polarisationsmikroskop geprüft. Ferner wird die Druckfestigkeit bei gewöhnlicher Temperatur mittels einer hydraulischen Presse bestimmt. Durch sog. Nachbrennversuche bei etwa 1700° wird die Raumbeständigkeit ermittelt, ebenso wird die Wärmedehnung bis zu Temperaturen von etwa 1000° festgestellt. Sowohl die Rohstoffe als auch die Steinerzeugnisse werden hinsichtlich ihrer chemischen Zusammensetzung untersucht.

D. Bauweise und Inbetriebsetzung der Horizontalkammeröfen.

1. Heizzüge und Kammerwände.

Die bauliche Seite der Öfen richtet sich allgemein nach den örtlichen Verhältnissen sowie nach den Ofenabmessungen und nach der Leistung. Sämtlichen Ofenbauarten ist gemeinsam, daß von der Maschinenseite aus die Breite der Kammern nach der Koksseite hin allmählich um etwa 50 mm zunimmt (horizontale Kammerverjüngung), damit das Ausdrücken des Kokses leichter vonstatten geht. Die Angaben hinsichtlich der Kammerbreite beziehen sich auf die mittlere Breite. Im übrigen ist der Aufbau der Kammern und Heizzüge bei den einzelnen Systemen recht unterschiedlich. Die Stärke der für den Kammerbau verwendeten Läufersteine, also die Wandstärke der Heizwände, schwankt beispielsweise etwa zwischen 60 bis 125 mm. Das gleiche gilt auch für die Stärke der die einzelnen Heizzüge voneinander trennenden Binder, die sich in den Grenzen von etwa 100 bis 160 mm bewegen.

Die Ofenteilung, das ist die Entfernung von Kammermitte zu Kammermitte, liegt, je nach der Kammerbreite, in den Grenzen von etwa 850 bis 1400 mm, die Heizzugteilung, das ist die Entfernung von Heizzugmitte zu Heizzugmitte, bewegt sich etwa zwischen 300 und 600 mm.

Kennzeichnend ist für die verschiedenen Ofensysteme vor allem die Art des Heizzugverbandes und damit die im speziellen benutzten Steinformen. Dabei sind die Läufersteine durchweg mit Nut und Feder versehen.

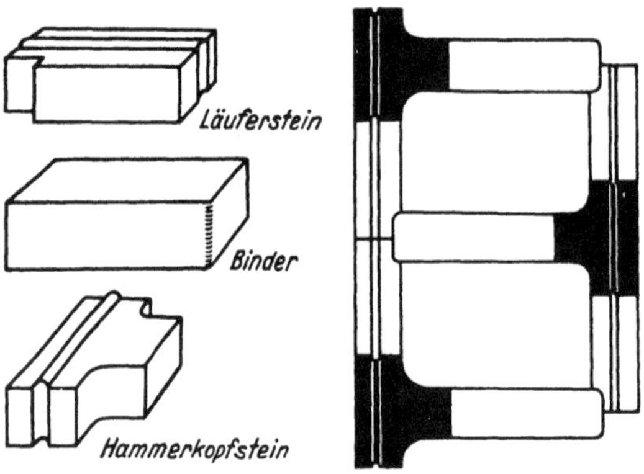

Abb. 8. Koppers Steinverband für Koksöfen.

Der Steinverband von Koppers wird aufgebaut aus Läufersteinen, Bindersteinen und hammerkopfartigen Steinen mit großen Hohlkehlen (Abb. 8). Die Steine sind mit Nut und Feder versehen. Die einzelnen Steine sind von einfacher Gestaltung, so daß bei ihrer Herstellung die größte Gewähr für gute Formgebung und Brand gegeben ist. Die hammerkopfartigen Steine bilden mit ihrem hammerkopfartigen Ende einen Teil der Kammerwand. Der Hammerkopf tritt an die Stelle eines vollen Läufersteines. Das andere Ende des Binders ragt in die gegenüberliegende Läuferwand und bildet durch diese Verzahnung eine gute Verbindung der Binder auch mit der anderen Läuferwand. Der Hammerkopf ist abwechselnd auf der rechten und auf der linken Seite der Heizwand angeordnet, so daß zwischen je zwei hammerkopfartigen Steinen zwei Läufersteine liegen. Die einzelnen Lagen sind gegeneinander um das Maß eines Heizzuges versetzt, so daß sich die einzelnen Läufersteine aufeinanderfolgender Lagen um ihre halbe Länge überdecken.

Als besondere Merkmale des Steinverbandes sind hervorzuheben: Größte Festigkeit durch den Versatz der einzelnen Stoßfugen und durch Anwendung von Nut und Feder, kein Abreißen der Binderköpfe, da diese hammerkopfartig ausgebildet und mit großen Hohlkehlen versehen sind, geringste Gasdurchlässigkeit der Wand durch Verwendung von Steinen mit Nut und Feder, größte Stabilität der Heizwand.

Die Fa. Hinselmann verwendet in Abhängigkeit von den Ofenabmessungen Läufersteine von 100 bis 120 mm Dicke und Binder von

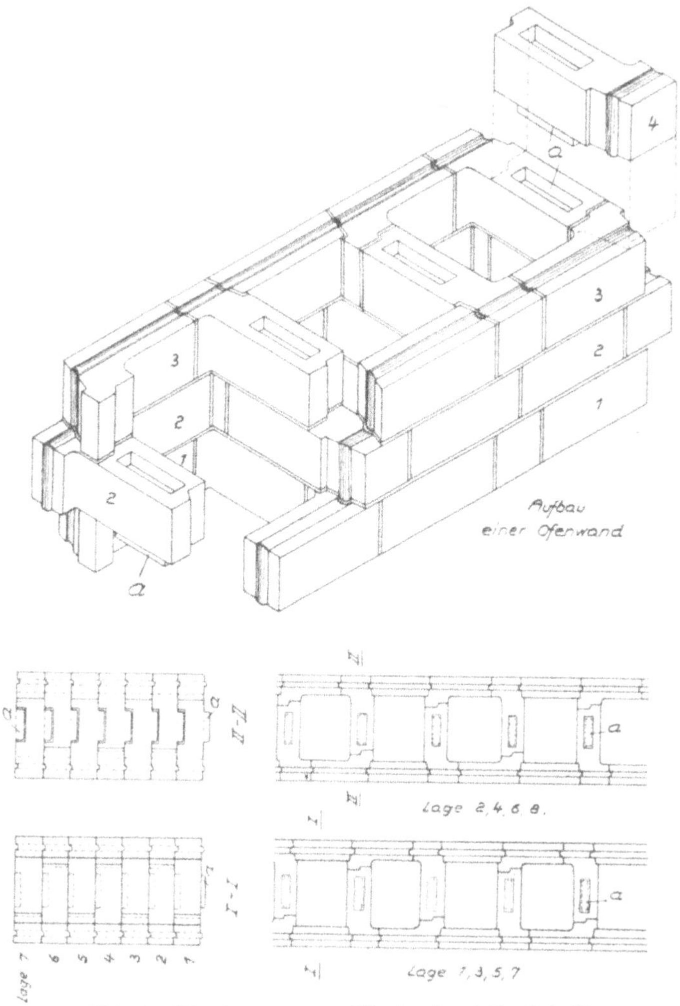

Abb. 9. Hinselmann, neuer Wandverband für Koksöfen.

120 bis 150 mm. Auch hier sind die Läufersteine der Ofenkammerwände mit Nut und Feder versehen. Bei diesem Steinverband erfolgt außerdem eine Verhakung der Bindersteine, die zur Erhöhung der Standfestigkeit und Gasdichtigkeit des Mauerwerksverbandes dient und dabei die erforderliche Elastizität der Wände zuläßt (Abb. 9).

Die Größenabmessungen der Heizzüge werden durch die Ofenabmessungen und die Ofenleistung bedingt. Der Bindermittenabstand schwankt dementsprechend zwischen 400 bis 450 mm. Je nach lichter Ofenkammerbreite und Scheitelhöhe ergibt sich aus dem dabei erforderlichen Mittenabstand der Ofenkammern die Wandstärke mit 600 bis 750 mm und hieraus nach Abzug der Läuferstärken die lichte Heizzugbreite.

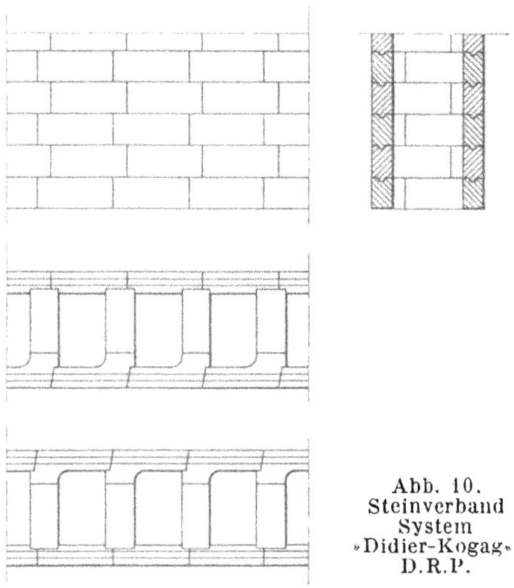

Abb. 10. Steinverband System »Didier-Kogag« D.R.P.

Bei dem Steinverband des Kogag-Ofens ist kennzeichnend, daß gegenüber den sonst gebräuchlichen Steinverbänden die Binderköpfe fortfallen, wodurch sich die Stoßfugen um ein Drittel vermindern. Nut und Feder gehen in der Läuferreihe ununterbrochen durch (Abb. 10). Zwecks gleichmäßiger Abgarung der Kammern in senkrechter Richtung sind die Bindersteine im oberen Teil der Heizzüge ausgebaucht.

Für die Heizwandkonstruktionen von Collin und Still ist besonders kennzeichnend, daß hierbei hohle Binder verwendet werden, worauf bei der Beschreibung dieser Bauarten näher eingegangen wird.

2. Regeneratoren.

Die Regeneratoren werden sowohl als Sammelregeneratoren, neuerdings jedoch in zunehmendem Maße als Einzelregeneratoren ausgeführt, wobei im letzteren Falle mitunter nicht nur jede Heizwand, sondern jeder Brenner (Otto) seinen eigenen Regenerator erhält. Bei Öfen mit Einzelregeneratoren sind sonach die einzelnen Teile der Beheizung voneinander völlig unabhängig, was eine gesonderte Regulierung ermöglicht. Die Sammel- oder Längsregeneratoren dienen hingegen gleichzeitig auch noch als Wärmeausgleicher innerhalb der gesamten Ofenbatterie. Als Gittersteine wurden früher durchweg einfache prismatische Formen verwendet (Abb. 11a). Bei diesen bestimmt sich die Größe der Heizfläche je m³ Gitterraum aus der Kanalweite und der Steinstärke. Die Heizfläche je m³ Gitterraum ist naturgemäß für den Entwurf von Regeneratoren von großer Bedeutung. Außerdem spielt für die Berechnung des Regenerators die sog. Wärmeaustauschzahl (ε) eine wichtige Rolle, die der Wärmedurchgangszahl (k) bei der Berechnung der Rekuperatoren entspricht. Die Wärmeaustauschzahl ist hierbei diejenige Wärmemenge, welche Abgas und vorzuwärmendes Gas an 1 m² Heizfläche während der Dauer einer Periode austauscht, wenn die Temperaturdifferenz zwischen Abgas und vorzuwärmendem Gas 1° C beträgt. Auf die sehr komplizierte Berechnung der Regeneratoren kann hier im einzelnen nicht eingegangen werden. Vgl. hierüber insbesondere W. Heiligenstaedt[1]). Demgegenüber hat K. Rummel[2]) eine Berechnung der Wärmespeicher auf Grund der Wärmedurchgangszahl (k) durchgeführt.

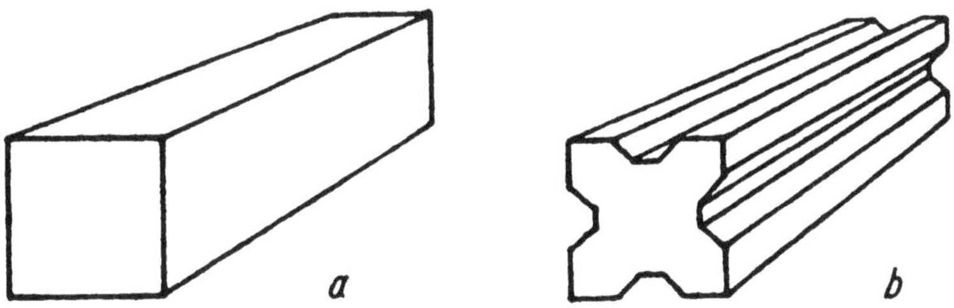

Abb. 11. Hinselmann, *a* = alter Gitterstein, *b* = neuer Gitterstein.

Anstatt der einfachen, rechteckigen Gittersteine haben sich neuerdings auch Gittersteine besonderer Formgebung eingeführt (Abb. 11b) die bei gleichen Abmessungen eine größere Berührungsfläche aufweisen und daher die Regeneratorwirkung erhöhen. Ferner wird hierdurch eine Beschränkung der Bauhöhe und damit der Anlagekosten der Regeneratoren erzielt. Auf 1 m³ Regeneratorraum entfallen rd. 0,9 m³ Steinmasse als Wärmespeicher, die bei einem durchschnittlichen spezifischen Gewicht von 1,9 ein Steingewicht von rd. 1,7 t je m³ ausgegittertem Regeneratorraum ergibt.

Die Güte eines Wärmeaustauschers ist bei gegebenen Temperaturverhältnissen durch die Größe der Heizfläche, seine Flächenleistung und die Strömungsverhältnisse bedingt. Die Größe der Heizfläche ist, wie bereits angedeutet, eine rein wirtschaftliche Frage. Für die Heizflächenleistung ist zunächst das richtige Verhältnis der Kanal- zur Steinbreite maßgebend. Das Wesentliche ist jedoch die richtige Strömungsverteilung, denn bei dem Idealfalle der vollkommen gleichmäßigen Verteilung der Gase und ihrer Strömungsgeschwindigkeit im Regenerator ist die somit ebenfalls gleichmäßige Heizflächenleistung größer als die mittlere Heizflächenleistung eines ungleichmäßig beaufschlagten Regenerators.

Um die Dichtigkeit der Regeneratorwände zu gewährleisten, werden hierfür Steine mit Nut und Feder verwendet.

---

[1]) W. Heiligenstaedt, Regeneratoren, Rekuperatoren, Winderhitzer, Leipzig 1931.

[2]) Stahl und Eisen 48 (1928), S. 1712/15.

Für 1 t Kohlendurchsatz in 24 Stunden rechnet man mit etwa 0,8 m³ Regeneratorvolumen, wobei in 1 m³ etwa 1,3 t Gitterwerk enthalten ist. Je nach den Abmessungen der verwendeten Gittersteine und ihrer Form sind naturgemäß Schwankungen vorhanden.

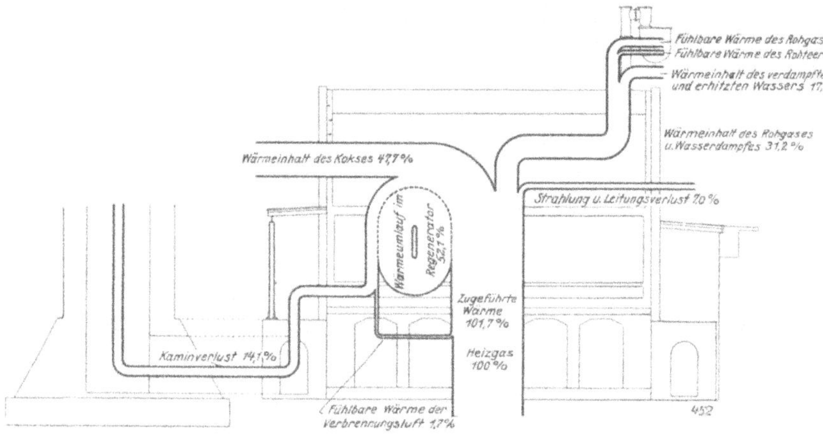

Abb. 12. Wärmestrombild eines Regenerativ-Koksofens.

Über das Wärmestrombild eines Regenerativofens, insbesondere hinsichtlich des Wärmeumlaufs im Regenerator, vgl. Abb. 12.

3. Spezielle Verwendung der Baustoffe.

Das für den Aufbau der Ofenkammern und der unter denselben liegenden Regeneratoren zur Verwendung kommende feuerfeste Material muß den im Koksofenbetrieb auftretenden mechanischen und sonstigen Beanspruchungen weitgehendst entsprechen. Für die Ofenwände findet heute ausschließlich hochfeuerfestes Silikamaterial Verwendung, das den in Frage kommenden höchsten Temperaturbeanspruchungen genügt und gegen Angriffe des in der Kohle enthaltenen Wassers widerstandsfähiger ist. Aus demselben Baustoff wird die Ofensohlepartie hergestellt. Für die Regeneratorwände verwendet man zumeist ein hochsaures Schamottematerial, das den in den Regeneratoren herrschenden Temperaturschwankungen besser standhält. Im übrigen werden die in feuerfesten Stoffen auszuführenden Teile einer Ofengruppe aus Schamottematerial hergestellt, das für die mehr oder minder beanspruchten Ofenteile genügt. Für die dem mechanischen Verschleiß unterworfenen Teile verwendet man häufig Sonderqualitäten aus Schamotte.

Als Mörtel für Schamottesteine wird häufig eine Mischung von Ton, Schamotte und Sand im Verhältnis 50 : 25 : 25% verwendet. Ein Mörtel für Silikasteine besteht z. B. aus 10% plastischem Ton, 30% Schamotte und 60% Ganister oder auch aus einer Mischung von feingemahlenem Ganister mit etwa 5% Kalk[1]).

Zur Verhütung von Wärmeverlusten durch Strahlung werden an den der Außenkühlung unterworfenen Außenteilen des Ofenblocks Isolierungen eingemauert, so an der Batteriedecke, den Regeneratorstirnwänden, Batterieköpfen usw.

Das gefahrlose Zusammenschieben des Ofenblocks ist durch die geeignete Anordnung von Dehnfugen derart gesichert, daß Verschiebungen und Undichtigkeiten nicht eintreten können.

Über weitere bauliche Einzelheiten der Zubehörteile der Ofenanlage vgl. Abschnitt F.

4. Betrieb der Öfen.

Bei der Inbetriebnahme einer Batterie neuer Öfen ist vor allem auf die Schonung des Mauerwerkes Bedacht zu nehmen. Bei zu raschem Erhitzen der Öfen werden zwischen den noch feuchten Steinen Risse gebildet, oder es können sogar Sprünge in den Steinen selbst entstehen, so daß Undichtigkeiten in den Kammern auftreten, was zu schweren Betriebsschädigungen führt. Bei der Austrocknung des Mauerwerks geht man so vor, daß an beiden Seiten der Kammer bei etwas offenstehenden Türen mit Kohle schwach geheizt wird. Diese Trockenperiode soll möglichst ausgedehnt werden, bevor man mit dem eigentlichen Anheizen beginnt. Für die gesamte Anheizzeit kann man zwei bis drei Wochen rechnen. Danach kann das Füllen der Öfen beginnen, allerdings nur nach und nach, weil durch zu rasches Einfüllen kalter Kohle das Mauerwerk zu stark abgekühlt würde. Zu Beginn des Füllens werden zunächst nur wenige, etwa jeder dritte oder vierte Ofen mit Kohle beschickt. Sobald die Öfen zur hellen Rotglut erhitzt sind, können sie mit der ganzen Kohlenladung beschickt werden.

Für die Abkühlung einer Ofenbatterie bei Außerbetriebsetzung gilt genau dasselbe wie für das Anwärmen. Wird die Temperaturstufe unterhalb 600° zu rasch durchschritten, so können die Silikasteine infolge der rasch verlaufenden Volumenänderungen mürbe und rissig werden. Handelt es sich nur um kurze Zeiten, so empfiehlt es sich, die Öfen bei Rotglut zu halten. Im anderen Falle muß sich die Abkühlung unter Rotglut über eine entsprechend lange Zeit erstrecken.

[1]) Feuerfest-Ofenbau 5 (1929), Heft 2, S. 13.

E. Beschreibung der verschiedenen Bauarten von Horizontalkammeröfen (Regenerativverbundöfen).

An sich sind naturgemäß alle auf Zechen- oder Hüttenkokereien gebräuchlichen Regenerativsysteme — nur diese sollen hier beschrieben werden — auch für den Gaswerksbetrieb geeignet. Bislang haben allerdings nur einige dieser Bauarten auch auf Gaswerken Eingang gefunden — die Zahl der eigentlichen Großgaswerke ist ja derzeit vergleichsweise noch gering — und sind dort selbst in mehr oder weniger großen Einheiten, die hinsichtlich ihrer Leistung sogar modernen Kokereien an die Seite zu stellen sind, errichtet worden. Über die Gründe, die bei der Gaserzeugung den Übergang zu diesen Ausmaßen veranlaßt haben, wurde bereits oben das Wesentliche ausgeführt. In allen Fällen, wo eine solche Gasgroßerzeugungsanlage an sich gegeben ist, wird die damit verknüpfte größere Wirtschaftlichkeit der Anlage gegenüber kleineren Werken und damit der Herstellungspreis des Gases und der sonstigen Erzeugnisse sich ganz besonders vorteilhaft auswirken.

Sowohl die Fa. Dr. C. Otto, Bochum, als auch die Fa. H. Koppers, Essen, sowie die Fa. Hinselmann, Essen, haben ihre im Kokereibetrieb entwickelten und technisch vorzüglich durchgebildeten Horizontalkammerofenanlagen auf Gaswerken errichtet.

Indessen erscheint es erforderlich, auch die Systeme der übrigen Firmen zu behandeln, wobei aber nur die inländischen Konstruktionen Platz finden sollen, um den Stoff nicht über ein gewisses und wohl auch zweckmäßig abgegrenztes Maß auszudehnen.

1. Otto-Zwillings-Verbundofen.

Die von der Fa. Dr. C. Otto & Co., Bochum, gebauten Horizontalkammeröfen mit Zwillingszügen und kleineren Ladegewichten der Kammern, etwa 4 t, wie solche auf verschiedenen Gaswerken (Darmstadt, Berlin-Lichtenberg usw.) mit regenerativer bzw. rekuperativer Beheizung errichtet worden sind, sind an anderer Stelle beschrieben. Die Horizontalgroßkammeröfen mit Zwillingszugheizung für den wahlweisen Betrieb mit Stark- oder Schwachgas sind im wesentlichen auf Kokereien herausgebildet worden. Bei diesen Zwillingszugöfen bilden je 2 Heizzüge der Kammerwand für sich ein Heizelement, in dem die Flamme abwechselnd nach jeder in Abständen von 20 bis 30 Minuten erfolgenden Umstellung der Gaswege in einem Heizzuge emporbrennt und die Abgase im benachbarten Heizzuge abfallen. Auf diese Weise wird der obere Horizontalkanal vermieden, der insbesondere bei größeren Ofenhöhen zufolge Schwächung der Kammerwand sich ungünstig bemerkbar macht und das Auftreten von nachteiligen Druckunterschieden zwischen Heizwand und Ofenkammer bedingt. Denn Druckdifferenzen führen bekanntlich zu Gasübertritten und damit entweder (beim Übertritt von Rohgas in die Heizzüge) zu unmittelbaren Verlusten an Gas und Nebenerzeugnissen, oder (beim Übertritt von Rauchgas in die Kammer) durch Verdünnung des Rohgases zu einem niedrigeren Heizwert und durch Verbrennung von Rohgasteilen zu einer Verminderung der Heizwertzahl. Der Zwillingszugofen ist hingegen durch kurze Gaswege und kleine Überführungskanäle gekennzeichnet. Jede Einschnürung in den Gaswegen wird vermieden, indem die Gasströme für die Beheizung bereits im kalten Zustande unterhalb der Regeneratoren auf die ganze Heizwand verteilt werden, wonach sie das ganze Heizsystem durchströmen

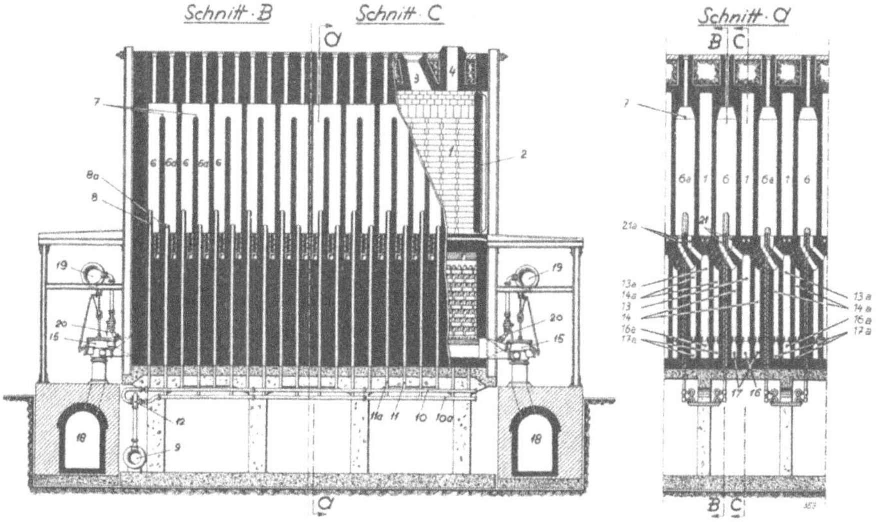

Abb. 13. Otto-Zwillings-Verbundofen.

bis zum Austritt aus dem Abhitzeregenerator, ohne zwischendurch nochmals zusammengefaßt und wieder aufgeteilt zu werden; denn jede Zusammenfassung würde Druckverluste und jede Wiederverteilung durch die notwendig werdenden Regelungsöffnungen Wirbelungsverluste mit sich bringen. Die Gaszufuhr ist von dem Regelkanal unter den Öfen, genau dem Wärmebedarf entsprechend, einstellbar, so daß jede Schieberung von der Ofendecke aus und jede Drosselung im Heizzug selbst wegfällt. Das von Otto bereits 1895 eingeführte Prinzip des Unterbrennerofens (siehe oben, Abschnitt A) ist also auch in der modernen Form des Zwillingszugofens beibehalten worden. Was die Ausführung der Regeneratoren anlangt, so werden getrennte Gitterwerksräume verwendet. Dabei sind die zu jedem Ofen gehörigen, unter ihm liegenden, parallel zu der Kammer angeordneten Regeneratoren unter jeder Kammer nochmals so unterteilt, daß jeder Gasbrenner einen besonderen

Regenerator erhält, wodurch die Wärmeausnutzung infolge der zwangsweisen Verteilung der vorzuwärmenden Luft bzw. des vorzuwärmenden Schwachgases bis aufs äußerste durchgeführt ist.

Die Ausbildung eines Verbundofens mit getrennten Gitterwerksräumen zeigt die Abbildung 13 in einem Längsschnitt durch die Mitte der Heizzüge bzw. Kammern und in einem Schnitt in der Längsachse der Ofenbatterie. Zwischen den Ofenkammern *1* liegen die in Zwillingszüge unterteilten Heizwände. Jeder Zwillingszug besteht aus einem Paar senkrechter Heizzüge *6* und *6a*, die wechselseitig beheizt werden. In jedem Heizzug befindet sich ein zur Zuführung des Starkgases dienender Düsenstein *8* bzw. *8a*. Besonders bei größeren Bauhöhen münden diese Brennerköpfe abwechselnd in verschiedenen Höhen über der Ofensohle aus, wodurch eine gleichmäßige Beheizung in senkrechter Richtung erreicht wird. Bei der Beheizung mit Schwachgas hingegen, dessen lange, langsam brennende Flamme von selbst die ganze Fläche des Heizzuges gleichmäßig bestreicht, wäre eine Stufenbeheizung unzweckmäßig. Infolgedessen wird das vorgewärmte Schwachgas beim Ottoofen stets am Fuße der Heizzüge zugeführt.

Abb. 14. Otto-Zwillingszug-Verbundöfen mit Abhitzeventilen und Schwachgaszuführung.

Die Arbeitsweise bei Schwachgasbeheizung vollzieht sich so, daß zunächst die Regeneratoren *13* auf Schwachgas gehen und *14* auf Luft, und die Regeneratoren *13a* und *14a* auf Abhitze stehen. Nach dem Umstellen stehen die Regeneratoren *13a* auf Gas und *14a* auf Luft und *13* und *14* auf Abhitze. Die Regeneratoren *13* und *14* sind mit den Heizzügen *6* durch die Verteilungskanäle *21* und die Regeneratoren *13a* und *14a* durch die Kanäle *21a* mit den Heizzügen *6a* verbunden. Steht *13* auf Schwachgas und *14* auf Luft, so wird durch die Verbindungskanäle *21* den Heizzügen *6* Gas und Luft zugeführt, und die Verbrennung beginnt am Fuße der Heizzüge. Die Verbrennungsgase steigen in den Heizzügen *6* auf, streichen durch die Öffnung *7* und fallen in den danebenliegenden Heizzügen *6a* ab, um durch die Verbindungskanäle *21a* in die Regeneratoren *13a* und *14a* geführt zu werden, die auf Abhitze stehen. Alle 20 bis 30 Minuten wird umgestellt und es vollzieht sich dann der umgekehrte Vorgang, da nun die Heizzüge *6a* durch die Verbindungskanäle *21a* von dem auf Schwachgas stehenden Regenerator *13a* Schwachgas und von dem auf Luft stehenden Regenerator *14a* Luft zugeführt bekommen. Die Verbrennung geht in den Heizzügen *6a* vor sich, und die Verbrennungsprodukte fallen in den Heizzügen *6* nach unten ab, um durch die Verbindungskanäle *21* in die Regeneratoren *13* und *14* geführt zu werden, die nunmehr auf Abhitze stehen. Den Begehkanal mit Abhitzeventilen und Schwachgaszuführung zeigt Abb. 14.

Bei Starkgasbeheizung erfolgt die Verteilung des Gases auf die einzelnen Brennstellen in den begehbaren Gängen unterhalb des Ofens durch die Leitungen *10* bzw. *10a*, aus denen das Gas durch Düsen entspannt in die Kanäle *8* oder *8a* eintritt. Die Schwachgasregeneratoren *13* bzw. *13a* dienen bei Starkgasbeheizung, ebenso wie die äußeren Regeneratoren *14* bzw. *14a*, zur Vorwärmung der Verbrennungsluft. Diese

Abb. 15. Gaswerk Stuttgart-Gaisburg. Otto-Zwillingszug-Verbundöfen.

durchströmt also zunächst alle drei Regeneratoren *13* und *14* und tritt dann durch die Verbindungskanäle *21* in die Heizzüge *6*, wo sie mit dem aus den Kanälen *8* kommenden Starkgas verbrennt. Die Verbrennungsgase ziehen in den benachbarten Heizzügen *6a* ab und treten durch die Verbindungskanäle *21a* in die Regeneratoren *13a* und *14a*. Nach dem Umstellen vollzieht sich der umgekehrte Vorgang, da nunmehr die Regeneratoren *13a* und *14a* auf Luft stehen, durch die Verbindungskanäle *21a* den Heizzügen *6a* Luft zugeführt wird und durch die Starkgasleitungen *8a* Starkgas. Die Verbrennung findet in den Heizzügen *6a* statt. Die Verbrennungsprodukte ziehen in den Heizzügen *6* nach unten ab und treten durch die Verbindungskanäle *21* nunmehr in die Regeneratoren *13* und *14* ein.

Verbundöfen dieser Art (Abb. 15) sind z. B. auf der Gaskokerei Stuttgart-Gaisburg im Jahre 1930 errichtet worden[1]). Bei 10,83 m Länge, 4 m Höhe und 350 mm mittlerer Breite der Öfen beträgt der nutzbare Kammerinhalt rd. 13 m³ und das Ladegewicht rd. 10 t Kohle. Die Batterie von 25 Otto-Zwillingszug-Verbundöfen hat bei 12stündiger Garungszeit der Kammern eine Leistung von rd. 500 t Kohle je 24 Stunden, entsprechend einer Gaserzeugung von 170000 m³ je 24 Stunden. Die Anlage wurde im Jahre 1935 um weitere 10 Otto-Öfen mit einem Gesamtdurchsatz von 200 t Kohle je 24 Stunden vergrößert[2]). Auch auf dem Gaswerk Basel wurde im Jahre 1930 eine Otto-Batterie von 30 Öfen für eine Gaserzeugung von 110000 m³ je 24 Stunden erstellt.

2. Koppers-Verbundöfen

Die Fa. H. Koppers, G. m. b. H., Essen, hat nicht nur dem Horizontalkammerofen in der Form des Kleinkammerofens schon recht frühzeitig Eingang in die Gaswerke verschafft (Gaswerk Innsbruck 1909), sondern auf Grund der mit solchen Öfen gemachten Betriebserfahrungen unmittelbar anschließend auch dem Großraumofen. So wurde der halbgeteilte Koppers-Regenerativofen für Schwachgasbeheizung (Generatorgas) auf den Gaswerken Wien-Simmering sowie Wien-Leopoldau mit einer Kammerladung von 11 t Kohle bereits im Jahre 1909 eingeführt. Das Schwachgas wurde in Zentralgeneratoren erzeugt. Bislang hatte man solche Gaswerksöfen mit angebauten Einzelgeneratoren versehen und ebenso an Stelle von Regeneratoren Rekuperatoren benutzt. Die Regeneratoren ermöglichen indessen eine viel weitergehende Wärmerückgewinnung als die Rekuperatoren. Da die in den Abgasen enthaltene Wärmemenge größer ist, als für die Luftvorwärmung erforderlich, ist es bei Anwendung des regenerativen Wärmeaustauschprinzips möglich, nicht nur die Luft, sondern auch das Generatorgas vorzuwärmen.

---

[1]) Nübling, Gas- u. Wasserfach **73** (1930), S. 909ff.

[2]) Gas- u. Wasserfach **78** (1935), S. 182.

Auch ist die Temperatur der Abgase bei dieser Arbeitsweise niedriger. Der Verzicht auf die fühlbare Wärme des in Zentralgeneratoren erzeugten Gases brachte auch die Möglichkeit mit sich, das Generatorgas gründlich von Staub zu reinigen. Bei den Retortenöfen waren die Schwierigkeiten der Staubverlegung bekannt. Demgegenüber wurde das Heizgas durch Kühlung und Waschen mit Wasser gründlich von Flugstaub gereinigt. Die mit gereinigtem Gas betriebenen Öfen besitzen demgemäß auch eine längere Lebensdauer, da die Flugasche auf das Steinmaterial eine aggressive Wirkung ausübt, wobei sich besonders leicht schmelzbare Eisensilikate bilden.

Alsdann erfolgte die Errichtung von 350 mm breiten Horizontalkammern für 10 t Koksfassungsvermögen auf dem Gaswerk Berlin, die im Jahre 1918 in Kammern von 400 mm mittlerer Breite umgebaut worden waren. Auch diese Öfen waren Regenerativöfen für Schwachgasbeheizung. Im Jahre 1913 erbaute das Gaswerk Königsberg eine Verbundofenanlage mit 10 t Kammerladung, bei einer Garungszeit von 24 Stunden, ferner im Jahre 1914 das Gaswerk Stockholm Horizontalkammern für 9 t Kohleladung je Kammer (Verbundöfen) und schließlich wurde 1915 auf dem Gaswerk Posen ebenfalls eine Verbundofenbatterie von 36 Kammern erstellt.

Auch die neuerdings errichteten Koppersanlagen auf Gaswerken, wie die 1925 auf dem Gaswerk Düsseldorf erbauten Öfen für 10 t Ladegewicht und die 1926 auf dem Gaswerk Frankfurt am Main erstellte Anlage mit 400 mm breiten Kammern, tragen noch das Kennzeichen des halbgeteilten, also in zwei Wandhälften beheizten Koppers-Ofens, als Verbundofen ausgeführt. Die im Jahre 1931 errichtete Großgaserzeugungsanlage in Beckton bei London mit 17 t Kammerladung ist nach dem inzwischen auf Kokereien durchgebildeten Kreisstromofen als der neuesten Ofenbauweise von Koppers ausgestattet, was auch für die 1934 auf dem Werk Berlin-Lichtenberg der Gasag erbaute Anlage gilt.

Bei der Errichtung der Großanlage in Düsseldorf im Jahre 1925 war man insbesondere auch von der Überlegung beeinflußt worden, mit Rücksicht auf die Nachbarschaft des rheinisch-westfälischen Industriebezirkes besonderen Wert auf die Erzeugung eines Kokses zu legen, der dem Zechenkoks gleichwertig war, ein Grund mehr, sich für eine Horizontalkammergroßanlage zu entschließen. Die Ofenanlage wurde in 2 Blöcken zu je 13 Kammern errichtet. Als Ofensystem wurde der halbgeteilte Koppers-Verbundofen gewählt. Die Kammern sind rd. 11 m lang, 3,5 m hoch und 400 mm breit.

Die 1926 auf dem Gaswerk Frankfurt am Main errichtete Anlage besteht aus 2 Blöcken zu je 15 Öfen vorgenannter Bauweise, gleichfalls 3,5 m hoch und 400 mm breit. Auch hierbei war das Ziel mitbestimmend, einen Koks von höchstwertiger Beschaffenheit zu erzeugen.

Die beiden genannten Systeme der von Koppers erbauten Gaswerksöfen sollen näher beschrieben werden.

a) Der halbgeteilte Koppers-Verbund-Horizontalkammerofen.

Der Koksofenbau verdankt bekanntlich Koppers die Einführung der Einzelregeneratoren, die unterhalb der Kammern in der Richtung ihrer Längsachse angeordnet sind. Bei den mit Schwachgas beheizten Regenerativöfen versorgt ein Regenerator zwei benachbarte Heizwände mit vorgewärmter Luft, der benachbarte Regenerator übernimmt entsprechend die Vorwärmung des Schwachgases für ebenfalls zwei benachbarte Heizwände. Die Regeneratoren liegen unter den Kammern und sind durch in der Mitte der Längsachse der Batterie verlaufende Querwände halbiert. Die so gebildeten Hälften stehen abwechselnd auf Luft oder Schwachgas bzw. auf Abhitze. Aus Gründen einer gleichmäßigen Beheizung in senkrechter Richtung wurde der halbgeteilte Koppersofen, besonders bei größeren Kammerhöhen, nach oben zuweilen verjüngt und außerdem noch die Läufersteine der Kammerwände in der Nähe der Ofensohle verstärkt, um eine gleichmäßige und gleichzeitige Abgarung des Kammerinhaltes zu erreichen. Bei größeren Kammerleistungen, insbesondere bei Kammerhöhen von über 4 m, wurden solche Öfen anstatt in Halbteilung in Viertelteilung (Doppelofen) ausgeführt[1], um den Horizontalkanal in erträglichen Ausmaßen zu halten. Jedoch wurde letztere Bauweise wohl nur auf Zechen- oder Hüttenkokereien verwendet.

Der halbgeteilte Verbundofen Bauart Koppers, wie er insbesondere auf den vor etwa 10 Jahren auf Gaswerken erstellten Anlagen Anwendung gefunden hat, ist in Abb. 16 in einem Längsschnitt durch die Heizwand und in einem Schnitt nach der Längsachse der Ofenbatterie dargestellt. Der Ofen baut sich auf einer Betongrundplatte auf, die Seitenwände der unter den Kammern liegenden Regeneratoren sind zugleich die Tragpfeiler des Oberbaues und als solche kräftig ausgeführt. Der Weg der Gase ist bei dem Ofen wie folgt:

Die Verbrennungsluft tritt durch das Kniestück *e* und durch die Kanäle *a*, *b* in die auf Vorwärmung stehenden Regeneratoren *A*, *B*, durchströmt diese von unten nach oben und gelangt zu den Brennern in den Heizwänden. Dort trifft sie bei Starkgasbeheizung mit dem Steinkohlengas zusammen, das durch Leitung *St* dem Ofen zugeführt und durch die Kanäle *st* auf jede Heizwand aufgeteilt wird. Die Gase brennen durch die Heizzüge *c* in der einen Ofenhälfte hoch, die Verbrennungsgase sammeln sich in einem oberen Horizontalkanal *H* und werden auf die andere Ofenhälfte übergeleitet, die sie abwärtsziehend

[1]) H. Hock, Kokereiwesen, Dresden u. Leipzig 1930, S. 65.

unter Vorwärmung der Regeneratoren A_1, B_1 durch die Kanäle a_1, b_1 und den Abhitzekanal D verlassen. In der nächsten halben Stunde ist

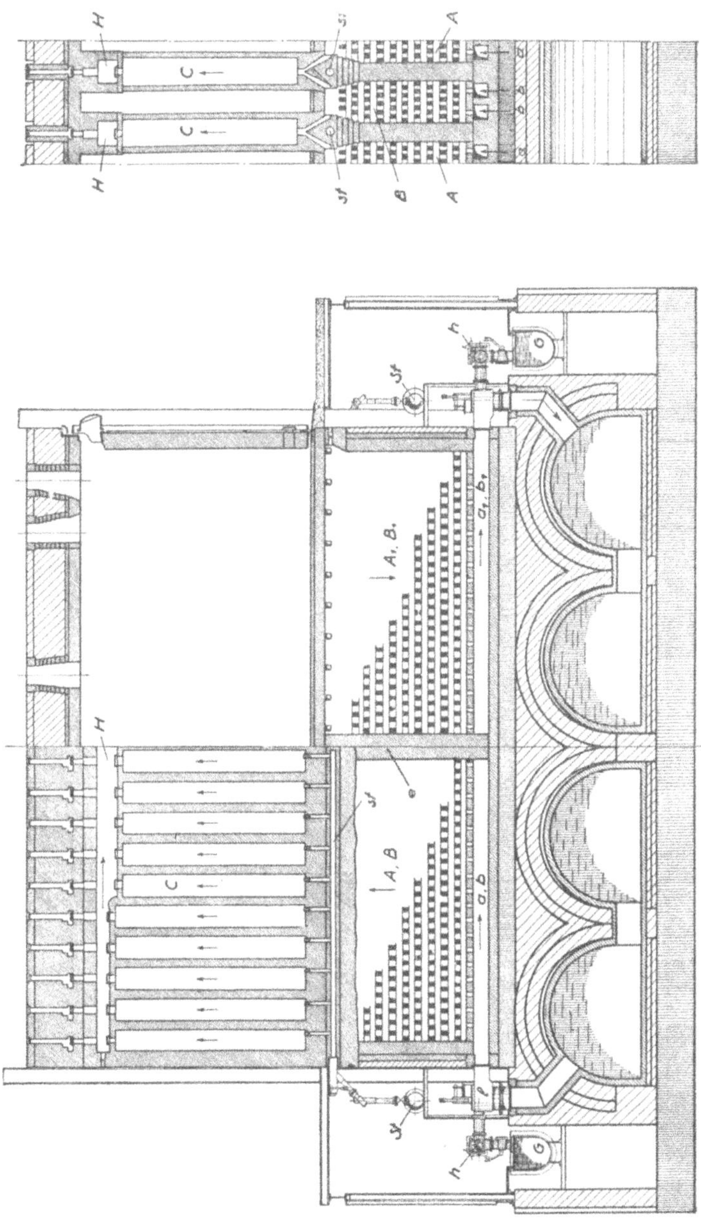

Abb. 16. Verbund-Koksofen, Bauart Koppers.

der Weg der Gase umgekehrt. Bei **Schwachgasbeheizung** wird dieses durch die Leitung G dem Ofen zugeführt und durch die Hähne h

in die Verteilungskanäle unter den Regeneratoren geleitet. Es dienen alsdann die nebeneinanderliegenden Regeneratorgruppen abwechselnd zur Vorwärmung von Generatorgas (beispielsweise *A*) und zur Vorwärmung von Luft (beispielsweise *B*). Die Steinkohlengaszuführungen *st* sind in diesem Falle abgesperrt.

Die gleichmäßige Beheizung der ganzen Kammerwände erfolgt durch Einstellen von Steinschiebern auf den einzelnen Heizzügen, die durch Öffnungen in der Ofendecke zugänglich sind. Die Verteilung des Heizgases für jeden einzelnen Heizzug geschieht durch Düsen.

b) Koppers-Kreisstrom-Horizontalkammerofen für wahlweise Beheizung mit Steinkohlen- oder Generatorgas.

Der von der Fa. Koppers auf einer ganzen Anzahl von Kokereien letztzeitig erbaute Kreisstromofen[1]) hat inzwischen auch auf Gaswerken Eingang gefunden. Der Kreisstromofen verdankt seine Entstehung Versuchen der Bergbau-A.-G. Lothringen, die zuerst 1922 auf deren Kokerei in Gerthe bei Bochum vorgenommen worden sind. Die Maschinenbau A.-G. Elsaß ließ sich alsdann im Jahre 1924 ein Verfahren der Abgasbeimischung schützen (DRP. 419358), dessen Verwertung die Koppers-Gesellschaft übernommen hat und das die konstruktiv nachteilige Führung der bei dem Verfahren zugesetzten Abgase durch den ganzen Ofen auf äußerst sinnreiche Weise vermeidet. Zunächst wurden nach diesem Verfahren 10 Regenerativöfen einer Koksofengruppe von 2,1 m Höhe auf der Kokerei der Gewerkschaft Graf Schwerin in Castrop-Rauxel im Jahre 1924 erbaut und in weiteren Anlagen vervollkommnet. Bei den nach diesem Verfahren betriebenen Öfen mit Zwillingszügen ist jede zweite Binderwand an der Sohle durchbrochen, um auf diese Weise ein Übertreten von Abgasen nach dem beflammten Heizzug zu erzielen (Abb. 17). Die Beimischung von Abgasen erfolgt demnach unmittelbar nach der Verbrennung.

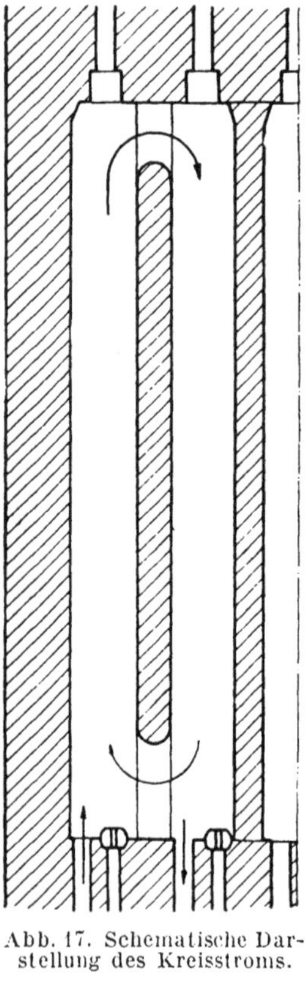

Abb. 17. Schematische Darstellung des Kreisstroms.

Von Interesse sind auch die an zwei eigens hierfür erbauten Versuchsheizzügen vorgenommenen Feststellungen, wie sich der Einfluß der Kreisstrombeheizung bei verschiedenen Ofenbelastungen geltend macht und in bezug auf eine Verminderung des Temperaturabfalles in

[1]) Koppers Mitteilungen **11** (1929), S. 91ff.

der Vertikalen. Insbesondere erfolgten auch Feststellungen der im Umlauf befindlichen Abgasvolumina bei normaler Heizzugbelastung sowie bei geringerer und erhöhter Belastung. Die Wirkungsweise des Kreisstromes ist im übrigen auf eine rein dynamische Wirkung der aus den Düsen austretenden Gase (Heizgas und Frischluft) zurückzuführen, und der spezifische Gewichtsunterschied zwischen der Gassäule im abwärts beflammten Zug und derjenigen im aufwärts beflammten Zug spielt kaum eine Rolle. Was den Verlauf der Temperaturen in vertikaler Richtung anlangt, so findet sich die höchste Temperatur etwa in der halben Höhe des Heizzuges, um nach oben eine etwas stärkere Abnahme als nach unten zu zeigen. Je nach der Belastung betrugen die maximalen Temperaturunterschiede 73 bis 110°. Der Temperaturabfall nach dem Scheitel des Heizzuges ist im übrigen notwendig, um eine Zersetzung der Gase und Dämpfe im Sammelraum zu verhüten.

Was die Ermittlung der umlaufenden Abgasmengen, d. h. der in den aufwärts beflammten Zug übertretenden, verbrannten Gase anlangt, so mußten diese Feststellungen auf gasanalytischem Wege getroffen werden, und zwar derart, daß an einer Stelle des abfallenden Heizzuges ein Fremdgas (Kohlensäure) in genau abgemessener Menge eingeführt wurde, das sich dem Abgasstrom, unbeeinflußt durch andere Gasbestandteile, beimischt und analytisch im beflammten Heizzug nachgewiesen werden kann. Gleichzeitig wurden die eingeführten Starkgasmengen bestimmt. Aus der hier nicht im einzelnen zu erläuternden Berechnungsweise[1]) ergab sich, daß Heizgasmenge und Abgasmenge etwa im Verhältnis von 1 : 6 stehen und daß bei stärkerer Belastung das Verhältnis kleiner wird, d. h. der Wert der Gleichstrommenge bleibt weitgehend konstant bei gesteigerter Abgasmenge. Was schließlich noch das Verhältnis von Abgasmenge zur Kreisstrommenge anlangt, so ist dieses bei mittleren Belastungen etwa 1 : 1, um bei geringeren Belastungen sich auf etwa 0,6 : 1 und bei höheren Belastungen auf etwa 1,5 : 1 einzustellen. Die so ermittelten Verhältnisse tragen dem Umstand Rechnung, daß es um so schwieriger wird, gleichzeitige Ofenabgarung zu erzielen, je geringer die Koksofenleistung ist, da dann die Heizflamme immer kürzer wird und nur noch den unteren Teil der Kammer beheizt. Wie bemerkt, nimmt dagegen mit der Verringerung der Koksofenleistung und der Heizgasmenge die Kreisstrommenge zu und bewirkt dadurch einen Ausgleich der Wärmeübertragung. Die Kreisstrommenge stellt sich also selbsttätig so ein, daß, unabhängig von der Gasbelastung, ein weitgehender Ausgleich der Wärmeübertragung von der Heizflamme auf die Kammerwand in vertikaler Richtung erzielt wird. Bei der Beheizung durch Schwachgas (Generatorgas) läuft eine geringere Abgasmenge um, ganz im Sinne der gegenüber Starkgasbeheizung veränderten Verhält-

[1]) Vgl. Fußnote [1]) S. 42.

nisse, insofern bei der Schwachgasbeheizung die Temperaturverteilung bereits von vornherein schon günstiger ist, so daß verhältnismäßig weniger Kreisstromgas erforderlich ist. Der Einfluß des Kreisstroms macht sich also bei Starkgasbeheizung in höherem Maße geltend als bei Schwachgasbeheizung.

Das Schema eines als Kreisstromofen ausgeführten Verbundofens zeigt die Abb. 18. Der Weg der Gase ist wie folgt:

Bei Starkgasbeheizung wird das Gas durch zwei Kanäle im Kopf der Regeneratorwand von beiden Seiten der Batterie gleichzeitig

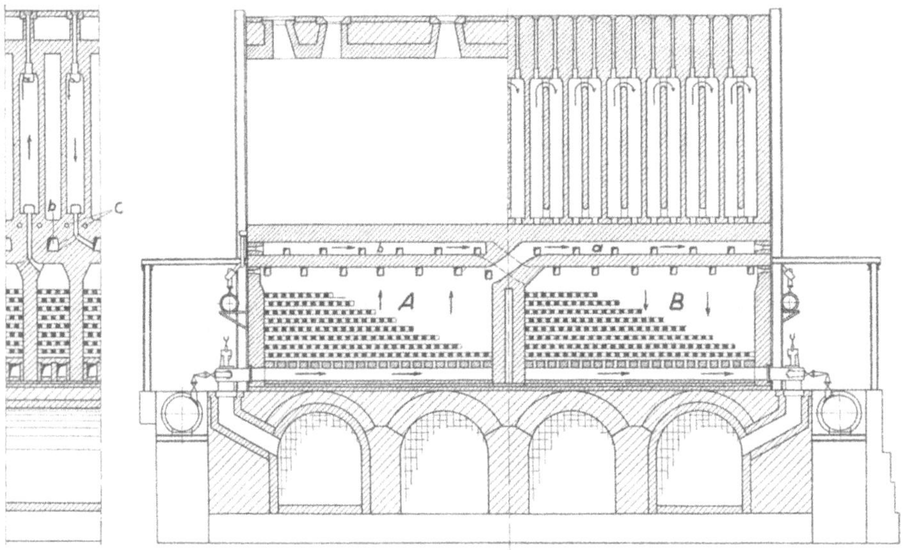

Abb. 18. Verbund-Kreisstromofen, Bauart Koppers.

den Heizzügen jeder Wand zugeführt; hierbei ist immer einer dieser beiden Kanäle unter Gas, während die Gaszuführung des danebenliegenden abgesperrt ist. Die Verbrennungsluft durchströmt den Regenerator A und verteilt sich dann zur Hälfte auf die oberhalb dieses Regenerators liegenden und mit ihm unmittelbar in Verbindung stehenden Heizzüge. Die andere Hälfte strömt durch den Verteilkanal a zur anderen Wandhälfte und verteilt sich auf die über diesem Kanal befindlichen Heizzüge. Das Steinkohlengas brennt auf der ganzen Wandseite, beispielsweise durch die ungeradzahligen Heizzüge hoch, die Verbrennungsgase verlassen die Heizwand durch die geradzahligen Heizzüge, und zwar strömen sie von der einen Wandhälfte unmittelbar in den darunter liegenden Regenerator B, von der anderen Wandhälfte in den Verteilkanal b, der mit dem Regenerator B in Verbindung steht. Die Verteilkanäle a und b überkreuzen sich in der Ofenmitte.

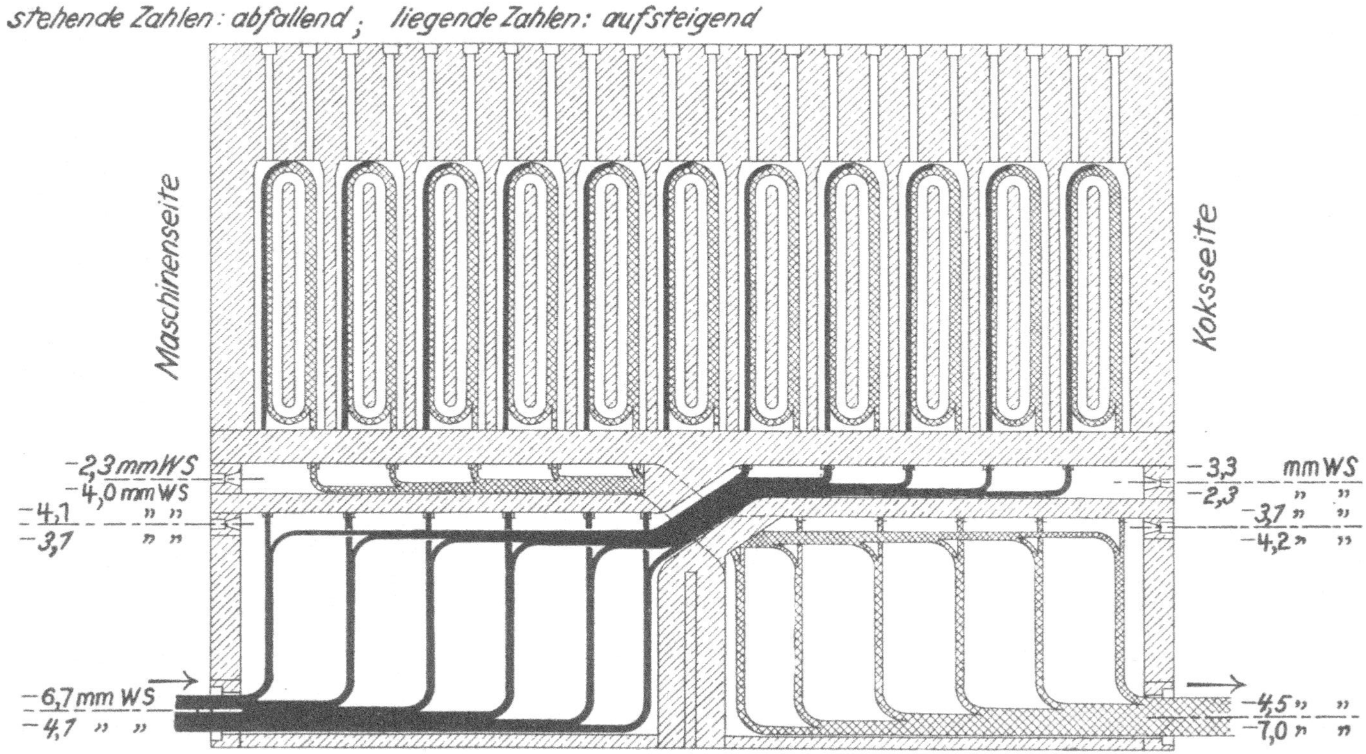

Abb. 19. Schematische Darstellung des Strömungsverlaufs im Verbund-Kreisstromofen. Bauart Koppers.

Bei Beheizung mit Schwachgas dienen die nebeneinanderliegenden Regeneratoren einer Ofenhälfte zur Vorwärmung von Schwachgas und Verbrennungsluft in der Weise, daß Luftregenerator neben Schwachgasregenerator zu liegen kommt.

Aus Abb. 19 ist schematisch der Strömungsverlauf im Kreisstromofen (Verbundofen) ersichtlich. Hierbei sind infolge Zuführung der Luft und Ableitung der Verbrennungsgase an verschiedenen Ofenseiten alle Gaswege von gleicher Länge, weshalb eine besondere Regelung der Luftzufuhr zum Zwecke gleichmäßiger Beaufschlagung der Heizzüge bei dieser Bauart nicht erforderlich ist.

c) Anlagen und Betriebsergebnisse.

Neben zahlreichen Kokereibetrieben (Abb. 20) hat sich die Gas Light and Coke Company, London, Gaswerk Beckton, im Jahre

Abb. 20. Kokerei der Ilseder Hütte, Großilsede bei Peine. — 62 Koppers-Verbund-Kreisstromöfen.

1929 zur Errichtung von 60 Horizontalkammeröfen nach dem Kreisstromprinzip entschlossen, mit einer Leistung von 1220 t Trockenkohle in 24 Stunden. Die Öfen sind in zwei Batterien von je 30 Kammern zusammengefaßt, in deren Mitte sich der Bunker für Kokskohle befindet. Die Kammerlänge beträgt etwa 12,6 m, die Höhe etwa 4,6 m und die mittlere Kammerbreite 450 mm, mit einer Erweiterung von etwa 45 mm von der Maschinenseite nach der Koksseite. Die Kammern haben ein Ladegewicht von je etwa 16 t, eine normale Garungszeit von 19 Stunden, was einem Kohledurchsatz von etwa 20 t/24 Stunden entspricht. Die Garungszeit kann in Übereinstimmung mit dem jeweiligen Gasbedarf und den an den Koks zu stellenden Anforderungen angepaßt werden. Kammern und Heizzüge sind aus hochwertigen Silikasteinen mit 95% Kieselsäuregehalt erbaut. Die Zubehörteile der Kammern, wie selbstdichtende Wolfftüren usw., sind nach dem neuesten Stand ausgeführt. Im übrigen entspricht die Ofenkonstruktion in den Einzelheiten dem oben beschriebenen Kreisstromofen.

Die Beheizung der Öfen erfolgt mit aus Koks in einer Zentralgeneratorenanlage erzeugtem Generatorgas. Die 9 Generatoren, von denen einer als Reserve dient, haben einen lichten Durchmesser von 2,6 m. Die 8 Generatoren haben zusammen eine Vergasungsleistung von 170 t Koks unter 30 mm je 24 Stunden, bei einem Asche- und Wassergehalt bis zu 30% und einem Gehalt von etwa 30% Kokskorn unter 10 mm, was einem Durchsatz von 170 kg/m² und Stunde entspricht. Der von der Klassieranlage kommende Koks wird in einem Bunker von 600 t Fassungsvermögen gestapelt und von hier aus in kleine Beschikkungswagen abgezogen. Jeder Generator wird in Zeitabständen von etwa 20 Minuten chargiert. Zur Vermeidung von Entmischungen des Kokses beim Beschicken sind mechanische Verteiler vorgesehen. Die mit Wassermänteln versehenen Generatoren erzeugen den für die Sättigung der Vergasungsluft erforderlichen Dampf, der darüber hinaus gewonnene Dampf, der allerdings nur einen Druck von 0,5 atü aufweist, kann für andere Zwecke verwendet werden. Das rohe, heiße Generatorgas wird gekühlt und gewaschen, durch einen Ventilator angesaugt und nachfolgend von Teer und Feuchtigkeit befreit. Das gereinigte Gas für die Öfen hat einen Staubgehalt von 0,04 bis 0,07 g/m³ und eine Temperatur von etwa 30°.

Verarbeitet wird eine Durham-Gaskohle für sich oder in Mischung mit anderen Kohlen mit Rücksicht auf die gewünschte Koksbeschaffenheit. Hierbei werden praktisch die gleichen Ausbeuten erhalten wie beim Entgasen in Horizontalretorten, und zwar etwa 1800 kcal/kg Kohle als Gas (Heizwert 5000 bis 5200 kcal/m³), etwa 71% Koks sowie 4,3 bis 5,4% Teer. Der Unterfeuerungsbedarf ist etwa 10 kg asche- und wasserfreier Koks für 100 kg Kohle. Das in den Generatoren vergaste Koksklein enthält etwa 75% brennbare Substanz, so daß sich der tatsächliche Koksverbrauch auf etwa 13,3% des Kohlegewichtes stellt.

Über die Ergebnisse eines über vier Wochen sich erstreckenden Garantieversuches unterrichtet zusätzlich folgende Zusammenstellung:

Kohlendurchsatz der Ofenanlage je 24 h	1262 t
Kammerladung	17 t

Zusammensetzung der Kohle:	
Wasser	2,7%
Asche	6,8%
Reinkohle	90,5%
Betriebszeit der Öfen	19,4 h
Gasausbeute je t Rohkohle (15° C, 760 mm)	342 m³
oberer Gasheizwert je m³ Gas (0° C, 760 mm)	5590 kcal
obere Gaswertzahl je kg Rohkohle	1780 »
obere Gaswertzahl je kg Rohkohle, umgerechnet auf den garantierten Reinkohlengehalt	1810 »
inerte Bestandteile des Gases, $CO_2 + N_2$	3,4%
mittlere Heizzugtemperatur	1225 °C
Abhitzetemperatur, gemessen im Kniestück	240 °C
Unterfeuerung: Reinkohle je 100 kg Rohkohle	9,69 kg

Die Kammerofenanlage wird ergänzt durch eine Anlage für die Herstellung von karburiertem Wassergas. Sechs dieser Einheiten haben jeweils eine Kapazität von 150000 m³ karburiertem Wassergas je 24 Stunden, mit einem Heizwert von 4300 kcal. In einem anderen Teil der Generatoren wird blaues Wassergas hergestellt. Alle Wassergasgeneratoren sind mit Abhitzekesseln zur Erzeugung von Hochdruckdampf versehen.

Die Anlage wurde von der englischen Koppers Co. erbaut.

Auch die Berliner Städtischen Gaswerke A.-G. (Gasag) errichteten im Jahre 1934 auf ihrem Gaswerk Lichtenberg eine Horizontalkammerofenanlage, die aus 40 Koppers-Verbund-Kreisstromöfen besteht, mit folgenden Abmessungen:

Länge zwischen den Ankern	10,86 m
Scheitelhöhe	3,00 m
Mittlere Kammerbreite	450 mm

In der Anlage, die entweder mit Starkgas (Eigengas) oder mit Schwachgas (Braunkohlengeneratorgas) betrieben werden kann, wurden folgende Ergebnisse erzielt:

	Beheizung mit Starkgas	Schwachgas	
Kohlenbeschaffenheit:			
Wasser	10,1	11,2	%
Asche	5,2	5,6	%
Reinkohle	84,7	83,2	%
Flüchtige Bestandteile	23,4	23,0	%
Leistung:			
Kohlendurchsatz der Anlage je 24 h	382,801	387,838	t
Kammerladung	9,570	9,696	t
bei einem Wassergehalt der Kohle von	10,06	11,20	%

	Beheizung mit Starkgas	Schwachgas	
Gasbeschaffenheit:			
Gasausbeute	309	—	m^3/t
Oberer Heizwert	5434	—	$kcal/nm^3$
Unverbrennbare Bestandteile des Destillationsgases:			
CO_2	1,5	1,0	%
N_2	2,1	2,3	%
insgesamt	3,6	3,3	%
Koksbeschaffenheit:			
Wassergehalt des Kokses	1,9	3,2	%
Gehalt des Kokses an flüchtigen Bestandteilen	0,26	0,29	%
Unterfeuerung:			
Wärmeverbrauch je kg Kohle . .	541,2	550,8	kcal
bei einer Garungszeit von	24	24	h
und einem Wassergehalt der Kohle von	10,06	11,20	%
Unterfeuerung, umgerechnet auf 8% Wasser	520,6	518,8	kcal/kg
Abgastemperatur am Regeneratorausgang	253	255	°C
Feuerungstechnischer Wirkungsgrad	80,9	80,7	%

3. Unterbrenner-Regenerativ-Verbundofen System „Hinselmann".

Die folgenden Angaben beziehen sich auf die von der Hinselmann-Koksofenbaugesellschaft m. b. H., Essen, durchgebildeten Öfen neuester Bauart, die gewisse Abweichungen von den Kammern zeigen, die z. B. auf der Großgaserei Mitteldeutschland A.-G., Magdeburg (siehe unten), im Jahre 1930 in Betrieb genommen worden sind. Bei diesen werden u. a. die Heizwände in Gruppen von je vier Heizzügen betrieben, fernerhin sind nur die Regeneratoren zur Luftvorwärmung als Querregeneratoren ausgeführt, während für die Schwachgasvorwärmung kleine Einzelregeneratoren, ähnlich wie bei den Ottoöfen, verwendet werden.

Ein besonderes Kennzeichen des Ofens (Abb. 21) ist die verstärkte Beheizung der Endheizzüge durch gesteigerte Gas- und Luftzufuhr bei Vorwärmung derselben in eigenen Kopfregeneratoren. Diese Zwangsbeheizung gewährleistet die Erzielung garer Ofenköpfe und vermeidet ein Überstehen des Kammerinhaltes. Für die Starkgaszuführung wird das Unterbrennersystem, ähnlich wie bei den Ottoöfen, angewendet. Die Heizzüge sind in kleinste Heizzuggruppen (Zwillingszüge) mit diametraler Kammerbeflammung aufgeteilt und können stufenweise beheizt werden. Die Luft- und Schwachgasvorwärmung erfolgt in Querregeneratoren unter den Ofenkammern, wobei die zuggleichen Luft- und Gasregeneratoren immer zu einer Gruppe vereinigt unter einer Ofenkammer liegen und in Batterierichtung von einer entgegengesetzt beaufschlagten Regeneratorgruppe abgelöst werden. Die Regeneratoren sind in Batteriemitte unterteilt. Zwischen den Gas und Luft führenden

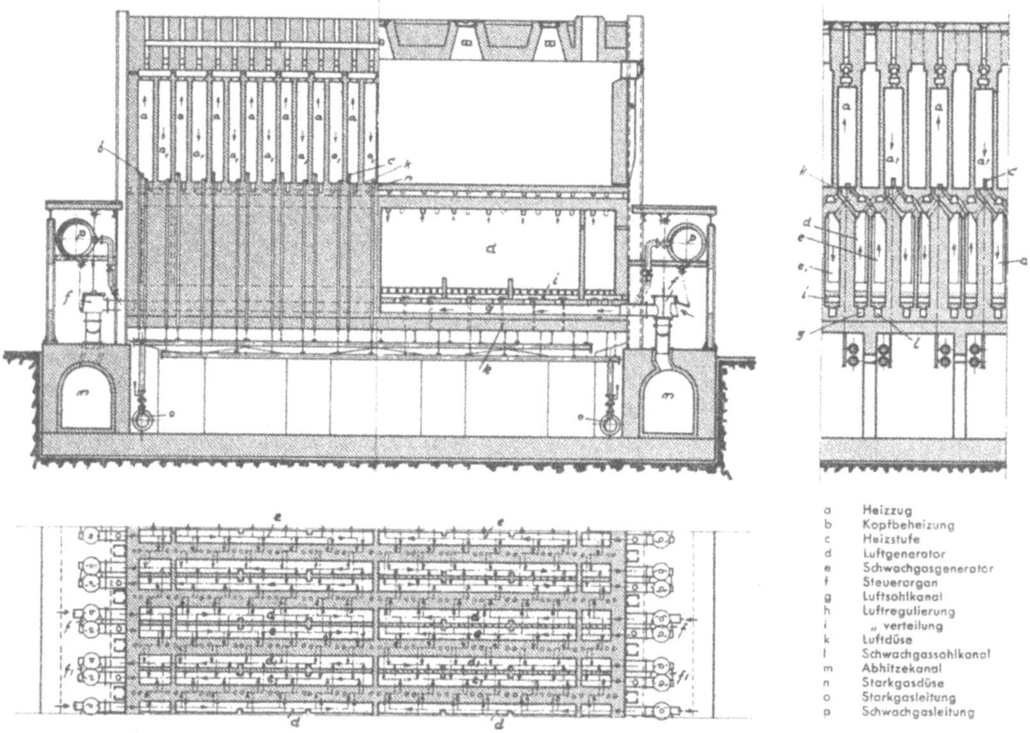

Abb. 21. Verbund-Koksofen mit Zwillingsregeneratoren. System »Hinselmann«.

Regeneratoren einer Gruppe bestehen keine Druckunterschiede. Die Trennwände sind unbelastet, aus Nut- und Federsteinen ausgeführt und von erträglicher Größe, wodurch ihre Dichtigkeit und Elastizität gewährleistet sowie eine unerwünschte vorzeitige Vermischung von Gas und Luft vermieden wird.

Die Ofenbatterie ist von allen Seiten, auch unter den Öfen, frei zugänglich. In den Begehräumen unter der Batterie liegen die Starkgashaupt- und Düsenleitungen mit der zugehörigen Umstelleinrichtung. Von hier aus erfolgt in bequemer Weise die Regulierung der Gaszufuhr zu jeder Brennstelle durch Querschnitteinstellung in den Gasdüsen sowie die Zugregulierung durch Drehschiebereinstellung der Regeneratordurchtritte. Schwachgasleitungen und die Umsteuerungsorgane mit der zugehörigen Umstellvorrichtung finden in den seitlichen Begehräumen längs den Batterieseiten betriebssichere Anordnung. In denselben wird durch Schieberung in den Steuerorganen die Zugeinstellung für jede Heizwand vorgenommen.

Für die Betriebsweise der Batterie ergibt sich folgendes: Die unter jedem Ofen liegenden Querregeneratoren mit den zugehörigen Umsteuerorganen beider Batterieseiten weisen gleiche Zugrichtung auf, haben jedoch in der Aufeinanderfolge in Batterierichtung wechselnden Zugsinn. Bei fortlaufender Nummerierung der Öfen in Batterierichtung werden die Umstellorgane beider Batterieseiten bei den ungeradzahligen Öfen mit Luft bzw. Schwachgas beschickt, wobei die Abhitze durch die Umsteuerorgane der geradzahligen Öfen nach beiden Batterieseiten abströmt. Nach dem Zugwechsel findet die Beschickung durch die geradzahligen Umsteuerorgane und die Abhitzeabführung durch die ungeradzahligen statt. Jede Heizwand hat eine durch die Ofenlänge bedingte Anzahl von Zuggruppen aus je 1 aufwärtsbeflammten und 1 von Abhitze abwärts durchflammten Heizzug bestehend, wobei im periodischen Wechsel die Brennstellen der Heizzüge a oder a_1 brennen. In Batterierichtung haben die Heizzuggruppen der aufeinanderfolgenden Heizwände wechselnden Zugsinn, so daß bei jeder Kammer die beflammten Züge der beiden Wände diametral gegenüberliegen und der Kammerinhalt ununterbrochen in allen Teilen einer intensiven Beheizung unterliegt.

Die zum Kamin führenden Abhitzekanäle an den Längsseiten der Batterie werden ständig, ohne Rücksicht auf den Zugwechsel, von Abhitze durchströmt, so daß dieselben keinen Dehnungsschwankungen durch wechselnde Temperaturen ausgesetzt sind. Das wirkt günstig auf das Dichthalten der Umsteuerungsorgane und die Stabilität derselben. In den letzteren wird allein die Umsteuerung des Zugwechsels durch Schließen der Klappen und Öffnen der Ventile bzw. umgekehrt vorgenommen.

Starkgasbeheizung. Die Starkgas-Haupt- und -Düsenleitungen liegen mit ihren Umstellvorrichtungen im kühlen Begehraum unter der Batterie. Aus diesen wird das Gas den jeweilig beflammten Heizzügen, einzeln regulierbar, in senkrecht aufsteigenden Kanälen zugeführt. Im periodischen Wechsel werden aus der einen Leitung die Heizzüge a oder aus der anderen Leitung die Heizzüge a_1 gespeist. Die Verbrennungsluft wird für die jeweilig beflammten Heizzüge in den unter diesen liegenden Kopf- und Querregeneratoren, vertikal aufwärts strömend, vorgewärmt. Die Abhitze aus den nicht beflammten Zügen durchströmt die übrigen Kopf- und Querregeneratoren abwärts und wird in den Regeneratorsohlkanälen nach beiden Batterieseiten abgeleitet.

Sind in der einen Beheizungsperiode die Heizzüge a_1 der Ofengruppe beflammt, dann müssen an beiden Batterieseiten die Umsteuerorgane der ungeradzahligen Öfen 1, 3, 5 usw. geöffnete Luftklappen und geschlossene Tellerventile an beiden Ventilgehäusen aufweisen, die der geradzahligen Öfen 2, 4, 6 geschlossene Luftklappen und geöffnete Ventile haben. Die Luft strömt unter Wirkung des Kaminzuges durch die geöffneten Luftklappen des Steuerorgans in die Regeneratorsohlkanäle. Sie wird durch zwei Sohlkanäle den unter den Ofenkammern liegenden Regeneratoren gleichen Zugsinnes von jeder Batterieseite aus bis zur Mitte zugeleitet. Die von den Querregeneratoren abgetrennten Kopfregeneratoren erhalten an jeder Batterieseite die Luft durch den hierfür besonders vorgesehenen kurzen Kanal zwangsläufig. Die Schiebereinstellung geschieht im seitlichen Bedienungsgang über den Kniestücken. Die Durchtritte von den Verteilungskanälen zu den großen Regeneratoren sind durch Drehschiebersteine, die im Raum unter der Batterie bedient werden, im Querschnitt regelbar. Die Querschnitte der Durchtrittsöffnungen von den Regeneratoren zu den Heizzügen sind ebenfalls durch Schieber regelbar, die von der Batteriedecke her bedient werden. Diese doppelte Schieberung ermöglicht die Mengen- und Zugregelung für die einzelnen Abschnitte der Querregeneratoren, die Kopfregeneratoren sowie für die Heizzüge. Die an den Batterieaußenseiten liegenden Heizzüge und Regeneratoren sollen zum Ausgleich gegenüber der äußeren Abkühlung stärker beheizt werden, müssen also eine erhöhte Gas- und Luftzufuhr erhalten; jedoch soll bei den dazwischenliegenden Heizzügen die Beheizung gleichmäßig sein. Die bei längerem Weg im Regeneratorsohlkanal entstehenden Zugverluste werden durch größere Dimensionierung der Durchtritte in Batteriemitte ausgeglichen und der Rostkanal im unteren Teil der Regeneratoren bewirkt die gleichmäßige abschnittsweise Verteilung der Luft auf das Regeneratorfüllmaterial. Die Luft durchströmt vertikal aufsteigend das Füllmaterial der Regeneratoren unter den ungeradzahligen Öfen und tritt auf ca. 900° C vorgewärmt aus den Regeneratoren gleicher Zugrichtung in die Heizzüge. Sie vermischt sich mit dem Gas der Starkgasdüse, die Heizzüge a aufwärts beflammend, an deren oberem Ende die Abhitzegase in die unbeflammten Heizzüge a_1 übertreten. Die Abhitzegase strömen dann durch die Heizzüge a_1 abwärts in die unter den geradzahligen Öfen 2, 4, 6 usw. liegenden Regeneratoren und werden von den Regeneratorsohlkanälen nach beiden Batterieseiten abgeleitet. Die Abgase durchfließen bei geöffneten Ventilen und geschlossenen Luftklappen die geradzahligen Umsteuerungsorgane, die seitlichen Abhitzekanäle und gelangen in den Kamin. Die Zugregulierung wird durch Schieberung in den Abgasstutzen der Umsteuerungsorgane und durch Schieberung in den Abhitzekanälen vor dem Kamin bewirkt. Jedes Umsteuerorgan besitzt in Verbindung mit der Luftklappe eine Einrichtung zur Regelung der Luftzufuhr.

Zur Beobachtung der Beheizung dienen Schauöffnungen der Wandköpfe in Höhe der oberen Heizzugverbindungen und in den Kopfmauern der Regeneratoren oberhalb des Gitterwerks.

Schwachgasbeheizung. Das Schwachgas muß, wie die Verbrennungsluft, den Brennstellen auf ca. 900° vorgewärmt zugeführt werden. Die Gasvorwärmung erfolgt immer für die diametral gegenüberliegenden beflammten Heizzüge zweier Ofenwände einer Ofenkammer in den unter dieser Kammer liegenden Kopf- und Querregeneratoren, die mit den in gleicher Art zur Luftvorwärmung dienenden unter den Ofenkammern liegenden Quer- und Kopfregeneratoren zu einer zuggleichen Regeneratorgruppe vereinigt sind.

Jedes Umsteuerorgan besteht aus zwei getrennten Ventilgehäusen, dem Zweck der anschließenden Regeneratorensohlkanäle angepaßt. Das Ventilgehäuse für den Verteilerkanal der Gasregeneratoren besitzt einen Abzweigstutzen zur Schwachgashauptleitung mit Regulier- und Umstellschieber, der an die vorhandene Umstellvorrichtung angeschlossen ist. Die Luftklappe des Gasgehäuses ist von der Umstellung abgeschaltet, verschraubt und abgedichtet.

Die Starkgashähne unter der Batterie sind geschlossen und von der Umstelleinrichtung abgeschaltet.

Sind in der einen Heizperiode die Heizzüge *a* beflammt, so müssen bei den ungeradzahligen Umsteuerorganen beider Batterieseiten an den Luftgehäusen die Luftklappen, an den Gasgehäusen die Gashähne geöffnet, von beiden Gehäusen aber die Tellerventile geschlossen sein. Die geradzahligen Umsteuerungsorgane haben offene Tellerventile bei geschlossenen Gashähnen und Luftklappen. Das Schwachgas wird vom Ventilgehäuse aus mit Druck durch die gemauerten Verteilungskanäle den unter den ungeradzahligen Öfen zur Gasvorwärmung dienenden Regeneratoren von beiden Batterieseiten aus gleichzeitig zugeführt, durchströmt dieselben unter Wirkung des Kaminzuges vertikal aufsteigend und tritt aus den Regeneratoren auf ca. 900° C vorgewärmt diametral abzweigend in die Heizzüge *a* beider anliegenden Heizwände der darüber befindlichen Ofenkammern ein.

Die Verbrennungsluft strömt durch die geöffnete Luftklappe des anderen Ventilgehäuses in die zur Luftvorwärmung dienenden Kopf- und Querregeneratoren der gleichen Gruppe und tritt ebenfalls auf ca. 900° C vorgewärmt in die Heizzüge *a* ein. Die Abhitzegase nehmen den bei der Starkgasbeheizung beschriebenen Weg zum Kamin.

Gemischte Beheizung. Soll eine Ofenbatterie gruppenweise mit verschiedenem Gas beheizt werden, so muß, mit Rücksicht auf die Bauart, der zufolge 2 aufeinanderfolgende Wände von einem Ventil abhängig sind, die Trennwand in der einen Periode mit Starkgas in der anderen mit Schwachgas beheizt werden.

Sollen einzelne Öfen oder Gruppen zwecks Reparatur oder dgl. aus der Beheizung ausgeschaltet werden, dann muß die Regeneratorgruppe unter dem ersten stillgelegten Ofen im Betrieb bleiben, und die Durchtritte von der letzten Regeneratorgruppe zu den stillgelegten Heizzügen müssen abgedeckt werden.

Anlagen und Betriebsergebnisse. Eine Ofenanlage der Fa. Hinselmann wurde für einen Durchsatz von etwa 1300 t Kohle je

Abb. 22. Großgaserei Mitteldeutschland A.-G., Magdeburg-Rothensee. 60 Regenerativ-Verbundöfen, Maschinenseite.

24 Stunden auf der Großgaserei Mitteldeutschland A.-G. (GGM) in Magdeburg-Rothensee[1]) im Jahre 1930 erbaut und in Betrieb gesetzt (Abb. 22 und 23). Die Anlage besteht aus zwei Gruppen von je 30 Horizontalkammeröfen von 12,50 m Länge, 4,00 m Höhe und 450 mm

[1]) Gas- u. Wasserfach **73** (1930), Sonderheft (24. Mai), S. 5ff.; J. Schmitt, Die Großgaserei Mitteldeutschland A.-G. in Magdeburg-Rothensee = Musterbetrieb deutscher Wirtschaft, Bd. **25**, Leipzig 1932; W. Schweder, Die Großgaserei Mitteldeutschland A.-G. in Magdeburg, Berlin 1931.

mittlerer Breite, bei einem Ladegewicht von etwa 16,5 t je Kammer und einer normalen Garungszeit von 24 Stunden. Wie bereits oben bemerkt, sind bei dieser Anlage die Heizzüge der Öfen in Gruppen von je vier Heizzügen unterteilt und außerdem wird das Schwachgas in kleinen Einzelregeneratoren vorgewärmt[1]).

Zur Bekohlung der Öfen ist ein Eisenbetonhochbehälter mit einem Fassungsvermögen von 3000 t Kohle vorgesehen, dessen Größe so gewählt ist, um einer Erweiterung auf die doppelte Ofenzahl Rechnung zu tragen. Die Gasausbeute beträgt je t durchgesetzter Kohle 290 bis 300 m³. Bei Starkgasbeheizung der Öfen verbleiben für den Verkauf etwa 65 Millionen m³ Gas jährlich, während etwa 40 bis 43% der erzeugten Gas-

Abb. 23. Großgaserei Mitteldeutschland A.-G., Magdeburg-Rothensee. Ansicht Batterie Maschinenseite.

menge für den Unterfeuerungsbedarf der Öfen benötigt werden. Der Erwähnung bedarf die katalytische Verbrennung des bei der Entgasung gewonnenen Ammoniaks am Platin-Rhodium-Kontakt zu nitrosen Gasen und deren Weiterverarbeitung auf Salpetersäure.

Bekanntlich gehört die Großgaserei Magdeburg zum Konzern der Deutschen Kontinentalen Gasgesellschaft; letztere hat in der Gewerkschaft Westfalen in Ahlen eine eigene Kohlengrundlage, mit der die an der Kreuzung Mittellandkanal-Elbe gelegene Großgaserei auf dem Wasserwege verbunden ist. Die Großgaserei beliefert sowohl die Stadt Magdeburg, andererseits liefert sie das Gas in das weitverzweigte Fernleitungs-

[1]) Vgl. »70 Jahre Didier Ofenbau«, Berlin 1934, S. 75ff.

netz der »Gasversorgung Magdeburg-Anhalt A.-G. (Gamanag)«. Es handelt sich also um eine Anlage zur Schaffung einer regionalen Gasversorgung in Mitteldeutschland, indem für ein großes, mitteldeutsches Wirtschaftsgebiet die Zusammenfassung des Verbrauches erzielt worden ist.

4. Regenerativ-Verbundofen System „Didier-Kogag".

Der Aufbau des Ofens der Koksofenbau- und Gasverwertungs-A.-G. (Kogag), Essen, ist durch starke Stützwände zwischen den Regeneratoren sowie durch einen widerstandsfähigen Steinverband für die Heizwände (s. oben Abschn. D) und eine zusammenhängende Ofendecke gekennzeichnet. Unter jedem Ofen befindet sich zwischen den Tragwänden je ein Wärmespeicher, in dem keine schmalen Trennwände vorhanden sind. Wegen dieser guten Raumausnutzung und der Güte des Regeneratorgitterwerkes können bei genügendem Regeneratorquerschnitt dicke Tragwände ausgeführt werden, die zum oberen Abschluß der Wärmeaustauscher einen breit ausladenden Kopf erhalten (Abb. 24a). Dieser

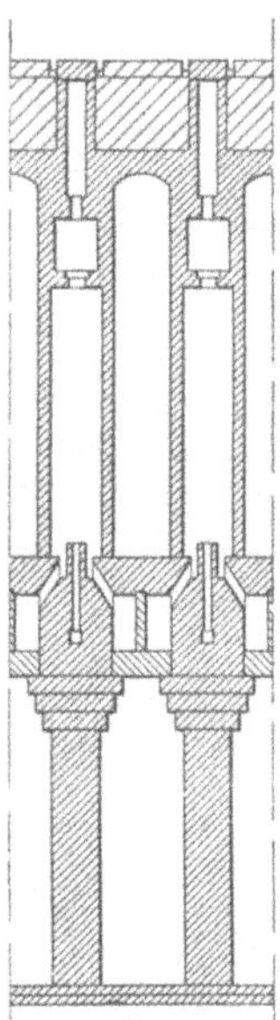

a

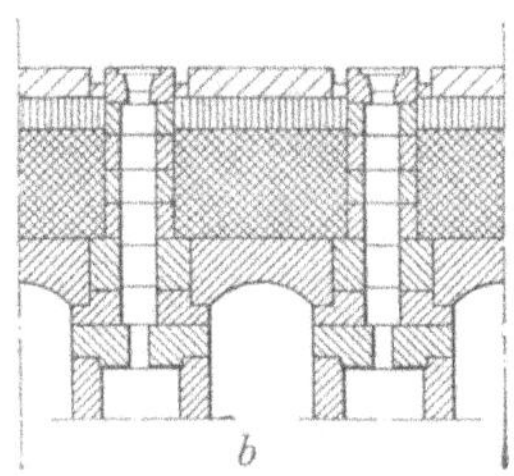

b

Abb. 24. *a* Standfester Aufbau des Ofens, System Didier-Kogag. *b* Ofendecke mit Stampfmasse ausgefüllt, System Didier-Kogag.

überaus kräftige Unterbau gibt dem ganzen Ofen eine hohe Standfestigkeit und verhindert Rissebildungen und Undichtigkeiten. Die Sohlpartie muß das Gewicht des Oberofens und des Kammerinhaltes auf die Tragwände des Unterofens übertragen. Bei dem Ofensystem »Didier-Kogag« befindet sich zwischen den Wänden des Oberofens und den Tragwänden des Unterofens eine starke Tragkonstruktion, durch welche die Gas- und Luftzuführungen unter Vermeidung von Kreuzungen und Überschneidungen glatt hindurchgeführt sind.

Die Ofendecke wird nach einem besonderen Verfahren in Stampfmasse ausgeführt (Abb. 24b). Diese schafft eine fugenlose, gasdichte und gewissermaßen aus einem Stein bestehende, äußerst kräftige Ofendecke, die den Beanspruchungen und Erschütterungen durch den Füllwagenbetrieb in jeder Hinsicht gewachsen ist sowie diese Last gleichmäßig auf die Ofenwände überträgt, wodurch letztere hervorragend geschützt werden.

Zwecks richtiger Beheizung in horizontaler Richtung, wobei vor allem die Konizität der Kammer ausgeglichen werden muß, ist zunächst die Anordnung der Heizzüge so getroffen, daß bei gleicher Gasmengenzufuhr auf beiden Kammerhälften die je m^2 Heizfläche zugeführte Heizgasmenge auf der Koksseite entsprechend der Konizität der Kammer größer ist. Ein weiterer Ausgleich wird durch die Einstellung der Schieberchen am oberen Ende der Heizzüge vorgenommen.

Ferner wird dem an den Schmalseiten der Kammern verhältnismäßig stärkeren Wärmeverlust Rechnung getragen. Die Größe dieses Wärmeverlustes kann auf Grund der an Kokereiöfen aufgestellten Wärmebilanzen im Verhältnis zur Gesamtwärmezufuhr angegeben werden. Wenn man diese Wärmeverluste der Ofenköpfe auf die beiden äußeren Heizzüge an der Maschinen- und Koksseite so verteilt, daß etwa zwei Drittel vom äußeren und ein Drittel vom nächsten Heizzug aufgebracht werden müssen und die Wärmezufuhr durch die übrigen Heizzüge als = 100 annimmt, so muß die Wärmezufuhr zu dem äußersten Heizzug = 125 und die des zweiten Heizzuges = 115 betragen. In diesem Verhältnis etwa muß sich die Gaszufuhr zu den äußeren Heizzügen gegenüber den mittleren verhalten, wenn man einerseits ungare Köpfe vermeiden und andererseits nicht den mittleren Teil der Kammer überhitzen will, also den Verkokungsvorgang in der Kammer gleichmäßig beenden will.

Bei den Öfen System »Didier-Kogag« haben die beiden ersten Heizzüge eine besondere Gaszufuhr, die getrennt von der übrigen Gaszufuhr reguliert werden kann. Da durch die scharfe Richtungsänderung beim Übertritt der Luft aus dem Regenerator in den Sohlkanal diese beiden Kopfheizzüge auch eine größere Menge Luft erhalten, ist eine stärkere Beheizung dieser Züge ohne weiteres möglich. Die für diese Kopfheizzüge erforderliche Luftmenge kann durch Beeinflussung der Strömungsverhältnisse mittels der vorderen kleinen Schieber am Regeneratoraustritt eingestellt werden. Durch diese Maßnahme der gesonderten Heizgaszuführung und verstärkten Luftzuführung wird eine Beheizung der vordersten Heizzüge erreicht, die, ohne die sonstige Einstellung und Beheizung der übrigen Kammerwand zu beeinträchtigen, die Wärmeabstrahlung der Ofenköpfe voll ausgleicht. Der erste Kopfheizzug wird nicht mehr durch den Türeinsatz überdeckt, sondern kann zur Beheizung des Kohleneinsatzes direkt benutzt werden. Damit vergrößert sich der Füllraum einer Kammer.

Wie durch die Anordnung der Durchtrittsöffnungen vom Regenerator in die Sohlkanäle bei der Starkgasbeheizung eine verstärkte

Luftzufuhr zu den ersten beiden Düsen erreicht wird, bewirkt diese Maßnahme bei der Schwachgasbeheizung eine verstärkte Zufuhr von Gas und Luft zu den ersten beiden Heizzügen und damit auch bei dieser Beheizungsart eine verstärkte Kopfbeheizung.

Für die richtige Beheizung in senkrechter Richtung wird bei dem Ofen »Didier-Kogag« die Erkenntnis praktisch ausgenutzt, daß bei Gasfeuerstätten die Wärmeübertragung von der Gasflamme auf das sie umgebende Mauerwerk zum größten Teil durch Strahlung erfolgt, und daß der Strahlungsaustausch der Mauerwerksflächen an der gesamten Wärmeübertragung einen sehr großen Anteil hat. Die Wärmeübertragung durch Flammenstrahlung läßt aber mit der Flammenentwicklung selbst nach dem oberen Ende der Heizzüge hin nach und es erfolgt nur noch die Wärmeübertragung durch Berührung und Leitung. Andererseits übertragen die mit der Kohle direkt in Verbindung stehenden Läufer die ihnen zugeführte Wärme unmittelbar an die Kohle, während die Binder von den benachbarten Heizzügen von beiden Seiten beheizt werden, ohne daß sie die Wärme im selben Maße wie die Läufer weiterleiten können. Sie haben daher stets eine höhere Temperatur als die Läufer und geben somit durch Strahlung Wärme an die Läufer ab.

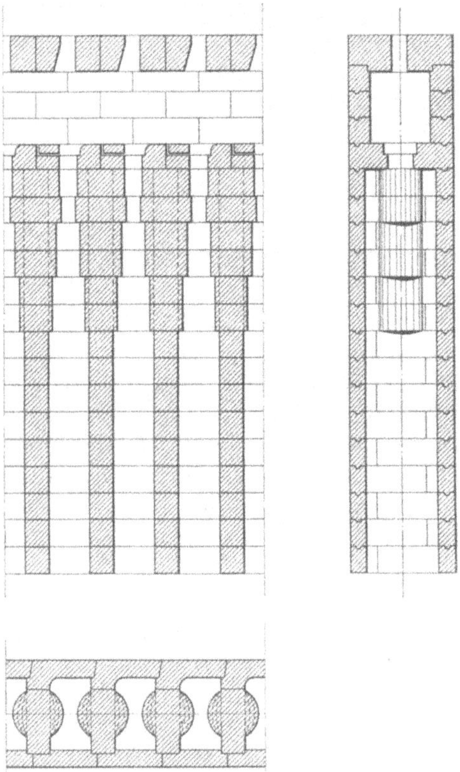

Abb. 25. Ausbauchung der Bindersteine im oberen Teil der Heizzüge, System Didier-Kogag.

Da die durch Strahlung übertragene Wärmemenge nach dem Stephan-Bolzmannschen Gesetz von der Differenz der vierten Potenz der Temperatur der sich im Strahlungsaustausch befindlichen Flächen abhängt, genügt hier eine an sich geringe Temperaturdifferenz, um eine verhältnismäßig große Wärmemenge zu übertragen. Da ferner nach dem Lambertschen Gesetz die durch Strahlung übertragene Wärmemenge mit dem Kosinus des Einfallwinkels der Strahlungsrichtung abnimmt und zwischen zwei senkrecht übereinanderstehenden Wänden nur ungefähr einhalbmal so groß ist wie zwischen 2 planparallelen

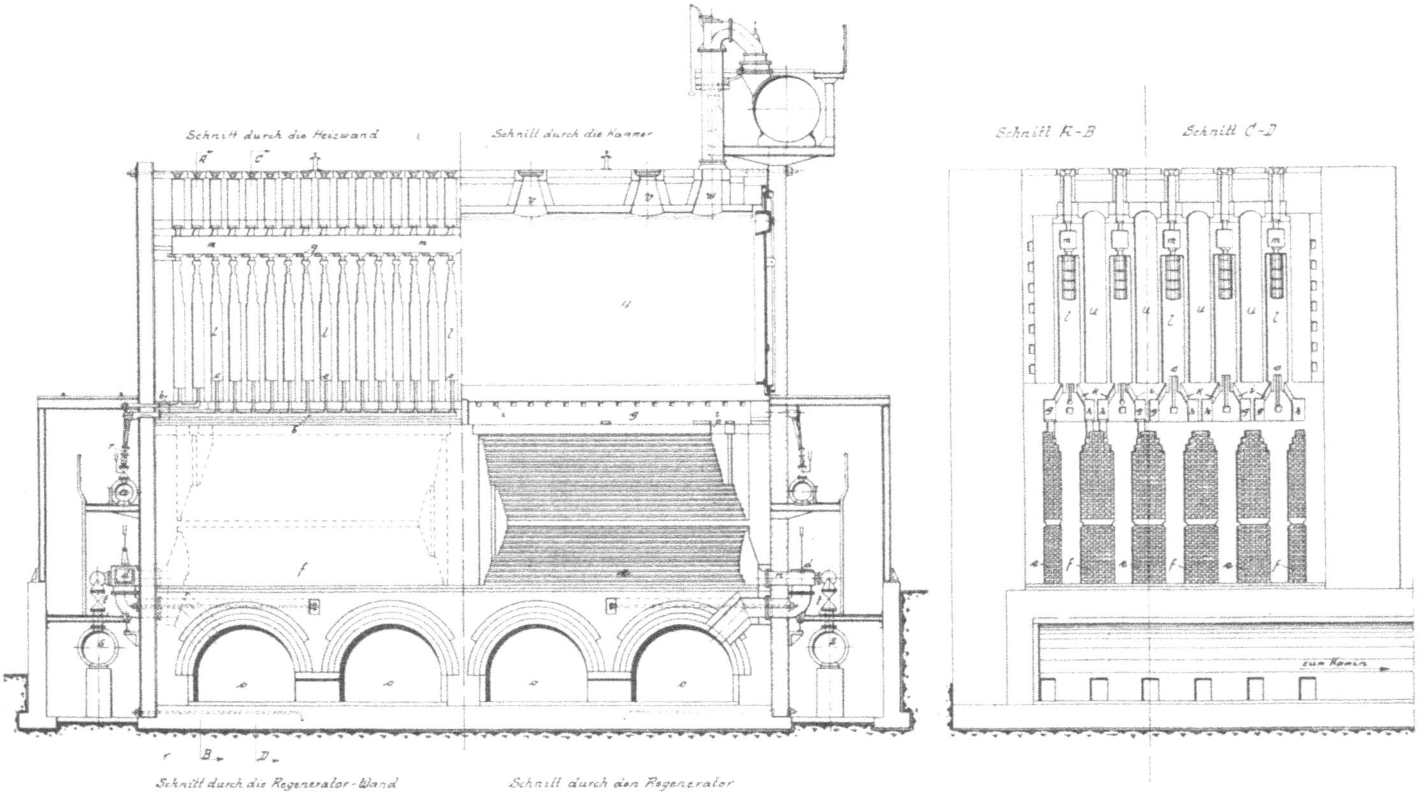

Abb. 26. Regenerativ-Verbundkoksofen, Bauart Didier-Kogag.

Flächen, kann der Wärmeübergang von den Bindern zu den Läufern dadurch erhöht werden, daß man die Bindersteine gegen die Läufer neigt. Aus diesem Grunde werden bei dem Ofensystem »Didier-Kogag« die Bindersteine nach dem oberen Ende der Heizzüge immer stärker ausgebaucht (Abb. 25). Durch diese bautechnisch überaus einfache Maßnahme wird die zwangsläufig nach oben hin abnehmende Flammenstrahlung durch die zunehmende Wärmestrahlung der Binder auf die Läufer so ausgeglichen, daß die Wärmezufuhr an die Kammerwand in der Zeiteinheit in den verschiedenen Höhenlagen praktisch gleich bleibt. Diese geschilderte Wirkung der ausgebauten Bindersteine wird dadurch begünstigt, daß diejenige Wärme, die während der unmittelbaren Beheizung aufgespeichert wird, nach der Zugumkehr durch Strahlung wieder an die Heizwand abgegeben wird.

Die Zugänglichkeit der Heizzüge und die Klarheit des Ofenbaues wird durch diese Ausführung in keiner Weise beeinträchtigt.

Einem guten Ofenwirkungsgrad wird vor allem auch durch eine zweckentsprechende Ausgestaltung der Regeneratoren Rechnung getragen (Abb. 26). Bei dem Ofensystem »Didier-Kogag« wird der unter der Ofenkammer liegende Wärmespeicher durch eine waagerechte Zunge in der Mitte geteilt. Die Luft durchstreicht die untere Hälfte in waagerechter Richtung nach der Mitte zu, tritt dann in die obere Hälfte ein und geht durch diese bis zum Ofenkopf zurück. Hier steigt sie unterhalb der beiden Kopfheizzüge in die Luftverteilungskanäle unter der Ofensohle. Die Ausgitterung der durch die Zunge gebildeten oberen und unteren Räume erfolgt mit Formsteinen, die so zusammengesetzt werden, daß gleich große waagerechte und quadratische Kanäle entstehen.

Die gleichmäßige Beaufschlagung dieser Kanalbündel wird durch die strömungstechnisch richtig ausgebildeten Querschnitte beim Eintritt und bei der Umlenkung der Luft bzw. des Abgases erreicht.

Um den Verlust durch Wärmeabgabe der Ofenoberfläche möglichst klein zu halten, sind in der Stirnwand des Regenerators und ebenso in der Ofendecke starke Schichten aus Isoliersteinen eingebaut; die Durchbrüche durch die Ofendecke zu den Heizzügen sind gegen strahlende Wärme aus dem oberen Horizontalkanal gut abgeschirmt; die Fülllochdeckel sind als Doppeldeckel ausgebildet und zwischen Türrahmen und Kopfvorsatzsteinen ist ebenfalls eine besondere Isolierschicht eingebracht. Somit sind alle wärmeabgebenden Flächen mit einer genügenden Wärmeisolation versehen.

Der Regenerator ist strömungstechnisch so ausgebildet, daß Wirbelungen und damit Druckverluste weitgehend herabgemindert werden. Die Anordnung der Kanäle ermöglicht eine glatte Strömung und die eingebauten Trennwände an den Umkehrstellen wirken als Leitwände bei der Richtungsänderung der Strömung und verhindern somit das Auftreten größerer Wirbel an diesen Stellen. Die Querschnitte der Kanäle und der Durchtrittsöffnungen sind so groß bemessen, daß sie nur geringen Druckverlust verursachen. An der Düsenpartie ist naturgemäß eine gewisse Verengung des freien Querschnittes erforderlich, um die zweckmäßige Verteilung der Luft auf die einzelnen Heizzüge zu erreichen. Aber gerade hier ist durch einfache klare Führung der Strömung jeder gewünschte Druckverlust, aber auch jede Überschneidung von Kanälen vermieden.

Der unter der Ofensohle angeordnete Starkgaskanal wird durch ineinandergreifende Formsteine gebildet, die von beiden Seiten von Stampfmasse umgeben sind. Dabei sind die Kanalsteine selbst und die Steine der beiden Abschlußwände derart mit der Stampfmasse verzahnt, daß der Gaskanal selbst bei Bewegung des Ofengefüges während des Anheizens und bei Betriebsumstellungen vollkommen dicht bleibt. Der Kanal ist durch Klappen an den Gaseinströmrohren leicht zugänglich.

Die einzelnen Heizzüge sind so ausgebildet, daß sie von der Ofendecke aus jederzeit beobachtet werden können und leicht zugänglich sind. Die Anordnung der Binderausbauchungen im oberen Teil der Heizzüge erfüllt in einfachster Weise die Forderung nach gleichmäßiger Wandbeheizung, ohne irgendwelche strömungstechnischen Nachteile zur Folge zu haben. Da es sich bei dem Ofensystem »Didier-Kogag« um einen halb geteilten Ofen handelt, sind die aufsteigenden und abfallenden Verbrennungsgase nur durch eine Wand getrennt, die derart stark ausgebildet ist, daß ein Übertreten des Heizgases auf die Abgasseite praktisch unmöglich ist.

Bei Beheizung mit Schwachgas sind Gas und Luft auf ihrem Wege durch die Regeneratoren und die Verteilungskanäle ständig durch starkes Mauerwerk getrennt und werden erst im Heizzug zusammengeführt, so daß eine unerwünschte Vorverbrennung vermieden wird.

Die Regelung eines gleichbleibenden Kaminzuges erfolgt durch einen Kaminschieber, der durch einen automatischen Regler betätigt werden kann. Der für den Ofenbetrieb erforderliche Kaminzug wird durch Regulierschieber an den Abhitzekanälen eingestellt und die Verteilung des Zuges auf die einzelnen Öfen durch Schieber an jedem Abhitzekrümmer geregelt.

Ebenso sind die Lufteintrittsöffnungen für jeden Regenerator verstellbar. Die Durchtritte aus den Regeneratoren in die Sohlkanäle liegen jeweils an den Ofenköpfen, so daß die Einstellung der richtigen Luftmengen auf die Heizwände und der entsprechenden Abgasmengen auf die Regeneratoren besonders einfach vorgenommen werden kann. Da diese Sohlkanäle jeweils geteilt sind, ist die zweckentsprechende Verteilung der Luft auf die einzelnen Heizwände möglich ohne irgendwelche Trennwände in dem Regenerator selbst.

Die Beaufschlagung der einzelnen Heizzüge ist, wie oben beschrieben, durch Schieberchen an den oberen Enden der Heizzüge einstellbar. Diese

Schieberchen können von der Ofendecke aus leicht erreicht werden, ebenso wie auch von der Ofendecke aus die einzelnen Düsen für die Starkgasbeheizung leicht ausgewechselt werden können.

Soll beim Verbundofen die Umstellung von Stark- auf Schwachgas oder umgekehrt vorgenommen werden, so muß lediglich die Lufteintrittsklappe an den entsprechenden Abhitzekrümmern geöffnet bzw. geschlossen werden und der Absperrhahn in der einen Gasleitung geöffnet werden.

Starkgasbeheizung. Bei Starkgasbeheizung gestaltet sich die Betriebsweise des Regenerativ-Verbundofens (s. Abb. 26) folgendermaßen:

Das Heizgas tritt durch die Leitung *a* in die Gasverteilungskanäle *b* ein und gelangt von hier aus in die Brenndüsen *c*. Die Kopfheizzüge werden durch besondere Zuführungsleitungen b_1 versorgt.

Die Verbrennungsluft tritt durch die Öffnungen *d* in die Wärmespeicher *e* und *f*, wird hier vorgewärmt und gelangt durch den Luftverteilungskanal *g* und *h* in die Durchtritte *i* und *k* zu den einzelnen Brennstellen der Heizzüge *l*. Die Verbrennungsgase durchstreichen den oberen Horizontalkanal *m*, gehen durch die Heizzüge der anderen Ofenhälfte zu den Wärmespeichern, an die sie ihre Wärme bis auf die für den Kaminzug noch erforderliche Temperatur abgeben und gelangen von dort durch die Abhitzekrümmer *n* und den Abhitzekanal *o* zum Kamin.

Der Wechsel in der Beheizung erfolgt gewöhnlich halbstündlich.

Das Einstellen des Zuges für jede Heizwand erfolgt durch einen im Abhitzekrümmer *n* eingebauten Schieber. Die Luftzufuhr für jeden Ofen wird durch Veränderung der Eintrittsöffnungen an den Luftklappen *d* eingestellt.

Die Regelung der Verbrennungsluft für die einzelnen Heizzüge geschieht durch die an der Durchtrittsstelle vom Regenerator in den Sohlkanal *g* und *h* befindlichen Schieberchen *p*, die von den Ofenköpfen aus leicht zu erreichen sind. Die Beaufschlagung der einzelnen Heizzüge wird durch die Schieberchen *q* an der Durchtrittsstelle von den Heizzügen *l* zum Horizontalkanal *m* geregelt; diese Schieberchen sind durch die Durchbrechungen in der Ofendecke leicht einstellbar und zu überwachen. Die Gaszufuhr für jeden einzelnen Ofen bzw. für die mittleren Heizzüge und die Kopfbeheizzüge wird durch besondere Regulierhähne *r* in den Gaszuführungsleitungen geregelt.

Schwachgasbeheizung. Bei dieser Beheizung wird Gas und Luft in den Wärmespeichern vorgewärmt; die Gaszufuhr zu den Öfen erfolgt durch die Schwachgasleitung *s* und wird durch die Hähne *t* geregelt. In der Reihe der unter den Kammern liegenden Wärmespeichern dient dann immer abwechselnd einer, *e*, zur Vorwärmung der Luft und der nächste, *f*, zur Vorwärmung des Gases. Die vorgewärmte

Luft aus den Regeneratoren *e* wird durch die Sohlkanäle *g* und die Durchtritte *i* an zwei benachbarte Heizwände abgegeben und ebenso das vorgewärmte Schwachgas aus den Regeneratoren *f* durch die Sohlkanäle *h* und die Durchtritte *k*.

Die richtige Verteilung von Gas und Luft wird dadurch erreicht, daß die Sohlkanäle in der Mitte unterteilt sind und die Durchtrittsöffnungen von den Regeneratoren zu den Sohlkanälen durch Schieber vom Begehkanal aus einstellbar sind. Durch vollkommenes Schließen der Schieber ist es auch möglich, einen einzelnen Ofen abzustellen.

Diese Anordnung hat den Vorzug, daß man von der sonst üblichen Trennwand, die jeden Wärmespeicher in zwei Teile teilt, absehen kann. Dadurch wird Raum für das Gitterwerk gewonnen und die Möglichkeit gegeben, die zwischen den Wärmespeichern liegenden Tragwände kräftiger zu bauen. Da Heizgas und Verbrennungsluft beim Austritt aus dem Wärmespeicher am Kopf des Ofens in scharfem Richtungswechsel in die Sohlkanäle eintreten, so findet auch bei Schwachgasbeheizung ein erhöhter Zutritt von Gas und Luft in die Kopfheizzüge statt. Es ist also auch hierbei eine verstärkte Beheizung der Ofenköpfe gewährleistet.

5. Regenerativ-Verbundofen der Fa. Collin.

Ein besonderes Kennzeichen der Öfen der Fa. F. J. Collin, Dortmund, ist die Beflammung aller Heizzüge einer Wandseite von unten nach oben oder umgekehrt. Die Öfen weisen also keine Heizzüge auf, die mit Abhitze betrieben werden.

Die stetige Beflammung der Heizzüge bewirkt, daß die Wärmemengen, die von dem heizenden Medium zur Wand übergehen und somit an die Kohle übertragen werden, auf der Länge der Wand während der ganzen Garungszeit in einem stets gleichbleibenden Verhältnis zueinander stehen. Mit dieser Beheizungsweise ist somit ein gleichmäßiges Fortschreiten des Verkokungsvorganges sowohl in vertikaler als auch in horizontaler Richtung an jedem Teil der beheizten Wand gewährleistet. Verbunden mit den kürzesten Gas- und Luftwegen unter Vermeidung von Wärmeverlusten, wirkt sich die Collinsche Beheizungsweise günstig auf den Wärmeverbrauch bei der Verkokung aus. Andererseits verhindert die Beflammung aller Heizzüge und die dadurch bedingte gleichmäßige Beanspruchung der Wand die durch Temperaturschwankungen hervorgerufenen Undichtigkeiten und hat deshalb weitgehendste Schonung des Steinmaterials zur Folge.

Die Abführung der Gase für die untere Beheizung und die Zufuhr von Verbrennungsluft bei der oberen Beheizung für Starkgasbeheizung bzw. für Luft und Gas bei Schwachgasbeheizung geschieht beim Collinofen vorwiegend durch Hohlbinder.

Aus der Abb. 27 geht hervor, daß bei Einbau des Hohlbinders in die Wand unter den gleichen Bedingungen die beheizte Wandfläche größer ist als bei Verwendung des Vollbinders. Ebenso ist die Wärmeübertragung durch Strahlung beim Hohlbinder infolge seiner elliptischen Form wirksamer als beim Vollbinder.

Die Ausnutzung des Wärmeinhaltes der Abhitze und die Vorwärmung der Luft bzw. Gas und Luft erfolgt beim Collinofen entweder in Längsregeneratoren oder in einer Kombination von Quer- und Längsregeneratoren oder aber in Querregeneratoren.

Die Längsregeneratoren verlaufen als Sammelregeneratoren in senkrechter Richtung zu den Ofenkammern unter den Öfen. Als Vorteil für den Sammelregenerator kann seine Eigenschaft, wärmeausgleichend für die Ofenwände zu wirken, angesehen werden. Da im Anfang der Garungszeit infolge des großen Wärmeverbrauchs für die Verkokung die Temperatur in den Wänden und damit auch die der Abgase stark zurückgeht, würde zu diesem Zeitpunkt auch die Verbrennungsluft weniger hoch vorgewärmt werden. Gegen Schluß der Garung dagegen wird die Temperatur in der Wand steigen. Gleichzeitig würde aber auch die Verbrennungsluft höher vorgewärmt werden. Für diese Fälle erweist sich der Sammelregenerator dadurch als vorteilhaft, daß bei kaltem Ofengang die wärmere Abhitze des Nebenofens zur Vorwärmung der Luft zu Hilfe kommt und daß bei heißem Ofengang diese höhere Temperatur der Abgase sich auf den ganzen Regenerator verteilt und damit allen Öfen zugute kommt. Der Nachteil des Sammelregenerators besteht gewissermaßen darin, daß die Regulierfähigkeit an enge Grenzen gebunden ist.

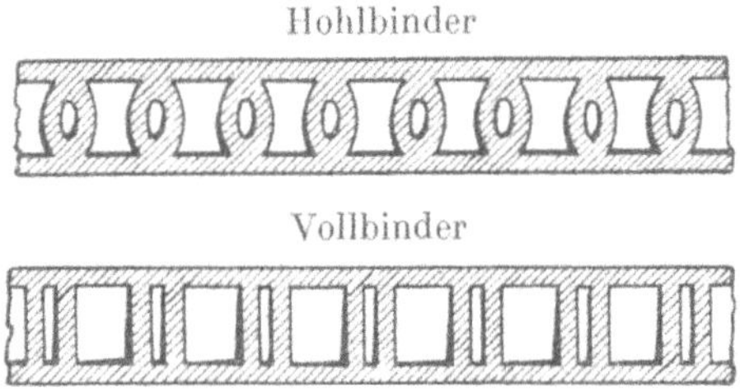

Abb. 27. Koksofenwandkonstruktionen, System Collin.

Die Einzelregeneratoren des Collinsystems, die unter den Öfen parallel mit der Heizwand verlaufen, sichern die weitgehendste Regulierung eines jeden Heizzuges und erhöhen durch den Fortfall der Sohlkanäle zur Abführung der Abhitze sowohl die Stabilität des Ofens als auch den Ausnutzungsgrad der Abhitze. Die Regeneratoren liegen unter den Ofenkammern und sind methodisch, entsprechend der Anzahl der Heizzüge und der in den Heizwänden befindlichen Binderkanäle, unterteilt, indem sich je 2 Regeneratoren ergänzen, nämlich für die Beheizung von unten nach oben und für die Beheizung von oben nach unten, wie aus der Abb. 28 hervorgeht.

Um die Schwierigkeiten zu beheben, die beim Ein- und Ausbau des Gitterwerkes der Regeneratoren dadurch entstehen, daß die Trennwände der Regeneratoren niedergelegt werden müssen, und um zu verhindern, daß Undichtigkeiten durch Wärmeausdehnung in den dünnen

Trennwänden entstehen, hat Collin (DRP. 523027) eine besondere Art von Gehäusen erfunden, die mit Füllkörper gefüllt in die Regeneratoren eingebracht werden. In diesem Falle entfällt also der Aufbau der Trennwände in den Regeneratoren, da die Wände der Gehäuse gleichzeitig die Trennwände der Abteile bilden. Diese Gehäuse können sodann mit seitlichem und oberem Spiel in die Regeneratorenräume eingesetzt werden, so daß sie sich unabhängig vom Ofenmauerwerk dehnen können, wodurch auch dann, wenn diese Gehäuse mehrteilig ausgebildet sind, ihre Dichtigkeit gewährleistet ist.

Zusammenfassend kann gesagt werden, daß der Collinofen in seiner heutigen Form als Ergebnis einer durch Praxis und erwachsende Erkenntnis bestimmten systematischen Entwicklung alle Eigenschaften aufweist, die ein moderner Koksofen besitzen muß.

Die Betriebsweise des Regenerativ-Verbundkoksofens von Collin (s. Abb. 28) ist folgende:

Schwachgasbeheizung. Anordnung der Regeneratoren. Sämtliche Regeneratoren liegen unter den Ofenkammern und sind methodisch, entsprechend der Anzahl der Heizzüge und der in den Heizwänden befindlichen Binderkanäle, unterteilt.

Je 2 Regeneratoren ergänzen einander, nämlich:

a) *r* und *f* für die Beheizung von unten nach oben,
b) *r'* und *f'* für die Beheizung von oben nach unten.

Im Falle a) dienen

r zur Vorwärmung des Schwachgases und *f* zur Vorwärmung der Luft, während *r'* und *f'* die Abführung der Abhitze erfolgt.

Im Falle b) dienen

r' zur Vorwärmung des Schwachgases und *f'* zur Vorwärmung der Luft, während durch *r* und *f* die Abhitze abgeführt wird.

Beheizung der Ofenwände. Das Schwachgas wird durch die Leitungen *d* zu den Öfen geführt.

Erste Heizperiode (von unten nach oben). Gasweg. Das Gas tritt aus den Regeneratoren *r* durch Schlitze *s* in die Heizzüge *k*. Luftweg. Die Luft tritt aus den Regeneratoren *f* durch die Schlitze *o* in die Heizzüge *k*. Verbrennung. Am Fuße der Heizzüge *k* findet durch die Vereinigung von Gas und Luft die Verbrennung statt. Die Flammen steigen gleichzeitig in allen Heizzügen *k* hoch. Abhitze. Die Ableitung der verbrannten Gase geht wie folgt vor sich: Vom oberen Ende der Heizzüge *k* durch Binderkanäle *i* und *i'*, Regeneratoren *r'* und *f'*, Sammelkanäle *e'* und *h'*, Umstellventile *u*, Abhitzkanäle *t*.

Umstellung und zweite Heizperiode (von oben nach unten). Nach der Umstellung, die halbstündlich erfolgt, tritt die 2. Periode der

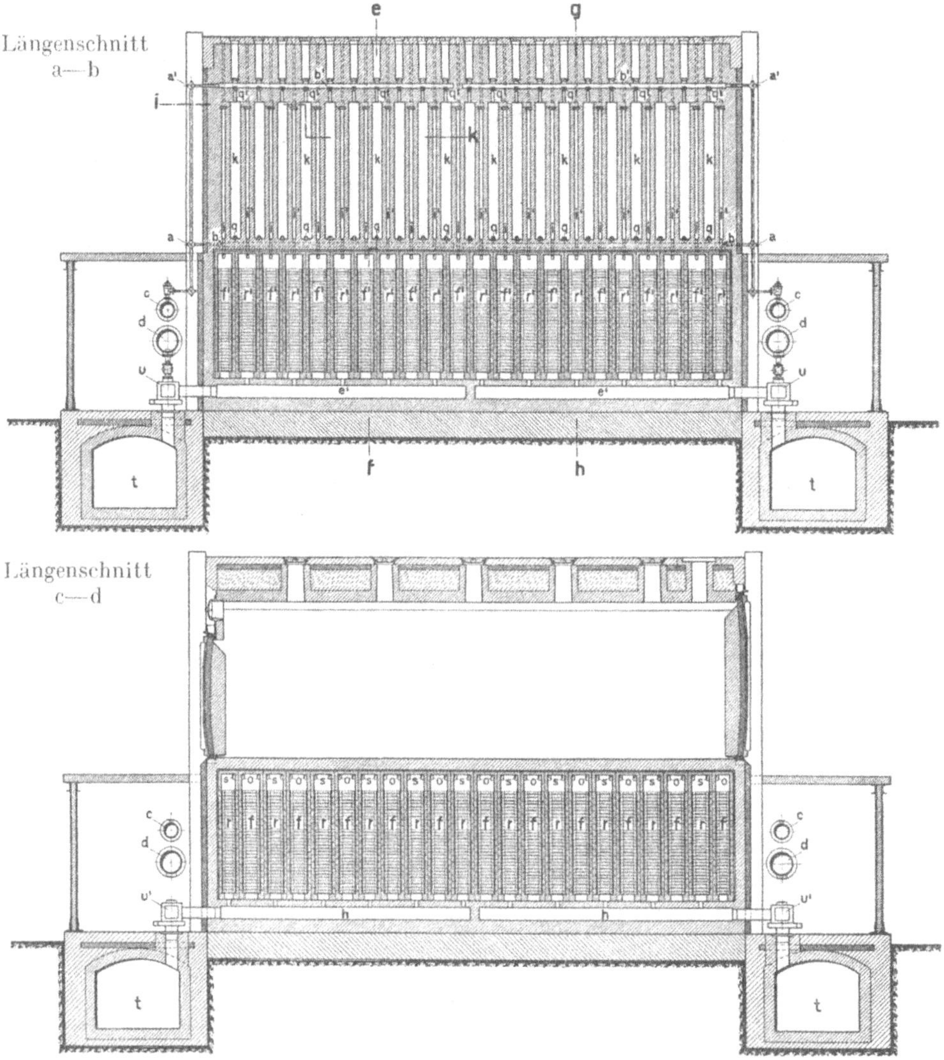

Abb. 28. Der Collinsche Universal-Regenerativkoksofen zur wahlweisen

Beheizung, d. h. von oben nach unten, ein. Gasweg. Das Gas tritt aus den Regeneratoren r' durch die Binderkanäle i' von oben in die Heizzüge k. Luftweg. Die Luft tritt aus den Regeneratoren f' durch die Binderkanäle i von oben in die Heizzüge k. Verbrennung. Die Verbrennung erfolgt in den Heizzügen k logischerweise von oben nach unten. Abhitze. Die Ableitung der verbrannten Gase aus dem Heiz-

Querschnitt e—f

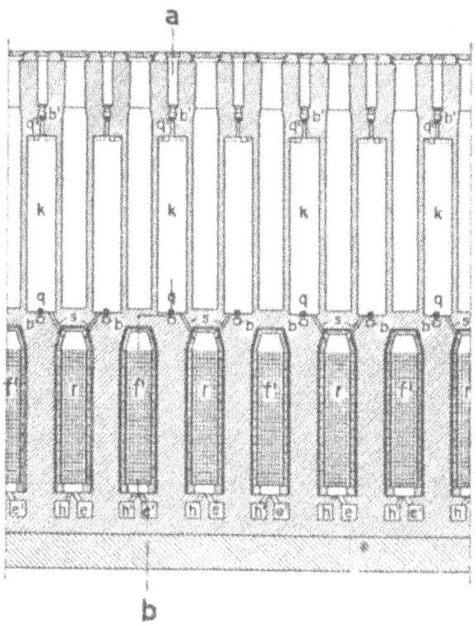

Querschnitt g—h

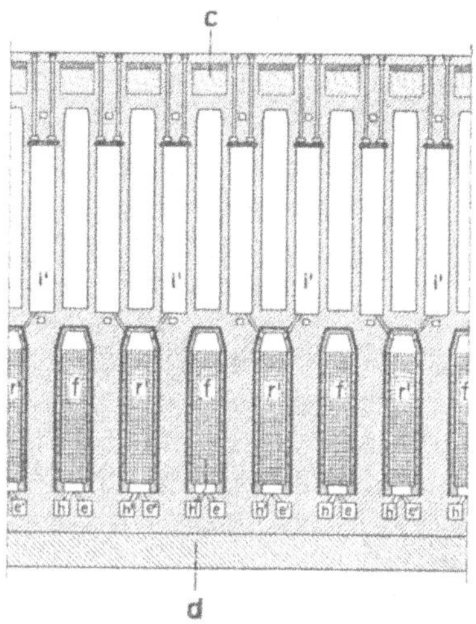

Schnitt i—k

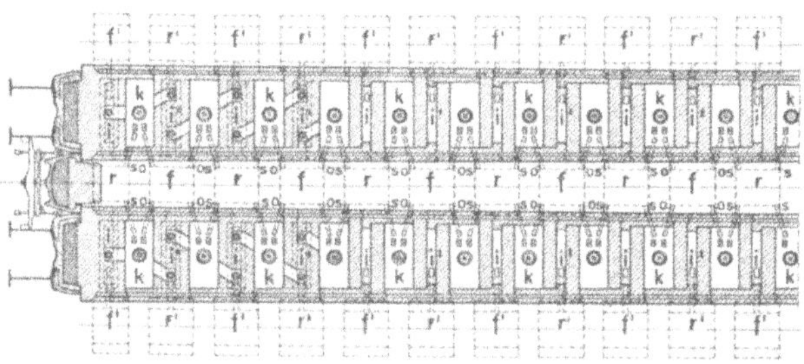

Beheizung mit Hochofengas, Generatorgas oder Koksofengas (Verbundofen).

zug *k* geht wie folgt vor sich: Schlitze *o* und *s*, Regeneratoren *r* und *f*, Sammelkanäle *e* und *h*, Umstellventile *u'*, Abhitzekanäle *t*.

Starkgasbeheizung. Wenn Koksofengas (Starkgas) zur Beheizung von Öfen verwendet werden soll, dienen alle Regeneratoren zur Luftvorwärmung.

Das Koksofengas gelangt durch die Leitungen *c* zu den Öfen.

Erste Heizperiode (von unten nach oben). Das Starkgas gelangt aus den Leitungen *c* durch die Düsenleitungen *a* in die unteren Gasverteilungskanäle *b* und durch die Düsen *q* in die Heizzüge *k*, wo durch die Vereinigung mit der aus den Regeneratoren *r* und *f* durch die Kanäle *s* und *o* zugeführten Luft die Verbrennung nach oben erfolgt.

Die Abhitze wird durch die Binderkanäle *i* und *i'* zu den Regeneratoren *r* und *f'* abgeleitet.

Zweite Heizperiode (von oben nach unten). Nach der Umstellung, die halbstündlich erfolgt, gelangt das Starkgas von den Leitungen *c* durch die Düsenleitungen *a'* in die oberen Gasverteilungskanäle *b'* und durch die Düsen *q'* in die Heizzüge *k*, wo durch die Vereinigung mit der aus den Regeneratoren *r'* und *f'* durch die Binderkanäle *i* und *i'* kommenden Luft die Verbrennung nach unten erfolgt.

Die Abhitze wird durch die Kanäle *s* und *o* zu den Regeneratoren *r* und *f* abgeleitet.

Betriebsergebnisse. An einer Batterie Collin-Öfen von 12,82 m Länge, 4,50 m Höhe, 450 mm mittlerer Breite, 20,5 t Ladegewicht und 18 bis 20 Stunden Garungszeit waren die am Ende der Garungszeit in verschiedenen Höhenlagen ermittelten Temperaturen:

Meßstelle:		Ofen 1:	Ofen 2:	Ofen 3:
oben:	Temp °C . .	960	980	946
Mitte:	» . .	999	980	990
unten:	» . .	999	1003	1005

Die Temperatur im Gassammelkanal am Ende der Garungszeit betrug 694° C.

6. Regenerativ-Verbundofen Bauart „Still“.

Beim Ofen der Fa. Carl Still, Recklinghausen, ist die Beheizungsfrage von einer besonderen Seite aufgegriffen worden, indem eine mehrstufige Verbrennung der Heizgase erfolgt, wie Abb. 29 in einem schematischen Ofenquerschnitt zeigt. Die übliche Anordnung der Vertikalheizzüge und auch die aufsteigende Beflammung derselben von unten nach oben hin ist beibehalten worden, doch wird der Verbrennungsvorgang stufenweise über die Heizzughöhe auseinandergezogen. Zu diesem Zweck tritt zwar das gesamte Heizgas wie bisher an der Heizzugsohle ein, doch wird die Verbrennungsluft in einzelnen Teilmengen über die Heizzughöhe verteilt beigegeben. Die am Heizzugfuß eintretende Gesamtmenge an Gas findet hier nur eine Teilmenge an Luft vor, so daß nur ein entsprechender Anteil der Heizgasmenge verbrennen kann; der unverbrannte Rest, zusammen mit den Verbrennungsprodukten dieser untersten Verbrennungsstufe, strömt nach oben und trifft an der nächsthöheren, zweiten Verbrennungsstufe wiederum auf eine Teilluftmenge. Es wiederholt sich der entsprechende Vorgang, d. h. es verbrennt wiederum eine Teilmenge an Gas, und so fort bis zur obersten Verbrennungsstufe. Hier wird der verbliebene Restanteil des Heizgases mit der durch die oberste Luftstufe eintretenden letzten Teilluftmenge verbrannt. Die Heizflamme wird auf diese Weise in ein gleichmäßig über die Heizzughöhe sich erstreckendes Flammenband auseinandergezogen.

Die konstruktive Durchführung dieser »mehrstufigen« Beheizung gegenüber der üblichen Bauart besteht darin, daß im Binderwerk der

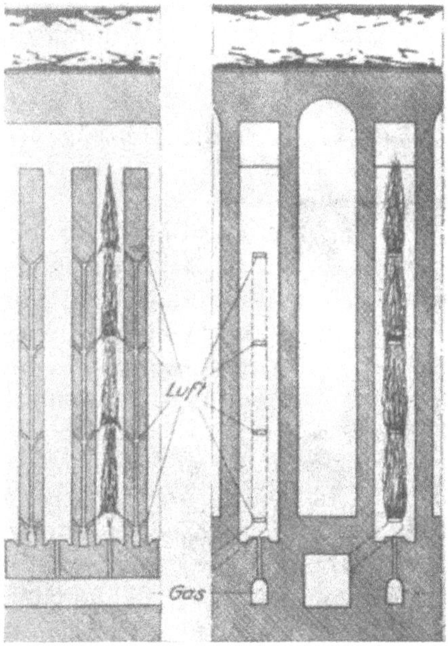

Abb. 29. Querschnitt durch den mehrstufig beheizten Still-Koksofen (Schematische Darstellung).

Ofenwände, wie Abb. 29 veranschaulicht, Luftkanälchen ausgespart sind, von denen mehrere übereinanderliegende seitliche Luftschlitze in die benachbarten Heizzüge führen. Zahl, Abstand und Querschnitt der Luftschlitze sind so festgelegt, daß die Temperaturverteilung von der Sohle bis zur Decke des Ofens — und zwar bei jeder beliebigen Ofenhöhe, bei normalem, forciertem oder reduziertem Ofengang, bei Stark- oder Schwachgasbeheizung — eine ganz gleichmäßige ist. Die Versorgung dieser ausgesparten Kanälchen mit Luft erfolgt unmittelbar von dem üblichen, unter der Ofensohle liegenden und vom Regenerator mit aufgeheizter Verbrennungsluft gespeisten Sohlkanal.

Der nachstehend beschriebene, auf Abb. 30 dargestellte Regenerativ-Verbundkoksofen zeigt die in den letzten Jahren an den Still-Koksöfen vorgenommene weitere technische Ausgestaltung, sowohl bezüglich der bekannten stufenweisen Beheizung durch Hinzufügung einer von der stufenweisen unabhängigen zusätzlichen Beheizungsmöglichkeit als auch bezüglich zahlreicher konstruktiver Verbesserungen in der Anordnung der Ofenarmaturen bei Schwachgasbeheizung und in der Ofenverankerung. Gegenüber der früheren Ausführung mit acht Längsregeneratoren werden neuerdings Querregeneratoren als Einzelregeneratoren verwendet.

Die Abbildung stellt linksseitig einen Längsschnitt durch die Ofenkammer *A* (linke Seite des Schnittes) nach der Linie *I—I* der rechtsseitigen Abbildung und einen Längsschnitt durch die Heizzüge *H* nach der Linie *II—II* dar. Die rechtsseitige Abbildung zeigt zwei verschiedene Querschnitte nach den Linien *III—III* und *IV—IV* der linksseitigen Abbildung, nämlich einmal durch die Heizzüge *H* (linke Hälfte der rechten Abbildung) und das andere Mal durch die Binderkanäle *B* (rechte Hälfte der gleichen Abbildung).

Starkgasbeheizung. Das zur Beheizung dienende Koksofengas wird durch die Gasleitung G bzw. G_1 im Meistergang M über die Verschlußhähne V, v bzw. V_1, v_1 und die Leitungen L bzw. L_1 in die Starkgasverteilkanäle g bzw. g_1 eingeleitet. Von hier gelangt es durch die Gasdüsen D in die Heizzüge H, in denen es durch die aus den Schlitzen B_1 austretende vorgewärmte Verbrennungsluft stufenweise zur Verbrennung gelangt.

Die Verbrennungsluft gelangt aus dem Meistergang durch den geöffneten Deckel der Umstellventile U_l und U_g über den Regeneratorsohlkanal S bzw. S_1 in die Einzelregeneratorpaare R_l und R_g (s. Querschnitt der rechtsseitigen Abbildung). Im oberen Teil der Regeneratoren wird die vorgewärmte Luft durch die Verteilkanäle K_l bzw. K_g auf die Binderkanäle B durch die miteinander abwechselnden Abzweigkanäle b bzw. b_1 verteilt. Von den Binderkanälen B gelangt alsdann die Luft durch die Austrittsschlitze B_1 gleichmäßig über die Höhe der Heizzüge durch entsprechende Kalibrierung der Öffnungsquerschnitte verteilt in die Heizzüge H.

Durch die Anordnung zusätzlicher Sohlkanalpaare k_l und k_g über den Verteilkanälen K_l und K_g ist weiter die Möglichkeit einer zusätzlichen Regelung der Beheizung über die ganze Heizwand in senkrechter Richtung geschaffen worden, indem die vorgewärmte Verbrennungsluft über die Durchtritte E und E_1 (Schnitt nach *I—I*) aus den unteren Sohlkanalpaaren K_l und K_g in die oberen Sohlkanalpaare k_l und k_g durch Schiebersteine St_1, St_2 regelbar übertritt und durch die Abzweigkanäle d_l und d_g am Fuße der Heizzüge in letztere einmündet.

Die Verbrennung des Starkgases findet jeweils auf einer Hälfte der Heizwand statt, so daß auf der anderen Heizwandhälfte die Abgase durch den Horizontalkanal C und die Binderkanäle B nach den Regene-

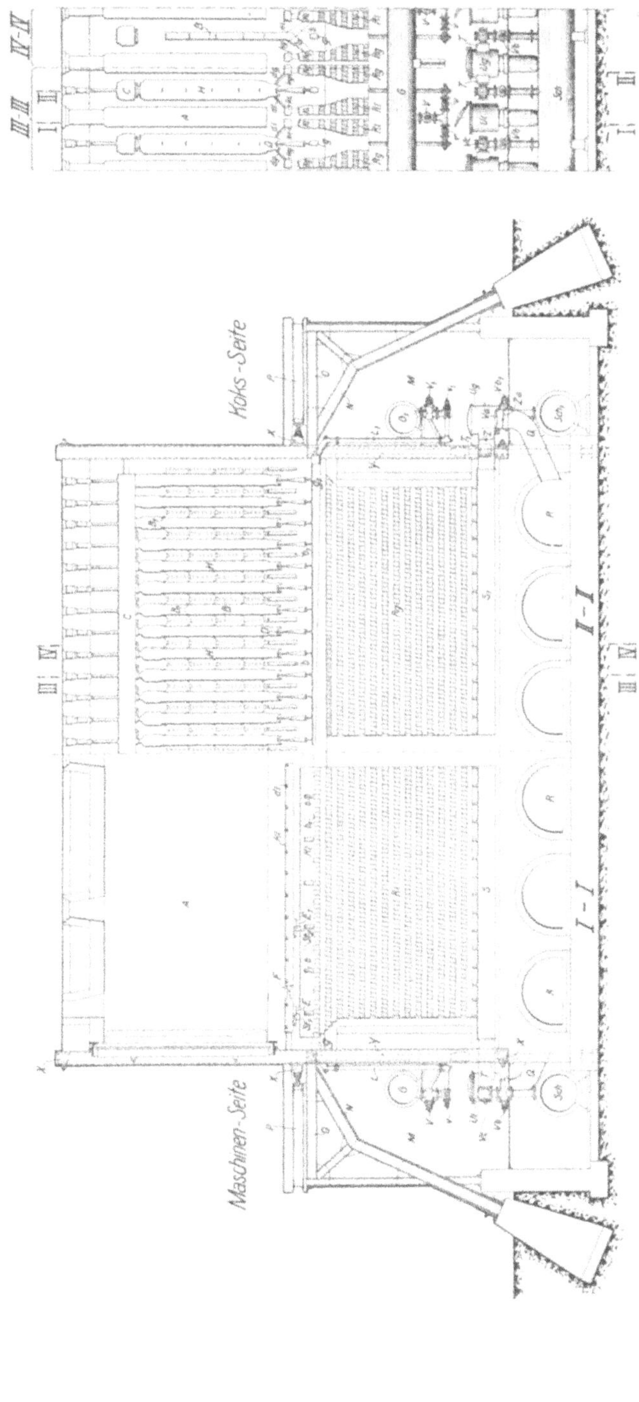

Abb. 30. Regenerativ-Verbund-Koksofen, Bauart »Still« D.R.P.

ratoren R_l und R_g abgeführt werden. Von den Regeneratoren gelangen die Abgase (Abhitze) über die Umstellventile U_l und U_g durch die geöffnete Abhitzeklappe V_a (s. Schnitt des Abhitzeventils auf der rechten Seite des Ofenlängsschnittes) und die Abhitzeleitung Q nach den unter den Regeneratoren gelegenen Abhitzekanälen R und schließlich nach dem Kamin.

Etwa halbstündlich wird die Beheizung von einer Ofenhälfte auf die andere umgestellt. Dadurch werden die vorher durch die Abhitze auf höhere Temperaturen gebrachten Regeneratoren jetzt zur Vorwärmung der Verbrennungsluft benutzt, während die anderen Regeneratoren zur Aufspeicherung der in den abziehenden Verbrennungsgasen enthaltenen Wärme dienen. Die Umstellung geschieht automatisch mit Hilfe einer am Batterieende stehenden Umstellwinde, deren Aufgabe es ist, auf der einen Ofenseite sämtliche Hähne v bzw. v_1 zu schließen und auf der anderen Ofenseite bald danach die Hähne v_1 bzw. v zu öffnen, nachdem bei sämtlichen Umstellventilen die Deckel für die Luftzufuhr auf der einen Seite geschlossen und auf der anderen Seite geöffnet, die Abhitzeklappen V_a aber umgekehrt auf der einen Seite geöffnet und auf der anderen Seite geschlossen worden sind.

Schwachgasbeheizung. Bei der Beheizung des Koksofens mit Schwachgas (Gichtgas, Generatorgas, Wassergas usw.) werden die Starkgasleitungen G bzw. G_1 außer Betrieb gesetzt. Das Schwachgas wird durch die unter dem Meistergang angeordneten Leitungen *Sch* bzw. Sch_1 über die Hähne V_b bzw. V_{b1} und V_c den zu beiden Seiten der Abhitzeventile U_g angegossenen Gasleitungen T bzw. T_1 und weiter den Regeneratorsohlkanälen S bzw. S_1 zugeführt. Von hier wird das Schwachgas auf die jeweils mit einem Luftregeneratorpaar R_l abwechselnden Schwachgasregeneratorpaare R_g verteilt, vorgewärmt und alsdann über die Kanäle K_g, k_g und B in gleicher Weise wie die vorgewärmte Luft bei der Starkgasbeheizung in die Heizzüge H geleitet. Das Schwachgas tritt demnach, im Gegensatz zur Starkgasbeheizung, stufenweise verteilt aus den Schlitzen B_1 aus. Dadurch, daß nun immer abwechselnd ein Binderkanal B an einen Schwachgasregenerator R_g über die Seitenkanäle b_1 und der folgende Binderkanal über die Kanäle b an einen Luftregenerator R_l angeschlossen ist, tritt das vorgewärmte Schwachgas jeweils in gleicher Höhe mit der vorgewärmten Luft aus den über die Höhe verteilten Schlitzen B_1 aus und kommt dadurch in 4 bis 5 und mehr Einzelbrennerstellen je nach der Höhe der Kammer im Heizzug zur vollständigen Verbrennung. Damit ist der Kammerhöhe beheizungstechnisch keine Grenze gesetzt.

Die vorgewärmte Luft tritt durch die geöffneten Deckel der Umstellventile U_l ein (die Deckel der Umstellventile U_g für Schwachgas bleiben hierbei naturgemäß stets geschlossen). Die Luft wird also lediglich den Luftregeneratoren R_l zur Vorwärmung zugeführt und gelangt von diesen auf dem gleichen, bereits beschriebenen Wege über die Sohlkanäle K_l und k_l, die Abzweigkanäle b in die Binderkanäle B bzw. unmittelbar in die Heizzüge durch die Fußdüsen d_l.

Wie bereits oben geschildert, wird das Schwachgas den Heizzügen ebenfalls stufenweise verteilt zugeführt, so daß jeweils gegenüberliegende Austritte von Gas und Luft die Brennstellen bilden. Neben dieser Stufenverbrennung über die Höhen der Heizzüge

Abb. 31. Koksofenanlage mit 6 m hohen Kammern, Zeche Nordstern, Ver. Stahlwerke A.-G., Gruppe Gelsenkirchen. Koksplatzseite mit Koksführungswagen.

kann noch eine zusätzliche Beheizung am Fuße der Heizzüge H durch die Fußdüsen d_l und d_g stattfinden. Hierbei kann die Zufuhr der Verbrennungsstoffe zu diesen Fußdüsen durch die Regelung der Durchtrittsquerschnitte E und E_1 vermittels der Schiebersteine St_1 und St_2 beliebig gehandhabt werden, d. h. die zusätzliche Beheizung am Fuße der Heizzüge kann gänzlich wegfallen oder durch den Stopfen F bei geöffnetem Schieberstein St_1 und geschlossenem Schieberstein St_2 lediglich auf die Kopfheizzüge beschränkt bleiben.

Die Bedienung der Abhitzeventile und Gashähne erfolgt durch die Umstellwinde in wesentlich gleicher Weise wie beim Starkgasbetrieb, nur daß die Deckel der Umstellventile U_g dauernd geschlossen bleiben.

Eine Koksofenanlage mit 6 m hohen Öfen (Koksseite) auf Zeche Nordstern der Ver. Stahlwerke A.-G. zeigt Abb. 31.

F. Zubehörteile der Horizontalkammeröfen.

1. Kohlenvorratsturm.

Die für die Entgasung bestimmte Feinkohle wird in einem sogenannten Kohlenvorrats- oder Füllturm, der in Verbindung mit der Ofenbatterie steht, gestapelt, um von hier aus nach Bedarf in die auf der Decke längs der Batterie verfahrbaren Beschickungswagen für die einzelnen Öfen abgezogen zu werden. Häufig ist dem Kohlenturm eine Kohlenmisch- und Mahlanlage vorgeschaltet. Die zu verarbeitenden Kohlensorten werden hierbei zunächst in tiefliegenden Bunkern gelagert, gelangen sodann mittels geeigneter Förderorgane in die verschiedenen Bunker des Mischturms, aus denen sie durch einstellbare Drehteller im bestimmten Verhältnis abgezogen und zwecks Mischung und Zerkleinerung in Schleuder- oder Hammermühlen gemeinsam aufgegeben werden. Die Mischkohle gelangt alsdann mittels Bandförderung zum Kohlenvorratsturm der Batterie.

Die Abmessungen des Kohlenturms richten sich je nach den örtlichen Verhältnissen. Im allgemeinen nimmt man ein Fassungsvermögen für den 1 bis 2fachen Kohlendurchsatz der Batterie in 24 Stunden. Die in dem Kohlenturm aufgespeicherte Feinkohle zeigt je nachdem Wassergehalte von etwa 10 bis 12%, zuweilen auch weniger. Der Kohlenturm selbst ist in mehrere Bunker mit trichterförmigen Ausläufen unterteilt, aus denen das sich ansammelnde durchsickernde Wasser abgezogen werden kann. Dadurch erfährt die Kohle vor Eintritt in den untersten Bunker eine weitgehende Entwässerung. Zu erwähnen ist die Auskleidung der inneren Bunkerwände mit Glasplatten, die das Nachrutschen der Kohle befördern sollen.

Von Bedeutung ist der Umstand, daß die Kohlen aus den einzelnen Trichtern des Kohleturmes gleichmäßig abgezogen werden, da es vorkommen kann, daß die Kohle im einen Trichter etwas nässer ist, als im anderen. Um eine Kontrolle zu besitzen, daß aus den einzelnen Trichterreihen auch tatsächlich in der Reihenfolge abwechselnd abgezogen wird, hat man an den Trichterklappen eine Vorrichtung angebracht, die durch einen registrierenden Apparat eine genaue Überwachung ermöglicht. Außerdem ist an diesem Mehrfarbenschreiber eine unter dem Kohlenturm befindliche Füllwaage angeschlossen, so daß der Betrieb — Gewicht, Zeitfahrplan, genaue Reihenfolge des Abziehens der Kohle — genau registriert wird.

2. Füllwagen, Ofenbeschickung.

Die auf den Deckengeleisen verfahrbaren Füllwagen (Abb. 32) besitzen ein dem Ladegewicht der Ofenkammer entsprechendes Fassungsvermögen. Je nach der Anzahl der Beschickungsöffnungen an der Kammerdecke, die sich in erster Linie nach der Kammerlänge richtet, ist der Füllwagen mit 4 oder 5 Trichterausläufen versehen. Zufolge Einführung des elektrischen Betriebes der Füllwagen wurde eine bedeutende zeitliche und geldliche (Bedienungsmannschaft) Ersparnis erzielt. Abb. 33 zeigt einen Füllwagen unter dem Kohlenturm der Batterie. In große Beschickungswagen baut man häufig noch eine Entleerungsvorrichtung für schlecht rutschende, klebende Kohle. Meist sind dies Querstäbe, die an einer senkrechten Mittelstange befestigt sind, welche vermittels Hebelübersetzung durch Motorenantrieb gehoben und gesenkt werden kann. Zum besseren Einfüllen der Kohle in die Füllschächte der Batteriedecke sind die Trichterausläufe mit teleskopartigen Tüllen versehen, die während des Füllvorganges durch Senken auf den Füllöffnungen aufsitzen, so daß eine nach außen abschließende Verbindung zwi-

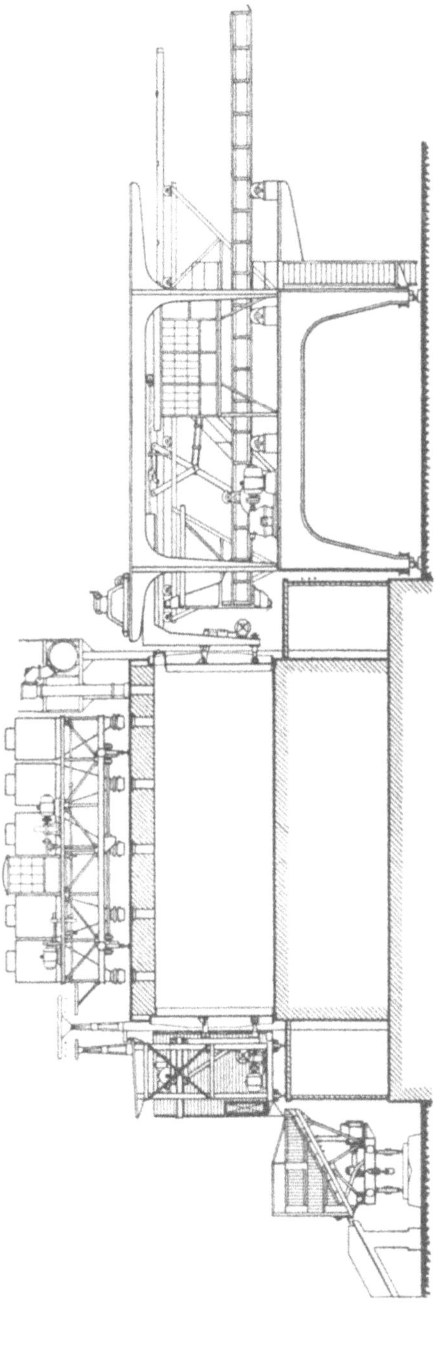

Abb. 32. Schnitt durch eine Koksofenbatterie mit Ausdrückmaschine, Füllwagen, Koksführungswagen und Löschwagen, Bauart Schüchtermann & Kremer-Baum.

schen Füllwagen und Ofen hergestellt ist. Erwähnt sei auch die Entleerung der Füllwagen durch an den Ausläufen angebrachte Drehteller, wodurch ein gleichmäßiges Einstreuen der Kohle in die Ofenkammer und damit eine gleichmäßigere Lagerung erreicht wird[1]). Die Lagerungsdichte (Schüttgewicht) der Kohle in der Kammer spielt einerseits eine Rolle bei Kohlen, die zum Treiben neigen[2]) und dadurch bei zu dichter Lagerung die Kammerwände mechanisch gefährden, andererseits bei sehr gasreichen Kohlen, bei denen man im Stampfbetrieb (siehe unten) eine möglichst hohe Lagerungsdichte anstrebt.

Abb. 33. Koksfüllwagen unter dem Kohleturm.

Die der Beschickung der Kammern dienenden Füllöffnungen sind mit Rahmen, die eine Dichtfläche enthalten, versehen und werden durch feuerfest ausgemauerte Deckel verschlossen. Um den Strahlungsverlust durch die Füllochdeckel zu vermindern, wählt Still eine Anordnung derselben nach Abb. 34. Die Deckel liegen lose auf ihrer Unterlage auf, die Dichtung ergibt sich von selbst nach mehrmaligem Drehen (ohne Lehmschmierung). Der Wärmeschutz beruht auf der dazwischenliegenden Luftschicht; für den unteren Deckel, der sehr heiß wird und beim Herausnehmen stark abgeschreckt wird, ist ein besonderer Werk-

[1]) W. Gollmer, Glückauf **65** (1929), S. 113.

[2]) H. Hock u. M. Paschke, Arch. f. d. Eisenhüttenw. **3** (1929), Heft 2; Koppers u. Jenkner, Glückauf **66** (1930), S. 834; K. Leven, Glückauf **67** (1931), S. 770; Baum u. Heuser, Glückauf **66** (1930), S. 1497, 1501; A. Eisenberg, Glückauf **68** (1932), S. 445, 465.

stoff erforderlich. Ferner sind von der Decke der Batterie aus die Heizzüge durch mit Stopfen verschlossene Löcher zugänglich.

Der mit Kohle beschickte Füllwagen fährt über den zu füllenden Ofen, wonach mittels einer Abhebevorrichtung, die seitlich am Wagen angebracht ist, die Füllochdeckel zugleich gehoben und nach dem Füllen wieder eingesetzt werden. Die unteren Trichteröffnungen des Wagens haben Doppelsegmentverschlüsse, die von der Bedienungsbühne des Wagens aus durch Hebel und Gestänge betätigt werden. Durch die unter dem Kohlenturm befindliche Waage kann die eingefüllte Kohlenmenge genau ermittelt werden, was besonders für die Feststellung von Durchsatz und Wärmeverbrauch wichtig ist.

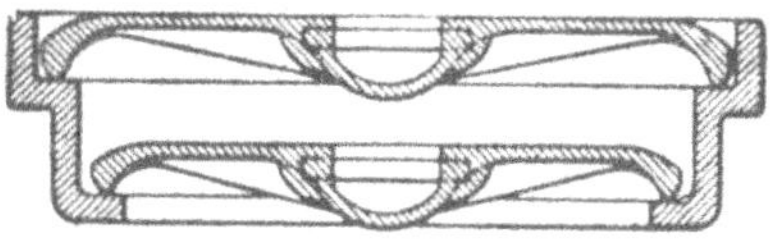

Abb. 34. Füllochdeckel.

3. Absaugearmaturen.

Der Abzug der Destillationserzeugnisse erfolgt durch auf der Ofendecke an der Maschinenseite angebrachte Steigrohre, die ihrerseits in die Vorlage münden (Abb. 35). Die Vorlage zum Sammeln des Rohgases aus sämtlichen Öfen einer Ofengruppe erhält bei den modernen Anlagen durchweg runden Querschnitt, wodurch die Widerstandsfähig-

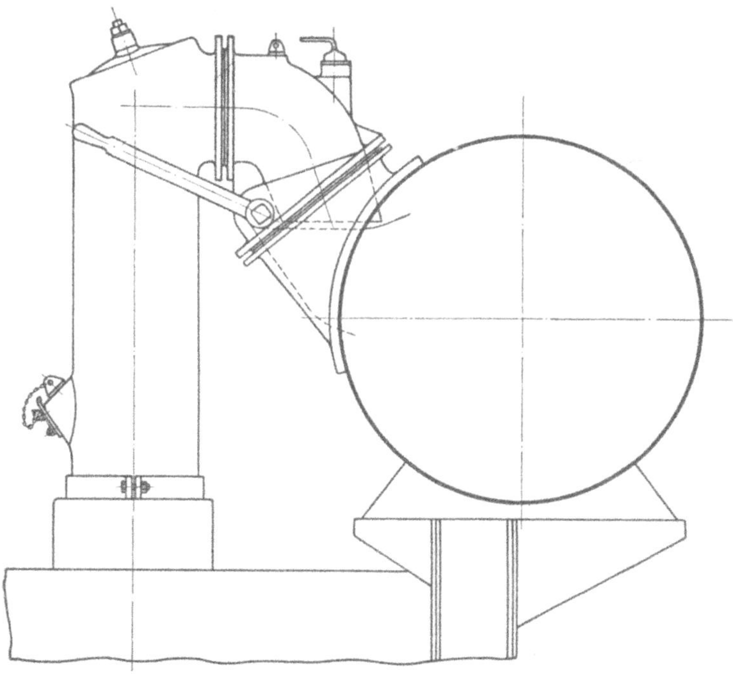

Abb. 35. Vorlage und Steigerohr, Bauart Koppers.

keit und Haltbarkeit erhöht werden. Die Anordnung erfolgt möglichst tiefliegend unter Benutzung der Wandkopfankerständer an der Maschinenseite als Tragkonstruktion. Die Gase verlassen die Öfen mit einer Temperatur von etwa 700° und strömen durch die Steigrohre in die Vorlage. Die Steigrohre, die bei modernen Anlagen zumeist aus Schmiedeeisen sind, erhalten feuerfeste Ausmauerung, so daß hier das Gas keiner Abkühlung unterliegt und sich daher auch keine Kondensate und Ansätze bilden können. An der Einmündung des Steigrohres in die Vorlage befindet sich bei der beispielsweisen Ausführung der Abb. 35 eine von außen durch Hebel bedienbare Klappe, die durch eine oberhalb angeordnete Spritzdüse mit Ammoniakwasser bespült wird. Ist eine Kammer abgegart, so wird die Klappe geschlossen, wobei der Teller sich mit Ammoniakwasser füllt und so das Steigrohr gegen die Vorlage vollkommen abdichtet. Bei geöffneter Klappe wird durch die wirkungsvolle Spülung ein Verschmieren durch Dickteer verhütet. Die Destillationsgase verlassen die Vorlage zufolge der Kühlwirkung des eingespritzten Ammoniakwassers mit einer Temperatur von 100 bis 150° und werden so der Vorkühlanlage der Nebenerzeugnisgewinnung zugeleitet.

Die Fa. Dr. C. Otto & Co., Bochum, stattet neuerdings ihre Batterien noch mit einer sog. Ausgleichsvorlage aus. Zu diesem Zwecke wird die Koksofenbatterie an Stelle der bisher üblichen einen Vorlage mit zwei Vorlagen ausgerüstet (Abb. 36), von denen die eine, wie üblich, an der Maschinenseite, die andere an der Koksseite der Batterie liegt. Beide Vorlagen stehen in gleicher Weise durch abschließbare Steigrohre mit den Kammern in Verbindung und sind ihrerseits mit der Hauptgasleitung verbunden, und zwar derart, daß jede für sich durch Schieber gegen diese Leitung abgesperrt werden kann. Die zweite Vorlage (Ausgleichsvorlage) bezweckt, die in den einzelnen Kammern während der Entgasung auftretenden Druckschwankungen durch Druckausgleich weitgehend zu vermindern und dadurch insbesondere den Übertritt von Rauchgas in die Kammern bzw. von Leuchtgas in die Heizzüge zu vermeiden. Aus den in der stärksten Gasentwicklung stehenden Kammern (vgl. die Abbildung) können die Gase durch zwei Öffnungen entweichen. Ein Teil geht unmittelbar in die Saugvorlage, das übrige Gas strömt in die Ausgleichsvorlage und von dieser in die Gassammelräume von benachbarten Kammern, in denen die Abgarung schon weiter fortgeschritten ist und in denen daher nur noch eine geringe Gasentwicklung stattfindet; aus den Gassammelräumen strömt das Gas in die Saugvorlage. Die in beiden Vorlagen abgeschiedenen flüssigen Kondensate werden vereinigt und fließen zur üblichen Teerscheidung.

Mit dem Druckausgleich der Kammern ist gleichzeitig auch ein gewisser Temperaturausgleich der Gassammelräume verbunden, indem die noch verhältnismäßig kühl aus den frisch gefüllten Kammern abziehenden Gase durch Kammern streichen, die sich in einem späteren

Garungszustande befinden und deren Gassammelräume höhere Temperaturen besitzen. Die Erniedrigung der Temperaturen im Gassammelraum soll sich überdies in einem vermehrten Ausbringen an Teer und an Benzol bemerkbar machen. Bei notwendigen Instandsetzungsarbeiten

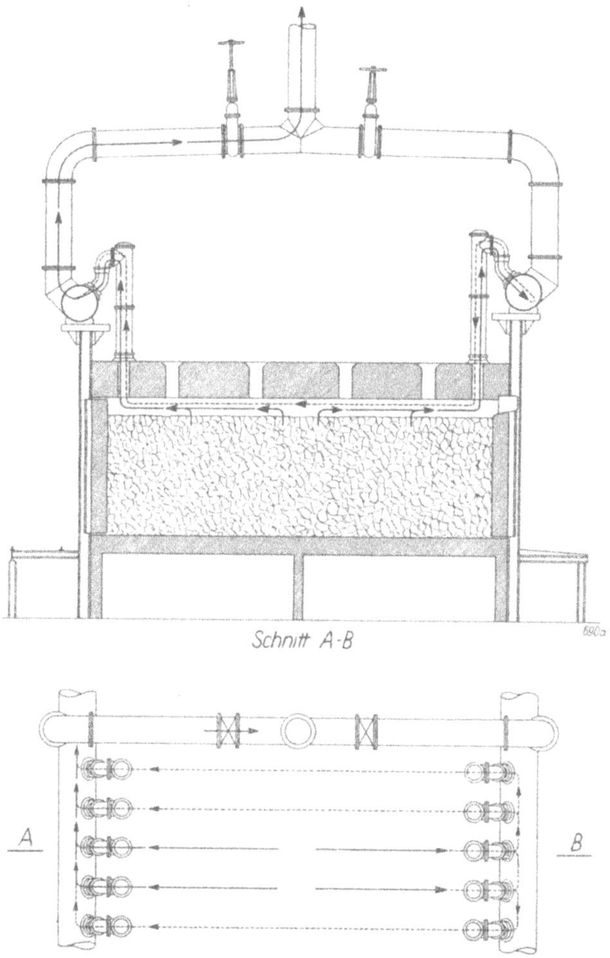

Abb. 36. Schematische Darstellung der Otto-Ausgleichsvorlage.

kann die eine der beiden Vorlagen ganz abgestellt werden, ohne den Betrieb unterbrechen zu müssen.

Die bei der Füllung der Öfen entstehenden Füllgase ließ man früher durch die geöffnete Klappe des von der Vorlage während der Beschickung abgeschalteten Steigrohres ins Freie entweichen. Um die Belästigung durch den Füllqualm zu vermeiden, hat sich die Füllgasabsaugung in verschiedenen Ausführungsformen eingeführt, wie z. B. durch einen besonderen, unter der Ofendecke liegenden und in den Kamin mündenden Füllgaskanal, an die die Öfen während des Füllens durch einen Krümmer angeschlossen werden. Auch werden in den Steigrohren Dampfdüsen angebracht, deren Injektorwirkung die Gase aus der Kammer absaugt. Neuerdings versieht man die Füllwagen mit besonderen Einrichtungen zwecks Absaugung der Füllgase aus den Fülllochdeckeln.

4. Kammerverschlüsse.

Die Koksofentüren bestehen aus Gußeisen oder auch aus gepreßtem Schmiedeeisen und sind mit feuerfestem Material ausgekleidet. Die früher gebräuchliche Lehmabdichtung ist durchweg durch sog. selbstdichtende Türen ersetzt, wobei eine in einen konischen Türrahmen eingedrückte Asbestschnur verwendet wird. Neuerdings werden die selbstdichtenden Türen wohl durchweg mit der Dichtung »Eisen auf Eisen« ausgeführt. Die schneideartige Dichtungsleiste dieser Tür bewirkt ein gleichmäßiges Aufliegen auf der gehobelten Dichtungsfläche des Türrahmens, der gleichzeitig als Schutzverkleidung der Wandköpfe dient, und gewährleistet somit jederzeit ein gutes Abdichten der Ofenkammer ohne besondere dem Verschleiß und Kostenaufwand unterworfene Hilfsmittel. Derartige selbstdichtende Koksofentüren »Eisen auf Eisen« werden u. a. von der Fa. G. Wolff jr., Bochum-Linden, hergestellt. Die stopfenartige Ausmauerung der Ofentür mit feuerfesten Steinen hält die Kohlenfüllung aus der durch äußere Abkühlung beeinflußten Heizwandpartie ab und unterstützt durch isolierende Wirkung die gleichmäßige Abgarung der Kopfseite mit dem übrigen Teil der Kammerfüllung.

Die von der Fa. Dr. C. Otto & Co. benutzte selbstdichtende Tür ist in der Abb. 37 in der Ansicht und in zwei Schnitten dargestellt. Diese Türen werden nur durch zwei Schrauben mit Hilfe von zwei untereinander verbundenen Querriegeln an den gußeisernen Türrahmen angedrückt. Die Tür kann daher mit wenigen Handgriffen in kürzester Zeit gelöst und abgehoben werden. Die Planieröffnung ist durch einen keilförmigen Verschluß abgeriegelt, der sich ebenfalls leicht bedienen läßt. Das geringe Gewicht, daß diese Otto-Türen auszeichnet, wird durch die neuartige Bauart erreicht, bei der die tragenden und die abdichtenden Teile voneinander getrennt und anstatt aus Gußeisen aus Stahl hergestellt sind. Dazu kommt eine Ausfütterung mit Sondersteinen, die sehr leicht und dennoch haltbar sind. Ihre gute Wärmeisolierfähigkeit wird dadurch unterstützt, daß nur Steine und keine Metallteile mit der Kohlefüllung in Berührung kommen.

Die Türabhebevorrichtung ist auf der Maschinenseite mit der Ausdrückmaschine, auf der Koksseite mit dem auf der Rampe vor den Öfen laufenden Koksführungsschild verbunden und wird ebenfalls elektrisch

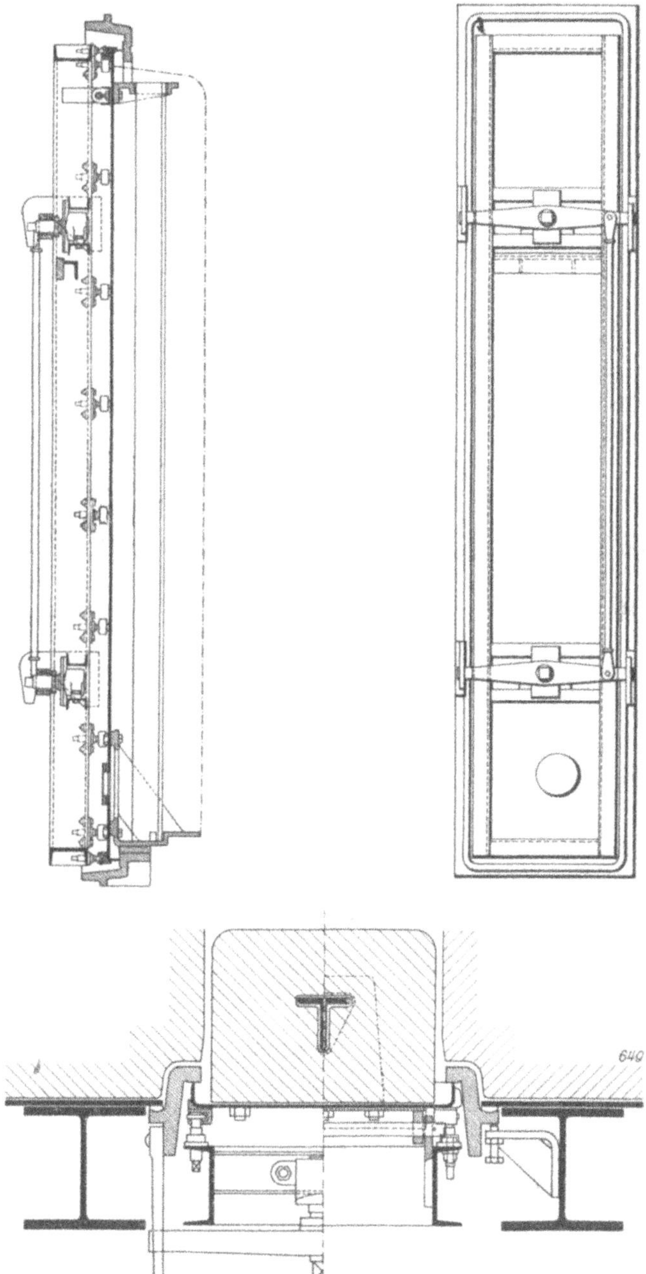

Abb. 37. Otto-Tür, selbstdichtende Koksofentür, Abdichtung „Eisen auf Eisen“.

angetrieben. Das beim Schüttbetrieb erforderliche Einebnen der Kohlebeschickung in der Kammer geschieht durch die sog. Planierstange, die durch eine Öffnung in der Koksofentür auf der Maschinenseite ein- und ausgeführt wird und mit der Ausdrückmaschine verbunden ist (vgl. unten).

Abb. 38. Koksofenanlage mit 6 m hohen Kammern, Zeche Nordstern, Ver. Stahlwerke, A.-G., Gruppe Gelsenkirchen. Die Ausdrückmaschine.

5. Koksausdrückmaschinen.

Die Ausdrückmaschinen (siehe Abb. 32) werden heute meist mit hohem Unterbau in Gitterwerks- oder Portalkonstruktion (Abb. 38) für tiefliegende Fahrbahn ausgeführt, so daß Beton- oder Mauerwerkskonstruktionen für die Gleisanlage über Flur fortfallen. Alle Arbeitsvorgänge der Maschine erfolgen durch elektrischen Antrieb. Die Ausdrückstange läuft auf Tragrollen und ist dem Kammerprofil angepaßt. Zum Tragen der Stange dient ein Gleitschlitten, der so weit rückwärts angeordnet ist, daß der Stoßkopf etwa 2,5 m über die Vorderkante des Ofens hinaus durch das Kokskuchenführungsschild hindurchfahren kann.

Seitliche Führungsrollen und ein Führungsbügel am oberen Ende verhindern Beschädigungen der Kammerwände. Der Antrieb erfolgt durch Schneckengetriebe und Ritzel, das in die angebrachten Zahnstangenblätter eingreift. Hubbegrenzungen am vorderen und hinteren Ende verhindern ein Zuweitfahren.

Neben der Druckvorrichtung als Hauptbestandteil der Maschine ist dieselbe mit einer Planiervorrichtung (siehe oben) ausgestattet, die die Kohle beim Einfüllen gleichmäßig über die Ofenkammer verteilt und in der Höhe einebnet, ferner mit einer Vorrichtung zum Abnehmen der Ofentüren auf der Maschinenseite.

6. Stampfmaschinen.

Bei manchen Kohlearten, wie z. B. sehr gasreichen (Oberschlesien, Saar), ist es nötig, die Kohle zwecks Verbesserung des Kokses in gestampftem Zustande in den Ofen einzubringen und dadurch einer zu starken Schrumpfung entgegenzuwirken. Das Verdichten der Kohle erfolgt hierbei in einer den Ofenabmessungen angepaßten Kuchenform aus Eisenblech. Zur Beschleunigung des Arbeitsvorganges werden Mehrfachstampfermaschinen mit elektrischem Antrieb benutzt. Die Stampfvorrichtung ist entweder mit der Ofenbeschick- und Ausdrückmaschine kombiniert oder sie wird stationär am Kohlenvorratsturm angeordnet. Ist der Stampfkuchen fertig, so wird die Stirnwand des Blechkastens entfernt und der Kuchen wird mittels Chargierstange in den Ofen eingeschoben. Bei stationärer Anordnung der Stampfvorrichtung empfiehlt es sich, die Beschickungsmaschine mit dem Stampfkasten von der Ausdrückmaschine getrennt zu halten, damit die Möglichkeit besteht, während des Stampfens eines Kuchens das Drücken eines Ofens vornehmen zu können. Der mit den heutigen Stampfvorrichtungen zu erzielende hohe Verdichtungsgrad der Kohle (900 bis 1000 kg/m^3) wird durch stetiges Einbringen der Kohle in möglichst dünnen Schichten erzielt.

7. Kokslöschwagen.

Die Länge des Kokslöschwagens (Abb. 32) beträgt in Abhängigkeit von der Koksmenge eines Brandes 10 bis 17 m, wobei ausschlaggebend ist, daß die Verteilung dieser Menge auf die ganze Grundfläche des Wagenkastens in gleichmäßiger und geringer Schichthöhe möglich ist, um eine schnelle und vollständige Ablöschung des glühenden Kokses bei geringstem Aufwand an Löschwasser und zulässigem Wassergehalt des abgelöschten Kokses zu erzielen. Die Neigung des Wagenkastenbodens wird so gewählt, daß der aus dem Ofen ausgedrückte Kokskuchen sich nicht durch zu schnelles Rutschen vor den Klappverschlüssen des Wagens hoch auftürmt, sondern gleichmäßig ausbreitet, und daß andererseits beim Öffnen der Verladeklappen der Koks von selbst von der

Rampenfläche abrutscht. Das Verfahren des Löschwagens erfolgt durch eine elektrische Lokomotive (Abb. 39) mit so regulierbarer Fahrgeschwindigkeit, daß das Verschieben des Wagens dem Ausdrücken des Kokskuchens so angepaßt werden kann, daß eine gleichmäßige Verteilung auf den Löschwagen stattfindet.

Der Wagen mit dem glühenden Koks wird unter den Löschturm gefahren, der sich über einem Gleisstück, zumeist am Ende der Batterie,

Abb. 39. Gas-, Wasser- und Elektrizitätswerk der Stadt Düsseldorf. Koksrampe, Kokslöschwagen mit elektrischer Lokomotive.

befindet. Die Ablöschung des Kokses erfolgt in etwa 1 bis 1½ Minuten, indem Löschwasser aus einem System von gelochten Rohren nach Öffnen eines Schnellschlußventiles, das vom Führerstand der Lokomotive aus bedient wird, aufgegeben wird. Die Berieselungsvorrichtung kann auch selbsttätig durch den Löschwagen ausgelöst werden. Das überschüssige Wasser ergießt sich aus dem Wagen durch seitliche, unter den Wagenklappen befindliche Schlitze in Kanäle, aus denen es einem Klärteich zufließt und von hier aus wieder in den Hochbehälter gepumpt wird. Zur Beseitigung der entweichenden Schwaden befindet sich über der Löschstelle eine Dunsthaube, die in der Regel mit dem Kohlenvorratsturm baulich verbunden ist (siehe Abb. 39). An Löschwasser werden je t Koks etwa 1,2 m³ gerechnet, wovon annähernd die Hälfte wiedergewonnen wird. Nach dem Abbrausen wird der Wagen zu einer Abwurframpe in Form einer geneigten Ebene (etwa 27 Grad) gefahren, die sich an den schrägen Boden des Löschwagens anschließt. Durch die vom Führerstand der Lokomotive aus erfolgende Öffnung der Verladeklappen mittels Druckluft rutscht der Koks auf die Abwurframpe, um nach dem Ausdampfen mittels Transportband nach der Siebstation weiterbefördert zu werden.

8. Umstellvorrichtungen.

Die Umstellung der Gas-, Luft- und Abhitzewege erfolgt in Abständen von 20 bis 30 Minuten. Dieser Wechsel des Beheizungsvorganges wird mittels einer elektrischen Umstellwinde und an dieser angeschlossenen Zugorganen ausgeführt, indem in den sog. Abhitzekniestücken, die zur Verbindung der Regeneratoren mit den Abhitzekanälen und für Luft- und Schwachgaseinführung dienen, Ventilteller geschlossen und geöffnet werden. Die Wechselei nach Hinselmann arbeitet völlig selbsttätig, wobei die Umstellzeit insgesamt 108 Sekunden beträgt.

Um zu vermeiden, daß beim Wechseln unverbranntes Gas etwa aus den Regeneratoren unmittelbar in den Abhitzekanal eintritt und Explosionen stattfinden, legt man zwischen das Schließen der Gashähne auf der einen Seite und das Öffnen auf der anderen Seite einen zeitlichen Zwischenraum:

Gashähne schließen	14	Sekunden
Pause	20	»
Umstellen der Schieber und Luftklappen	40	»
Pause	20	»
Gashähne öffnen	14	»
zusammen	108	Sekunden

9. Regler, Kontrollapparate, Meßeinrichtungen.

In Verbindung mit dem Betrieb der Ofenbatterie werden im allgemeinen angewandt:

Gasdruckregler für die Vorlage mit Drosselklappe in der Saugleitung für Druckölhilfssteuerung,

Kaminzugregler mit Drosselklappe im Fuchs, für Druckölhilfssteuerung,

Gasdruckregler für das Beheizungsgas, d. h. für die Starkgasleitung und die Schwachgasleitung.

Die Kontroll- und Meßeinrichtungen dienen der laufenden Betriebsüberwachung und sind demgemäß zumeist als Registrierinstrumente ausgeführt. Außer der schon erwähnten Erfassung der durchgesetzten

Kohlenmengen sind die wichtigsten derartigen Einrichtungen[1]) etwa folgende:

Gasdruckschreiber für die Heizgasleitungen[2]),
Kaminzugschreiber[3]),
Druckschreiber für die Vorlage,
registrierende Pyrometer für den Abhitzekanal[4]),
registrierende Thermometer für die Vorlage,
Messung des erzeugten Destillationsgases, Verbrauch für Ofenbeheizung, Überschußgasmengen,
registrierende Kalorimeter für die Bestimmung des Heizwertes der Destillations- und Heizgase,
registrierende Rauchgasprüfer,
Erfassung der erzeugten Koksmengen[5]),
Überwachung der Bedienungsmaschinen für die Öfen (Ausdrückmaschine usw.) durch sog. Spielzähler[6]).

G. Besondere Arbeitsweisen beim Betriebe der Kammern.

1. Dampfen im Horizontalkammerofen.

Die Wassergasgewinnung in den Entgasungsräumen selbst, d. h. der Naßbetrieb oder das Dampfen, war bisher nur in Vertikalretorten bzw. Vertikalkammeröfen, ferner in Horizontalretorten- und Horizontalkleinkammeröfen sowie in Schrägretorten- und Schrägkammeröfen üblich. Zur Wassergaserzeugung auch in Horizontalgroßkammeröfen ist man hingegen erst in letzter Zeit übergegangen. Der Naßbetrieb ist hierbei insofern weniger von Bedeutung, als die zentralen Großgaswerke das zum Beimischen bestimmte Wassergas (Blauwassergas oder karburiertes Wassergas) zumeist in eigenen Wassergasgeneratoren erzeugen, wie es z. B. auf dem Gaswerk Frankfurt am Main sowie auf dem Großgaswerk in Beckton der Fall ist. Die Einrichtung von Großraumöfen zum Dampfen ist nicht zuletzt auch auf den Umstand zurückzuführen, daß zu Zeiten mangelnden Koksabsatzes der Ruhrkokereien deren Gasabsatz in das Ferngasnetz nicht in dem gleichen Maße zurück-

[1]) Vgl. die Zusammenstellung »Zur Automatisierung der Kokereibetriebskontrolle«, Meßtechnik 1931, Heft 5; ferner »Wärmetechnische Betriebsüberwachung von Koksöfen«, Zeitschr. Feuerfest-Ofenbau, Jahrg. V (1929), Heft 2.

[2]) Druckmeßgeräte, Mitteilung der Wärmestelle Düsseldorf Nr. 38.

[3]) Geräte und Verfahren zur Untersuchung von Gasen. Mittlg. der Wärmestelle Düsseldorf Nr. 61 u. 62; ferner Nr. 129.

[4]) A. Schack, Geräte und Verfahren zur Temperaturmessung, Mittlg. der Wärmestelle Düsseldorf Nr. 96 u. Nr. 97.

[5]) Mengenmeßgeräte für feste Körper, Mittlg. der Wärmestelle Düsseldorf Nr. 48.

[6]) Stahl und Eisen 1929, S. 1528.

gegangen ist wie die Kokserzeugung und man daher in dem Dampfen der Öfen auf den Kokereien einen Ausgleich für die fehlenden Gasmengen schaffen wollte.

Über den Naßbetrieb größerer Horizontalkammern (Gaswerk Rotterdam, Werk Keilehaven) berichtet u. a. Dommisse[1]). Es handelt sich hierbei allerdings nicht um eigentliche Großraumöfen, sondern um Horizontalkammern mit etwa 4 t Füllgewicht. Gegenüber 372 m³ Gas (15⁰) bei Trockenbetrieb betrug die Ausbeute bei Naßbetrieb 566 m³ (15⁰). Bezogen auf Reinkohle stieg die Heizwertzahl von 1790 auf 2380 bei Naßbetrieb, also um 590 kcal.

	Trocken-betrieb	Naß-betrieb	Mehr
Gasausbeute je t Kohle, m^3 (15^0)	372	566	194
Heizwertzahl (bez. a. Reinkohle)	1790	2380	590
Heizwert des Gases	5130	4520	—
Heizwert des Wassergases.	—	3060	—

Die günstigen Ergebnisse des Naßbetriebes bei Horizontalkammeröfen kleineren Ausmaßes waren Veranlassung, auch das Dampfen von Großraumöfen sowohl auf Zechen als auch auf Großgaswerken mit Erfolg durchzubilden, wobei die Erhöhung der Gasausbeute sowie die Regelung des Heizwertes des Gases im Vordergrund stehen. Die zu erzeugende Wassergasmenge ist daher beschränkt durch die Spanne, die zwischen dem erzeugbaren Höchstheizwert des reinen Destillationsgases und dem für das abgegebene Gas geforderten Heizwert liegt. Auf dem 1930 erbauten Gaswerk Darmstadt (Horizontalkammeröfen von etwa 3 bis 3½ t Ladegewicht) wurde in Anlehnung an die Erfahrungen auf dem Gaswerk Rotterdam die Dampfzuführung nach Dr. C. Otto, Bochum, noch verbessert[2]) (Abb. 40). Hier tritt der Dampf durch Kanäle in den Sohlsteinen in die Kammerwand und von dort in die Kammer über. Das Gasausbringen, d. h. die Heizwertzahl, konnte von 1548 auf 1664 kcal/kg Kohle, also um 116 kcal/kg gesteigert werden. Die Wassergasmenge war einerseits durch die Qualität der Kohle (Koks-

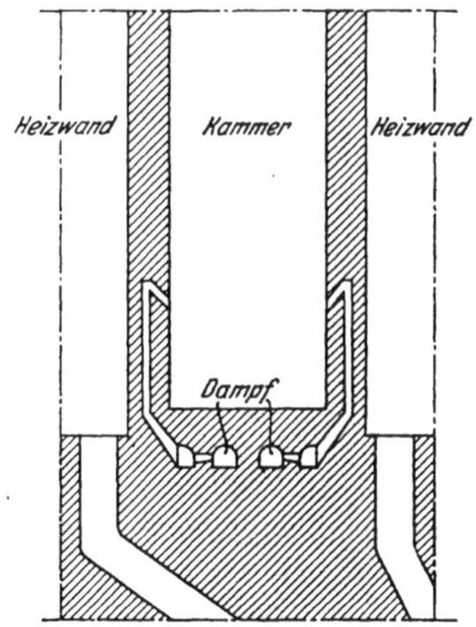

Abb. 40. Anordnung der Dampfzufuhr nach Dr. C. Otto & Co. in neuen Koksöfen.

---

[1]) Het Gas **12** (1930), S. 256; ferner A. Steding, Wassergasgewinnung in Horizontalgroßkammeröfen, Gas- u. Wasserfach **74** (1931), S. 357ff.

[2]) G. Lorenzen, Wassergaserzeugung im Koksofen, Stahl u. Eisen **53** (1933), S. 33ff.

kohle) und andererseits durch den Heizwert des abzugebenden Gases, der nicht unter 4550 kcal/nm³ sinken durfte, begrenzt.

Die Fa. Collin, Dortmund[1]), hat für das Dampfen von Koksöfen eine Anordnung getroffen, wonach der Dampf einer ausgegarten Kammer auf der Seite zugegeben wird, auf der sich das Steigrohr, das natürlich gegen die Vorlage abgedeckt ist, befindet (Abb. 41). Der Dampf durchströmt alsdann die ganze Kammer von oben nach unten und tritt durch ein eisernes Verbindungsrohr in die Nachbarkammer über, in der dann das Wassergas wieder aufsteigt und durch das Steigrohr in die Vorlage geht. Zufolge des langen Dampfweges wird eine sehr gute Wassergasbildung erreicht. Die Öfen müssen natürlich in einer solchen Reihenfolge gedrückt werden, daß auch der zweite Ofen beim Beginn des Dampfens schon annähernd abgegart ist. An sämtlichen Türen auf einer Seite der Batterie müssen Krümmer für die Gasüberführung angebracht werden.

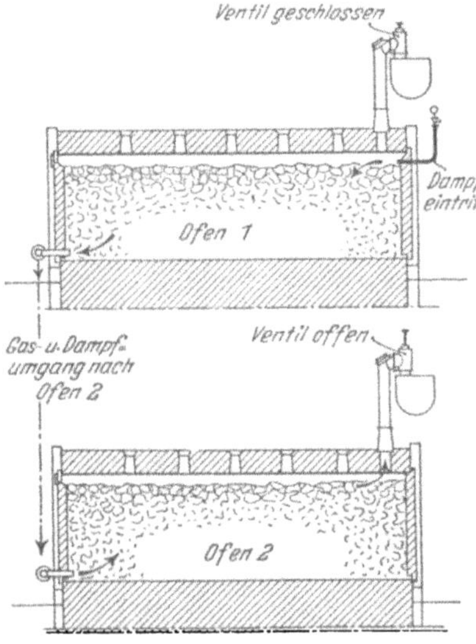

Abb. 41. Einrichtung zur Wassergaserzeugung im Koksofen nach Collin.

Die Überführungsleitung selbst ist beweglich und wird von Fall zu Fall von einem Ofenpaar auf das andere umgewechselt.

Einen weiteren Weg zur Dampfeinführung hat C. Wilputte angegeben. Hier wird der Dampf durch Rohre eingeführt, die durch die Türen eben über der Sohle in den Kokskuchen hineingetrieben werden. Diese Arbeitsweise wurde auch in Deutschland weiterentwickelt, so beim Gaswerk in Stuttgart[2]) (Abb. 42). Lange Rohre, die auf ihrer ganzen Länge mit Austrittlöchern für den Dampf versehen sind, werden von beiden Seiten in die Kammer eingeführt, so daß der Dampf sich über den ganzen unteren Kokskuchen verteilt. Die Rohre werden schon in den ersten Garungsstunden in den Ofen mit kleinen Hilfswinden eingeschoben, die einerseits an der Ausdrückmaschine, andererseits am Türkabel angebracht sind, und verbleiben darin bis kurz vor dem Drücken. Damit die Löcher der Rohre sich nicht verstopfen, wird während der ganzen Garungszeit eine kleine Menge Spüldampf in die Rohre gegeben. In den letzten drei Garungsstunden werden etwa 100 kg Dampf in die Kammer eingeblasen und auf diese Weise etwa 15% Wassergas dem Destillationsgas zugesetzt. Als bei dieser Arbeitsweise nachteilig erweist

[1]) Heckel, Brennstoffchemie **13** (1932), S. 383/86; ferner vgl. Fußnote 2 S. 84.
[2]) Stahl u. Eisen **53** (1933), S. 35.

sich der ziemlich starke Verschleiß der Eisenrohre durch Verzunderung, was durch Rohre aus zunderbeständigem Stahl behoben werden könnte.

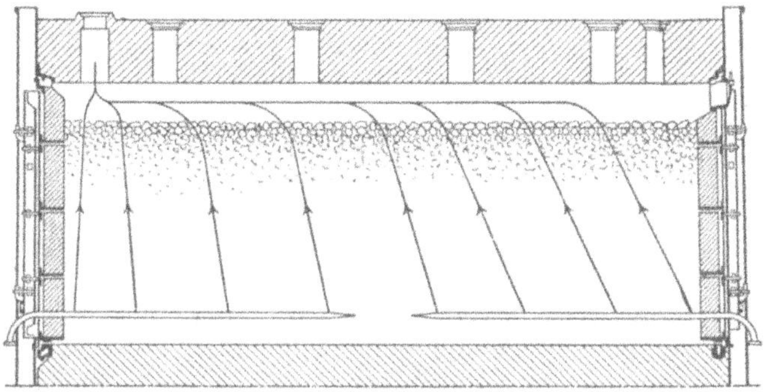

Abb. 42. Einrichtung des Gaswerkes Stuttgart zur Wassergaserzeugung im Koksofen.

Von anderen Überlegungen geht ein Dampfungsverfahren der Fa. Dr. C. Otto, Bochum, aus, das sowohl für die Erzeugung von Blauwassergas als auch von karburiertem Wassergas in Großraumhorizontal-

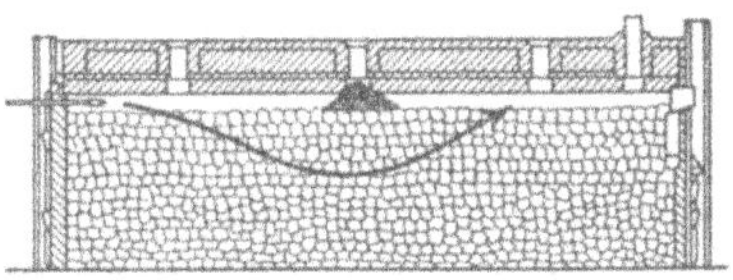

Abb. 43.

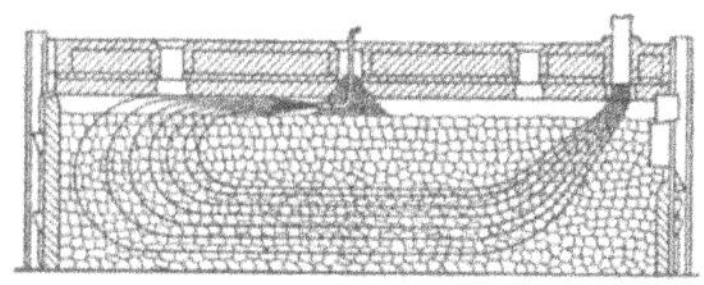

Abb. 44.

kammeröfen geeignet ist und das auf Grund eines von der Frankfurter Gasgesellschaft für die Erzeugung von karburiertem Wassergas im Generator entwickelten Verfahrens auf Kammeröfen übertragen worden ist[1]). Die Anordnung entsprach zunächst der Abb. 43, wobei der oben an der Tür eingeführte Dampf unter einem durch den mittleren Füllochdeckel aufgeschütteten Kokshaufen flach hindurchstrich und so den oberen Teil des Kokskuchens beaufschlagte. Um die Beaufschlagung zu verbessern, wurde die nunmehr von der Ofendecke nahe dem Kokshaufen eingeführte Dampfdüse außerdem noch umgedreht (Abb. 44). Zufolge der durch die Düse bewirkten Saugwirkung erwies sich indessen der Abschluß durch den Kokshaufen als überflüssig. Bei der neuesten Aus-

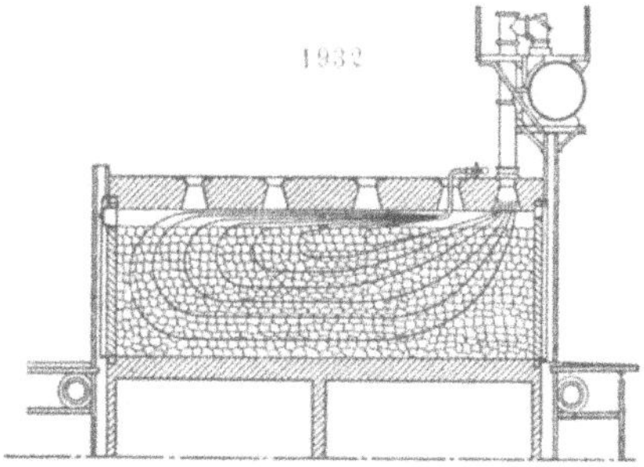

Abb. 45.

[1]) Siehe Fußnote 2 S. 88.

bildung wird gemäß Abb. 45 verfahren. Während der Entgasungszeit sind die Löcher in den Füllochdeckeln mit einem kleinen Stopfen verschlossen. Gegen Ende der Garungszeit wird der Stopfen entfernt und

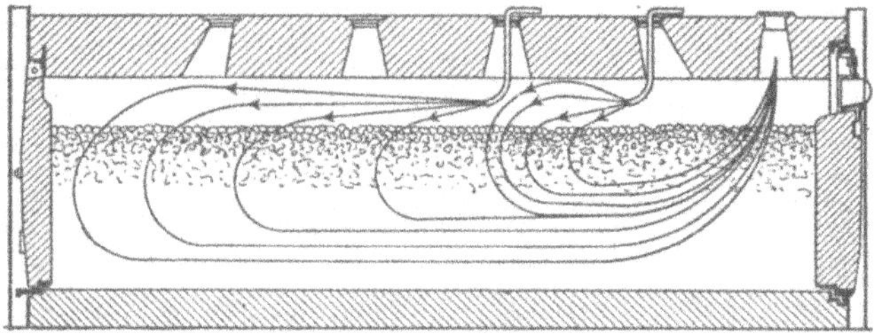

Abb. 46. Dampfeinführung nach Otto mit zwei Düsen.

statt seiner das Dampfrohr eingesetzt, das mit einem Metallschlauch an die Dampfleitung angeschlossen ist. Abb. 46 zeigt die Dampfeinführung mit 2 Düsen. Die Düsenrohre hängen frei im Gassammelraum, so daß kein Rohrverschleiß eintritt. Je nach der Größe der Kammer werden 60 bis 150 kg Dampf je Stunde eingeblasen. Die Drücke im Gassammelraum überschreiten hierbei 8 bis 10 mm nicht.

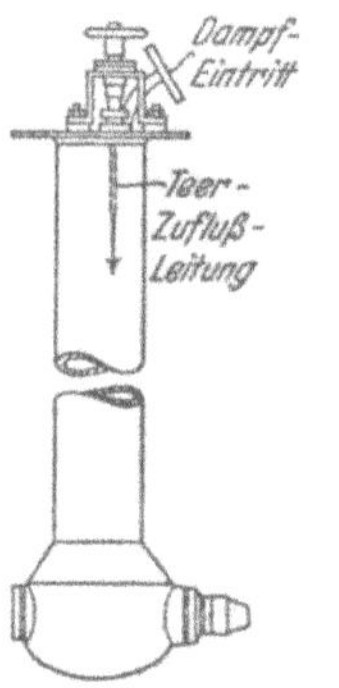

Abb. 47. Einrichtung nach Otto zur Erzeugung von karburiertem Wassergas im Koksofen.

Gegenüber bloßem Naßbetrieb der Horizontalkammeröfen läßt sich durch zusätzliche Einführung geeigneter Teeröle (oder auch von Teer) in die Kammern eine weitere Steigerung der Gasausbeute erzielen, was besonders für die Abdeckung des Spitzengasbedarfes von Belang ist (Abb. 47). Beim häufigen Auftreten von Spitzen hat es sich als wirtschaftlich erwiesen, mit etwas erhöhten Erzeugungskosten zu arbeiten, d. h. Spaltgas aus Teerölen herzustellen, als den gesamten Kohlendurchsatz für kurze Zeit zu erhöhen.

2. Innenabsaugung der Kammern.

Im Vergleich zu früher hat sich mit der Zeit der Abstand zwischen dem oberen Ende der Heizzüge (Schaukanal) und dem Scheitel des Kammergewölbes allmählich vergrößert[1]), um durch eine nicht zu hohe Temperatur im Kammergewölbe (Gassammelraum) den auftretenden thermischen Zersetzungen zu begegnen. Für jede Verkokung gilt bekanntlich, daß mit steigender Entgasungstemperatur die Ausbeute an flüssigen Erzeugnissen insgesamt und ebenso die Koksausbeute abnimmt, während die Gasausbeute steigt. Weiterhin wirkt sich der Einfluß steigender Entgasungstemperaturen naturgemäß auch in qualita-

[1]) A. Thau, Brennstoffchemie **1** (1920), S. 68.

tiver Hinsicht aus. Aus diesen Überlegungen heraus, die insbesondere durch die Ergebnisse der Steinkohlenschwelung erhärtet worden sind, hat die sog. Stillsche Innenabsaugung ihren Ausgang genommen, wobei der Weg der in der Beschickung entbundenen flüchtigen Bestandteile durch besondere Einbauten und Maßnahmen abgelenkt wird, so daß infolge schonender Erhitzung ein Teer besonderer Eigenschaft entsteht, der hinsichtlich seiner Beschaffenheit etwa zwischen dem Urteer und normalem Hochtemperaturteer liegt und der leicht hydrierbar sein soll. Statt der üblichen 50% Pech enthält er nur etwa die Hälfte. Bei dem Still-Verfahren ist Vorsorge getroffen, daß die Destillationserzeugnisse während der längsten Zeitdauer der Verkokung nicht durch die heiße Kokszone ziehen[1]) und hier weitgehend zersetzt werden, sondern möglichst unzersetzt durch die verhältnismäßig kühle Kohle abgeführt werden.

Abb. 48 stellt einen Schnitt in der Längsachse durch eine Kammer dar, die mit Innenabsaugung eingerichtet ist. Die

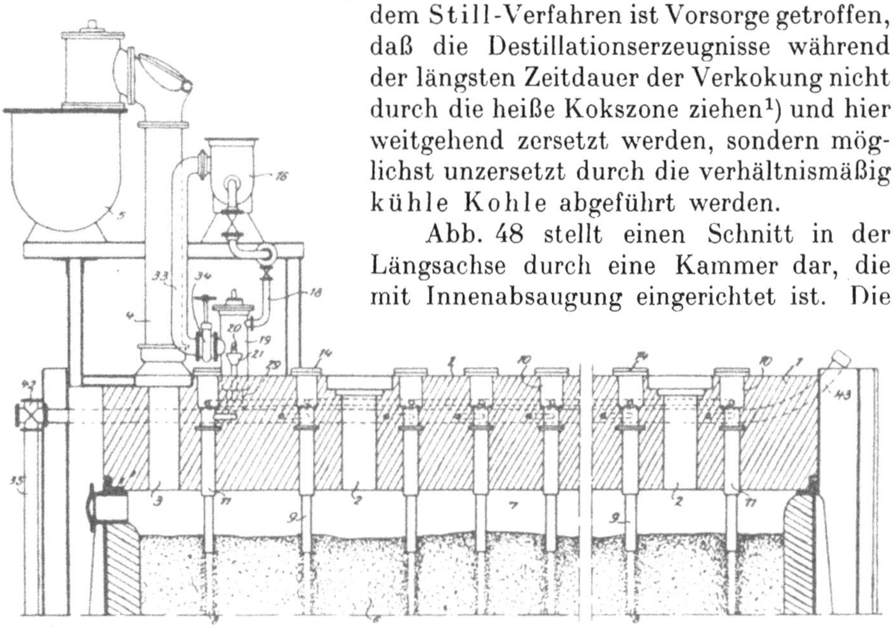

Abb. 48. Schema einer Innenabsaugung, System Still.

von oben eingesetzten Absaugrohre 9 werden mit den Hohlkanälen 8 in der Kohlefüllung in gasdichte Verbindung gebracht, worauf die Innengase durch die Vorlage 16, über die Steigleitung 33, den Tauchverschluß 19 und das Gassammelrohr 43 abgesaugt werden. Die Fallleitung 35 dient zur Abführung der in den Sammeltöpfen 10 durch die Spülleitung 21 zugeführten Spülflüssigkeit und der gebildeten Kondensate. Nach beendeter Innenabsaugung können die Rohre 9 nach Schließen des Kühlers 34 herausgenommen und die restlichen Destillationsgase, wie üblich, in die Vorlage 5 abgeführt werden.

Die Arbeitsweise wurde bislang versuchsweise auf Kokereien eingeführt (Kokereianlage Wolfsbank 1930, Minister Achenbach 1932).

[1]) P. Damm u. F. Korten, Der Weg der Gase im Koksofen, Glückauf **67** (1931), S. 1339 u. 1605; ferner P. Damm, Gas- und Wasserfach **77** (1934) S. 231.

J. Schmidt[1]) gibt an, daß sich durch Innenabsaugung die Teerausbeute gegenüber der gebräuchlichen Arbeitsweise um etwa 12% erhöht, außerdem sollen bis zu 30% mehr Benzol gewonnen werden. Der wenig gekrackte Innenteer soll sich in einer Spaltanlage mit Vorteil auf Spaltbenzin, Öl und Pech verarbeiten lassen. Nach Gollmer[2]) gewinnt man mit dem von Still auf der Zeche Wolfsbank[3]) ausgearbeiteten Verfahren einen durchaus normalen Hochtemperaturkoks und erreicht, indem man die Destillationsgase mit Hilfe besonderer Kanäle aus der Mitte der Beschickung absaugt, daneben noch eine Schonung der primären Destillationserzeugnisse.

Nach Broche[4]) enthält das durch Innenabsaugung gewonnene Leichtöl 15 bis 20% Paraffine und Naphtene, in dem Rest überwiegen die Olefine. Der Aromatengehalt ist demzufolge niedrig. Der Innenteer liefert außer bis zu 360° übergehenden Ölen etwa 36% Pech. Abgesehen vom Ruhrgebiet hat man auch in Schlesien und im Saargebiet Öfen mit der Stillschen Innenabsaugung ausgerüstet.

W. Litterscheidt und Mitarbeiter[5]) haben an drei Versuchsöfen einer Ofengruppe die Ergebnisse der Innenabsaugung geprüft, wobei das »Innengas« und das »Außengas« beim Entgasen einer Kokskohle mit 18,2% flüchtigen Bestandteilen getrennt untersucht worden sind. Das Mehrausbringen an Rohbenzol bei Innenabsaugung stellte sich hiernach auf etwa 38%. Über das tatsächliche Ausbringen an gereinigten Produkten liegen noch keine Angaben vor. Das Teerausbringen lag bei der Innenabsaugung um 8,6% höher als bei der Normalabsaugung.

H. Niggemann[6]) macht Angaben über eine neue Ausführungsform der Innenabsaugung, die auf der Zentralkokerei Prosper der Rheinischen Stahlwerke erfolgreich in Betrieb steht, sowie über die damit erzielten Ergebnisse. In der senkrechten Mittellinie der Ofentüren werden in gewissen Abständen eine Anzahl übereinanderliegender Absaugekanäle, die waagerecht nach außen münden, angebracht und an ein senkrecht stehendes Sammelrohr außen angeschlossen (Abb. 49). Die Innengase treten aus der Stirnfläche der kühlen Kohle unmittelbar in die Türkanäle und durch diese auf kürzestem Wege und in schonendster Weise in das außerhalb der Tür befindliche senkrechte Sammelrohr, das dann bereits als Kühler wirkt. Durch das Anliegen der Kohle mit den beiden darin befindlichen Verkokungsnähten an die Türen wird ein wirksamer Abschluß gegen die Außengase, die wie gewöhnlich durch das Deckensteigrohr abziehen, erreicht.

[1]) Öl und Kohle **1** (1933), S. 94.
[2]) Glückauf **69** (1933), S. 922.
[3]) Haarmann, Glückauf **67** (1931), S. 1605.
[4]) Glückauf **70** (1934), S. 1143.
[5]) Glückauf **71** (1935), S. 461 ff.
[6]) Glückauf **73** (1937), S. 705.

Das aus dem abgesaugten Innengase sich bei der Kühlung abscheidende Öl ist von dünnflüssiger Beschaffenheit.

In dieser Ausführungsform, bei der allerdings nur die an den Türseiten des Kokskuchens entstehenden Gase und Dämpfe erfaßt werden können, gestaltet sich die Innenabsaugung sehr einfach, sowohl hinsichtlich der erforderlichen Vorrichtungen als auch bezüglich des laufenden Arbeitsaufwandes. Insgesamt werden bereits 135 Öfen auf der genannten Kokerei auf diese Weise betrieben, wobei die Gewinnung der in den Innengasen enthaltenen Wertstoffe in einer kleinen, besonderen Neben-

Abb. 49. Koksofentüren mit Einrichtungen für die Innenabsaugung durch Kammertüren.

produktenanlage erfolgt. Das erhaltene Innenöl ist nahezu pechfrei sowie frei von Naphthalin und Kohlenstaub. Bei einem Durchsatz von 2800 t Trockenkohle je 24 Stunden mit 22 bis 23% flüchtigen Bestandteilen werden 8 t Schwelöl sowie 1,4 t leichte Kohlenwasserstoffe je 24 Stunden gewonnen, wobei die Innengasmenge etwa 5% vom Gesamtgas ausmacht. Die Ausbeute an Schwelöl stellt sich sonach auf rd. 0,3% des Trockenkohlengewichtes. Zusammengefaßt ergibt sich bei Anwendung der Innenabsaugung ein höheres Teerausbringen insgesamt, was auch für das Leichtölausbringen gilt. Im übrigen wurden die diesbezüglichen Ausbeuten an 5 Öfen, die mit einer besonderen Vorlage und Nebenproduktenanlage verbunden waren, festgestellt. Gegenüber einer Teerausbeute von 2,53% (bez. auf Trockenkohle) ohne Innenabsaugung steigerte sich diese auf 2,77% mit Innenabsaugung, d. h. um rd. 10%.

Der Vergleich verschiebt sich noch mehr zugunsten der Innenabsaugung, wenn man die Ölausbeuten (Teer abzüglich Pech und ausgeschiedenen Ölen, wie Naphthalin und Anthrazen) in Beziehung setzt, indem alsdann das Ölergebnis bei Innenabsaugung um 40% höher liegt. Hinsichtlich des Ausbringens an leichten Kohlenwasserstoffen (roh) ergab sich durch die Innenabsaugung eine Zunahme von 0,79 auf 0,86%, d. h. um etwa 9%.

Über die Wirtschaftlichkeit der Innenabsaugung nach Still werden von H. Kuhn Angaben gemacht[1]).

3. Deckenabsaugung.

Gleichfalls im Zuge einer Ausbeutesteigerung der flüssigen Destillationserzeugnisse liegt auch die Anwendung der sog. Deckenabsaugung bei Horizontalkammeröfen. Unter den verschiedenen Verfahrensweisen ist besonders die Anordnung von F. Goldschmidt bekannt geworden. Durch Anwendung der Deckenabsaugung wird lediglich eine Erhöhung der Leichtölausbeute beabsichtigt, um so mehr ja bekanntlich das Benzol heute als das in wirtschaftlicher Beziehung wichtigste Nebenerzeugnis anzusprechen ist.

Die im normalen Horizontalkammerofen vorliegenden Bedingungen für die Absaugung der Entgasungserzeugnisse sind bekanntlich dadurch gekennzeichnet, daß letztere durch die ganze Länge des Kammergewölbes nach dem an dem einen Kammerende (Maschinenseite) liegenden Steigrohr entweichen. Die Anordnung des Steigrohres am Kammerende der Maschinenseite ist durch die Einführung der mechanisch angetriebenen Beschickungswagen bedingt, die eine freie Ofendecke erfordern. Vordem waren am Kammergewölbe zumeist zwei Steigrohre vorgesehen. Bei der heutigen Bauweise haben die an der Koksseite entbundenen flüchtigen Bestandteile den weitesten Weg entlang des Gewölbes über die Decke der Beschickung nach dem Steigrohr zurückzulegen, wobei noch zu berücksichtigen ist, daß zufolge der horizontalen Kammererweiterung nach der Koksseite der von der Beschickung eingenommene Kammerraum nach der Koksseite hin immer größer wird. Versuche, die aus der Kammer zuvor senkrecht nach oben abströmenden flüchtigen Bestandteile zunächst in einem in die Ofendecke eingebauten Kanal zu sammeln und alsdann in diesem horizontal nach dem Steigrohr zu führen, wurden schon früher in der Absicht unternommen, die thermischen Zersetzungen zu beschränken, d. h. insbesondere Ammoniak- und Benzolausbeute zu erhöhen[2]).

Die Anordnung des Deckenkanals, wie sie von F. Goldschmidt angegeben und durchgeführt wurde, ist der Abb. 50 zu entnehmen[3]). Hiernach werden die abziehenden Gase durch kalibrierte Öffnungen

[1]) Öl und Kohle **1** (1933), S. 95.

[2]) A. Thau, Brennstoffchemie **15** (1934), S. 41ff.

[3]) Vgl. Glückauf **70** (1934), S. 1142, Abb. 6; ferner Glückauf **71** (1935), S. 138.

unter Anordnung einer Einschnürung gegenüber dem Steigrohr in den Deckenkanal geleitet und abgeführt. Bei der Ausführung von Tillmann (Abb. 51)[1]) ziehen die Gase durch die Füllöcher ab und ziehen von hier durch regelbare Öffnungen dem Deckenkanal zu. Durch vorgesehene Schieber können die Deckenkanäle abgeschaltet und die normalen Abzugswege durch das Steigrohr wieder freigegeben werden.

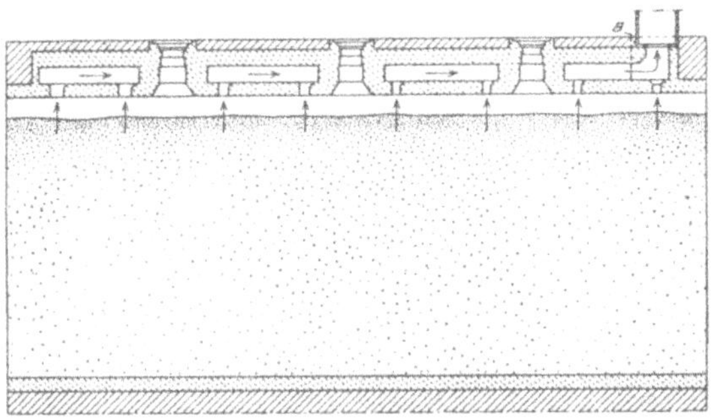

Abb. 50. Deckenabsaugung nach Goldschmidt.

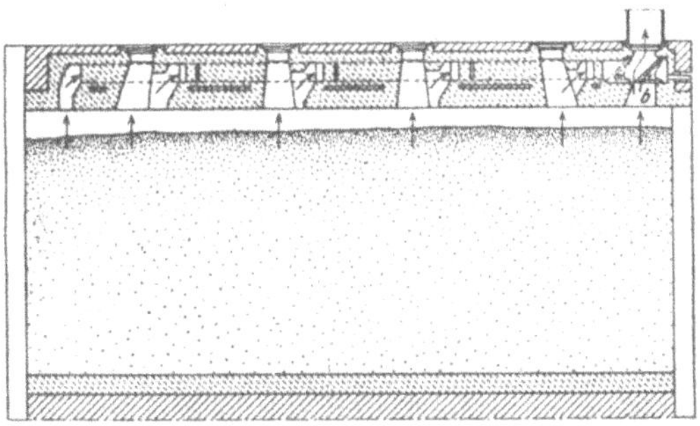

Abb. 51. Deckenabsaugung nach Tillmann.

Wie entsprechende Messungen ergeben haben, liegen die Temperaturen des Deckenkanals um 700° und besonders gegen Ende der Garungszeit erheblich unter denen im Gassammelkanal über der Beschickung (820°). Auf verschiedenen Ruhrkokereien ist durch Einbau von Deckenkanälen ein Mehrausbringen an Benzol von 10 bis 15% eingetreten.

W. Busch und Mitarbeiter[2]) machen Angaben über die Auswirkung der Deckenabsaugung auf der Zentralkokerei Friedrich Thyssen 3/7. Die Anordnung ist derjenigen von Tillmann ähnlich. Die vergleichsweise durchgeführten Gasanalysen ergaben im Durchschnitt bei Deckenabsaugung einen etwas geringeren Wasserstoffgehalt und dementsprechend höheren Methangehalt sowie höhere Gehalte an schweren Kohlenwasserstoffen als bei der gewöhnlichen Betriebsweise. Diese Verschiebungen

[1]) Glückauf **70** (1934), S. 1142, Abb. 7.
[2]) Glückauf **69** (1933), S. 490ff.

drücken sich auch in einem etwas höheren spezifischen Gewicht der Gase bei den mit Deckenkanal versehenen Öfen aus. Die vergleichsweise im Steigrohr gemessenen Temperaturen lagen beim Betrieb mit Deckenabsaugung vom Beginn des Füllens bis zur 14. Stunde um rd. 70° niedriger (bei etwa 700°) als bei der alten Betriebsweise. Die Ausbeutesteigerung an Rohbenzol belief sich auf 11,5%. Das prozentuale Ausbringen an Reinbenzol war etwa das gleiche.

Die Mehrausbeute an Benzol wird je nach den Betriebsbedingungen Schwankungen unterworfen sein. Je heißer der Ofengang, um so stärker wird die schonende Wirkung des Deckenkanals in Erscheinung treten.

Nettlenbusch und Jenkner[1]) gehen davon aus, daß, abgesehen während der ersten Garungsstunden, wo die flüchtigen Bestandteile im wesentlichen mit den heißen Kammerwänden in Berührung kommen, die Hauptspaltvorgänge der Gase in dem bereits gebildeten, von Längs- und Querrissen durchzogenen Koks bei Temperaturen von etwa 750° stattfinden. Demgegenüber liegen die Temperaturen im Gassammelraum nur bei etwa 630 bis 700°. In größerem Maßstabe angestellte Betriebsversuche ergaben, daß bei einer Nacherhitzung der aus dem Steigrohr abziehenden flüchtigen Erzeugnisse auf etwa 750° keine merkliche Änderung der Benzolausbeute eintritt. Bei einer Steigerung der Spalttemperatur auf etwa 900° konnte eine Benzolmehrausbeute von 14% erhalten werden bei gleichzeitigem Rückgang der Teerausbeute um 18,5%. Am günstigsten erwies sich jedoch eine Nacherhitzung auf 820 bis 850°, bei einer Benzolmehrausbeute von 15% und einem Rückgang der Teerausbeute von nur 8%. Auf Grund der Ergebnisse wird der Einbau von Deckenkanälen mit einer von den Öfen unabhängigen Beheizung zwecks Erhöhung der Benzolausbeute für vorteilhaft erachtet, wenn auch die jeweilige Eigenart der Kohle hierbei berücksichtigt werden muß.

Mit den zuletzt geäußerten Ansichten decken sich im wesentlichen auch die Folgerungen, die H. Krüger und Mitarbeiter aus ihren diesbezüglichen Versuchen ziehen. Sie haben eingehende Berechnungen über die bei der Deckenkanalabsaugung auftretenden Verhältnisse, insbesondere die Verweilzeiten der Gase, angestellt[2]) und gezeigt, daß die Deckenabsaugung keine Verkürzung der Verweilzeit verursacht, sondern eine Nachbehandlung des Gases bei Kracktemperaturen bewirkt, da Laboratoriumsversuche ergaben, daß die thermische Nachbehandlung der Rohgase zu einem Mehrausbringen an Benzol führen kann. Die Wirkung der Nachbehandlung hängt aber weitgehend davon ab, wie weit schon im Ofen die thermische Behandlung fortgeschritten ist. Der Deckenkanal wird daher mit einer gewissen Wahrscheinlichkeit nur dort Erfolge zeitigen, wo in kurzer Zeit große Gasmengen entstehen und ab-

[1]) Glückauf **70** (1934), S. 1165.

[2]) Glückauf **71** (1935), S. 221ff.

gesaugt werden müssen. Dies ist der Fall in kurz garenden Öfen mit hoher Temperatur und großem Ladegewicht. Die hohe Temperatur begünstigt zwar den Ablauf der Spaltreaktionen schon in der Kammer, dafür wird aber infolge der kurzen Garungszeit die Gasentwicklung so stark, daß sich nur äußerst kurze Verweilzeiten im Gassammelraum ergeben. Infolgedessen werden die Umsetzungen noch nicht ihr Ende finden.

Wie ersichtlich, stehen diese Ansichten im Gegensatz zu denen der oben genannten Autoren, die die Mehrausbeute an Benzol auf einen im Deckenkanal begründeten Schutz der Entgasungserzeugnisse vor Wärmespaltungen zurückführen.

Über weitere Versuche bei Deckenabsaugung berichten W. Litterscheidt und Mitarbeiter[1]). Für die Versuche wurde das Rohgas dreier Öfen einer vorhandenen Koksofengruppe gesondert abgesaugt und die Ausbeute mit oder ohne Deckenkanal festgestellt. Die Untersuchungsergebnisse bei Deckenabsaugung unterschieden sich nur unwesentlich von denen bei der normalen Absaugung. Es ist offengelassen, inwieweit veränderte Betriebsbedingungen und bauliche Maßnahmen oder die Beschaffenheit der Kokskohle die Ergebnisse beeinflussen.

H. Anlage- und Betriebskosten.

Da mit wachsender Kapazität sowohl die Anlage- als auch die Betriebskosten des Gaswerkes für die durchgesetzte Einheit Kohle geringer werden, besitzen die Großgaswerke für Gruppengasversorgung hinsichtlich der Gestehungspreise der Erzeugnisse, also insbesondere von Gas und Koks, einen entsprechenden Vorsprung vor den mittleren und insbesondere den kleineren Werken, gleiche Einstandspreise für die Kohle vorausgesetzt. Hinzu kommt noch, daß der in Horizontalkammeröfen erzeugte Koks bei Verarbeitung entsprechender Feinkohlen qualitativ sehr hochwertig ist und daher zu guten Preisen Absatz findet.

Über die Anlagekosten neuzeitlicher Werke mit Großraumöfen, wie solche vornehmlich auf Zechen- und Hüttenkokereien erstellt worden sind, hat vor einiger Zeit W. Gollmer[2]) entsprechende Aufstellungen nach Angaben der in Frage kommenden Baufirmen gemacht. Hierbei handelt es sich um Öfen für Stark- und Schwachgasbeheizung einschließlich aller Nebenanlagen sowie einschließlich der Gebäude. Die Kammerabmessungen entsprechen einem Ladegewicht von etwa 16 t Kohle, wie man es wiederholt auch für Großgaswerke gewählt hat.

Die Anlagekosten stellen sich hiernach bei einer jährlichen Leistungsfähigkeit von 500000 t Koks auf rd. RM. 18,50 und bei einer

[1]) Glückauf **71** (1935), S. 461ff.
[2]) Glückauf **65** (1929), S. 116ff.

solchen von 200000 t Koks auf rd. RM. 22,80 je Jahrestonne Koks. Man kann also für Großgaswerke beiläufig mit einem Anlagekapital von etwa RM. 20,— je Jahrestonne Koks bzw. etwa RM. 14,20 je Jahrestonne durchgesetzter Kohle rechnen[1]). Etwa die Hälfte des Anlagekapitals entfällt dabei auf die vollständige Ofenanlage nebst Kohlenvorratstürmen und Kokereimaschinen (Füllwagen, Ausdrückmaschinen, Türabhebevorrichtungen). Die Angaben beziehen sich allerdings auf das Jahr 1927 und haben daher nur bedingte Geltung.

Bei einer Verzinsung und Abschreibung von zusammen 15% würde hiernach die Tonne Koks mit RM. 3,— zu belasten sein, entsprechend einem Kapitaldienst von etwa RM. 2,10 je t durchgesetzte Kohle.

Die eigentlichen Betriebskosten der gesamten Anlage setzen sich im wesentlichen zusammen aus den Löhnen und Aufwendungen für Unterfeuerung, Dampf, Strom, Schmiermittel usw.

In der angezogenen Arbeit ist eine solche Betriebskostenberechnung im Rahmen einer Wirtschaftlichkeitsberechnung durchgeführt, allerdings für eine moderne Großanlage mit einer Jahresleistung von 1 Million t Koks bei voller Beschäftigung, wobei folgende Preise zugrunde gelegt sind:

Starkgas für Unterfeuerung .	1,716 Pf./m^3
Dampf	2,25 RM./t
Strom	1,125 Pf./kWh

Der Starkgaspreis für die Unterfeuerung basiert auf einem Kohlenpreis von RM. 17,10/t an der Verarbeitungsstelle.

Einschließlich Lohnkosten ergeben sich hierbei die gesamten Betriebskosten zu etwa RM. 5,30/t Koks, wovon auf die Unterfeuerung etwas mehr als die Hälfte (RM. 3,—) entfällt. Kapitaldienst und Betriebskosten würden sich hiernach auf RM. 8,30/t Koks bzw. auf etwa RM. 6,—/t durchgesetzte Kohle belaufen, wobei allerdings die Kosten für Verwaltung, Umlagen, Steuern, Versicherungen usw. nicht berücksichtigt sind.

[1]) Hierbei ist angenommen, daß 1,4 t Kohle 1 t Koks entspricht.

4. Teil

Der Schrägkammerofen

Von

Dr.-Ing. E. h. Bernhard Ludwig
Berlin

A. Einleitung.

Der Schrägkammerofen für die Steinkohlenentgasung entstand 1895 aus einem Vorschlag des Direktors der Münchener Gaswerke, Hans Ries. Die Entwicklung dieses Vorschlags zu einem brauchbaren Ofensystem für den Großbetrieb erfolgte durch die Münchener Städtischen Gaswerke im Verein mit der Didier A.G. Berlin. Von der Didier A.G. wurde der Grundgedanke des Schrägkammerofens auch auf Kleinkammeröfen übertragen.

Entsprechend dem technischen und wirtschaftlichen Erfolg des Münchener und Didier-Schrägkammerofens beschäftigen sich die nachstehenden Ausführungen in erster Linie mit seinen Konstruktionen.

B. Der Großraum-Schrägkammerofen Bauart „München“ und „Didier A.G.“.

1. Die Geschichte.

Der Gedanke, Kohle nicht in Retorten, sondern in größeren Räumen zu entgasen, wurde schon Ende der achtziger Jahre des vorigen Jahrhunderts mehrfach in Erwägung gezogen. So äußerte sich einmal der Altmeister der Gaschemie, der spätere Geheime Hofrat Professor Dr. H. Bunte, der damals als Werkchemiker bei den Münchener Gaswerken tätig war:

> »Wir kochen bei den Gasanstalten immer in kleinen Häfen. Man sollte einmal versuchen, in großen Häfen zu kochen.«

Auch in den Vereinigten Staaten von Nordamerika beschäftigte man sich mit solchen Gedanken. Im Jahre 1896 meldete John C. Dodds ein Patent auf einen Gasgenerator an, welches fast alle die typischen Merkmale des Schrägkammerofens aufwies; jedoch war der Vorschlag im praktischen Betrieb nicht verwendbar, weil die große Entladeöffnung fehlte und der Koks durch eine kleine Öffnung mittels Stocherwerkzeugen aus der Kammer herausgeholt werden mußte.

Im Jahre 1895 schrieb Hans Ries, der damalige Direktor der Münchener Gaswerke, als er mit seinem Mitdirektor Dr. E. Schilling von einer

Studienreise aus England zurückkam, in dem Reisebericht an die Gas-Gesellschaft in München folgendes:

»In den Destillationsöfen der Kokereien erscheint uns dagegen das Vorbild eines allen Ansprüchen genügenden Gaserzeugungsofens gegeben. Wir verkennen die Schwierigkeiten nicht, welche die Anpassung des Koksofens an den Gasanstaltsbetrieb bietet, doch halten wir andererseits eine Verbindung der Generator-Feuerung mit dem Kammerofen nicht für unmöglich. Erst bei einem solchen Ofensystem wird die Gasproduktion auf einem Grad größter Unabhängigkeit von menschlicher Arbeit und billigstem Betriebe angelangt sein.«

Die ersten Entwürfe zu einem Schrägkammerofen stammten bereits aus dem Jahre 1896 und wurden von H. Ries und E. Schilling ausgearbeitet. Die Ausführung mußte aber unterbleiben, weil 1899 die Gasbeleuchtungs-Gesellschaft München an die Stadt München überging und infolgedessen Neuanlagen nicht mehr errichtet wurden.

Erst im Herbst des Jahres 1901 wurde an die Ausführung des Versuchsofens auf dem Gaswerk an der Thalkirchener Straße herangetreten. Dort wurde ein älterer, außer Dienst gestellter 8er Retortenofen Münchener Systems unter fast unveränderter Beibehaltung des Rekuperations-Unterbaues und des Generators in seinem oberen Teile zu einem 3kammerigen Kammerofen umgebaut. Die Kammern waren damals unter einem Winkel von 35° geneigt, um eine selbsttätige Füllung und Entleerung zu ermöglichen; sie erweiterten sich etwas nach unten, das heißt nach der Entleerungs-Seite hin, um das Festklemmen des Kokskuchens zu vermeiden. Die Brenner lagen zwischen den Kammern. Die Feuergase bestrichen nur die Seitenwände, nicht die Decken der Kammern. Die drei Steigerohre hatten Ventile und mündeten in eine gemeinsame Vorlage. Die Einfüllöffnung war mit einem Morton-Verschluß versehen. Etwas tiefer lag eine Öffnung zum Herausdrücken des Kokskuchens, falls dies erforderlich sein sollte. Die vorderen Kammeröffnungen waren mit schmiedeeisernen Türen verschlossen und besaßen nach innen ein Schild, um die Kohlenfüllung nicht zu weit nach vorne gelangen zu lassen.

Die Kohlen wurden für eine Kammerfüllung in einem höher liegenden Behälter bereitgehalten und mit einem Trichter in die Kammer eingefüllt. Der aus den Kammern kommende Kokskuchen gelangte auf einer schiefen Ebene nach abwärts zum Löschplatz.

Jede Kammer hatte ursprünglich einen Fassungsraum von 1,6 t. Später mußte jedoch im oberen Teile eine Zwischendecke eingezogen werden, so daß sich der Fassungsraum auf 1,0 t verminderte.

Die Kammern waren aus gewöhnlichen feuerfesten Ziegeln aufgebaut und hatten keinerlei Verfalzungen. Sie erwiesen sich bei den ersten Füllungen als ziemlich undicht. Aber schon nach wenigen Tagen wurden die Undichtheiten durch den Graphitansatz an den Wänden geschlossen. Bemerkenswert ist, daß dieser Versuchsofen bereits eine Vorrichtung zur Aufhebung der Tauchung in den Vorlagen hatte.

Diese erste Ausführung des Münchener Schrägkammerofens ist deshalb so bemerkenswert, weil sie bereits eine Reihe von Richtpunkten und Anschauungen verwirklicht, die späterhin erhöhte Bedeutung gewannen, ja sogar erst richtig erkannt worden sind.

Schon im Jahre 1903 erfolgte auf der 18. Jahresversammlung des Bayerischen Vereins von Gas- und Wasserfachmännern (Passau am 23. April 1903) die Bekanntgabe der Ergebnisse des Versuchsofens.

Nach Durchführung der ersten Versuche wurde der Versuchsofen bis zu den Brennern abgebrochen und mit vergrößerten Kammern mit einem Fassungsvermögen von 2,2 t je Kammer wieder aufgebaut. Die mit diesem umgebauten Ofen erzielten Ergebnisse sind im Journal für Gasbeleuchtung und Wasserversorgung 1904, S. 1018/19, veröffentlicht worden.

Die guten Leistungen ermutigten zu einem Großversuch auf dem Gaswerk am Kirchstein, wo an Stelle von 5 alten 8er Retortenöfen 5 Kammeröfen mit je 3 Kammern errichtet wurden.

Diese Öfen wurden am 5. Oktober 1906 dem Betriebe übergeben. Sie sind im Journal für Gasbeleuchtung 1907, S. 717 ff., eingehend geschildert. Dort finden sich auch zum ersten Male Angaben über Platzbedarf, Wirtschaftlichkeit, Arbeiterverhältnisse usw.

Die Kammerbreiten der Kirchsteiner Öfen waren vorne für die Mittelkammer 550 mm, für die beiden Seitenkammern je 430 mm. Die Kammerlänge betrug horizontal gemessen 3,6 m und die senkrechte Kammerhöhe 2,15 m.

Da die Kirchsteiner Kammeröfen nur eine Tagesleistung von 900 m³ je Kammer aufwiesen, so entsprachen sie dem Bedürfnis der Gaserzeuger nach größeren Öfen noch nicht. Es war daher ein großer Fortschritt, als sich Direktor K. Krause der Hamburger Gaswerke nach Prüfung der in München stehenden Öfen entschloß, einen Block von 10 Münchener Kammeröfen mit je 5500 m³ Nennleistung und je 3 Kammern auf dem Gaswerk Grasbrook zu errichten, welche dann im Januar 1908 in Betrieb kamen.

An den Kammeröfen des Gaswerkes am Kirchstein in München wurden seitens der Versuchsgasanstalt Karlsruhe und auch von Professor Drehschmidt-Berlin eingehende Untersuchungen vorgenommen.

Geheimer Hofrat Dr. H. Bunte, der die Versuche 1906 vornahm, fand bei der Entgasung von Saarkohle eine Gasausbeute von 29,9 m³ je 100 kg Kohle (0° und 760 mm) und einen oberen Heizwert von 5887 kcal je m³ bei einem spezifischen Gewicht von 0,4. Die Wertziffer ergibt sich aus den obigen Angaben zu 176000. Die Unterfeuerung betrug 15,3 kg Trockenkoks oder 51 kg/100 m³ Gas.

Professor Drehschmidt nahm Parallelversuche an vertikalen Retortenöfen und an den Münchener Schrägkammeröfen mit der gleichen Kohle vor. Dabei schnitten die Münchener Schrägkammeröfen nicht ungünstig ab.

Das Ergebnis dieser Untersuchungen ist im Gas-Journal 1908, S. 813ff., veröffentlicht. Das Mittel aus 7 Versuchsreihen war:

Gas = 31,5 m^3/100 kg Kohle (0^0 und 760 mm),
Heizwert = 5590 kcal/m^3 und 0,44 relatives spez. Gewicht.
Die Wertzahl war 176000.

Bei diesen Versuchen wurde zum ersten Male auch Wasserdampf in die Kammern eingeleitet, wobei sich eine Gasausbeute von 40,6 m^3 je 100 kg Kohle bei einem oberen Heizwert von 4885 kcal/m^3, also eine Wertzahl von 199000 ergab.

Die andauernd guten und gleichmäßigen Betriebsergebnisse der Kirchsteiner Kammeröfen veranlaßten H. Ries, für das neu zu erbauende Gaswerk an der Dachauer Straße den städtischen Kollegien die Erbauung von Kammeröfen vorzuschlagen. Diese sollten eine horizontale Tiefe von 6,5 m, eine lichte senkrechte Kammerhöhe von 2,8 m und ein Fassungsvermögen der 3 Kammern von 16 bis 17 t Kohle haben. Diese Öfen wurden im Laufe der Monate April und Mai 1909 in Betrieb genommen.

Den Hamburger und Münchener Kammeröfen folgten sehr bald solche in Leipzig, Hamburg (zweiter Block), Berlin, Rom, Hanau, Regensburg usw.

Wie bei jedem neuen Ofensystem, benötigte auch beim Münchener Kammerofen die Entwicklung bis zur technischen Vollendung viele Jahre. Es ist beachtenswert, daß gleichzeitig parallel hiermit die Entwicklung des Vertikal-Retortenofens und des aus ihm entstandenen Vertikalkammerofens lief.

Der Münchener Schrägkammerofen wurde sowohl von den Städtischen Gaswerken München als auch von der Stettiner Chamotte-Fabrik A.G., nachmals Didier A.G. Berlin, unter gegenseitigem Erfahrungsaustausch entwickelt.

Im Rückblick der geschichtlichen Entwicklung gesehen, erscheint der Werdegang des Münchener Schrägkammerofens sehr einfach und folgerichtig. In Wirklichkeit aber waren sehr viele neue Aufgaben zu lösen und im praktischen Betriebe durchzuführen. Es bedurfte des vollen Einsatzes aller Energie der Beteiligten, um trotz der Schwierigkeiten zu dem schließlich erreichten Ergebnis zu kommen.

Mit der Entwicklung des Münchener Schrägkammerofens ist die Arbeit der Herren Georg Arzberger und Dr. Ing. E. h. M. Bittrich als treibenden und befruchtenden Elementen auf das engste verbunden. Als Leiter des Werkes an der Dachauer Straße konnte der Verfasser in vieler Hinsicht an der konstruktiven Durchbildung der neueren Öfen tätigen Anteil nehmen.

2. Die Lösung der technischen Aufgaben.

Bei der Durchbildung des Münchener Schrägkammerofens waren eine Reihe wichtiger Fragen und konstruktiver Aufgaben praktisch zu lösen. Zunächst bestanden Bedenken in der Hinsicht, daß bei dem neuen Entgasungsverfahren das gewonnene Leuchtgas nicht mehr die Leuchtstärke aufwies wie das in Retorten erzeugte Gas.

Glücklicherweise aber hatte der mit dem Ende der achtziger Jahre einsetzende Siegeszug des Auer-Gasglühlichtes um die Jahrhundertwende bereits dazu geführt, daß man die Güte des Leuchtgases nicht mehr nach dessen Leuchtkraft, sondern nach dem Heizwert zu beurteilen begann. Der Übergang war aber deshalb noch sehr schwierig, weil es neben dem Auer-Gasglühlicht noch eine sehr beträchtliche Anzahl von selbstleuchtenden Gasflammen gab, die mit der Einführung des leuchtwertärmeren Gases verschwinden mußten. Die stetig wachsende Einführung des Auer-Lichtes beseitigte diese Schwierigkeit in wenigen Jahren.

Konstruktiv ergaben sich zunächst unlösbar erscheinende Aufgaben. Die Schräglage der Kammer und die dadurch bedingte stoßartig einsetzende Entleerung verursachte die größten konstruktiven Bedenken. Alle möglichen und unmöglichen Vorschläge wurden von den Beteiligten vorgebracht, um die Entleerungswucht zu vermindern. Auch die Löschung der großen Koksmengen ist erst in der letzten Entwicklungszeit des Schrägkammerofens konstruktiv einwandfrei gelöst worden.

Eine weitere schwierige Frage ergab sich durch die Schräglage des Entgasungsraumes in konstruktiver Hinsicht. Der Schrägaufbau der Kammern und die Schrägführung der Feuerzüge verursachte schräg verlaufende Beanspruchungen im Bauwerk des Ofens, insbesondere aber in den beheizten Wänden des Entgasungsraumes, deren einwandfreie Aufnahme zunächst unlösbar erschien. Die Stettiner Chamotte-Werke im Verein mit den Hamburger Gaswerken brachten durch die Einführung der quer durch die Zwischenpfeiler geführten gekühlten Verankerung des Ofens die praktische und endgültige Lösung dieser Aufgabe.

Durch die Schräglage der Kammer übt die Kohlenfüllung auf die Entladetür, welche in ihren lichten Ausmaßen so groß ist wie der Kammerquerschnitt, einen erheblichen Druck aus. Außerdem atmet das Ofenmauerwerk bei der Füllung und Entleerung durch die Abkühlung seitens der kalten Kohle. Ferner ist das Ofenmauerwerk selbst durch die stetige Einwirkung hoher Temperaturen einem Wachsen oder beim Abkühlen einem Schwinden ausgesetzt. Der Verschlußtürrahmen muß gasdicht am Mauerwerk anschließen, die Sitzfläche des Verschlußdeckels gasdicht auf dem Türrahmen aufliegen. Daher ist es erforderlich, daß

Rahmen und Tür allen nicht voraus bestimmbaren Formveränderungen des Ofens gewachsen sein müssen, um dicht zu bleiben. Die Entladetür und der Rahmen müssen sich also diesen Formveränderungen weitgehend anpassen können, ohne dabei undicht zu werden. Die Lösung dieser schwierigen Aufgabe brachte die später noch eingehend zu behandelnde Konstruktion des Verfassers.

In feuerungstechnischer Hinsicht ergab sich die Notwendigkeit, eine Befeuerungsart zu finden, welche die Kammerwände möglichst gleichmäßig erhitzte, also keine Stellen niedrigerer Temperaturen — insbesondere keine sog. toten Winkel —, aber auch keine überhitzten Stellen erzeugte.

Die ursprünglich gewählte Feuerführung über die Decke wurde nur bei der Konstruktion der Kammeröfen im Gaswerk am Kirchstein durchgeführt, aber infolge zu hoher örtlicher Ausscheidungen von Graphitkohle sehr bald verlassen.

Ein Überblick über die zwanzigjährige Entwicklung des Münchener Schrägkammerofens ergibt, daß folgende mechanische und physikalische Aufgaben zur Lösung standen:

1. Die Entgasungskammer mußte gleichmäßig voll und rasch gefüllt werden, unabhängig von der Art und von der Beschaffenheit der Kohle.
2. Die entgaste Kohle mußte möglichst selbsttätig aus der Kammer herausrutschen.
3. Die Beheizung der Kammer mußte so vorgenommen werden, daß sie entsprechend der abnehmenden Kohlendicke nach der Füllseite hin abnahm. Sie mußte so angeordnet werden, daß sie in jeder Hinsicht regelbar war.
4. Es mußte die Gaszersetzung und die Teerzersetzung weitestgehend hintangehalten werden, damit keine Gasabgangsrohr-Verstopfungen und keine Dickteerbildungen in der Vorlage auftraten.
5. Die Verankerung des Ofens mußte so durchgebildet werden, daß beim Wachsen des Mauerwerks der Entladetürrahmen und die Türe nicht undicht wurden.
6. Die Entladetüre mußte selbst bei der wechselnden Beanspruchung durch den Kohle- bzw. Koks-Druck und beim Wachsen des Ofenmauerwerks dicht bleiben. Sie mußte sich ferner sehr rasch öffnen und ohne wesentliche Beihilfe wieder schließen lassen.
7. Der herausstürzende Kokskuchen mußte aufgefangen und sicher abgelöscht werden.

Die Lösung jeder dieser Aufgaben beanspruchte jahrelanges und eingehendes Studium sowie die Durchführung praktischer Versuche. Es ist außerdem bei allen diesen Vorgängen immer zu bedenken, daß sich die endgültige Lösung nur durch fortgesetztes und schrittweises Ändern und Verbessern ergab.

Die gleichmäßig hohe Füllung im Kammerraum war eine der wichtigsten Voraussetzungen für einwandfreien Betrieb. Die Füllung mußte betriebsmäßig gleichmäßig sein, gleichgültig, ob man feinkörnige oder grobstückige Kohlen in die Kammer einfüllte. Es sollte auch jegliche mechanische Nacharbeit beim Einfüllen grundsätzlich vermieden werden.

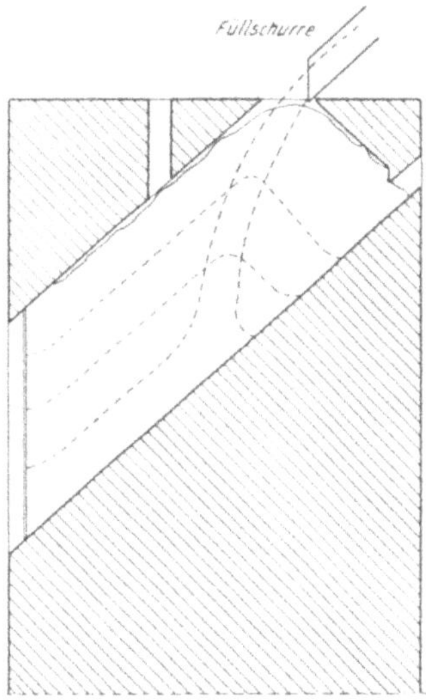

Abb. 1. Füllung einer Schrägkammer.

Schon der Betrieb des Ofens auf dem Gaswerk am Kirchstein zeigte, daß der dort gewählte Neigungswinkel der Kammern von 35° zu gering war, so daß eine Erhöhung erforderlich wurde. Bei 35° Neigung des Kammerbodens überfüllten sich die Kammern an der Füllseite, an der Entladeseite aber waren sie zu wenig voll, denn es verblieb dort ein leerer Raum über der Kohle, der sich gleichmäßig abnehmend bis nahe an die Füllöffnung heranzog. Eingehende Versuche an einem Holzmodell in natürlicher Größe hatten folgendes Ergebnis:

Aus dem Füllgefäß oder der dazwischen geschalteten Kohlenrutsche fließt der Kohlenstrom ähnlich wie ein Wasserstrahl in einer Wurfparabel aus. Dort, wo die Parabel auf den Kammerboden oder später auf die schon vorhandene Kohlenschicht auftrifft, läuft die Kohle nach beiden Seiten in der Längsrichtung der Kammer ab und füllt die Kammer parallel zum Böschungswinkel der auflaufenden Kohle auf. Grobstückige Kohle hat die Neigung, durch Vorrollen den Böschungswinkel zu verkleinern, feinstückige Kohle, insbesondere, wenn sie naß verarbeitet wird, neigt dazu, den Böschungswinkel zu vergrößern. Da ein zu hohes Füllen der Kammern durch grobe Kohle wegen der großen Gasdurchlässigkeit zwischen den Kohlestücken nicht schädlich ist, dagegen aber beheizte leere Räume durch Graphitansatz und Dickteerbildung sich im Betriebe höchst unangenehm bemerkbar machen, erhöhte man die Kammerneigung auf 41°.

Diese Erhöhung hatte zwar in ofenbautechnischer Hinsicht große Nachteile, denn es wurde die Bauhöhe des Ofens vergrößert, die Lage der Füllbühne und der Kohlenbehälter bei langen Kammern sehr erheblich heraufgesetzt und auch der Druck auf die Entladetüren, die ohnehin sehr beansprucht waren, erhöht; auch die Baukosten wurden höher. Die einwandfreie Füllung der Kammern mußte solchen Nachteilen vorangestellt werden.

Bei einer Neigung der Ofensohle von 35° rutschte der Kokskuchen der Kirchsteiner Kammern selbst bei Verwendung gutgeeigneter Kohle nicht immer von selbst aus dem Kammerraum. Dagegen vollzieht sich dies bei einer Neigung von 41° und sehr langen Kammern meist sehr leicht und ohne Nachhilfe. Diese Tatsache war für die Einführung des höheren Neigungswinkels des Kammerbodens maßgebend.

Nachdem die Frage der Neigung der Kammer gelöst war, bereitete die Füllung mit einem abgemessenen Kohlevolumen keine besonderen Schwierigkeiten mehr.

Hinsichtlich der Füllung des Kammerofens war man zuerst der Meinung, daß die Füllöffnung möglichst über der Kammerdecke zu liegen habe, während durch die Versuche an dem bereits erwähnten Holzmodell bewiesen werden konnte, daß die Füllöffnung am oberen Ende der Kammer auch horizontal angebracht werden konnte.

Man war sich einige Zeit im unklaren, ob man die Kammern im oberen beheizten Teile leer lassen oder sie möglichst vollfüllen sollte. Die Inbetriebnahme der Hamburger Öfen und derjenigen auf dem Gaswerk an der Dachauer Straße brachte insofern die Klärung, als Öfen, deren Kammern nicht vollgefüllt waren, infolge der ungewöhnlich starken Dickteerbildungen im Gasabgangsrohr und der damit verbundenen Verstopfungen nicht im Dauerbetrieb gehalten werden konnten.

Im Jahre 1909 war noch keine Klarheit geschaffen über den Einfluß der Kammerbreite auf die Entgasungszeit. Die ersten Kammern des Ofens auf dem Gaswerk am Kirchstein hatten verschiedene Breiten. Die mittlere Kammer, deren beide Seitenwände Brenner hatten, wies eine größte Weite von 55 cm auf, während die Seitenkammern, von denen nur eine Wand durch Brenner beheizt war, eine solche von 43 cm hatten. Es zeigte sich, daß zur Entgasung dieser breiten Kammern sehr hohe Temperaturen angewendet werden mußten, um den Kohleninhalt in 24 h zu entgasen, was sehr bald zu einer Zerstörung des Ofenmauerwerks führte.

Um das Verhältnis Entgasungszeit und Kohlendicke bei der üblichen Entgasungstemperatur klarzustellen, wurden eine Reihe von Betriebsversuchen vorgenommen. Hierbei wurde zum ersten Male festgestellt, daß bei sonst gleichbleibender Temperatur die Entgasungszeit bei zunehmender Kohlendicke im Verhältnis der Quadrate der Kohlendicke zunimmt. Aus diesen Erwägungen und Versuchen heraus wurde dann für die folgenden Ofenbauten die Kammerbreite an der Entladeseite zunächst zu 45 bis 48 cm und endgültig zu 48 cm gewählt.

Auch über das Maß der Verminderung der Kohlendicke zur Füllseite hin war man sich anfänglich nicht völlig im klaren. Doch erwies sich eine Verminderung bis auf 37 cm an der Füllseite als ausreichend, um bei nichttreibenden Kohlen eine einwandfreie Entleerung der Kammer zu erzielen.

Hinsichtlich der zu wählenden Kammerlänge und Kammerhöhe (welche bei den Öfen auf dem Gaswerk am Kirchstein 3,3 m lichte Länge und 2,15 m lichte Höhe betrugen) war man lange Zeit im unklaren. Es stellte sich aber heraus, daß Kammerlängen von 8,25 m und Kammerhöhen von 4,5 m sich ohne jegliche Schwierigkeiten bauen und betreiben ließen.

Die mittleren Heizwände des Ofens auf dem Gaswerk am Kirchstein hatten vertikale Züge, deren Rauchgase, in zwei Gruppen zusammengefaßt, in zwei Kanälen über die Decke hinweg in die seitlichen Heizwände übergeführt wurden; letztere wurden also mit den Abgasen der mittleren Heizwände beheizt. Diese Befeuerung hatte zwei sehr erhebliche Nachteile:

Einmal haben die Feuergase infolge des Schornsteinzuges die Neigung, möglichst den Weg zu wählen, der am kürzesten ist. Zwischen den beiden Feuerübergängen befand sich also eine dreieckige Stelle, die infolge mangelhafter Wärmezufuhr schwächer beheizt war als die übrigen Wandteile. Es erwies sich, daß die damals noch herrschende Meinung von der sog. freien Feuerentwicklung irrig war und brennende und verbrannte Gase nicht eigenen Gesetzen folgen, sondern den allseitig gültigen physikalischen Grundgesetzen über Strömung und Auftrieb in Kanälen mit Widerständen unterworfen sind.

Zum anderen war ein Nachteil darin gegeben, daß an den Übergangsstellen für die Feuergase über der Kammerdecke infolge der Durchwirbelung der Rauchgase die Decke sehr heiß wurde. Die leicht zersetzlichen Kohlenwasserstoffe des Gases und auch die Teerdämpfe bildeten an diesen Stellen durch Abscheidung von Kohlenstoff dicke Blöcke, und der bei der Zersetzung entstehende Ruß verstopfte Gasabgangsrohre, Vorlagen und Gashauptleitungen.

Aus diesen Gründen wurde neben der Vollfüllung der Kammern eine Beheizungsart (die Schrägheizung) gewählt, welche die Kammerdecke verhältnismäßig kühl läßt, so daß sich wesentliche Zersetzungen von Gasen und Dämpfen nicht mehr ergeben. Damit waren mit einem Schlage alle die Schwierigkeiten der Verstopfung der Gasabgangsrohre, der Vorlagen und der Hauptrohre grundsätzlich und für die Dauer beseitigt.

Die Beheizung aller neueren Großraum-Schrägkammeröfen-Wände erfolgt in Richtung der Kammerschräge.

Es war nun die Aufgabe zu lösen, die Kammer so zu beheizen, daß die dicke Kohlenschicht an der Entladeseite gut entgast wird.

3. Der Bau des neuzeitlichen Schrägkammerofens.

a) Der Unterbau.

Der auf die Länge und Breite des Ofenblocks sich erstreckende Unterbau aus Beton enthält den Rauchgaskanal des Blocks und die

Kanäle für die unteren Längsanker. Auf diesen Unterbau werden zum Schutze des Betons gegen Wärmewirkung mehrere Lagen feuerfester Steine, die Ofensohle, aufgelegt.

b) Die End-, Zwischen- und Tragpfeiler.

Beim Schrägkammerofen werden die Kammern nicht wie beim Horizontalkammerofen in ununterbrochener Reihe nebeneinander aufgebaut, sondern in Gruppen von 2 bis 7 Kammern nebeneinander zu einem Ofen vereinigt.

Mehrere solcher Öfen bilden dann einen Ofenblock, in welchem bis zu 7 Öfen zusammengefaßt sein können.

Die Trennung der einzelnen Öfen eines Ofenblocks erfolgt durch Zwischenpfeiler. An den Enden jedes Blocks wird der Zwischenpfeiler durch Verstärkung zum Endpfeiler ausgebildet.

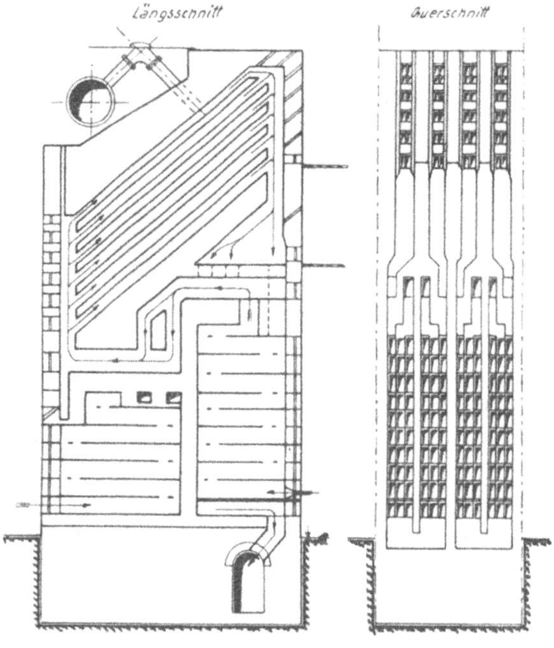

Abb. 2. Schematische Schnittzeichnung eines Münchener Kammerofens mit Fremdgasbeheizung und Rekuperator.

End-, Zwischen- und Tragpfeiler werden auf der Ofensohle errichtet.

Die Endpfeiler des Ofenblocks, welche wie die Zwischenpfeiler von der Ofensohle bis zu den Bedienungsbühnen durchgehen, sind stärker ausgeführt, um die Abkühlung der Endkammern möglichst niedrig zu halten und um die bei der Erwärmung entstehenden Längskräfte des Ofenblocks auf die Längsverankerungsträger übertragen zu können.

Die Zwischenpfeiler trennen die einzelnen Öfen voneinander und nehmen alle Vertikallasten, herrührend von der Vorlage, den Bedienungsbühnen, der Füllvorrichtung, einen Teil des Gewichts der Kammersohle und Decke auf und enthalten die Kanäle für die Anker der Querverankerung.

Die Tragpfeiler gehen von der Ofensohle bis unter die Kammersohle durch. Sie tragen das Gewicht des Ofenaufbaues, also des Kammerbodens, der Kammerwände, der Ofendecke und der Kohlenfüllung. Aus Gründen der zweckmäßigen Unterbringung der Feuerzüge sind die Tragpfeiler der Öfen unter den Kammern errichtet. In die Tragpfeiler sind die Kanäle zur Aufnahme der Dampfzuführungsrohre für die Wassergaserzeugung in der Kammer eingebaut.

c) Das Kammermauerwerk.

α) Der Kammerboden und die Kammerdecke.

Auf den Trag- und Zwischenpfeilern aufruhend, ist der in Kammerneigung ansteigende Kammerunterbau eingefügt; auf ihm werden die schräg ansteigenden Heizwände der Kammern aufgebaut. Der zwischen den Heizwänden liegende treppenförmige Teil des Kammerunterbaues wird durch Einbau der Kammersohlensteine zu einer ebenen Fläche umgestaltet.

Über den Kammerwänden ist die Kammerdecke errichtet, welche die obere Begrenzung des Kammerraumes bildet und ebenso wie das Mauerwerk des Kammerbodens zur Querverbindung des Ofenblocks dient.

β) Die Entgasungskammer.

Die Außenseiten der Heizwände, die Kammersohle, die Kammerdecke und die Rückwand an der Füllseite umschließen die Entgasungskammern.

Boden und Decke der Entgasungskammern steigen unter einem Winkel von 41^0 nach oben an. An der Entladeseite ist die Kammer in voller Öffnung frei, so daß der Kokskuchen ungehindert herausrutschen kann. An der Ladeseite in Verlängerung des Kammerbodens liegt die Stoßöffnung; sie ermöglicht die Einführung eines Stößels, um dem Kokskuchen einen Anstoß zu versetzen. Auf der Kammerdecke befindet sich die Füllöffnung zum Füllen der Kammer.

Um an Mauerwerk und Ofenhöhe zu sparen und um die Bedienungsbühnen einander näherzubringen, ist die Füllöffnung für die Kammer nicht am höchsten Punkt des Kammerparallelogramms angebracht, sondern in Richtung zur Entladeseite verschoben.

Die senkrechte Höhe der Kammern ist auf 3,5, 4,0 und 4,5 m festgelegt. Die Breite der Kammern an der Entladeseite ist bei 22—24stündiger Entgasung 48 cm, bei 16stündiger Entgasung 41 cm, die Kammerbreite an der Füllseite 37 bzw. 31 cm. Die Ofentiefe einschließlich Rückwand ändert sich je nach Ofengröße von 4,5 bis 8,25 m.

γ) Die Heizwände.

Eine besonders sorgfältige technische Durchbildung erfahren die schräg ansteigenden, durch die hohen Temperaturen stark beanspruchten Heizwände. Bei kleineren Öfen wurden sie früher mit parallelen Kammerwänden ausgeführt, wodurch sich zwar der Aufbau der Heizwände vereinfachte, aber die Achsen der beiden Seitenkammern zur Achse der Mittelkammer eine schräge Lage erhielten. Da eine solche Anordnung bei größeren Kammern und einer größeren Kammerzahl nicht durchführbar ist, so werden heute die Heizwände konisch ausgeführt, d. h. sie verbreitern sich entsprechend der Abnahme der Kammerbreite nach oben zur Füllseite zu, und alle Kammern erhalten hierdurch parallele Achsen.

Das Mauerwerk der Heizwand besteht aus Läufern und Bindern. Die Läufer bilden mit den Köpfen der Binder die Kammerwandfläche, die Binder verbinden die beiden Kammerwände einer Heizwand. Abwechselnd bindet der eine Binder in die eine Kammerwand und der andere Binder in die andere Kammerwand der Heizwand ein.

Beim Schrägkammerofenbau hat sich also auch die beim Koksofenbau übliche Form der Herstellung des Mauerwerks der Kammerwände bewährt; es besteht nur der eine Unterschied, daß beim Schrägkammerofen die von einer Kammerwand zur anderen gehenden Binder nicht vertikal übereinander liegen, sondern in Richtung der Kammerneigung ansteigen. Sie bilden dadurch die stufenförmig ansteigenden Scheidewände zwischen den schräg laufenden Heizzügen.

Der Dichtheitsabschluß der horizontalen Fugen des Heizwandmauerwerks erfolgt durch Wulstfalze, wodurch auch mit Hilfe der Binder die beiden Kammerwände fest miteinander verbunden werden. Die Stärke der Kammerwände beträgt 8 bis 9 cm, die stärkeren Steine werden an den durch hohe Temperaturen gefährdeten Stellen der Heizwand unten an der Entladeseite eingebaut. Für die Herstellung des Wandmauerwerks werden saure Steine verwendet, welche infolge ihres höher liegenden Erweichungspunktes sich besser bewährt haben als Schamottesteine. An der Entladeseite, dort wo das heiße Ofenmauerwerk beim Entladen durch wechselnde Temperatureinflüsse stärker in Anspruch genommen wird, benutzt man besonders geeignete halbsaure Baustoffe.

Jede Kammerwand enthält je nach Größe der Öfen 5 bis 7 schräg ansteigende Heizzüge.

Die Länge einer solchen Kammerwand in der Richtung des Kammerbodens beträgt etwa 6 bis 10 m, ihre Höhe zwischen 3,5 und 4,5 m. Eine solche lange und hohe Wand muß von der Entladeseite her bis zur Lade-

Abb. 3. Vertikallängenschnitt durch eine Heizwand.

seite hin entsprechend der geringer werdenden Kohlendicke gleichmäßig abnehmend beheizt werden. Auch in jedem senkrechten Querschnitt, also beginnend von der Kammersohle bis nahe zur Kammerdecke, muß eine gleich hohe Temperatur vorhanden sein, wenn die Kohle ausreichend entgast werden soll.

Diese schwierigste Aufgabe des Schrägkammerofenbaues ist so gelöst, daß in der Kammerwand an der Entladeseite in zwei nebeneinander liegenden schmalen Kanälen (dem Heizgas- und dem Luftkanal) Gas und Luft hochgeführt und den schräg ansteigenden Heizzügen der Kammerwände zugeteilt werden.

Es ist dann noch erforderlich, die diesen schräg ansteigenden Heizzügen zuströmenden Gas- und Luftmengen so zu verbrennen, daß einerseits längs des Heizzugs eine regelmäßige, etwa mit der Kohlendicke abnehmende Temperaturverteilung entsteht und andererseits eine möglichst gute, restlose Verbrennung der beiden Gase stattfindet. Dabei müssen örtliche Überhitzungen ebenso vermieden werden wie zu niedrige Temperaturen an einzelnen Stellen.

Um diese Bedingungen zu erfüllen, trennt man jeden Feuerzug durch die Einmauerung einer Zwischenzunge in zwei parallel laufende Kanäle und durchbricht dieses Zungenmauerwerk in bestimmten Abständen durch Öffnungen, damit Gas und Luft verbrennen können. Durch Erfahrung und Forschung ist die Größe der Öffnungen und ihr Abstand ermittelt worden. Die Öffnungen in den Zungen der Heizzüge nehmen dabei entsprechend der Verdünnung des noch brennbaren Anteils durch Rauchgase mit der Länge des Feuerzugs erheblich an Länge zu.

Um Teerbildungen an den kühlen Türen möglichst zu vermeiden, wird auch das unterste Ende der Kammer genügend warm gehalten. Zu diesem Zweck sind die beiden an der Entladeseite in der Heizkammerwand vertikal ansteigenden Gas- und Luftkanäle unter die Kammersohle herabgezogen. Durch Öffnungen in der Zwischenwand zwischen den beiden Kanälen tritt eine Vorverbrennung ein, welche eine genügende Erhitzung dieses Kammerteils gewährleistet.

Weitere kleinere darüber liegende Öffnungen in dieser vertikalen Zwischenwand ermöglichen die Regelung der Verbrennung hinsichtlich der Gleichmäßigkeit der Beheizung dieses Kammerwandteils.

Die Erfahrung lehrte in Übereinstimmung mit der Theorie, daß die Beheizung eines Ofens dann am gleichmäßigsten wird, wenn man den Unterdruck in den Heizzügen auf ein Mindestmaß herabsetzt, also eine förmliche Stauung der Feuergase in den Heizzügen herbeiführt. Diese Stauung bewirkt eine selbsttätige und gleichmäßige Verteilung der Feuergase über die beheizte Kammerwand, während scharfer Ofenzug eine ungleichmäßige Verteilung der Gase und damit eine ungleichmäßige Heizung der Kammerwände bringt.

Diese Stauung wird durch Schieber im Rauchgasabgang jeder Kammerwand erzielt.

δ) *Die Regelvorrichtungen der Heizwand.*

Um eine stabile und regelbare Beheizung einer Heizwand zu ermöglichen, müssen die zufließenden Gasmengen und ihre Verbrennung durch Eingriffe von außen her beeinflußt werden können. Durch die Verlegung des Zuflusses von Gas und Luft an die Entladeseite und die Übereinanderlagerung der Heizzüge ist es möglich, den Gas- und Luftbedarf mittels eingelegter Regelsteine so einzustellen, daß jeder Heizzug die Gas- und Luftmengen erhält, welche zur Erzielung der erforderlichen Temperatur notwendig sind. Um insbesondere in dem untersten Teil der schrägen Heizzüge die Bildung zu heißer Stellen zu verhindern, können von der Entladeseite her diese Öffnungen durch Einlegen von Steinen verkleinert werden.

d) Die Ofen-Vorder- und -Rückwand.

Die Wände an der Vorder- und Rückseite des Ofens sind so stark als möglich gehalten und zur Verminderung der Wärmeabgabe mit gut isolierenden Mauerwerkschichten versehen. Die Kammerdecke ist zur Verhinderung der Wärmeabgabe und um der Bedienungsmannschaft die Ofenarbeit zu erleichtern, noch besser isoliert.

e) Die Rekuperatoren und die Regeneratoren.

Beim Rekuperator (Wärmeaustauscher) geben die heißen Rauchgase ihre Wärme durch eine möglichst dünne feuerfeste Wand an die vorzuwärmende Luft oder das Generatorgas ab. Die Gase behalten ununterbrochen ihre Strömungsrichtung bei; daher strömen auch Gas und Luft in den Heizzügen des Ofens immer in der gleichen Richtung.

Beim Regenerator (Wärmespeicher) wird das Speicherungsvermögen genügend feuerfester Baustoffe benutzt, um die Wärme vom Rauchgas an die Luft oder an das Generatorgas zu übertragen. Die heißen Rauchgase heizen die Steine des Regenerators durch direkte Berührung während einer bestimmten Zeit auf, dann wird umgestellt, und die kühle Luft erwärmt sich an den so erhitzten heißen Steinen in dem gleichen Raum, in welchem sich vorher die Rauchgase abgekühlt haben. Bei den Regeneratoren wird bei kalter Gasumsteuerung eine Richtungsumkehr von Gas, Luft und Rauchgas vorgenommen. Der Regenerator wird, wie man sagt, umgeschaltet und damit gleichzeitig auch die Strömungsrichtung der Gase im Ofen.

Bei den Horizontalkammeröfen werden nur Regeneratoren verwendet, beim Schrägkammerofen dagegen fast ausnahmslos Rekuperatoren. Die Bevorzugung des Rekuperators hat ihren Grund in der Art der Verbrennung von Gas und Luft in den Heizzügen des Ofens.

Die ersten Rekuperatorkonstruktionen waren noch unvollkommen; sie wurden im Laufe der Jahre undicht. Die von der Didier A.G. seit einigen Jahren hergestellten Röhren-Rekuperatoren haben sich gut bewährt. Diese Verbesserung der Bauart des Rekuperators hat erheblichen Anteil an der Senkung des Unterfeuerungsverbrauchs.

Beim Schrägkammerofen sind die Rekuperatoren zwischen die Tragpfeiler der Kammern eingebaut. Auf Grund langjähriger Erprobung werden sie als Röhrenrekuperatoren mit kreuzweise verlaufenden Kanälen hergestellt; Rauchgas und Luft strömen in diesen Kanälen senkrecht

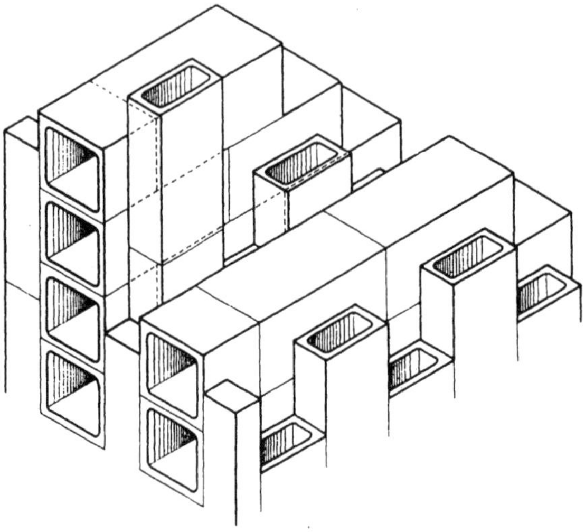

Abb. 4. Röhrenrekuperator.

zueinander. Man zieht es vor, jenes Gas durch die von außen zugänglichen und daher leicht zu reinigenden Rekuperatorenkanäle zu leiten, welches den geringeren Reinheitsgrad besitzt.

Die Aufteilung des Ofenunterbaues ist bei den verschiedenartig unterfeuerten Öfen etwas verschieden und wird bei der Beschreibung der Beheizungsarten eingehender erörtert werden.

f) Der Rauchkanal und der Schornstein.

Jede Rekuperation einer Heizwand hat einen regelbaren Anschluß an den im Ofenunterbau untergebrachten Rauchkanal des Ofenblocks. Dieser Rauchkanal führt zu dem 35 bis 50 m hohen Schornstein des Ofenblocks.

g) Die Ausrüstung des Ofens.

α) *Die Entladetüre und das Türhebewerk.*

Die Entladetüre des Schrägkammerofens muß den vollen Kammerquerschnitt an der Entladeseite gasdicht abschließen, den Druck der Kohle und des Koks aufnehmen und sich mühelos mechanisch rasch öffnen und schließen lassen.

Die bei der ersten Ausführung angewendeten Konstruktionsgrundsätze, eine elastisch nachgiebige und nachstellbare Türe mit einem mög-

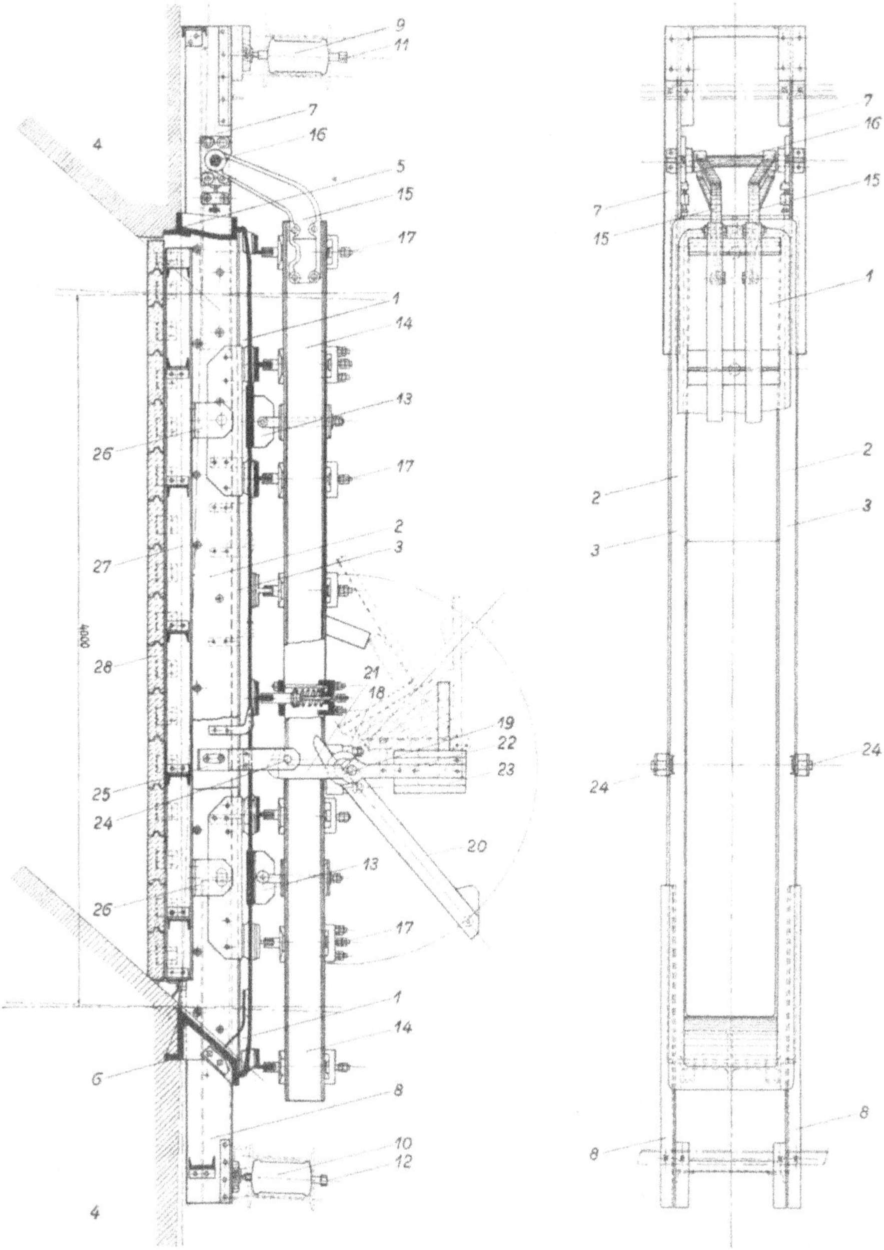

Abb. 5. Entladetür.

lichst starren Türrahmen zu benützen, haben sich als richtig erwiesen, ebenso wie die Verwendung eines einzigen mit Gewicht belasteten Exzenterverschlusses für die mechanische Anpressung der Türe.

Die in Abb. 5 und 6 angegebene Konstruktion der Entladetüre sei nachfolgend beschrieben.

Es bezeichnet *1* die gußeiserne Entladetüre und *2* den gußeisernen Türrahmen. Die Türe liegt auf der äußeren, vom Ofenmauerwerk abgekehrten Sitzfläche *3* des Türrahmens *2* auf, die dichtende Stelle ist dadurch der Erwärmung durch das Ofenmauerwerk *4* entrückt und für die Reinigung sehr leicht zugänglich. Der an der Ofenseite liegende Flansch *5* des Türrahmens *2* ragt wenige Zentimeter in das Ofenmauerwerk *4*, er dient zur Abdichtung des Türrahmens *2* auf dem Ofenmauerwerk *4*. Das Gewicht des Türrahmens und der ganzen Türkonstruktion wird durch den am Türrahmen befestigten Fuß *6* auf das Ofenmauerwerk *4* übertragen. An den seitlichen Wänden des Türrahmens *2* sind oben und unten schmiedeeiserne Verlängerungen *7* und *8* angeschraubt, welche bis unter die Queranker *9* und *10* der Ofenverankerung reichen. Mit Hilfe der Preßschrauben *11* und *12* werden die Türrahmen *2* an das Ofenmauerwerk *4* gepreßt.

Die Türe *1* ist mit Hilfe der Aufhängungen *13* an zwei Stellen mit dem Bügel *14* senkrecht zur Ofenwand verschiebbar aufgehängt. An Bügel *14* sind am oberen Ende die gebogenen Verlängerungen *15* so angeschraubt, daß sich der Bügel *14* mit der Türe *1* um die Achse *16* drehen kann. Bügel *14* überträgt beim Anpressen den Anpressungsdruck mit Hilfe der nachstellbaren und gefederten Schrauben *17*.

Das Anpressen der Türe geschieht wie folgt: Auf dem Bügel *14* ist in Lagern *18* die Exzenterwelle *19* gelagert. Auf der Exzenterwelle ist der Hebelarm *20*, welcher durch ein fahrbares Gewicht herabgedrückt wird, aufgekeilt. An den äußeren Enden der Exzenterwelle *19* sind die Exzenterhaken *21* drehbar befestigt. Die rückwärtigen Verlängerungshebel *22* der Exzenterhaken *21* tragen das Gewicht *23*, welches die Exzenterhaken *21* dauernd herunterdrückt, damit sie beim Ablassen der Türe von selbst hinter die Hakenbolzen *24* einfallen. Hakenbolzen *24* sind mittels der Laschen *25* an dem Türrahmen *2* befestigt.

Zum Schutze der Türe *1*, und um die Kohlen auch unten an der Türe genügend zu entgasen, ist vermittels der zwei Haltepunkte *26* der Türschild *27* nebst Isolation *28* aufgehängt.

Die Türe wird durch eine Hebevorrichtung, welche am fahrbaren Löschturm befestigt ist, gehoben und gesenkt. In Abb. 6 ist ein solches Türhebewerk dargestellt. Es bedeutet *30* das Windwerk, welches das in einer gebogenen Schiene *31* laufende Gewicht *32* hebt und senkt. Das Gewicht *32* greift mittels des Hakens *33* an dem mit Exzenterhebel *20* verbundenen Gestänge an. Wird das Gewicht angehoben, so hebt sich der Hebel *20*, die Exzenterwelle *19* (Abb. 5) wird gedreht, die Verbindung der Exzenterhaken *21* mit den Bolzen *24* gelockert und bei weiterem Hochheben des Gewichtes die Haken *21* hochgehoben, die Türe wird frei und kann mit dem Türschild angehoben werden, wobei sie sich um die Achse *16* dreht. Dieses Hochheben der Türe erfolgt sehr rasch, damit der Kokskuchen die Türe nicht aufschlägt.

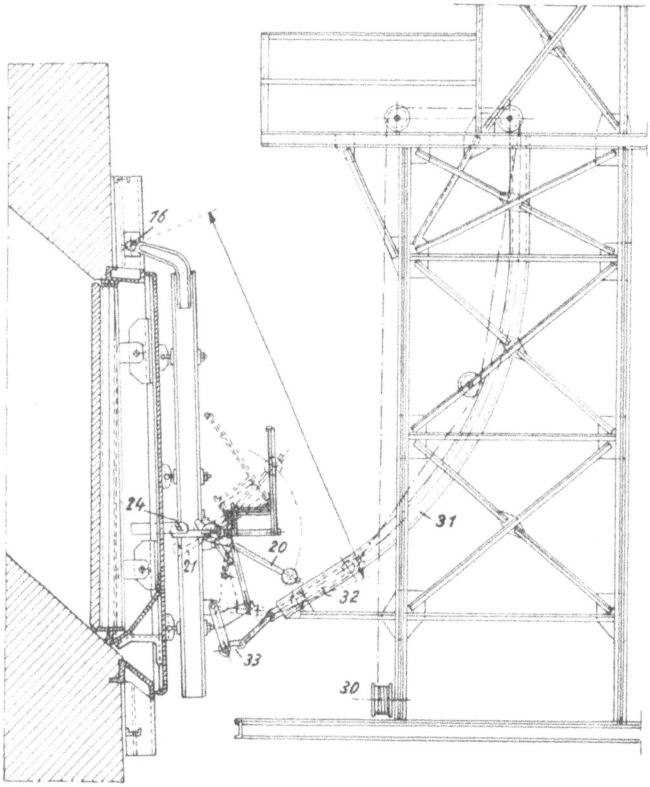

Abb. 6. Hebevorrichtung für die Entladetür.

Beim Schließen der Türe vollzieht sich der Vorgang umgekehrt. Die Türe und der Schild senken sich beim Ablassen des Gewichtes solange, bis die Türe am Türrahmen aufliegt, dann fallen die Exzenterhaken *21* hinter die Bolzen *24*, der Exzenterhebel *20* senkt sich durch den Druck des Gewichts, die Exzenterwelle wird angezogen und damit die Türe auf den Türrahmen gepreßt. Schließt die Türe durch Verbiegen des Rahmens nicht mehr dicht ab, so kann die Undichtheit durch Nachstellen der Preßschrauben *17* beseitigt werden.

Der Anpressungsdruck auf die Türe ist so groß, daß Kohle und Koksstücke, ja sogar Holz durchgeschnitten werden.

β) Die Fülltüre.

Der horizontal liegende Fülltürrahmen hat eine Öffnung von etwa 65 × 38 cm. Die Türe ist mit einem Hebelverschluß verschließbar, ihre Anpressung mittels Exzenter nachstellbar. Der Türrahmen ist so ausgebildet, daß er sich möglichst glatt an die gemauerte Kammerdecke anschließt, um etwa übergelaufene Kohlen bequem in die Kammer hineinkehren zu können. Die Fülltüren der Kammern eines Ofens sind

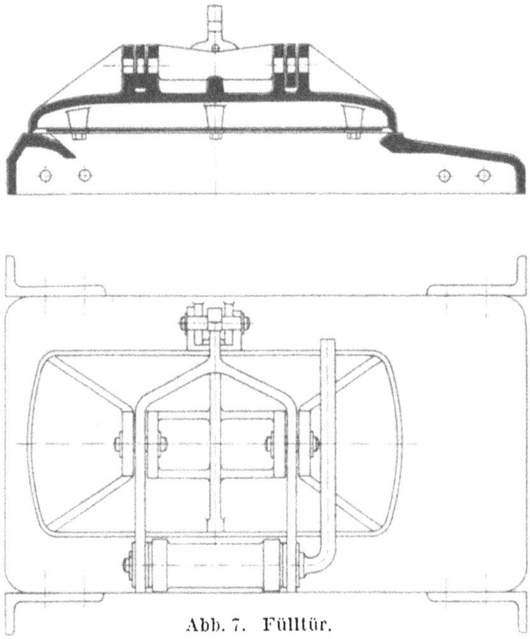

Abb. 7. Fülltür.

an den Stirnseiten durch Flacheisen miteinander verbunden, damit Erschütterungen beim Öffnen und Schließen einer Türe keine Lockerung des Türrahmens am Ofenmauerwerk verursachen. Man vergrößert durch diese Maßnahme das Gewicht des ruhenden Teils der Fülltüren im Verhältnis zum bewegten Gewicht der einen bei der Füllung bewegten Türe.

γ) Die Stoßtüre.

Die Stoßtürrahmen haben eine Öffnung von etwa 55 × 38 cm. Die Stoßtüre kann wie die Fülltüre durch einen Exzenterverschluß angepreßt werden; sie verschließt eine vertikal liegende Öffnung an der Rückseite der Kammer, welche in der Flucht des Kammerbodens liegt. Der Rahmen der Stoßtüre besitzt unten die Kammerneigung, damit Kohle und Koks nicht darauf liegen bleiben können; er ist an den vertikalen Längsseiten mit aufgeschraubten Flacheisen versehen, welche bis unter die Queranker der Ofenverankerung reichen. Mit Hilfe von Schrauben an diesen Querankern werden die Stoßtürrahmen an das Mauerwerk angepreßt.

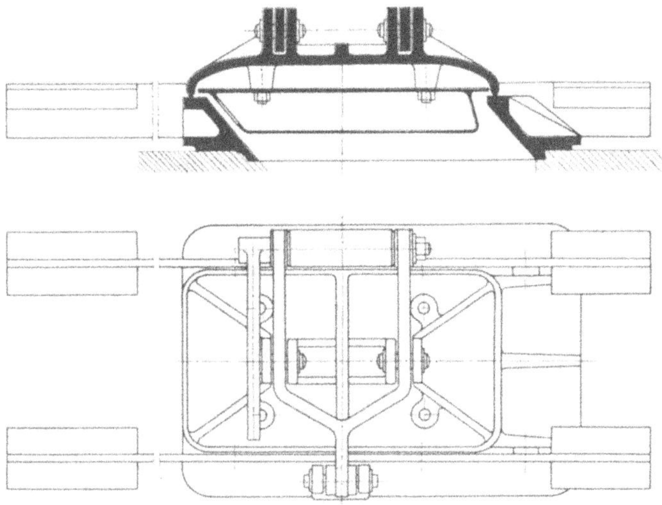

Abb. 8. Stoßtür.

δ) *Das Gasabgangsrohr.*

Das in der Kammer erzeugte Gas wird durch ein einziges Abgangsrohr von etwa 30 cm l. W. aus dem Kammerraum abgeführt. Das Gasabgangsrohr, das nahezu senkrecht zur Ofendecke im oberen Drittel der Kammerdecke einmündet, führt also in fast rechtem Winkel abgehend zur Ofenvorlage. Der Anschluß des Gasabgangsrohres an das Mauerwerk des Ofens erfolgt mit Hilfe eines an der Ofendecke befestig-

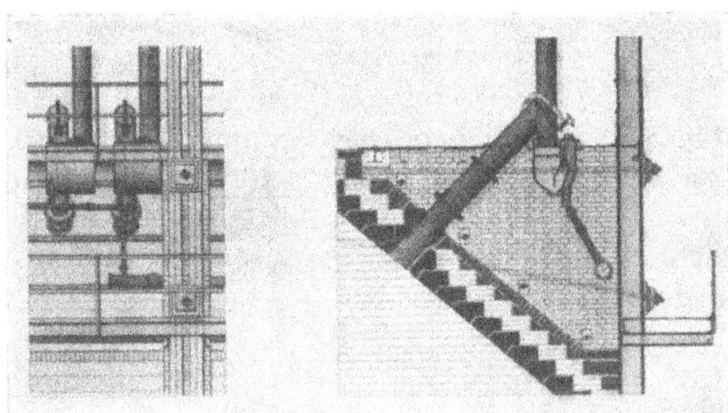

Abb. 9. Gasabgangsrohr mit Vorlage.

ten Muffenstücks, in welches das untere Ende des Gasabgangsrohres kurz vor der Inbetriebnahme des Ofens eingedichtet wird. Jedes Abgangsrohr einer Kammer hat nur eine einzige aufklappbare, durch Exzenterverschluß verschließbare Reinigungsöffnung, durch welche sowohl der zur Kammer führende Rohrteil, als auch der zur Vorlage führende kurze Rohrstutzen mit Reinigungswerkzeugen befahren werden kann. Besondere Sorgfalt ist darauf verwendet, daß die Reinigungswerkzeuge von der Bedienungsbühne des Ofens aus leicht eingeführt werden können und vorstehende Kanten und Ecken, welche das Befahren erschweren, vermieden sind.

ε) *Die Ofenvorlage.*

Jede Kammer hat ihre eigene Vorlage; sämtliche Vorlagen eines Ofens ruhen auf Trägern auf, welche von einem Zwischenpfeiler zum anderen führen. Jede Vorlage hat eine eigene Tauchungseinrichtung, mit deren Hilfe die Mündung des Gasabgangsrohres durch Heben des Flüssigkeitsspiegels in der Vorlage sicher verschlossen werden kann. Dieses Verschließen heißt man im Betrieb: Tauchung geben. Während des Entgasens wird ohne Tauchung gearbeitet; Tauchung wird gegeben unmittelbar vor der Füllung der Kammer, also vor dem Öffnen der Verschlüsse. Die Tauchung wird sofort nach der Füllung der Kammer aufgehoben. Jede Vorlage besitzt eine Reinigungsöffnung, einen Teerablauf und einen Gasabgang zur Gassammelleitung. Der Teerablauf führt zu der längs des Ofens durch die Zwischenpfeiler verlaufenden Teerleitung. Vorlage und Teerabgang sind so gelagert, daß sie warm liegen, um Teerverdickungen bei Abkühlung zu verhüten. Es hat sich im Betriebe gezeigt, daß bei richtig voll gefüllten Kammern die Ansammlung von Dickteer in den Vorlagen recht gering ist und leicht beseitigt werden kann.

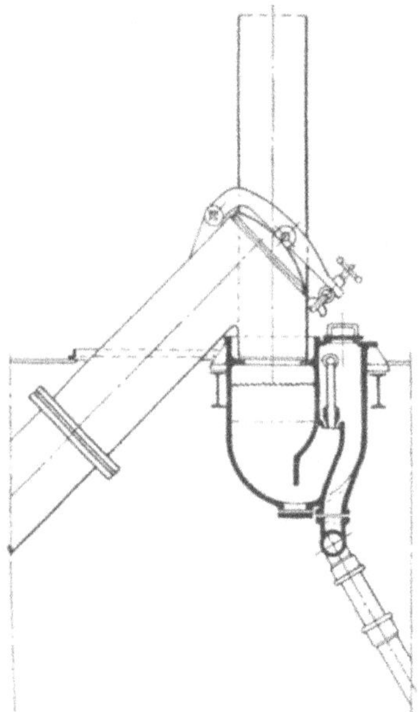

Abb. 10. Vorlage.

Das Reinigen des Gasabgangsrohres und der Vorlage erfolgt von der Füllbühne des Ofens aus.

ζ) *Die Ofenverankerung.*

Jedes Ofenmauerwerk dehnt sich bei der Erwärmung aus. Würde man ein solches Mauerwerk beim Erkalten nicht durch starke Anker zusammenpressen, so würden sich die Mörtelfugen öffnen. Der in den Fugen befindliche feuerfeste Mörtel, welcher keine bindende Eigenschaft besitzt (weil er nur aus einem Gemisch von hochwertigem Ton und Magerungsmitteln, z. B. Quarzitsand, besteht), bröckelt ab und füllt die offenen Fugen aus. Wird eine solche Wand wieder erhitzt, so dehnt sich jeder einzelne Stein aus, die Fugen können sich jedoch nicht mehr vollkommen schließen, das Mauerwerk wird undicht und auch länger. Diese Ausdehnung des Mauerwerks ist grundsätzlich verschieden von jener, welche durch das Wachsen von sauren Steinen entsteht. Solche Ausdehnungen sind teilweise bleibend und werden auch nach dem Erkalten des Mauerwerks nicht mehr zurückgehen.

Gleichgültig, ob das Wachsen durch einen oder den anderen der obengenannten Gründe erfolgt, muß durch die Verankerung eines Ofens tunlichst verhindert werden, daß die Mörtelfugen des Mauerwerks sich öffnen und das Ofenmauerwerk schädliche Risse erhält. Außerdem hat die Ofenverankerung noch jene Kräfte aufzunehmen, welche beim Schrägkammerofen durch den Druck der Kohle und des Kokskuchens auf die Entladetür entstehen. Dieser Druck würde ein Abheben der Entladetürrahmen vom Ofenmauerwerk bewirken und hierdurch Undichtheiten verursachen, durch welche Luft in die Kammern eindringen würde. Solche eingedrungene Luft würde mit dem erzeugten Gas hinter der Entladetüre verbrennen und nicht nur die Türschilde zerstören, sondern auch die Dichtheit des Verschlusses beeinträchtigen, weil durch die einseitige Erwärmung Verziehungen der Türrahmen erfolgen.

Damit ist auf die Wichtigkeit einer richtig angebrachten Verankerung hingewiesen worden. Sie hat zusammengefaßt den Zweck, Längenänderungen des Ofens in Richtung des Ofenblocks und in Richtung der Kammern auf das zulässige Maß zu verringern und Kräfte aufzunehmen, damit das Ofenmauerwerk und die Rahmen der Türöffnungen nicht undicht werden.

Die Verankerung ist bei allen Ofensystemen ein wichtiger, meist unterschätzter Konstruktionsteil, beim Schrägkammerofen aber um so wichtiger, als die Verankerung auch schräg verlaufende Schubkräfte aufnehmen muß.

Wird der Ofen erwärmt, so dehnt er sich erheblich, und zwar bis zu 5 mm je m aus. Die Verankerungen müssen, um Brüche zu vermeiden, dann entweder von selbst nachgeben oder durch Lockerung der Ankerschrauben nachgelassen werden. Erkaltet der Ofen, so sollen sich die Anker entweder von selbst verkürzen oder durch Anziehen der Ankerschrauben verkürzt werden. Das selbsttätige Anziehen und Nachlassen der Anker erfolgt durch Federbündel, welche in die Zuganker eingebaut sind.

Die Beanspruchung der Anker ist, soweit dieselben einer Temperatur von über 350^0 entrückt sind, nur durch die Anziehung der Schraubenmuttern der Anker bedingt. Übersteigt aber die Temperatur 400^0, so beginnt bereits die Festigkeit des Eisens sowohl durch die Erwärmung selbst, als auch durch Umlagerung in Gegenwart der Schamotte- und Silikasteine, erheblich nachzulassen.

Es ist beim Schrägkammerofen zur Aufnahme der durch das Anpressen der Entladetüren verursachten Beanspruchung der Verankerung unerläßlich gewesen, die beiden mittleren Anker durch sehr heiße Ofenteile hindurchzuführen; da diese den Hauptteil des Druckes auf die Entladetüren aufzunehmen haben, so würde ihr Versagen eine Außerbetriebsetzung des Ofens herbeiführen. Durch eine geregelte Innenkühlung dieser Anker (dickwandige Rohre) mittels Wasser ist man in der Lage, diesen Anforderungen vollkommen gerecht zu werden. Die Befürchtungen hinsichtlich der betrieblichen Zuverlässigkeit einer solchen Kühlung haben sich als grundlos erwiesen, wenn man einige Betriebserfahrungen berücksichtigt. So darf z. B. bei kalkhaltigem Wasser die Ablauftemperatur des Kühlwassers nicht höher als 50° C sein, um Kalkabscheidungen in den Rohrankern zu verhindern. Weiter muß die Führung des Kühlwassers in den Ankern so erfolgen, daß Störungen durch Luft- und Dampfblasen vom Wasserstrom selbst beseitigt werden. Um bei Versagen der Betriebswasserleitung die Anker vor Schaden zu bewahren, schaltet man genügend große Zwischenbehälter ein und versieht dieselben mit Vorrichtungen, welche den Wasserstand auf der Bedienungsbühne sichtbar machen.

An den Stirnwänden des Ofenblocks sind vertikale I-Träger hochkant zur Ofenwand aufgestellt. Ihr Abstand beträgt 70 bis 100 cm. Sie werden durch querliegende Träger am Fuß, in der Mitte und knapp über der Kammerdecke zusammengehalten (s. Abb. 11). Die Zahl der Längsanker, welche von einem Endpfeiler zum anderen gehen, ist je nach Ofengröße etwas verschieden; sie beträgt bei größeren Öfen etwa 5 Stück im Ofenunterbau, 6 Stück in der Nähe der Decke und je 2 an der Vorder- und Rückseite des Ofens.

Vor und hinter jedem Ofenzwischenpfeiler befinden sich vertikal in die Höhe gehende II-Träger, welche durch Queranker, die durch den Zwischenpfeiler hindurchgehen, zusammengehalten werden. Es sind 4 solcher Queranker übereinander angeordnet, wovon der oberste frei an der Luft liegt, während die beiden nächst tiefer liegenden Rohranker von der Entladeseite zur Ladeseite des Ofens durch das heiße Mauerwerk hindurchgehen und deshalb in der bereits geschilderten Weise gekühlt werden müssen. Der im Ofenunterbau liegende Anker bedarf infolge genügenden Luftzugs durch den Ankerkanal keiner weiteren Kühlung.

η) *Die Bedienungsbühnen.*

Im Laufe der Entwicklung des Kammerofens hat sich die Zahl der Bedienungsbühnen mehr und mehr verringert. Bei den von der

Abb. 11. Ofenverankerung (Ofenanlage Haguenau i. Elsaß).

Didier A.G. erbauten Öfen sind heute meist nur mehr noch 2 Bühnen vorhanden, nämlich die Füllbühne, von welcher aus die Füllung der Kammern, die Reinigung des Gasabgangsrohres und der Vorlage sowie die Inbetriebsetzung der Stoßmaschine erfolgt, und die Stoßbühne, von welcher aus die Stoßtüren geöffnet und die in den Ofen eingebauten Generatoren aufgefüllt werden. Zur Überwachung des Ofenmauerwerks und der Ausrüstungsteile sind an der Vorderseite des Ofens kleine Laufstege angebracht. Die Hauptbühnen sind an jenen Stellen, wo keine Ansammlung von Kohle oder Koks stattfinden kann, durchbrochen, um eine gute Belüftung der Arbeitsplätze herzustellen.

ϑ) Das Ofenhaus.

Die Errichtung eines Hauses über einer Schrägkammerofen-Anlage hat den Vorteil, daß Ofen und Bedienungsmannschaft den Einflüssen der Witterung entzogen sind und die Wärmeverluste des Ofens durch Abstrahlung geringer werden.

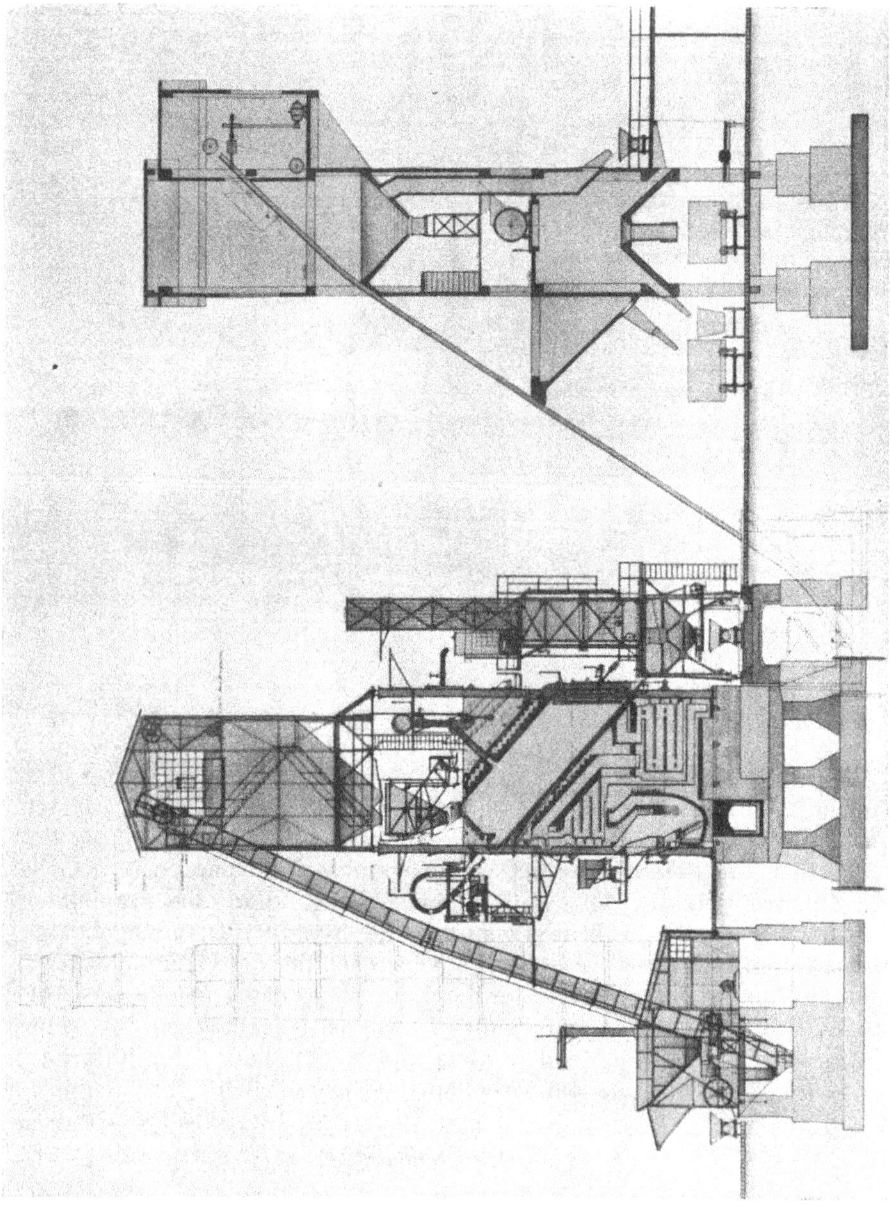

Abb. 12. Ofenhaus mit Fördereinrichtungen.

Abb. 13. Entladeseite der Schrägkammerofenanlage Breslau.

Dem stehen die Nachteile des höheren Kostenaufwandes für Herstellung und Unterhalt gegenüber.

Vielfach hört man die Ansicht, daß es für die Ofenbedienungsmannschaft gesünder sei, wenn sie im Freien arbeite. Ein glaubhafter Nachweis ist hierfür noch nicht erbracht worden. Die richtige Lösung dieser Frage dürfte sein: In Gegenden mit gemäßigten Temperaturunterschieden ist ein Ofenhaus überflüssig und es genügt an dessen Stelle die Errichtung eines Daches, welches Ofen und Mannschaft gegen

Abb. 14. Neuzeitliche Schrägkammerofenanlage Mailand-Bovisa.

Abb. 15. Ladeseite der Schrägkammerofenanlage Arnheim (Holland)

Regen und Schnee schützt. In Gegenden mit rauherem Klima dagegen wird man ein Ofenhaus aus ausgemauertem Eisenfachwerk errichten.

h) Der Maschinenbetrieb.

α) *Der Füllwagen.*

Bei einigen älteren Ofenanlagen sind die Kohlenbehälter nebeneinander über die ganze Ofenlänge hinweg angeordnet, jede Kammer

Abb. 16. Stoßbühne der Schrägkammerofenanlage Arnheim (Holland).

hat also einen eigenen Behälter, welcher die abgemessene Kohlenmenge enthält. Bei der Füllung der Kammern wird die Auslauföffnung des Kohlenbehälters mittels einer aufklappbaren und fahrbaren Schurre mit der Füllöffnung der Kammer verbunden. Das Füllen erfolgt dabei sehr rasch und einfach, und der Bedienungsmannschaft ist das Herbeischaffen der Kohlen erspart.

Bei den neuen Anlagen sieht man aus Gründen der Kosten- und Materialersparnis Sammelbehälter für Kohle vor, welche mindestens den Tageskohlenverbrauch von einem oder mehreren Ofenblöcken enthalten. Um jedem Ofen die erforderliche Kohlenmenge zuzuführen,

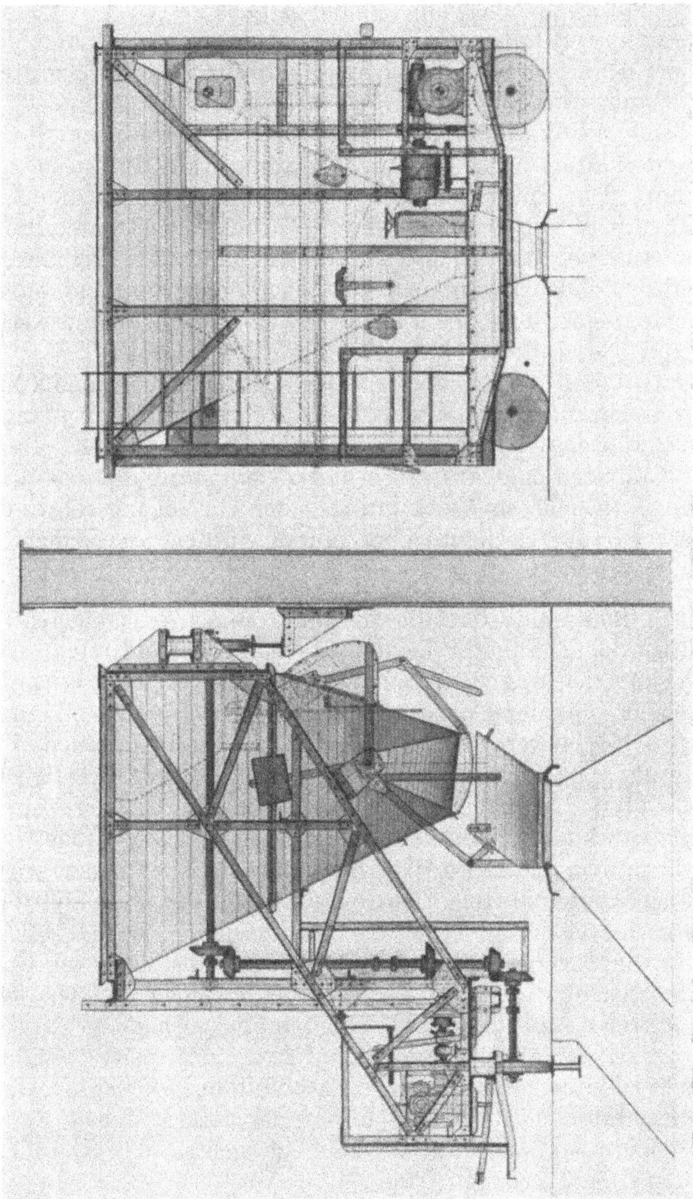

Abb. 17. Füllwagen.

bedient man sich des Füllwagens, dessen Inhalt genau dem Fassungsvermögen der Kammer entspricht. Es ist dies ein fahrbarer trichterartiger Behälter, welcher mit einem Drehschieber verschlossen ist. Die Verbindung zwischen dem Auslauf des Füllwagens und der Füllöffnung der Kammer wird durch eine klappbare Schurre mittels eines einzigen Handgriffes hergestellt. Der Unterteil der Schurre versenkt sich dabei in die Füllöffnung und schließt sich an den Auslauf des Kohlenbehälters dergestalt an, daß ein Überlaufen von Kohlen nicht stattfinden kann. Der Füllwagen wird elektrisch angetrieben und läuft mit einem Räderpaar auf einer an der Zwischenpfeilerverankerung angebrachten Schiene; das andere Räderpaar läuft auf Trägern, welche in Höhe der Ofendecke von einem Zwischenpfeiler zum anderen reichen, so daß eine Belastung oder Erschütterung des Ofenmauerwerks beim Fahren und Füllen des Kohlenwagens nicht erfolgt.

Aus Gründen der Schonung des Bedienungspersonals und der dichten Lagerung der Kohle wird Wert auf sehr rasche Füllung gelegt; selbst die größten Kammern werden in etwa 20 s gefüllt. Dabei füllt man die Kammern möglichst hoch und gleichmäßig, um Gas- und Teerzersetzungen, welche zu Verstopfungen der Gasabgangsrohre, der Vorlagen, ja sogar der Gashauptrohre führen würden, zu vermeiden.

β) Die Stoßmaschine.

Die Stoßmaschine hat die Aufgabe, einem Kokskuchen, welcher beim Öffnen der Entladetür nicht allein herausrutscht, einen Anstoß in der Bewegungsrichtung zu geben; sie ist daher in ihrer Wirkung nicht zu vergleichen mit der Koksdrückmaschine der Horizontalkammeröfen. Bei den vom Gaswerk München gebauten Stoßmaschinen wird eine gerade Stoßstange verwendet, während die Didier A.G. Gliederstoßstangen benützt. Die Münchener Stoßmaschine läuft in Form eines Plattformlaufkranes auf Schienen, von denen eine an den Hauptträgern des Ofenhauses, die andere an den Vertikalankern der Zwischenpfeiler befestigt ist. Der Antrieb erfolgt mittels Elektromotor. Bei der Maschine der Didier A.G. läuft das eine Räderpaar der Stoßmaschine auf der Bedienungsbühne für die Stoßtüren und das andere etwa in Höhe der Füllbühne. Bei beiden Ausführungen ist dafür Sorge getragen, daß vor den Stoßtüren ein freier, unbehinderter Arbeitsraum vorhanden ist. Von der Bedienungsbühne für die Stoßtüren führt eine an der Stoßmaschine angebrachte Leiter auf die Bedienungsbühne des Ofens hinauf, weil die Füllmannschaft auch die Stoßmaschine zu betätigen hat. Die Stromzuführung zur Stoßmaschine ist so hoch gelegt, daß Berührung mit Werkzeugen nicht erfolgen kann.

γ) Die Kokslöschmaschine.

Die Kokslöschmaschine hat vier Aufgaben zu erfüllen, und zwar: das Deckelhubwerk zu tragen, die Wucht des aus den Kammern stürzen-

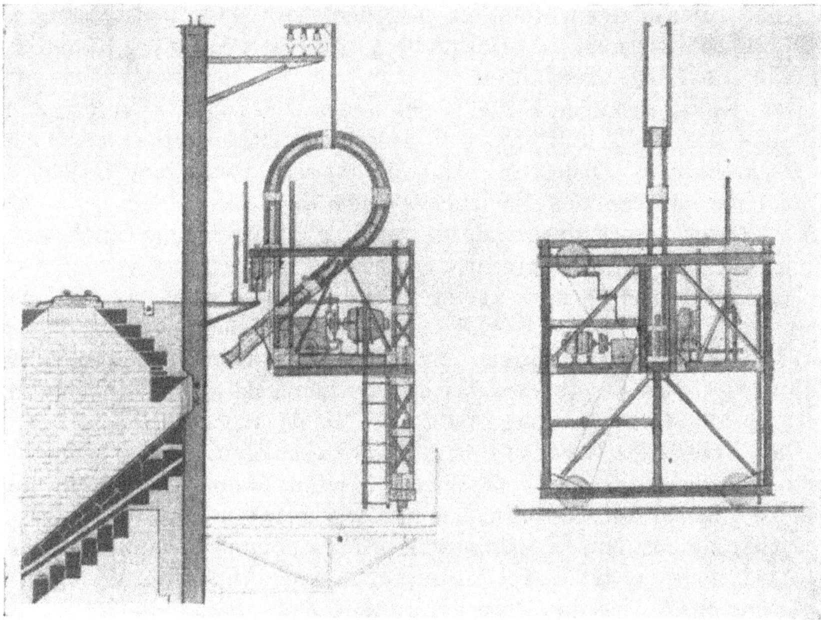

Abb. 18. Stoßmaschine.

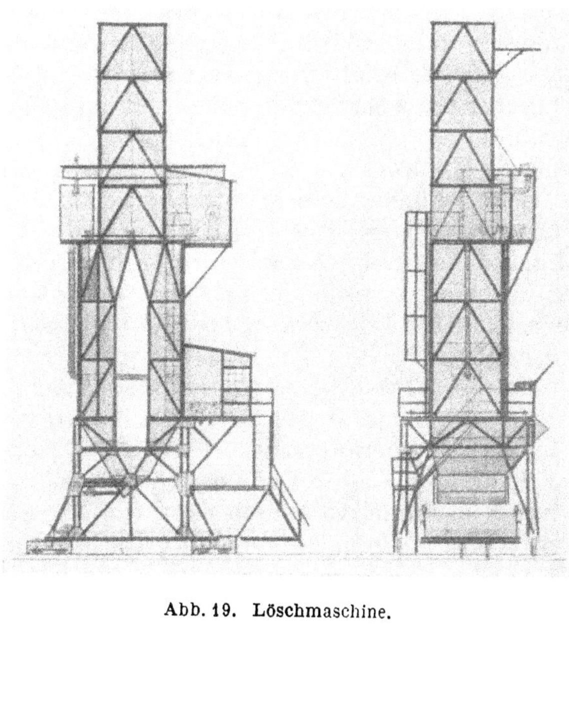

Abb. 19. Löschmaschine.

den Koks aufzunehmen, die Löschung des Koks oder seine Verteilung auf eine Löschplattform zu ermöglichen, und Gase, Dämpfe, Rauch und Staub in die Höhe abzuführen.

Der Kokslöschturm besteht aus einem fahrbaren Trog für die Aufnahme des Koks und einem aufgesetzten Schornstein, an welchem das Deckelhubwerk befestigt ist. Löschwasser wird dem Löschturm mittels eines beweglichen Schlauches zugeführt.

Das Türhebewerk wurde in Abschnitt 3 g, α eingehender beschrieben, so daß sich hier eine Erörterung erübrigt.

Der Kokstrog faßt eine Kammerladung und ist wegen seiner Beanspruchung durch die Wucht des herausstürzenden Kokskuchens und durch die Wärme desselben entsprechend kräftig ausgeführt. Die innere Verkleidung des Löschtrogs, welche durch die Kokswärme am meisten leidet, ist aus Gußeisen hergestellt und leicht auswechselbar.

Das Ablöschen des Koks muß soweit erfolgen, daß er einerseits durch Luftzug nicht mehr in Brand geraten kann, aber auch nicht durch zu hohe Wasseraufnahme zu naß wird; weiter muß der Koks bei der Entnahme aus dem Löschtrog möglichst schonend behandelt werden. Das Ablöschen erfolgt durch Brausen, welche auch die Wandungen des Löschtrogs berieseln. Wird der Löschwagen als Löschmaschine benützt, so ist am unteren Ende des Löschtroges ein Drehschieber angebracht; beim Öffnen dieses Schiebers fällt der gelöschte Koks in Transportkübel bekannter Bauart.

Die Benützung des Löschwagens zum Kokslöschen bringt hohe Ausbesserungskosten an allen Eisenteilen des Bauwerks. Außerdem fällt die Löschung des Koks nicht durchweg befriedigend aus; entweder ist sie zu gering, so daß der Koks in den Bunkern oder auf dem Lager in Brand gerät, oder aber der Koks ist durchnäßt und hat dadurch geringeren Verkaufswert.

Die Erkenntnis, daß Koks nur dann richtig gelöscht werden kann, wenn man ihn flach in dünner Schicht ausbreitet, führte zu einer Abänderung des Löschverfahrens. Der Kokslöschturm dient dabei nicht mehr zum Ablöschen des Koks, sondern nur mehr als Koksbehälter. Die Berieselung mit Wasser wird nur insoweit vorgenommen, als dies zur Vermeidung schädlicher Erhitzungen der Konstruktionen des Löschturms erforderlich ist.

Der Kokslöschtrog hat bei dieser Konstruktion einen sehr breiten Drehschieber. Wird unter diesen geöffneten Drehschieber ein flacher, langer Wagen hindurchgeschoben, so verteilt sich der Koks in dünner Lage darauf und kann in einem am Ende des Ofenblocks stehenden fest aufgebauten Löschturm durch Abbrausen ohne Durchnässung gelöscht werden. Der auf der Plattform befindliche gelöschte Koks kann in einen Transportbehälter gekippt werden; noch besser ist es, die Plattform des Wagens durch einen Kran abzuheben, denn auf diese Weise

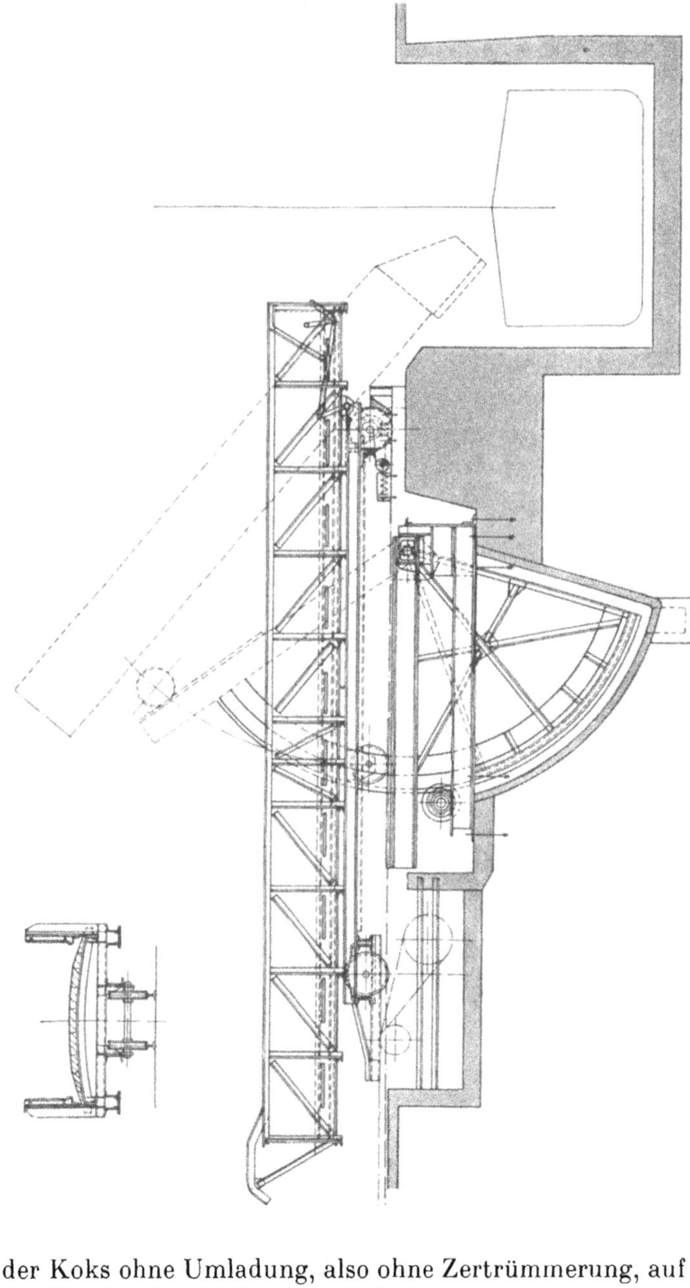

Abb. 20. Kokslöschwagen mit Kippvorrichtung.

kann der Koks ohne Umladung, also ohne Zertrümmerung, auf das Lager oder zur Brechanlage gebracht werden.

Bei dieser Art der Löschung steht der Löschturm fest und ist aus Eisenbeton hergestellt. Die stark beanspruchten Teile sind mit einem säurebeständigen Material ausgekleidet und werden daher von den Löschdämpfen und ihren Kondensaten nicht mehr angegriffen.

Der über dem Löschtrog aufgesetzte Schlot führt die bei der Entladung und Berieselung des Koks entstehenden Gase und Dämpfe, Staub und Rauch in größere Höhe ab; er ist wegen des Angriffs der in den Löschdämpfen enthaltenen Schwefeligsäure ausgemauert.

Die bei der Löschung zu vernichtenden Wärmemengen sind gewaltig; sie entsprechen bei einer 7 t Kohle fassenden Kammer der Verdampfungswärme von etwa 2700 kg Wasser = 1600000 kcal oder dem Gebrauchswert von 270 kg Koks.

4. Die Beheizung des Schrägkammerofens.

Die Beheizung des Schrägkammerofens erfolgt bei kleineren und mittleren Anlagen in der Regel durch eingebaute Einzelgeneratoren, bei größeren Anlagen mit Gas aus einer Zentralgeneratorenanlage.

a) Beheizung mit Einzelgeneratorgas.

Die Verwendung von Einzelgeneratoren hat den Vorzug der einfacheren Anlage, der billigeren Anlagekosten und des Fortfalls mechanischer Einrichtungen, aber auch den Nachteil, daß sehr guter Koks benötigt wird und das Generatorgas Flugasche aus dem Generator mitnimmt, wodurch die Heizzüge verlegt werden und die Bildung von Ansätzen, welche das Ofenmauerwerk schädigen können, begünstigt wird.

Bei richtiger Bedienung und großem Generatorquerschnitt liefert der Einzelgenerator ein Gas mit genügend gleichmäßiger Zusammensetzung, wobei dem Ofen nicht nur die gebundene Wärme des Generatorgases in Form seines Heizwertes, sondern auch die fühlbare Wärme zugeführt wird.

Der thermische Wirkungsgrad eines gut behandelten Einzelgenerators liegt um 90%. Er kann bis zu 93% ansteigen; d. h. 90 bis 93% der in Form von Koks zugeführten Wärme dienen zur Beheizung des Ofens.

Zur sorgsamen Bedienung eines Einzelgenerators gehört die Füllung des Generatorschachtes und das Freimachen des Rostes in regelmäßigen, nicht zu langen Zeitabständen. Eine gleichmäßig hohe Füllung des Generatorschachtes vermeidet Durchbrände und mildert den Einfluß etwa undichter Generatorfülltüren. Ein zu tiefes Herabbrennen des Generatorinhalts ist dem Bestand des Mauerwerks und des Gaskanals gefährlich; denn infolge der zu niedrigen Brennstoffschicht wird auch die wärmebindende Reduktionsschicht zu niedrig, und es entsteht dann ein kohlensäurereiches Generatorgas, welches eine hohe fühlbare Wärme besitzt und zu Überhitzungen und damit zu Verschlackungen Anlaß gibt.

Bedingung für ein gutes Arbeiten des Generators ist ferner eine genügend große, schlackenfrei gehaltene Rostfläche. Die Belastung der Rostfläche soll bei natürlichem Zug 40 bis 60 kg je m² Rostfläche nicht übersteigen.

Die beim Schrägkammerofen verwendeten Einzelgeneratoren besitzen Schrägroste aus Lamellen, welche in einem Winkel von etwa 65° von der Oberkante der Rostfläche schräg nach unten hängend angeordnet sind. Durch diese Schräglage wird erzielt, daß die Wege der Luft und des erzeugten Gases von der Rostfläche zum Gasabgang gleich lang werden und damit die Rostbelastung sich gleichmäßig verteilt. Die Roststäbe sind mit Wasser berieselt. Die Anordnung der Türen und des Rostes mit fast vertikal verlaufenden Rostspalten gestattet die Besichtigung des Generatorquerschnitts und dessen Bearbeitung mit Schüreisen, so daß Schlacke- und Ascheansammlungen leicht beseitigt werden können. Die anfallende Schlacke und Asche fällt in die Rostschüssel und kann von Zeit zu Zeit entfernt werden.

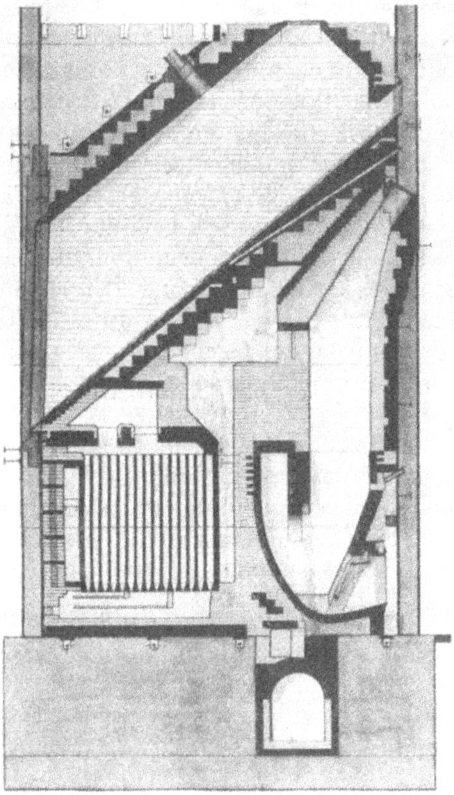

Abb. 21. Schrägkammerofen »Didier« mit eingebautem Generator.

Der Einzelgenerator des Schrägkammerofens erstreckt sich auf die ganze Ofenbreite und ist, um einen statisch günstigeren Unterbau für den Ofen zu erhalten, in der Mitte geteilt, so daß jeder Ofen zwei nebeneinander liegende und vollkommen selbständige Generatoren von großer Rostfläche besitzt. Jeder Generatorrost ist mit Doppeltüren versehen, in welchen sich die Schieber für die Erstluft befinden.

Hinter den Generatoren gegen die Entladeseite des Ofens zu sind bei den Öfen mit Einzelgeneratoren die Rekuperatoren eingebaut.

Der große Nachteil des Einzelgenerators, daß man ihm guten Koks zuführen muß, um einen einwandfreien Generatorbetrieb zu erzielen, wurde durch die Einführung des Kleinkoksgenerators der Didier A.G. behoben. Dieser vergast Koks von folgender Zusammensetzung:

unter 3 mm Korngröße	. . . . .	2 bis 5%
3 bis 10 » »	. . . . .	15 » 20%
10 » 25 » »	. . . . .	80 » 85%

Die Verarbeitung dieses sonst schlecht verwendbaren Koks wird ermöglicht durch die Anwendung von Unterwind und Vorwärmung des Dampf-Luft-Gemisches, wobei Sättigungsgrad und Winddruck regelbar sind. Der Rost besitzt um eine horizontale Achse schwenkbare Rostbündel, welche das Entschlacken des Rostes sehr erleichtern.

Ein solcher Generator macht nach Untersuchungen von Professor Schläpfer von der eingebrachten Wärme 92 bis 93% nutzbar, und zwar etwa 72% in Form von gebundener Wärme als Heizwert des Generatorgases und 18% in Form von fühlbarer Wärme. Die Wärmeverluste betragen nur 8%; davon treffen etwa 6% auf das Unverbrannte in den Rückständen. Der Verlust durch Abstrahlung ist infolge der günstigen Konstruktion des Generators nur etwa 1,5%. Der Generator kann wahlweise sowohl für groben als auch für kleinstückigen Koks verwendet werden.

Beheizt man also mit Einzelgeneratoren, so wähle man solche Bauarten, die in der Lage sind, sowohl minderwertigen (kleinstückigen) als auch hochwertigen Koks wirtschaftlich zu verarbeiten. Die heißen Abgase der Öfen nütze man in Abhitzekesseln zur Erzeugung von möglichst hochgespanntem Dampf aus.

b) Beheizung mit Zentralgeneratorgas.

Die Beheizung der Öfen mit Zentralgeneratorgas hat folgende Vorteile: Es kann auch minderwertiger Koks für die Beheizung verwendet werden, es wird ein sehr reines Gas mit gleichbleibendem Heizwert hergestellt, im Ofenhaus findet keine Schlackarbeit statt, das Ofenhaus bleibt daher rein, die Feuerzüge des Ofens bleiben rein, die Einstellung eines Ofens wird wesentlich erleichtert und ein eingestellter Ofen bleibt infolge der gleichmäßigen Beschaffenheit des Zentralgeneratorgases gleichmäßig stehen. Die Bedienung der Zentralgeneratoren erfordert keine Schwerarbeit und bei größeren Anlagen eine geringere Anzahl von Mannschaften als der Einzelgeneratorbetrieb.

Die Nachteile der Zentralgeneratorgasbeheizung sind folgende: Das Gas kommt kalt zum Ofen, und die Herstellung des Gases erfordert eine eigene teuere Anlage mit maschinellen Einrichtungen. Die manchmal als Nachteil angeführte angebliche Unzuverlässigkeit des Zentralgeneratorbetriebes infolge Versagens der Stromzuführung ist nicht stichhaltig, da in einem solchen Fall ohnedies für die zahlreichen übrigen

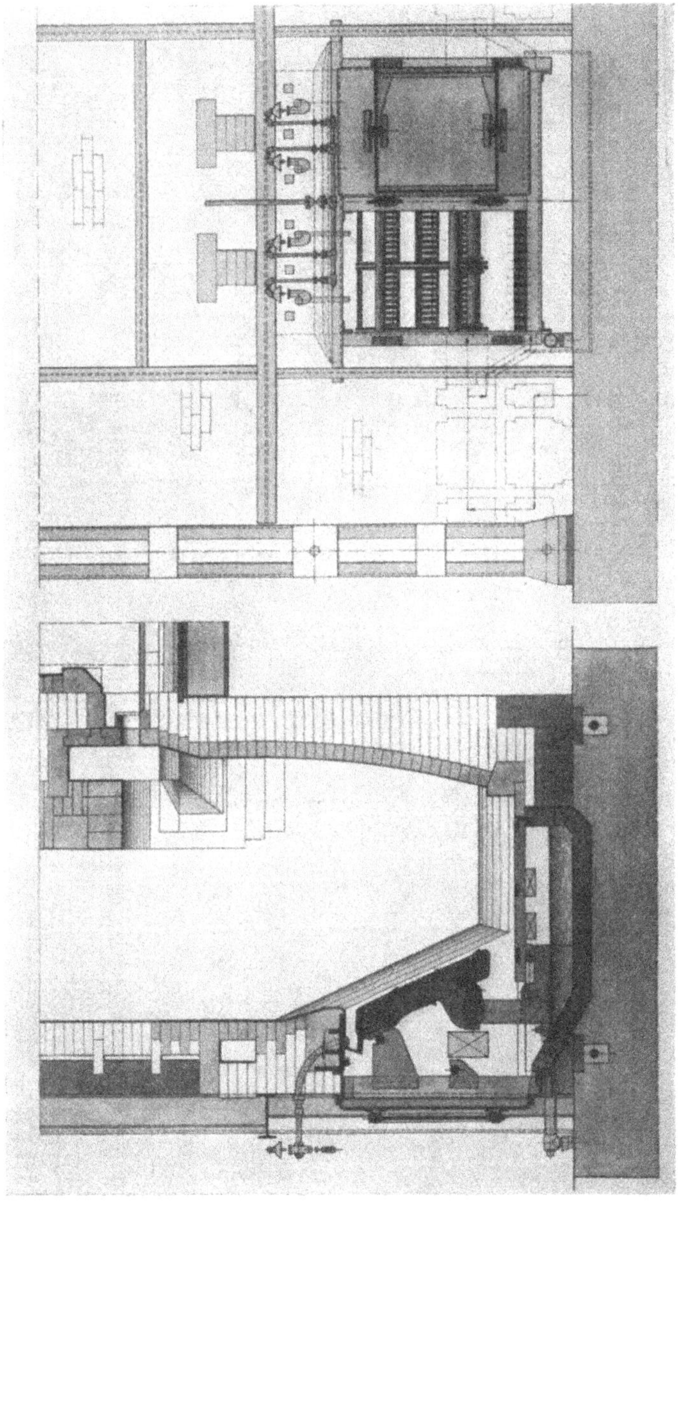

Abb. 22. Kleinkoksgenerator.

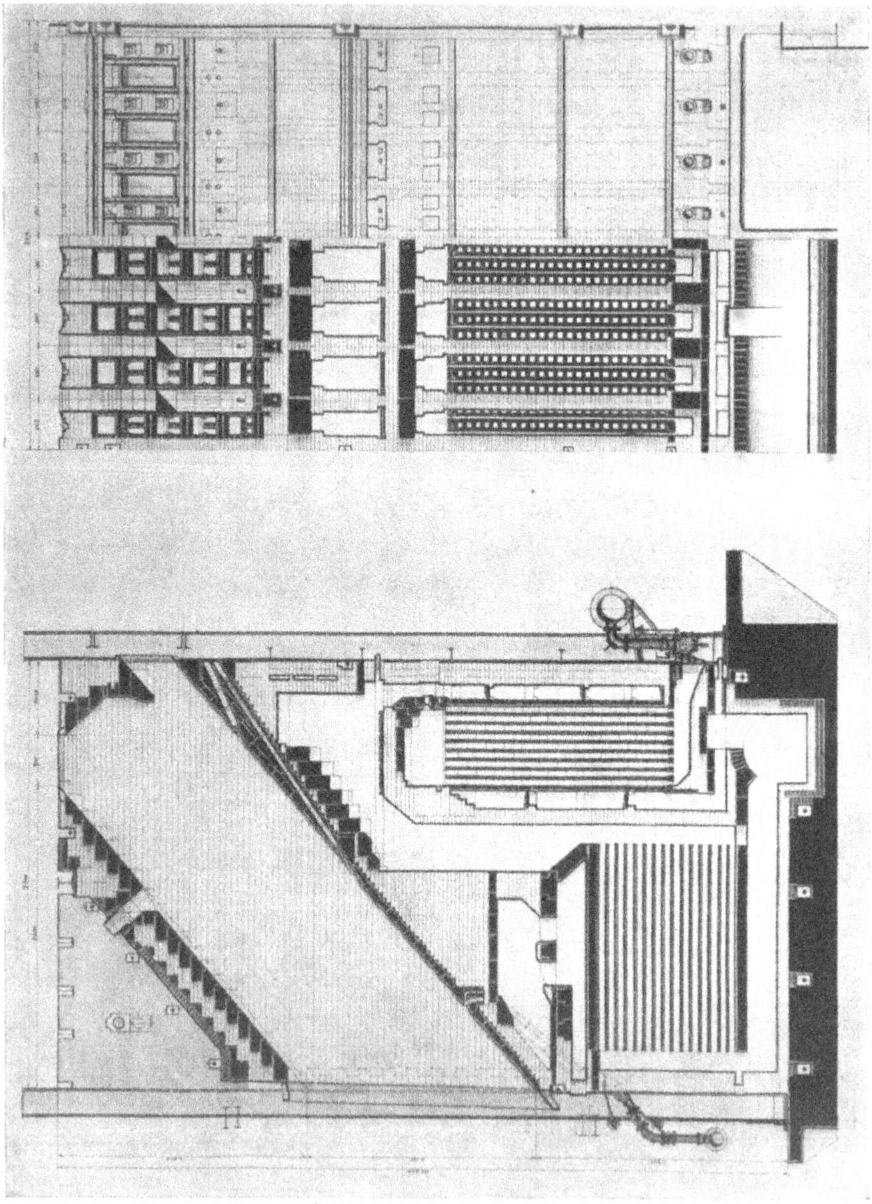

Abb. 23. Schrägkammerofen »Didier« mit Fremdgasbeheizung (Rekuperator).

elektrisch betätigten Einrichtungen des Gaswerks zusätzliche Stromlieferungsanlagen vorhanden sind.

Im allgemeinen kann man folgendes feststellen: Der Zentralgenerator liefert zwar ein kälteres und auch etwas teureres Gas als der Einzelgenerator, aber dieser Unterschied kann durch die betrieblichen Vorteile mehr als ausgeglichen werden. Diese Vorteile sind: Möglichkeit der Verwendung von sehr kleinem, minderwertigem Koks, einfacher, gleichmäßiger Ofenbetrieb, Unveränderlichkeit der Einstellung der Öfen, Sauberbleiben der Ofenzüge und des Ofenhauses, größere Haltbarkeit der stark beanspruchten Ofenteile infolge gleichmäßigerer Erhitzung.

Werden Zentralgeneratoren gewählt, so müssen dieselben die dauernde Verarbeitung von minderwertigem, kleinstückigem Koks und auch wahlweise von hochwertigem Koks ermöglichen. Dabei ist auf hohe Leistungen der Generatoren, also möglichst hohe Rostbelastung zu achten, um an Anlagekosten zu sparen. Den Generatormantel baue man als Dampfkessel (Röhrenkesselgenerator) aus und erzeuge möglichst hochgespannten Dampf, der zur Krafterzeugung verwendet werden kann. Den Abdampf der Kraftmaschine benützt man zur Befeuchtung der Unterluft des Generators. Die Ausbildung des Generatormantels als Dampfkessel erleichtert den Betrieb der Generatoren und läßt sehr hohe Rostbelastungen zu.

Bei der Beheizung des Schrägkammerofens mit Zentralgeneratorgas wird der Aufbau vereinfacht und in den Räumen zwischen den Tragpfeilern werden die Rekuperatoren oder die Regeneratoren untergebracht. Bei rekuperativer Beheizung sind, in Richtung der Kammer gesehen, die beiden Rekuperatoren (für Luft und Gas) hintereinander angeordnet und durch eine quer durch den Ofen gehende Trennwand geschieden.

Bei der Verwendung von Regeneratoren werden auch diese in dem gleichen Raum untergebracht, und zwar, durch eine Zwischen-

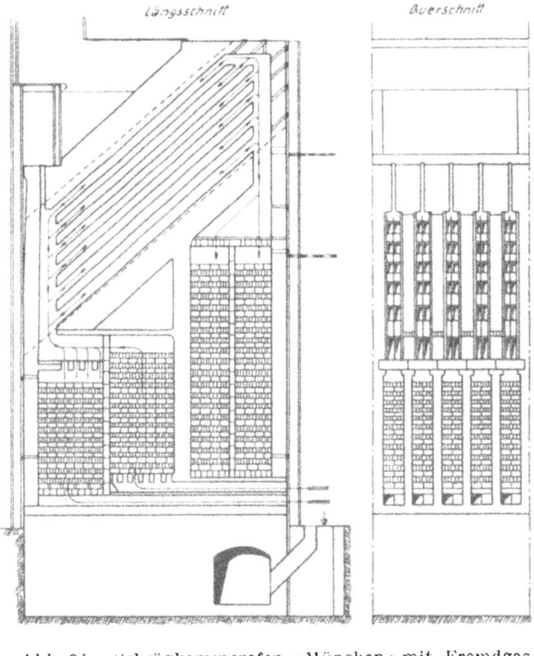

Abb. 24. Schrägkammerofen »München« mit Fremdgasbeheizung (Regenerator).

mauer getrennt, je zwei Regeneratoren (je einer für Luft und für Gas) an der Entlade- und an der Füllseite.

c) Beheizung mit Zumischung von Stadtgas.

Bei neuzeitlichen Ofenanlagen wird noch die Forderung aufgestellt, auch Stadtgas im Bedarfsfalle mit verarbeiten zu können, um entweder die Kokserzeugung zu erhöhen oder aber zeitweise überschüssiges Stadtgas — z. B. an Sonntagen — zu verbrennen. Generatorgas hat keinen nennenswerten Gehalt an schweren Kohlenwasserstoffen und einen niedrigen Heizwert, während Stadtgas einen weit erheblicheren Gehalt an schweren Kohlenwasserstoffen sowie hohen Heizwert besitzt und kalt zugeführt wird.

Die schweren Kohlenwasserstoffe haben die Eigenschaft, sich schon bei Temperaturen zwischen 500 und 700° C zu zersetzen und dabei Kohlenstoff auszuscheiden. Reines Stadtgas kann daher nicht übermäßig hoch vorgewärmt oder in zu heißen Kanälen fortgeleitet werden, ohne Betriebsschwierigkeiten herbeizuführen.

Der hohe Heizwert des Stadtgases würde zudem eine veränderte Stellung der Brenneröffnungen und der Gasverteilungsschieber verlangen. Da es aber vielfach nur zeitweise zugesetzt wird, so wäre die häufige Veränderung der Einstellung des Ofens nicht nur sehr mühsam, sondern auch für den Bestand des Ofenmauerwerks gefährlich. Diesem Übelstand wird durch Verdünnung des Stadtgases mit Rauchgasen oder Wasserdampf abgeholfen. Man ist auf diese Weise in die Lage versetzt, Stadtgas in wechselnden Mengen ohne Schädigung des Ofenbetriebes und ohne wesentliche Veränderung der Einstellung an Stelle von Generatorgas zu verbrennen.

Bei der Verdünnung des Stadtgases mit Dampf ist dafür zu sorgen, daß das Gas-Dampf-Gemisch erwärmt wird, damit sich der Dampf nicht an kühleren Stellen wieder ausscheiden kann.

Die Verdünnung des Stadtgases wird dabei so weit getrieben, daß ein Mischgas hergestellt wird, welches einen Heizwert von 1800 bis 2400 kcal/m³ besitzt. Je stärker die Verdünnung des Gases, desto mehr gleicht sich die Beheizung des Ofens mit Stadtgas jener mit Generatorgas an.

Es gibt drei Methoden, um Stadtgas zur Beheizung zu verwenden: nämlich erstens die Methode von Dr. Geipert, zweitens die auf den Hamburger Gaswerken erprobte Zusetzung des Stadtgas-Rauchgas-Gemisches seitlich vom Einzelgenerator in den Gaskanal und drittens die ebenfalls von den Hamburger Gaswerken durchgeführte wahlweise Beheizung rekuperativ, fremdgasbeheizter Öfen mit Stadtgas-Rauchgas-Gemisch.

α) Die Stadtgaszumischung nach Dr. Geipert.

In Abb. 25 ist die Stadtgaszuführung in den Einzelgenerator nach Dr. Geipert angegeben. Bei dieser Konstruktion wird das Stadtgas unmittelbar in den Generatorschacht eingeleitet, wodurch die schweren Kohlenwasserstoffe in der heißen Koksschicht des Generators zersetzt werden und dabei Kohlenstoff abscheiden. Beim Hindurchstreichen durch die glühende Schicht wird das Stadtgas angewärmt. 20 bis 30% der zur Unterfeuerung erforderlichen Koksmenge können auf diese Weise durch Stadtgas ersetzt werden, ohne daß eine Verstellung der inneren Regeleinrichtung des Ofens vorgenommen wird. Ist das Stadtgas heizwertärmer, so können größere Mengen zugeführt werden als im umgekehrten Fall. Die Zuführung von Stadtgas in den Generator ist dadurch beschränkt, daß dessen Inhalt durch das Stadtgas nicht zu sehr abgekühlt werden darf, denn sonst würde der Generatorwirkungsgrad infolge Abkühlung der Reduktionsschicht stark sinken.

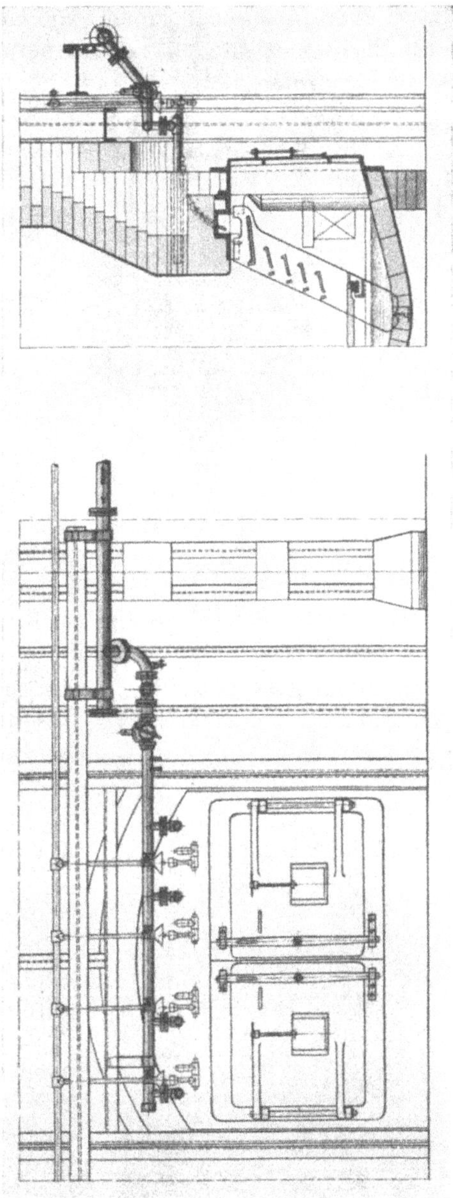

Abb. 25. Stadtgaszuführung in den Generator nach Dr. Geipert.

β) Zumischung des Stadtgases in den Generatorgaskanal.

Abb. 26 zeigt die Anordnung einer Stadtgaszuführung mit Rauchgasverdünnung. Die Rauchgase werden mittels eines Ventilators dem Rauchkanal entnommen und zusammen mit dem Stadtgas seitlich des Generators dem Gaskanal des Ofens zugeführt[1]).

Bei dieser Art der Zuführung kann etwa 50% der Koksmenge durch Stadtgas ersetzt werden. Dabei ist etwa 1,7 m³ Stadtgas mit einem

[1]) Dipl.-Ing. E. Selberg, »Stadtgasbeheizunng von Öfen mit Einzelgeneratoren im Gaswerk Grasbrook« GWF 76 (1933) S. 661.

Heizwert von 4300 kcal einem kg Koks gleichzusetzen. Bei einem höheren Stadtgaszusatz sinkt der Generatorwirkungsgrad infolge mangelhafter Wärmeentwicklung zu sehr.

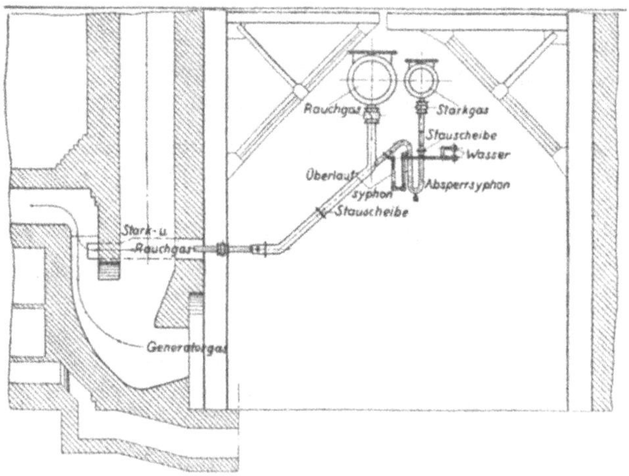

Abb. 26. Verdünnung des Stadtgases mit Rauchgas (GWF 1933, S. 665, Abb. 14).

Die Didier A.G. hat einige Änderungen dieser Art der Gaszuführung vorgenommen, indem sie das Gemisch in einem kleinen Rekuperator noch vorwärmt.

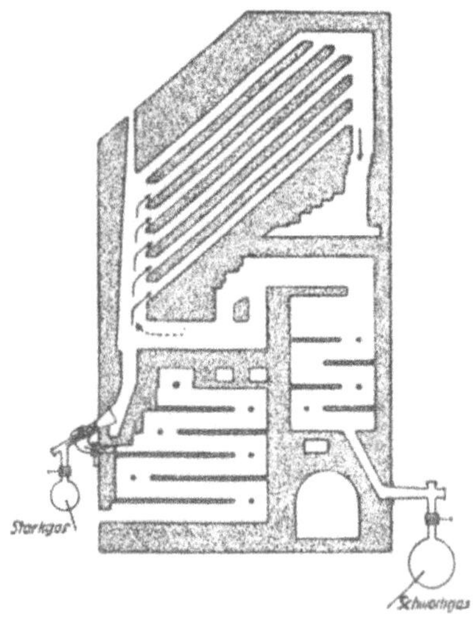

Abb. 27. Schrägkammerofen mit Schwach- und Starkgasbeheizung (GWF 1930, S. 1177, Abb. 1048)

γ) Zumischung des Stadtgases bei Fremdgasbeheizung.

Bei Zumischung des Stadtgases in fremdgasbeheizten Öfen wird dasselbe mit Hilfe von Rauchgas auf einen Heizwert von 1800 bis 2400 kcal verdünnt und in die Rekuperation für das Generatorgas eingeleitet. Bei einer solchen Verdünnung ist es nicht erforderlich, an der Ofeneinstellung eine Veränderung vorzunehmen. Es sind lediglich die Ventile für die beiden Heizgase zu bedienen. Dabei kann Generatorgas und verdünntes Stadtgas nach Belieben wechselweise verwendet werden.

Durch Sicherungsmaßnahmen wird verhütet, daß unverdünntes Stadtgas in den Rekuperator gelangen kann, weil sonst Zerstörungen am Ofenmauerwerk eintreten würden[1]).

Die Wirtschaftlichkeit der Verwendung des Stadtgases ist dann gegeben, wenn der Erlös für die Mehrerzeugung an Koks und sonstigen Nebenprodukten den Beschaffungspreis der Kohle übersteigt oder wenn hierdurch betriebliche Vorteile erzielt werden können, z. B. die gleichmäßige Belastung der Ofenanlage auch während der Sonn- und Feiertage oder die vorläufige Ersparung des Baues eines Gasbehälters.

5. Die Wassergaserzeugung in Schrägkammeröfen.

Auch in Schrägkammeröfen ist zur Erhöhung der Gasausbeute die Erzeugung von Wassergas möglich, jedoch sind infolge der verhältnismäßig niedrigen Kohlenschicht die zuführbaren Wasserdampfmengen etwas geringer als z. B. beim Vertikalkammerofen.

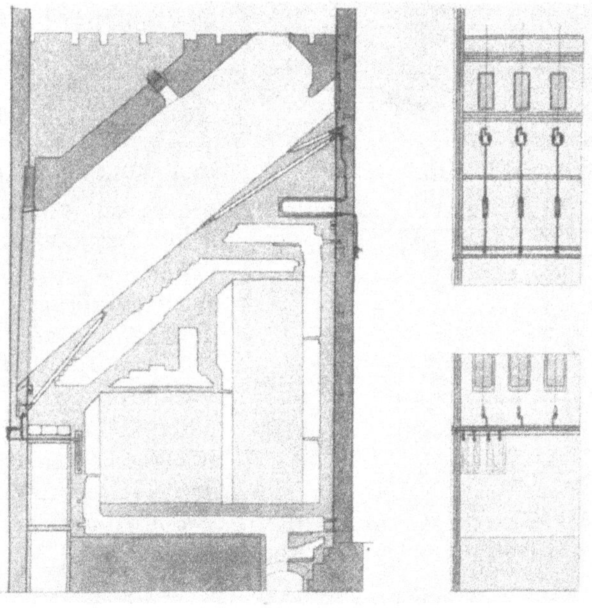

Abb. 28. Dampfeinführung in die Kammern.

Der Wasserdampf wird meist an drei Stellen der Kammersohle eingeführt; seine Zuführung erfolgt durch Rohre aus hochwertigem Stahl, die in besondere Kanäle im Tragpfeiler der Kammersohle eingeschoben werden. Das vordere Ende der Dampfeinführung in die Kammer besteht aus einem Schamotterohr. Damit der Dampf trocken

[1]) H. Müller, »Die Stadtgas-Ofenbeheizung in betrieblicher und wirtschaftlicher Hinsicht« GWF 73 (1930) S. 1177/80.

und möglichst hoch erhitzt in die Kammer kommt — wodurch die Wassergaserzeugung begünstigt wird —, läßt man zuerst den Dampf durch kleine Überhitzerschlangen, die im Ofenmauerwerk untergebracht sind, hindurchstreichen. Man sorgt bei allen diesen Einrichtungen dafür, daß die Metallrohre nicht mit strömenden Feuergasen in Berührung kommen, weil sonst die Gefahr der Zerstörung bestünde. Alle Dampfzuführungsrohre sind im Betriebe auswechselbar.

Die durch die Dampfzuführung in dem Ofen erzeugte Mehrmenge an Gas darf im Mittel auf etwa 10 m^3/100 kg Kohle veranschlagt werden, sie kann aber auch wesentlich (bis zu 17 m^3) gesteigert werden.

6. Die Abwärmeverwertung beim Schrägkammerofen.

Schrägkammeröfen mit Einzelgeneratorbeheizung haben nach der Rekuperation eine Rauchgastemperatur von 550 bis 600°. Durch mit Saugzug betriebene Abhitzekessel läßt sich diese bis herab auf 230° ausnützen und es können je kg Rohkohle noch etwa 0,20 kg Dampf mit 4 atü erzeugt werden. Ist die Abgastemperatur höher oder niedriger, so läßt sich die mögliche Dampferzeugung angenähert in Abb. 29 aus dem Wärmeverbrauch je kg Rohkohle ermitteln.

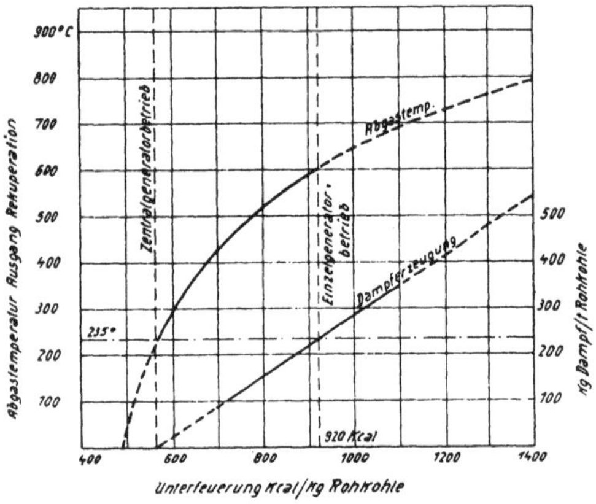

Abb. 29. Abhängigkeit zwischen Unterfeuerungsverbrauch, Abgastemperatur und Dampferzeugung aus den Abgasen.

Durch Anwendung des Verfahrens von Dr. Geipert, bei welchem Rauchgase mit höherer Temperatur den Zügen der Rekuperation entnommen werden, läßt sich die Dampferzeugung erhöhen und damit an Baukosten für die Dampfkesselanlage sparen.

7. Der Ofenbetrieb.

a) Das Austrocknen (Trockenheizen) des Ofens.

Die Inbetriebsetzung eines jeden Gaserzeugungsofens muß langsam und vorsichtig erfolgen, damit sich die Spannungen im Steinmaterial und Mauerwerk ausgleichen können und nicht vorzeitig Risse entstehen. Besondere Vorsicht ist bis zur Erreichung der Temperatur von 400° zu beachten. Auch soll dem im Bauwerk noch vorhandenen Wasser genügend Zeit gegeben werden, um langsam und ohne Sprengwirkung zu verdampfen.

Deshalb muß bei neuen Öfen und auch solchen, welche einer größeren Ausbesserungsarbeit unterzogen worden sind, der Inbetriebsetzung eine Austrocknungszeit von längerer Dauer vorangehen. Bei neuen Öfen rechnet man mit einer mindestens 4- bis 6wöchigen Trocknungszeit. Zum Austrocknen läßt man durch die Züge des Ofens heiße Luft und Rauchgase hindurchströmen, welche viel Wasserdampf aufzunehmen vermögen.

Bei Öfen mit Einzelgeneratoren wird zur Erzeugung der heißen Gase im Generator ein Koksfeuer unterhalten, welches bei fortschreitender Trocknung immer mehr und mehr in seiner Wirkung gesteigert wird. Um ein zu rasches Ansteigen der Temperaturen im Ofen zu vermeiden, verfolgt man den Trocknungsvorgang mittels Thermometer.

b) Das Hochheizen und die Inbetriebsetzung.

Ist der Ofen trocken geworden, so wird der Generator etwas höher aufgefüllt, jedoch zunächst nur so weit, daß die durch den gelüfteten Generatorfülldeckel eintretende Luft nicht durch die Koksschicht hindurchstreichen muß, sondern mit dem erzeugten Generatorgas verbrennen kann. Hierdurch wird der zu den Brennern führende Gaskanal erhitzt. Herrscht an den Brennern (vorne unten an der Entladeseite) Rotglut, ist also die Entzündungstemperatur für das Generatorgas vorhanden, so wird der Generator höher aufgefüllt, der Fülldeckel geschlossen, die Unterluftschieber an den Generatortüren geöffnet und das Generatorgas nicht mehr im Gaskanal, sondern vorne an den Brennern mit Hilfe der durch Mauerwerksöffnungen von außen her eintretenden Luft verbrannt. Ist dann der vertikale Heizzug an der Entladeseite bis zur Rotglut erwärmt, so wird die Verbrennungsluft durch die Zweitluftschieber des Ofens eingelassen und die Mauerwerksöffnungen an der Vorderfront geschlossen. Dabei ist sorgfältigst darauf zu achten, daß Gas und Luft in jedem der schrägen Heizzüge verbrennen. Nötigenfalls muß mit einer brennenden Lunte die Entzündung herbeigeführt werden. Ist das Gas an allen Brennern entzündet, so besteht bei genügender Luftzufuhr (d. h. bei größerem Luftüberschuß) keine Explosionsgefahr im Ofen mehr. In der Folge wird die Generatorleistung gesteigert, damit die Heizzüge der ganzen Länge nach rotglühend werden und die Erwärmung sich durch die Rekuperation bis zum Schornstein hinzieht.

Mit wärmer werdendem Ofen steigt der Kaminzug rasch an, der Generator arbeitet lebhafter und es ist dafür Sorge zu tragen, daß der Ofen nicht plötzlich zu heiß wird oder, wie der Fachausdruck sagt, durchgeht.

Ehe man bei einem bereits genügend heißen Ofen an die Grobregelung der Temperaturverhältnisse herangeht, wird der Ofenzug auf das erfahrungsgemäß niedrigste Maß ($\pm$ 0 mm am oberen Ende des zweiten

Heizzugs von oben gerechnet) durch Drosselung der Rauchgasabgänge in den Rauchkanal und der Schieber beim Absturz der Rauchgase aus der Heizwand herabgedrosselt. Die Regelsteine der Brenner werden schon beim Ofenaufbau so gestellt, wie sie erfahrungsgemäß bei einem richtig eingeregelten Ofen stehen sollen. Da aber ein jeder Ofen individuelle Unterschiede aufweisen kann, muß diese Einstellung manchmal geändert werden.

Ist der Ofen zunächst genügend gleichmäßig warm, so muß an die Füllung der Kammern gegangen werden, denn die Feinregelung der Ofentemperaturen kann man nur vornehmen, wenn der Ofen arbeitet und Kohle entgasen muß. Eine Heizwand, welche vor der Füllung einen guten, gleichmäßig beheizten Eindruck macht (weil innerhalb der Kammern durch Strahlung Temperaturausgleich eingetreten ist), kann nach der ersten Entleerung infolge zu geringer Gaserzeugung des Generators und ungenügender Luftzufuhr hinsichtlich der richtigen Temperaturverteilung einen geradezu traurigen Anblick bieten. Damit der Kohle die zur Entgasung nötige Wärmemenge zugeführt wird, müssen daher vor der Füllung der Kammer die Luftschieber des Generators und des Ofens auf das erfahrungsgemäß richtige Maß eingestellt werden. Die Einstellung der Luftschieber erfolgt mittels eines auf einem langgestielten kleinen eisernen Löffel liegenden Kohlestückchens, welches in den Heizzug eingeführt wird. Brennt das Kohlestückchen, so ist Luftüberschuß vorhanden, gast es, ohne zu brennen, so ist Luftmangel vorhanden. Ein solcher Luftmangel wird schon angezeigt, ehe durch einen Kohlenoxydüberschuß die bekannte bläuliche Färbung im Heizzug auftritt.

Einige Stunden nach der ersten Füllung kann mit der Feinregelung der Temperaturverteilung begonnen und im Laufe der nächsten Tage und Wochen Gas und Luft zielbewußt so eingestellt werden, daß die Temperaturverteilung immer besser wird.

Durch Beobachtung der Verbrennung mit Hilfe von Schauöffnungen wird festgestellt, ob sich nicht örtlich zu heiße Stellen entwickeln, die dem Bestand des Mauerwerks gefährlich werden könnten. In einem solchen Fall muß sofort durch Verminderung der örtlichen Wärmeentwicklung — z. B. in den ersten Brenneröffnungen durch Einlegen von Steinen — Abhilfe geschaffen werden. Ergibt sich umgekehrt nach einigen Tagen, daß eine Heizwand nicht warm genug wird, dann werden in dieser Heizwand die Öffnungen zwischen Gas und Luft vergrößert. Die Feinregelung ist eine Arbeit von längerer Dauer. Sie wird durch unregelmäßigen Gang des Generators gestört, weil dann die Verbrennung sich durch Gasmangel oder Gasüberschuß ändert. Außerdem erhöhen sich die Temperaturen mit näher heranrückender Entleerung der Kammern und gleichen sich hierdurch etwas aus. Die Einregelung muß daher bei gleichem Generatorzustand und zur gleichen Zeit nach der Füllung vorgenommen werden. Zur Feinregelung gehört auch die Einstellung des richtigen Verhältnisses von Gas und Luft in jedem Heizkanal entweder mit Hilfe des Kohlennäpfchens oder eines Orsat-Apparates oder eines selbstschreibenden Gerätes.

Öfen, welche mit Zentralgeneratorgas geheizt sind, werden wie folgt behandelt. Man öffnet die Mauerstöpsel vorne an den Brennern an der Entladeseite und über dem Gaszutritt zur Rekuperation, läßt durch diese Öffnungen Luft eintreten und führt in die Öffnung über der Generatorgaszufuhr vor dem Öffnen der Gasventile dauernd brennende Zündflammen, die mit Stadtgas gespeist werden, ein. Die Zündflammen haben den Zweck, das Gas-Luft-Gemisch dann zu entzünden, wenn Unterbrechungen in der Zufuhr des Generatorgases stattfanden. Daher muß das Brennen der Zündflammen sorgsamst überwacht werden. Ist durch diese Beheizung die Austrocknung des Ofens genügend weit vorgeschritten, so wird das Generatorgas mit Hilfe von Dauerzündflammen an den ersten Brennern (an der Entladeseite) entzündet und die Luftzufuhr über der Generatorgaszuführung abgestellt. Die brennende Zündflamme darf erst dann entfernt werden, wenn an den ersten Brennern Rotglut, d. h. Zündtemperatur vorhanden ist. Hierauf wird, wie vorher beim Ofen mit Einzelgenerator beschrieben, weiterverfahren, der Zweitlufteintritt zur Rekuperation geöffnet und die von außen an der Vorderfront des Ofens den Brennern zugeführte Luft schrittweise zugemacht.

Die Einregelung der Öfen, welche mit Zentralgeneratorgas geheizt werden, wird durch die gleichmäßige Beschaffenheit des Generatorgases wesentlich erleichtert. Schwankungen in der Beheizung der Öfen durch wechselnde Koksqualitäten oder durch die Bedienung des Generators sind sehr selten.

Bei der Inbetriebnahme von Öfen aller Art machen sich manchmal unerklärliche Störungen bemerkbar, z. B. wird eine Heizwand trotz aller Bemühungen nicht warm oder nur teilweise warm; das Verstellen von Regelsteinen wirkt nicht, bis dann plötzlich die Heizwand mit einem Schlage warm wird. Solche Störungen sind durch Stauungen von Wasserdampf oder von kühleren Gasmengen in den hochgelegenen Heizzügen verursacht. Die Gasmengen fließen infolge einer solchen Stauung nicht ab und wirken daher wie Verstopfungen der Heizzüge.

c) Der Ofenbetrieb.

Je nach Kammerbreite und Kohlensorte ist die Ausstehzeit einer Kammer verschieden. Eine vorne 48 cm breite Kammer steht in etwa 22—24 h, eine 41 cm breite in 16,5 h, eine 34 cm breite in 11 bis 12 h aus. Trotz der mit der Länge der Entgasungszeit schlechter werdenden Gasqualität ist es möglich, den Kammerofenbetrieb in täglich zwei an Stelle von drei Arbeitsschichten durchzuführen, so daß eine eigentliche Nachtschicht für den Ofenbetrieb entfällt, wenn man zwischen der ersten und zweiten Schicht eine Zwischenpause von 2 bis 3 h einschaltet. Bei genügend großem Gasbehälterinhalt und richtig liegendem Gaseintritt gleicht sich der Unterschied in der Gasbeschaffenheit infolge der Strömung im Behälter aus.

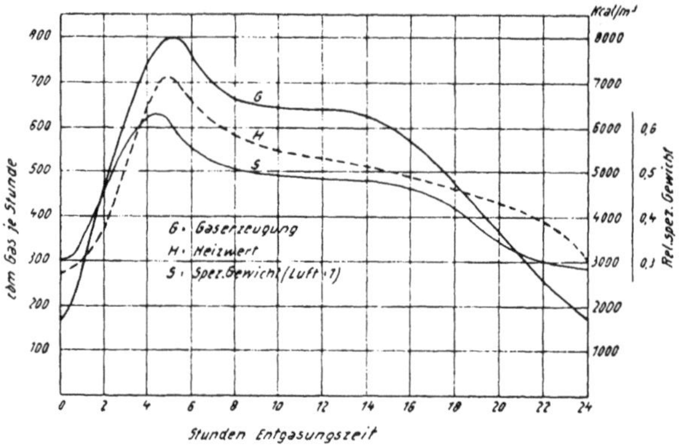

Abb. 30. Verlauf der Gaserzeugung, des Heizwertes und der relativen Dichte bei Entgasung der Kohle in einer Kammer.

Abb. 30 zeigt den Verlauf der Gaserzeugung, des Heizwertes und der relativen Dichte bei der Entgasung der Kohle in einer Kammer. Die Unterschiede im Heizwert lassen sich durch Verschiebung der Füllzeiten der Kammern ziemlich gut ausgleichen.

α) Das Entleeren und Füllen der Kammern.

Die Kammern werden in jeder Schicht in regelmäßiger Folge entleert. Es geschieht dies folgendermaßen: Etwa 3 min vor der Entleerung der Kammer wird Tauchung hergestellt, d. h. das Gasabgangsrohr der Kammer wird in der Vorlage durch Anstauung der Flüssigkeit (Abschluß des Ablaufs und Öffnung des Gaswasserzulaufs) von der Hauptgasleitung abgeschlossen. Ist Tauchung hergestellt, dann öffnet die Füllmannschaft unter Entzündung des Gases die Fülltüre, um übermäßigen Gasdruck in der Kammer zu beseitigen. Auf ein von der Füllmannschaft gegebenes Lautsignal öffnet die Löschturmmannschaft die Entladetüre, und der Koks rutscht mit großer Wucht aus der Kammer heraus in den Trog des Löschturms. Nach dem Reinigen des Unterteils der Sitzflächen der Entladetüre wird diese geschlossen und die Füllmannschaft durch ein Signal vom dichten Abschluß der Türe verständigt. Inzwischen hat die Füllmannschaft den Füllwagen nahe an die Kammer herangefahren, die Innenseite des Fülldeckels gereinigt, das Gasabgangsrohr von der Reinigungsöffnung zur Kammer und, wenn erforderlich, auch zur Vorlage befahren und die Reinigungsöffnung des Gasabgangsrohres geschlossen. Der Füllwagen wird an die Kammer herangebracht, die

Zwischenschurre eingesenkt, der Drehschieber des Füllwagens geöffnet und die Kohle in die Kammer in ungefähr 20 s eingefüllt. Nach dem Füllen wird etwa verstreut liegende Kohle in die Kammer gekehrt, der Deckel der Fülltüre geschlossen und die Tauchung aufgehoben.

In der Zwischenzeit hat die Löschturmmannschaft für die Löschung des Koks bzw. für die Entleerung des Löschtrogs gesorgt. Die Füllmannschaft füllt den Füllwagen am Zentralbunker und fährt ihn in die Nähe der nächsten Kammer.

Will der Kokskuchen nicht von selbst aus der Kammer herausrutschen, dann geht der eine Mann der Füllmannschaft zur Stoßtüre hinab, öffnet diese, und auf ein Signal wird der Stößel angesetzt.

Durch die Art der Konstruktion der Maschinen und Türen wird erreicht, daß sich das Arbeitsspiel ohne Hast und ohne besondere Kraftanstrengung für die Mannschaft abwickeln kann.

β) Das Entfernen des Graphits von den Kammerwänden.

Ist ein Ofen längere Zeit in Betrieb gewesen, so scheidet sich an den heißen Kammerwänden durch Zersetzung der schweren Kohlenwasserstoffe des Gases Kohlenstoff (Graphit) ab. Die Abscheidungen sind an den heißen Stellen der Ofenwand dicker als an den weniger heißen. Bei gleichmäßiger Beheizung der Wand ist auch die Abscheidung gleichmäßig. Der an den Wänden haftende Graphit verengt den Kammerquerschnitt besonders an der Entladeseite und muß in Abständen von 5 Wochen bei trockenem Betrieb und von 11 bis 12 Wochen bei nassem Betrieb entfernt werden. Das Ablösen des sehr fest an der Kammerwand haftenden Graphits wird begünstigt durch eine Abkühlung, indem man einige Stunden bei etwas geöffneter Entladetüre und geöffneter Fülltüre Luft in die Kammern streichen läßt. Dadurch lösen sich die Graphitplatten von den Kammerwänden meist von selbst oder können mit Widerhaken heruntergeholt werden.

Nach dem Entgraphiten sind die Kammerwände nicht mehr vollkommen dicht, weil der abdichtende Graphit fehlt. Im Laufe der nächsten Tage aber schließen sich die Risse im Mauerwerk durch erneute Graphitablagerungen in den Rissen und an den Wänden.

γ) Das Reinigen der Vorlage.

Bei gut gefüllten Kammern scheidet sich in der Vorlage fast kein Dickteer ab. Die Bedienung beschränkt sich in solchen Fällen auf das tägliche Nachsehen, ob Dickteeransammlungen vorhanden sind. Treten solche durch unrichtige Füllung der Kammer auf, so sind sie umgehend zu beseitigen.

δ) Das Ausbessern des Ofenmauerwerks.

An jedem Gaserzeugungsofen ergibt sich einmal die Notwendigkeit, Risse im Mauerwerk des Entgasungsraumes im Betriebe abzudichten.

Das Abdichten erfolgt mit Hilfe von plastischen Sondermörteln, welche auf eine Kelle keilförmig aufgeklebt und rasch in die Fuge eingepreßt werden. Diese Arbeit erfordert bei langen Entgasungsräumen einige Erfahrung und Geschicklichkeit. Es empfiehlt sich, zur Herstellung der Abdichtungskitte nicht irgendeines der Geheimrezepte zu benützen, sondern die bewährten Mittel der Ofenbaufirmen.

Ausbesserungen an Kammerwänden von Öfen, welche sich außer Betrieb befinden, sind deshalb sehr einfach vorzunehmen, weil die Kammern des Schrägkammerofens infolge ihrer Weite von 48 bzw. 37 cm begehbar sind.

Mit der Ausbesserungsarbeit wird verbunden ein gründliches Säubern des Generators, ein Ausbessern seiner Wände, die Reinigung des Gaskanals von Flugasche, die Reinigung der Rekuperatoren, das Ölen und Anstreichen der Ausrüstungen, das Nachsehen der Verankerungen, der Türen und der Abdichtungen der Türrahmen am Mauerwerk.

Öfen, welche mit reinem Zentralgeneratorgas geheizt werden, bedürfen keiner besonderen Reinigung der Kanäle, sofern nicht die Verbrennungsluft erhebliche Staubmengen in den Ofen bringt.

ε) *Der Generatorbetrieb.*

Das Auffüllen der Einzelgeneratoren des Schrägkammerofens erfolgt in jeder Schicht nur einmal, weil der Inhalt des Schachtes so groß ist, daß er genügend Vorrat für den 8stündigen Betrieb aufnehmen kann, ohne daß der Koks zu weit herabbrennt. Das Auffüllen des Generators muß jedoch in regelmäßigen Abständen vorgenommen werden. Das Freimachen des Rostes und das Entschlacken des Generators geschieht in jeder Schicht einmal. Besonders schlechter Koks erfordert in der Zwischenzeit ein nochmaliges Aufstochern.

Bei Doppel-Generatoren empfiehlt es sich, das Entschlacken der beiden Generatoren um 4 h zu versetzen, damit das Generatorgas gleichmäßig wird.

d) Die Bedienungsmannschaft.

Man rechnet für den durchgehenden Betrieb der Öfen in größeren Anlagen in jeder Schicht:

1 Mann für die Ofenaufsicht (Meister),
2 Mann für die Füllung der Kammern und die Bedienung der Stoßmaschine,
2 Mann für den Löschwagen,
1 Mann für den Einzelgeneratorbetrieb,
1 Mann für die Schlackenabfuhr und Reinhaltung des Ofenhauses,
1 Mann für die Instandhaltung des Ofenmauerwerks (Betriebsmaurer), nur in der Tagschicht,
1 Mann für den Koksabtransport beim Löschen.

Bei Öfen, welche sich in gutem Betriebszustand befinden, werden stündlich durchschnittlich 5 bis 6 Kammern entladen. Da die Mannschaft neben der Füllung und Entleerung der Kammern noch das Abschmieren der Maschinen und kleinere Instandsetzungsarbeiten zu verrichten hat, so kann sie in einer 8stündigen Schicht ($\frac{1}{2}$ h Pause eingeschlossen) etwa 30 bis 36 Kammern bis zu einem Fassungsvermögen von 11 t je Kammer, oder 300 bis 360 t Kohle ohne Mühe durchsetzen. Bei länger im Betrieb befindlichen Öfen kann diese Leistung nachlassen.

Die Leistungszahlen stellen nicht Höchstleistungen, sondern im Dauerbetrieb erreichte Ziffern dar.

e) Die Zurückstellung und die Außerbetriebsetzung des Schrägkammerofens.

Neben der sorgsamen Überwachung des Ofenbetriebs spielt die schonend durchgeführte Zurückstellung und Außerbetriebsetzung des Ofens für die Lebensdauer der Kammerwände eine besondere Rolle; denn hierdurch können die von den Firmen zugesicherten 1000 Feuertage vervielfacht werden.

α) *Die Zurückstellung.*

Soll ein Ofen zurückgestellt werden, so ist die Erst- und Zweitluftzufuhr soweit abzudrosseln, daß die Ofentemperatur nicht zu hoch wird. Es empfiehlt sich, die Verengung der Eintrittsöffnung nach einem bestimmten Erfahrungswert mit dem Maßstab einzustellen, um Irrtümer zu vermeiden. In die Zweitluftöffnung kann man vorrätig gehaltene Drosselsteine einschieben, ohne den Schieber in seiner Stellung zu verändern. Dies hat den Vorteil, daß nach dem Herausnehmen der Drosselsteine die richtige Schieberstellung für den Vollbetrieb unverändert wieder vorhanden ist. Erfolgt die Zurückstellung auf längere Zeit, so ist es zweckmäßig, auch die Rauchgasschieber zu drosseln.

β) *Die Außerbetriebsetzung.*

Die Außerbetriebsetzung eines Ofens sollte so langsam wie möglich erfolgen, damit innerhalb des Mauerwerks Temperaturspannungen vermieden werden.

Bei Außerbetriebsetzungen für längere Zeit wird mittels der Ventile die Hauptgasleitung und ebenso jede Fremdgasleitung abgeschlossen. Zur Sicherheit werden hinter den Ventilen Blindflansche (Blechscheiben) mit langem rotgestrichenen Stiel eingesetzt; der Stiel dient zur Kennzeichnung der Lage des Blindflansches. Hierauf wird die Zweitluft geschlossen (beim Einzelgenerator auch die Erstluft), diese Luftschieber, alle sonstigen Öffnungen und Mauerwerksrisse sorgfältig abgedichtet und der Ofen (nach Entleerung des Generators bei Einzelgeneratorbetrieb) sich selbst überlassen. Will man einen Ofen rascher außer Betrieb nehmen, so werden ebenfalls die Gasventile geschlossen, Blindflansche eingezogen und die Zweitluft fast ganz abgesperrt, so daß nur wenig Luft durch die Feuerzüge streichen kann. Ein geringes Lüften der Entladetüre und der Fülltüre fördert die Abkühlung.

Eine unvorsichtig und zu rasch vorgenommene Außerbetriebsetzung eines Ofens richtet erheblichen Schaden im Mauerwerk an, denn es treten zahllose Risse auf. In einer stillen Nachtstunde kann man das leise Klingen hören, das durch die beim Abkühlen entstehenden Sprünge erzeugt wird.

8. Die Überwachung des Ofenbetriebs.

Die Überwachung des Ofenbetriebs erstreckt sich auf die Beobachtung des Temperaturzustandes und der Zugverhältnisse des Ofens, des Generatorbetriebs, des Zustandes des äußeren Ofenmauerwerks, der Vorlagen, der Ausrüstung und der Maschinen.

Die Eintragung sämtlicher Beobachtungen in ein Betriebstagebuch ist für eine erfolgreiche Betriebsführung erforderlich, damit sowohl der Betriebsleiter als auch bei Schichtwechsel der nachfolgende Meister sich unterrichten kann.

a) Die Temperaturüberwachung.

Die Überwachung des Temperaturzustandes der Heizzüge erfolgt täglich mehrmals und regelmäßig mit Hilfe der an der Ofenrückwand und der Ofendecke angebrachten Schauöffnungen.

Im allgemeinen genügt die Beobachtung der Temperaturen und ihrer Verteilung durch das geübte Auge, doch ist es unerläßlich, diese Schätzungen von Zeit zu Zeit durch ein optisches Pyrometer nachzuprüfen, um so das Auge des Beobachters zu schulen.

Mit dem optischen Pyrometer ermittelt man die höchsten Temperaturen unten in den Heizzügen (etwa 6 bis 9 m vom Auge entfernt). Es ist zwecklos, mit kurzen Thermoelementen Heizzugtemperaturen bestimmen zu wollen, ganz abgesehen davon, daß kohlenoxydhaltige Gase die wertvollen Thermoelemente rasch zerstören.

Die Temperaturbeobachtung mittels des bloßen Auges ist nur dann richtig, wenn die direkten Sonnenstrahlen abgehalten werden. Nachts erscheinen die Temperaturen in den Heizzügen immer höher als am Tage. Die Temperatur von gut beheizten Heizzügen soll ein sehr helles Gelb (1260°) nicht überschreiten. Ins Weißliche gehende Färbungen sind verdächtig, weiße flimmernde Stellen äußerst gefährlich für den Ofenbestand und erfordern sofortige Abhilfe.

Die Temperatur in einem Heizzug soll von der Entladeseite zur Füllseite hin gleichmäßig abnehmen. Der Heizzug darf auch nicht zuerst dunkel, dann hell, und wieder dunkler erscheinen. Das würde bedeuten, daß an der Entladeseite eine zu niedrige Temperatur vorhanden ist und die Verbrennung erst im schräg ansteigenden Heizzug richtig beginnt. Eine Verstärkung der Vorverbrennung im aufsteigenden Teil der Gas- und Luftzuführung an der Füllseite behebt diesen Mangel.

In vertikal übereinanderliegenden Heizzügen soll gleich hohe Temperatur und gleichartige Temperaturverteilung vorhanden sein.

Die Beobachtung der Temperaturen nach dem Abgang der Rauchgase aus der Heizwand soll nicht übersehen werden. Sie gibt Aufschluß, ob Nachverbrennung vorhanden ist; diese tritt dann auf, wenn Gas und Luft im Heizzug wegen ungenügender Durchmischung nicht vollkommen verbrennen, oder wenn ein Heizzug Luftüberschuß und ein anderer Gasüberschuß führt. Infolge der Durchmischung der noch brennbaren Teile aus den verschiedenen Heizzügen findet am Absturz der Rauchgase an der Ladeseite bei der nächsten scharfen Durchwirbelung eine Nachverbrennung und damit eine Temperaturerhöhung an dieser Stelle statt.

Genaue Bestimmungen der Rauchgastemperaturen nach der Rekuperation mittels Absaugepyrometer sollen von einem geschulten Laboranten mehrmals im Jahre vorgenommen werden.

Die Kammertemperaturen müssen regelmäßig beobachtet werden. Es empfiehlt sich, sofort nach dem Schließen der Entleerungstüre den Temperaturzustand der Kammer mit dem Auge und von Zeit zu Zeit mit einem optischen Pyrometer zu beobachten und die Feststellungen in das Betriebstagebuch, das auch die anderen Daten enthält, einzutragen.

Die mittlere Kammertemperatur soll um 1050° betragen.

b) Die Beobachtung des Ofenzugs.

Die Einstellung eines möglichst niedrigen Ofenzugs ist Voraussetzung für einen ordnungsgemäßen Ofenbetrieb. Je niedriger der Ofenzug, desto besser die Gas-Luft-Verteilung, desto geringer die Druckunterschiede zwischen Kammer und Heizzug und zwischen der Rauchgas- und der Luftseite der Rekuperation; dies hat zur Folge geringeren Verlust an Gas, welches von der Kammer in den Heizzug abfließt, und in der Rekuperation eine geringere Abkühlung des Rauchgases durch überströmende Zweitluft. Der Ofenzug wird mittels kleiner Wassermanometer bestimmt, die von der Stoßbühne aus beobachtet werden können. Hier am höchsten Punkt des Ofens haben die Rauchgase ihren größten Auftrieb, daher den geringsten Zug. An dieser Stelle, zweiter Heizzug von oben, soll der Ofenzug $\pm$ 0 mm betragen.

Der Zug wird für jeden Heizzug durch die Schieber am Rauchgasabgang und vor dem Eingang in den Rauchkanal der Heizwand geregelt.

Der Schornsteinzug ist abhängig von der Schornsteinhöhe und der Temperatur der Außenluft sowie der Temperatur der Rauchgase. Kühlere Außenluft erhöht merklich den Schornsteinzug, höhere Lufttemperatur vermindert ihn. Daher zieht ein Schornstein bei Nacht besser als am Tag, und die Öfen werden bei Verwendung von Einzelgeneratoren wegen der erhöhten Gaserzeugung nachts etwas wärmer. Werden die Öfen mit Zentralgeneratorgas beheizt, so wird, weil die Gaszufuhr fast gleich groß ist, nachts etwas mehr Zweitluft in den Ofen gesaugt und der Ofen geht in seiner Temperatur eher etwas zurück.

c) Die Überwachung der Verbrennung von Gas und Luft.

Die der Heizwand zugeführten verbrennenden Gas- und Luftmengen bestimmen deren Temperaturzustand. Der gleiche Temperaturzustand läßt sich sowohl mit einem ideal richtigen Gas-Luft-Gemisch als auch in gewissen Grenzen mit Gas- oder auch mit Luftüberschuß erzielen. Die Zuführung eines ideal richtig eingestellten Gemisches in einen Heizzug ist betriebsmäßig auf die Dauer nicht aufrechtzuerhalten. Gasüberschuß in dem Gemisch bedeutet Verlust und erhöhte Unterfeuerung. Daher arbeitet man betriebsmäßig am besten mit geringem Luftüberschuß. Der maximale Kohlensäuregehalt, der bei der Verbrennung von Generatorgas entsteht, ist etwa 20,3%. Im Betriebe ist bei der Verbrennung 18% Kohlensäure im Rauchgas anzustreben.

Unrichtig eingestellte Verbrennung ist mit bloßem Auge im Groben zu erkennen. Klare Atmosphäre in den Feuerzügen deutet auf dichte Heizwände und Luftüberschuß hin, dunstige, schleierige Atmosphäre auf geringen CO-Gehalt und bläulicher Schimmer oder bläuliche Färbung auf höheren CO-Gehalt im Rauchgas.

Brennende Flämmchen, die von der Kammer her in den Heizzug hereinzüngeln, zeigen undichte Kammerwandstellen und Luftüberschuß an; trübe, rußige Atmosphäre weist auf undichte Kammerwände und CO-Überschuß oder auch auf sehr stark undichte Kammern hin, weil dann der geringe Luftüberschuß der Rauchgase nicht mehr zur Verbrennung der Destillationsgase ausreicht.

Mit einem brennenden Holzspan oder einem Stückchen brennender Kohle, die weit genug in den Heizzug gehalten werden, läßt sich auf einfache Weise die Verteilung des Luftüberschusses oder eines Generatorgasüberschusses im Groben feststellen. Brennt der Span oder die Kohle mit Flamme, so besteht Luftüberschuß, geht die Flamme aus oder qualmt der Span oder die Kohle, dann besteht Gasüberschuß. Diese einfache Schnellmethode ist bei der Einstellung eines Ofens überaus wertvoll.

Für die Feineinstellung ist der Orsat-Apparat in seinen einfachsten Bauarten oder ein sehr rasch und selbsttätig anzeigendes Gerät unentbehrlich. Besonders mit letzterem läßt sich der Verbrennungszustand rasch und sicher ermitteln.

Die Absaugerohre für die Abgase sollten bei Temperaturen über 500° niemals aus Eisen bestehen, sondern aus einem mit Eisenrohr geschützten Quarzglas- oder Porzellanrohr. Man achte darauf, daß die Mündung des Abgangsrohres sich immer tief im Gasstrom und nicht in einem toten Winkel befindet, weiter auch darauf, daß die Öffnung im Ofenmauerwerk, durch die das Absaugerohr geführt ist, abgedichtet wird, damit keine Falschluft eintreten kann, wodurch Fehlanzeigen verursacht werden.

d) Die Überwachung des Generatorbetriebs.

Für die Aufrechterhaltung eines richtigen Verbrennungszustandes ist ein gleichmäßiger Generatorbetrieb unerläßlich. Hierbei gilt der für jeden Vorgang wichtige Grundsatz, daß höchste Gleichmäßigkeit in den Vorbedingungen die höchste Wirtschaftlichkeit bringt, ganz besonders.

Je gleichmäßiger der dem Generator zugeführte Koks hinsichtlich seiner Korngröße, seines Asche- und Wassergehaltes und seiner Verbrennlichkeit, je gleichmäßiger die Höhe der Schachtfüllung und je besser der Rostzustand ist, desto gleichmäßiger ist die Beschaffenheit des Generatorgases hinsichtlich seines Heizwertes und seiner Temperatur.

Besonders gilt dies für den Einzelgenerator. Denn die Güteschwankungen des Generatorgases infolge unrichtiger Auffüllung und nicht ordnungsgemäßer Entschlackung werden weit unterschätzt. Messungen haben ergeben, daß bei einem solchen unregelmäßig gefüllten Generator der Kohlensäuregehalt des Generatorgases zwischen 5 und 16% schwanken kann. Die Heizzüge werden bei hohem Kohlensäuregehalt im Generatorgas Luftüberschuß und bei geringem Kohlensäuregehalt Luftmangel aufweisen. Die Einstellung des Ofens auf den richtigen Verbrennungszustand ist bei so schwankender Beschaffenheit des Generatorgases geradezu unmöglich.

Ein Vorzug des Zentralgeneratorbetriebes ist, daß infolge der Gleichmäßigkeit des Generatorgases und seines Drucks der Betriebszustand der Öfen nahezu vollkommen und ideal gleichmäßig bleibt.

Liegt die Koksbeschaffenheit fest, so hat die Betriebsaufsicht dafür zu sorgen, daß die Füllung des Generators in regelmäßigen, nicht zu langen Zeitabständen erfolgt (z. B. einmal je Schicht bei großem Schachtinhalt), und daß der Schacht des Generators immer bis über die Trennwand zwischen Generator und Ofen gefüllt bleibt.

Es empfiehlt sich, von Zeit zu Zeit durch das Laboratorium Generatorgas-Analysen machen zu lassen. Folgende Zusammensetzungen (in Volumprozenten) können als gute Durchschnittswerte angesehen werden:

	a) Einzelgenerator	b) Zentralgenerator
CO_2	8—7	6—4
CO	20—24	26—29
CH_4	0—0,2	0—0,4
H_2	8—10	12—13
N_2	57—62	54—56

9. Die Abhängigkeit der Betriebsergebnisse, insbesondere der Ofenleistung, von der Kohle, der Entgasungstemperatur und dem Entgasungsraum.

Bei dichten Entgasungsräumen sind die Ergebnisse einer Betriebsentgasung von der Kohlenart, der Entgasungstemperatur, der Form des Entgasungsraumes und von der Höhe der Wassergaserzeugung im Ofen abhängig.

a) Der Einfluß der Schichtdicke der Kohle.

Je dicker die Kohlenschicht ist, desto größer wird das Temperaturgefälle im Kokskuchen und um so niedriger wird seine mittlere Temperatur; daraus folgt eine etwas geringere Gasmenge und ein etwas höherer Gasheizwert. Andererseits zersetzt eine dickere Koksschicht das durchfließende Gas mehr, wodurch die Gasmenge erhöht und der Heizwert erniedrigt wird. Welche der beiden Wirkungen überwiegt, hängt von der jeweiligen Dicke der Koksschicht ab.

Größere Dicke der Kohlenschicht ergibt bei der gleichen Kohle einen stückigeren Koks mit weniger Rissen; dies hängt mit dem langsameren Fortschritt der Entgasung bei größerer Dicke der Schicht zusammen.

Größere Kohlendicke gibt auch dünnflüssigeren Teer mit weniger freiem Kohlenstoff, weil der bei der Zersetzung schwerer Kohlenwaserstoffe freiwerdende Kohlenstoff in der dickeren Koksschicht besser herausfiltriert wird als in einer dünneren.

Beim Großraum-Schrägkammerofen ist die Dicke der Kohlenschicht durch die bei Ausbesserungsarbeiten sehr erwünschte Begehbarkeit der Kammer bestimmt; daher ist auch die besser begehbare 48 cm breite Kammer als Norm gewählt worden, und die geringeren Breiten von 41 cm werden nur selten gebaut. Infolge der Verwendung von ähnlichen Querschnitten bei allen neuzeitlichen Ofensystemen verwischen sich die oben angeführten durch die Ofenart bedingten Unterschiede in der Menge und Güte der Erzeugnisse fast völlig.

b) Die Entgasungszeit.

Die Entgasungszeit ist in erster Linie durch die Kohlendicke, dann aber auch durch die Entgasungstemperatur und den Gehalt der Kohle an flüchtigen Bestandteilen bestimmt.

Die Entgasungszeit wächst bei gleicher Kammertemperatur mit dem Quadrat der Dicke; daher steht eine Kammer mit 48 cm Breite in etwa 22 h, eine solche mit 41 cm Breite in etwa 16 h aus.

Auf Grund amerikanischer Versuche kann die Abhängigkeit der Entgasungszeit von der mittleren Kokstemperatur durch eine Exponentialfunktion ausgedrückt werden. Eine Abweichung von der Entgasungstemperatur um 100° nach abwärts verlängert bei gasreichen Kohlen die Entgasungszeit um etwa 33%; eine Abweichung um 100° nach aufwärts verkürzt die Entgasungszeit um 25%. Würde also beispielsweise bei 22stündiger Entgasung die mittlere Kokstemperatur von 1000° auf 900° gesenkt, so würde die Entgasungszeit anstatt 22 h bereits 29 h betragen; wäre es möglich, Entgasungsräume zu schaffen, die eine mittlere Kokstemperatur von 1100° zulassen, so würde die Entgasungszeit von 22 h auf 16,5 h herabgehen.

Kohle mit einem hohen Gehalt an flüchtigen Bestandteilen entgast im allgemeinen rascher als Kohle mit einem geringeren Gehalt an solchen. Es ist bekannt, daß die gasreiche Saarkohle bei der gleichen Temperatur rascher entgast als die gasärmere Ruhrkohle. Diese Regel gilt aber nicht immer; einige Kohlenarten machen aus noch nicht feststellbaren Ursachen eine Ausnahme.

c) Gasmenge, Heizwert, Wertzahl und relative Gasdichte.

Bestimmend für diese Werte ist der Gehalt der Reinkohle an flüchtigen Bestandteilen und die Entgasungstemperatur, die durch die mittlere Temperatur des Kokskuchens gekennzeichnet ist.

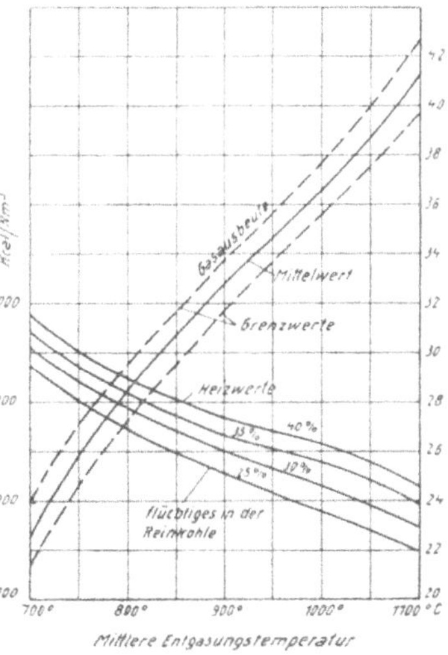

Abb. 31. Gasmenge, Heizwert abhängig von der Entgasungstemperatur und dem Gehalt der Reinkohle an flüchtigen Bestandteilen.

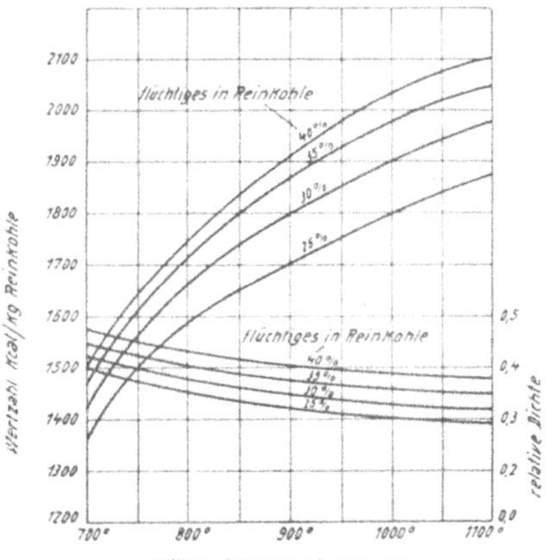

Abb. 32. Wertzahl und relative Dichte abhängig von der Entgasungstemperatur und dem Gehalt der Reinkohle an flüchtigen Bestandteilen.

Hoher Gehalt an flüchtigen Bestandteilen ergibt aus 100 kg Kohle ein größeres Gasvolumen, einen höheren Heizwert, also eine höhere Wertzahl und auch eine höhere Dichte. Höhere Entgasungstemperatur ergibt größere Gasausbeute, geringeren Heizwert und geringere Dichte des Gases.

Um einen Überblick über den Einfluß des Anteils der flüchtigen Bestandteile in der Kohle sowie über jenen der Entgasungstemperatur zu geben, ist in Abb. 31 Gasmenge und Heizwert und in Abb. 32 die

Wertzahl und die relative Dichte in Abhängigkeit von der mittleren Kokstemperatur und dem Gehalt der Reinkohle an flüchtigen Bestandteilen aufgetragen. Die Linien geben angenäherte Werte, die mit den praktischen Ergebnissen des Betriebes dann gut übereinstimmen, wenn die richtige Kokstemperatur genommen wird und wenn man den Asche- und Wassergehalt der Rohkohle und den höheren Gehalt des im Betrieb erzeugten Gases an inerten Bestandteilen mit Hilfe einer kleinen Umrechnung berücksichtigt. Asche und Wasser in der Rohkohle vermindern verhältnismäßig das erzeugte Gasvolumen und die Wertzahl gegenüber den in den Abb. 31, 32 angegebenen Werten. Der Heizwert wird durch den Asche- und Wassergehalt der Kohle nicht beeinflußt.

Der Gehalt des Gases an inerten Bestandteilen erhöht die Gasmenge und vermindert den Heizwert, während die Wertzahl bestehen bleibt. Die relative Dichte des Gases ändert sich infolge des erhöhten Gehaltes an inerten Gasen (hauptsächlich Stickstoff und etwas Kohlensäure).

d) Die Koksbeschaffenheit.

Die Menge des erzeugten Koks ist abhängig vom Gehalt der Kohle an flüchtigen Bestandteilen und in geringem Maße von der Gastemperatur. Je höher der Gehalt der Kohle an flüchtigen Bestandteilen, desto geringer ist die erzeugte Koksmenge. Abb. 33 gibt Anhaltspunkte für einige dieser Beziehungen.

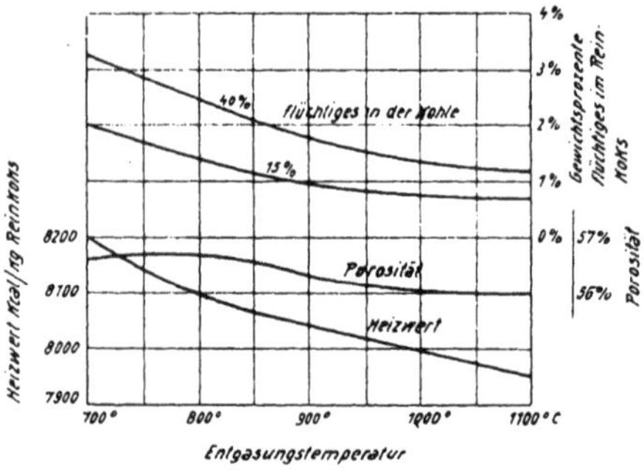

Abb. 33. Reinkoksheizwert, Porenraum und Gasgehalt in Abhängigkeit von der Entgasungstemperatur und dem Gehalt an Flüchtigem in der Reinkohle.

Die Güte des erzeugten Koks ist abhängig von dem Gehalt der Kohle an backenden und flüchtigen Bestandteilen sowie von der Ofentemperatur. Je höher der Gehalt der Kohle an flüchtigen Bestandteilen, desto geringwertiger, kleinstückiger wird im allgemeinen der Koks. Je höher das Backvermögen der Kohle, desto fester wird der Koks. Die höchste Koksfestigkeit wird bei fast allen Kohlenarten bei Entgasungstemperaturen um 800° erzielt. Höhere Temperaturen erhöhen die Rissigkeit des Koks, der Anfall an Stückkoks wird dadurch geringer.

Koks derselben Kohle in breiten Kammern erzeugt, ist meist grobstückiger als solcher, welcher in schmäleren Kammern hergestellt wird.

Ein guter Maßstab für die Feststellung der Temperatur, bei der der Koks entstand, ist der Heizwert des Reinkoks (asche- und wasserfreier Koks). Dieser Heizwert ändert sich bei derselben Temperatur nur um etwa $\pm$ 0,4%, selbst wenn der Gehalt an Flüchtigem in der Kohle zwischen 15 und 43% schwankt. Bei der gleichen Kohle oder Kohlenmischung ist er eine konstante, nur von der Temperatur abhängige Zahl.

Ähnlich verhält es sich mit dem scheinbaren und wahren spezifischen Gewicht und dem Zellenraum des Koks. Auch der Gehalt an Flüchtigem im Reinkoks ist ein sicherer Maßstab für die bei der Verkokung vorhanden gewesene Temperatur; dieser wird zwar mit steigendem Gehalt an Flüchtigem in der Rohkohle höher, er ist aber für dieselbe Kohle und dieselbe Temperatur ein ebenso festliegender Wert wie Gasausbeute und Heizwert; man kann ihn infolgedessen dazu benützen, um die Leistung eines Ofensystems zu kennzeichnen, zumal er einfacher zu ermitteln ist als die genaue Bestimmung von Gasmenge und Heizwert.

Im Schrägkammerofen lassen sich alle Kohlenarten, sofern sie nicht zu sehr treiben, verkoken. Aus Kokskohle kann man in ihm einen Hüttenkoks erzeugen, dessen Güte und Beschaffenheit nicht erheblich von der des im Horizontalkammerofen hergestellten abweicht. Der Schrägkammerofen liefert noch Koks aus Kohlen, welche der Horizontalkammerofen nicht mehr verträgt, sei es, daß sie treiben oder aber einen nicht genügend standfesten Kokskuchen bilden.

e) Der Teer und die im Gas und Teer enthaltenen Leichtöle.

Die Menge des anfallenden Teeres ist abhängig vom Gehalt der Kohle an flüchtigen Bestandteilen, der Entgasungstemperatur und der Art des Entgasungsraumes. Je höher der Gehalt an Flüchtigem in der Kohle, desto höher ist die erzeugte Teermenge, je höher die Entgasungstemperatur, desto weniger Teer fällt an.

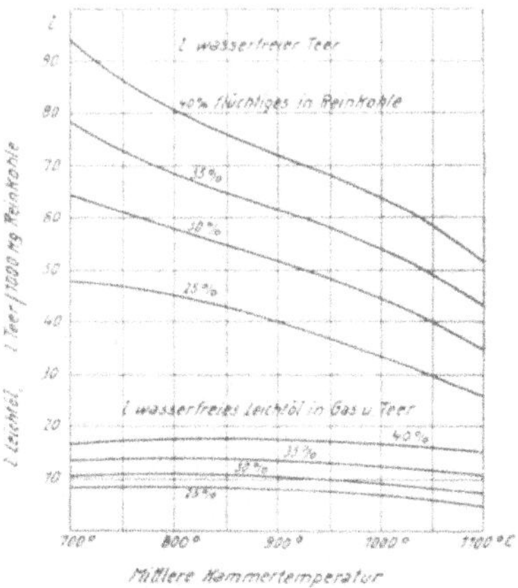

Abb. 34. Teer- und Leichtölmenge aus 100 kg Reinkohle in Abhängigkeit von der Entgasungstemperatur und dem Gehalt der Reinkohle an flüchtigen Bestandteilen.

Die Güte des Teers, gekennzeichnet durch seinen Gehalt an Ölen, ist bedingt durch die Ofenart und den Ofenbetrieb. Je mehr freie, nicht von Kohle bedeckte aber beheizte Flächen in einem Entgasungsraum vorhanden sind, desto mehr entsteht infolge Zersetzung an diesen heißen Wänden Dickteer in der Vorlage und Pech im Teer. Je voller der Entgasungsraum gefüllt, je dicker die entgaste Kohlenschicht ist, desto dünnflüssiger wird der Teer und desto geringer ist der Pechgehalt. In Abb. 35 ist die Zusammensetzung der Teere, die durch Entgasung von Kohlen in verschiedenen Öfen gewonnen wurden, angegeben. Als Abszisse wurde das Verhältnis zwischen den beheizten Flächen des Entgasungsraumes, welche durch Kohlen nicht bedeckt sind, zu jenen, welche durch Kohlen bedeckt sind, genommen.

Dicker Teer in den Vorlagen des Schrägkammerofens ist nur dann vorhanden, wenn die Kammern nicht genügend gefüllt sind, so daß sich die schweren Kohlenwasserstoffe des Gases und die Teerdämpfe an den heißen Wänden zersetzen.

Der im Schrägkammerofen erzeugte Teer ist jenem des Vertikalkammerofens in seiner Zusammensetzung gleichwertig, wie aus der Tafel I[1]) zu ersehen ist.

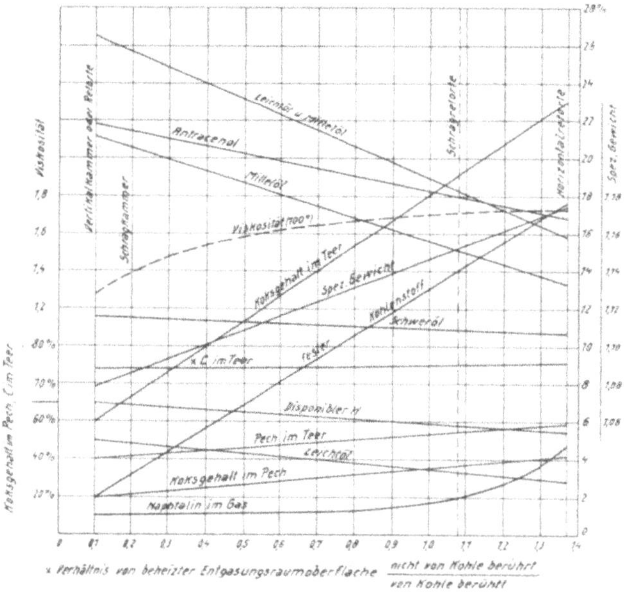

Abb. 35. Beschaffenheit der Teere aus dem Schrägkammerofen, verglichen mit den Teeren aus anderen Ofensystemen.

Der Anfall von Leichtölen im Teer und Gas ist abhängig von dem Gehalt an Flüchtigem in der Reinkohle und in geringerem Maße von der Entgasungstemperatur. Hoher Gehalt an Flüchtigem in der Reinkohle gibt im allgemeinen höheren Anfall an Leichtöl, höhere Entgasungstemperatur vermindert ihn. Die Höchstmenge an Leichtölen fällt zwischen 700 und 800° C Verkokungstemperatur an.

Die in den Abbildungen 31, 32, 33 und 34 angegebenen Linien sind Richtungslinien. Sie geben gut angenäherte Werte. Nur beim Anfall von Teer und Leichtölen sind die Abweichungen von den im Betrieb gefundenen Werten erheblicher.

[1]) Die Werte sind entnommen Dr. E. J. Constone und Dr. P. Schläpfer, Z. VDI. 57 (1913), S. 1661.

Tafel I.

Eigenschaften des Schrägkammerofenteers nach Constam und Schläpfer.

Rohteer:		
Spezifisches Gewicht 15 ° C	kg/dm³	1,08—1,09
Flammpunkt	° C	50—58
Brennpunkt	° C	85—89
Zündpunkt	° C	480—510
Siedeanalyse:		
Leichtöl 0—170	%	3—5
Mittelöl 170—230	%	21—22
Schweröl 230—270	%	10,5—12,5
Anthrazenöl 270—350	%	22,0
Pech	%	40,5—41,5
Koksgehalt des Pechs	%	21—22
Zusammensetzung des Rohteers:		
Wasser	%	1,3—2,5
Asche	%	Spuren
Brennbares	%	97,5—98,7
Heizwert bestimmt	kcal/kg	8737—8761
Heizwert (asche- und wasserfreie Substanz)	kcal/kg	8858—8903
Reinteer:		
Elementaranalyse		
C	%	6,7—6,9
H_2	%	—
$O_2 + N_2$	%	3,6—4,6
S	%	0,4—0,3
Auf 1000 Teile disponibl. Wasserstoff	Teile	69—72
Verbrennungswärme	kcal/kg	9273—9292
Koksgehalt	%	7,1—7,3
Freier Kohlenstoff	%	2,3—3,0
Naphtalingehalt	%	2,6—0,6
Viscosität bei 20° C	—	9,33
35° C	—	3,85
50° C	—	2,20
100° C	—	1,39

An dem Rechnungsbeispiel der Tafel II sei die Benützung der in den Abbildungen 31, 32, 33 und 34 angegebenen Werte erläutert.

10. Ofengrößen, Ofenleistung, Unterfeuerungsbedarf.

Die Tagesleistung eines Gaserzeugungsofens hängt ab von dem entgasten Füllgewicht, der Kohlenart und der Entgasungstemperatur.

Der Schrägkammerofen wird in verschiedenen Größen mit erheblich verschiedenem Füllgewicht ausgeführt. Die kleinste Kammer hat eine senkrechte Höhe von 3,5 m, eine Ofentiefe von 4,5 m und einen nutzbaren Füllraum von 4,9 m³, die größte Kammer eine senkrechte Höhe von 4,5 m bei einer Ofentiefe von 8,25 m und einen nutzbaren Füllraum von 13 m³. Zwischen diesen beiden gibt es 8 Zwischengrößen.

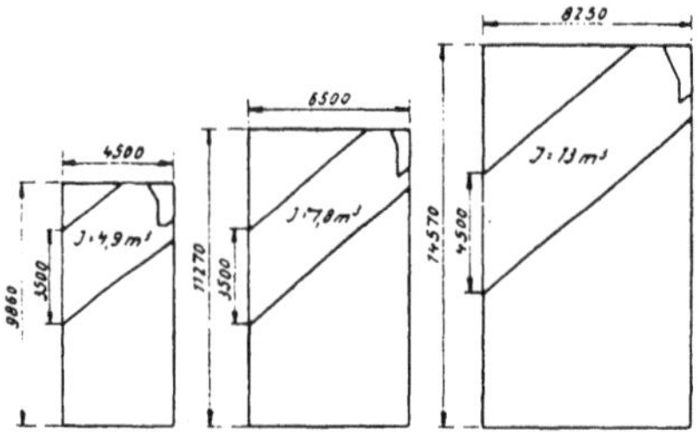

Abb. 36. Querschnitt durch den kleinsten, einen mittleren und den größten Schrägkammerofen.

Die senkrechte Kammerhöhe und damit auch die Öffnung der Entladetüre ist auf 3,5, 4,0 und 4,5 m festgelegt worden. Bei 24stündiger Entgasung beträgt die Kammerweite an der Entladeseite 48 cm und an der Füllseite 37 cm. Diese Maße sind bei allen Ofengrößen die gleichen.

Aus dem nutzbaren Füllraum errechnet sich das Füllgewicht durch Multiplikation mit dem Schüttgewicht der Kohle. Letzteres kann bei körniger und stückiger Kohle zu etwa 760 bis 790 kg/m³ und bei Feinkohle zu 700 bis 760 kg/m³ angenommen werden.

Bei einer mittleren Kammertemperatur von 1050 bis 1080° C kann bei trockenem Betrieb überschlägig mit folgenden Entgasungsergebnissen gerechnet werden (15°, 760 mm):

	Gas je 100 kg Rohkohle m³	Heizwert kcal	Wertzahl kcal/m³
Saarkohle	33	5350	176550
Oberschlesische Kohle . . .	32	5350	171200
Ruhrkohle	31	5250	162750
Niederschlesische Kohle . . .	31	5250	162750
Englische Kohle	31	5250	162750
Kokskohle	26 bis 28	4900	127400 ÷ 137200

Da Aschegehalt, Wassergehalt und auch die flüchtigen Bestandteile der Kohlen desselben Gebietes und sogar desselben Schachtes sehr verschieden sind, so können diese Ziffern nur als Überschlagswerte angesehen werden.

Tafel II.

Beispiel für die Benützung der Abbildungen 31, 32, 33 und 34.

Die zu entgasende Kohle habe: 35% Flüchtiges in der Reinkohle
7% Asche
5% Wasser

Die mittlere Kokstemperatur betrage: 1050° C

Das erzeugte Gas habe 5% inerte Gase, die aus dem Ofenbetrieb stammen, davon 5 · 0,21% CO_2 und 5 · 0,79% N_2

Aus Abb. 31 ergibt sich	die Gasmenge	zu	36,4 Nm^3/100 kg Kohle
	der Heizwert	»	5400 kcal/Nm^3
Aus Abb. 32 » »	die Wertzahl	»	1966 kcal/kg Kohle
	die relative Dichte	»	0,36
Aus Abb. 33 » »	der Reinkoksheizwert	»	7995 kcal/kg
	Flüchtiges im Reinkoks	»	1,7 %
Aus Abb. 34 » »	die Teermenge	»	54 l/1000 kg Reinkohle
	und Leichtöl in Gas und Teer	»	12,5 l/1000 kg Reinkohle

Die zu erwartenden Betriebsergebnisse:

Gasmenge $= 36{,}4 \cdot \frac{100-12}{100} = 32{,}03$ Nm^3/100 kg Rohkohle

Heizwert $= 5400$ kcal/Nm^3

Wertzahl $= 1966 \cdot \frac{100-12}{100} = 1730$ kcal/kg

Gasdichte rel. $= 0{,}36 \cdot 0{,}95 + 0{,}05 \cdot 0{,}79 \cdot 0{,}9 + 0{,}05 \cdot 0{,}21 \cdot 1{,}92 = 0{,}393$

Flüchtiges im Koks $= 1{,}7 \cdot \frac{93}{100} = 1{,}58\,\%$

Teermenge $= 54 \cdot \frac{100-12}{100} = 47{,}5$ l/1000 kg Rohkohle

Leichtöl $= 12{,}5 \cdot \frac{100-12}{100} = 11$ l/1000 kg Rohkohle

Hat der Standort des Gaswerks eine mittlere Temperatur von 15° C, einen mittleren Barometerstand von 720 mm, so ändern sich die Werte wie folgt:

Gasausbeute $= 32{,}03 \cdot \frac{273+15}{273} \cdot \frac{760-4{,}6}{720-12{,}8} = 33{,}11$ m^3 abgelesen

Heizwert $= 5400 \cdot \frac{273}{273+15} \cdot \frac{720-12{,}8}{760-4{,}6} = 4791$ kcal/m^3 abgelesen

Relative Dichte $= 0{,}393 \cdot \frac{273}{273+15} \cdot \frac{720-12{,}8}{760-4{,}6} = 0{,}349$

Tafel

Die Leistung der verschiedenen Größen

Der Leistungsberechnung ist zugrunde gelegt:

Kammerhöhe m	Ofenmaße Ofentiefe m	Ofenmaße Ofenhöhe m	Ladefähigkeit nutzbar m³	Ladefähigkeit nutzbar t	Kammer- 1 Kammer trocken	1 Kammer naß	2 Kammern trocken	2 Kammern naß
3,5	4,5	9,86	4,9	3,82	1260	1600	2520	3200
3,5	5,0	10,29	5,6	4,37	1440	1830	2880	3660
3,5	5,5	10,71	6,4	4,99	1650	2100	3300	4200
3,5	6,0	11,06	7,1	5,54	1800	2280	3600	4560
3,5	6,5	11,27	7,8	6,08	2000	2550	4000	5100
3,5	7,0	11,69	8,4	6,55	2160	2750	4320	5500
3,5	7,4	12,04	9,1	7,10	2340	2980	4680	5960
4,0	7,5	12,81	10,3	8,03	2650	3370	5300	6740
4,0	8,25	13,44	11,5	8,97	2960	3770	5920	7540
4,5	8,25	14,57	13,0	10,14	3350	4260	6700	8520
	Ofenbreite m				1,73		2,69	

Die Ofenleistung hängt auch noch vom mittleren Barometerstand und von der Ortstemperatur ab, eine Tatsache, die häufig übersehen wird.

Wassergaserzeugung in den Kammern erhöht die Gasausbeute je 100 kg Rohkohle bis zu 17 Nm³.

Der Unterfeuerungsverbrauch eines Ofens ist abhängig von seinem Betriebszustand, also der Einstellung der Verbrennung, der Dichtheit der Rekuperation und dem Zustand des Generators. Schlecht eingestellte Verbrennung in einzelnen Heizzügen als auch ganzer Wände ergibt eine Nachverbrennung hinter der Heizwand, also hohen Verlust, der durch die Rekuperation nur teilweise ausgeglichen werden kann.

Ungleichmäßiger Generatorbetrieb beim Füllen und Schlacken, zu weites Herabbrennen der Koksschicht, zu viel Brennbares in Asche und Schlacke erhöht den Unterfeuerungsverbrauch.

Eine Überschlagsrechnung für den wechselseitigen Ersatz des einen Unterfeuerungsbrennstoffes durch einen anderen ergibt nachstehende Zusammenstellung für den trockenen Betrieb. Es ist dort angesetzt:

1 Nm³ Generatorgas = 1200 kcal,
1 Nm³ Stadtgas = 4200 kcal,
1 kg Reinkoks = 7950 kcal,
1 kg Betriebskoks = 6700 kcal.

Bei nassem Betrieb des Ofens erhöht sich der Unterfeuerungsverbrauch. Es kann dabei mit 900 kcal für die Erzeugung von 1 Nm³

III.

des »Didier«-Schrägkammerofens.

ein Schüttgewicht der Kohle von 780 kg/m³,
eine Gasausbeute bei trockenem Betrieb von 33 Nm³/100 kg Rohkohle,
eine Gasausbeute bei nassem Betrieb von 42 Nm³/100 kg Rohkohle.

leistungen in m³/24 h

3 Kammern		4 Kammern		5 Kammern		6 Kammern		7 Kammern	
trocken	naß	trocken	naß	trocken	naß	trocken	naß	trocken	naß
3 780	4 800	5 040	6 400	6 300	8 000				
4 320	5 490	5 760	7 320	7 200	9 150				
4 950	6 300	6 600	8 400	8 250	10 500				
5 400	6 840	7 200	9 120	9 000	11 400				
6 000	7 650	8 000	10 200	10 000	12 750				
6 480	8 250	8 640	11 000	10 800	13 750	12 960	16 500	15 120	19 250
7 020	8 940	9 360	11 920	11 700	14 900	14 040	17 880	16 380	20 860
7 950	10 110	10 600	13 480	13 250	16 850	15 900	20 220	18 550	23 590
8 880	11 310	11 840	15 080	14 800	18 850	17 760	22 620	20 720	26 390
10 050	12 780	13 400	17 040	16 750	21 300	20 100	25 560	23 450	29 820
3,65		4,61		5,57		6,53		7,49	

Wassergas gerechnet werden. Dieser Wert erhöht sich entsprechend dem wärmetechnischen Wirkungsgrad des Ofens.

11. Betriebsergebnisse und wärmetechnischer Wirkungsgrad ausgeführter Ofenanlagen.

a) Betriebsergebnisse.

In der nachstehenden Tafel V sind 9 Untersuchungen an Schrägkammeröfen aufgeführt; 7 derselben sind Abnahmeversuche, welche durch die Gaswerke selbst oder durch von ihnen beauftragte Institute vorgenommen wurden. Es handelt sich dabei um betriebsmäßig durchgeführte Versuche, bei denen jegliche Sorgfalt aufgeboten wurde, um ein einwandfreies Ergebnis zu erzielen.

Der Versuch Nr. 7 an den Schrägkammeröfen in Prag ist deswegen bemerkenswert, weil er beweist, daß selbst nach dreijähriger Betriebszeit noch immer die gleichen Ergebnisse erzielt werden wie bei der Abnahme der Öfen. Dieser Versuch wurde von den Prager Gaswerken gemeinsam mit der Didier A.G. Berlin ausgeführt, um den Betriebszustand der Öfen nachzuprüfen.

Die hierbei gefundenen Ergebnisse sind in Abb. 37 in Form eines Wärmeschaubildes wiedergegeben. Der Gesamtwirkungsgrad des Ofens im trockenen Betrieb mit 67% darf als sehr günstig bezeichnet werden.

Bei den Versuchen 8 und 9 wurde nicht die Gaserzeugung und der Heizwert des Gases ermittelt, sondern es war den Erbauern die Be-

Tafel

Wärmeverbrauch zur Entgasung von Rohkohle im Schräg-
1050—1080 °C.

Wärmeverbrauch zur Entgasung von 1 kg Rohkohle	kcal	450	500	550	600
Unterfeuerungsverbrauch für 100 kg Rohkohle					
Reinkoks	kg	5,65	6,28	6,80	7,50
Rohkoks	kg	6,70	7,45	8,20	8,90
Generatorgas	Nm^3	37,4	41,6	45,8	50,0
Stadtgas etwa	Nm^3	10,7	11,9	13,1	14,3
Zur Verdünnung des Stadtgases auf 1800 kcal/Nm^3 ist erforderlich Rauchgas etwa	Nm^3	14,8	16,5	18,2	19,8
Wärme für Unterfeuerung zur Gaswärme aus 1 kg Kohle etwa	%	25,6	28,4	31,2	34,0
Abgastemperatur etwa	°C	—	—	230	290
Dampferzeugung/t Rohkohle etwa	kg	—	—	—	(25)
				[1]	[2]

Reihe [1]) Derzeit erreichte Unterfeuerungsziffern bei Fremdgasbeheizung und genügend großer Rekuperation.

Reihe [2]) und [3]) Derzeit erreichte Unterfeuerungsziffern bei Fremdgasbeheizung. Rekuperation infolge Platzmangel (Umbau) zu klein.

dingung auferlegt, daß der Gehalt des Koks an flüchtigen Bestandteilen 2% seines Gewichtes nicht überschreiten dürfe. Da bei dem mit allen Mitteln der modernen Technik durchgeführten 14tägigen Versuch Nr. 9 der Gehalt des Koks an flüchtigen Bestandteilen mit nur 0,6%

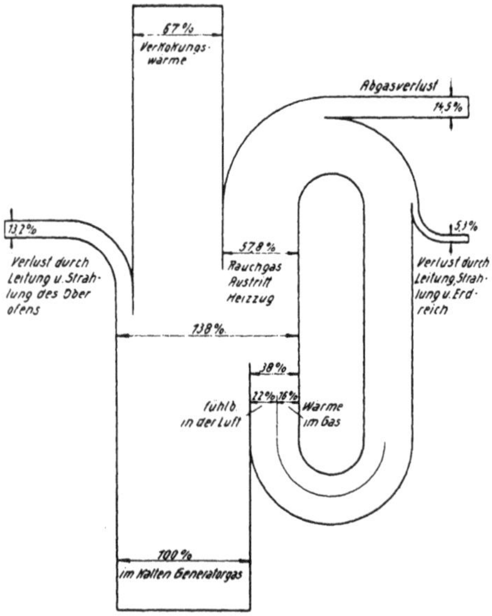

Abb. 37. Wärmeschaubild der Ofenanlage Prag-Michle.

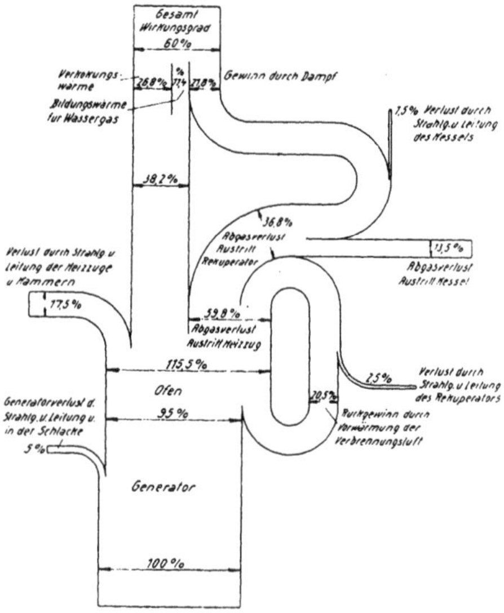

Abb. 38. Wärmeschaubild der Ofenanlage Lüdenscheid.

IV.

kammerofen bei einer mittleren Kammertemperatur von
Trockener Betrieb.

650	700	750	800	850	900	950	1000	1050	1100
8,16	8,76	9,45	10,00	10,70	11,30	11,90	12,55	13,20	13,80
9,70	10,40	11.20	11,90	12,70	13,40	14,20	14,90	15,70	16,40
54,1	58,3	62,5	66,7	70,8	75,0	—	—	—	—
15,4	16,7	17,9	19,0	20,2	21,4	22,6	23,8	25,0	26,2
21,4	23,2	24,8	24,4	28,0	29,7	31,4	33,0	34,7	36,4
36,9	39,8	42,6	45,5	48,3	51,1	54,0	56,8	59,6	62,5
360	420	470	520	550	580	620	640	670	690
(60) [3]	90	123	153	185	213 [4]	253 [5]	280 [6]	316 [7]	350

Reihe [4]) und [5]) Derzeit erreichte Unterfeuerungsziffern bei Beheizung mit Einzelgeneratoren ohne Dampferzeugung.
Reihe [6]) und [7]) Ergebnisse älterer Öfen.

ermittelt wurde, so ist die Entgasung der Kohle in diesem Schrägkammerofen als technisch vollkommen zu bezeichnen. Bei dem Umbau der Öfen, an denen die Versuche 8 und 9 durchgeführt worden sind, konnte die erforderliche Rekuperatorgröße nicht vollständig untergebracht werden, daher ist der Unterfeuerungsverbrauch und auch die Rauchgastemperatur etwas höher als bei Öfen mit einer richtig bemessenen Rekuperation.

Die Werte der Reihe 2 sind Betriebsergebnisse, die durch genaue Messungen der Abgastemperatur und der Abstrahlungsverluste des Ofens ergänzt wurden. In Abb. 38 ist das Wärmeschaubild dieser verhältnismäßig kleinen Ofenanlage in Lüdenscheid wiedergegeben. Der Gesamtwirkungsgrad einschließlich Wassergas- und Dampferzeugung ist mit 60% beachtlich hoch.

Der Wärmeverbrauch der mit Einzelgeneratoren betriebenen Schrägkammeröfen ist mehrfach mit 11,6 kg Reinkoks je 100 kg Rohkohle ermittelt worden. Dies entspricht einem Wärmeaufwand von etwa 925 kcal/kg Rohkohle, ist also erheblich höher als jener der mit Zentralgeneratorgas beheizten Schrägkammeröfen. Dieser Unterschied ist jedoch nur ein scheinbarer, denn die niedrige Abgangstemperatur der Rauchgase (mit 235°) der mit Fremdgas beheizten Öfen wird nur durch die Vorwärmung des kalten Generatorgases erreicht. Nützt man die höhere Abgangstemperatur der Rauchgase der mit Einzelgenerator betriebenen Öfen zur Dampferzeugung aus, so wird der wärmetechnische Gesamtwirkungsgrad wesentlich erhöht und erreicht jenen der mit

Tafel

Betriebsergebnisse von Schräg-

Gaswerk		Hamburg-Grasbrook	Lüdenscheid	Mailand-Bovisa
Versuch Nr.		1	2	3
Versuchsjahr	—	1929	1934	1935
Versuchsdurchführung	—	G. W.	G. W.	G. W.
Versuchstage	—	4	Betr.-Zahlen	3
Kammerabmessung: Länge	mm	7140	5500	8250
Höhe	mm	3500	3500	4500
Breite	mm	480/370	480/370	490/380
Anzahl der Kammern	—	40	3	21
Garungszeit	Stunden	24	24	24
Kohlensorte	—	Boldon Durham	80% Gasfeinkohle Ruhr 20% Gas Nuß 4 Ruhr	Saar und Ruhr
Kammerladung	t	6,75	5,00	10,215
Gesamtkohlenmenge	t/24 h	269,8	15,0	214,51
Reinkohlengehalt	%	89,32	81,9	87,0
Trocken- oder Naßbetrieb		Trocken	Naß	Naß
Gaserzeugung 15° 760 mm	m³/24 h	88 586	7900	102 265
Gasausbeute Rohkohle 15° 760 »	»	33,8	52,7	47,7
» » 0° 760 »	»	31,13	49,1	44,4
» Reinkohle 15° 760 »	»	37,4	64,3	54,70
» » 0° 760 »	»	34,85	59,9	50,99
Heizwert 0° 760 »	kcal/Nm³	6090	4250	4847
Heizwert Reinkohle	kcal/kg	2122	2550	2471
Beheizungsart		Einzel-Generator	Einzel-Generator	Einzel-Generator
Unterfeuerungsverbrauch Reinkoks/100 kg Rohkohle	kg/100 kg	11,66	17,6	11,6
Unterfeuerungsverbrauch kcal/kg Rohkohle	kcal/kg	—	—	—
Rauchgastemperatur Ausgang Rekuperator	°C	—	600	530
Inerte Bestandteile im erzeugten Gas	%	5,0	5,6	10,3

1) Ass. Nat. Contr. Comb. Bologna.
2) Umbauten.

V.

kammerofenanlagen. System »Didier«.

Genua	Breslau-Dürrgoy	Prag-Michle	Versuch nach 3 Betriebsjahren Prag-Michle	Berlin-Tegel[2])	Berlin-Tegel[2])
4	5	6	7	8	9
1937	1927	1930	1933	1934[2])	1936[2])
ANCC[1])	G. W.	G. W.	Didier u. G.W.	G. W.	G. W.
3	4	4	6	7	14
8250	7500	8250	8250	7140	7140
4500	4000	4500	4500	3500	3500
480/370	480/370	480/370	480/370	400/300	400/300
28	21	35	35	37	37
24	24	24	24	16	16
Ruhr	Ober- und Niederschlesien	Ostrauer	Ostrauer	Ruhr und Schles.	Schles. und Ruhr
10,79	8,1	9,13	8,88	5,64	5,52
302,2	170,4	319,57	311,0	309,4	306,4
87,2	83,34	90,93	90,8	—	—
Naß	Trocken	Trocken	Trocken	Trocken	Trocken
136 807	57 760	112 760	95 333	nicht festgestellt	nicht festgestellt
45,27	33,9	35,29	34,0		
42,19	31,59	32,88	31,7		
51,94	40,68	38,93	37,5		
48,40	37,91	36,29	34,9		
4526	5002	5286	5610		
2191	1896	1919	1960		
Einzel-Generator	Zentral-Generator	Zentral-Generator	Zentral-Generator	Zentral-Generator	Zentral-Generator
11,15	—	—	—	—	—
—	640	575	560	634	642
563	—	230	235	340	356
8,86	—	—	6,2	7,0	6,1

Fremdgas betriebenen Öfen. Bei höheren Leistungen der Kammer scheint der Zentralgeneratorbetrieb etwas vorteilhafter zu sein.

Die Wärmeverbrauchsziffern der mit Zentralgeneratorgas betriebenen Schrägkammeröfen sind im allgemeinen um ein geringes höher als jene beim Vertikalkammerofen und beim Horizontalkammerofen. In Unterfeuerungskoks ausgedrückt, würde das einem Mehrverbrauch an Reinkoks von etwa 0,4 bis 0,6 kg/100 kg Rohkohle entsprechen. Eine solche geringe Koksmenge liegt innerhalb der Fehler der Betriebsführung.

b) Wärmetechnischer Wirkungsgrad.

Dieser Wirkungsgrad ergibt sich aus dem Verhältnis:

$$\frac{\text{Wärmeaufwand zur Entgasung von 1 kg Rohkohle in kcal}}{\text{Wärmeaufwand für die Unterfeuerung für 1 kg Rohkohle in kcal}}.$$

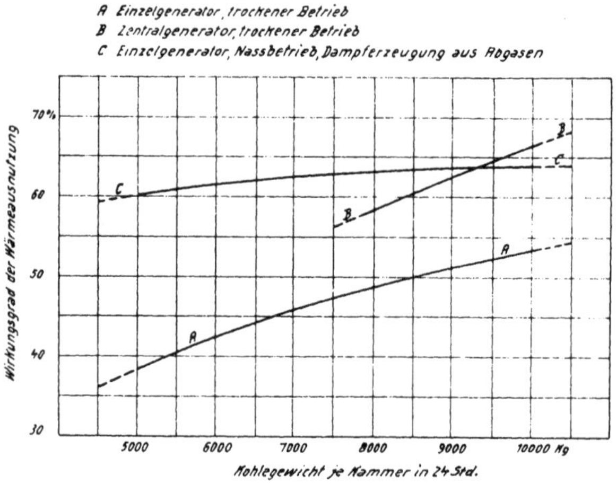

Abb. 39. Wärmetechnische Wirkungsgrade des Schrägkammerofens »Didier«.

Der Wärmeaufwand für die Entgasung von 1 kg Rohkohle kann bei den üblichen Entgasungstemperaturen erfahrungsgemäß zu 375 bis 385 kcal angenommen werden. Der Unterfeuerungsaufwand wird durch Versuche bestimmt. Rechnet man mit einem Wärmeaufwand von 375 kcal/kg Rohkohle, so ergeben sich die in Abb. 39 angegebenen Linien der Wirkungsgrade in Abhängigkeit von dem in der Kammer in 24 h verarbeiteten Füllgewicht.

Es bedeutet die Linie *A—A* den Wirkungsgrad der mit Einzelgeneratoren, die Linie *B—B* den der mit Fremdgas beheizten Öfen bei trockenem Betrieb.

Der Wirkungsgrad der mit Einzelgeneratoren betriebenen Öfen kann erheblich gesteigert werden, wenn die Wärme der heißen Abgase zur Dampferzeugung benützt wird. Die sich hieraus errechnenden und durch den praktischen Betrieb bewiesenen Wirkungsgrade sind durch die Linie *C—C* dargestellt. (Die erzielbare Dampfmenge kann aus Abb. 29 bzw. Tafel IV entnommen werden.) Der Schnittpunkt der Linie *B—B* mit der Linie *C—C* zeigt die Grenzen der feuerungstechnisch wirksamsten Beheizungsart. Bis zu einem Füllgewicht von 9000 kg je Kammer in 24 h scheint die Beheizung durch Einzelgenerator mit Dampferzeugung wärmetechnisch richtiger zu sein, bei höherem Füllgewicht der Zentralgeneratorgasbetrieb. Diese Grenze ist jedoch nicht maßgebend für den wirtschaftlichsten Betrieb der Öfen, denn die Linien der wärmetechnischen Wirkungsgrade sind nicht identisch mit jenen der wirtschaftlichsten Kosten für die Gaserzeugung. Um diese zu finden, sind die Wärmeverbrauchsziffern je kg Rohkohle mit den Wärmepreisen zu multiplizieren und hiervon der Wert des erzeugten Dampfes abzuziehen. Da die Preise für Koks und Dampf örtlich sehr verschieden sind, so lassen sich allgemein gültige Linien nicht angeben.

C. Der Großraum-Schrägkammerofen von Dr. C. Otto & Comp., Bochum.

Die Firma hat in Reichenbach in Böhmen zwei Öfen mit je drei Kammern (zu je 6,2 t) errichtet. Sie werden wahlweise mit Zentralgeneratorgas oder Stadtgas beheizt und besitzen Rekuperatoren für die Vorwärmung von Luft und Generatorgas.

Der Ofenbau unterscheidet sich — abgesehen von der gleichbleibenden Größe der Brenner in der Zwischenzunge der Heizzüge — wenig von der bisher beschriebenen Bauart. Es kann also hinsichtlich der baulichen und betrieblichen Einzelheiten auf die diesbezüglichen Ausführungen hingewiesen werden.

Die Abb. 40 dieses Ofens ist nachstehend beschrieben: Bei Generatorgasbeheizung tritt das Gas bei *1* in die Rekuperatorkanäle *2* ein und strömt dann durch den Gaskanal *3* zu den Brennern *4* (an der Entladeseite des Ofens) und den Heizzügen *8*, wo es zusammen mit der aus dem Rekuperator kommenden Luft verbrennt. Die Abgase gehen bei *9* aus dem Ofen ab, durchströmen die Rekuperatorkanäle *10*, erwärmen dabei Luft und Gas und gehen durch den Rauchkanal *11* zum Schornstein.

Bei Stadtgasbeheizung wird das Stadtgas an der Stelle *1a* zugeführt, worauf die Verbrennung mit Luft, wie bei der Generatorgasbeheizung des Ofens geschildert, vor sich geht. Der zur Vorwärmung des Gases dienende Teil des Rekuperators wird dabei ausgeschaltet.

Bei Betrieb der Ofenanlage mit 33-stündiger Entgasungszeit der Kammern werden von der Firma (für je 100 kg Rohkohle) folgende

Betriebsergebnisse angegeben:

14,57 kg Trockenkoks
41,50 Nm^3 Gas oder
44,54 m^3 Gas 15°C/760 mm
4760 Kcal/Nm^3 Heizwert
1976 Kcal/kg Wertzahl.

Während des letzten Abschnittes der Gaserzeugung wurde Wasserdampf in die Kammern eingeführt.

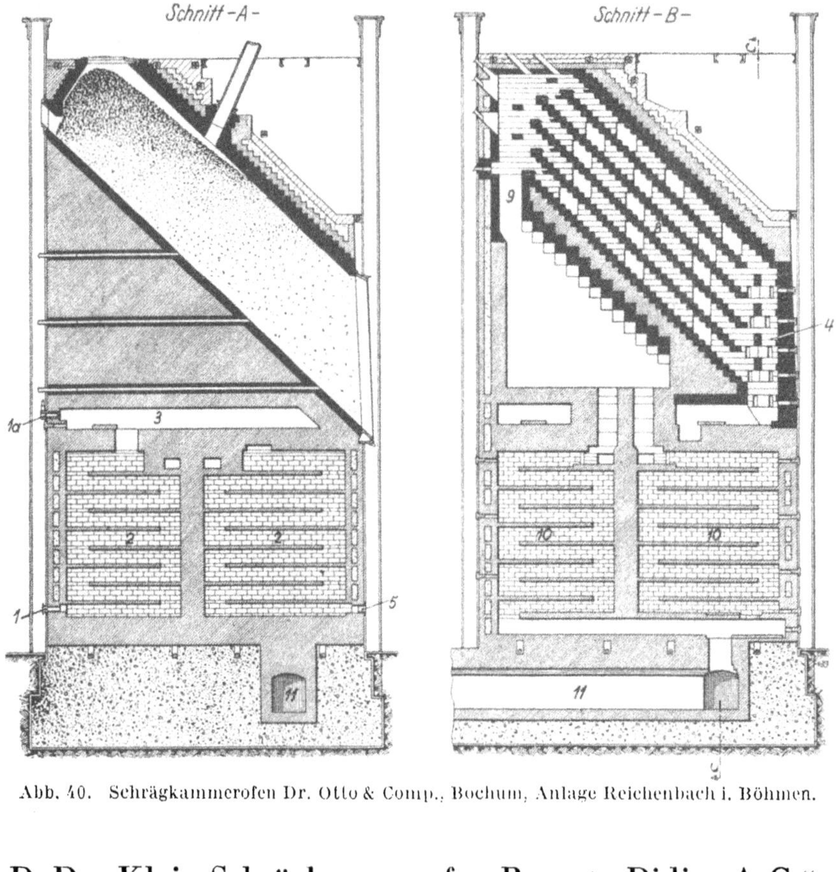

Abb. 40. Schrägkammerofen Dr. Otto & Comp., Bochum, Anlage Reichenbach i. Böhmen.

D. Der Klein-Schrägkammerofen Bauart „Didier A.G.".

1. Die Lösung der technischen Aufgabe.

Die kleine Schrägkammer läßt sich rascher füllen und entleeren als die horizontale und auch die schräge Retorte, außerdem wird durch die Vollfüllung der Kammer ein dünnflüssiger Teer erzeugt. Diese betrieblichen Vorteile haben dazu geführt, in bestehenden Ofenhäusern

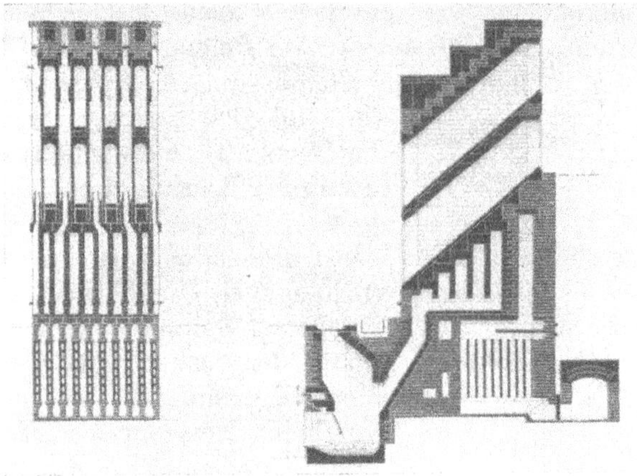

Abb. 41. Klein-Schrägkammerofen mit 8 Kammern, vorne liegendem Generator, Rekuperator und Dampfüberhitzer.

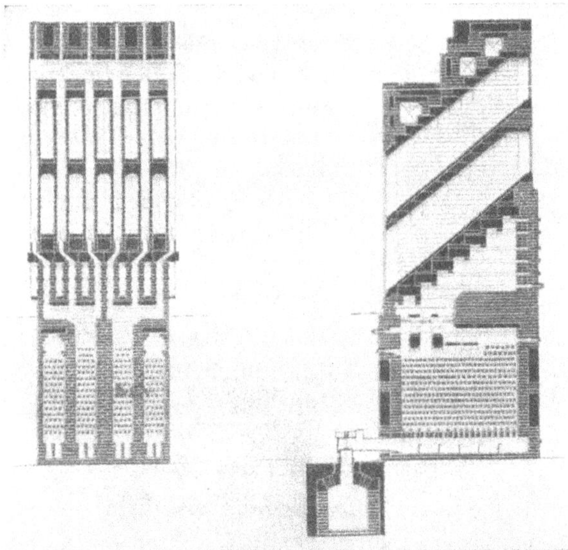

Abb. 42. Klein-Schrägkammerofen mit 10 Kammern und Regeneratoren

die Horizontal- oder Schrägretortenöfen durch Klein-Schrägkammeröfen zu ersetzen.

Diese kleinen Kammern werden meist in zwei Reihen übereinander angeordnet; sie entstehen durch eine schräglaufende Aufteilung einer höheren Kammer mittels eines Zwischenbodens. In anderen Fällen ist jedoch nur eine einzige von unten bis oben durchgehende Kammer ausgeführt worden. 8 bis 10 der in zwei Reihen übereinander liegenden oder 4 bis 6 der durchgehenden Kleinkammern werden zu einem Ofen vereinigt. Die Entgasungszeit beträgt in der Regel 12 h, sie wird durch Verschmälerung der Kammern auch auf 8 h herabgesetzt.

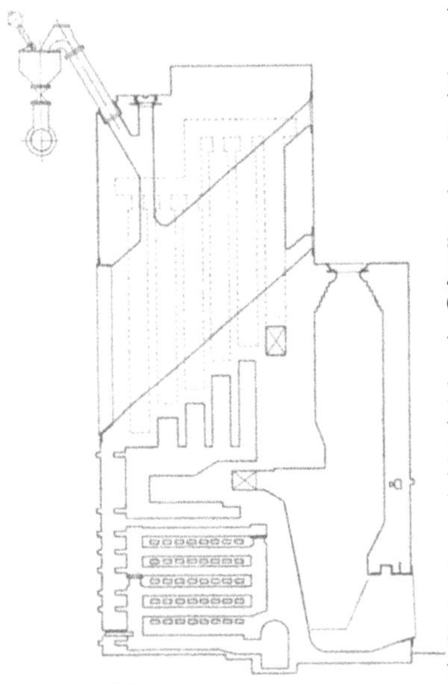

Abb. 43. Klein-Schrägkammerofen mit hohen Kammern.

Durch die Wiederverwendung der vorhandenen Ofenhäuser und der damit gegebenen Baumaße wird der Unterbau jenem der vorher vorhanden gewesenen Öfen sehr ähnlich. Der Generator liegt wie beim Horizontalretortenofen vorne an der Entladeseite der Kammer, dahinter ist die Rekuperation und im Fundament der Rauchkanal untergebracht.

Zwischen den Tragpfeilern liegt die Rekuperation oder die Regeneration. Die Heizwände sind auf einem schräg ansteigenden Boden errichtet. Dieser und die Kammerdecke dienen zur Längsversteifung des Ofens und des Ofenblocks.

Die unter einem Winkel von 39 bis 41° geneigten Kammern haben folgende Ausmaße:

Länge horizontal gemessen . . . . 4,0 bis 5,2 m
Höhe vertikal gemessen . . . . 0,95 » 1,0 m
Breite bei 12stündiger Entgasung etwa 33/29 cm,
bei 10stündiger Entgasung etwa 29/25 cm,
bei 8stündiger Entgasung etwa 26/22 cm.

2. Die Beheizung des Ofens.

Die Beheizung der Kammern erfolgt wie beim Schrägretortenofen durch in Absätzen schräg ansteigende Brenner im Kammerunterbau. Die Heizzüge sind vertikal angeordnet und münden in horizontale in der Kammerdecke untergebrachte Kanäle. Der letzte Heizzug des Ofens (an der Füllseite) dient dazu, die Rauchgase durch die Heizwand abwärts zur Rekuperation zu führen.

Die Regelung der Verbrennung erfolgt von der Ofenrückseite oder von der Ofendecke her durch Drosselung der Mündungen der Heizzüge in den gemeinschaftlichen Sammelkanal. Die Wände und Decke des Ofens sind gegen Wärmeabgabe isoliert.

Klein-Schrägkammeröfen werden sowohl mit Röhrenrekuperatoren als auch bei Fremdgasbeheizung mit Regeneratoren ausgestattet. Die Regeneratoren sind meist zu zweimal zwei Gruppen zusammengefaßt und kreuzweise angeordnet. Bei den regenerativ geheizten Öfen liegen alle Umstellvorrichtungen und Ventile an der Entladeseite des Ofens. Diese Anordnung ist durch die kreuzweise Schaltung der Regeneratoren möglich geworden; es wird hierdurch an Raum gespart und eine gute Übersichtlichkeit und leichte Bedienung der Umstelleinrichtungen erzielt.

Der Unterfeuerungsverbrauch wird zu 12 kg Reinkoks/100 kg Rohkohle angegeben.

3. Die Ausrüstung des Ofens.

Die Entladetüre des Ofens besitzt zwei nachstellbare Exzenterverschlüsse. Oben an jedem Entladetürrahmen ist der Gasabgang angebracht. An der Füllseite der Kammer sind zwei kleinere Öffnungen angeordnet, eine in Flucht des Bodens zum Nachhelfen, wenn der Kokskuchen nicht von selbst herausrutschen sollte, und eine oben in Flucht der Decke zum Füllen der Kammer. Beide Öffnungen sind durch Türen, welche Exzenterverschlüsse besitzen, verschließbar.

Abb. 44. Entleerungsbühne der Klein-Schrägkammerofenanlage des Gaswerks Wien-Simmering.

Die Steigerohre der Entladetüren führen zu einer gemeinschaftlichen Reihenvorlage, die mit Tauchungseinrichtung versehen ist.

Die Ofenverankerung ist so ausgeführt, daß die Entlade- und Stoßtüren an das Mauerwerk angepreßt werden; im übrigen ist sie ähnlich gebaut wie die Verankerung des Schrägretortenofens.

Abb. 45. Füllbühne der Klein-Schrägkammerofenanlage des Gaswerks Ratibor.

Die Öfen haben zwei Hauptbedienungsbühnen, eine an der Entleerungsseite und eine an der Füllseite. Die Bühne an der Entleerungsseite liegt in Höhe der Koksabförderung; von hier aus kann gleichzeitig der Generator mit heißem Koks gefüllt werden. Die Bühne an der Füllseite ist bei Öfen mit zwei Reihen Kammern übereinander meist stufenförmig angeordnet, damit auch noch die obere Kammer bedient werden kann.

4. Die Füllung und Entleerung der Kammern.

Die Füllung der Kammern erfolgt mittels eines fahrbaren Behälters und Füllschurren durch die obere Öffnung an der Füllseite der Kammern.

Eine besondere Stoßmaschine ist nicht vorhanden, sondern es genügt erforderlichenfalls die Nachhilfe mit der Stocherstange.

Abb. 46. Entleerungsbühne der Klein-Schrägkammerofenanlage »Fredericia«, Dänemark.

Die Abförderung des Koks geschieht mit Hilfe einer Brouwer-Rinne, die vor dem Ofen auf der Entladeseite entlang läuft, oder durch handbediente Kokswagen.

Die Einstellung des Ofens und die Betriebsüberwachung vollzieht sich in ähnlicher Weise wie beim Großraum-Schrägkammerofen; es wird daher auf die diesbezüglichen Ausführungen hingewiesen.

5. Die Leistung des Klein-Schrägkammerofens.

Bei der Berechnung der Ofenleistung wurden folgende Annahmen gemacht:

1 m³ Kohle wiegt 750 kg. 100 kg Rohkohle geben 31,5 Nm³ Gas.

Kammer						Ofenleistung					
Höhe	Länge	Breite	Nutzinhalt	Kohlengewicht	Gas	8 Kammern		10 Kammern		12 Kammern	
m	m	cm	m³	kg	Nm³	t	Nm³	t	Nm³	t	Nm³
8-stündige Entgasung											
0,95	4,0	27/23	0,705	523	165	12,6	3950	15,7	4940	18,83	5930
1,00	4,1	27/23	0,818	603	190	14,5	4560	18,1	5700	21,7	6840
12-stündige Entgasung											
0,95	5,2	33/29	1,2	900	284	14,4	4540	18,0	5670	21,6	6800
1,00	4,3	33/29	1,01	760	240	12,2	3830	15,2	4790	18,2	5750

Abb. 47. Füllvorrichtung der Klein-Schrägkammerofenanlage »Fredericia«, Dänemark.

E. Zusammenfassung.

Verglichen mit allen anderen Ofensystemen sind die Leistungen des Schrägkammerofens in jeder Hinsicht als zufriedenstellend und gleichwertig zu bezeichnen.

Man hört vielfach die Meinung, der Schrägkammerofen habe sich wirtschaftlich überlebt und habe insbesondere gegenüber dem Horizontalkammerofen keine Daseinsberechtigung mehr; außerdem müsse man die Gaswerke zur Erhöhung ihrer Wirtschaftlichkeit mit Hilfe der Horizontalkammeröfen zu Kokereien umbauen, wodurch sich ohnedies die Verwendung von Schrägkammeröfen erübrige.

Diese Anschauungen gehen von einer völligen Verkennung der tatsächlichen Verhältnisse aus.

Der Horizontalkammerofen-Betrieb erfordert sorgfältigste Auswahl der Kohle. Er ist daher dort am Platze, wo die gleichmäßige Belieferung mit geeigneter Kokskohle dauernd sichergestellt ist, also insbesondere auf Kokereien mit Kohlenlieferung aus eigenen oder Konzern-Gruben.

Die Gaswerke sind hinsichtlich der Kohlenbelieferung auf die Syndikate angewiesen. Hoher Beschäftigungsgrad der Industrie vermindert den Anfall an verkäuflicher Kokskohle, Kriegsmaßnahmen stören die Zufuhr ausgewählter Sorten oder heben sie auf.

Schon in friedlichen Zeiten ist daher die Zufuhr der für den Horizontalkammerofen geeigneten Kohlen zu den Gaswerken nicht dauernd sichergestellt, in kriegerischen Zeiten völlig unsicher.

Die Gaswerke haben nicht in erster Linie die Aufgabe, Hüttenkoks zu erzeugen, sondern das Gasbedürfnis der Bevölkerung mit Sicherheit zu befriedigen. Sie müssen daher möglichste Unabhängigkeit des Kohlenbezugs von den Erzeugern, ferner Unabhängigkeit von der Lieferungsmöglichkeit bestimmter Kohlensorten anstreben und im Bedarfsfalle in der Lage sein, auch andere Kohlensorten zu entgasen. Der Horizontalkammerofen ist in dieser Hinsicht außergewöhnlich empfindlich, und die Verwendung ungeeigneter Kohle gibt zu den schwersten Betriebsstörungen Anlaß.

Abgesehen von den horizontalen Retortenöfen gibt es kein Ofensystem für die Kohlenentgasung, das so unempfindlich gegen einen Wechsel der Kohlenbeschaffenheit ist, wie der Schrägkammerofen. Er verarbeitet neben Kokskohle auch Gaskohle, Braunkohle, ja sogar leicht treibende Kohle. Und selbst wenn einmal die Verarbeitung von stärker treibenden Kohlen im Notfalle erforderlich ist, so erleichtert die Schräglage der Kammern die Stocherarbeit derart, daß sich diese Betriebserschwernisse viel leichter ertragen lassen, als bei irgendeinem anderen Kammerofensystem.

Die wirtschaftliche Bedeutung des Schrägkammerofens ergibt sich auch daraus, daß zur Zeit rund 2200 große und rund 450 kleine Kammern im Inlande, aber auch insbesondere im Auslande sich im Betriebe befinden.

Schrifttum.

1. H. Ries: Mitteilung über einen Kammerofen zur Gaserzeugung. Journal für Gasbeleuchtung und Wasserversorgung **46** (1903) S. 640.
2. H. Ries: Mitteilung über weitere Versuche mit dem Münchener Kammerofen. Journal für Gasbeleuchtunng und Wasserversorgung **47** (1904) S. 1018/19.
3. H. Ries: Münchener Kammerofen. Journal für Gasbeleuchtung und Wasserversorgung **50** (1907) S. 717.
4. H. Bunte: Untersuchung des Münchener Kammerofens. Journal für Gasbeleuchtung und Wasserversorgung **50** (1907) S. 723.
5. Prof. Dr. E. J. Constam und Dr. P. Schläpfer: Über Treiböle. Zeitschrift des Vereins Deutscher Ingenieure **57** (1913) S. 1661.
6. B. Ludwig: Die Entwicklung der Entgasungsräume, ihr Einfluß auf die Erzeugnisse und die Wirtschaftlichkeit des Betriebs. Zeitschrift des Vereins Deutscher Ingenieure **69** (1925) S. 530.
7. H. Müller: Die Stadtgasbeheizung in betrieblicher und wirtschaftlicher Hinsicht. Gas- und Wasserfach **73** (1930) S. 1177/80.
8. E. Selberg: Stadtgasbeheizung von Öfen mit Einzelgeneratoren im Gaswerk Grasbrook. Gas- und Wasserfach **76** (1933) S. 661.
9. Dr. K. Baum: Die Erzeugungsanlagen von Gas und Koks, Wechselwirkungen der Kokerei und Gasindustrie. Gas- und Wasserfach **77** (1935) S. 606.

5. Teil

Gaserzeugungsöfen Vertikalöfen

Von

Dr.-Ing. Fritz Wehrmann
Duisburg

A. Die geschichtliche Entwicklung.

1. Vertikalöfen mit ruhender Ladung.

a) Vertikalretortenöfen.

Als der Vertikalofen nach 1900 seine für den jetzigen Stand der Entwicklung maßgebende technische Durchbildung erfuhr, stellte er an sich keinen neuen Gedanken dar, sondern war als fördertechnisch einfachste Ofenform schon seit Beginn der Gaserzeugung oft erwogen und versucht worden, ohne daß es zu einer befriedigenden Lösung kam. Der Anreiz lag darin, daß der Materialtransport sich auf das einmalige Kohlehochfördern und die Koksabfuhr beschränkte, im übrigen maschinelle Einrichtungen in denkbar geringem Umfange gebraucht wurden und trotzdem Handarbeit sehr wenig nötig war. Schwierigkeiten bestanden gegenüber den bisher üblichen Entgasungsräumen zweifellos darin, daß die Wände des senkrechten Raumes den Druck der dichtliegenden Kohlensäule und des Entgasungsvorganges auszuhalten haben. Die früher gebrauchten Eisenretorten kamen wegen der geringen zulässigen Temperaturhöhe für eine wirtschaftliche Erzeugung nicht mehr in Frage und die feuerfeste Industrie war Anforderungen dieser Art zunächst noch nicht ohne weiteres gewachsen. Diese und andere Schwierigkeiten waren auch die Ursache, daß erst nach fast fünfjährigen, sehr wechselvollen Versuchen Dr. Julius Bueb und Mitarbeiter 1905 mit dem ersten betriebsreifen Dessauer Vertikal-Retortenofen vor die Fachwelt traten, die diese entscheidende Erfindung mit ungewöhnlicher Anerkennung aufnahm und zur Anwendung brachte. Die Schnelligkeit und der Umfang, in dem diese Neukonstruktion sich in der Praxis einführte, übertraf bei weitem die Entwicklung der sonstigen Ofenbausysteme.

b) Vertikalkammeröfen.

Das Streben nach Vereinfachung der Bedienung und Steigerung der Leistung führte den Vertikalofen auf 2 Wegen weiter, einerseits zur Vergrößerung der Retortenofen-Einheiten, andererseits zur Vergrößerung des einzelnen senkrechten Entgasungsraumes von der Vertikalretorte zur Vertikalkammer. Letztere wurde allerdings zunächst von der Fachwelt viel zurückhaltender aufgenommen, als die Retorte. Beide Formen erreichten gute Durchbildung, doch wurde für mittlere und große Leistungen die Kammer zunehmend bevorzugt und erreichte dementsprechend die größte Verbreitung. Auch in der Größenordnung hat sich die Vertikalkammer sowohl nach dem Großleistungsofen hin wie nach der Kleinkammer vielseitig entwickelt. Nicht nur hinsichtlich Aufbau, Leistung, Bedienung und Dauerbewährung war der Vertikalofen etwas entscheidend Neues. Durch den für seinen Betrieb bald allgemein üblichen Naßbetrieb (Wassergaserzeugung in der Kammer zu Ende der Ausstehzeit) wurde er mitbestimmend im Übergang vom reinen Kohlengas zum heizwertärmeren, aber durch bessere Brennbedingungen ausgezeichneten Mischgas. Zwar ist der Begriff des Naßbetriebes, technisch und wirtschaftlich betrachtet, ein oft behandelter Streitfall im Gasfach geblieben. Zur Klärung der Fragen hat aber der Vertikalofenbetrieb vornehmlich beigetragen.

c) Vertikalkammerbetrieb mit Verfahren zur Heizwertsteigerung.

Die Möglichkeit der Ausbeutesteigerung durch Naßbetrieb fand ihre Grenze in der zulässigen Heizwertverminderung. Teils durch die Bekämpfer der Heizwertminderung veranlaßt, teils durch Preisänderungen am Teermarkt, war der Vertikalofen wiederum stark beteiligt an der Weiterentwicklung alter, oft wieder aufgenommener und meist erfolgloser Versuche zur weiteren Steigerung der Ausbeute durch Wiedererhöhung des gesenkten Heizwertes mit Hilfe des bei der Destillation anfallenden Teeres. Bei der nicht zu ändernden chemischen Struktur des Steinkohlenteers ist zwar ein wesentlicher Erfolg dieser Bestrebungen höchstens mit Teerölen zu erwarten, wohl aber läßt die Autokarburation, die Aufnahme von Teerheizwert »in statu nascendi«, günstigere Erwartungen zu. Ein aussichtsreicher Weg ist in der Form der Vereinigung von Entgasungs- und Wassergas-(Koks-)Kammer in einem Ofen gefunden worden.

2. Vertikalöfen mit wandernder Ladung.

Etwa zu derselben Zeit, in der der Dessauer Vertikalofen mit ruhender Ladung nach harter Vorarbeit in Deutschland seinen Siegeszug begann, entwickelten die englischen Ingenieure Woodall und Duckham mit zäher Energie den ebenfalls schon aufgeworfenen Gedanken eines im senkrechten Schacht langsam wandernden Kohlenstromes zu einer brauchbaren Ausführung des stetigen Vertikalofens, der seit 1908 besonders in England starke Aufnahme fand. In Deutschland hat sich der stetige Vertikalofen aus verschiedenen Gründen nicht in dem gleichen Maße eingeführt, doch ist dieser Gedanke der idealsten Form der Kohleverarbeitung seither auch von deutschen Firmen aufgenommen, weiterentwickelt und zu betriebstechnisch und wirtschaftlich hoher Vollendung gebracht worden.

3. Generatoren.

Für die Beheizung der Entgasungsöfen war zur Zeit der Ausbildung des Vertikalofens der Schwachgaserzeuger bereits von der Rostfeuerung über den Halbgenerator zum Vollgenerator entwickelt und bewährt. Dieser Fortschritt war ein Erfolg der zähen und weitblickenden Pionierarbeit und der mit praktischem Verständnis geleiteten Versuche Hans Buntes, der erstmalig diesen grundlegenden Teil des Gaserzeugungsbetriebes technisch und wissenschaftlich durchleuchtete und die Richtlinien für seine weitere Durchbildung gab. Durch Dampf- oder Wasserzusatz arbeitete der Generator nun als Halbwassergas- (Koksgas-Wassergasgemisch-)Erzeuger. Der Einbaugenerator, der sich dem Vertikalofen besonders günstig einfügt, wurde in den Zeiten der übertriebenen Rationalisierung um 1920 oft als veraltet und überlebt abgelehnt. Zweifellos hat der Zentralgenerator für größere, und bei günstigen Voraussetzungen auch für mittlere Werke manche Vorteile. Daneben hat aber der Einbaugenerator — zumal in den unter dem Einfluß des Wettbewerbes mit dem Zentralgenerator in neuerer Zeit wirtschaftlich und technisch verbesserten Ausführungen — seine Berechtigung behalten und ist infolge der Einfachheit seiner Handhabung auch in größeren Betrieben beliebt. Diese Weiterentwicklung ist besonders den umfangreichen praktischen und wissenschaftlichen Arbeiten von Terres und Mitarbeitern[1]) zu verdanken, die eine gründliche Kenntnis der Vorgänge vor allem in Generatoren größerer Bauart vermittelten und dadurch verbesserte Grundlagen auch für deren Bau und Betrieb schufen. — Der Zentralgenerator ist — auf Grund der besonders in der Hütten- und der Gasindustrie gesammelten Erfahrungen — sowohl als ausgemauerter, neuerdings vorwiegend als Dampfmantelgenerator für Nieder- oder Hochdruck, zu Bauarten entwickelt worden, die den verschiedensten betrieblichen und wirtschaftlichen Anforderungen weitestgehend entsprechen.

B. Der neuere und gegenwärtige Stand der Verfahren.

(Bauarten, Versuchs- und Betriebserfahrungen, Wirtschaftlichkeitsfragen.)

1. Vertikalöfen mit ruhender Ladung.

a) Vertikalretortenöfen.

α) Bauarten der Retortenöfen.

Gegenüber der bei den alteingeführten Horizontalretorten und nachdem Schrägretorten bekannten umfangreichen und schweren Handarbeit und der in größeren Betrieben sehr anwachsenden zusätzlichen maschinellen Arbeit galt der Gedanke des Ofens mit senkrechten Entgasungsräumen immer als die erstrebenswerte Möglichkeit, mit einem geringen Aufwand

[1]) Gas- und Wasserfach **67** (1924) S. 257; **71** (1928) S. 1206.

an Hilfsmaschinen und Handarbeit auszukommen und auf kleiner Grundfläche eine hohe Leistung unterzubringen. Die Schwierigkeiten lagen darin, daß ein anderer Baustoff als feuerfestes Material aus Rücksicht auf die bereits allgemein üblich gewordenen Temperaturen nicht in Frage kam, daß aber die deutschen Chamottefabriken trotz z. T. über 30jähriger Betriebserfahrungen erst nach manchem Mißerfolg die Bauart und das Material ausarbeiten konnten, das den besonderen Ansprüchen in der Vertikalretorte entsprach. Die besondere Bedeutung des von Dr. Bueb gemeinsam mit der Deutschen Continental-Gasgesellschaft in den

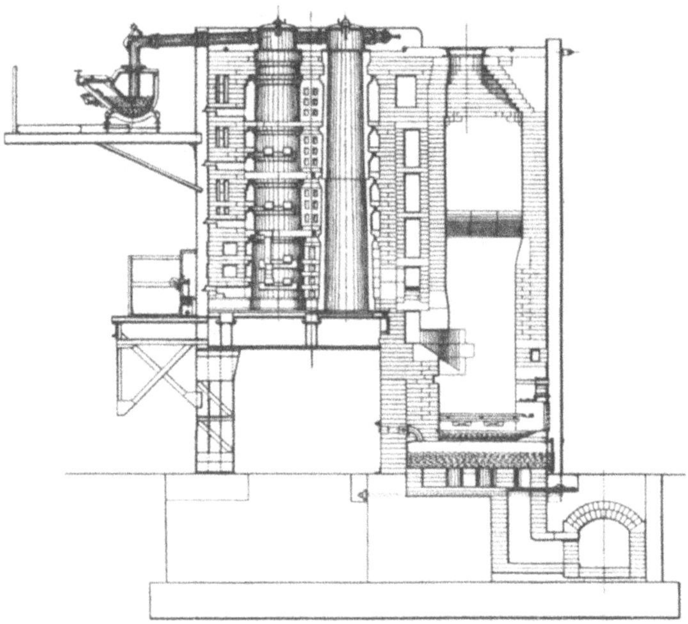

Abb. 1. 10er Vertikalretortenofen nach Dr. Bueb 1906.

Jahren 1900—1905 ausgebildeten Dessauer Vertikalofens[1]) erhellt daraus, daß diese Bauart — obwohl sie Ausgangspunkt einer stark fortschreitenden Entwicklungsreihe wurde — doch an sich ohne grundsätzliche Änderungen schon über ein Menschenalter lang ihre Betriebsbrauchbarkeit und Wirtschaftlichkeit bewiesen hat. — Wenn Ausführungen der im ersten Jahrzehnt geschaffenen Bauarten auch nur noch vereinzelt in Betrieb und nicht als neuere Bauart zu bezeichnen sind, müssen doch der Dessauer Vertikalretortenofen und vor allem seine ersten Nachfolger nicht nur als Stufen technischer Entwicklung, sondern als dauerbewährte Ausführungsformen hervorgehoben werden.

[1]) Dess. Vert.-Of.-Ges. DRP. 153166, 178307.

Die senkrechte Retorte war zunächst 4 m hoch und bestand aus zwei muffenrohrartig aufeinandergesetzten Chamotteformlingen ovalen bzw. abgerundet-rechteckigen Querschnitts (Abb. 1). Die muffenartigen Verstärkungen sowie eine Anzahl angeformte ringsumlaufende Rippen hatten mehrfachen Zweck: gute Aufdichtung der Retortenstücke aufeinander, Versteifung gegen inneren Druck und Auflage für die zur Feuerführung erforderlichen Heizkanalabdeckungen und Schieberplatten. Die Retorten hatten, teils aus Rücksicht auf die nach oben abnehmende Beheizung, vor allem aber um das Fallen des Kokskuchens zu sichern, in der Länge und Breite konische Ausbildung. (Stärke der Konizität vgl. später bei Vertikalkammern.) Der mittlere Durchmesser der Retorte betrug etwa 300 mm. Ein Ofen umfaßte 6—10 Retorten in 2 Reihen. Der bis zur Ladeflur hochgezogene Generator hatte eine große Schütthöhe, wurde mit gegabeltem Koks beschickt und war mit wasserberieseltem Treppen- oder Stabrost und Wasserschiff versehen. Die Beheizung der Retorten erfolgte trotz ihrer Höhe von einem Brenner aus; die Flamme wurde durch eine sorgfältig durchdachte und ausprobierte Anordnung von waagerechten Kanälen mit durch Schieberplatten regulierbaren senkrechten Durchgängen so verteilt und gezogen, daß eine der Verjüngung der Retorten entsprechende, nach oben gleichmäßig abgeschwächte Temperatur erreicht wurde. Die Verbrennungsluft wurde in den beiderseits des Generators angeordneten Rekuperationskanälen durch die abziehenden Rauchgase in jetzt noch üblicher Form vorgewärmt.

Die guten Erfahrungen mit der Standfestigkeit der Retorten führten bald zur 5 m hohen Retorte und dem dreireihigen 12er Ofen.

Im Streben nach größerer Leistung und höherer Wirtschaftlichkeit bildete Bolz (Gaswerk Budapest) 1908/9 mit Didier den später als Vertikalofen System Pintsch-Bolz weiterentwickelten Ofen aus[1]) (Abb. 2). Dieser stellt wärmewirtschaftlich insofern etwas ganz Neues dar, als der Generator mit heißem Koks unmittelbar aus der Kammer beschickt wurde und so die fühlbare Wärme dieser Koksmenge nicht vernichtet, sondern sowohl als fühlbare Generatorgaswärme, als auch durch Verbesserung der Umsetzungsbedingungen im Generator in Form besseren Heizgases gewonnen wurde. Der Generator war zu diesem Zwecke tiefgestellt und infolge der Heißfüllung niedriger gehalten und der Retortenblock wurde darüber gestellt. Der Ofen war vierreihig mit Gasabgängen und Teervorlagen auf zwei Seiten angeordnet. Ein Generator beheizte 20 Retorten, die später paarweise mit je einem Füllmundstück vereinigt wurden. Spätere Bauarten faßten zwei dicht aneinandergebaute Generatoren mit einem Block von 24 Retorten zusammen. Im Gegensatz zum Dessauer Vertikalofen, der die Brenner und die Rekuperation an der Ofenrückwand, die Heizzüge quer zur Ofenachse aufweist, hat der Bolz-

[1]) Gas- und Wasserfach **52** (1909) S. 591.

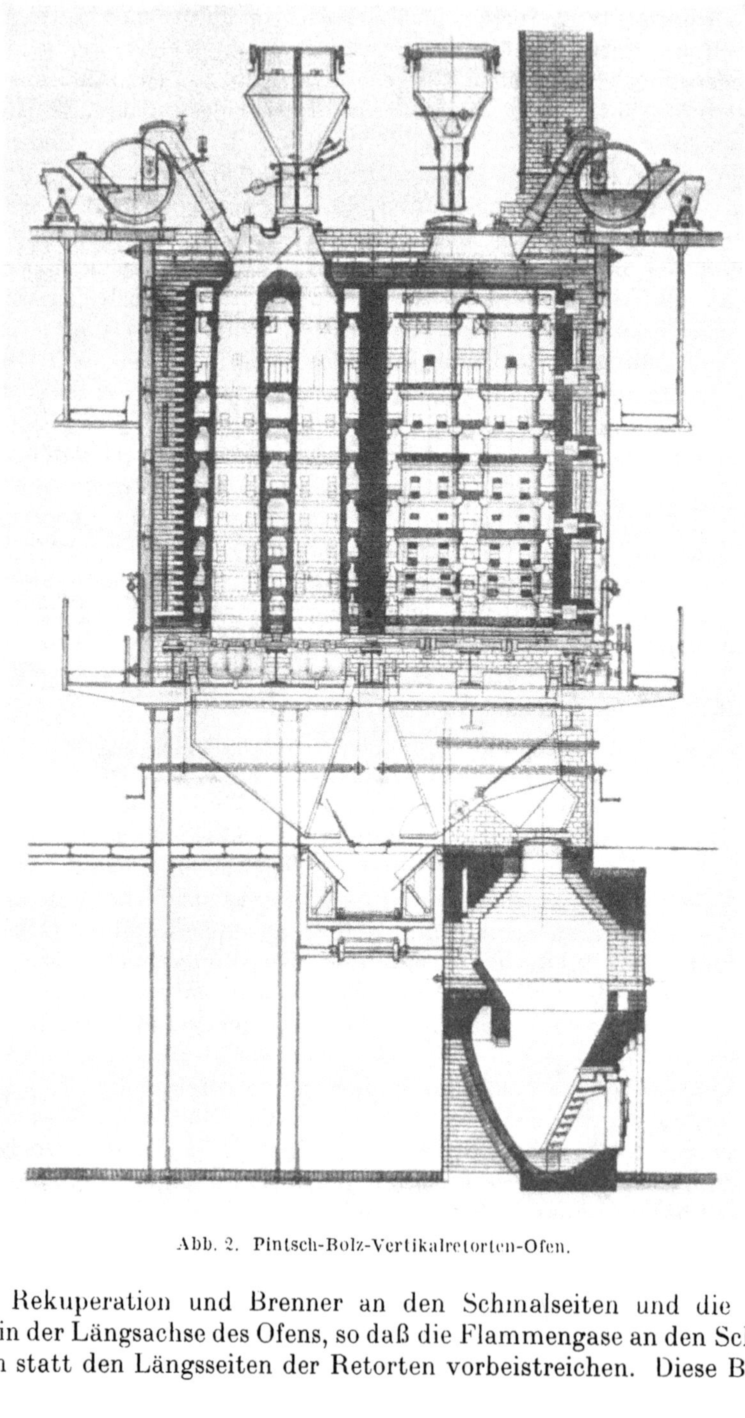

Abb. 2. Pintsch-Bolz-Vertikalretorten-Ofen.

Ofen Rekuperation und Brenner an den Schmalseiten und die Heizzüge in der Längsachse des Ofens, so daß die Flammengase an den Schmalseiten statt den Längsseiten der Retorten vorbeistreichen. Diese Bauart ist bedingt durch die getrennte Aufstellung des Generators. Als besondere Vorteile hebt Bolz[1]) außer der wirtschaftlicheren Verwendung heißen, unsortierten Kokses hervor: Wegfall des Transports und der Absiebung des Generatorkokses, größere Retortenzahl je Ofen, geringeren Platzbedarf für den Generator, wodurch der größere Höhenbedarf kostenmäßig ausgeglichen würde. Die Gesamtanlagekosten sollten 15—20% geringer, Gesamterzeugungskosten 10% billiger als bei Dessauer Öfen sein. Trotz einiger Nachteile, insbesondere der ungewöhnlichen Bauhöhe

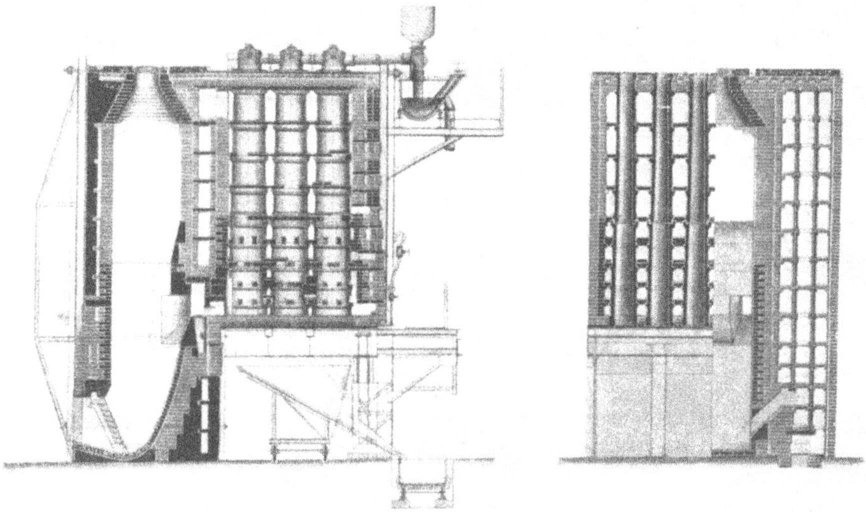

Abb. 3. 18er Vertikalretortenofen nach Dr. Bueb 1910.

und der durch den heißgestochten Generator bedingten Hitze der Bedienungsbühne, hat diese Bauart bis in neueste Zeit ihre Wirtschaftlichkeit erwiesen und hat weite Verbreitung gefunden.

Im Wettbewerb mit diesem ersten Bolz-Ofen zu 20 Retorten schuf die Dessauer Vertikalofen-Gesellschaft ebenfalls einen Retortenofen mit erhöhter Durchsatzleistung je Grundfläche und Generator, den Vertikalofen Modell 1910 mit 18 Retorten von 5 m Höhe, der bei 12stündiger Ausstehzeit und etwa 0,6 t Retortenladung täglich 21 t Kohle durchsetzte. Gegenüber den früheren 4 m hohen Retortenöfen mit einer Leistung von ca. 180 m^3 je m^2 Grundfläche und Tag erzeugte der 18er Ofen 250 m^3 Gas/m^2/Tag (Abb. 3).

Zur Lohnersparnis bei der Bedienung und zur Verringerung der Armaturen wurden je 3 Retorten in einem Gasabgang mit nur einer Teervorlage zusammengefaßt, so daß nach Angabe von Körting[2]) ein Ofen-

[1]) Gas- und Wasserfach **52** (1909) S. 591.
[2]) Gas- und Wasserfach **53** (1910) S. 819.

arbeiter (Schlacker nicht mitgerechnet) arbeitstäglich 17500 m³ Gas herstellte, eine bis dahin im Gaswerksbetrieb noch nicht erreichte Leistung. Dieser Ofen bedeutete gegenüber den bisherigen Dessauer Öfen eine Leistungssteigerung um etwa 30% bei nur geringer Unterfeuerung. Diese war bei den ersten Dessauer Öfen, insbesondere den alleinstehenden Versuchsöfen, noch zu hoch, wurde aber durch Verbesserung der Isolierung und Vergrößerung der Einheiten ständig verringert und wird beim Vertikalofen 1910 mit 11—12% angegeben.

Dieser Ofen Modell 1910 hat seiner Leistung entsprechend stärkste Verbreitung gefunden und ist heute noch in ähnlicher Ausführung in Betrieb und wettbewerbsfähig. Die Bauart der Retorten ist teils noch die frühere, aus Röhrenkörpern, meist aber sind diese durch gemauerte Retorten aus Formsteinen ersetzt, ferner ist noch die Bauart in Gebrauch, daß der Retortenunterteil gemauert, der Oberteil als Röhrenstück aufgesetzt ist. Das Zurücktreten der geformten hinter den gemauerten Retorten rührt einerseits von den weiter gesteigerten Entgasungstemperaturen her, denen die Chamotteretorten nicht mehr voll entsprachen, weshalb z. B. gemauertes Unterteil aus hochwertigerem Material verwendet wurde, anderseits sind es fabrikationstechnische Gründe. Das Stampfen von Retortenformlingen war ein Sonderhandwerk, dessen Bedeutung durch das Überwiegen der maschinengeformten Steine stark zurückgedrängt wurde und dem es infolgedessen an Nachwuchs fehlte. Da, wie später ausgeführt, Kleinkammeröfen auch für Leistungen kleinerer Werke gebaut werden, dürfte das völlige Verschwinden der geformten Vertikalretorten nur eine Frage der Zeit, weniger der unbedingten technischen und wirtschaftlichen Notwendigkeit sein.

Dagegen hat die aus Segmentsteinen gemauerte Vertikalretorte für kleine und kleinste Werke auch neben der Kleinkammer ebenso ihre Berechtigung und Lebensfähigkeit, wie sie der Horizontalretortenofen für diese Werke behalten wird. Bei kleinem Behälterraum kann das zwangsweise Auseinanderziehen der Chargen eines Kleinkammerofens untragbar sein und mit der doppelten Zahl Vertikalretorten ein gleichmäßigerer Betrieb zu leisten sein.

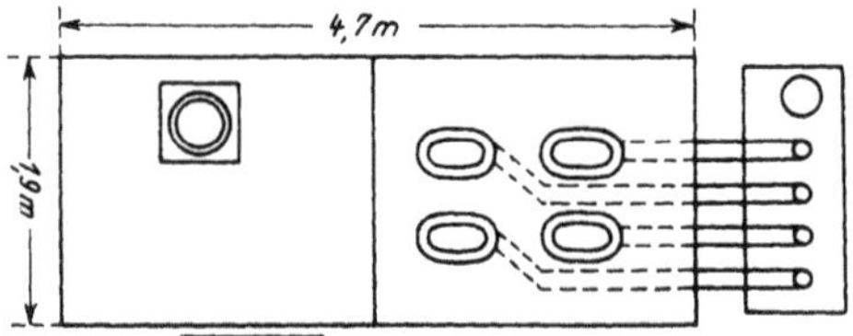

Abb. 4. Vertikalretortenofen (Didier).

Abb. 4 zeigt einen Didier-4er-Retortengeneratorofen, dessen Ofenblock ohne Bühnen nur 9 m² Grundfläche einnimmt und der bei 3 m Kammerhöhe eine Jahresleistung von etwa einer Viertelmillion m³ gibt. Die Retorten sind aus Silikaformsteinen gemauert und für 8stündigen Trockenbetrieb oder 12stündigen Naßbetrieb vorgesehen.

β) Betrieb der Vertikalretortenöfen.

Die übrigen Einrichtungen sowie die Betriebsergebnisse der neueren Ausführungen von Vertikalretortenöfen entsprechen weitgehend denen der Kammeröfen, so daß hier auf eingehende Beschreibung verzichtet und auf die späteren Ausführungen hierzu verwiesen werden kann, ebenso hinsichtlich des Dampfzusatzes in den Kammern. In der Ausrüstung und den Nebeneinrichtungen der Vertikalretorten kommt ihre Größenordnung insofern zum Ausdruck, als im Hinblick auf die zu bewegenden Mengen die handbetätigten Vorrichtungen überwiegen und erst bei Aneinanderreihung größerer Ofenzahlen sich mehr maschinell entwickelten. Gegenüber den Retorten der Großretortenöfen mit 500—600 kg Ladefähigkeit gehen heute die Retortenladungen, weil sie immer mehr für Kleinerzeuger in Frage kommen (vgl. oben), auf kleinere Gewichte über bis zu 330 und 250 kg/Retorte. Die Teervorlage (s. später) war ausschließlich als Sammelvorlage je Ofen oder Ofenseite üblich und ist bei den naturgemäß gedrängten Platzverhältnissen auch beibehalten worden, nur tritt oft die Einzeltauchtasse an Stelle des Tauchrohres mit Gesamttauchung der Vorlage.

Die starke Verbreitung des Vertikalretortenofens war nicht nur durch seine baulichen Vorteile und seine hohe Durchsatz- und Gasleistung bedingt, sondern auch durch die Qualität der Nebenerzeugnisse. Der Vertikalofenkoks war entsprechend der vollen Füllung des Retortenquerschnitts und der Belastung der zusammensinternden Kokssubstanz durch die überstehende Säule fester als bei anders gelagerten Retorten. Infolgedessen war nicht nur die Sortierung absatzgünstiger und gab weniger Verlust, sondern es wurden auch höhere Verkaufspreise für Vertikalofenkoks erlöst. Es ist hier darauf hinzuweisen, daß diese Tatsache befruchtend auf die Entwicklung der Horizontalretorten- und anderer Ofenbauarten einwirkte und bei diesen Anlaß gab zur Einführung von Verfahren zur besseren oder völligen Füllung der Entgasungsräume. Die Beschaffenheit von Gas und Teer war günstig beeinflußt durch die stark verminderte Gaszersetzung infolge Verringerung des ungefüllten überhitzten Raumes, den das Gas vor Abgang aus der Retorte durchstreichen muß. Je stärker diese pyrogene Zersetzung der Gas- und Teerbestandteile ist, die z. B. in der nur halbgefüllten Horizontalretorte am stärksten gefördert wurde, desto mehr unerwünschten Gehalt hat das Gas an Naphthalin und Zyanwasserstoff, der Teer an Pech und freiem Kohlenstoff. — Vertikalofengas hat daher weniger Naphthalin, so daß die Benzolwäsche zu seiner Entfernung grundsätzlich mit ausreicht, und wenig Zyan, so daß eine Zyanwäsche überflüssig ist. Der Vertikalofenteer hatte, je nach der Betriebsweise, 10—15% mehr Leicht- und Mittelöle und 10—20% weniger Pechrückstand und war als wertvollerer und deshalb besser absetzbarer Rohstoff für die Wirtschaftlichkeit des Gaswerkbetriebes von großer

Bedeutung. Als besonderer Vorteil wurde bei der damaligen Lage des Stickstoffmarktes das höhere Ausbringen an Ammoniak hervorgehoben, das infolge verringerter Gaszersetzung unter Rückgang des Zyananfalls und durch die Mitwirkung des Dampfzusatzes um mindestens $\frac{1}{3}$ höher war, als bei anderen Ofenbauarten. Bei anhaltendem Naßbetrieb ergab sich zwar etwas mehr Rohgaswasser, aber durch den höheren Ammoniakanfall war es prozentual nicht schwächer als sonst üblich.

b) Vertikalkammeröfen.

α) *Die Kammer.*

Bauarten und Material. Die Ausbildung des obenerwähnten Vertikalofens Modell 1910 mit 18 Retorten war ein Kennzeichen für den in diesen Jahren im Gasfach sich abspielenden Kampf um die Entwicklung von der Retorte zur Kammer. Der Begriff Kammer ist nicht eindeutig umrissen. Die oft gebrauchte Begrenzung: Kammer = über 1 t Ladung, trifft nicht mehr zu; unrichtig ist auch, eine Retorte nur deshalb als Kammer zu bezeichnen, weil sie aus Formsteinen gemauert ist; denn auch Horizontalretorten werden in Silika gemauert. Das Charakteristikum der Kammer ist vielmehr, daß nicht nur der ovale Querschnitt verlassen wird, sondern auch die Länge etwa das Dreifache der Breite überschreitet, also ein langrechteckiger Querschnitt erreicht ist. Die Entwicklung zur Kammer ging folgerichtig von den durch einen gemeinsamen Gasabgang verbundenen zwei oder drei hintereinander liegenden Retorten zu der diesen ganzen Raum umschließenden Kammer über. Der Kammerofen, der seit 1907 von der Dessauer Vertikalofen-Gesellschaft und etwa gleichzeitig von Klönne ausgebildet wurde, hatte gegenüber den Retortenöfen als jüngere Bauart naturgemäß mancherlei Schwierigkeiten hinsichtlich Aufbau, Haltbarkeit des Kammermaterials, Heizungsführung u. dgl. Es ist daher begreiflich, daß gerade maßgebende Vertikalofen-Fachleute die Sicherheit des in Jahren Bewährten gegenüber einer noch verhältnismäßig unsicheren Neuerung entschieden vorzogen, und daß in den Fachversammlungen von 1910 die Vertikalkammer wegen angeblich zu hoher Unterfeuerung sowie geringerer Leistung und Haltbarkeit stark abgelehnt wurde. Der Vorteil der Kammer lag zweifellos in dem je t Ladung geringeren Leerraum mit entsprechend geringerer Wandzersetzung, in der Vereinfachung von Armaturen und Zubehör und in der je m² Grundfläche gegenüber Vertikalretortenöfen 30—40% höheren Leistung. Die Ausbildung der Vertikalkammer war daher nicht aufzuhalten und die seit 1907/8 von einer trotz vielfacher Patentstreitigkeiten immer zunehmenden Anzahl von Ofenbaufirmen herausgebrachten Ausführungsformen förderten im Wettbewerb die Durchbildung dieser neuen Bauart. Erwähnt seien die Vertikalkammer von Didier 1907/8, von Horn 1908[1]), von Klönne 1907 und 1910 u. a. m. Auch der oben-

[1]) Gas- und Wasserfach **51** (1908) S. 429.

erwähnte Pintsch-Bolz-Ofen mit Unterbaugenerator wurde aus dem vierreihigen Retortenofen zu einem zweireihigen Kammerofen mit beiderseitigen Gasabgängen umgebildet. Das Bestreben ging naturgemäß anfangs dahin, den Kammerraum für den Bedarf großer Werke möglichst zu vergrößern und so die Durchsatzleistungen je m² Grundfläche zu erhöhen. Diese Durchsatzsteigerung bedingte höhere Temperaturen entsprechend den größeren zu durchheizenden Querschnitten und den höheren Temperaturen mußten zunächst das Baumaterial und die Bauart genügen. Das Chamottematerial der Vertikalretorten war für die neuen Anforderungen deshalb nicht mehr ausreichend, weil es bei den nun erhöhten Betriebsanforderungen nicht nur auf den Schmelzpunkt des ff.-Materials ankam, sondern noch mehr auf die Standfestigkeit bei hohen Temperaturen, also auf den Erweichungspunkt. Ein zu früh erweichendes Material kann den bei den hoch und schwer gebauten Kammern bis etwa 2—3 kg/cm² und mehr zunehmenden Druck nicht ohne Kammerverformung und daraus folgende Betriebsschwierigkeiten tragen. Deshalb zwang der Vertikalkammerbau besonders zum Übergang vom basischen Chamottematerial zum sauren Silikastein. Allerdings hat der kalkgebundene hochwertige Silikastein wiederum den für hochgebaute Kammern sehr ins Gewicht fallenden Nachteil starker Dehnung beim Hochheizen. — Die Notwendigkeit, mit Silikamaterial zu arbeiten, aber den Nachteil des starken Wachsens der Kammer zu mildern, hat im Aufbau der Vertikalkammer zu 2 Wegen geführt, die teils getrennt, meist aber zusammen gewählt werden: einerseits Verwendung von Sondermaterial mit nicht zu starkem Wachstum, anderseits Berücksichtigung des Wachsens in der Bauausführung. Als Sondermaterial werden Steine verwendet, deren Zusammensetzung zwischen Silika- und Chamottestein liegt. Es ist an sich möglich, die wachsende Neigung des Quarzes mit der schwindenden Neigung des basischen Materials weitgehend abzustimmen. Hinzu treten aber noch die Forderungen der Standfestigkeit und Maßhaltigkeit im Feuer, der guten Wärmeleitfähigkeit, Gasdichte, mechanischen Festigkeit und Widerstandsfähigkeit gegen chemische Angriffe durch Salz- und Aschebestandteile der Kohle. Die Ofenbaufirmen haben aus ihren Erfahrungen Sondermaterialien verschiedener Art entwickelt, deren Zusammensetzung und Bezeichnung nicht allgemein vereinheitlicht ist. Die z. T. unrichtigen Namen Dinas (eigentlich für einen englischen Sonderrohstoff geltend), deutscher oder Tondinas, ferner Quarzchamotte oder halbsaure Quarzchamotte, Tonquarzsteine u. dgl. bezeichnen solches für hohe Vertikalkammern besonders wichtiges und geeignetes Material. Da gegenüber den mechanischen Anforderungen die Dehnung nicht ausgeschaltet werden kann, wird außer in der Materialauswahl auch im Aufbau in verschiedener Weise darauf Rücksicht genommen, daß die Kammern ohne Verformung oder Rißbildung auf hohe Temperatur gebracht werden können. Die ursprüngliche Form war 1907 (Abb. 5) die in der Ofenhülse freistehende, also frei bewegliche Kammer, die nur außen mit Rippen (Nasensteinen) zur Auflage der die Heizkanäle bildenden Platten versehen war; diese Form ist wegen der unzureichenden Formfestigkeit der Kammer später verlassen worden. Neuzeitliche Vertikalkammeröfen stellen entweder einen insgesamt in sich festgeschlossenen, selbstverständlich durchweg mit Nut und Feder und möglichst engen Mörtelfugen vermauerten Gesamtofenblock dar oder einen in der Ofenhülse lose stehenden, nach oben freibeweglichen Kammerblock (Klönne, DOG.), oder sie gestatten durch Einfügung von besonderen Dehnfugen innerhalb des in der Ofenhülse lose stehenden Kammerblocks den Ausgleich der beim Hochheizen auftretenden Bewegungsneigungen (Didier). Diese der freien Bewegung dienenden Fugen müssen während des Hochheizens von sinterndem Material, wie Mörtel oder nachrieselndem Steinstaub freigehalten werden und werden deshalb z. B. bis durch die Grundplatte offen durchgeführt (Klönne) oder mit einem geeigneten Sondermaterial ausgefüllt (Didier). — Außer den beim Hochheizen und etwaiger vorübergehender Außer-

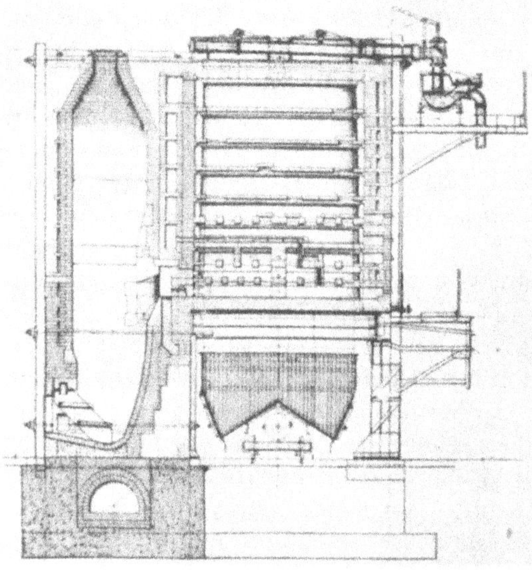

Abb. 5. Dessauer Vertikalkammerofen älterer Bauart mit unabhängiger Kammer.

betriebnahme auftretenden Bewegungseinflüssen muß der Kammerbau die Einflüsse des laufenden Betriebes berücksichtigen durch Ausbildung einer Kammer, die auch bei störenden Kohle- und Kokseigenschaften fest und in richtiger Form bleibt. Wenn auch betriebsseitig schon grundsätzlich der Verwendung treibender Kohle oder Kohlemischungen vorgebeugt werden muß, so können doch durch Flözänderungen, Fehllieferungen, Mischungsfehler u. dgl. anhaltende oder vorübergehende Treibdrucke auftreten, denen eine neuzeitliche Kammer vorsorglich entsprechen muß. Die neuere, bis in die letzte Zeit immer weiter verbesserte Entwicklung ging von der ersten, nur aus Läufersteinen bestehenden Kammer auf einen immer mehr in sich geschlossenen und verzahnten Kammerblock über, um damit zu erreichen, daß jeder irgendwie auftretende unerwünschte Druck sich nicht örtlich auswirken, sondern im Gesamtaufbau verteilen sollte. — An Stelle der früher nur auf Nasensteinen aufliegenden Heizkanal-Deckplatten traten durchgehende, mit ihren Endflächen zugleich Kammerwand bildende Bindersteine. Eine solche sehr beständige und für die wahlweise bzw. dem Sonderbedarf angepaßte Unterbringung von Abdeckungen oder Schiebern geeignete Bauart ist die Binderkammer (Didier), die aus Binder- und Läufersteinen im Wechsel gebaut ist (Abb. 6a). Ferner ist von Klönne als besonders widerstandsfähig eine biegungsfeste Heizkanaldecke angegeben (Abb. 6b), die überwiegend aus durchgehenden Bindersteinen besteht und mittels besonderer Binderformsteine nur wenige erforderliche Heizgasdurchgänge offen läßt. Die Bauart Dr. Otto (Abb. 6c) sieht von durchgehenden Bindersteinen ab und erreicht eine entsprechende Druckversteifung durch zwischen je 2 Nasensteinreihen gehaltene starke Abdeckungen. — Eine weitere Sicherung gegen Treibdruckverformung bildet die mehrfach übliche schwach gewölbeartig ausgebauchte Anordnung der Kammerlängswand. Da nie alle nebeneinander liegenden Kammern gleichzeitig geladen werden, treten etwaige Treibdrucke zeitlich verschieden auf und es besteht daher an sich die Möglichkeit, daß infolge der angegebenen Bindung der nebeneinander liegenden Kammerwände eine Ausbauchungsneigung der einen Kammer eine Einbauchung der Nachbarkammer verursacht. Die gewölbeartige Wirkung der Kammerwandausbauchung arbeitet solchem Druck von der Nachbarkammer her entgegen. Diese nur wenige mm betragende Ausbauchung wird noch viel angewandt; sie erscheint zwar bei den neuzeitlichen sehr biegungsbeständigen Binderbauarten nicht mehr unbedingt erforderlich, ist aber als zusätzliche Sicherheit nicht zu unterschätzen.

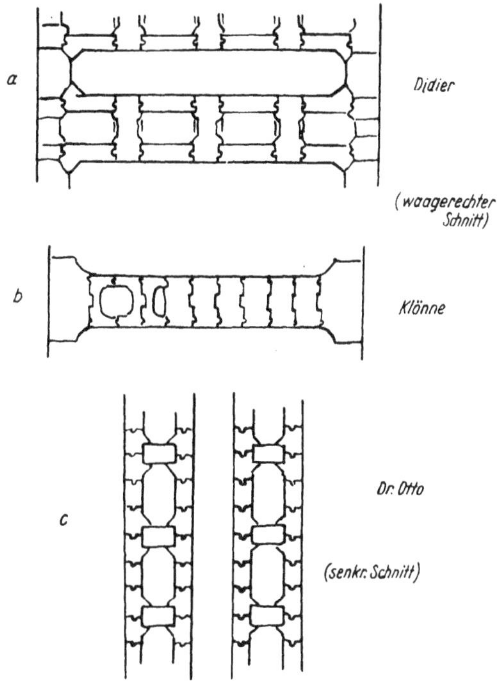

Abb. 6. Kammerbauarten.

Der waagerechte Kammerquerschnitt ist verschieden ausgeführt worden. Zunächst war die ausgerundete Gehrung allgemein üblich (Abb. 7a). Vor allem aus herstellungstechnischen Gründen führte sich neuerdings die trapezförmige Gehrung mehr ein (Abb. 7b), auch der ganz rechteckige Kammerquerschnitt wurde ausgeführt (Abb. 7c). Abb. 7d zeigt, etwas übertrieben gezeichnet, die erwähnte gewölbte Bauart der Längswand.

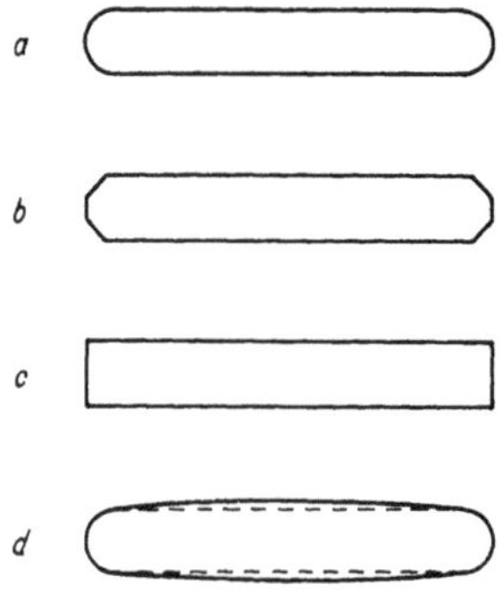

Abb. 7. Kammerquerschnitte.

Gegenüber der oben beschriebenen Notwendigkeit sorgfältiger Materialauswahl und Kammersteinherstellung verdient eine Sonderbauart Erwähnung, die zwar überholt, aber als Zeiterscheinung von großer Wichtigkeit und technisch wertvoll war: die in der Kriegs- und Nachkriegszeit von Klönne gebaute Stampfkammer. Sie entstand in der Zeit 1915/20 aus der Rohstoff- und Brennstoffknappheit und verlegte die Herstellung der Kammer ganz in das Gaswerk. Unter Mitverwendung des aus Abbruch anfallenden Rohmaterials wurden die Kammern eines ganzen Ofens einschließlich der zwischenliegenden Heizkanalwände in einer mit dem Hochführen des Baues weitergebauten Form in einem Stück gestampft und das Brennen des so erhaltenen »Formsteins«

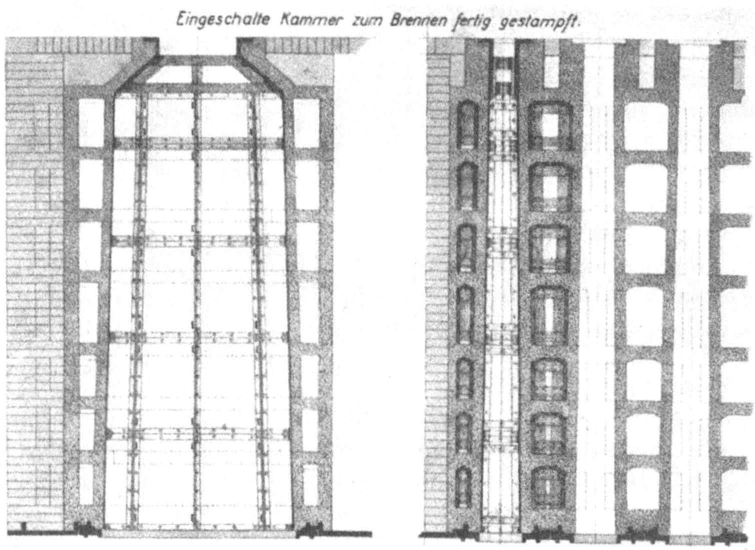

Abb. 8. Fugenlose Vertikalkammern.

mit dem Hochheizen zusammengefaßt (Abb. 8). Bei sorgfältiger Materialbereitung, Stampfarbeit und gut überwachtem Brennen ergaben sich fugenlose Vertikalkammern, die den gemauerten in Wandstärke und Wärmeleitfähigkeit durchaus entsprachen und sich bis heute im Dauerbetrieb bewährt haben. Die Abhängigkeit des Enderfolges von der unbedingten Zuverlässigkeit der Handstampfung und der Leitung des Brennvorganges, ferner die bessere Maßhaltung und Gleichmäßigkeit der in den Steinfabriken hergestellten Formsteine führten zur Aufgabe dieser Bauweise, zumal sie sich nur für Chamottematerial eignet.

Kammergrößen. In der Größenentwicklung suchte der Kammerbau, wie erwähnt, zunächst den den großen Retortenöfen ähnlichen oder größeren Leistungen zu entsprechen. Gewisse Grenzen sind der Vertikalkammer gesetzt in der Breite, Tiefe und Höhe. Die Breite beträgt bei 12stündiger Ausstehzeit im Mittel etwa 300 mm, bei 24stündiger 400 mm. Für die Entscheidung, ob 12- oder 24stündige Kammern zu wählen sind, sind die örtlichen Betriebsverhältnisse maßgebend. Der teurere, schwerere Bau des 24stündigen Ofens sollte möglichst durch Lohnersparnisse (Wegfall der Nachtschicht) ausgeglichen werden. Hierzu ist aber ausreichender Behälterraum Voraussetzung, weil sonst die infolge Zusammenballung der Chargen sehr schwankende Gasbeschaffenheit in das Stadtnetz übertragen würde. Für Werke mit einer Erzeugung unter 25000 m^3/Tag sind 24stündige Kammern im allgemeinen nicht ratsam. — Die Kammerlänge kann nur auf 3 bis höchstens 3,5 m ausgedehnt werden, weil sonst der Kammerdeckel und die zugehörigen Bewegungs- und Befestigungseinrichtungen unverhältnismäßig schwer ausgeführt werden müßten. — Die sich aus diesen Maßen ergebende größte Grundfläche von 1 bzw. 1,4 m^2 gibt bei einem Schüttgewicht von etwa 780 kg/m^3 für gemahlene Kohle als ungefähres Ladegewicht bei einer Höhe von

	6 m	7 m	8 m
für 12stündigen Betrieb	4,2	4,9	5,6 t/Kammer
» 24 » »	5,5	6,5	7,5 »

Größere Höhen werden bau- und betriebstechnisch nicht ohne weiteres in Frage kommen. Diesen Zahlen entsprechen die Angaben der Ofenbaufirmen über große Vertikalkammerausführungen, z. B.

Deutsche Ofenbau-Ges. 24stündig . . .	bis 7,5 t/Kammer	
Didier 12stündig	» 5,5 »	
24 »	» 6,8 »	
Pintsch-Otto u. Dr. Otto 12—24stündig .	2 » 7,5 »	u. a. m.

Vertikalkammern über 5—6 t sind jedoch nur in wenigen Gaswerken in Gebrauch. Der obenerwähnte Pintsch-Bolz-Ofen mit untergebautem Generator ist auch als zweireihiger Kammerofen mit 1—2 t/Kammer ausgeführt, wobei eine Kammer an Stelle von 2 Retorten trat.

Dem anfänglichen Streben nach möglichst großen Kammern folgten, nachdem der Vertikalkammerbetrieb die gleiche Durchbildung und gegenüber den Anfangsausführungen günstigere Betriebsergebnisse (vgl. später) ergeben hatte als die Vertikalretorten, Versuche mit möglichst kleinen Kammereinheiten (zunächst besonders Didier), um die Vorteile des Vertikalkammerbetriebes auch mittleren und kleinen Werken zugänglich zu machen bzw. um in solchen Werken anpassungsfähigere Einheiten aufstellen zu können. Die Kammerausführung ist grundsätzlich dieselbe, wie bei großen Einheiten. Als Vertikal-Kleinkammerausführungen werden angegeben z. B.

Didier-Werke	0,63—0,73	t/Kammer	8stündig
»	0,9	»	12 »
Silamit-Werke	0,6 —0,8	»	ca. 8 »
Deutsche Ofenbau-Ges. . . .	0,8 —1,0	»	12 »

Konizität. Um das Fallen des ausgestandenen Kokskuchens zu erleichtern, waren die Vertikalretorten stark konisch ausgebildet und diese Konizität ist grundsätzlich auch auf die Vertikalkammer übernommen worden. Der Grad der Verjüngung ist nicht festliegend, sondern z. T. betriebsbedingt. Es kommt darauf an, daß das Gewicht des Kokskuchens die Haftreibung an der Wand überwindet, die natürlich bei neuen, völlig glatten Kammern geringfügig ist, aber bei dem im Laufe der Jahre natürlichen Verschleiß zunehmen kann, bei früheren Bauarten auch durch allmählich eintretende Verformungen. Wenn auch der Kokskuchen bei der Entgasung schwindet, so kann er doch unter der Last der Kohlensäule im unteren Kammerteil zusammensacken, so daß der Wandspalt unten eher enger ist als oben und auch bei glatter Wand eine Reibung zu überwinden ist. Bei der Retorte ist das Verhältnis Koksgewicht zu Wandfläche ungünstiger als bei der Kammer, daher ist für die Retorte eine konische Bauart besonders erforderlich.

Die Konizität betrug bei Retorten in der Länge und Breite 20 mm und mehr, bis 30 mm je m Höhe. Bei den Kammern wäre infolge des höheren Kohlengewichtes im Verhältnis zum Umfang eine geringere Verjüngung des Kammeraufbaues zulässig gewesen, doch wurde zunächst die Konizität der Retorten mit etwa 20 mm je m Höhe in der Kammerbreite wie auch in der Tiefe übernommen und noch in der Zeit um 1925 wurden auch große Vertikalkammern in dieser Wandneigung ausgeführt (Abb. 9). Dann zeigte sich aber das Bestreben, mehr Laderaum im gleichen Ofen unterzubringen, außerdem war es bei den neuzeitlichen Bauarten der Binderkammern u. dgl. (s. oben) nicht mehr im früheren Maße nötig, auf spätere Kammerdeformationen Rücksicht zu nehmen. Die Konizität wurde daher stark verringert, vor allem in der Tiefe, d. h. in der Breitansicht der Kammer, verschwand sie fast ganz oder auch völlig, während die Kammerbreite, also der kleinste Durchmesser, noch konisch blieb. Bei sehr gasreicher, stark schwindender Kohle ist eine völlig parallelwandige, nicht konische Kammer wohl auch möglich. Jedoch bei den jetzigen Anforderungen an die Koksqualität und dementsprechender Verwendung gut kokender, weniger schwindender Kohlen oder Kohlenmischungen wirkt sich die Spaltbildung zwischen Kokskuchen und Kammerwand zumeist weniger aus und deshalb kann, um den Betrieb nicht durch Hängenbleiben der Kammern und dadurch bedingte Stoßarbeit unnötig zu erschweren, auf konische Bauart der Kammer im allgemeinen nicht verzichtet werden. Deshalb ist in neuerer Zeit eine Konizität in der Tiefe zwar bei manchen Bauarten vermieden,

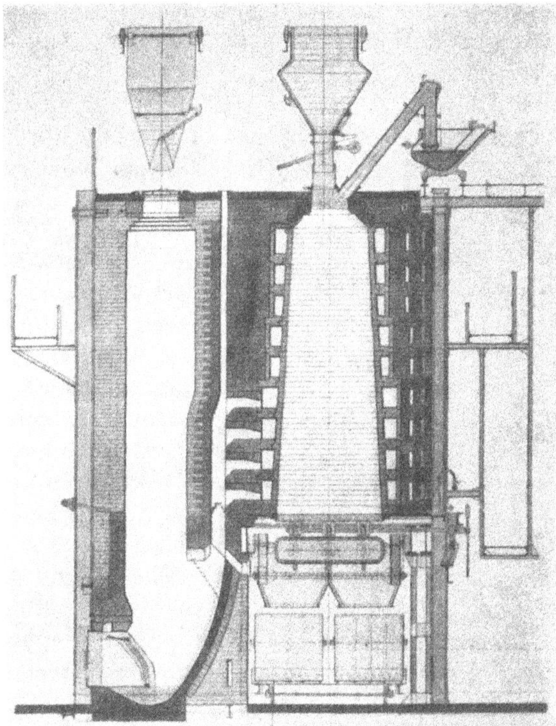

Abb. 9. Vertikalkammerofen System Pintsch.

in der Breite aber noch allgemein üblich. Der Grad dieser Konizität kann nach Lage der Betriebsverhältnisse verschieden zu empfehlen sein, sollte aber bei einer auf guten Verkaufskoks hinarbeitenden, also nicht stark schwindenden Kohlemischung auch nicht zu gering genommen werden. Üblich sind heute Neigungen von 20 bis 15 mm je m Kammerhöhe, aber auch weniger verjüngte Kammern, bis 8 mm je m Höhe, werden gebaut.

Der kombinierte Vertikal-Horizontalofen. Der Gedanke der obenerwähnten, möglichst wenig verjüngten Kammer entsprang der Absicht, den durch die sonst übliche Verjüngung der Kammern oben im Vertikalofen entstehenden Totraum zur Erhöhung des Durchsatzes auszunützen. Die nach oben zunehmende Verbreiterung der Heizkanäle bringt es u. U. mit sich, daß die Strömungsgeschwindigkeit der Feuergase geringer, also infolge längerer Aufenthaltsdauer der Heizgase der Wärmeübergang am Kopf zu groß wird. Dem kann zwar durch geeignete Regulierung oder durch kanalverengende Einbauten begegnet werden, aber es ist erklärlich, daß nutzbringendere Auswertung dieses beheizten Leerraumes immer wieder erwogen wird. Darauf beruht eine neue Sonderausführung der Deutschen Ofenbau-Ges.[1]), der kombinierte Vertikal-Schräg- bzw. Vertikal-Horizontalofen, der zugleich auch den Gedanken des Pintsch-Bolz-Ofens wieder aufgreift, den Generator mit heißem, unsortiertem Koks zu beschicken. Diese Sonderbauart (Abb. 10) füllt etwa das oberste Viertel des sich erweiternden Heizraumes zwischen zwei Kammern aus durch Einfügung einer schmalen, niedrigen Horizontal- oder Schrägkammer, deren Koks mittels einer auf einer besonderen Bühne aufgestellten Stoßmaschine nach der entsprechend tiefer liegenden Generatorbühne hinausgestoßen und heiß dem Generator zugeführt wird. Der Generator ist so für die Heißfüllung ausreichend hoch. Diese Kleinkammern können mit einer gasreichen Kohle geringerer Koksfestigkeit beschickt werden, während in den Vertikalkammern ein hochwertigerer Verkaufskoks erzeugt wird. Auf diese Weise kann also z. B. ohne Kohlenmischanlage eine höhere Gasausbeute bei gutem Verkaufskoks erhalten, ferner die Möglichkeit gegeben werden, durch billige Förderkohle für den Unterfeuerungskoks die Kohlenkosten zu senken. Die Unterbringung und Förderung der zu trennenden Kohlensorten und ihre Verteilung auf die großen und kleineren Kammern erfordert natürlich besondere Einrichtungen oder Überwachung. — Der Durchsatz dieser Kleinkammern muß, da eine besondere Koksabtransportvorrichtung

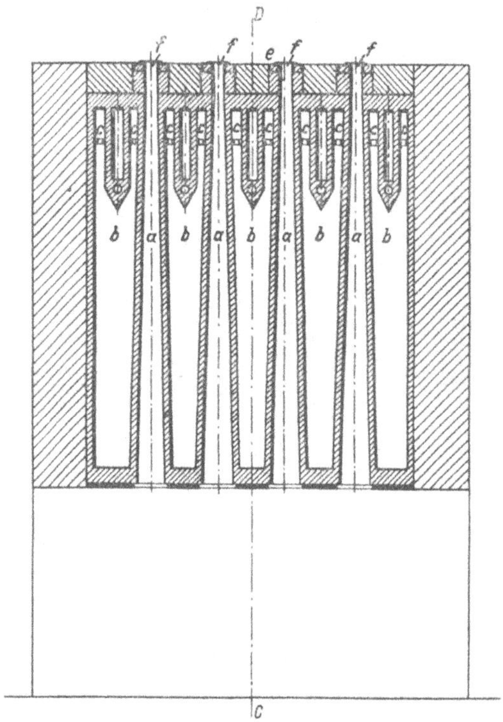

Abb. 10. DOG-Vertikal-Horizontalofen.

[1]) Deutsche Ofenb.-Ges. DRP 620931 und Zusatz-Patente.

dafür nicht vorgesehen ist, durch Anpassung der Ausstehzeiten dem Bedarf der Generatoren angepaßt werden.

Um für die Zwischenkleinkammern im nötigen Umfange Raum zu haben, scheint die Konizität mit 25 mm je m Höhe etwas verstärkt zu sein (vgl. Konizität). Gegenüber dem Wortlaut des neueren Patents[1]) gab die ursprüngliche Patentanmeldung die vorerwähnten Punkte, Ausnützung des Zwischenraumes zwischen den Retortenköpfen unter Erhöhung der beheizten Kammerwandfläche je Ofen um 30—50% und die Heißkoks-Unterfeuerung als Hauptzweck an. Das neuere Patent hebt eine Reihe weiterer Möglichkeiten hervor, die teils wohl nur aus patentrechtlichen Gründen angeführt werden (z. B. Umleitungsmöglichkeiten aus den kleinen in die großen Kammern und umgekehrt u. a. m.), teils aber auch als besonderer Vorteil des Verfahrens hervorgehoben werden; zu letzteren gehört die ständige Wassergaserzeugung in den Kleinkammern. Eine solche ist bei reichlicher Bemessung der Kleinkammern gegenüber dem Koksbedarf der Generatoren denkbar. Dann kann aber ein Widerspruch insofern auftreten, als die Kleinkammern für eine genügende Wassergaserzeugung auf 900—1000° gehalten werden müssen, dann aber auch die Kammerköpfe der großen Kammern die gleiche Überhitzung erhalten. Ein Ausweg hieraus ist in der Möglichkeit der Verwendung reaktionsfähigerer Brennstoffe, z. B. Braunkohlenschwelkoks, gegeben, der bei einer Temperatur von 800° bereits eine gute Wassergasbildung ergibt[2]).

Die Bauart dieses kombinierten Vertikal-Schräg- bzw. Vertikal-Horizontalofens stellt also eine bau- und heiztechnisch interessante Ausführung vor, die sich besonderen Anforderungen wird anpassen lassen. Eingehendere Betriebserfahrungen sind erst in nächster Zeit zu erwarten.

β) *Die Beheizung der Vertikalöfen.*

Der Generator. Vertikalöfen werden vorwiegend mit Schwachgas beheizt. (Starkgasbeheizung vgl. später.) Das Schwachgas wird in eingebauten Einzelgeneratoren für jeden Ofen gesondert oder in Zentralgeneratoren erzeugt. Hinsichtlich Zentralgeneratoren und deren technischer Durchbildung kann auf den diese behandelnden Sonderabschnitt verwiesen werden. — In der Zeit nach dem Kriege verbreitete sich unter dem Grundgedanken der Rationalisierung im Gasfach die Auffassung, daß der Zentralgenerator weitestgehend an die Stelle des Einzelgenerators treten müsse, um eine Wirtschaftlichkeit des Betriebes zu erreichen. Wenn auch eine ganze Anzahl wesentliche Vorteile des Zentralgenerators nicht zu verkennen sind, so ist doch der Einzelgenerator für kleinere und mittlere Werke noch in den meisten Fällen vorwiegend geeignet. Eine Gebrauchsgrenze nach der Werksgröße kann nicht gezogen werden, da für

[1]) Deutsche Ofenh.-Ges. DRP 620931 und Zusatz-Patente.
[2]) Brennstoff-Chemie **18** (1937) S. 135.

die Entscheidung der günstigeren Gaserzeugerbauart nicht nur deren technischer Stand, sondern mehr noch verschiedene örtliche Betriebsverhältnisse und wirtschaftliche Überlegungen von großer Bedeutung sind. Die Auseinandersetzungen in der Fachpresse jener Zeit[1]), auf die hier nicht im einzelnen eingegangen werden kann, nahmen oft einen sehr einseitigen Standpunkt ein. Es seien hier nur die von Fall zu Fall gegeneinander abzuwägenden Vorteile und Nachteile der beiden Bauarten gegenübergestellt.

Der Zentralgenerator hat den Vorteil, daß er eine günstigere Wärmebilanz des Generatorvorganges ergibt, den Brennstoff weitestgehend ausnützt und daß alle schwere Schlackarbeit wegfällt. Er liefert ein gleichmäßiges, staubfreies Gas, das in den Heizkanälen der Öfen keine Flugstaubverschmelzungen verursachen kann, also die Lebensdauer der Öfen erhöht. — Seine Nachteile bestehen in den höheren Anlagekosten und daraus folgendem höherem Kapitaldienst, dem laufenden Strom- und Wasserverbrauch und dem mit jeder zunehmenden Mechanisierung vermehrten Instandsetzungsaufwand, ferner in der Notwendigkeit einer ausreichenden toten Apparatereserve. Diese muß bei 3 Betriebsgeneratoren 33%, beim Arbeiten mit nur einem Generator 100% betragen, erfordert also im letzteren Falle im Verhältnis hohe Anlagekosten. Zu dem meist stark hervorgehobenen Vorteil der Verwendungsmöglichkeit minderwertigen, billigen Brennstoffs ist darauf hinzuweisen, daß solcher meist gar nicht in ausreichender Menge vorhanden ist; insbesondere für Koksgeneratoren fällt bei der heutigen allgemeinen Verbesserung der Koksqualität durch Kohlenauswahl und -mahlung wohl nirgends die von den Zentralgeneratoren beanspruchte Menge Perlkoks und Grus an. Daher darf dieser Vorteil billigen Brennstoffs nur dann voll in Rechnung gestellt werden, wenn die zusätzlichen Mengen zu entsprechend billigem Preise beschafft werden können und mit dem angesetzten Preis auch auf lange Sicht zu rechnen ist.

Der Einzelgenerator hat für sich den Vorteil geringeren Platzbedarfs, großer Betriebssicherheit und Unabhängigkeit. Er nützt die fühlbare Wärme des Generatorgases aus und hat außer dem Schlacken keine wesentlichen Betriebskosten. Als Nachteil wurde immer besonders die Abhängigkeit vom Durchsatz guten, ausgegabelten Kokses hervorgehoben; dieser Vorwurf kann heute nicht mehr gelten, da es mehrere bewährte Ausführungen von Einzelgeneratoren gibt (vgl. später), die Kleinkoks, auch mit Grus, verarbeiten. Nachteile sind die je nach Bauart, Betriebsweise und Belastung verschieden häufige und schwere Schlackarbeit, ein verhältnismäßig hoher Anteil an Brennbarem in der Schlacke, die Gefahr der Flugstaubverschmelzungen in den Heizkanälen, vor allem bei scharfem Generatorbetrieb, und, da nur die Oberluft vorgewärmt

[1]) Gas- und Wasserfach **63** (1920) S. 723; **67** (1924) S. 599; **69** (1926) S. 500.

wird, ein hoher Abhitzeverlust, der sich allerdings im allgemeinen in wirtschaftlicher Weise zur Abhitzedampfgewinnung verwerten läßt.

Der Einzelgenerator ist in dem Ofenblock fast immer so eingebaut, daß der Füllschacht bis zur Ladeflur der Kammern reicht und von dort aus bedient wird, der Rost ist in Höhe der Entladeflur zugänglich. Ausnahmen hiervon bilden der Pintsch-Bolz-Ofen (s. oben), bei dem der mit heißem Koks gestochte Generator ein Stockwerk unterhalb des Retorten- oder Kammerblocks bildet, und der kombinierte Vertikal-Horizontal- (bzw. Schräg-) Ofen der DOG (s. daselbst), dessen Generator nur bis zur halben Höhe reicht. In beiden Fällen ist die geringere Füllschachthöhe nicht nur baulich durch die Kokszuführungsmöglichkeit bedingt, sondern auch in der heißen Füllung begründet. Die bei der üblichen hohen Schachtbauart sehr große Füllhöhe ist für den Generatorwiderstand ohne Bedeutung, da hierfür nur die Höhe vom Rost bis zum Gasabgang in der Gegend der unteren Brenner in Frage kommt. Der Füllschacht dient nur dem Koksvorrat und der Vorwärmung des Kokses durch Einstrahlung von der Kammerseite und den beiderseits angrenzenden Rekuperationskanälen her.

Die Größenverhältnisse des Einzelgenerators gegenüber den Kammern sind beim Vertikalofen etwa folgende: Die nutzbare Höhe des Generators, also ohne Füllschachteinschnürung und Rostunterbau, ist etwa die gleiche bis 1,2fache der Kammerhöhe. Der Nutzinhalt des Generators beträgt etwa 80—100% eines zugehörigen Kammerinhalts.

Der Entwicklungsstand des Einbaugenerators zur Zeit des Baues der ersten Vertikalöfen entsprach den grundlegenden Arbeiten, die Hans Bunte in den Jahren 1877/79 zunächst an einem Schlitzgenerator mit schmelzender Schlacke, weiter an einem Steilrostgenerator mit Dampfzusatz ausführte, und die zu folgenden, heute noch gültigen Grundregeln führten[1]):

1. Koksverbrauch und Leistung steigen mit dem Zug — je nach Kokssorte verschieden stark.

2. Mit dem Zug steigen CO_2-Gehalt des Generatorgases und die Abgastemperatur, damit auch der Abgasverlust.

3. Als Schichthöhe der Füllung über dem Rost sind mindestens 60 cm nötig, 75 cm gelten als ausreichende Gesamthöhe.

4. Die Schlacken greifen das Generatormauerwerk um so mehr an, je dünnflüssiger sie werden.

5. Wasserdampfzusatz zur Unterluft, in den Grenzen von 0,49 bis 0,79 kg/kg C angewandt, beugt dem Schmelzen der Schlacke vor.

Diese Untersuchungen waren die Grundlage zu der seitdem allgemein gewordenen Einführung des nassen Generatorbetriebes mit Dampfzusatz, der auf ein Gemisch von Generatorgas und Wassergas arbeitet

[1]) Terres E., Gas- und Wasserfach **67** (1924), S. 255.

und deshalb auch Halbwassergasbetrieb genannt wird. Im Trockenbetrieb, ohne jeden Fremddampf- oder Wasserzusatz, arbeitet heute nur noch der Abstichgenerator, der mit hoher Windgeschwindigkeit auf flüssige Schlacke und ein möglichst CO-reiches Gas zugeht. Der Abstichgenerator ist nur in Sonderfällen üblich, teils als Aushilfsanlage für Gichtgaserzeugung oder auch in der chemischen Industrie.

Neumann setzte 1913 Generatorenversuche in der Weise fort, daß er die Gaszusammensetzung in den einzelnen Schichten und Höhenlagen prüfte, durch Entnahme von Gasproben mittels wassergekühlten, also Nachverbrennung verhütenden Proberohren. Er stellte fest, daß mit Zunahme der Entfernung der Schicht vom Rost der CO- und H_2-Gehalt zunächst zunahm und im gleichen Maße der CO_2 und H_2O-Gehalt abnahm und daß die Randgase verschlechtert sind. Er folgerte aus seinen Beobachtungen, daß sich das Wassergasgleichgewicht vollständig einstellt, während die Teilgleichgewichte, z. B. die Reduktion der CO_2 und des Wasserdampfes nicht zu Ende laufen. Als günstigste Wasserdampfzufuhr ermittelte er 0,4 kg Dampf/kg C-Durchsatz, als günstigste Schichthöhe ohne Wasserdampfzusatz 0,6 m, mit steigendem Wasserdampfzusatz um so höhere Schicht.

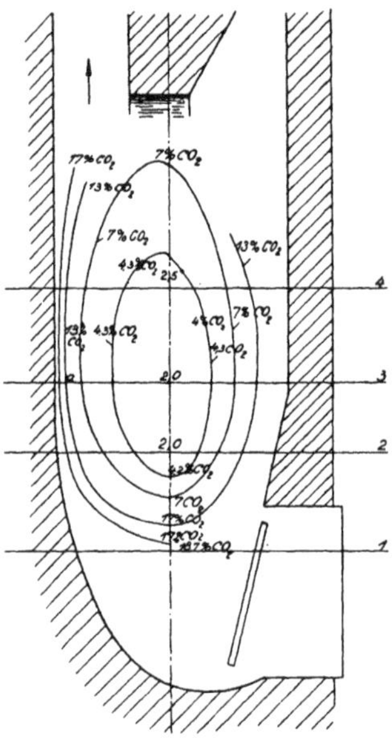

Abb. 11. Zonen gleicher Gaszusammensetzung im Einbaugenerator bei etwa 60 kg Reinkoks/m²/h.

Von ausnehmender Wichtigkeit und vor allem von praktischem Wert für die weitere konstruktive Durchbildung des Generators waren die von Terres und Mitarbeitern 1919 begonnenen, 1924 und 1928 mitgeteilten eingehenden Versuche[1]) an einem Planrostgenerator und einem Steilrostgenerator von 60° Rostneigung und weitere Versuche. Besonders aufschlußreich ist die von Terres gegebene Darstellung der zonenmäßigen Verteilung der Gaszusammensetzung im Steilrostgenerator (Abb. 11), die bei einer Gesamthöhe des Generators von Rostoberkante bis Gasabgang von 2 m und einem größten Schachtquerschnitt von 1,7 m² zeigt, daß die beste Gaszusammensetzung in etwa 70 cm über dem Rost zu finden ist. Diese Darstellung bricht vor allem mit der sehr verbreiteten Vorstellung, daß die Vorgänge im Generator schichtenweise übereinander gelagert seien. Auf die im Generator sich abspielenden Reaktionen, Gleichgewichte

[1]) Gas- und Wasserfach **67** (1924) S. 255; **71** (1928) S. 1205.

und Wärmetönungen, die an anderer Stelle ausführlich behandelt sind, soll hier nicht näher eingegangen werden. Es sei zur Erklärung der Abbildung nur kurz erwähnt, daß die nach Gleichung

1) $C + O_2 = CO_2$

gebildete Kohlensäure und der zugeführte Wasserdampf nach Gleichung

2) $C + CO_2 \rightleftarrows 2\,CO$ und 3) $C + H_2O \rightleftarrows CO + H_2$

reduziert werden, wozu noch in geringerem Maße die Gleichungen hinzukommen

4) $C + 2\,H_2O \rightleftarrows CO_2 + 2\,H_2$ und 5) $CO + H_2O \rightleftarrows CO_2 + H_2$.

Die Reduktion nach 2) ist in der Kernzone des gezeigten Generators weitgehend erreicht. In der gleichen Zone ist bei normalem Dampfzusatz (bis 0,5 kg/kg C) auch die Reduktion nach 3) auf dem Höhepunkt, bei höherem Dampfzusatz kann sie sich infolge Temperatursenkung weniger vollenden. Mit fortschreitender Entfernung aus der günstigen Mittelzone im Generator tritt eine Verschlechterung des Generatorgases unter Wiederanstieg des Kohlensäuregehaltes ein, weil durch den Wärmeverbrauch der Reduktionsvorgänge und der teilweise zur Wirkung kommenden Reaktionen 4) und 5) die Temperatur im Brennstoffbett absinkt und dadurch Gleichung 2) wieder nach links verläuft. Außerdem geht die auch in den höherliegenden Zonen noch anhaltende Wasserdampfzersetzung bei sinkender Temperatur mehr auf $CO_2 + 2\,H_2$ über statt auf $CO + H_2$. Die gleiche Ursache, Temperaturrückgang, aber veranlaßt durch Abstrahlung der Schachtwände, bewirkt in den Randzonen einen CO_2-Anstieg und damit die Randgasverschlechterung. Beim Zentralgenerator treten als randgasverschlechternd noch hinzu die höhere Windgeschwindigkeit, die am Generatormantel den freiesten Durchgang findet, sowie bei Wassermantelgeneratoren noch zusätzlich das größere Temperaturgefälle der Randzone durch die Mantelkühlung. Diese beiden Einflüsse entfallen beim Einzelgenerator, infolgedessen kann hier die Stärke der Randgasverschlechterung beeinflußt werden durch geeignete bauliche Maßnahmen. Solche liegen in der Berücksichtigung des Verhältnisses a) der freien zur gesamten Rostfläche und vor allem b) der Gesamtrostfläche zum Schachtquerschnitt. Das Verhältnis der freien zur gesamten Rostfläche liegt um 0,2, und zwar bei dem im allgemeinen etwas weniger offenen Planrost unter 0,2 (z. B. bei Terres Versuchsgenerator $0{,}148\,m^2 : 0{,}833\,m^2 = 0{,}178$), beim Steilrost über 0,2, beim Treppenrost im allgemeinen noch höher. Durch unzureichenden Dampfzusatz zusammenschmelzende, die Rostöffnungen verlegende Schlacke muß natürlich dieses Verhältnis nach der ungünstigen Seite beeinflussen. Das Verhältnis Gesamtrostfläche zu Schachtquerschnitt veränderte Terres bei dem beobachteten Planrostgenerator durch Verengung des Schachtquerschnitts; die Rostfläche war $0{,}833\,m^2$, der Schachtquerschnitt anfangs 1,74 m², dann nach Umbau nur noch 1,39 m², das Verhältnis b) stieg damit von 0,46 auf 0,6. Es ergab sich eine wesentliche Verbesserung der Gasbeschaffenheit infolge relativer Zurückdrängung der Randgaszonen. Im Interesse guter Gaserzeugung soll also das Verhältnis der Gesamtrostfläche zum Schachtquerschnitt möglichst groß sein. Hierauf wird bei den Bauausführungen zurückgekommen. — Das von allen vorgenannten Forschern angegebene Maß von 60—75 cm günstigster Schachthöhe, d. h. eine bauliche Anordnung des Gasabganges 60—75 cm über der Rostoberkante, ist beim Einzelgenerator praktisch nicht zu verwirklichen, weil durch das Anwachsen der Schlacke dieses Maß sehr bald von unten beschnitten würde. Die Höhen von Rost bis Gasabgang betragen in den üblichen Ausführungen zwischen 1,2 bis 1,7 m und steigen auch bis über 2 m je nach Beanspruchung des Generators. Ein Generator mit starkem Durchsatz und weit auseinandergezogenen Schlackzeiten braucht mehr Nutzhöhe als ein normalbelasteter, in dem wenigstens in kurzen Abständen durch Aufbrechen oder Rütteln die Schlackenhöhe verringert wird. — So fand Terres, daß bei 48stündigem Schlacken des Versuchsgenerators der Durchsatz nur auf 42 kg C/m²/h gebracht werden konnte, ohne die Gasgüte wesentlich zu verschlechtern, während bei 24stündigem Schlacken 84 kg C/m²/h durchgesetzt werden konnten.

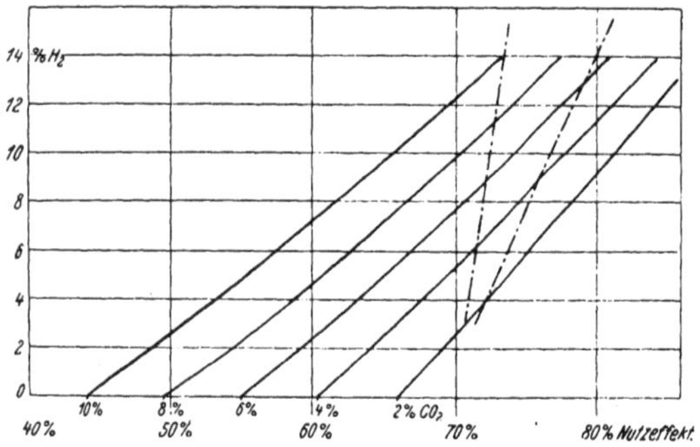

Abb. 12. Generatornutzeffekt in Abhängigkeit von der Gaszusammensetzung (bez. auf H_u).

Der Wasserdampfzusatz bewirkt hinsichtlich der Gasleistung des Generators keine Heizwerterhöhung, wohl aber eine Steigerung des Nutzeffekts des Gaserzeugers. Während bei trockenem Generatorbetrieb die Gasbeschaffenheit und der Wirkungsgrad am besten ist bei niedrigstem CO_2-Gehalt, bedingt anderseits beim nassen Betrieb die Steigerung des H_2-Gehalts nach den genannten Reaktionen gleichzeitig eine gewisse Steigerung des CO_2-Gehalts. Terres zeigte (l. c.) (Abb. 12) rechnerisch die Abhängigkeit des (auf den unteren Heizwert bezogenen) Generator-Nutzeffektes von der Gaszusammensetzung; daraus ist zu ersehen, daß der Nutzeffekt bei hohem H_2-Gehalt trotz hohem CO_2-Gehalt höher sein kann, als bei niedrigem CO_2- und H_2-Gehalt. Die praktisch vorkommenden Gaszusammensetzungen liegen zwischen den punktierten Linien. Die Erhöhung des H_2-Gehalts im Generatorgas hat noch den weiteren Vorteil, daß der Zweitluftbedarf im Verhältnis zum Erstluftbedarf höher wird, also die Vorwärmung der Verbrennungsluft eine größere Wärmerückführung in den Ofen mit sich bringt als beim Generatorbetrieb ohne Dampf. — Die theoretische Verbrennungstemperatur steigt ebenfalls mit zunehmendem H_2- und abnehmendem CO_2-Gehalt des Generatorgases. Die hierzu von Terres (l. c.) gegebene Darstellung (Abb. 13) zeigt, daß die bei den praktisch vorkommenden Gaszusammensetzungen (zwischen den punktierten Linien) erzielten Verbrennungstemperaturen in einem verhältnismäßig engen Raum liegen, bei hohem H_2-Gehalt allerdings durch gleichzeitig hohen CO_2-Gehalt merklich gedrückt werden können.

Die oben begründete Forderung Terres, daß die Güte der Generatorgaserzeugung vor allem auch durch bauliche Beeinflussung der Strömungs- und Temperaturverhältnisse und Vermeidung toter Randzonen gesteuert werden muß, findet sich in der neuzeitlichen Ausbildung der Einbaugaserzeuger vielfach angewandt und bestätigt. Die geschweifte, eine untere tote Ecke vermeidende Form der Generatorrückwand ist eine diesem Sinne entsprechende, bereits lange empirisch erprobte Ausführung. Vor allem aber findet das obenerwähnte möglichst große Verhältnis der Gesamtrostfläche zum Generatorschachtquerschnitt, sowie eine möglichst günstige Höhe der Gasabführung weitgehende Berücksichtigung.

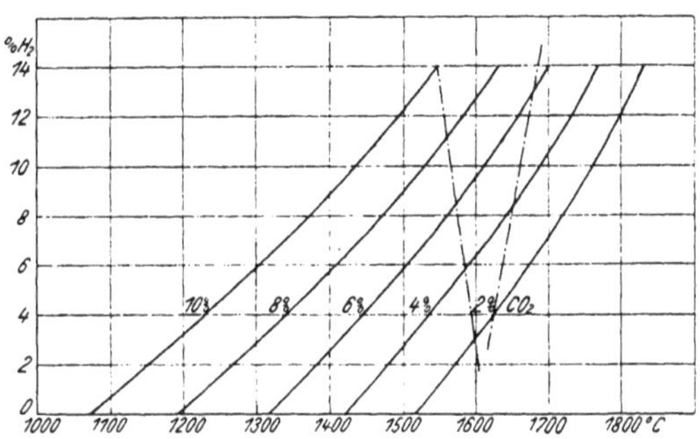

Abb. 13. Theoretische Verbrennungstemperaturen von Generatorgasen verschiedener Zusammensetzung.

Der Planrost allein wird wegen seiner geringen Zugänglichkeit kaum noch verwendet. Der Vergrößerung der Rostfläche der Steilroste sind gewisse Grenzen gesetzt vor allem in der Höhe, weil dann die Ausführung bei genügender Standfestigkeit zu schwer werden muß. — Eine sehr günstige Form der Rostvergrößerung ist der mehrfach angewandte (Didier, DOG) kombinierte Plantreppenrost (Abb. 14), bei dem alle Roststäbe gut zugänglich sind und sich zuverlässig entschlacken lassen. Gegenüber dem bei Terres Versuchen erwähnten Verhältnis Rostfläche zu Schachtquerschnitt = 0,6 kommen Generatoren mit Plantreppenrost in verschiedenen ausgeführten Anlagen auf die Verhältniszahl 1,0—1,5. Dadurch, daß der Planrost des kombinierten Rostes bis an die Generatorrückwand reicht, ist auch ohne starke Ausschweifung dieser Wand (siehe oben) die Bildung eines toten, von der Strömung unberührten Winkels vermieden und eine volle Ausnützung des für den Generatoreinbau verfügbaren Raumes möglich. Außerdem ist erreicht, daß praktisch alle Teile der sich darüber in Richtung auf den Gasabgang gestaltenden Reaktionszonen in möglichst gleichem Abstand vom Rost wie vom Gasabgang liegen, wodurch eine weitgehend gleichmäßige Verteilung der Strömung und Temperatur und damit der Gasbildung erhalten wird. Einen ähn-

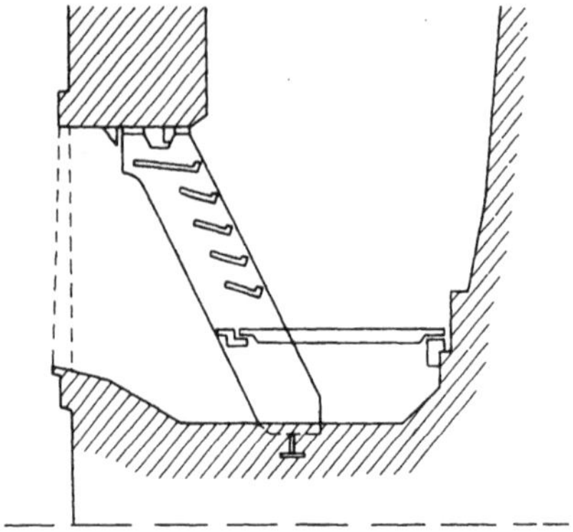

Abb. 14. Plantreppenrost.

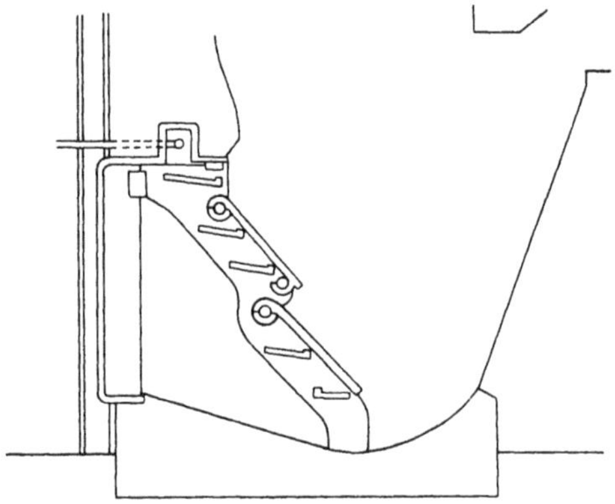

Abb. 15. Treppensteilrost.

lichen Erfolg erreicht der kombinierte Treppensteilrost (Dr. Otto, Abb. 15), dem noch oberhalb des Rostes eine Dampfverteilung eingebaut ist. — Noch weitgehender entspricht der erwähnten Forderung die Bauart des

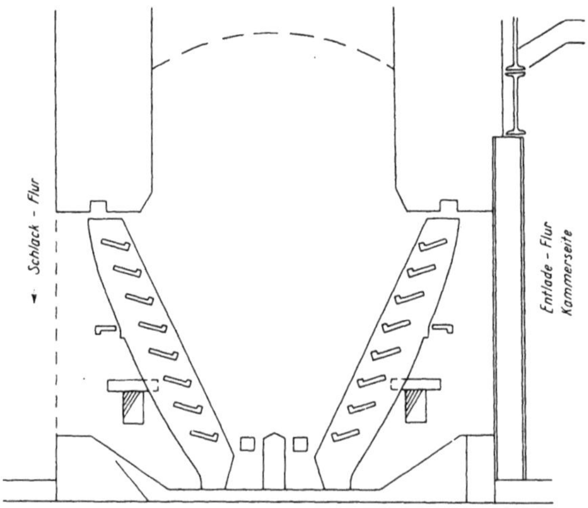

Abb. 16. Doppeltreppenrost.

Doppelrostes. Der Doppeltreppenrost (Klönne,[1]) Abb. 16) hat die eine Schlacktür, wie üblich, nach der Rekuperationsseite, eine gleiche zweite nach der Entladeflur der Kammerseite. Die Bedienung dieses Doppel-

[1]) Klönne, DRP 617231.

rostes ist je nach der Belastung verschieden; der kammerseitige Rost kann entweder nur zum zeitweisen Auflockern, Aufbrechen oder Entfernen größerer Schlackenmengen verwendet werden oder er wird durch regelmäßige Bedienung gleich dem vorderen Hauptrost ständig offen gehalten. Bei dieser Bauart erreicht das Verhältnis Rostfläche zu Schachtquerschnitt den hohen Wert 1,5—1,7. Der aus Treppensteilrosten bestehende Doppelrost Dr. Otto (Abb. 17) verwendet kammerseitig einen Rost halber Höhe, da dieser Rost eine sehr günstige freie Rostfläche hat.

Bei gemischter Körnung der Generatorfüllung besteht die Gefahr eines Abrollens der gröberen Bestandteile nach außen, also einer Entmischung, die zur Folge hätte, daß die Strömung in den Randzonen weniger Widerstand fände und dadurch in mehrfacher Hinsicht die Randgasverschlechterung bewirkt würde. Deshalb wird — in verschiedener Einzelausführung — in dem Generatorschacht auch ein Verteilereinbau dicht

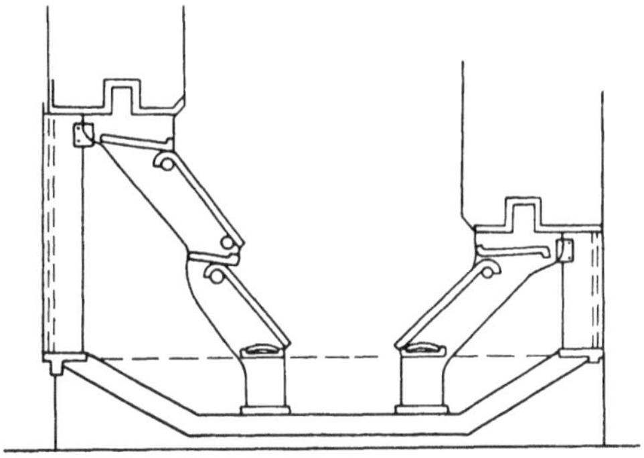

Abb. 17. Doppeltreppensteilrost.

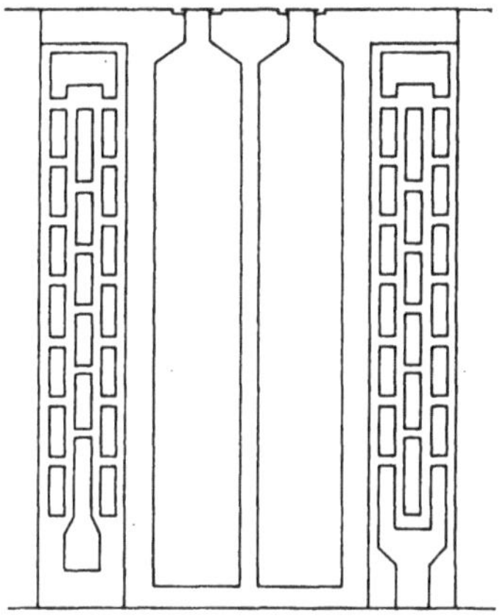

Abb. 18. Doppelgenerator.

oberhalb des Gasabganges angeordnet, der den Zweck hat, den Brennstoff kurz vor seinem Eintritt in die Reaktionszonen nochmals umzulagern (Abb. 20).

Je größer die Rostfläche im Verhältnis zum Schachtquerschnitt und damit die Dauer der Schlackarbeit ist, desto länger und stärker wirkt sich die durch Falschluftzutritt während dieser Zeit unvermeidliche Gasverschlechterung aus. Um dem vorzubeugen, wird bei größeren Generatoren eine senkrechte Teilung von Schacht und Rost vorgenommen (Didier, DOG u. a.) (Abb. 18), also statt eines Generators ohne Veränderung des Verhältnisses Rostfläche zu Schachtquerschnitt, zwei Generatoren von halber Größe betrieben, die auf einen gemeinsamen Oxydkanal arbeiten. Solange der eine geschlackt und dessen Gas dadurch verschlechtert wird, ist der nebenliegende Generator im normalen Betrieb und der Ofen behält durch Zuführung nur teilweise verschlechterten Heizgases eine immerhin gleichmäßigere Beheizung.

An den Einbaugenerator ist beiderseits die Rekuperation zur Vorwärmung der Zweitluft angebaut. Von der Überlegung ausgehend, daß zur Erwärmung der Zweitluft auch eine geringere als die übliche Rekuperatorfläche ausreicht (vgl. später unter Abhitze), benutzt die DOG[1]) (Abb. 19) unter Verzicht auf einen Teil dieser Rekuperatorfläche den dadurch freiwerdenden Raum zu einer Erweiterung des unteren Teils des Generatorschachtes und zugleich des Rostes, um bei gleichem Gesamtdurchsatz die Rostbelastung zu ermäßigen bzw. ohne Erhöhung der Rostbelastung den Durchsatz steigern zu können.

Der Durchsatz des Generators wird in kg/m²/h, auf die gesamte Rostfläche bezogen, angegeben. Eine Norm für Durchsatzgrößen kann nicht festgestellt werden, da sie in verhältnismäßig weiten Grenzen schwankt, je nach der Größe des Generators im Verhältnis zum Ofen, nach der Rostbauart und der Größe und Sortierung der Körnung und dem Aschegehalt und der Zündfähigkeit des Brennstoffs, ferner bei dem einzelnen Ofen wieder je nach der Ausstehzeit der Kammern. Als Anhaltspunkt kann aber die Belastungszahl 40—80 kg/m²/h dienen.

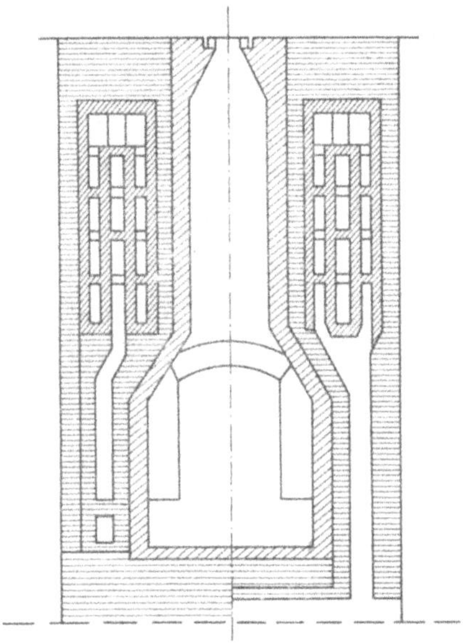

Abb. 19. Verbreiterter Generator DOG.

Wenn auch beim nassen (Halbwassergas-) Betrieb immer von Dampfverbrauch gesprochen wird, erfolgt dieser doch nur bei größeren Anlagen oder bei Sonderbauarten (vgl. nachstehend) durch Dampfzuleitung. Mehr üblich ist die Dampferzeugung im Generator selbst durch Verdampfung des Berieselungswassers der Roste und des Wassers in dem untergebauten Wasserschiff. Eine Dampfmengenbestimmung ist bei dieser Zusatzform praktisch nicht durchführbar und die Mengenregelung ergibt sich ganz erfahrungsmäßig aus der Beobachtung des Generator- und Schlackenzustandes. Fremddampfzuführung ist nur angebracht, wenn solcher als Überschußdampf oder sonst billig zur Verfügung steht oder wenn durch seine Anwendung wirtschaftliche Betriebsvorteile anderer Art erzielt werden können. — Bei Zuführung von Fremddampf, gegebenenfalls überhitzt, sind Mengen von 0,4 bis 0,5 kg je kg durchgesetzten Kohlenstoff oder Reinkoks üblich.

Besondere Beachtung verdienen, wie erwähnt, die Generatoren, die die Verarbeitung des meist schwer oder nicht absetzbaren Kleinkokses

[1]) Deutsche Ofenb.-Ges. DRP 640943.

(Perlkoks und gegebenenfalls auch Teile vom Grus) gestatten und dadurch nicht nur die Unterfeuerungskosten verbilligen, sondern auch wertvollen Grobkoks zum Verkauf frei machen und damit auch kleineren Werken, für die ein Zentralgenerator nicht in Frage kommt, dessen wirtschaftliche Vorteile zu ermöglichen. Der Grundgedanke dieser Kleinkoksgeneratoren ist der, daß bei dem meist besonders aschereichen, nassen dichtliegenden Material alles vermieden werden muß, was den Generatorwiderstand insgesamt oder örtlich erhöhen und dadurch die Gasbildung in der Güte oder Menge oder in beidem ungünstig beeinflussen würde. In diesem Sinne nachteilig wirken ungleiche oder zu starke Rostberieselung oder nasser Dampfzusatz, ferner zu starke Rostbelastung, die leicht zu örtlichen Durchbrüchen oder örtlichen Schlackenbildungen führt. Örtliche Durchbrüche bringen gleichzeitig die Gefahr mit sich, daß durch die auf schmalem Wege entsprechend größere Strömungsgeschwindigkeit viel Koks- und Aschestaub mitgerissen wird. — Als Beispiel seien folgende erwähnt:

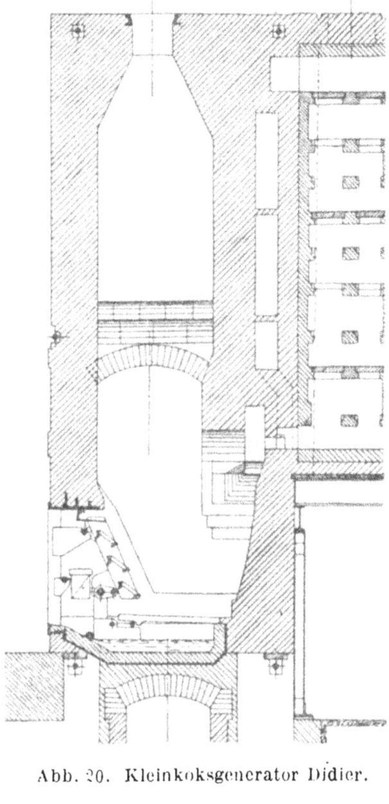

Abb. 20. Kleinkoksgenerator Didier.

1. Von Didier-Kleinkoksgeneratoren arbeitet eine Bauart[1]) (Abb. 20) mit kombiniertem Treppenplanrost besonderer Ausführung und sieht zugleich in der beiderseits benachbarten Rekuperation den Einbau eines Dampferzeugers vor und einer Überhitzung sowohl für den Dampf wie für die Erstluft. Der Rost hat eine Rüttelvorrichtung zum Lockern der Schlacke. — Eine andere Bauart[2]) hat innengekühlten Steilrost mit gleichmäßiger Außenberieselung und dementsprechend gleichmäßiger Verdampfung.

2. Eine Bauart der Silamitwerke[3]) arbeitet mit möglichst großbemessenem unberieseltem Treppenrost und Dampfzusatz und verarbeitet sogar Perlkoks mit Grus gemischt.

3. Besonders geeignet für Kleinkoks über .5 mm sind auch der

[1]) Didier, Schweiz. P. 132252.
[2]) Didier, DRP 552174; Gas- und Wasserfach **75** (1932) S. 710.
[3]) Dubois E., Gas- und Wasserfach **75** (1932) S. 921.

vorerwähnte Doppelrostgenerator von Klönne[1]), sowie der DOG-Generator mit verbreitertem Schachtunterteil.

Auch schwaches Unterwindgebläse wird für diese Bauarten bei hohem Generatorwiderstand durch dichte Brennstofflagerung angewandt.

Bei sachgemäßem Betrieb ist mit diesen Bauarten auch aus den minderwertigen Brennstoffen ein Wirkungsgrad von 70% und mehr zu erreichen.

Die Ofenbeheizung. Das den Einbaugaserzeuger heiß verlassende Schwachgas wird im allgemeinen auf dem kürzesten Wege unmittelbar dem oder den Brennern zugeführt, wo es mit vorgewärmter

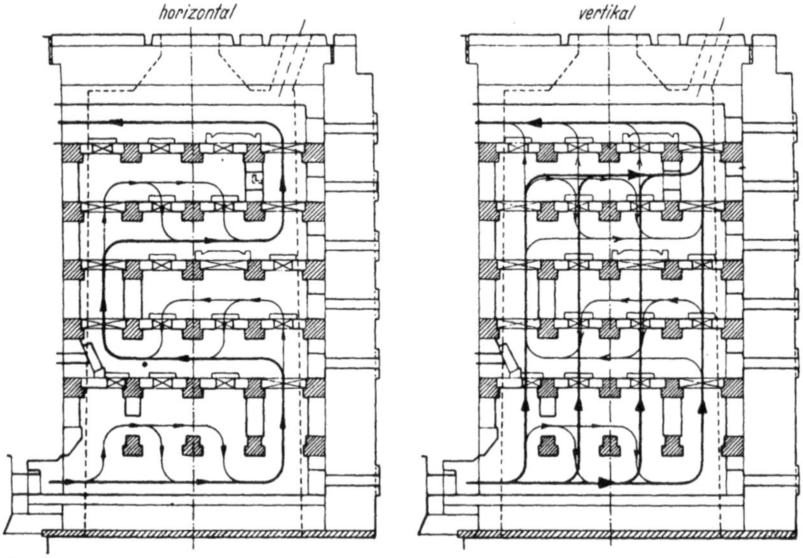

Abb. 21. Verbrennungseinrichtungen in den Heizzügen eines Vertikalkammerofens Devog.

Zweitluft verbrannt wird. Neuerdings erscheinen auch Bauarten, die das Gas zunächst in einem steigenden Kanal hochführen und dann in abfallendem Kanal parallel zu den von oben kommenden Oberluftkanälen herableiten.

Die Dessauer Vertikalofen-Gesellschaft hat im Gegensatz zu allen anderen Vertikalofen-Bauarten von Anfang an an der Beheizung mit nur einem Brenner festgehalten und erreicht durch eine wahlweise Vereinigung der vorhandenen senkrechten und waagerechten Strömungswege, sowie durch Einbau von Stauwänden, Vorsatzmulden u. a. m. jede notwendige Wärmeverteilung und eine durchaus gleichmäßige Kammerbeheizung. Eine anfangs zur Sicherheit im 3. Kanal eingebaute Zuführung von Nachverbrennungsluft hat sich als überflüssig erwiesen und

[1]) Klönne, DRP 617231.

wird neuerdings weggelassen. Abb. 21 zeigt die durch Schieber wahlweise umlegbaren Strömungswege in den Heizzügen eines Dessauer Vertikalkammerofens. Die mehr oder weniger starke Freigabe der senkrechten oder waagerechten Wege richtet sich nach der Höhe und Länge der Kammer und anderen Betriebsgründen. Nach einmaliger Einregulierung genügt für Gesamtänderung der Temperaturlage (z. B. bei Änderung der Chargenzeit) die Änderung von Zug und Gasmenge.

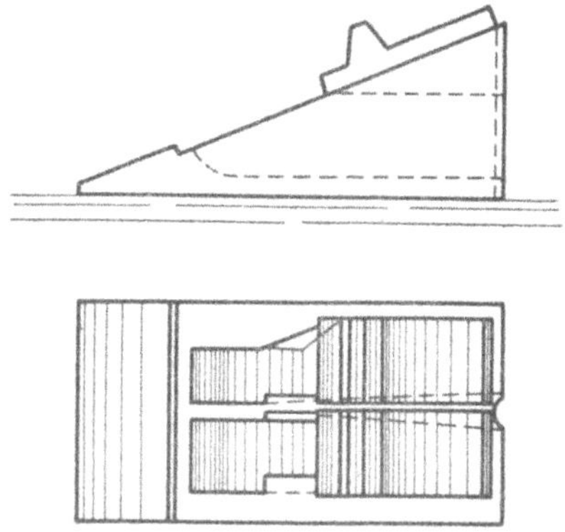

Abb. 22. Brennerstein (Otto).

Die weiteren Bauarten (Pintsch, Klönne, DOG u. a.) verwenden durchweg mehrere Brenner, mindestens 2—3, auch mehr je nach der Höhe des Ofens und verteilen die Flamme durch Einregulierung und gegenseitige Abstimmung der Brenner. Der Gedanke der geteilten Zuführung ist bei einzelnen früheren und neueren Öfen so weit durchgeführt, daß jeder waagerechte Heizzug einen Brenner erhält.

Senkrechte Heizzüge mit Anordnung der Brenner im Sohlkanal haben sich bei unterbrochen arbeitenden Vertikalöfen nicht einführen

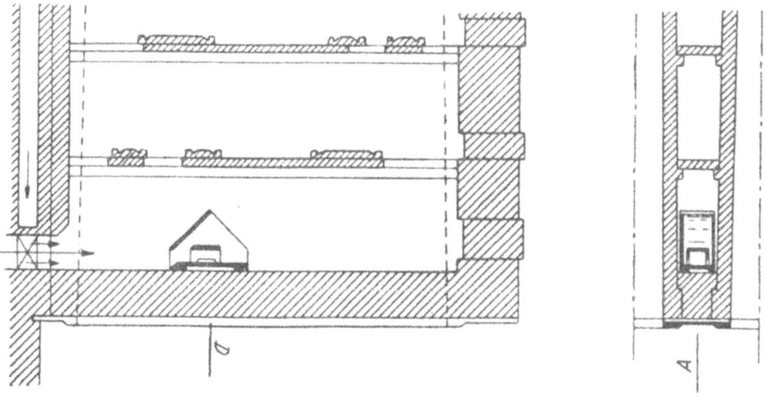

Abb. 23. Leitstein (Didier).

können, da sie für diese Bauart technisch ungeeignet und für die Regulierung schwer zugänglich sind.

Die Ausbildung des Brenners ist im allgemeinen so, daß Luft- und Gaseintrittsöffnungen dicht neben- oder übereinander angeordnet sind und evtl. noch durch vorgesetzte Muldensteine eine Streckung, durch

Prellsteine eine Wirbelung des Gas-Luftgemisches bewirkt wird. Neue Wege geht einerseits ein Brennerstein (Dr. Otto[1]), der Gas und Luft je für sich mit einem durch Innenführung erzeugten Drall austreten läßt und durch einen einfachen Schrägschieber regelt (Abb. 22); andererseits ein an Stelle des wirbelerzeugenden Prellsteins tretender sog. Leitstein (Didier[2]), (Abb. 23). Dieser ist strömungstechnisch durchgebildet und gestattet eine einfachere Anpassung der Heizgasführung je nach der Kammerlänge, als der Prellstein, da er zugleich mischend und die Flamme führend wirkt.

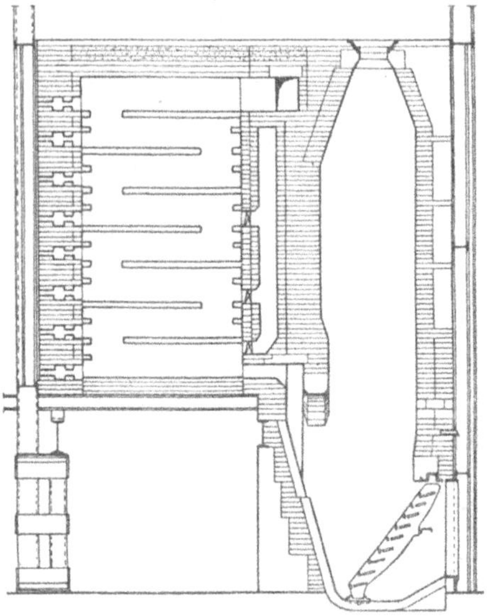

Abb. 24. Vertikalkammerofen mit verzögerter Verbrennung (DRP. 526078).

Entgegen der obenerwähnten Verteilung mehrerer Gas-Luftbrenner auf der ganzen Kammerhöhe greift neuerdings Klönne wieder den (z. B. von Still bei der Horizontalkammer angewandten) Gedanken der verzögerten oder stufenweisen Verbrennung auf[3]). Rein baumäßig ergibt sich der Vorteil einfacherer Kanalführung, da nur eine kurze Gaszuführung zum unteren Brenner (wie bei Einbrennerbeheizung, s. oben) und keine parallelen Gas- und Luftkanäle nötig sind. Außer der Luftdüse am Hauptbrenner sind zwei weitere Luftzuführungen bis zur halben Kammerhöhe verteilt für Nachverbrennung angeordnet. Diese Ausführung soll eine besonders gleichmäßig verteilte Temperatur des Kokskuchens gewährleisten (Abb. 24).

Eine besondere Art, nicht der Beheizungszuführung, sondern der Wärmeverteilung auf den Kammerinhalt bringt Klönne in seiner »Kammer mit kaltem Kopf«[4]) (Abb. 25). Bei dieser Bauart werden die oberen 15—20% der gefüllten Kammerhöhe gar nicht beheizt; dieser obere unbeheizte Kohlenteil rutscht nach etwa $^2/_3$ der Ausstehzeit infolge Schwindens des unteren Kokskuchens nach, um in dieser Zeit noch eine vorübergehende Heizwertsteigerung zu ergeben. Dadurch soll ferner ein längeres Offenhalten der Teernaht nach oben erreicht werden, auf welchem Wege hochwertige Gasbestandteile vor Zersetzung geschützt bis oben abwandern, und ein nicht überhitzter Gasabgangsraum, der auch

[1]) Dr. Otto u. Co., DRP 507414.
[2]) Didier, DRGM 1365742.
[3]) Klönne, DRP 526078.
[4]) Klönne, DRP 628192.

nach Herabrutschen der Kopfladung eine Gaszersetzung verhindert. Diese Anordnung kann dazu führen, den beheizten Teil bis oben hin nicht abklingend, sondern ziemlich stark beheizt zu halten, um den nachrutschenden Kopf noch auszugaren; dadurch würde der vorgenannte Zweck geringerer Gaszersetzung u. U. wieder gestört.

Die Gasabgänge des Einbaugenerators arbeiten, wie erwähnt, auf einen gemeinsamen Gaskanal, der alle Brenner eines Ofens versorgt, oder der Gaskanal ist je Ofenhälfte unterteilt. Bei Fremdgaszuführung von der Zentralgeneratorenanlage her ist, um den Vorteil der weitgehenden Regelmöglichkeit des Ofens voll auszunützen, eine solche Anordnung erwünscht und im allgemeinen üblich, daß für jeden Heizraum zwischen zwei Kammern — für 1 bis mehrere Brenner übereinander — eine gesonderte Gaszuführung durch einen mit Skala versehenen Hahn eingebaut ist.

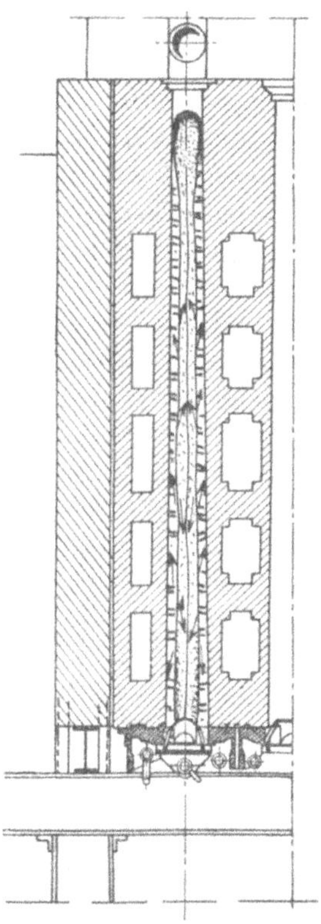

Abb. 25. Kammer mit kaltem Kopf (Klönne).

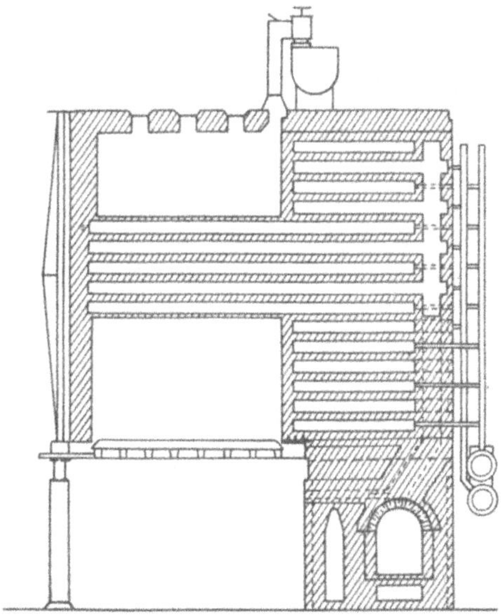

Abb. 26. Vertikalkammerofen (Dr. Otto).

Eine grundsätzlich andere Verteilungsform der Beheizungszuführung bringt der Vertikalofen Dr. Otto für große Ladungen (Abb. 26). Er stellt im Grundgedanken einen um 90° gekanteten, hochgestellten Horizontalkammerofen dar, der die sonst waagerecht unter der Kammer angeordneten Brennerzuführungen an der ganzen Ofenrückseite von unten bis oben verteilt trägt. Der Ofen ist nur für Fremdgasbeheizung vorgesehen und es kann nicht nur das Gas, sondern auch die Luft mit Druck zugeführt werden. Letztere wird dann, um ein besonderes Gebläse zu sparen, von dem Gebläse für die Generatorunterluft abgezweigt. Die Luft kann aber ohne Änderung der Anordnung auch vom Ofen angesaugt werden. Die Regelung an den einzelnen Abzweigstellen erfolgt durch Hähne mit leicht auswechselbaren Blenden oder durch eine Art von Kegelventilen. Die für jeden Schwachgas- und Luftabzweig getrennten Kanäle führen jeweils zwischen zwei Rauchgaskanälen entlang an die Längswand der Kammer und an dieser parallel zurück. Die infolge dieser weitgehenden, einzelrekuperativen Aufteilung im Einzelkanal sehr geringe Strömungsgeschwindigkeit erreicht einen sehr guten Wärmeaustausch. — Um diese großen Kammereinheiten an Betriebsschwankungen leichter anpassen zu können, ist es möglich, den Ofen mit durchgehender senkrechter Trennwand zwischen je 2 Kammern auszuführen, zur Zweiteilung der Heizgasführung und wahlweise verschieden starken Beheizung verschieden lange ausstehender Kammern, oder zur stärkeren Beheizung einer Kammer zwecks stärkerer Kammerdampfung.

Die Wärmerückgewinnung. Die möglichst weitgehende Rückgewinnung des durch die gleichmäßige Beheizung der ganzen Vertikalkammer bedingten hohen Wärmeinhaltes der Abgase ist nicht nur wärmewirtschaftlich notwendig, sondern auch zur Erzielung hoher Flammentemperaturen wichtig (vgl. bei Starkgasbeheizung). Diese wird bei ausreichender Vorwärmung um etwa 700—800^0 und mehr gesteigert.

In der Wärmerückgewinnung werden grundsätzlich 2 Arten unterschieden, die allgemein üblich mit Rekuperation und Regeneration bezeichnet werden.

In der Rekuperation wird die Rauchgaswärme in ständigem Wärmefluß durch die Wandungen der Rauchgaskanäle auf den benachbarten Luft- bzw. Gasstrom übertragen. Grundsätzlich geschieht dies im Gegenstrom, weil es auf die Temperaturhöhe der Luftvorwärmung ankommt und bei Gleichstromvorwärmung die Luft höchstfalls die Rauchgas-Abgangstemperatur erreichen kann, im Gegenstrom aber der Rauchgas-Eingangstemperatur nahekommen kann. Der Wärmefluß des Rekuperators ist ständig gleichgerichtet durch die Trennwand der Kanäle. In der Regeneration finden die Rauchgaswärmeabgabe und die Luft- bzw. Gaserwärmung abwechselnd im gleichen Raume statt, deshalb wird auch der Regenerator als einräumiger Lufterhitzer bezeichnet, gegenüber dem zweiräumigen Rekuperator. Die Austauschräume des Regenerators sind zur Erreichung großer Wärmeaustauschflächen möglichst weitgehend mit Gittersteinen besetzt, die Stromrichtung der wechselnden Medien ist grundsätzlich gleichgültig, sie kann gleich- oder entgegengerichtet sein. Der Wärmefluß in der Oberfläche der Gittersteine ist dem Wechselbetrieb entsprechend ständig wechselnd. Sehr umfassende theoretische Durchrechnungen und formelmäßige Darstellungen dieser 2 Wärmegewinnungsarten gibt W. Heiligenstädt[1]). Im Gasfach ist der Rekuperation weitaus der Vorzug gegeben worden. Dies ist wohl vorwiegend in deren einfacherem, keinerlei Bedienung erforderndem Betrieb begründet, der mindestens für kleine und mittlere Werke einen wesentlichen Vorteil bedeutet. Die größeren Einheiten der Kokereien haben die Regeneration vorgezogen, zumal ihre Einrichtung und Bedienung bei dem an sich weitergehend mechanisierten Betrieb keine Erschwerung bedeutete. Die Frage Regeneration oder Rekuperation ist, vor allem im Wettbewerb der Firmen, oft sehr einseitig behandelt worden. Es ist z. B. nicht richtig, einen mit Einzelgenerator beheizten Ofen hinsichtlich der Wärmeabgabe seiner Rauchgase zu vergleichen mit einem fremdgasbeheizten Ofen[2]), da bei ersterem nur die Luft vorgewärmt wird, bei letzterem Luft und Gas, also mindestens die doppelte Raummenge. Exakte Vergleichsversuche sind praktisch kaum möglich, da sie zwei gleiche, gleichbelastete, dazu gleichaltrige Öfen voraussetzen, die sich nur durch die Form der Wärmerückgewinnung unterscheiden. Von den wenigen vorhandenen Versuchszahlen sind die auf gründlichen Betriebsversuchen beruhenden Berechnungen von Terres und Besecke hervorzuheben[3]), die neben der Wärmedurchgangszahl die Wärmeausnützung der Rauchgase erfaßten. Bei einem Generatordurchsatz von rd. 120 kg/h und einem Mengenverhältnis von 1 m³ Generatorgas (Einzelgenerator) = 1,74 m³ Rauchgas wurde etwa $\frac{1}{3}$ der Rauchgaswärme von der Luft aufgenommen. Dieser Satz von 33,8% »Wirkungsgrad der Rekuperation« entspricht Versuchszahlen des Gasinstituts bei Abnahmeversuchen in Berliner Werken, die 35—37% Wirkungsgrad (Wärmeabgabe) zeigten. Diese Ausnützung wird als nicht ausreichend und als verbesserungsfähig bezeichnet, wobei Verbesserung durch Vergrößerung der Wärmeübertragungsflächen zu erreichen sei (Terres, l. c.). Es wird aber darauf hingewiesen, daß ein höherer Wirkungsgrad der Wärmeabgabe als etwa 50% bei alleiniger Luftvorwärmung nicht möglich ist. Bei obigem Verhältnis Luft zu Rauchgas 1:1,74 und den spezifischen Wärmen 0,32 für Gas und 0,36 für Rauchgas folgt:

$$\frac{1{,}0 \cdot 0{,}32}{1{,}74 \cdot 0{,}36}\,100 = 51\,\%.$$

Die übliche ältere Bauart der Rekuperation mit Kanälen von verhältnismäßig breitem Querschnitt, früher aus einfachen Platten, neuerdings mit Nut und Feder, aber doch in erheblicher Steinstärke ausgeführt, darf nicht mit einer neuzeitlichen Regeneration verglichen werden, für die Wirkungsgrade von 65 bis 70% (Wärmestelle Düsseldorf), bei Gas-

[1]) Heiligenstädt, Regeneration, Rekuperation, Winderhitzer. 1. Aufl. Leipzig 1931.

[2]) Gas- und Wasserfach **62** (1919), S. 381.

[3]) Gas- und Wasserfach **72** (1929), S. 417, 447, 466.

und Luftvorwärmung, angegeben sind. Ein weiterer Nachteil der alten Plattenrekuperation war die Gefahr der mit dem Alter zunehmenden Undichtheit an den Fugen und durch Risse, die zu starker Luftverdünnung des Rauchgases und dadurch zu noch unvollkommenerem Wärme-

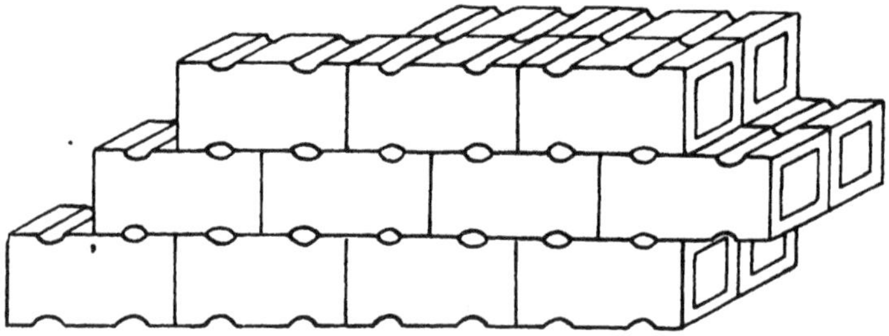

Abb. 27. Röhrenrekuperator Pintsch-Hermansen.

austausch führte. Einen demgegenüber stärkeren Wärmeaustausch ergibt die Röhrenrekuperation. Röhrenkacheln wurden schon früher verwendet (Pintsch-Hermansen[1])) und ergaben gute Wärme- und Raumausnützung, sowie stabile Bauart. Da aber bei dem Hermansen-Rekuperator das eine Mittel durch die Kachel, das andere mit Hilfe von Querrillen zwischen je 2 Kacheln geleitet, also beide nur durch eine geschwächte Wandstärke getrennt waren (Abb. 27), war Undichtheit durch Rißbildung ebenso möglich. Die jetzt übliche Röhrenrekuperation (z. B. Bauart Didier) (Abb. 28), vermeidet diese Gefahr, indem dünnwandige Vierkant-Röhrenkacheln mit versetzten Fugen (Abb. 29) ineinandergemauert werden und so selbst bei etwaigem Reißen einer Kachel eine Undichtheit praktisch ausgeschlossen ist, wie sich in jahrzehntelangem Betrieb praktisch erwiesen hat. Trotz der Doppelwand ist die Wandstärke mit 40 mm geringer als bei Plattenrekuperationen mit 70 mm. Im übrigen sind als Röhrenrekuperation Ausführungen verschiedener Röhrenkachelformen in Anwendung.

Abb. 28. Röhrenrekuperator, Bauansicht.

[1]) Gas- und Wasserfach **49** (1906) S. 1113.

Die Röhrenrekuperation bedeutet im Sinne der Forderung Terres auf Vergrößerung der wärmeübertragenden Flächen einen wesentlichen Fortschritt. Während 1 m^3 Ofenraum, mit Plattenrekuperation ausgebaut, etwa 4,5 m^2 Heizfläche hat, läßt die Röhrenrekuperation in 1 $m^3 = 10$ m^2 unterbringen, wobei der Wärmeübergang je m^2 noch wesentlich höher

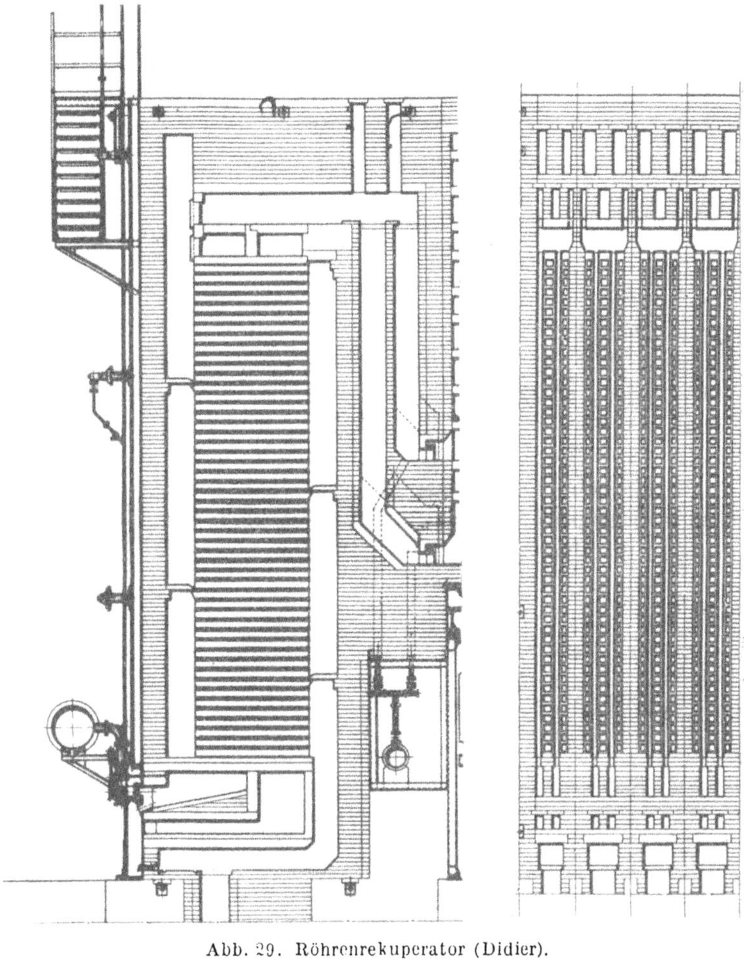

Abb. 29. Röhrenrekuperator (Didier).

ist als bei Plattenkanälen. — Über die Wärmeaustauschfläche von Regeneratoren werden keine genauen Angaben gemacht, sie ist auch je nach Ausbildung der Gittersteine verschieden. Die Regeneration enthält aber an Fläche je m^3 meist ein Mehrfaches der normalen Plattenrekuperationen, auch mehr als eine gute Röhrenrekuperation enthalten kann. Ein besonderer Vorteil der Regeneration ist auch, daß sie eine größere absolute Höhe der Vorwärmung erreichen kann; die Menge der Wärmeabgabe vom Rauchgas kann auch bei dem Rekuperator nötigenfalls durch zusätzlichen Einbau an Heizfläche erhöht werden, die Temperaturhöhe des vorgewärmten Gases muß aber mindestens um den Wärmeübergangsverlust der Rekuperatortrennwand niedriger sein als die des wärmenden Gases; in der Regeneration ist durch den unmittelbaren Austausch eine höhere Temperatur der Vorwärmung möglich. Diese Vorteile der Regeneration dürfen nicht verkannt werden; sie zeigen, daß das sehr verbreitete Vorurteil gegen die Regeneration zumindest für größere Anlagen nicht berechtigt ist. — Ein Nachteil der Regeneration ist ein gewisser Gasverlust beim Umstellen.

Die Rekuperation ist bei Öfen mit Einbaugenerator beiderseits des Generators angeordnet. Bei fremdgasbeheizten Öfen wird der durch Wegfall des Einbaugenerators freiwerdende Raum zum Einbau der erforderlichen Gasvorwärmung neben der Luftvorwärmung ausgenützt. Bei nicht unbedingt dichter Bauart der Wärmeaustauschkanäle empfiehlt es sich, nicht Luft- und Gaskanäle unmittelbar nebeneinander kommen zu lassen, sondern Luft- und Gasvorwärmung strangweise getrennt anzuordnen.

Bei Fremdgasbeheizung, also Gas- und Luftvorwärmung, und Anordnung einer ausreichenden Röhrenrekuperation ist eine fast restlose Ausnützung der Abhitze bis auf 300—320° Kamintemperatur möglich. Ist aber bei Einbaugeneratorbeheizung nur die Luft vorzuwärmen, so ist eine hohe Abgastemperatur an sich unvermeidlich. Auf deren Ausnützung zur Dampfgewinnung ist später noch zurückzukommen.

Über die Größe der für einen Ofen notwendigen Wärmeaustauschfläche liegen wenige Angaben vor. Für Rekuperativöfen bewegt sie sich in der Größenordnung von etwa 4 m^2/t Tagesdurchsatz bei Einzelgeneratorbeheizung und etwa 8—9 m^2/t/Tag bei Gas- und Luftvorwärmung. Bei Regenerativöfen werden etwa 15—18 m^2/t Tagesdurchsatz eingebaut.

Die in anderen Industriezweigen wegen ihres hohen Wirkungsgrades versuchten Rekuperatoren aus hitzebeständigem Stahl haben sich in Gaswerken noch nicht eingeführt und dürften bei den vorliegenden Verhältnissen infolge der hohen Anlagekosten keine Wirtschaftlichkeit erreichen.

Starkgasbeheizung. Außer der Schwachgasbeheizung ist die Beheizung mit Starkgas-Schwachgasgemisch oder mit Starkgas allein möglich und beim Vertikalofen günstig einzurichten. Die Wirtschaftlichkeit der Starkgasverwendung ist durchaus örtlich zu beurteilen und es kann hierzu auf die sehr umfassenden Sonderbearbeitungen von Stief[1]) verwiesen werden. Meist wird der Starkgaszusatz in wechselnder Höhe zum Mengenausgleich der Gas- bzw. Kokserzeugung bei gleichbleibender Ofenbelastung verwandt. — Den ersten Versuch des Starkgaszusatzes zum Einbaugenerator machte Geipert durch Einführung einer Stark-

[1]) Gas- und Wasserfach **73** (1930) S. 1177; **78** (1935) S. 965; **80** (1937) S. 114.

gasleitung am oberen Ende des Treppenrostes (Abb. 30). Auf diesem Wege konnten bis 50% der Beheizung durch Starkgas gedeckt werden. Das Verfahren hat allerdings den Nachteil, daß die hochwertigen Bestandteile des Starkgases in der Generatorfüllung zerschlagen, das Starkgas entleuchtet wird und die dabei entstandenen Graphitniederschläge wieder vergast werden müssen. Es wird dadurch wärmewirtschaftlich unzulänglich, da der im Starkgaszusatz enthaltene Heizwert dem Ofen nicht voll zugeführt wird und zudem noch die Temperator der Generatorfüllung durch die Zersetzung des Starkgases gesenkt wird.

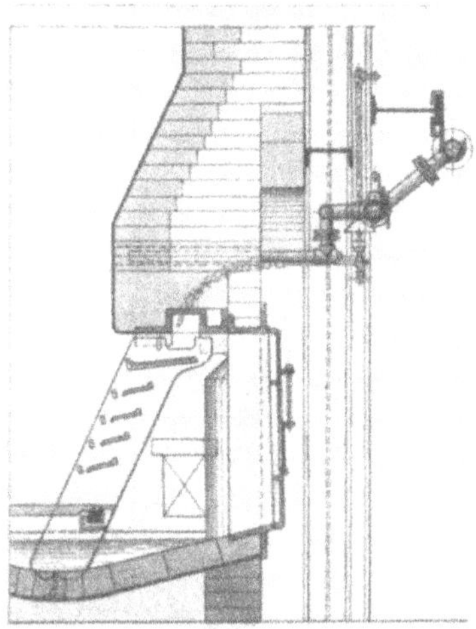

Abb. 30. Starkgaszusatz nach Geipert.

Über die brenntechnischen Unterschiede von Schwach- und Starkgasen hat Stief (l. c.) eingehende Übersicht gegeben, woraus zur Kennzeichnung folgende Zahlen hervorzuheben sind:

Zahlentafel 1.

Nr.	Gasart	Verbr.-Wärme	Heizwert	Bei 20% Luftüberschuß beträgt				
				Luftbedarf	Rauchgasmenge		Theoretische Flammentemp.	
				m³/m³ Gas	m³/m³ Gas	m³/1000 kcal	ohne Vorw.	800° vorgewärmt
1	Generatorgas	1222	1160	1,16	1,96	1,69	1550°	2300°
2	Kohlengas	4697	4168	5,16	5,85	1,40	1870°	2580°
3	Stadtgas, Mischgas	4239	3768	4,55	5,22	1,39	1880°	2540°
4	Mischung von 20 Vol.-% Kohlengas, 80 Vol.-% Generatorgas	1915	1765	1,96	2,74	1,55	1700°	2380°
5	Mischung von 40 Vol.-% Kohlengas, 60 Vol.-% Rauchgas	1880	1160	2,07	2,67	1,78	1550°	2300°

Aus diesen Zahlen geht zunächst hervor, daß — wenigstens bei kleinen Mengen von Starkgaszusatz zu Generatorgas — die Erhöhung von Luftbedarf und Heizwert sich etwa ausgleichen, also wesentliche Umstellungen der Oberluft bei kleinen Änderungen nicht nötig sind. Weiter aber ist ersichtlich, daß bei Alleinverwendung der höherwertigen Gase das Flammenvolumen kleiner, die Flammentemperatur (ohne Einfluß der Dissoziation gerechnet) höher ist, also der Heizeffekt an sich günstiger sein muß durch geringeren Abgasverlust. Diese kürzere, heißere Flamme des Starkgases erfordert aber, um die Ofenkammern ebenso gleichmäßig zu beheizen wie mit Schwachgas, besondere Maßnahmen, entweder durch mechanische Verteilung oder Streckung der Flamme oder durch Streckung des Starkgases selbst mittels Zusatz inerter Bestandteile (Rauchgas oder Wasserdampf). Ohne Streckung durch solche Zusätze darf Starkgas nicht zur Vorwärmung durch die übliche Rekuperation oder Regeneration geleitet werden, da in dieser die gleiche Verkrackung eintreten würde, wie vorstehend beim Zusatz in den Einzelgenerator erwähnt. — Die Starkgaszuführung ohne Vorwärmung und ohne Beimischung oder nur mit wenig Erstluftzusatz unmittelbar auf der Kammerseite ist entsprechend den Brenneranordnungen der einzelnen Ofenbauarten verschieden. — Die Devog-Einbrennerbeheizung benutzt auch für Starkgas eine in den üblichen Brenner auf kürzestem Wege zugeführte und daher keiner Überhitzung oder Krackung ausgesetzte Zuleitung mit außenliegendem Regulierhahn[1]) (Abb. 31). Ein Vertikalkammerofen mit 5 Kammern zu 3 t wurde längere Zeit im Gaswerk Duisburg hiermit nur starkgasbeheizt, wozu natürlich einige Umstellungen in der früher erwähnten Brenner- und Schieberanordnung notwendig wurden, um die straffere, heißere Flamme zu strecken und die Beheizung gleichmäßig zu verteilen. Bei stoßweiser Änderung der Starkgasmenge ist es an Stelle dieser Verwendungsform wegen der damit verbundenen Änderungsarbeit einfacher, das Starkgas dem Zentralgenerator-Schwachgas zuzusetzen, was bis zu 50% des Heizwertinhaltes ohne Nachstellung der Öfen möglich war. Auch die Luftschieberstellung blieb in diesen beiden Fällen praktisch unverändert.

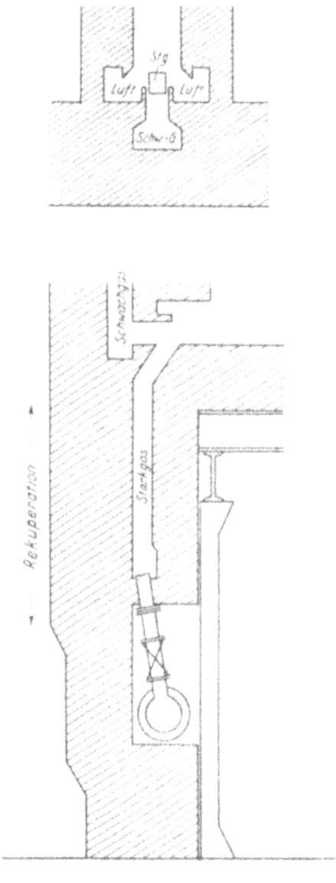

Abb. 31. Starkgasbrenner (Didier).

In neuerer Zeit wird ein Dr.-Otto-Vertikalkammerofen (Potsdam) mit drei übereinanderliegenden Brennern und für Gas und Luft zweigeteilter Rekuperation allein mit Starkgas beheizt (Abb. 32). Die in diesem Falle nicht benötigte Gaszuleitung und -vorwärmung wird mit für den größeren Luftbedarf verwendet, so daß aus den üblichen Schwachgas-Luft-Brennersteinen (s. oben) beiderseits stark vorgewärmte Luft austritt; die Starkgaseintritte liegen zu je zwei nebeneinander über vorgenannten 2 Luftaustritten. Zu jeder dieser Gasdüsen führt eine getrennte Starkgaszuleitung, also 6 Zuleitungen für einen Heizraum zwischen zwei Kammern. Da in den durch heißes Mauerwerk führenden Starkgas-

[1]) Dess. Vert.-Of.-Ges. DRP 502536.

kanälen, besonders zu den höherliegenden Brennern, etwas Verkrackung nicht zu vermeiden ist, wird je Brenner immer nur eine Zuleitung für Starkgas benutzt, während durch die andere wenig Luft zum Ausbrennen hindurchstreicht. Nach gewisser Zeit werden durch Umschalten eines einfachen Zweiwegehahnes die anderen 3 Starkgaszuleitungen eingeschaltet und die erstgebrauchten zum Ausbrennen belüftet. Das Starkgas erhält zur teilweisen Entleuchtung etwas Erstluftzusatz.

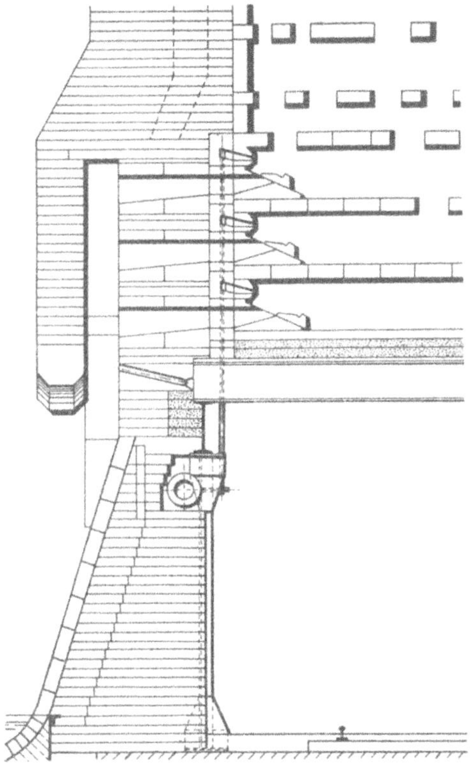

Abb. 32. Starkgasbrenner (Dr. Otto).

Bei Zentralgeneratorgas-Beheizung kann, wie erwähnt, ein wesentlicher Anteil Starkgas dem Schwachgas vor der Vorwärmung beigemischt werden. Bei Zusatz von 20 Vol.-% Starkgas, d. i. etwa 50% Heizwertanteil, ergeben sich die in Zahlentafel 1, Ziffer 4 angeführten Zahlen. Die hiernach gegenüber Generatorgas bereits ersichtliche Verminderung des Rauchgasvolumens und gleichzeitige Erhöhung der Flammentemperatur machten sich bei dieser Zusatzhöhe im Betrieb bereits durch im Brennerkanal verschärfte Temperatur bemerkbar.

Bei höheren Starkgaszusätzen zum Schwachgas oder bei Alleinverwendung des Starkgases mit Vorwärmung und ohne Änderung der Brenner und Schieber ist, wie angegeben, eine Streckung des Starkgases mit Inerten nötig. Dafür können verwendet werden: Luft, Rauchgas oder Wasserdampf. Obwohl für die Luft-Starkgasmischung bei den in Frage kommenden Mischungsverhältnissen an sich keine Bedenken bestehen, da sie oberhalb der Explosionsgrenzen bleiben, so liegt doch dann eine gewisse Gefahr vor, wenn bei irgendwie verursachtem Ausbleiben der Gaszufuhr die Vorwärmung sich mit Luft füllt; es muß bei diesem Gemisch betriebsmäßig gewährleistet sein, daß bei Ausbleiben der Gaszufuhr auch die Luftzufuhr selbsttätig abgesperrt wird.

Die Grenzen wärmetechnischer Gleichwertigkeit zwischen Starkgas-Rauchgas- und Starkgas-Wasserdampfgemisch hat Stief (l. c.) durch eingehende Berechnungen dahingehend ermittelt, daß z. B. bis etwa zu $^2/_3$ Kohlengaswärme im Gasgemisch einer Wasserdampf-Sättigungstemperatur von 65° bedürfen (Abb. 33). Bei Vorhandensein billigen Abdampfes oder Überschußdampfes ist dies betrieblich sehr einfach, abgesehen von der notwendigen Anordnung gut isolierter Dampf- bzw. Gas-Dampfgemischleitungen, da dem Niederschlagen des zugesetzten Dampfes vorgebeugt werden muß. Rauchgasbeimischung ist am günstigsten, wenn das Rauchgas mit hoher Temperatur vom Eingang der Rekuperation entnommen wird, mindestens aber vom Ausgang der Rekuperation. Für den äußersten Fall, Verwendung von Starkgas nur mit

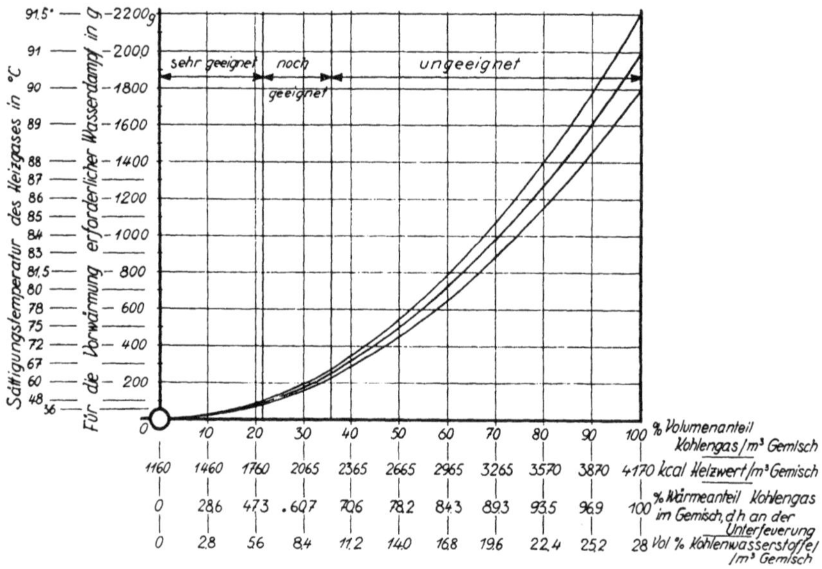

Abb. 33.

Rauchgas vorgewärmt, ohne Schwachgaszusatz, ergeben sich für die Mischung von z. B. 40 Vol.-% Starkgas + 60% Rauchgas aus den obenstehenden Unterlagen für den Fall von 20% Luftüberschuß die Zahlen von Ziffer 5 der Zahlentafel 1. Dieses durch Rauchgas gestreckte Starkgas ist also dem Generatorgas in allen wesentlichen Zahlen praktisch gleichwertig, hat sogar noch etwas größeres Flammenvolumen, also eine längere Flamme, welche eine normale Verteilung der Kammerbeheizung gewährleistet.

· Die Abhitzeverwertung. Wird ein Ofen mit Schwachgas aus einem Einbaugenerator beheizt, so kann, wie erwähnt, nur die Luft vorgewärmt werden, bei Zentralgenerator-Schwachgasbeheizung Gas und Luft. Geht man von dem in Zahlentafel 1 (S. 41) gegebenen Beispiel der Generatorgasbeheizung mit betriebsüblichem Luftüberschuß von

20% aus, so ergibt sich überschlägig je m³ unterfeuertes Generatorgas:

a) Verfügbarer Wärmeinhalt der 1,96 m³ Rauchgas zwischen der Rekuperatoreingangstemperatur 950° und der mindestnotwendigen Schornsteintemperatur 250° = 700 · 0,34 · 1,96 = 465 kcal je m³ Generatorgas;

b) Wärmeaufnahme von 1 m³ Generatorgas bei Vorwärmung von 20 auf 800° = 780 · 0,36 · 1,0 = 280 kcal;

c) dgl. für 1,16 m³ Luft = 780 · 0,32 · 1,16 = 290 kcal.

Die Größenordnung zeigt, daß bei rekuperativem Einzelgeneratorbetrieb etwa die Hälfte der verfügbaren Wärme nicht ausgenützt werden kann, wogegen bei regenerativer Fremdgasbeheizung eine volle Ausnützung bei ausreichender Erhitzerfläche praktisch erreichbar sein muß.

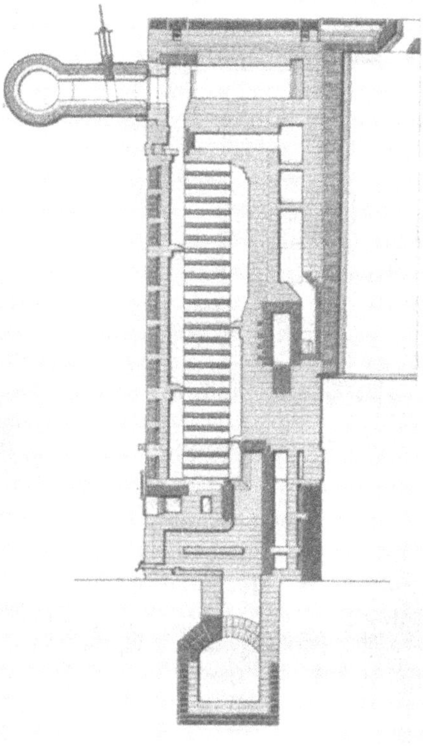

Abb. 34. Abhitzeabführung nach Geipert (Didier).

Die in der Gasindustrie überwiegende Form des rekuperativen Einzelgeneratorofens hat daher schon lange zu Versuchen geführt, diese nicht erfaßte Wärmemenge zur Dampferzeugung nutzbar zu machen. Hierzu sind verschiedene Wege möglich und probiert worden. Die baulich einfachste und oft gebrauchte Form, an den Fuchs einer Ofengruppe einen Abhitzekessel für das gesamte Rauchgas anzuschließen, hat den Nachteil, daß wegen der bereits erniedrigten Abgastemperatur und der meist durch unvermeidbare Undichtheiten in Rekuperation und Fuchs durch Falschluftzutritt vermehrten Abgasmenge so große Kesselheizflächen angewandt werden müssen, daß der Dampfgewinn nicht im Verhältnis steht zu den Anlagekosten. Geipert ging deshalb nach 1920 dazu über, den überschüssigen Rauchgasanteil sofort am Ausgang der Rekuperation abzuzweigen und in einem an der Rekuperationsseite entlangführenden, ausgemauerten Abgasrohr zu dem möglichst nahe erstellten Abhitzekessel zu führen. Mit der damaligen Ausführung wurde an einem Vertikalkammerblock[1]) bei einer Unterfeuerung von 15% Reinkoks/Reinkohle eine Dampferzeugung von etwa 1,5 t Dampf je t durchgesetzten Reinkoks erreicht. Abb. 34 zeigt eine neuzeitliche Ausführung dieser Geipertschen Anordnung in Verbindung mit Röhrenrekuperation (Didier). Der Schieber am Rauchgasabzweig gestattet unter Beobachtung der Rauchgastemperatur am Fuchs die Einstellung auf günstigste und wirtschaftlichste Verteilung der Abhitze; in besonders gelagerten Betriebsfällen kann auch eine Mehr-Dampferzeugung auf Kosten erhöhter Unterfeuerung erhalten werden.

Eine Sonderanordnung der Abhitzedampferzeugung, die auch bei kleineren Einheiten und Einzelöfen lohnend ist, ist der am Fuße der Rekuperation eingebaute Rauchröhrenkessel unter dem Generator (DOG)[2]) (Abb. 35) oder neben dem Generator (Didier)[3]) (Abb. 36).

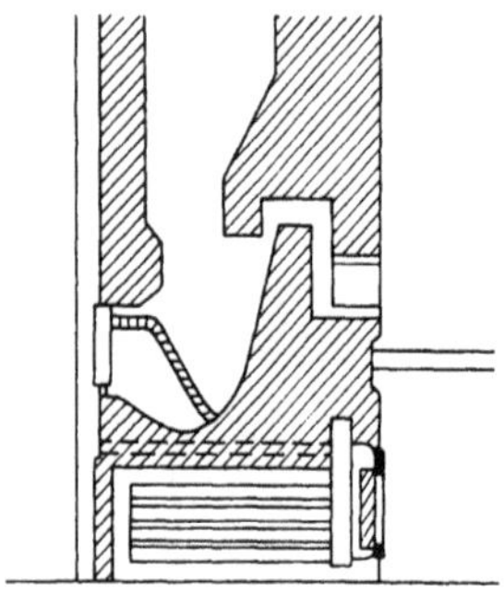

Abb. 35. Abhitzekessel unter Generator (DOG).

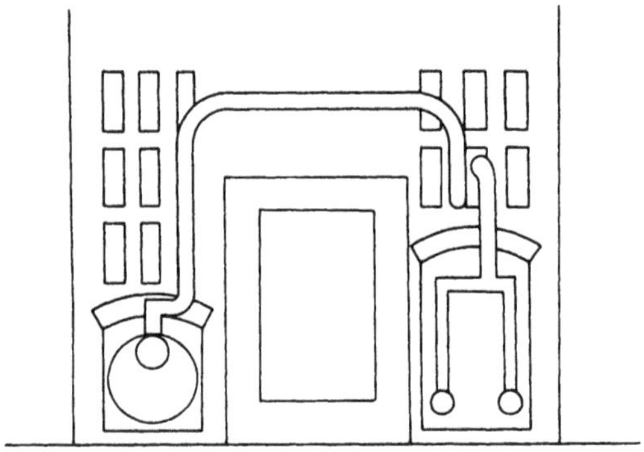

Abb. 36. Abhitzekessel in Rekuperation (Didier).

Er ist als Niederdruckkessel mit ausziehbarem Röhrenbündel und möglichst angeschlossener Überhitzerschlange imstande, mindestens den Dampfbedarf des Ofenbetriebes zu liefern und ist in kleinen Werken häufig in Gebrauch.

Der Gedanke der teilweisen Rauchgasabzweigung wurde neuerdings von der D. Ofenbau-Ges. wieder aufgenommen und mehrfach ausgeführt[4]). Hierbei ist durch eine senkrechte Teilung der Rekuperation durch eine Trennwand und durch Einbau von Steinschiebern in jedem Zug des Rekuperators, sowohl in der senkrechten Wand, wie in den waagerechten Abdeckungen, die Möglichkeit gegeben (Abb. 37), die Rauchgase durch die ganze Rekuperation ab- und wieder aufwärts zu führen oder schon ein oder mehrere Stockwerke höher umzulenken oder auch mit dem gesamten Rauchgas vom ersten Rauchgaszug un-

[1]) Gas- und Wasserfach **67** (1924) S. 599.
[2]) D. Ofenb.-Ges. DRP 423555.
[3]) Didier, Schweiz. P. 132252.
[4]) D. Ofenb.-Ges. DRP 582629.

mittelbar zum Abhitzekessel zu gehen. Ein vom Gasinstitut untersuchter Ofen dieser Bauart, aber mit Generatoren, die mit glühendem Koks gestocht wurden, ergab die gute Leistung von rd. 3 t Dampf je t Reinkoksdurchsatz. Zahlen dieser Art sind allerdings nicht rein zahlenmäßig zu vergleichen, sondern nur unter Mitberücksichtigung des Generatorbetriebes, der Ausstehzeit und Belastungsstärke der Kammern u. dgl. Auch mit diesem Verfahren ist es möglich, wahlweise die günstigst notwendige Wärmeausnützung in der Rekuperation bei noch möglichst großer Abhitzedampferzeugung einzustellen oder auch je nach den örtlichen Betriebsverhältnissen eine mehr oder weniger verstärkte Dampferzeugung zu erreichen, die selbstverständlich nach Überschreitung eines für den betreffenden Ofen geltenden Grenzwertes auf Kosten erhöhter Unterfeuerung oder irgendwelcher Wärmevorgänge im Ofen gehen muß. Wenn auch grundsätzlich der Gaserzeugungsofen keine Dampfkesselvorfeuerung sein soll, so kann doch in manchen Fällen mit ungeeigneten oder unzureichenden sonstigen Dampferzeugungseinrichtungen eine Spitzendeckung des Dampfbedarfs durch vorübergehende Mehrunterfeuerung wirtschaftlicher sein, als jede andere Lösung.

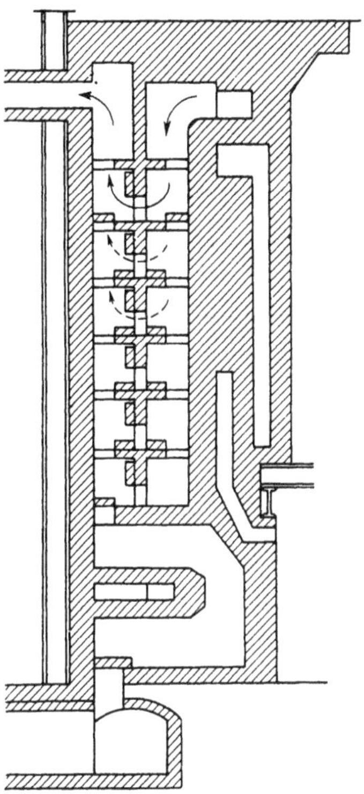
Abb. 37. Abhitzeabzweigung (DOG).

Ein Hauptunterschied der beiden Verfahren, der wahlweisen Mengenabzweigung und der wahlweisen Umlenkung in der Rekuperation liegt in der Belastung des Abhitzekessels. Das letztere Verfahren schickt immer die gleiche Rauchgasmenge mit gegebenenfalls verschiedener Eintrittstemperatur durch den Kessel, das erstere schickt bei praktisch gleicher Eintrittstemperatur von Fall zu Fall wechselnde Rauchgasmengen hindurch. Ein Betrieb, der mit Vollausnützung der ganzen Rauchgaswärme rechnen will, muß in beiden Fällen die gleiche Kesselheizfläche bereitstellen, die dann bei geringerer Beschickung durch unternormales Temperaturgefälle im einen, durch unternormale Strömungsgeschwindigkeit im anderen Falle, nicht voll ausgenützt wird. Ist grundsätzlich nur die Verwertung der Überschußwärme beabsichtigt, so wird der Abhitzekessel für die heiß abgezweigte kleinere Rauchgasmenge im allgemeinen eine geringere Bemessung zulassen.

Die Strahlungsverluste des Vertikalofens. Bei den ersten Vertikalretortenöfen war, zumal sie als alleinstehende Versuchsöfen gebaut waren, die Unterfeuerung unbefriedigend hoch infolge großer Strahlungsverluste, und es wurde fortlaufend mit der Vergrößerung und wärmewirtschaftlichen Überwachung und Durchbildung der Vertikalöfen auf Verbesserung der Isolierung großer Wert gelegt, besonders in neuerer Zeit. Es ist daraus aber nicht zu schließen, daß der Vertikalofen hinsichtlich der abstrahlenden Oberfläche eine besonders ungünstige Bauart darstellt. Vielmehr bietet er infolge des verhältnismäßig geringeren Anteils an nicht schützbaren Armaturen und bei der gutschützbaren Kammervorderwand und Rekuperation gute Voraussetzungen für Einbau oder zusätzliche Anbringung von Isolierungen.

Eine interessante Gegenüberstellung über die strahlenden Flächen verschiedener Ofentypen gibt Dubois[1]), woraus folgende Zahlen für die in der Reihe eines Blocks stehenden Öfen (Mittelöfen) hier kurz zusammengestellt sind.

Zahlentafel 2.

Ofenart	t/Einheit	Ausstehzeit h	t/Tag u. Ofen	Strahlungsoberfläche in m²/t/Tag	Anteil der Armaturen in % dieser Fläche
Durchgehende 9er Horizontal-Retorte 3,5 m lang	0,395	9	9,4	8,3	11,4
desgl. 4,5 m lang	0,540	9	13,0	6,3	10,9
4er Horizontal-Kleinkammern 4 m lang . .	1,350	10	13,0	5,6	14,4
5er Vertikalkammern . .	1,60	12	16,0	7,7	6,3
6er » . .	3,0	12	36,0	4,8	7,1
6er » . .	6,0	24	36,0	6,0	7,8
Horizontal-Koksofen			t/Tag u. Kammer		
350 mm breit	8,14	12	16,3	2,4	—
450 » »	20,50	20	24,9	2,0	—

Diese Zahlen zeigen, daß unter den üblichen Gaswerksöfen der Vertikalofen keine ungünstigeren, in großen Einheiten offenbar bessere Voraussetzungen hinsichtlich der Gesamtabstrahlungsfläche bietet, besonders aber ist der erwähnte geringere Anteil der Armaturen ersichtlich. Für die Horizontalkoksöfen der Kokereien und Großgaswerke ist der Vergleich der Gesamtfläche je t Durchsatz viel günstiger, doch muß bei diesen wegen der großen Kammertüren mit einem Armaturenanteil von etwa 30—40% der Gesamtfläche gerechnet werden.

Nächst der Größe der abstrahlenden Oberfläche ist deren Temperatur für die Höhe der gesamten Abstrahlung entscheidend. Diese

[1]) Gas- und Wasserfach **77** (1934) S. 556.

Oberflächentemperatur hängt einerseits von der Arbeitstemperatur des Ofens ab, wird also bei 12stündigen Öfen höher sein als bei 24stündigen, anderseits von dem Grade der schon vorhandenen Isolierung und dem Material der Oberfläche (Eisen oder Mauerwerk).

Als wertvolle Ergänzung zu Vorstehendem sind aus Versuchen der Technischen Hochschule Zürich an verschiedenen Ofenanlagen[1]) die folgenden Angaben über die Gesamtstrahlungsverluste dieser Anlagen zu entnehmen:

Zahlentafel 3.

Ofenbauart	t/Kammer	Ausstehzeit h	Oberflächentemperatur Mauerwerk	Oberflächentemperatur Eisenteile	Strahlungsverluste % der Gesamtwärme
Horizontal-Kleinkammerofen . .	0,95	12	50—110°	100—210°	12,4
Vertikalkammerofen . .	2,22	12	80—140°	125—250°	12,9
Horizontalkammer- und Koksofen	8,0	16	80—150°	125—250°	22,4
desgl.	8,85	19	40— 75°	120—190°	10,3

In den a. a. O. gegebenen Kurvenbildern ist auch der Einfluß der Ofenbelastung auf den Strahlungsverlust sehr umfassend dargestellt. Vorstehende für Vollbelastung ermittelte Werte des Strahlungsverlustes steigen bei Unterbelastung des Ofens erheblich an. Vor allem bei nicht ausreichendem Wärmeschutz der schützbaren Flächen sind in solchen Fällen wesentlich höhere Strahlungszahlen möglich. Als Beispiel eines höheren Strahlungsverlustes ist die Untersuchung von Terres in Braunschweig[2]) anzuführen, der am 3-t-Kammerofen 25—28% feststellte. Nach den in Zahlentafel 2 angegebenen Oberflächenverhältnissen muß hierzu angenommen werden, daß diese Unterschiede in zu geringem Isolierungseinbau begründet sind. — Aufschluß über die prozentuale Verteilung des Strahlungswärmeverlustes auf die Teile des Vertikalofenblocks gaben eingehende Untersuchungen an Vertikalöfen in Braunschweig[2]), in Berlin-Mariendorf[3]) und Duisburg[4]), die trotz verschiedener Betriebsart der Anlagen eine ähnliche Größenordnung zeigen. Untersucht wurden in Mariendorf Vertikalöfen mit Einzelgeneratoren, Plattenrekuperation und Rauchgasabzweigung für Abhitzeverwertung, in Braunschweig Einzelgenerator-Kammeröfen, in Duisburg Kammeröfen mit Schwachgasbeheizung und Röhrenrekuperation

[1]) Eidgen. Mat.-Pr.-Anst. T. Hochsch. 1935, Mon.-Ber. 96.

[2]) Brennst.-Chem. **13** (1932) S. 221.

[3]) Körting A., Untersuchung üb. d. wirtsch. Streckung des Leuchtgases dch. Wassergas. Berlin Te H. Diss. 1930.

[4]) Wehrmann F., Gas- und Wasserfach **75** (1932) S. 607.

mit niedriger Rauchgas-Abgangstemperatur. Der Anteil der festgestellten Strahlungsverluste betrug:

	in Mariendorf	Duisburg	Braunschweig
für den Oberflur	25,7 %	21,3 %	32,6 %
» die Kammerseite	21,1 »	25,7 »	26,0 »
» » Rekuperationsseite . . .	20,0 »	17,8 »	21,6 »
» » unteren Verschlüsse . . .	23,6 »	19,2 »	19,8 »
» 2 Seitenwände	9,6 »	16,0 »	—

Im Falle Duisburg[1]) wurde durch zusätzliche Sterchamolisolierung des Hauptteils der Kammerseite in 125 mm Stärke etwa $^2/_3$ des dort vorher gemessenen Strahlungsverlustes eingespart (wobei die Messungen mit dem Lamort-Wärmeflußmesser ausgeführt wurden, ebenso wie in Braunschweig), und errechnet, daß der Aufwand für diese Isolierung durch weniger erforderliche Wärmezufuhr in etwa 5 Monaten getilgt wurde.

Die Sorgfalt, die in neuerer Zeit bei allen Ofenbauten auf die Durchbildung oder Verbesserung des Strahlungsschutzes verwandt wird, findet in diesen Zahlen ihre volle Berechtigung. Die erwähnte zusätzliche, nicht in der Ofenhülse mit eingebaute, sondern nachträglich aufgebrachte

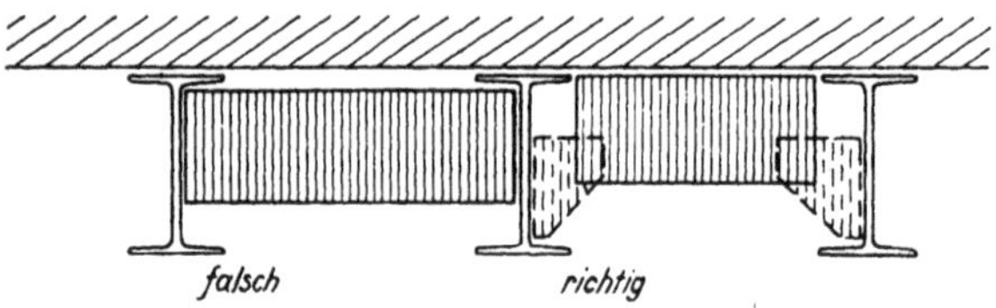

Abb. 38. Zusatzisolierung.

Sterchamolisolierung ist leicht zwischen der äußeren Ofenverankerung anzubringen. Es muß aber dabei vermieden werden, die Anker selbst mit in die Isolierung einzubauen, weil dann der innere Flansch des Trägers unverhältnismäßig stärker erwärmt wird als der äußere und der Träger sich dadurch vom Ofen abbiegen muß. Die Isolierung muß möglichst am Ofenmauerwerk anliegen und zur Festlegung genügen alle 5 bis 10 Lagen eingebaute Stützsteine. Die Abb. 38 zeigt den falschen und richtigen Einbau einer Zusatzisolierung.

Der Wärmefluß im Vertikalofen. Wärmebilanzen von Vertikalöfen sind wiederholt aufgestellt worden, sind aber untereinander schwer oder nicht ohne weiteres zu vergleichen, da sie meist von verschiedenen Gesichtspunkten aus aufgestellt sind, wie aus folgenden 3 Beispielen von Wärmestrombildern zu ersehen ist:

a) Abb. 39, Terres[2]). Rekuperativer Einzelgenerator-Vertikalkammerofen mit 2-t-Kammern;

[1]) Gas- und Wasserfach **75** (1932) S. 607.
[2]) Brennst.-Chem. **13** (1932) S. 221.

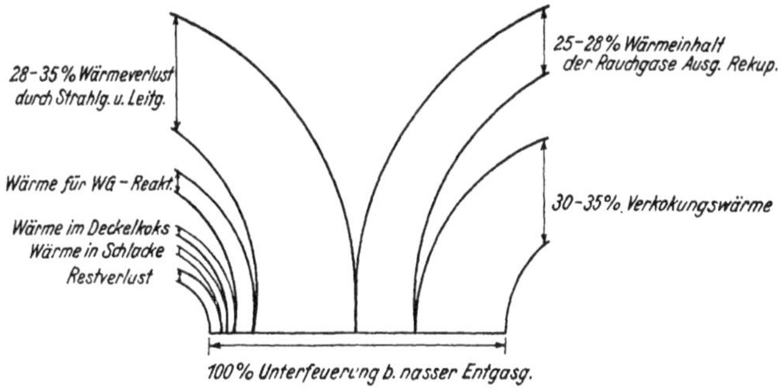

Abb. 39. Wärmestrombild (Terres).

b) Abb. 40, Schläpfer[1]). Ebensolcher Ofen mit 2,2-t-Kammern;
c) Abb. 41, Schläpfer, weiterer Versuch, wie zu b).

Als Ausgangspunkt wird entweder der Wärmeinhalt des Unterfeuerungskokses (a) oder die gesamte, der Anlage zugeführte Wärme einschließlich Dampf (b, c) genommen.

Diese zugeführte Wärme wird mehr oder weniger weit unterteilt zergliedert. Je weitgehender diese Aufteilung durchgeführt ist, desto

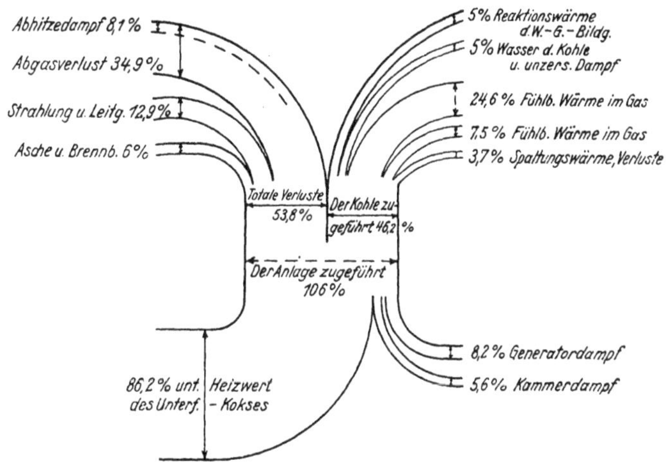

Abb. 40. Wärmestrombild (Schläpfer).

umfangreicher sind die dafür notwendigen Voraussetzungen in der Versuchsanordnung und in vielen Fällen erlauben die Betriebsverhältnisse gar nicht die erforderliche Genauigkeit der Feststellungen. Einheitlich erfaßt sind im allgemeinen die Rauchgasverluste nebst etwaigem Ab-

[1]) Eidg. Mat.-Pr.-Anst. T. Hochsch. Zürich 1935, Mon.-Ber. 96.

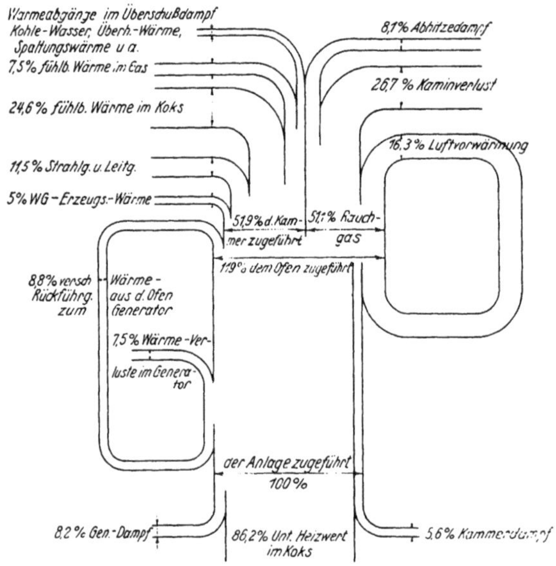

Abb. 41. Wärmestrombild (Schläpfer).

hitze-Dampfgewinn, die Wärme in der Schlacke usw., der Wärmeverbrauch der Wassergaserzeugung in der Kammer und der Verlust durch Strahlung und Leitung. Letzterer Betrag beruht entweder auf Messung (a) oder ist als Restverlust erfaßt.

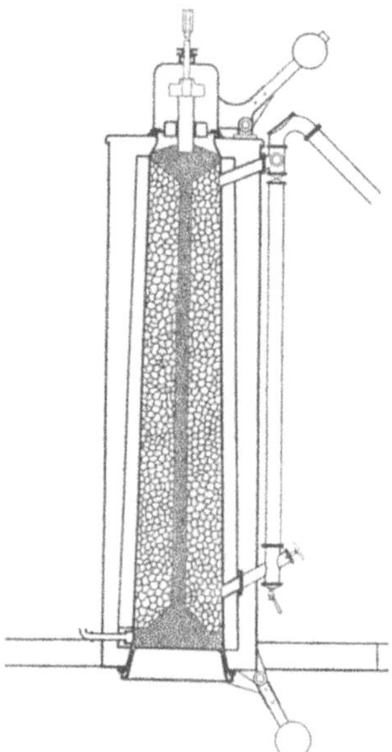

Abb. 42. Schematische Darstellung des elektrischen Verkokungsofens System BBC.

Während Terres die von der Kohle aufgenommene Wärme als Verkokungswärme zusammenfaßt, unterteilt Schläpfer diese als Wärme im Koks, im Gas und als Spaltungswärme.

Die Darstellungen b) und c) unterscheiden sich ferner dadurch, daß b) nur die Verteilung der Wärmemengen angibt, c) aber auch die Wärmerückführungen innerhalb des Ofens erfaßt.

Der elektrisch beheizte Vertikalofen. Eine Ausführungsform, die zwar für Deutschland kaum in Frage kommen wird, aber für Länder mit Überschuß an billigem Strom Bedeutung haben kann, ist die elektrisch beheizte Vertikalkammer.

Eine von Brown-Boveri & Cie. ausgebildete Bauart wird von Schläpfer beschrieben[1]) (Abb. 42). Mangels Verwendungsmöglichkeit ist dieser Ofen nicht mehr weiter ausgebildet worden. Das Grundsätzliche dieser Arbeitsweise ist, daß der Strom von einer in Kammermitte senkrecht durchführenden, den Strom leitenden Perlkoksfüllung die Wärme radial nach außen treibt. Da der gebildete Koks den Strom gut weiterleitet, kann mit zunehmender Stärke dieser leitenden Kokssäule und gleichzeitig an an Oberfläche zunehmender, nach außen wandernder Reaktionsfläche (Teernaht) die Stromstärke und damit wieder die Entgasungsgeschwindigkeit zusätzlich verstärkt werden. Die Entgasungsprodukte entweichen zum großen Teil durch die weniger heiße Außenschicht, nur bei sehr beschleunigter Entgasung tritt Wärmespaltung in größerem Umfange ein. Die anfallenden Stoffe nehmen daher eine Mittelstellung zwischen solchen aus der Hoch- und Tieftemperaturverkokung ein.

Über Betriebsergebnisse mit elektrischer Verkokung in einem von der Edison-Comp. in Detroit USA. erstellten Ofen berichtet Walker[2]). Die unterbrochen betriebene senkrechte Kammer von 12 m Höhe und 1,80 m innerem Durchmesser hatte 30 t Ladung, als »Zünder« eine Koksgrussäule in der Mitte. Der zugeführte Strom wurde durch Transformator auf 600 V umgeformt. Die Verkokungsgeschwindigkeit betrug 4 Zoll/h (= etwa 10 cm/h). Eine Kohle mit 36% flüchtigen Bestandteilen ergab aus 1 t Rohkohle 309 m³ Gas von 4717 WE, 112 kg Teer, der Stromverbrauch betrug 392 kWh/t Kohle oder 1,27 kWh/m³ Gas. Die Wirtschaftlichkeit ist ausgesprochen örtlich zu beurteilen (Strompreis, Absatzmöglichkeit für den Teer u. a.).

γ) Ofenzubehör.

Die Kammerverschlüsse, Gasabgänge und Teervorlagen. Bei kleineren und mittleren Einheiten der Vertikalöfen sind die von den Horizontalretortenöfen bekannten Verschlußdeckel mit Exzenterhebel (Morton-Verschluß) noch allgemein üblich und auch bei großen Kammern noch viel gebraucht. Daneben führt sich für große Kammern in neuerer Zeit der bei den Kokereiöfen gebrauchte Füllochrahmen mit eingelegtem Runddeckel sehr ein, der sich dadurch auszeichnet, daß er keinerlei bewegliche, dem Verschleiß ausgesetzte Teile hat (Abb. 43). Der Deckel ist in dem Rahmen mit kalottenförmig oder auch ballig gedrehten Dichtflächen eingepaßt, so daß er, zumal durch sein schweres Gewicht, zuverlässig abdichtet, allerdings nur bei guter Pflege und Reinhaltung der Dichtflächen. Die Deckel werden auch mit Isolierstoffüllung (Dr. Otto) oder Luftzwischenraum (Didier) ausgeführt,

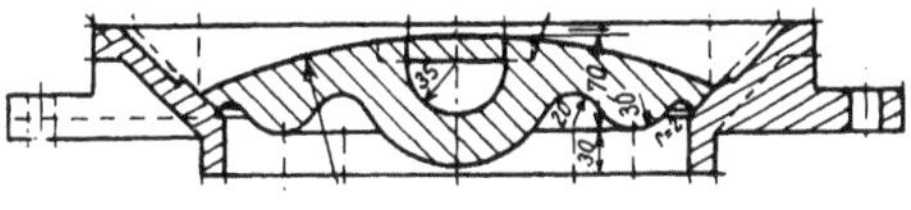

Abb. 43. Runddeckel.

[1]) Eidg. Mat.-Pr.-Anst. T. Hochsch. Zürich 1935, Mon.-Ber. 96.
[2]) Brennst.-Chem. **14** (1933) S. 13 Ref.

mit kugeliger oder ebener Oberfläche. Klönne ordnet die Deckel versenkt an und überdeckt sie mit einer den Ofenflur ausgleichenden ebenen Platte. Das Öffnen und Schließen des Runddeckels erfolgt zweckmäßig mit einem kleinen Hebelarmwagen.

Das Gasabgangsrohr wird an der Vertikalkammer seitwärts schrägab oder schrägaufwärts durch die Ofendecke geführt. Das schrägaufführende Rohr wird auch ausgemauert (Dr. Otto) zum Schutz vor der Ausstrahlung aus der Kammer. Ein nicht zu kurzes, schrägabführendes Abgangsrohr gestattet eine starke, gegen den Gasstrom gerichtete und dadurch sehr wirksame Streudüsenberieselung, während diese in kurzem Knierohr nur kurz mit dem Gasstrom gehen kann.

Als Teervorlage ist im Gaswerksbetrieb zumeist die nasse Vorlage in Gebrauch, und zwar grundsätzlich in 2 Formen. a) Die wassergefüllte Vorlage mit feststehenden Tauchwänden und Vorrichtung zum Auffüllen und wieder Halbentleeren versehen, ist leicht zugänglich und leicht zu reinigen, außerdem gut zu überwachen. b) Die Vorlage mit beweglicher, tassenförmig ausgebildeter Tauchklappe (Abb. 44), deren Tasse sich über den von oben in die Vorlage eintretenden Gasabgangsstutzen stülpt und durch das Berieselungswasser sofort aufgefüllt und gasgedichtet ist, läßt sich sehr schnell ein- und ausschalten und ist in geschlossener Stellung immer bewässert. Sie ist allerdings der Verschmutzung durch Teer und mitgerissenen Kohlenstaub stärker ausgesetzt und erfordert gute Überwachung.

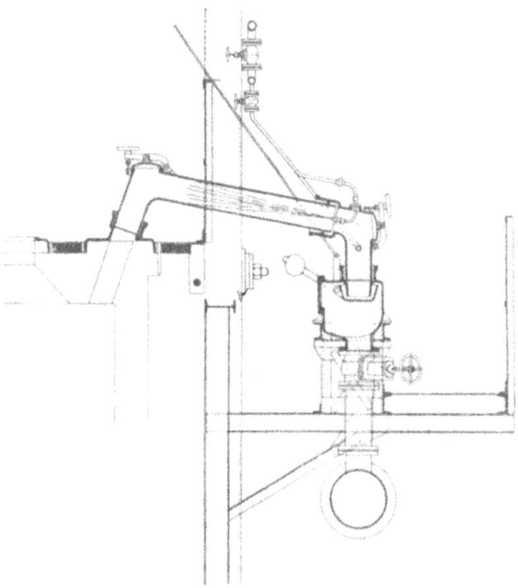

Abb. 44. Teervorlage mit Tauchkappe.

Die Sammelvorlage je Ofen, die zunächst allgemein üblich war, war zugunsten der Einzelvorlage je Kammer verlassen worden, weil bei Auffüllen der Sammelvorlage auch die nicht zu entleerenden Kammern des Ofens unter Druck kamen. Bei Verwendung des Tauchklappenabschlusses kommt dies nicht in Frage und hierfür hat infolgedessen auch die baulich einfachere Sammelvorlage noch ihre Berechtigung und wird neuerdings wieder angewandt. Es ist bei diesem Abschluß auch möglich, die Vorlage nur als kleinen Kasten mit Putzdeckel und unterem Abfluß auszubilden und die darunter angeordnete Rohgasleitung zugleich als Teerleitung zu verwenden (Abb. 44).

Als unterer Kammerdeckel sind nasse und trockene Verschlüsse im Gebrauch. Der nasse Verschluß hat, obwohl er betriebsmäßig einige Überwachung und Pflege erfordert, wohl deshalb schon bei den ältesten Vertikalkammern Interesse gefunden, z. B. bei Bolz[1]), Collin u. a., weil die Herstellung der immer größer werdenden Grundrahmen und Deckel mit gasdichter Dichtfläche technisch schwierig war. Aus diesem Grunde wird der nasse untere Verschluß auch jetzt noch empfohlen (Klönne, DOG, Dr. Otto), doch ist der mit Exzenterbügeln angepreßte trockene Deckel überwiegend in Gebrauch. Um ihn leichter und anpassungsfähiger zu gestalten, wird er auch in Schmiedeeisen ausgeführt und nur mit gußeiserner Schutzhaube versehen. Für die schweren unteren Deckel sind mechanische Bewegungseinrichtungen notwendig; das Öffnen und Schließen erfolgt entweder hydraulisch (Plunger, Treibstock, Zahnrad auf Welle), wobei das Öffnen ebenso langsam wie das Schließen erfolgt, oder mit Elektromotor mit Kettenübertragung, wobei das Gewicht des Deckels durch ein Gegengewicht ausgeglichen werden muß, um ein zu schroffes Auffallen zu verhüten. Für kleinere Anlagen, sowie auch als Reserve für maschinellen Antrieb, wird der Handantrieb mit Kurbel verwandt, der mit Zahnradübersetzung auf einen Treibstock oder einen Kettentrieb arbeitet. Der Antrieb ist je Ofen oder auch Ofengruppe zusammengefaßt und es wird jeweils die zu bedienende Welle eingeklinkt.

Der untere Gasabgang. Bei der früher üblichen Entgasung von Förder- oder Gasstückkohle fand das entweichende Gas in der Kammer genug Durchgang nach oben. Seit aber die Verwendung von gemahlener und Feinkohle in Gebrauch kam, und zudem die Kammerhöhe zunahm, stellte sich unmittelbar nach dem Laden bis zum Beginn des ersten Schwindens — je nach Kammergröße, Kohlesorte und Temperaturen verschieden, für die Dauer von 1 bis 5 h, — ein zunächst bis über 100—150 mm WS betragender, allmählich absinkender Druck im Kammerunterteil ein, der bei Vorhandensein irgendwelcher Undichtheiten am unteren Deckel nach außen oder durch Kammerfugen nach den Heizkanälen abblies. Deshalb sind (etwa seit 1925) erfolgreiche Versuche mit einem zusätzlichen unteren Gasabgang gemacht worden[2]) und dieser wird heute, wenigstens bei Kammern von über 5 m Höhe, und besonders bei Verwendung feingemahlener oder sehr nasser Kohle von den meisten Ofenbaufirmen empfohlen. Die untere Absaugung läßt sich zwar auch in vorhandene Kammern behelfsmäßig einbauen, vorteilhafter sind aber die Sonderanordnungen, die z. B. die Absaugung

[1]) Gas- und Wasserfach **53** (1910) S. 837.
[2]) Beuthner K., Gas- und Wasserfach **70** (1927) S. 1238.

in den Grundrahmen beiderseits längs der Kammer verlegen; auch Ausführung mit in die Deckelhaube verlegtem Sammelkanal wird angeboten[1]). Der untere Gasabgang führt entweder durch eine besondere Teervorlage in ein zum oberen Gasabgang leitendes Rohr (Abb. 45) oder in eine besondere Gassammelleitung. Die Vereinigung beider Gasabgänge am oberen Gasabgang ist die richtigere Form, weil nur so der angestrebte Druckausgleich in der Kammer ganz erreicht wird und das Gas überall den Weg des geringsten Widerstandes nehmen kann. An Stelle einer unteren Teervorlage genügt auch ein einfacher Anschluß an eine untere Teersammelleitung. Der untere Gasabgang wird dicht am Ofen mit einem durch Handhebel zu bedienenden Schnellschlußschieber versehen, um ihn nach einer erfahrungsmäßig für den betr. Betrieb ermittelten Zeit abzusperren. Die gesonderte untere Absaugung hat nicht nur dadurch Wert, daß sie sonst verlorengehendes Gas gewinnt, sondern auch dadurch, daß sie dieses, an sich sehr hochwertige Anfangsgas abfängt, ohne daß es auf dem langen Weg an der heißen Kammerwand zersetzt wird. Das so abgezweigte hochwertige Gas erlaubt einen relativ höheren Wassergaszusatz und führt daher zu höherer Mischgasausbeute, als wenn sein Heizwert auf dem Wege durch die Kammer verarmt wäre. Dies ist von merklichem Einfluß, da unter Umständen in den ersten 1—2 h etwa die Hälfte des erzeugten Gases durch den unteren Abgang entweicht. Es kann darauf hingewiesen werden, daß dieses Gas je nach der Kohlenbeschaffenheit bis zu 6—7000 kcal hat und bei geeignetem Absatz nach besonderer Reinigung (z. B. elektrisch) sich als Flaschengas vornehmlich eignen kann. Die vom unteren Abgang aufsteigende Gasleitung kann berieselt werden[2]), doch hat sich praktisch erwiesen, daß auch ohne Berieselung eine Versetzung dieser Leitung nicht eintritt, da bei den in Frage kommenden Temperaturen kein Dickteer gebildet wird.

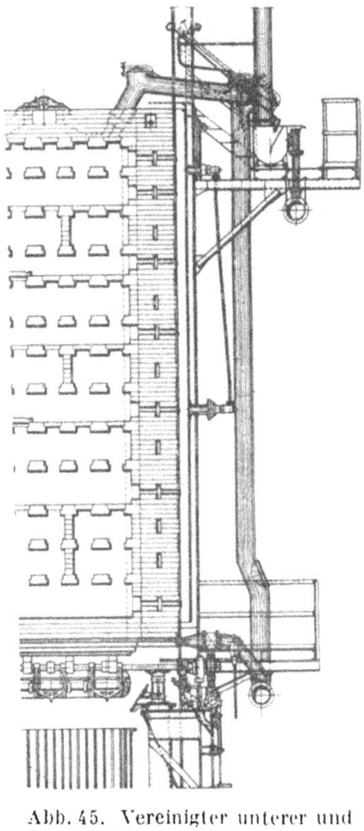

Abb. 45. Vereinigter unterer und oberer Gasabgang.

Eine weniger glückliche Lösung für die untere Absaugung war die vordem mehrfach in verschiedener Weise ausgeführte Einordnung eines aus Röhrensteinen in der vorderen Kammerschmalseite gebildeten Ab-

[1]) Klönne, DRP 511316.

[2]) Bruthner K., Gas- und Wasserfach **70** (1927) S. 1238.

gangskanals von unten zum oberen Gasabgang, der durch einen Steinschieber abgeschlossen werden konnte. Dieser Abgang führte zwar einen Drucküberschuß aus dem Kammerfuß ab, verhinderte aber nicht die thermische Zersetzung dieses Gases, da der Rohrkanal etwa auf Kammertemperatur hochgeheizt war. Diese Ausführung ist daher neben der Hochführung außerhalb des Ofens zurückgetreten.

Die Dampfzuführung. Zur Kammerausrüstung gehört ferner die Dampfzuführung. Auf den Wert und die Art der Dampfumsetzung wird nachfolgend noch zurückgekommen. Für den Wirkungsgrad der Dampfumsetzung ist aber die Art der Dampfeinführung in die Kammer und die Dampfverteilung auf den Kokskuchen von großer Wichtigkeit. Bei den Vertikalretorten genügte es, daß je Retorte von vorn ein Dampfzuführungsrohr durch den Grundrahmen eingeführt wurde. Bei Kammern von 2 m Tiefe wurden dann 2, bei tieferen Kammern 3, auf die Seiten und die Länge des Grundrahmens verteilt eingebaut, die sich leicht von außen durchstoßen und mit nachprüfbaren Blenden regeln lassen. Eine noch günstigere Dampfverteilung hat sich im Zusammenhang mit dem Einbau des unteren Gasabganges ausgebildet, zwei beiderseits in den Grundrahmen eingegossene Dampfkanäle mit mehreren Öffnungen an der Kammerlängswand. Die Verteilung ist dadurch besser, allerdings sind diese mit kalibrierten Düsen zu versehenden Öffnungen nicht so leicht freizuhalten und im Betrieb nicht prüfbar. Es wird empfohlen[1]), zu ihrer Reinhaltung vom Beginn der Entgasung eine geringe Menge Spüldampf durchzuschicken; es scheint jedoch fraglich, ob der bei einer wirklich geringen Spüldampfmenge sich ergebende schwache Druck eine beginnende Versetzung verhüten kann, und eine größere Menge Spüldampf ist zu Beginn nicht ratsam (vgl. später). Immerhin dürfte auch bei Versagen einzelner Öffnungen eine weitgehende Dampfverteilung erreicht werden.

Auch eine Dampfzuführung von oben her ist im Zusammenhang mit dem unteren Gasabgang ausgeführt worden (Klönne u. a.), um zur besseren Wärmeausnützung (vgl. später) wechselnd auch abwärts zu dampfen; ferner wird neuerdings für hohe Kammern eine Dampfzuführung in halber Höhe oder in verschiedenen Höhen vorgeschlagen (Dr. Otto), um eine stärkere örtliche Abkühlung des Kammerfußes bei reichlichem Dampfzusatz zu verhüten.

Die Dampfüberhitzung. Da die Dampfumsetzung in der Kammer um so besser ist, je heißer der Dampf zum Kokskuchen tritt, ist eine Dampfüberhitzung möglichst dicht am Ofen erwünscht (vgl. später unter »Naßbetrieb«). Durch die neuen hochtemperaturbeständigen Sonderstähle Sichromal und Nichrotherm, die in bis 1200° beständigen Legierungen geliefert werden, ist dies technisch erleichtert. Der Einbau

[1]) Baum K., Gas- und Wasserfach **76** (1933) S. 397.

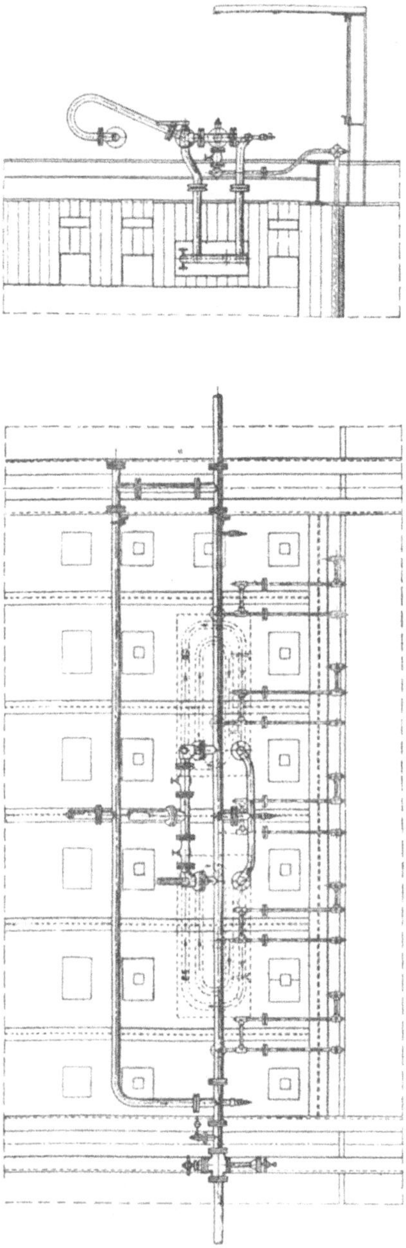

Abb. 46. Dampfüberhitzung für den Naßbetrieb (Didier).

der Überhitzerschlangen im Fuchs oder in der Rekuperation bedingt unerwünscht langen Leitungsweg für den überhitzten Dampf und damit verhältnismäßig hohen Isolierungsaufwand, wenn der Erfolg der Überhitzung nicht wieder verlorengehen soll. — Eine räumlich sehr günstige Anordnung ist der Einbau in der Ofenvorderwand (Didier)[1]) (Abb. 46), weil der überhitzte Dampf so den kürzesten Weg zur Verbrauchsstelle und damit geringste Wiederabkühlung hat. Ebenfalls günstig liegt die Anordnung der Überhitzerleitungen im unbeheizten Teil zwischen den Kammerköpfen (Dr. Otto). Der Einbau in Heizkanälen ermöglicht wohl eine höhere Überhitzung, doch entstehen dann praktische Schwierigkeiten, weil die Sonderstähle zwar zunderfrei bleiben, aber bereits unter ihrer Grenztemperatur nicht mehr genügend standfest bleiben und zudem bei hoher Überhitzung auch die Ableitung für den überhitzten Dampf in teurem Sonderstahl verlegt sein muß. Die obenerwähnte Dampfeinführung in halber Höhe der Kammer wird verbunden mit einer Hochüberhitzung durch in die Rekuperation mit eingebaute, in der Kammerwand endende, gemauerte Dampfkanäle, denen der Dampf vorerhitzt zugeführt wird (Dr. Otto). Im übrigen ist die Höhe der Überhitzung weitgehend abhängig von der Größe der unterzubringenden Heizfläche. Die Deckelhaube des unteren Deckels ist auch als Überhitzer vorgeschlagen worden, kommt jedoch wegen

[1]) Deliwa-Ztg. **29** (1935) S. 23.

ihrer bei ordnungsgemäßem Betrieb zu niedrigen Temperaturlage dafür nicht in Frage. Wichtig ist ferner, daß der Dampf vorerhitzt oder mindestens gut entwässert zu den Überhitzerschlangen gelangt, damit nicht die relativ hohe, für Wiederverdampfung nötige Wärme für die Überhitzung verlorengeht.

Kohle- und Kokstransporteinrichtungen. Wenn auch an die Kohlenförderung für den Vertikalofen bei seiner Bauhöhe besondere Anforderungen gestellt wurden, so soll doch diese rein fördertechnische Frage hier nur kurz berührt werden. Die Förderung erfolgt im allgemeinen durch Becherwerke, senkrechte oder schräge Kübelaufzüge oder dgl. möglichst unmittelbar in die über den Kammern verteilten Bunker oder einen Sammelbunker an möglichst zentraler Stelle. Die Ladung der Kammern geschieht durch einen Kohlenfüllwagen, der bei kleineren Leistungen als Hängebahnwagen, bei größeren Kammern (von etwa 2—2,5 t an) auf Schienen auf dem Ofenflur mit Handkurbel oder mit elektrischem Antrieb verfahrbar ist. Wiegeeinrichtung im Wagen oder in der Fahrbahn ist unbedingt zu fordern, um Leistung und Ausbeuten zuverlässig überwachen zu können.

Ausreichende Kammerfüllung ist gerade beim Vertikalofen und vor allem bei Verwendung gemahlener, daher lose liegender und stark schwindender Kohle von besonderer Wichtigkeit. Bei Kammern bis zu mittlerer Größe mit nur einem Gasabgang pflegt der Kammerhals in der Form des Kohleschüttwinkels gemauert zu sein, so daß die Kammer bei Füllung bis zum Füllhals zwangläufig vollgefüllt ist. Bei Kammern mit mehreren Füllöffnungen (2 bis 3) und zugehörigem Füllwagen mit mehreren Ausläufen besteht die Gefahr einer ungleichen und deshalb unzureichenden Füllung. Auch bei geteiltem Bunker des Füllwagens ist es möglich, daß die Kohle sich in einem Auslauf versetzt, daher der andere Auslauf sich zu schnell ganz entleert und zum Schluß keine Auffüllkohle mehr enthält. Deshalb sind bei im Bunker mauernder Kohle Rühreinrichtungen zu empfehlen, die mit dem Auslaufschieber betätigt werden (Didier). Eine günstige Lösung bringt auch Klönne mit einem Füllwagen für 3 Ausläufe (Abb. 47), bei dem zunächst durch

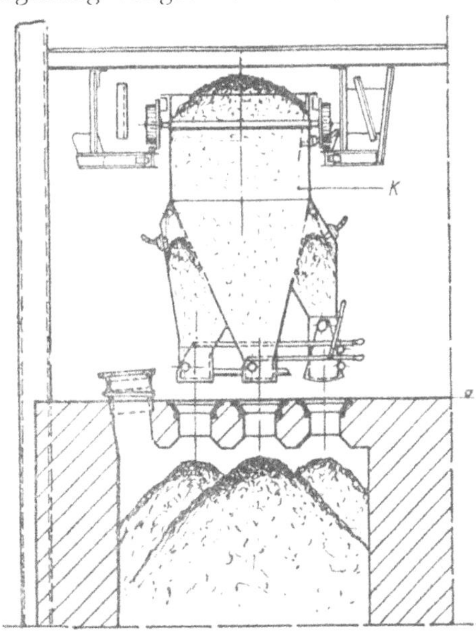

Abb. 47. Füllwagen (Klönne).

den mittleren Auslauf aus dem Hauptbunker des Wagens die ganze Kammer gefüllt und dann nur noch die beiden äußeren Mundstücke aus 2 Seitentaschen des Füllwagens aufgefüllt werden.

Auf jeden Fall müssen alle Mundstücke bis dicht an den Füllhals gefüllt werden, so daß eben noch ein Gasdurchgang unter den zwischenliegenden Brücken möglich ist. Dadurch bleibt nach dem Schwinden der Kohle der für Gaszersetzung gefährliche Raum möglichst klein. — Bei 3 Kammerfüllöffnungen kann auch der Füllwagen so eingerichtet werden, daß nur durch die beiden äußeren gefüllt wird, während durch die mittlere mittels eines im Füllwagen eingebauten Blechkamins die Füllgase über Kopf des Stochers abgeführt werden.

Die in Kokereien häufiger anzutreffende Füllgasableitung zum Kamin hat sich in Gaswerken nur vereinzelt eingeführt.

Auf die Gleichmäßigkeit der vor dem Kohlefüllen aufzugebenden Deckelladung aus Grus bzw. Perlkoks ist besonderer Wert zu legen. Bei langen Kammern sind hierzu unter Umständen besondere Verteilungseinrichtungen am Füllwagen oder im Kammerkopf vorgesehen.

Für den Koksabtransport war bei den Vertikalöfen die sog. Brouwer-Rinne sehr verbreitet und als einfaches, zuverlässiges Fördermittel beliebt. Sie bestand aus einer unter Kammermitte entlang führenden, mit Mitnehmerkratzern versehenen endlosen Kette, die in einem mit gußeisernen Platten ausgekleideten und mit gußeisernen Führungsschienen versehenen Rinnentrog zu einem Endbunker lief und mittels Kettenradumlenkung unter dem Rinnentrog entlang zurückgeführt wurde. Beim Pintsch-Bolz-Ofen lief die Brouwer-Rinne auf Blockmitte oder seitlich längs des Blocks in Höhe Generatorflur. — Während der Fortführung in der Rinne wurde der Koks durch Brausen gelöscht und aus dem Endbunker der gelöschte Koks je nach örtlicher Lage mit Kübelschrägaufzug oder dgl. weitergefördert. — Diese für Vertikalretorten ideale Lösung verlor ihre Bedeutung einerseits durch die höheren Anforderungen an die Koksqualität, für die diese nicht nur fördernde, sondern zugleich mahlende Einrichtung unvorteilhaft war, anderseits durch das Zunehmen der Kammerladungen, für deren Bewegung Rinne und Kette unverhältnismäßig schwer hätten ausgeführt werden müssen.

Für Vertikalkammern ist deshalb jetzt allgemein der Kokskübelwagen üblich; er arbeitet entweder als Seitenentleerungswagen, der von einer Rampe außerhalb des Ofenhauses entleert werden kann. Häufiger noch wird ein auf Untergestell stehender Klappkübel benützt, der nach Ablöschen vom Kran oder dgl. mittels Traverse aufgenommen und in den Bunker der Koksaufbereitung entleert wird. Wichtig ist, den Entleerungswagen so groß anzuordnen, als es die Raumverhältnisse eben gestatten. Denn je niedriger die in den Wagen entleerte Koksmenge geschichtet liegt (möglichst nicht über ½ m hoch), desto schneller und günstiger vollzieht sich die Löschung im Kokslöschturm und ergibt einen möglichst wasserarmen Koks.

Eine Sonderart des flachen Koksentleerungswagens ist der Tremus-Löschwagen (Klönne)[1]) (Abb. 48), ein einseitig schrägliegender Muldenwagen, der durch die parabolische Form der Löschmulde die lebendige Kraft des fallenden Kokskuchens abfangen und dadurch übermäßiges Zerschlagen des Kokses verhüten soll.

Einen ähnlichen Gedanken der schonenden Koksentleerung verfolgt die im Städt. Gaswerk Stettin ausgeführte (Didier), von den Kokereiöfen übernommene Schrägrampe, die diesem ganzen Ofenblock ein besonderes Gepräge gibt. Der Koks wird durch eine unter die Kammer

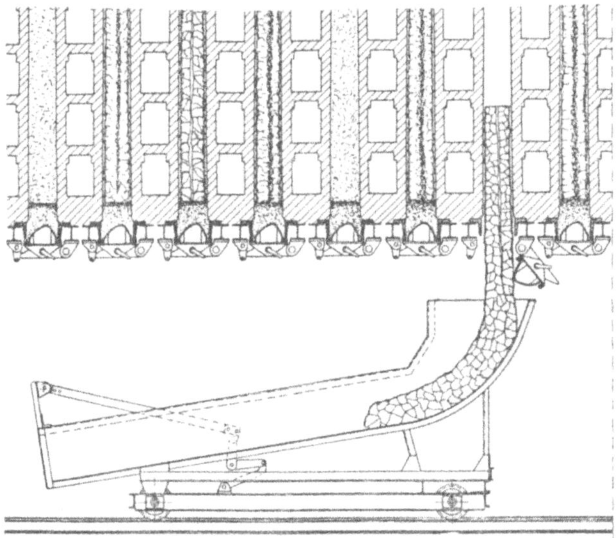

Abb. 48. Tremus-Muldenlöschwagen.

gefahrene Schrägrutsche nach der Rampe zu abgelenkt. Diese Anordnung hat den Vorteil, daß das Entleeren mehrerer Kammern sich ohne den Zeitverlust für Löschen und Abtransport des einzelnen Koksübels abspielen kann, erfordert aber einen gewissen baulichen Mehraufwand.

Zur Bewegung des Kokslöschwagens aus dem Ofenblock und Löschturm heraus dienen, je nach den Betriebsverhältnissen, verschiedene Einrichtungen. Besonders gebräuchlich ist ein unter Flur in einem Kanal verlegter, elektrisch angetriebener Seilspill, der den Unterwagen des Koksübels oder einen Stoßwagen führt. Die Schaltung des Spills wird zweckmäßig so eingerichtet, daß der Entleerungswagen mittels Druckknopfsteuerung von jedem Ofen aus angetrieben oder stillgesetzt

[1]) Klönne, DRP 491063.

werden kann. Ferner werden bei größeren Anlagen mit Benzol oder Druckluft betriebene Zugwagen gebraucht, sowie auch elektrische Lokomotiven. Die stromzuführenden Schleifleitungen sind allerdings in dem starker Wärmestrahlung ausgesetzten Raum unter den Kammern und aus Rücksicht auf den für Öffnen der unteren Deckel und die allgemeinen Bedienungsarbeiten benötigten Platz schwer unterzubringen, bzw. zu schützen, doch sind auch hierfür brauchbare Ausführungen ausgebildet worden, z. B. Anordnung der Stromschienen dicht über

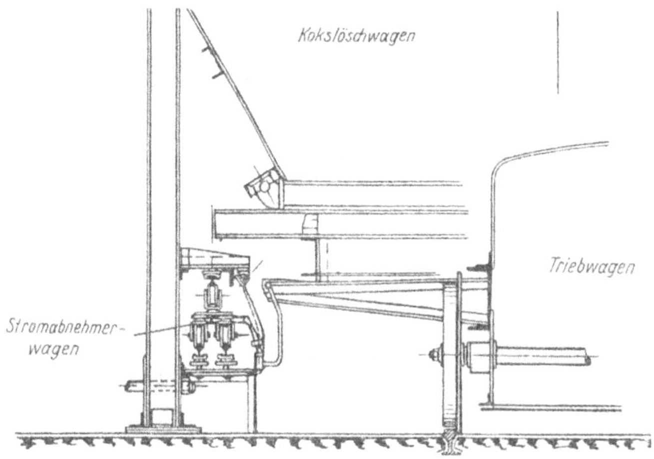

Abb. 49. Stromabnehmerwagen.

Flur in Dreieckanordnung (Abb. 49) mit dazwischen rollendem Stromabnehmerwagen (Klönne), wobei der Schutzkasten nur an der Abnehmerseite durch bewegliche Klappen zugänglich ist.

δ) *Der Naßbetrieb.*

Grundsätzliche Beurteilung und Wirtschaftlichkeit des Naßbetriebes. Vereinzelt findet man in der Fachliteratur die Angabe, daß der Naßbetrieb nur ein notwendiges Übel sei und sich nur eingeführt habe, weil es heiztechnisch nicht möglich sei oder gewesen sei, die Überhitzung des Kammerunterteils auf andere Weise in Grenzen zu halten, die eine Schädigung des feuerfesten Materials ausschalten. Diese Ansicht muß als abwegig und unzutreffend abgelehnt werden. Bei den, wie erwähnt, verhältnismäßig stark konischen Retorten war das Verhältnis der Kohlefüllung Unter- zu Oberteil so, daß die zugeführte Wärme unten gebraucht wurde, eher könnte man annehmen, daß die Dampfspülung des größeren Ladungsunterteils dessen Ausgarung vollenden half. Vor allem aber ist darauf hinzuweisen, daß die Tatsache der Mehrausbeute bei Dampfzusatz zu ausgegaster Kohle in senkrechten

Räumen von mehreren Vorläufern der technischen Gaserzeugung her bekannt war und daher die Anwendung dieses Verfahrens aus diesem Grunde verlockend sein mußte.

Da aber das Verfahren dem bisherigen Gebrauch widersprach und mit dem zur Zeit der Entwicklung des Vertikalofens noch geübten Bestreben, ein möglichst leuchtstarkes, heizwertreiches Gas zu erzeugen, nicht übereinstimmte, wurde der Naßbetrieb gleichsam im Sinne einer Wasserpantscherei von vielen Fachleuten entrüstet abgelehnt. Das war auch insofern begründet, als die durch die Einführung des Auerschen Gasglühlichts bedingte Umwertung der Begriffe, der Übergang vom leuchtstarken Gas auf das Gas mit hoher Flammentemperatur noch nicht Allgemeingut des Fachs geworden war. Außer diesen Gründen waren es aber noch andere wirtschaftlicher Art, die auch von fortgeschrittensten Fachleuten hartnäckig vertreten wurden. Vor allem wurde immer wieder betont, das Dampfen in der Kammer sei unrationell gegenüber der Wassergaserzeugung in einer Wassergasgenerator-Anlage[1]). Seither hat sich aber trotz stellenweiser Aufrechterhaltung der früher gebrachten Beweisgründe doch immer allgemeiner die Anerkennung der Zweckmäßigkeit und Wirtschaftlichkeit des Naßbetriebes durchgesetzt, was sich auch darin ausdrückt, daß man neuerdings selbst die Kammerbauarten, die man früher als für den Naßbetrieb völlig unbrauchbar ansah, die Horizontalkoksöfen, mit den verschiedensten Hilfsmitteln für die Wassergaserzeugung einzurichten bestrebt ist. Es kann deshalb auf eingehende Ausführung der damaligen Gegengründe verzichtet werden, zumal die von beiden Seiten sehr ausführlich gebrachten Nachrechnungen und theoretischen Betrachtungen naturgemäß im Hinblick auf das jeweils zu beweisende Ergebnis mehr oder weniger einseitig gesehen waren.

Ein Beispiel des Überganges zu der jetzt überwiegenden, betriebstechnisch und allgemein wirtschaftlich begründeten Auffassung ist die Erklärung von Debruck 1910[2]), daß das Kammerdampfen rationeller sei als das Arbeiten mit einer unvollständig ausgenützten Wassergasgenerator-Anlage. Die schon damals richtig erkannten Vorteile des Dampfens waren: Dickteerverhütung, begründet in der Steigerung der zu Ende der Gaserzeugung sonst zurückgehenden Gasgeschwindigkeit in dem zu dieser Zeit besonders freien und heißen Kammerkopf, und die wenigstens teilweise Aufzehrung überflüssigen Graphits. Die Frage der größeren Wirtschaftlichkeit der Wassergaserzeugung in Kammer oder Generator wird sich nie eindeutig beantworten lassen, da die Antwort je nach den örtlichen Verhältnissen sehr verschieden lauten kann.

[1]) Gas- und Wasserfach **51** (1908) S. 725, 813.
52 (1909) S. 164, 205, 493, 621.

[2]) Gas- und Wasserfach **53** (1910) S. 409.

Es darf aber auf die Ausführungen Geiperts hingewiesen werden[1]), daß der für reinen Naßbetrieb zu rechnende Mehrbedarf an Öfen wesentlich geringere Anlagekosten und auch Unterhaltung erfordert als eine andernfalls nötige Wassergasanlage.

Zwei auch in neuerer Zeit wiederkehrende Gegengründe sind die angeblich schlechte Dampfzersetzung in der Kammer und die Koksverschlechterung durch das Dampfen. Der Einwurf der schlechten Dampfzersetzung kann heute nicht mehr anerkannt werden, da wir, wie nachfolgend noch eingehender ausgeführt wird, über die verschiedensten Möglichkeiten verfügen, eine gute Dampfzersetzung zu erreichen. Wird sie nicht erreicht, so muß das als ein Mangel der Betriebseinrichtung bezeichnet werden. — Hinsichtlich der Koksverschlechterung wird behauptet, daß der Koks »ausgelaugt« und aschereicher gemacht, außerdem zermürbt werde. Diese Ansicht muß schon abgelehnt werden, wenn man sich den Vorgang der Wassergasbildung in der Kammer vorstellt. Der Dampf tritt in die Kammer ein und reagiert sofort in erster Linie mit den zunächst berührten glühenden Koksteilen, setzt sich teilweise um und wandert, vom nachkommenden Dampf verdrängt, als Wassergas-Restdampfgemisch weiter auf dem ihm den geringsten Widerstand bietenden Wege, also zwischen Kammerwand und Kokskuchen, allenfalls noch durch die vorhandenen größeren Klüftungen, wobei der Restdampfgehalt noch mehr oder weniger umgesetzt wird. Die Hauptumsetzung findet aber bei den Eintrittstellen statt und dort wird der Koks regelrecht abgezehrt und ist, wie im Betrieb praktisch erwiesen, mit dem zurückbleibenden Ascheskelett bedeckt, das dann beim Ablöschen hinweggespült wird.

Daß der Koks beim Dampfen nicht aschereicher wird, konnte durch tagelanges Dampfen einer mit Perlkoks gefüllten, täglich nachgefüllten Vertikalkammer (GW Duisburg) erwiesen werden. Der nach Entleeren und Ablöschen aus dem Kammerinhalt von der losen Asche abgesiebte zumeist kleinkörniger gewordene Perlkoks hatte denselben Aschegehalt wie der in die Kammer eingebrachte. Ebenso ist es bekannt, daß der aus der Schlacke von Wassergasgeneratoren ausgelesene Restkoks nicht ausgelaugt und aschearm, sondern von normaler Beschaffenheit ist. — Auch rechnerisch läßt sich der Vorwurf der Koksverschlechterung entkräften. Wenn aus einer Kohle mit 30% Kohlengasausbeute nur durch Naßbetrieb eine Mischgasausbeute von 50% erreicht wird, also bei einem Wassergasgehalt von 40% im Mischgas 20 m³ Wassergas auf 100 kg Kohle durch Dampfen in der Kammer erzeugt wurden, so war der Kohlenstoffbedarf dieser Wassergasmenge, der nach Geiperts eingehenden Berechnungen[2]) zuverlässig 0,285 kg/m³ Kammerwasser-

[1]) Gas- und Wasserfach **51** (1908) S. 1041.
[2]) Gas- und Wasserfach **66** (1923) S. 130.

gas beträgt, etwa 5,7 kg C je 100 kg Kohle. Als Kohle wird hierzu eine gewaschene Nußkohle mit 5% Asche angenommen, die bei 65% Trockenkoksausbeute einen Koks mit 7,7% Asche ergibt, wenn die Kammern nicht gedampft werden. Wird diesem Koks obige Menge von 5,7 kg C entzogen, so steigt sein Aschegehalt auf 8,4%, also um 0,7%, wenn man die Form einer gleichmäßigen »Auslaugung« des Kohlenstoffs annimmt. Also selbst bei dieser Annahme würde bei ausschließlicher Wassergaserzeugung in der Kammer die Steigerung des Aschegehaltes in den Grenzen der Betriebsschwankungen durch Kohleverschiedenheiten liegen. Da jedoch nachgewiesenermaßen die meiste örtlich durch Kohlenstoffwegzehrung freigelegte Asche weggespült wird oder abfällt, ist die tatsächliche Ascheanreicherung höchstens ein Bruchteil des angegebenen gerechneten Betrages, also belanglos.

Um nicht den obenerwähnten Vorwurf einseitiger Betrachtung herauszufordern, muß noch auf folgendes hingewiesen werden. Jedes technische Urteil ist in gewissem Sinne zeitbedingt. Hier ist ausgegangen von der Annahme der jetzt allgemeinüblichen oder doch sich überwiegend durchsetzenden Verwendung gewaschener und gemahlener oder Feinkohle, mindestens kleinkörnigen Materials. Für solches trifft das Gesagte zu. Wird ungemahlene Förderkohle mit stückigen Aschebestandteilen entgast, so ist es möglich, daß bei Koksstücken in der Gegend des Dampfeintritts Aschestücke, die noch zum Teil in der Kokssubstanz hängen, den Koksstücken ein unscheinbares Aussehen geben. Ebenso ist bei trockener Kokskühlung die Möglichkeit gegeben, daß ein teilweise nicht abfallendes Ascheskelett die Kohlenstoffabzehrung durch das Dampfen noch erkennen läßt. Ferner ist bei weichem, besonders angriffsfähigem und zerklüftetem Koks aus gasreicher Kohle damit zu rechnen, daß die vorhandene Klüftung und Rißbildung bei starkem Dampfen stärker ausgeprägt wird. Auf die verschiedenen Ausnützungsmöglichkeiten und Sondervorteile des Naßbetriebes wird in der nachfolgenden Besprechung der einzelnen Formen seiner praktischen Anwendung noch zurückgekommen.

Über den Naßbetrieb im allgemeinen sei aber zusammenfassend folgendes gesagt:

Als zweifellose Vorteile des Naßbetriebes sind hervorzuheben:

a) die Ausnützung der im Koks aufgespeicherten Wärme und die Herstellung einer gewissen, je nach den Betriebsverhältnissen verschiedenen Menge Wassergas ohne zusätzliche Beheizung,
b) die Möglichkeit, gewisse zusätzliche Mengen Wassergas durch geringe zusätzliche Beheizung und ohne Arbeitsaufwand, Strombedarf usw. und ohne relativ höhere Anlagekosten herzustellen,
c) die günstigere Restentgasung des Kammereinsatzes und die Verminderung der Gaszersetzungen zu Ende der Ausstehzeit,
d) die Verminderung des Arbeits- und Zeitaufwandes für Graphitieren.

Ferner ist allgemeinwirtschaftlich und betriebstechnisch hinzuweisen auf die besondere Eignung des Naßbetriebes in seinen verschiedenen Ausführungsformen in Verbindung mit anderen Betriebseinrichtungen zur Anpassung der Erzeugung an die Abgabeschwankungen, die bei den neuzeitlichen Gasverwendungsarten bei manchen Werken sehr erheblich sind. Die früher oft empfohlene Anpassung durch Einstellung der Benzolwäsche sollte bei der heutigen Treibstofflage nicht mehr in Betracht gezogen werden. Je nach den Anlage- und Betriebsverhältnissen kann der Naßbetrieb allein oder in Verbindung mit einer Wassergasanlage oder in Verbindung mit der für Vertikalöfen besonders geeigneten Starkgasbeheizung jeglicher Abgabeschwankung ohne weiteres entsprechen.

Hinsichtlich der oft bezweifelten Güte des Kammerwassergases ist festzustellen, daß dieses bei richtiger Einhaltung von Dampfmengen-, Zeit- und Temperaturverhältnissen hinsichtlich Güte, Dampfzersetzung usw. dem Generatorwassergas praktisch gleichwertig ist. Auch im

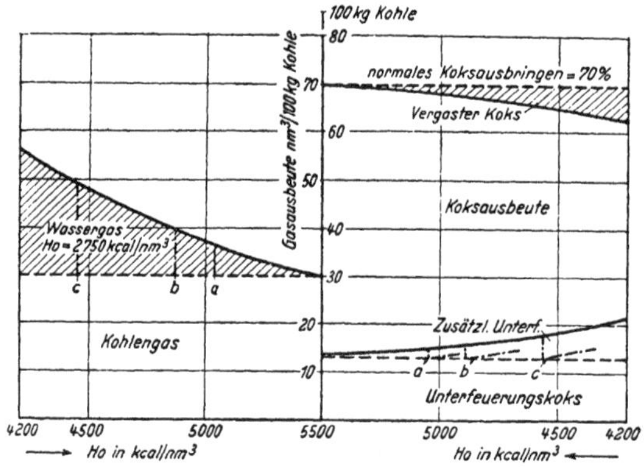

Abb. 50. Wassergaserzeugung durch äußere Wärmezufuhr.

Wassergasgenerator dürfen bekanntlich Dampfzusatz und Gasezeiten nicht wahllos angewandt werden.

Als neuere Betrachtungen zur Frage des Naßbetriebes verdienen besondere Erwähnung die Ausführungen Dr. Geiperts von 1926 mit Entgegnungen von Parade[1]) und vor allem die sehr umfassende kritische Betrachtung von Dr. Baum 1933[2]), der darin die nebenstehende (Abb. 50) wertvolle schematische Übersicht gibt über die Zusammenhänge zwischen Heizwertminderung, Unterfeuerungsbedarf und Koksausbringen. Das Koksausbringen ist praktisch als nicht so stark gemindert zu erwarten, wie in der Kurve angegeben, weil in dieser die Graphitvergasung und teilweise Gaszerlegung nicht mitberücksichtigt ist. Die besonders bezeichneten Punkte bzw. Kurven *a*, *b*, *c* kennzeich-

[1]) Gas- und Wasserfach **69** (1926) S. 249, 791.

[2]) Gas- und Wasserfach **76** (1933) S. 397.

nen den durch Mitverwertung des Kokswärmeinhalts bedingten günstigeren Verlauf: a) bei nur kurzem Dampfen zu Ende der Ausstehzeit, b) bei längerem Dampfen, c) bei kontinuierlichen Vertikalöfen (vgl. später). Die Fälle *a* und *b* zeigen den verhältnismäßig breiten Bereich einer Kammer-Wassergaserzeugung ohne praktischen Mehraufwand.

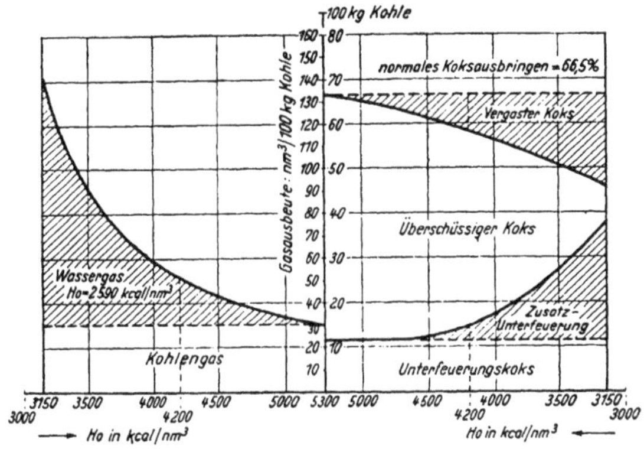

Abb. 51. Vollständige Vergasung in Devog-Vertikalöfen nach Sensicle.

Zum Beweis der extremeren Möglichkeiten des Vertikalofen-Naßbetriebes dient die ebenfalls von Baum (l. c.) gebrachte Darstellung von weitestgehender Koksvergasung in Vertikalöfen (Abb. 51).

Die betriebsmäßigen Ausführungsformen des Naßbetriebes:

Das Dampfen zu Ende der Ausstehzeit. Die betrieblich einfachste Form des Naßbetriebes, von deren Anwendung wohl nur in den seltensten Fällen abgesehen wird, ist das Dampfen zu Ende der Ausstehzeit. Es ist zeitlich nicht grundsätzlich festgelegt, wird aber, wenn nicht ohne Wassergasgenerator gearbeitet wird, 10 bis höchstens 20% der ganzen Ausstehzeit betragen. Die Menge bzw. Dauer des Dampfens muß auch verschieden gewählt werden je nach Ladegewicht und Ausstehzeit der Kammern. Eine schmale 12stündige Kammer ist im allgemeinen stärker beheizt und für die in diesem Falle notwendige Wassergasbildung ohne äußere Wärmezufuhr günstiger, darf also stärker oder länger gedampft werden, als eine breitere 24stündige Kammer mit niederer Gesamttemperaturlage, die für die Kammer-Wassergasbildung zwar eine ausreichende Gesamtwärmemenge, aber kein so günstiges Temperaturgefälle bietet. Der Bemessung der Dampfzufuhr ist im Betrieb besondere Aufmerksamkeit zu widmen. Grundlegend sind dafür im Gasfach die Arbeiten von Geipert über die Dampfblendenmessung auf Grund der Bendemannschen Werte[1]). Der Dampfdurchgang durch Blenden beträgt demnach:

[1]) Gas- und Wasserfach **65** (1922) S. 444; Hütte 1924, I S. 535.

atü Druck vor der Blende	Durchgang in kg/cm²/Min.
0,3	0,94
0,5	1,20
1,0	1,82
1,5	2,28
2,0	2,69
2,5	3,12
3,0	3,55

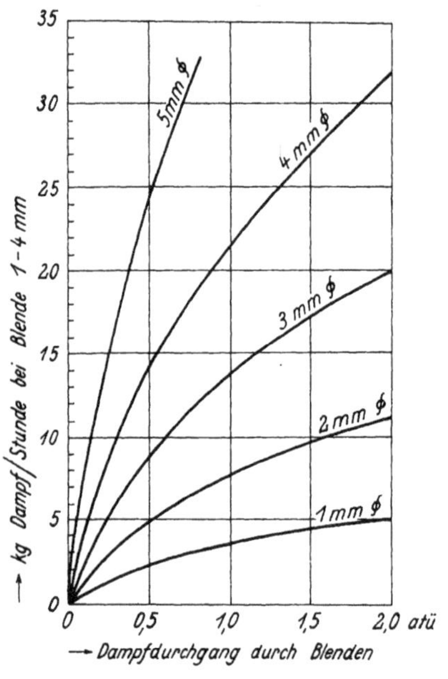

Abb. 52.

Die in Abb. 52 gegebene Kurvenschar gibt einen Anhaltspunkt für die bei verschiedenen Vordrücken durch verschiedene Blendenöffnungen gehenden Dampfmengen in kg/h, woraus die für eine Kammer zu wählenden Blenden oder Blendensätze je nach dem errechneten Dampfbedarf zu entnehmen sind.

Für die Wahl der Blendengröße gilt als ungefähre Richtzahl, daß der Kammer in der Dampfzeit höchstens soviel Dampf zugesetzt wird, daß die Wassergaserzeugung der normalen Gasleistung der Kammer je h entspricht. Eine Kammer von 2 t Ladegewicht, die bei 12 h Ausstehzeit mit 2 h Dampf etwa 40% Ofengasausbeute geben soll, also etwa 65 m³/h, würde mit 55—65 kg/h zu dampfen sein. Aus vorstehenden Kurven ergibt sich hierfür z. B.

bei 2 Dampfzuführungen = Blenden zu 3,5 bis 4 mm bei 2 atü,
» 3 » = » » 3 mm bei 2 atü oder
3,5 bis 4 mm bei 1 atü.

Die Dampfumsetzung ist bei diesem Dampfen zu Ende der Ausstehzeit die verhältnismäßig ungünstigste, weil der Dampf bzw. das Wassergas-Restdampfgemisch den bequemsten Weg zwischen Kokskuchen und Kammerwand strömt und die Koksberührung daher nicht vollkommen ist. Es ist auch vorgeschlagen worden, das Dampfen unterbrochen mit Zwischenpausen auszuführen, um dem Kokskuchen ein Wiederaufheizen zu ermöglichen. Diese Maßnahme ist bei richtiger Bemessung der Dampfzufuhr und -verteilung ganz überflüssig.

Die Kokskammer. Soll mehr als eine Restentgasung durch den Naßbetrieb erreicht werden, also eine Wassergaserzeugung größeren Umfanges, so muß versucht werden, die Dampfumsetzung zu verbessern, da der unzersetzte Dampfüberschuß nicht nur wertloser Ballast ist, sondern auch die Temperaturlage und damit die Güte des Wassergases beeinflußt. An Stelle des normalen Weges, die Wassergaserzeugung durch längeres Dampfen aller Kammern, also durch allgemeine Verlängerung der Ausstehzeit oder Dampfzeit, zu verstärken, ist vorteilhafter das »Kokskammerverfahren« (Devog)[1]. Dieses beruht darauf, daß die Hauptzahl der Kammern in normaler Ausstehzeit weiterarbeitet, eine oder mehrere Kammern aber — je nach Betriebsbedarf — überstehen bleiben, und zwar zur Vermeidung von Chargenverschiebungen um die einfache oder besser doppelte Ausstehzeit, also z. B. um 12 oder 24 h. Statt also z. B. 15 Kammern von 12 auf 14 h überstehen zu lassen, wodurch 30 Dampfstunden gewonnen würden, bleibt 1 Kammer 24 h unter Dampf oder 1 zu 24 und 1 zu 12 h. Neben dieser Betriebsvereinfachung ist aber das wesentliche, daß diese Kokskammer nach dem normalen Ausstehen oben planiert und mit Perlkoks aufgeladen wird, wodurch eine Dampfstauung und damit eine innige Durchdringung aller Klüftungen des Kokskuchens und mit der größeren Umsetzungsfläche ein besserer Dampfumsetzungsgrad erreicht wird. — An Stelle der Koksaufladung ist auch die Aufladung von Kohle vorgeschlagen und benutzt worden. Solche Aufladung hat zwar nebenbei den Vorteil einer Karburierung des Kammerwassergases, doch ist nach einigen Stunden, sobald diese Aufladung entgast und gesintert ist, der Zweck der Dampfstauung verloren; außerdem widerspricht eine Kohlenaufladung dem Zweck des verlängerten Ausstehens, durch das doch der Kohlendurchsatz verringert werden soll.

Der Erfolg dieser Dampfstauung im Sinne eines besseren Wirkungsgrades der Dampfumsetzung ist durch Betriebsversuche[1]) und im Dauerbetrieb erwiesen, man erreicht damit einen Dampfverbrauch in Grenzen von 0,45 bis 0,75 kg/m³ Kammerwassergas, also die gleiche Größenordnung, wie im Wassergasgenerator oder auch noch günstigere. — Über das Ausreichen der Wärmezufuhr bei diesem Dauerdampfen gibt die Kammer selbst die beste Auskunft. 12stündige 3-t-Kammern waren bei einem Zusatz von 80—100 kg Dampf/h (entsprechend der obengegebenen Dampfmengenberechnung) durchweg nach 24 h merklich heißer. Ein höherer Dampfzusatz wäre also zulässig, doch ist es aus Rücksicht darauf, daß dann die gleiche größere Dampfmenge in der normalen Dampfzeit zu Ende der Ausstehzeit (s. oben) schlechter umgesetzt würde, von Fall zu Fall zu entscheiden, ob ein allgemein höherer Dampfzusatz ratsam ist. Abgesehen von der besseren Dampfumsetzung hat dieses Kokskammerverfahren den Erfolg einer Steigerung der Mischgasausbeute durch Mehraufnahme von Teerdämpfen (vgl. später) ergeben.

---

[1]) Gas- und Wasserfach **71** (1928) S. 231: **73** (1930) S. 133; — Didier DRP 487975.

Die Dampfüberhitzung. Die Verwendung trockenen, gut überhitzten Dampfes für die Wassergaserzeugung in der Kammer ist von besonderer Bedeutung für die Dampfumsetzung. Nicht allein die vom überhitzten Dampf mitgebrachte fühlbare Wärme ist hierbei als das Entscheidende anzusehen, sondern hinzu kommt die Tatsache, daß der zugeführte Dampf, mag er auch an der Erzeugungsstelle überhitzt gewesen sein, doch oft je nach Länge der Leitung wenig oder gar nicht überhitzt zum Ofen gelangt und dann erst am Koks überhitzt wird. Die Temperaturlage des an der Umsetzung beteiligten Kokses muß jedenfalls bei Zufuhr überhitzten Dampfes günstiger für Umsetzungsgrad und Wassergasgüte sein. — Je niedriger die ankommende Dampftemperatur ist, desto größer muß die einzubauende Überhitzerfläche bemessen werden. Nasser Sattdampf sollte, wie erwähnt, der Überhitzerschlange nicht zugemutet werden, da ihre Wirkung durch etwa nötige Verdampfung von Wassernebeln außerordentlich beeinträchtigt wird. Die Berechnung der Überhitzerfläche nach der Formel $F = \frac{Q}{k \cdot t_m}$ ist insofern erschwert, als es sich meist um wechselnden Bedarf mit zeitlichen Unterbrechungen handelt. Wird strömende Wärme ausgenützt, z. B. bei Einbau im Fuchs, in der Rekuperation oder in oberen Heizkanälen, so kann man

$$t_m = \frac{t_{RE} + t_{RA}}{2} - \frac{t_{DE} + t_{DA}}{2}$$

(Differenz der Mittel der Rauchgas- und Dampftemperaturen, die vorhanden bzw. zu erreichen sind) mit einiger Sicherheit ermitteln. Bei nicht zu günstiger Annahme für die Konstante k, die in der Literatur sehr verschieden angegeben wird, mit höchstens 25, besser 20, kann der Überhitzer mehr oder weniger ausreichend berechnet werden, je nachdem man den Wärmebedarf Q als Spitzenmenge oder Durchschnitt einsetzt. Wird der Überhitzer dagegen in Ofenvorder- oder Seitenwände, zwischen die Kammerköpfe oder dgl. im Bereich strahlender statt strömender Wärme eingebaut, so kann nicht nach obiger Formel, sondern nur nach Versuchs- oder Erfahrungswerten gearbeitet werden. Betriebsversuche, die einen zahlenmäßigen Zusammenhang zwischen der Höhe der Dampftemperatur und der Ausbeutesteigerung oder Gasgüte beweisen, liegen in der Literatur nicht vor, wohl aber vielfache Dauerbetriebsbeobachtungen über die steigernde Wirkung überhitzten Dampfes im allgemeinen. In neueren Ofenanlagen wird deshalb auf Überhitzereinbau besonderer Wert gelegt. Sind Einzelüberhitzer auf mehrere Öfen verteilt, so empfiehlt sich gegebenenfalls deren Parallelschaltung durch Querverbindung der Zu- und Abgangsleitungen, um bei stärkerer Entnahme an einem Ofen die Leistung weniger beanspruchter anderer Überhitzer mit auszunützen.

Der schädigende Einfluß des Naßbetriebes auf das feuerfeste Material wird wohl meist überschätzt. Im Vergleich mit der normalen täglich mehrfachen Abschreckung durch das Einfüllen der nassen kalten Kohle ist die Zuführung überhitzten Dampfes und die allmähliche Temperatursenkung des Kokskuchens durch die Wassergasbildung sicher unbedenklich. Dagegen muß stundenlanges Einblasen von nassem Sattdampf zweifellos für die Kammerfußsteine auf die Dauer schädlich sein.

Die Spülentgasung. Wie in der Schwelerei durch Spülentgasung mit heißen Gasen ein schonender Abbau der Kohlebestandteile erreicht wird, so liegt es nahe, auch in der Hochtemperaturentgasung bis zu einem gewissen, eben durch die hohe Temperatur begrenzten Grade von solchem Spülvorgang Gebrauch zu machen, um durch Verhütung unnötiger Gaszerspaltungen ein hochwertiges, entsprechend mehr Wassergas aufnehmendes Kohlengas zu erhalten. Wie für Verwendung von überhitztem Dampf, so sind auch für die oft empfohlene und versuchte Spülentgasung weniger exakte Versuchszahlen als praktische Betriebserfahrungen vorhanden[1]). Zweifellos kann Entgasung mit Spüldampfzusatz — ein anderes Spülgas kommt für den Gaswerksbetrieb praktisch nicht in Frage — nur bei überhitztem Dampf eine von keinerlei störenden Erscheinungen beeinflußte Wirkung haben. Nasser Dampf und auch zu schwach überhitzter in großer Menge, muß die Leistung der Vertikalkammer in demselben Maße herabdrücken, als ihr Erhitzungswärme durch den Dampf entzogen wird. Bei zu starkem Wärmeentzug bleibt der untere Teil der Kohleladung mangelhaft entgast und verkokt und hindert infolgedessen das Fallen der Kammer. Die für einen Betrieb tragbare Menge eines Spüldampfzusatzes wird daher zweckmäßig von geringem Zusatz ausgehend durch allmähliche Steigerung ermittelt. Spüldampf vor Ablauf der halben Ausstehzeit hat im allgemeinen wenig Erfolg, um so weniger, je nasser die Kohle in die Kammer kommt. Ein sehr geringer Spüldampfzusatz von Beginn der Entgasung ab wird mehrorts angewandt, um dem Überhitzer immer etwas Dampfdurchgang zu geben und für Offenhalten der Dampfeintrittöffnungen zu sorgen.

Das Abwärtsdampfen. Der neuerdings empfohlene (Klönne) sog. »Bac run-Prozeß« für die Vertikalkammer ist besser deutsch und richtiger als Abwärtsdampfen oder Abwärtsgasen zu bezeichnen. Der Begriff Bac run ist aus der Herstellung karburierten Wassergases in England übernommen und bedeutet daselbst einen besonders in den automatisierten Anlagen üblichen zeitweiligen Rücktransport der in den Überhitzer und Karburator abgewanderten Wärme in den Generator dadurch, daß der Dampf für eine Abwärtsgasung erst im Karburator und Überhitzer rückwärtslaufend hochüberhitzt wird. Bei dem Abwärtsdampfen in der Vertikalkammer handelt es sich aber um eine dem normalen Generator-Wassergasvorgang angeglichene Arbeitsweise, die natür-

[1]) Wehrmann F., Deliwa-Ztg. 29 (1935) S. 23.

lich voraussetzt, daß zwei getrennt absperrbare Gasabgänge oben und unten vorhanden sind. Diesem sehr einfach erscheinenden Gedanken muß eine grundsätzliche Bedeutung zuerkannt werden, vor allem wenn die Einrichtung mit einfachen Mitteln und geringer Bedienung so getroffen werden kann, daß nicht ständig nur von oben gedampft, sondern in einer Dampfzeit wenigstens einmal gewechselt wird. Bei alleinigem Abwärtsgasen findet ein dem grundsätzlichen Aufbau der Vertikalofenbeheizung zuwiderlaufender starker Wärmetransport von oben nach unten statt, der dann naturgemäß durch höhere Unterfeuerung auszugleichen wäre[1]), außerdem ist eine dem unteren Deckel gefährliche Wärmestauung im Kammerfuß zu befürchten. Dagegen wirken bei gewissem Wechsel, wie durch maßgebende Betriebsversuche erwiesen, offenbar die verschiedensten Einflüsse ausbeutesteigernd zusammen. Außer einem günstigen Ausgleich der durch einseitiges Dampfen verschobenen Temperaturlage (hierin liegt die einzige Vergleichsfähigkeit mit »Bac run«) wirkt beim Abwärtsgasen eine selbsttätig durch Überwindung des inneren Auftriebs sich auswirkende Dampfstauung im gleichen Sinne, wie oben bei der Kokskammer erwähnt, umsatzverbessernd. Weiter ist anzunehmen, daß die Kohleteile, die erfahrungsgemäß bei nicht genügend achtsam eingebrachter Deckelladung zu tief auf die Deckelhaube zu liegen kommen, sowie in die Deckelladung niedergeschlagene Teerteile durch den hochüberhitzten Abwärtsdampf restlos spülentgast werden. Die zweckmäßigste Form der Anwendung dieses Abwärtsdampfens wird sich erst aus weiteren Betriebserfahrungen ergeben.

ε) *Betriebsergebnisse von Vertikalöfen.*

Betriebszahlen. Für die Abnahme von Ofenanlagen und Nachprüfung der für sie gegebenen Gewährleistungen sind vom Deutschen Verein von Gas- und Wasserfachmännern Normen aufgestellt worden, die 1930 in ihrer vorläufigen Fassung bekanntgegeben wurden[2]) und deren endgültige Fassung in Band I/8 wiedergegeben ist. Obwohl vom Gasinstitut diese Normen bei ausgeführten Garantieversuchen schon lange benutzt werden und sie auch sonst als Richtlinie dienen, so ist doch bei den in der Fachliteratur in großer Zahl zu findenden Angaben über Leistungsversuche die Einheitlichkeit der Ausführung, Berechnung und Wiedergabe sehr zu vermissen und es ist praktisch unmöglich, solche Ergebnisse gegeneinander kritisch abzuwägen und Schlüsse daraus zu ziehen. Meist sind auch die Versuche auf einen besonderen Versuchszweck abgestimmt und eignen sich insofern nicht zum Vergleich mit andersgearteten Versuchen. Für den Vergleich zwischen Trocken- und Naßbetrieb sowie zwischen Retorten- und Kammerbetrieb liegen genauere Versuchsangaben vor und sind, obwohl heute nicht mehr im früheren Maße von Bedeutung, als Kennzeichen der Entwicklung beigefügt.

[1]) Baum K., Gas- und Wasserfach **76** (1933) S. 397.

[2]) Gas- und Wasserfach **73** (1930) S. 554.

Zahlentafel 4.

Vergleich Trocken- und Naßbetrieb unter gleichen Voraussetzungen (66) in Vertikalretorten.

Werk	Betriebsart	Gasausbeute 15°/760 %	Oberer Heizwert kcal/Nm³	Trockenkoksausbeute %	Unterfeuerung	
					% kg Kohle	% m³ Gas
M	trocken . .	31,6	5590	64,0	14,5	49,2
M	naß	38,5	5140	63,8	14,1	39,4
Z	trocken . .	33,9	5645	69,3	13,9	44,0
Z	naß	38,5	5365	67,2	15,0	41,8

Zahlentafel 5.

Vergleich Vertikalretorten- und Kammerbetrieb unter gleichen Voraussetzungen (67).

Werk	Ofenart	Entbenzoliert Gasausbeute 15°/760	Oberer Heizwert kcal/Nm³	Benzolauswaschung kg % kg Kohle	Gasausbeute einschl. Benzol gerechnet 15°/760	Unterfeuerung (reiner Naßbetrieb)	
						% kg Kohle	% m³ Gas
M	Vertikalretorten	56,3	4205	0,69	60,5	28,9	51,3
S	Vertikalkammern	62,8	4202	0,46	65,6	26,8	42,7

Der Naßbetrieb zeigt demnach eine etwa 8—12proz. Steigerung der Heizwertzahlausbeute gegenüber dem Trockenbetrieb.

Der Vertikalkammerbetrieb ergibt eine 10—12proz. Mehrausbeute als der Vertikalretortenofen.

Die weiter gegebene Zusammenstellung einiger Betriebszahlen von Vertikalöfen aus meist neuerer Zeit stellt gemäß obengenannten

Zahlentafel 6.

Neuere Betriebsergebnisse von Vertikalkammeröfen (Abnahmeversuche).

Jahr	Ladung t/Kammer	Std. Ausstehzeit		Kohle		Benzolauswaschung g/m³	% Gasausbeute		Oberer Heizwert kcal/Nm³	Heizwertzahl 0°/760/Reinkohle	Inerte Best. %	Einzel- oder Zentr.-Gen.	Unterfeuerung % Reinkoks Reinkohle
		insgesamt	davon gedampft	% Reinkohle	% fl. Bestandt.		15°/Rohkohle	15°/Reinkohle					
1922	4,8	24	5	83,5	—	—	47,6	57,0	4535	2420	10,2	E.G.	18,9
1928	2,5	12	2	87,8	—	—	48,0	54,9	4455	2280	12,0	Z.G.	15,0
1929	2,0	20	5	88,8	—	—	52,8	59,5	4550	2520	9,9	E.G.	14,5
1931	6,3	24	$2^1/_2$	88,8	31,8	—	48,6	54,7	4580	2320	14,4	Z.G.	11,2
1932	1,5	16	5	92,0	33,2	—	61,2	66,7	4350	2700	5,2	E.G.	21,0
1933	2,0	15	$5^1/_2$	85,6	28,5	10,0	53,5	62,4	4210	2450	8,5	E.G.	13,3
1935	2,6	12	4	92,1	—	—	43,6	47,3	5075	2240	6,3	E.G.	11,7
1936	1,7	12	2—3	89,1	28,8	—	40,2	45,3	4995	2100	—	E.G.	12,0

Gründen lediglich einen Versuch einiger Angaben aus der Praxis für die Praxis dar, die als Anhaltspunkte, nicht aber dem gegenseitigen Vergleich dienen sollen, weshalb dabei Orts- und Firmennamen grundsätzlich vermieden sind.

Beschaffenheit von Gas und Nebenprodukten. Die Erzeugnisse der Vertikalkammeröfen entsprechen im wesentlichen denen der Vertikalretortenöfen, können aber nicht so einheitlich beurteilt werden wie jene, weil die außerordentlich verschiedenen Größen der Vertikalkammern in dieser Hinsicht nicht als einheitliche Form betrachtet werden können. So müssen 24stündige Großkammern naturgemäß etwas anderes ergeben als 12stündige schmale Kammern, die mit höheren Temperaturen arbeiten als bei den Retorten üblich war. Daher ist Teer aus 12stündigen Vertikalkammern in seiner Gesamtbeschaffenheit dem Horizontalofenteer näher als dem früheren Vertikalretortenteer. Dagegen ist Teer aus weniger scharf betriebenen 24stündigen Kammern wieder dem Vertikalretortenteer sehr ähnlich, hat zwar etwas mehr Pech, aber noch viel Leichtöle. Die Benzolausbeute ist in der Kammer etwas geringer, vermutlich infolge teilweiser Krackung. Naphthalin- und Cyanwasserstoffgehalt des Gases sind auch bei den Vertikalkammern günstiger als bei anderen Ofenbauarten, der Ammoniakanfall, dem Naßbetrieb entsprechend, ebenso hoch, wie bei den Vertikalretorten. Hinsichtlich der Koksbeschaffenheit erscheint es zwecklos, einen Vergleich anzustellen. Beim Übergang von der Retorte zur Kammer wurde hervorgehoben, daß die Kammer mehr grobstückigen Koks ergibt, was bei gleicher Kohle zu erwarten war. In neuerer Zeit ist aber die Beeinflussung der Koksqualität durch die Kohlenauswahl und Kohlenvorbehandlung so in den Vordergrund getreten, daß die Koksqualität für die Auswahl eines Ofensystems nicht allein entscheidend sein kann.

Leistung und Lebensdauer der Vertikalöfen. Einen Überblick über die im Laufe der Jahre erreichte Leistungssteigerung der Vertikalöfen gibt der Vergleich des Durchsatzes in t Kohle je m² Grundfläche und Tag. Als Grundfläche ist die des Ofenblocks (Kammern mit Generator und Luftrekuperation bzw. Gas- und Luftvorwärmung) gerechnet. Die Zahlen geben normalen Naßbetrieb an mit Dampfen zu Ende der Ausstehzeit und würden sich bei Trockenbetrieb um etwa 20% erhöhen.

Ofen	m Höhe	t/Ret. (Kammer)	Ausstehzeit	t/m²/Tag
10er Vertikalretorten . .	4	0,625	12	0,43
18er » . .	4	0,625	12	0,56
18er » . .	5	0,75	12	0,67
6er Vertikalkammern . .	4,7	1,25	12	0,58
6er » . .	5,2	2,1	12	0,71
5er » . .	5,8	2,8	12	0,71
6er » . .	6,5	3,1	12	0,91
6er » . .	7,6	3,9	12	0,92
6er » . .	6,5	5,2	24	0,76
6er » . .	7,5	7,0	24	0,85

Daß die Leistung der 24stündigen Öfen bei diesem Vergleich weniger günstig abschneidet, obwohl man doch anzunehmen geneigt ist, daß durch den größeren Kammerinhalt der 24stündigen breiteren Kammer der Durchsatz je m^2 Grundfläche erhöht werden müsse, ist darin begründet, daß die Ausstehzeit bei einer bestimmten Wandtemperatur nicht linear, sondern quadratisch mit der Kammerbreite zunimmt (Schläpfer)[1].

Hinsichtlich der Lebensdauer stellten die Vertikalretorten s. Z. gänzlich neue Begriffe auf durch Betriebszeiten je Retorte, die bis dahin noch nicht entfernt erreicht waren. Wenn dies auch zum Teil mit darauf zurückzuführen war, daß ihre Ausbildung in eine Zeit der fabrikatorischen Verbesserung der feuerfesten Erzeugnisse fiel, so war die hohe Lebensdauer doch vornehmlich mit im System begründet, das an sich wegen der an die Retorte gestellten Anforderungen sehr stabil war; außerdem fiel der schädigende Einfluß von Stoß- und Ladewerkzeug oder Maschinen weg und auch die Verminderung der rauhen Graphitierarbeit war sehr von Bedeutung.

Die Dessauer Vertikalofen-Gesellschaft gab 1912 die Lebensdauer der Retorten mit 1100—1600 Feuertagen an, doch wurde diese als Gewährleistung aufzufassende Angabe schon damals in der Praxis weit übertroffen. Wenn auch solche Grenzzahlen leicht zu falschen Verallgemeinerungen führen, besonders wenn es sich um außergewöhnliche, einmalige Fälle handelt, so stellt doch ein wiederholtes Erreichen von hohen Grenzzahlen die bei betriebsmäßig guter Handhabung wirklich mögliche Leistung einer Anlagenart dar. Nur insofern sind solche Zahlen mit Vorsicht aufzunehmen, als es falsch wäre, Anlagen mit ständig voller Belastung mit anderen zu vergleichen, die vorwiegend unterbelastet waren.

Angaben über Lebensdauer von Vertikalretortenöfen brachte Geipert mit 4000 Feuertagen und mehr.

Diesen Zahlen schließen sich die Erfahrungen über die Lebensdauer von Vertikalkammern würdig an. Neben schwachbelasteten kleineren Kammern, die nach 12 ununterbrochenen Betriebsjahren noch eine nicht abzusehende weitere Betriebsdauer erwarten lassen, sind von hochbeheizten, ständig 12stündig im Naßbetrieb arbeitenden großen Kammern Betriebszeiten von 10 Jahren wiederholt überschritten worden.

Diese hohe Lebensdauer des Vertikalofens, verbunden mit dem im Vergleich zu anderen Ofenbauarten viel geringeren Kosten- und Zeitaufwand für Instandhaltung von Bedienungsmaschinen ist bei der Wahl eines Ofensystems neben den an sich schon sehr günstigen Anlagekosten nicht außer Betracht zu lassen.

---

[1] Eidg. Mat.-Prüf.-Ans. Techn. Hochsch. Zürich 1935, Mon.-Ber. 96.

c) Vertikalofenbetrieb in Verbindung mit Verfahren zur Heizwerterhöhung.

α) *Die Teerkarburierung in der Kammer.*

Das im Wettbewerb der Fachfirmen, der Forscher und der Betriebe ständig gesteigerte Bemühen, höhere Gasausbeuten zu erzielen, hatte in der gründlichen Durchbildung und Anwendung des Naßbetriebes der Vertikalkammern zu Höchstleistungen der Gaserzeugung geführt, aber gerade deshalb lag der Gedanke nahe, die durch den Heizwert des Wassergases zwangläufig gegebene Grenze mengenmäßig doch zu überschreiten oder auch trotz einer Ausbeutesteigerung den Heizwert nicht zu sehr absinken zu lassen. Das nächstliegende war die unmittelbare Übernahme der Erfahrungen der Herstellung karburierten Wassergases, wobei die heiße Koksfüllung der Vertikalkammer an die Stelle des aufgeheizten Gitterwerks des Karburators trat. Da aber der Karburator wesentlich andere Durchgangsquerschnitte und Reaktionsräume darstellte, als sie in der selbst nach Zusammensintern des Kokskuchens noch vollgefüllten Vertikalkammer zur Verfügung stehen, war eine unmittelbare Nachahmung und das Erreichen gleicher Ergebnisse von vornherein nicht zu erwarten. Die Art der Karburierung in der Vertikalkammer hat daher zu den verschiedensten Versuchen Anlaß gegeben. Abgesehen von der Ausführungsform kam es auch auf die Wahl des Karburiermittels sehr an; denn es muß grundsätzlich als wesensfremd angesehen werden, zur Heizwertsteigerung eines Steinkohlengases fremde Karburiermittel thermisch zu zerschlagen und dabei unter Verlust des Wirkungsgrades dieser Umsetzung insgesamt eine geringere Ausnützung derselben zu erreichen, als bei ihrer unmittelbaren Verwendung zu Heiz- oder sonstigen Zwecken erreichbar wäre. Etwas anderes ist es, wenn es sich um den der Spitzendeckung dienenden Einsatz der Wassergas-Karburieranlage handelt. Soll aber die Karburierung von Vertikalkammergas eine ständige Einrichtung sein, so ist es grundsätzlich richtiger, nicht auf betriebsfremde Materialien zurückzugreifen, sondern den im Gaswerkbetrieb anfallenden Steinkohlenteer als alleinigen Zusatzstoff in Betracht zu ziehen. Diesem Bemühen treten aber Schwierigkeiten entgegen, die in der chemischen Natur des Steinkohlenteeres liegen und sich deshalb trotz vieler Versuche bis zu einem gewissen Grade als unüberwindlich erwiesen haben. Nach Aufhäuser ist anzunehmen, daß der Sauerstoffgehalt des Steinkohlenteeres bei der thermischen Behandlung den verfügbaren Wasserstoff so weitgehend bindet, daß der Teer insgesamt an dem für weitere Umlagerung von C-H-Verbindungen erforderlichen Wasserstoff verarmt. Daher können sich solche C-H-Verbindungen dann nur unter weitgehender Abspaltung von festem Kohlenstoff (Graphit) bilden und doch noch vorwiegend in Form wärmebeständiger Kohlenwasserstoffe anfallen, die nicht in Gasform in das Gasgemisch übergehen, sondern wieder als Teer weggehen. Steinkohlenteeröle sind nach ihrer chemischen Natur und praktisch besser geeignet als der Teer selbst, aber auch gegen deren Verwendung bestehen grundsätzliche Bedenken, weil sie bereits ein Veredelungsprodukt darstellen, das, zumal bei der jetzigen energiewirtschaftlichen Lage Deutschlands, nicht ohne weiteres in Frage kommen sollte. Natürlich sind die bei den vielerlei Versuchen und Versuchsanordnungen erreichten Ergebnisse je nach den Versuchsbedingungen in mancher Hinsicht verschieden, da die Teerbeschaffenheit, die Temperatur und Größe des Reaktionsraumes, die Menge und Temperatur des zur Teerzerstäubung benutzten Dampfes, u. U. auch katalytisch wirkende Eigenschaften des Kokses oder sonstige Begleitumstände den Erfolg in gleicher oder auch entgegengesetzter Richtung beeinflußten. Trotzdem ist bei allen Versuchen das Endergebnis in der Größenordnung übereinstimmend, daß aus dem Steinkohlenteer für Karburierzwecke kein seinem Wärme- und Kohlenwasserstoffinhalt gleichwertiger heizwertverbessernder Erfolg erreicht werden kann. In den nachfolgenden Versuchsberichten sind neben den Ergebnissen der Steinkohlenteerkarburierung zum Vergleich auch solche mit Steinkohlenteeröl und anderen Karburierölen angeführt, da ihre Verwendung in Sonderfällen immerhin begründet sein kann. Ferner kann auch Karburierung mit Braunkohlenteer in Gebieten starker Braunkohlenförderung örtliche Berechtigung haben.

Die Versuche der Karburierung von Vertikalkammergas mußten anstreben, das mit einer Zerstäuberdüse in die Kammer einzuführende Teerdampf-Wasserdampfgemisch mit dem glühenden Koks-»Gitter« in möglichst innige Berührung zu bringen. Außerdem kann das so erzeugte karburierte Wassergas durch Dampfen der Kammer von unten mit weiterem Wassergas gemischt werden. Letztere Arbeitsweise hat den Vorteil, daß das Kammerwassergas durch ständige Wärmeförderung von unten nach oben den Wärmeverbrauch ersetzt und dadurch ein längeres Karburieren zuläßt. In diesem Falle kann auch die Wasserdampfmenge zum Teereinblasen geringer gehalten werden.

Bei den ersten Versuchen an Vertikalkammern[1]) im Gaswerk Iserlohn wurden durch ein ca. 2 m tief in den Kokskuchen eingebrachtes

Zahlentafel 7.

Werk	Karburiermittel	Erreichter oberer Heizwert	Verbrauch an Karburiermittel g/m³ W-Gas	Verbrauch an Karburiermittel g/1000 kcal	Dampfverbrauch kg/m³ W-Gas
I	Steinkohlenteer . .	3620—3690	290—350	84—95	0,4—0,5
K	» . .	3850	300—360	—	—
I	Steinkohlen-Mittel- und Schweröl . .	4200—4300	320	76	0,4—0,5
K	Karburieröl. . . .	5000 u. mehr	460	75—90	0,46—0,5

[1]) Schuhmacher E., Gas- und Wasserfach **77** (1934) S. 65.

Absaugerohr die in den Kammerkopf eingeblasenen Teer-Wasserdämpfe durch diese Kokssäule hindurchgesaugt; das Absaugerohr war an die Ofengasleitung unmittelbar angeschlossen und die Teervorlage wurde indessen abgesperrt (Abb. 53). Einfacher war die nächste Versuchsanordnung (Kopenhagen) (Abb. 54), die an 6-t-Vertikalkammern mit 3 Füllöffnungen durch die mittlere Öffnung eine den Füllhals voll ausfüllende und somit den Leerraum des Kammerkopfes in 2 Hälften teilende Feinkoksladung anwandte. Das entgegengesetzt dem Gasabgang eingeblasene Teer-Dampfgemisch fand bei dieser Kammergröße einen hinreichend langen Umweg durch den Kokskuchen, so daß das Ergebnis trotz der anscheinend primitiven Anordnung besser war. Bei der Vergasung des reaktionsfähigeren Karburieröls erwies sich die eingebrachte Trenn-

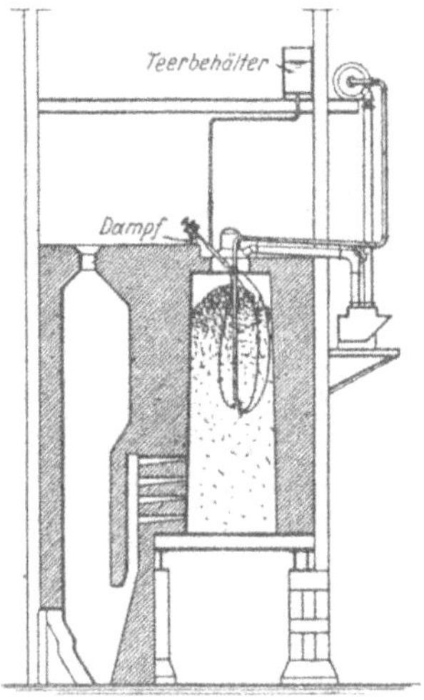

Abb. 53. 1. Versuchsanordnung für karburiertes Wassergas.

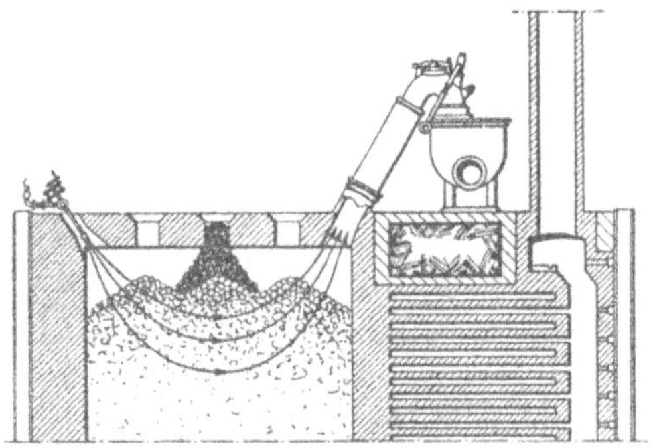

Abb. 54. 2. Versuchsanordnung für karburiertes Wassergas.

wand nicht nur als überflüssig, sondern als schädlich, da mit solcher der Ölverbrauch höher war, wohl durch Niederschlagen an der noch nicht genügend durchheizten Koksschüttung.

Weitere Ausführungsformen dieser Teer-Dampfgemischvergasung nach Dr. Otto und Schumacher wurden in dem nach gleichem Prinzip arbeitenden Frankfurter Krackgenerator und verschiedenen anderen Ofenbauarten mit ähnlichem Erfolg durchgebildet. Bei der gegenüber der ausgestandenen Ofenkammer etwas niederen Temperatur im Krackgenerator wurden in diesem mit Vertikalofenteer günstigere Ergebnisse erzielt[1]), ein karburiertes Wassergas mit 4200 kcal ergab sich bei Verarbeitung von 250 g Teer mit 1,2 kg Wasserdampf je m³. In der Vertikalkammer sind aber günstigere Ergebnisse als die obengenannten infolge der Natur der Vorgänge nicht zu erreichen.

Gegenüber der Erklärung von Baum[2]), daß die Verkrackung in

[1]) Steding A., Gas- und Wasserfach **73** (1930) S. 49.
[2]) Gas- und Wasserfach **76** (1933) S. 397.

der Kammer überwiegend weiter nichts darstelle als eine Vergasung des gebildeten Teerkokses, betont Steding[1]), daß die Berechtigung eines solchen, einer Teervernichtung gleichkommenden Verfahrens ganz vom Marktpreis und der Absetzbarkeit des Teeres abhänge. Dieser grundsätzlich nicht abzulehnenden Auffassung ist nur bei der jetzigen Energiewirtschaft Deutschlands entgegenzuhalten, daß jedes eine mögliche Veredelung umgehende Verfahren anfechtbar ist.

Rein preismäßig liegen die Verhältnisse so, daß bei einem üblichen Teerpreis von 3,5 bis 4 Pf./kg und einer — von Steding[2]) angegebenen — Mehrerzeugung von 7,1 m^3 auf 100 kg Kohle, unter Vergasung der dieser Kohlenmenge entsprechenden 4 kg Teer, die 1000 kcal im karburierten Wassergas etwa 0,5—0,6 Pf. kosten, also einen in größeren Werken vergleichbaren Preis darstellen.

Technisch ist für den Dauerbetrieb einer solchen Teervergasung nicht zu verkennen, daß er für den Betrieb im Hinblick auf die Führung der Dampf- und Teerleitungen und die notwendige besondere Überwachung eine nicht ohne weiteres zu rechtfertigende Betriebserschwerung bedeutet.

Während, wie erwähnt, bei den für Deutschland maßgebenden Voraussetzungen sowohl die Teervergasung wie die Karburation mit bereits veredelten Teererzeugnissen grundsätzlich nicht oder nur als Notbehelf bzw. für Spitzendeckung in Betracht zu ziehen sind, liegen die Verhältnisse im Ausland mehrfach anders. So wird die Teerkarburation in Spanien, Frankreich u. a. bei niedrigen Teerpreisen in wesentlichem Umfange angewandt und sind Anlagen dieser Art in diesen Ländern verbreiteter als in Deutschland.

β) Das Jenaer Verfahren.

Die erwähnten Gründe, daß die Karburierung mit Teer eher einer Teervernichtung als Teerverwendung gleichkommt und die Erkenntnis, daß wesentliche Teile des Teeres sich nicht für normale Karburierung eignen, gaben Anlaß zu einer ebenso stetigen Förderung und Prüfung des anderen Karburierverfahrens mit Teer, nämlich der Verwendung des Teeres oder der Teerdämpfe »in statu nascendi«, solange er sich noch in heißem Zustande in Dampfform in der Kammer befindet. — Wie immer, hat auch dieses Verfahren oder Arbeitsprinzip gewisse Vorläufer, die mit der Entwicklung des neuesten Standes an sich nichts zu tun haben, die aber eine Grunderfahrung oder einen Anhaltspunkt hergegeben haben oder die Richtigkeit des eingeschlagenen Weges durch ähnliche Beobachtungen beweisen.

Schon in den ersten Zeiten des Vertikalretortenbetriebes versuchte Geipert durch Füllung einzelner Retorten eines Ofens oder Ofenblocks

[1]) Gas- und Wasserfach **75** (1932) S. 374.
[2]) Gas- und Wasserfach **75** (1932) S. 374.

mit Perlkoks bzw. durch Überstehenlassen ausgegaster Retorten und langzeitiges Dampfen derselben ein Zusammenbringen von heißem Wassergas mit heißem teerhaltigem Gas. Daß bei solchem Zusammentreffen ein verhältnismäßig größerer Heizwertinhalt aufgenommen, also eine erhöhte Menge Mischgas erreicht werden kann, wurde im betriebsmäßigen Gebrauch der obenerwähnten Kokskammern (S. 67)[1]) erwiesen. Mit zunehmender Zahl Kokskammern, also mit zunehmender Beimischung ständig dem Rohgas der Kohlekammern zuströmenden heißen Kammerwassergases stieg bei sonst gleichen Voraussetzungen die Mischgasausbeute von 54 auf über 58% bei Besetzung von $\frac{1}{3}$ der Kammern als Kokskammern (GW Duisburg).

Wirkungsvoller als diese Mischung von Teernebeln mit Wassergas im Produktionsrohr, also nach bereits teilweiser Abkühlung, mußte diese Mischung sein, wenn sie noch in der Kammer selbst ermöglicht werden kann. Diesen Gedanken versuchten 1926—27 unabhängig voneinander W. Bueb in Rostock und Gülich in Jena durch Überschichten der nicht vollgefüllten Kohleladung mit einer starken Perlkoksladung. Die Entwicklung der von Gülich besonders vielseitig und über lange Zeiten betriebsmäßig durchgeführten Versuche nahm folgenden Gang, der wegen der mit auf ihnen aufgebauten Weiterbildung des Verfahrens von besonderem Interesse ist[2]). Ausgangspunkt der Versuche war die Beobachtung, daß in der ersten Zeit der Entgasung eine Drucksteigerung in der Kammer eintritt, die dadurch begründet ist, daß die an den heißen Kammerwandungen sofort beginnende Gas- und Teerentbindung auf dem Wege durch die noch nicht angewärmten oberen Teile der Kohleschüttung eine Kondensation von Teerbestandteilen und damit eine den Gasdurchgang hemmende Verkrustung der oberen Zone bewirkt. Ferner ist immer festzustellen, daß im Kammerkopf und am oberen Deckel mehr oder weniger verkokte Teerkrusten von der Vernichtung gewisser Teerbestandteile zeugen. Neben anderen

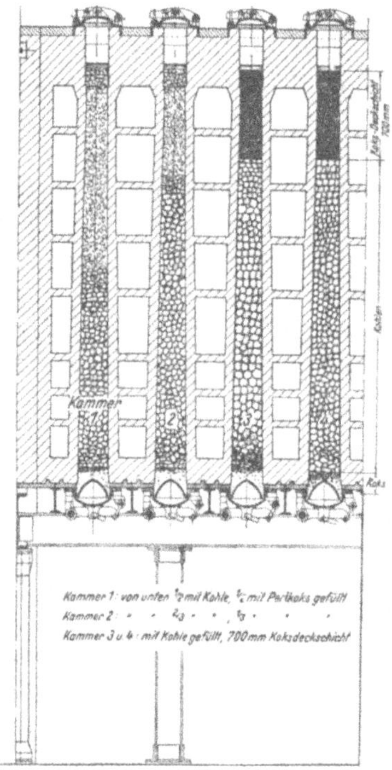

Abb. 55. Jenaer Verfahren, 1. Vorstufe.

[1]) Gas- und Wasserfach **71** (1928) S. 231; **73** (1930) S. 133; — Didier, DRP 487975.

[2]) Gülich J., Gas- und Wasserfach **71** (1928) S. 1112.

Versuchen, die Oberfläche der Kohleschüttung aufzulockern, kamen W. Bueb und Gülich auf das Verfahren einer Koksaufschüttung auf die Kohleladung. Als besonders geeignet erwies sich Perlkoks 10—20 mm. Neben Schüttungen von 1 bis 2 m fand Gülich eine Koksaufladung von 70 cm als ausreichend wirksam (Abb. 55). Der Vorgang war bei dieser Anordnung der, daß die Teerdämpfe sich in der lose liegenden Koksauflage kondensierten, ohne im bisherigen Umfange zu einer Ver-

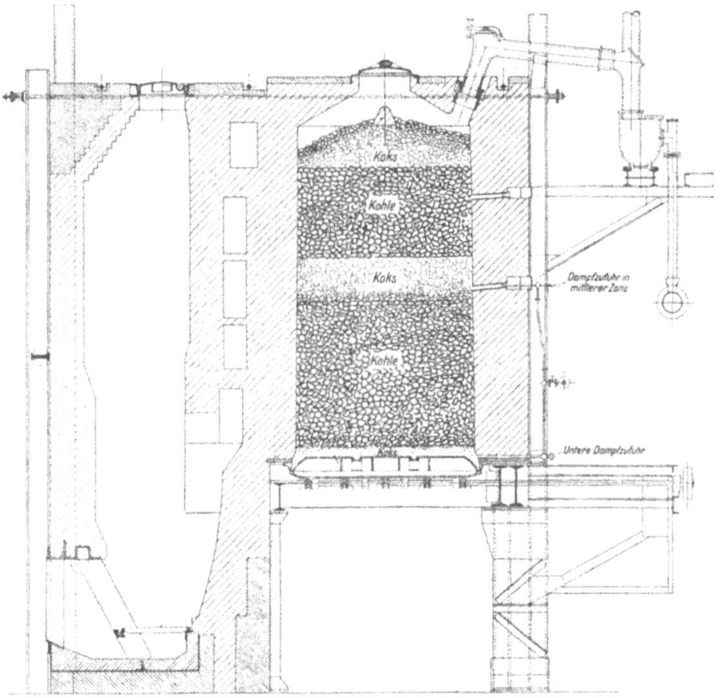

Abb. 56. Jenaer Verfahren, 2. Vorstufe.

krustung und Drucksteigerung zu führen und im weiteren Verlauf der Entgasung, nachdem diese Koksaufladung in etwa 3—6 h zum Glühen gekommen war, insbesondere während des Dampfens der Kammer wurden diese Teerbestandteile dann teils unmittelbar, teils unter Zerlegung von den ärmeren Gasanteilen bzw. dem Wassergas aufgenommen. Diese teerabfangende Wirkung ist augenfällig daran zuerkennen, daß bei Vorhandensein einer Koksaufschüttung beim Öffnen der Kammer die herausschlagende Flamme nicht gelb, wie normalerweise beobachtet, sondern bläulich, entleuchtet, brannte. Dieser der Devog geschützte Grundgedanke (Abb. 55)[1]) erfuhr dann eine weitere Ausbildung in

[1]) Devog, DRP 487975, 496747.

der Form, daß in halber Höhe der Kammer eine Kokszwischenladung eingebracht wurde (Abb. 56) und daß diese, sobald sie durchgewärmt war, baldmöglich durch eine in dieser Höhe angebrachte Dampfzuführung während der Entgasung gedampft wurde[1]), also im Grunde ein dem Goffin-Verfahren ähnlicher Effekt erzielt werden sollte. Bei aller sachlichen Richtigkeit dieses Gedankens bestehen jedoch erhebliche betriebliche Schwierigkeiten, diese Einzelladungen bei der sofort einsetzenden Kohlenentgasung in der richtigen Menge und Höhe einzubringen.

In sehr eingehenden, nicht nur betriebsmengenmäßigen, sondern auch gasanalytischen Untersuchungen hat sich Gülich[2]) bemüht, den

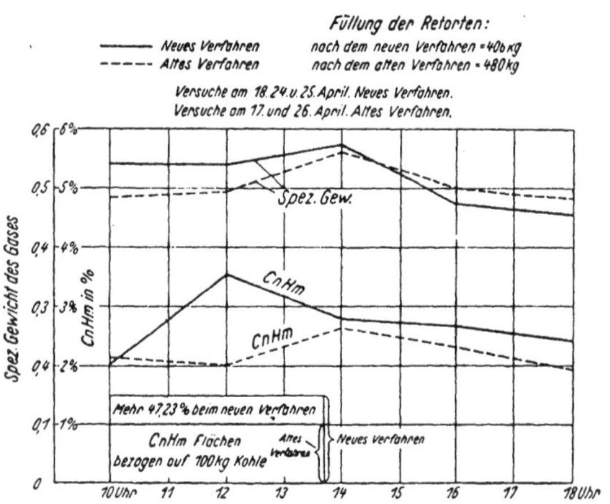

Abb. 57. CnHm-Entwicklung. Mittelwerte aus mehrtägigen Versuchen im Produktionsgas.

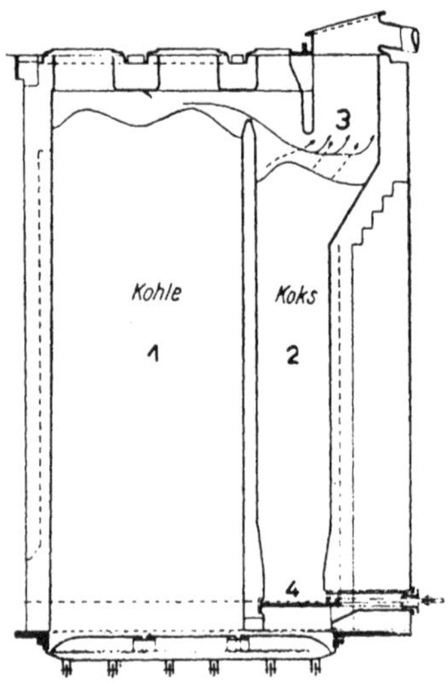

Abb. 58. Bauart Jena-Rostock.

beobachteten Zusammenhang zu ergründen. Vor allem ergab sich ein auffallendes Ansteigen des Gehaltes an schweren Kohlenwasserstoffen im Gas während der ersten Stunden — wodurch der Wegfall des sonst verlorengehenden Teerniederschlages im Kammerkopf gekennzeichnet wird — und weiter ein wenn auch geringeres, doch anhaltendes Mehrausbringen an schweren Kohlenwasserstoffen bis zu Ende der Entgasung (Abb. 57). Dieser zusätzliche Mehrgewinn an Heizwertträgern muß sich naturgemäß in einer größeren Aufnahmefähigkeit für Wassergas ohne Heizwertminderung (wie es Gülich insbesondere anstrebte) auswirken. Praktisch erwies sich der Erfolg der Teeraufnahme auch in dem Wegfall der vorher unvermeidlichen Teerkokskrusten.

Gegenüber 39% Ofengasausbeute von 4670 kcal im alten Betrieb

[1]) Devog, DRP 487975, 496747.
[2]) Gas- und Wasserfach 71 (1928) S. 8, 1112.

erhielt Gülich bei sonst gleichen Betriebsverhältnissen mit der Aufladung von Koks eine Steigerung auf 47,5% von 4600 kcal.

Eine weitere Übergangsform der Devog[1]) setzte eine Kohlekammer neben eine koksgefüllte Kammer mit solcher Verbindung, daß das Kohlengas durch die gedampfte Kokskammer in voller Höhe oder auch nur durch die obere Hälfte hindurchgehen sollte, doch bewährte sich diese Form nicht wegen der Strömungsschwierigkeiten und wohl dadurch verursachten Teerverstopfungen.

Die neue Bauart Rostock[2]) ging erstmalig zur Überleitung der Kohlengase über die glühende Koksschicht an Stelle der Durchleitung über (Abb. 58), und brachte Kohle und Koksfüllung in dieselbe, nur durch eine Trennwand geteilte Kammer, während Gülich in der grundsätzlich gleichen Kammer trotzdem die Koksdeckschicht auf dem Kohleteil beibehielt[3]). Das von ihm hier angewandte unterbrochene Dampfen mit stündlichen Pausen von ¼ h muß als auf die Dauer betriebstörende Belastung betrachtet werden und kann zweifellos (vgl. oben unter Naßbetrieb) bei entsprechender Abstimmung der Dampfmenge ununterbrochen durchgeführt werden.

Die Bauart Gaswerk Lodz ging von der vorgenannten Kammerform (Abb. 59) weiter und verhinderte durch einen übergesetzten Vorratsbehälter ein zu tiefes Absinken der Perlkokssäule und sicherte dem überstreichenden Kohlengas eine ständig möglichst große Fläche glühenden Perlkokses. Eine Heizwertzahlausbeute 0°/Reinkohle von 2500 ergab sich ohne erkennbare Minderung der Teerausbeute.

Interessante Versuche führte Gülich mit der Kammer der Lodzer Bauart durch unter Mitverwendung von Braunkohlenbriketts[4]). Einerseits wurde in der Perlkokskammer eine Mischung von Perlkoks und Briketts 3:1 mit Erfolg durchgesetzt, anderseits auch in der Kohlekammer Brikettzusatz versucht. Eine Mischung von Kohle mit Briketts eignete sich nicht, weil bei der zu ungleichen Stückgröße die Briketts nicht genügend ausgasten. Anderseits gab eine unten in die Kammer gebrachte Mischung von Feinkohle und Briketts (Abb. 59) infolge der dichten Lagerung trotz der ungleichen Stückgröße eine gute Betriebsmöglichkeit und Ausbeute, und es zeigte sich, daß ein gut ineinandergesinterter Kohlebrikettkoks erhalten wurde. Zur Herstellung eines Normstadtgases war ein Braunkohlenbrikett-Zusatz bis 28% des Steinkohlengewichtes tragbar.

γ) Das Rostocker Verfahren.

Bei der neuesten Bauart des nunmehr als Rostocker Verfahren bezeichneten Ofens hat W. Bueb die Wassergaskammer wieder von der

[1]) Gülich J., Gas- und Wasserfach **71** (1928) S. 8, 1112.
[2]) Permien, Gas- und Wasserfach **76** (1933) S. 47.
[3]) Gülich J., Gas- und Wasserfach **77** (1934) S. 1.
[4]) Gas- und Wasserfach **78** (1935) S. 145, 172.

Kohlekammer getrennt und gemäß Abb. 60 eine Kokskammer zwischen zwei normale Kohlekammern gebaut. Diese haben in Abweichung von der normalen Bauart keinen eigenen Gasabgang, sondern nur einen in der Ofendecke liegenden Übergang nach der Kokskammer. Die Koks-

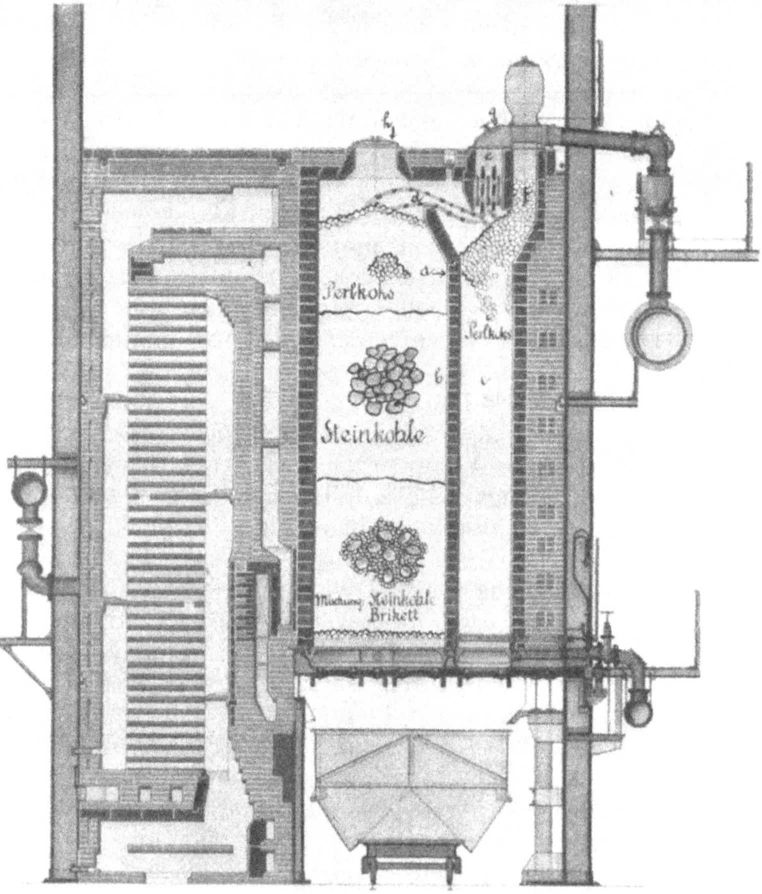

Abb. 59. Bauart Lodz (Devog). Ladung nach Gülich.

kammer gewährt durch die eingebauten Trennwände verschiedener Höhe und durch die den Gasweg zwingende Zunge sowohl eine möglichst große Koksfläche als auch eine zwangläufige Führung des Kohlengases und dessen Mischung mit dem heißen Wassergas. Die Kokskammer hat einen besonders ausgebildeten Rollenrost zum zeitweisen Austragen des veraschten Koksrückstandes und eine geeignete Koksfülltasse. Vorteilhaft ist ferner die Vereinfachung der Armaturen dadurch, daß

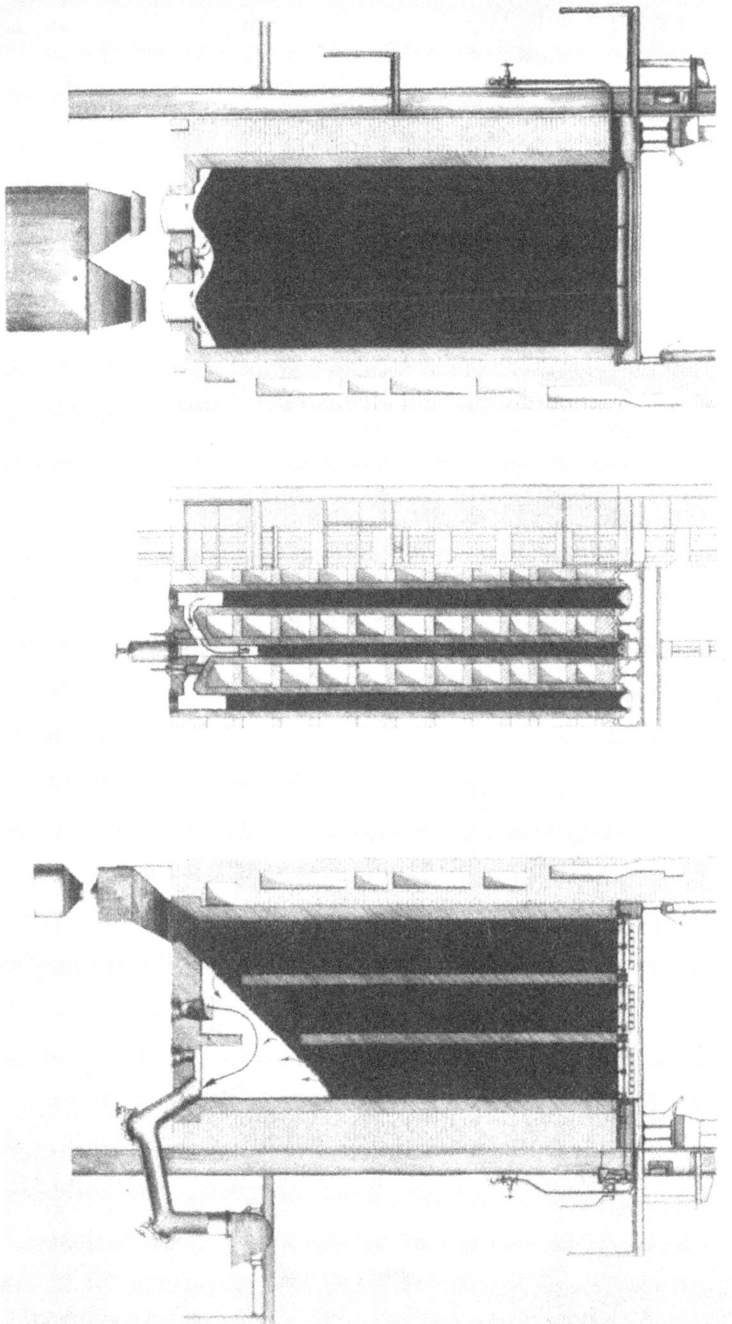

Abb. 60. Devog-Verfahren im Gaswerk Rostock.

das Gas der 3 Kammern einer Gruppe nur durch die Kokskammer weggeht, also statt 6 nur 2 Abgänge je Ofen vorhanden sind. Die Kokskammer ist schmaler (um etwa 20%) als die Kohlekammern, so daß die ausreichende Wärmezufuhr für die Wassergaserzeugung keine Schwierigkeiten macht. Einstellung eines normgemäßen oder auch wesentlich höheren Heizwertes ist in einfacher Art wahlweise möglich durch gegenseitige Abstimmung von Kammerbeheizung und Dampfzusatz in Kohle- und Kokskammern. Letztere werden im allgemeinen 3 von 8 h Ausstehzeit gedampft (Kammerladung 1,8 t).

Leistungsversuche, die in Gegenwart von Vertikalofenfachleuten vorgenommen wurden[1]), ergaben bei Verwendung einer Kohle von 30,9% flüchtigen Bestandteilen und 90,8% Reinkohle eine Heizwertzahlausbeute 0°/760/Reinkohle von 2780 (ohne Benzolauswaschung) bei einer Unterfeuerung von 15,5% Reinkoks/Reinkohle, also ein sehr günstiges Ergebnis. Dabei wurde, wie im Dauerbetrieb ermittelt, das Teerausbringen weder qualitativ noch quantitativ merklich beeinflußt. Bei verstärkter Wassergaserzeugung errechnet sich hieraus für Norm-Heizwerterzeugung mit voller Benzolauswaschung dieselbe Größenordnung, 2770 Heizwertzahl 0°/Reinkohle, und für den Heizwert 4200 ohne Benzolauswaschung eine entsprechende Heizwertzahl 3060.

Ob für letzteren Fall die Wassergasleistung der Kokskammer ausreicht, müßte erst versucht werden, für solche außergewöhnliche Betriebsvoraussetzungen läßt sich der Ofen auch für paarweise Anordnung von Kohle- und Kokskammern bauen. — Hinsichtlich der Feststellung der Versuchsergebnisse ist zu betonen, daß diese durch vorbildliche Anpassung des normalen Betriebes an die Versuchsbedingungen einwandfrei ermittelt werden konnten.

Die Entwicklung dieses Mischgasverfahrens wurde etwas eingehender dargestellt, nicht nur weil damit ein vielbearbeitetes Problem zu einer gewissen abschließenden Vollendung kam, sondern auch weil sein Werden und Gelingen zweifellos durch offenherziges, zielbewußtes Zusammenarbeiten verschiedenster Betriebe und Fachleute vorangebracht wurde.

Ebenso, wie obenerwähnt von Gülich in Jena, wurden auch von Bausch in Rostock[2]) Versuche mit teilweiser bzw. höchstmöglicher Mitverwendung von Braunkohlenbriketts ausgeführt, da sich ergeben hatte, daß bei den Temperaturen der Wassergaskammer der Braunkohlenteer restlos aufgespalten wurde. Die Kokskammer wurde teils mit Perlkoks-Brikettmischung, teils mit reiner Brikettfüllung betrieben und es ergaben sich bei Brikettbetrieb in mehrtägigem Betriebe Ausbeuten an Heizwertzahl 0°/Reinkohle von 2960 bis 3060 ohne Benzolauswaschung bei dem in Rostock üblichen Heizwert von etwa 4400 kcal.

[1]) Vater G., Richardt F., Thau E., Gas- und Wasserfach **80** (1937) S. 146.
[2]) Vater G., Richardt F., Thau E., Gas- und Wasserfach **80** (1937) S. 146, 149.

Diese Anpassungsfähigkeit an den Rohstoffmarkt verdient besondere Erwähnung.

2. Vertikalöfen mit wandernder Ladung.

a) Der ununterbrochene Betrieb der Entgasung.

Bot schon der vertikale Betrieb an sich durch seine günstigen Voraussetzungen in förder- und heiztechnischer Beziehung und hinsichtlich des Platzbedarfs, wie erwähnt, einen besonderen Anreiz, so war es erklärlich, daß der weiterhin sehr naheliegende Gedanke, solchem Betrieb eine ununterbrochene Form zu geben, schon Jahrzehnte vor seiner technischen Verwirklichung hier und da versucht wurde. Die besonderen Vorteile dieser Betriebsart, die teils zu diesen Versuchen Anlaß gaben, teils sich erst im Laufe der weiteren Entwicklung des Verfahrens herausstellten, sind folgende:

1. Die Füllung und Entleerung der Kammerladung ohne Unterbrechung des Entgasungsvorganges und ohne Öffnen der Verschlüsse sichert ein praktisch rauch- und staubfreies Arbeiten und erleichtert dadurch nicht nur die Arbeitsbedingungen für die Ofenbedienung, sondern vermeidet auch bei gedrängter Lage eines Werkes in bewohnten Ortsteilen die Belästigung der Umgebung.

2. Mit dem Wegfall des Öffnens der Kammer entfällt der Verlust an Entgasungszeit und an Füllgasen während der üblichen Bedienung.

3. Die Ausnützung der Kokswärme (— ursprünglich allerdings mehr in Form einer Wärmevernichtung angewandt —) bringt nicht nur einen besseren Grad der gesamten Wärmebilanz, sondern auch eine höhere Gasausbeute und einen nicht beliebig, sondern einstellbar trockenen bzw. wasserhaltigen Koks.

4. Die Gaserzeugung ist entsprechend dem gleichmäßigen Fortschreiten der Entgasung grundsätzlich gleichmäßig, trotzdem aber durch Beeinflussung der Durchgangsgeschwindigkeit und der sonstigen Betriebsvorgänge in weiten Grenzen anpassungsfähig.

5. Die besondere Art des wandernden Entgasungsvorganges gewährleistet eine schonende Kohlezerlegung ohne zu weitgehende Wärmespaltung der Gase und Dämpfe.

6. Infolge des durch die starke Wassergaserzeugung innerhalb der Kammer ständig bewirkten großen Wärmetransports vollzieht sich die Entgasung verhältnismäßig schneller als bei ruhender Ladung.

7. Durch die Steigerung des Durchsatzes je Grundfläche und die neuzeitliche, gut durchgebildete Mechanisierung und Gesamtanordnung ist der Aufwand für Bedienung außerordentlich vereinfacht und verbilligt.

Die Vorgänge im senkrechten Entgasungsraum haben einerseits bei ruhender und wandernder Ladung einiges Übereinstimmende, anderseits grundsätzliche Unterschiede. — Als übereinstimmend kann bei gleicher Kohle, gleichem Kammermaterial und gleicher Beheizungsmenge und -höhe angenommen werden: der Wärmeübergang durch die Kammerwandung und auf den Kammerinhalt, sowie waagerecht weiter in die Kammerfüllung. — Beim unterbrochenen Betrieb ist dann die Entgasungsgeschwindigkeit allein von der Kammerbreite abhängig und nur während des Naßbetriebes, also nach praktisch beendeter Entgasung kommt eine starke Restspülentgasung, verbunden mit Wärmeförderung hinzu. — Beim stetigen Betrieb erscheint als weiterer entscheidender Einfluß die Sinkgeschwindigkeit der Kohleladung. Bei verstärkter Sinkgeschwindigkeit, also erhöhtem Durchsatz, kann entweder bei gleichbleibender Beheizung und zurückgesetzter Wassergaserzeugung eine ähnliche Menge höherwertiges Gas oder bei verstärkter Beheizung eine größere Menge gleichbleibendes Gas erzeugt werden; also wird die Heizwertzahlausbeute in beiden Fällen erhöht. Dies ist beim unterbrochenen Betrieb mit Naßbetrieb zwar auch in gewissen Grenzen durch Anpassung von Ausstehzeit, Beheizung und Dampfen möglich, aber nicht in dem breiten Umfange, wie bei gut überwachter wandernder Ladung (vgl. später). Immerhin würde, gleiche Wandtemperatur auf größerer Kammerhöhe vorausgesetzt, der Wärmedurchgang in und durch die Ladung auch beim Wandern praktisch gleich sein, wenn nicht der ständige innere Wärmetransport durch die ununterbrochene Wassergaserzeugung die Entgasungsvorgänge wesentlich förderte, so daß die Entgasungsgeschwindigkeit bei der wandernden Ladung etwa 50% höher ist als bei ruhender Ladung.

Während bei ruhender Ladung und gleichmäßiger bzw. der Konizität entsprechend abgestufter Wandtemperatur die Entgasung und damit die Teernaht in einer der Kammerwand oder Mittelebene parallelen Ebene fortschreitet, so daß eine durch die ganze Kammermitte durchgehende Kohlewand abnehmender Stärke geht, ist diese Gestaltung der Teernaht bei wandernder Ladung eine ganz andere. Die Lage der Teernähte bei wandernder Ladung bleibt, solange Wandtemperatur und Durchsatz gleichbleiben, räumlich ständig unverändert; am Einlauf der Kohle liegen sie der Wand unmittelbar nahe, nähern sich abwärts beiderseits immer mehr der Mitte und bilden so einen auf der Spitze stehenden, oben offenen Keil. Je höher die Gesamttemperatur der Kammerwand ist, desto höher rückt die Spitze dieses Keils, also der Endpunkt der Entgasung. Je größer die Durchgangsgeschwindigkeit der Ladung ist, desto tiefer sinkt die Teernahtspitze nach dem Auslauf zu, wenn nicht gleichzeitig die Temperaturen gesteigert werden.

b) Die Retortenöfen mit wandernder Ladung.

Nach mehreren erfolglosen Vorgängern begannen Woodall und Duckham gegen 1903 mit der Entwicklung des ersten stetig arbeitenden Retortenofens, der aus 4 Retorten von 6 m Höhe bestand und den Koks in eine mit Wasser gefüllte Grube auslaufen ließ, aus der er, allerdings völlig durchtränkt, durch ein Förderband herausgeholt wurde[1]) (Abb. 61). Dieser Ofen war 1905/06 8 Monate im Probebetrieb, doch sind Betriebszahlen davon nicht bekannt geworden. Der nächste Ofen von 1908 brachte wesentliche Fortschritte besonders in der Koksaustragung (Abb. 62). Obwohl diese beiden Bauformen durch die neueren Ausführungen überholt sind, verdienen sie doch besondere Erwähnung, weil verschiedene grundlegende und jetzt noch gültige Teilformen des stetigen Betriebes darin bereits Anwendung fanden und von dem ausgezeichneten allgemein- und fachtechnischen Verständnis der Erfinder Zeugnis geben. Die Skizze von 1903 zeigt bereits den Trommel- oder Walzenschieber für die Kohlezufuhr, die in den unbeheizten Retortenkopf eintauchende, vom Gassammelraum umgebene Füllhaube und unten die schräg-seitwärts abführende Kokstasche mit Dampfzuführung. Auf die Bedeutung dieser Einrichtungen wird bei den stetigen Kammeröfen zurückgekommen. Die Beheizung des Woodall-Duckham-Ofens war anfangs von der Mitte beginnend nach unten und dann zum Kohlevorwärmen aufwärts geführt, aber bereits der Ofen von 1908 zeigt auf die künftigen Beheizungsformen hin. Er bildet einen Übergang von der Zickzack-Etagenheizung des diskontinuierlichen Retortenofens zur späteren Abwärtsbeheizung des kontinuierlichen Ofens. Das Heizgas aus dem angebauten Generator führt hoch zu den Brennern, die unter den unbeheizten Kammerköpfen sofort eine hohe Temperatur geben (vgl. später) und durch waagerechte Abdeckungen im Zickzack abwärtsgeführt, verlassen die Abgase den Ofenraum am Retortenfuß. Der Ofen von 1908 zeigt ferner schon die Dornwalze im Koksaustragkasten. Die Retorten von rundem bzw. ovalem Querschnitt waren mit Nut und Feder gemauert und bei dem Ofen

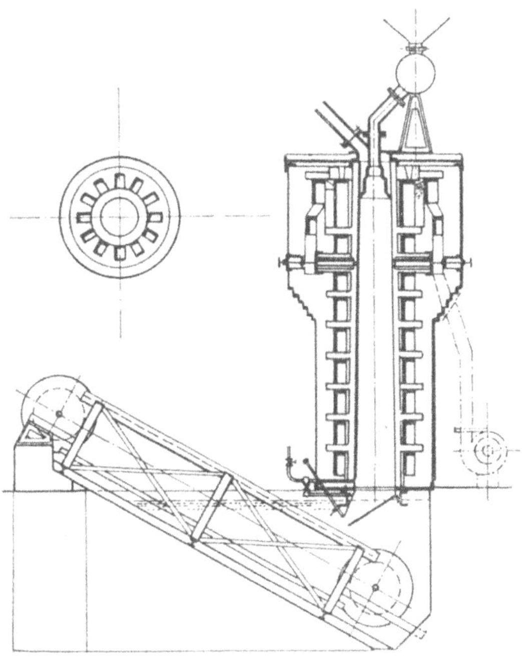
Abb. 61. I. Woodall-Duckham-Retorte.

[1]) Körting E., Gas- und Wasserfach **49** (1906) S. 325.

von 1908 bereits 7,6 m hoch. Neben dieser damals in England schnell beliebt gewordenen Bauart fand auch der stetige Glover-West-Ofen Verbreitung. Er enthielt 8 ovale Retorten mit etwa 2,6 t Tagesdurchsatz je Retorte und unterschied sich vom Woodall-Duckham-Ofen durch die Koksaustragevorrichtung, eine senkrecht stehende große Schnecke, die zweifellos größere Gefahr der Koksquetschung bringt, und durch die Form der Beheizung. Die Mitte der Retorten wurde mit 9 Brennern beheizt, deren Abgase nicht abwärts geführt wurden, um mit möglichst geringem Zug auszukommen, sondern nur aufwärts zum Kohlevorwärmen. Der Retortenunterteil bestand aus Gußeisen mit Kühlrippen zur Vorwärmung der Oberluft mit dem Wärmeinhalt des Kokses. Die Regulierung der zahlreichen Brenner, sowie der Ausgleichschieber der 9 Brennerkanäle erforderte besondere Sorgfalt. Der Glover-West-Ofen behielt die Retortenbauart auch weiter bei.

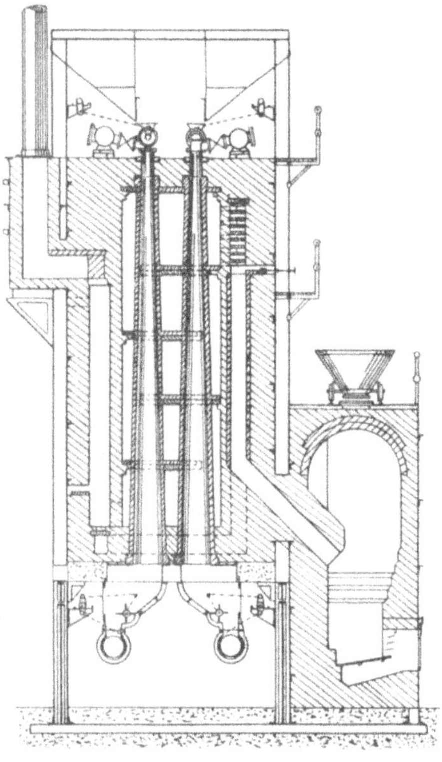

Abb. 62. Woodall-Duckham-Ofen 1908.

c) Die Kammeröfen mit wandernder Ladung.

Die Ausbildung des stetigen Kammerofens erfolgte in Deutschland nach 1910 durch die Adolfshütte (später fortgesetzt durch Didier-Werke in Arbeitsgemeinschaft mit der englischen Woodall-Duckham-Gesellschaft), zunächst in Dresden. Die dort von Wahl, Metzdorf und Schroth geleistete Pionierarbeit führte zu der bewährten fortgesetzt weiterentwickelten Bauart des »Dresdener Ofens«, der dann auch in einigen anderen Werken, besonders aber durch die Woodall-Duckham-Company in England sehr zahlreich und auch in fast allen Kulturländern in verschiedenem Umfange eingeführt wurde.

Eine in verschiedener Hinsicht andersartige (vgl. später), wenn auch in wesentlichen Grundgedanken übereinstimmende Bauart brachte seit 1920 Koppers in Deutschland und vor allem im Ausland zu zunehmender Verbreitung.

Seit 1923 sind auch stetige Kammeröfen von Dr. Otto ausgeführt, die sich insbesondere durch eine andersartige Ausführung der Beheizung u. a. m. kennzeichnen.

In der nachfolgenden Besprechung der Einzelteile und Arbeitsformen der stetigen Entgasung sind die Besonderheiten dieser 3 Ausführungsformen gegenübergestellt. Die Kammerformen, Beheizung, Füll- und Entleerungseinrichtungen stehen zwar bei jeder Bauart für sich in einem gewissen gegenseitig gebundenen Verhältnis, doch sollen sie zur besseren Einzelübersicht hier je für sich verglichen werden.

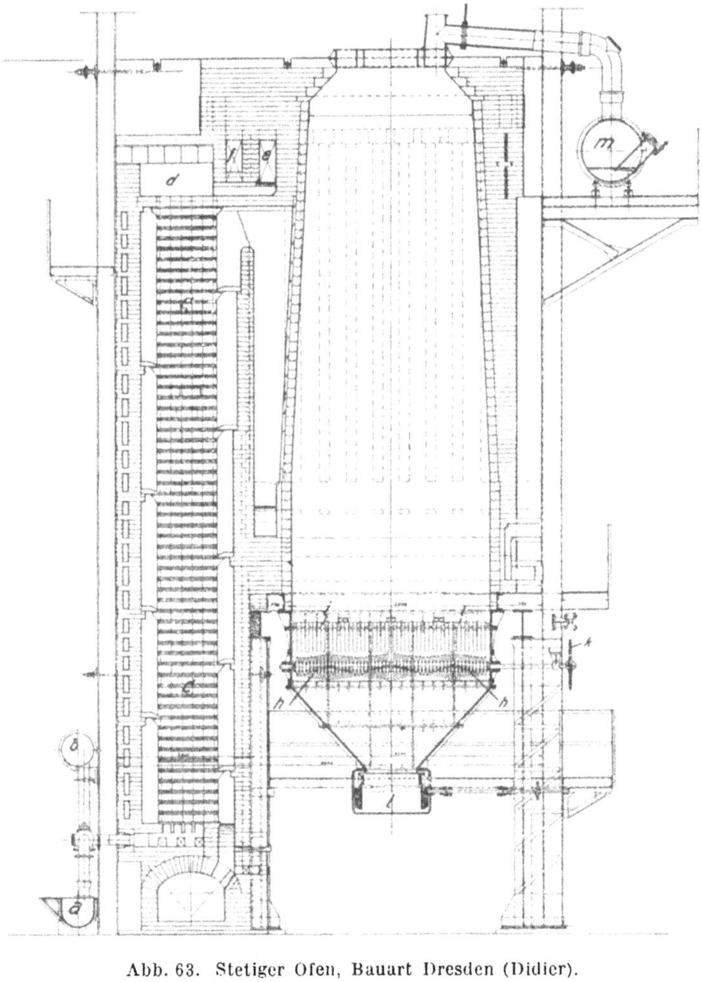

Abb. 63. Stetiger Ofen, Bauart Dresden (Didier).

α) *Bauarten.*

Die Kammerbauarten und Durchsatzgrößen. Der Kammerquerschnitt ist allgemein üblich langrechteckig mit abgerundeten oder abgeschrägten Ecken.

Die Kammer des Dresdener Ofens (Abb. 63) hatte bei 8,5 m Höhe und etwa 360/2000 mm mittlerem Querschnitt Durchsatzleistungen von 5 bis 7 t täglich, die neuerdings auf 8,5 und 10 t/Tag erhöht wurden. Der Koppers-Ofen arbeitete grundsätzlich mit höherem Durchsatz, bei normaler Belastung 10 t/Tag, und mit sowohl höherer als auch breiterer Kammer (9 m hoch, 400/2700 mm mittl. Querschnitt), während der Otto-Ofen bei geringerer Höhe von 7 bis 8 m eine ebenso breite, aber z.T. tiefere Kammer von 400/2200 bis 4000 mm mit ebenfalls hohem Durchsatz (bis 10 t) anwandte.

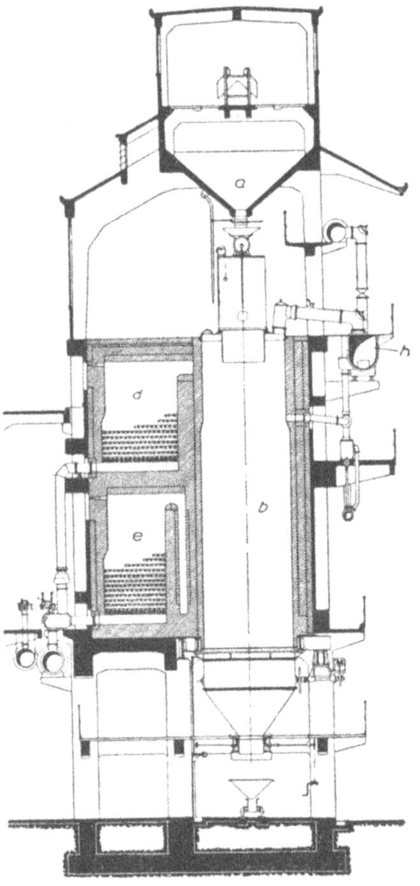

Abb. 64. Stetige Vertikalkammerofenanlage, Bauart Koppers.

Die 10-t-Kammer erreicht, auf Ofengrundfläche berechnet, die hohe Leistung von 1,6 bis 1,7 t/m^2/Tag (vgl. S. 72).

Der von Koppers gewählte hohe Durchsatz und breite Querschnitt bezweckte vor allem, das gefährliche Kleben oder Hängen der Kohle-Kokssäule an der Wandung zu überwinden, durch ein im Verhältnis zur Wandreibung möglichst großes Kohlengewicht. Der Förderung des stetigen Abgleitens der Füllung dient auch eine wie beim diskontinuierlichen Ofen angewandte Konizität. Diese hat allerdings beim stetigen Ofen einen etwas andern Charakter. Eine zu stark von oben bis unten durchgeführte Konizität könnte zur Folge haben, daß, nachdem das Spitzende der keilförmigen Teernaht erreicht ist, eine weiterhin noch stark zunehmende Verbreiterung der Kammer entweder zu breiten Spalträumen rings um die Kokssäule oder bei weichem Koks zu einem Zusammensinken der Kokssäule unter Kokszertrümmerung führt. Deshalb verwendet der Koppersofen (Abb. 64) in der Kammertiefe nur einen erweiternden Absatz in Höhe des 2. Gasabganges, dagegen in der Breite der Kammer eine schwache Konizität von 6 bis 11 mm je m Kammerhöhe, die stärkere Verjüngung gilt für Kammern mit höherem Durchsatz. — Die Didier-Kammer (Abb. 63) hat in der oberen Hälfte Konizität in Tiefe und Breite, geht aber im unteren Drittel, wo der Koks fertig durchgebildet ist, zur ringsum fast senkrechten Wand über. — Der Otto-Ofen hat in der Länge und Tiefe durchgehend schwache Konizität, nach unten abnehmend.

Die Anordnung mehrerer Kammern wird entweder als einreihiger Block ausgeführt, mit längsseitig nebeneinander stehenden Kammern, Wärmerückgewinnung für jede Kammer an einer Schmalseite angeschlossen oder bei größeren Blocks auch zweireihig, mit schmalseitig aneinanderstoßenden Kammern, wobei die Wärmerückgewinnung beiderseits des Kammerblocks an den äußeren Schmalseiten der Kammern angeordnet ist (Abb. 65). Diese Anordnung hat den Vorteil, daß die Kammern als höchsterhitzte Teile des Ofens mit keiner Wandfläche unmittelbar nach außen abstrahlen können, also die Strahlungsverluste bei durchweg verhältnismäßig niederer Wandtemperatur geringer sein müssen.

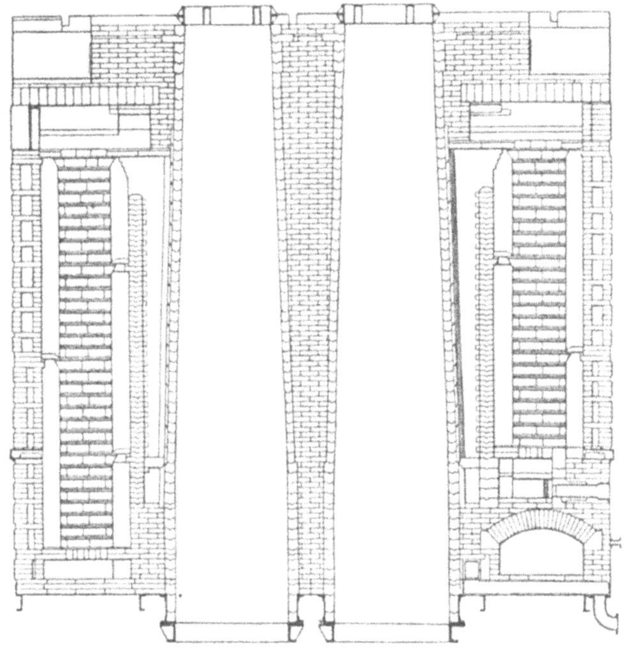

Abb. 65. Zweireihiger stetiger Ofen.

Von besonderem Interesse für den Gesamtaufbau des Kammerblocks ist die von Koppers[1]) ausgeführte Eisenbetonbauweise, bei der die übliche Eisenträgerverankerung und Tragkonstruktion durch Eisenbetonbalken ersetzt ist. Diese bildet zugleich das Gerippe für das

[1]) Koppers DRP 406735; Ztschr. öst. V.G.W. 1924, Nr. 8.

Ofenhaus und die Bauart ermöglicht in besonderem Maße eine gute architektonische Ausführung der ganzen Ofenanlage bei äußerster Platzbeschränkung; sie bedeutet allerdings auch u. U. bei Um- oder Erweiterungsbauten eine Beengung oder einen Zwang. Die dafür hervorgehobene Möglichkeit, zwischen Ofenmauerwerk und Betonhülle Isolierschichten anzuordnen, ist an sich bei jeder Bauart möglich und wie früher ausgeführt, dringend erwünscht. Bei Anordnung mehrerer Öfen nach dieser Bauart erhält jeder Ofen seine Eisenbetonhülle, in der er der erforderlichen Dehnung folgen kann.

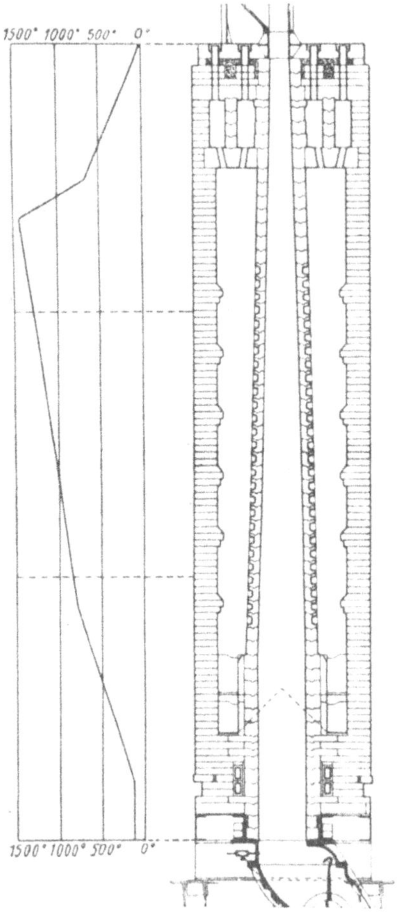

Abb. 66. Dresdener Ofen. Temperaturverlauf.

Wenn auch, wie später noch ausgeführt wird, der stetige Kammerofen eine weitgehende Anpassungsfähigkeit an Durchsatzschwankungen hat, so ist doch im Hinblick auf die Größe der Kammereinheiten je nach örtlichen Voraussetzungen in der Gesamtanordnung besonders auf Teilungs- oder Abschaltungsmöglichkeiten Rücksicht zu nehmen bzw. auf verschieden scharfen Betrieb getrennter Öfen. Bei der Höhe der stetigen Kammern sind hierzu die schon bei den unterbrochen betriebenen Kammern erwähnten Dehnfugenanordnungen von besonderer Bedeutung für die Haltbarkeit und Zuverlässigkeit der Kammern.

Die Beheizung. Um ein stetiges Wandern der Kohle in der Kammer zu erreichen und ihr Festhängen an der Kammerwand in der Zeit der teigigen Beschaffenheit durch schnellstmögliche Bildung einer festen Kokshaut zu verhüten, muß die Kohle ohne langen Übergang durch Anwärme- und Schweltemperaturen hindurch rasch auf hohe Temperatur gebracht werden. Deshalb muß der Kammerkopf besonders kräftig beheizt werden. Die weitere Verteilung der Temperatur bis zum Kammerfuß ist verschieden, durch die Bauart und den Durchsatz sowie andere Betriebseinflüsse bedingt, und kann nach unten abklingend oder gleichmäßig erforderlich sein. — Die beifolgende Temperaturlinie des Dresdener Ofens (Didier) zeigt (Abb. 66) den scharfen Anstieg der Beheizung unter dem — wie schon bei der Woodall-Duckham-Retorte bemerkt — unbeheizten Kammerkopf. Diese Temperaturlage wird erreicht durch beiderseits der Kammerlängsseite angeordnete, von oben regelbare Brenner, die mit langer Flamme in senkrechten Heizzügen nach unten brennen. Der Kammerfuß ist zur Kokskühlung mit Luftvorwärmekanälen umgeben. Die englische Bauart der Woodall-Duckham-Company hat die gleiche Beheizung beibehalten, ist aber bei einem Teil ihrer Ausführungen auch auf die Beheizung von unten nach oben übergegangen. Hierbei ist, um die notwendige hohe Temperatur oben zu erreichen, durch eine Zweitluftzuführung in halber Höhe der Kammer eine verzögerte Verbrennung zur entsprechenden Streckung der Flamme beigegeben. Beide Bauarten sind zahlreich vertreten, so daß keine dieser zwei Beheizungsformen als bevorzugt bezeichnet werden kann.

Die Wärmerückgewinnung des Didier- bzw. W.-D.-Ofens erfolgt rekuperativ in den der einen Kammerschmalseite angebauten Röhrenrekuperatoren (vgl. S. 38). Bei Fremdgasbeheizung verlaufen die Gas- und Luftkanäle in ganzer Kammerhöhe von unten nach oben, jeweils zwischen im Zickzack abwärts geführtem Abgas; bei Einzelgeneratorbeheizung ist der Gaserzeuger dem unteren Kammerteil angebaut und die Röhrenrekuperation für die Luftvorwärmung nimmt den darüberliegenden Teil bis zu den Brennerzuführungen ein.

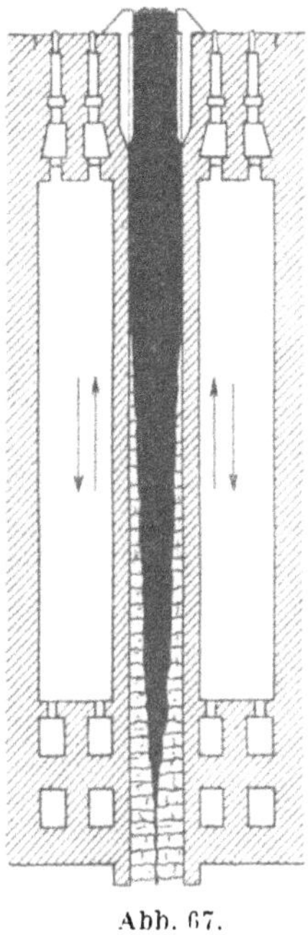

Abb. 67. Stetiger Kammerofen (Koppers). Beheizung.

Die Beheizung der stetigen Koppers-Kammer geht von dem Grundsatz aus, daß einerseits oben die höchste örtliche Temperatur notwendig ist und der stärkste Wärmeübergang auf die kalte, noch von wenig Koksisolierschicht umgebene Kohlefüllung stattfinden soll, anderseits unten zwar nicht diese hohe Temperatur erforderlich wäre, dafür aber mit der zunehmend dicken Koksschicht der Wärmedurchgang geringer wird, also aus diesem Grunde eine noch ausreichende Wärmezufuhr, d. h. eine nicht zu sehr absinkende Wandtemperatur erwünscht ist. Diese Folgerung führt zu der Forderung einer von oben bis unten möglichst gleichmäßigen Beheizung und diese wird durch wechselnde Aufwärts- und Abwärtsführung der Flammen (Abb. 67) von den unten und oben an den Längsseiten der Kammern angeordneten Brennern in senkrechten Heizzügen erreicht. Als Heizgas wird grundsätzlich, auch bei kleinen Anlagen, Zentralgeneratorgas verwendet und die Vorwärmung von Luft und Gas erfolgt nur regenerativ in den Gitterstein-Wärmeaustauschern, die zu je 2 in der oberen und unteren Hälfte der Kammerhöhe außen angebaut sind (Abb. 64).

Hinsichtlich Rekuperation—Regeneration kann auf die diesbezüglichen Ausführungen bei den unterbrochen betriebenen Vertikalöfen verwiesen werden. Zweifellos bedeutet bei Beheizung durch einen nahe dem Ofen erstellten Zentralgenerator die Überwachung und Bedienung der Wechselei für die Regeneration keine Betriebserschwerung, und die im Regenerator erreichbare höhere absolute Vorwärmung wirkt sich in besonders günstigen Unterfeuerungszahlen aus.

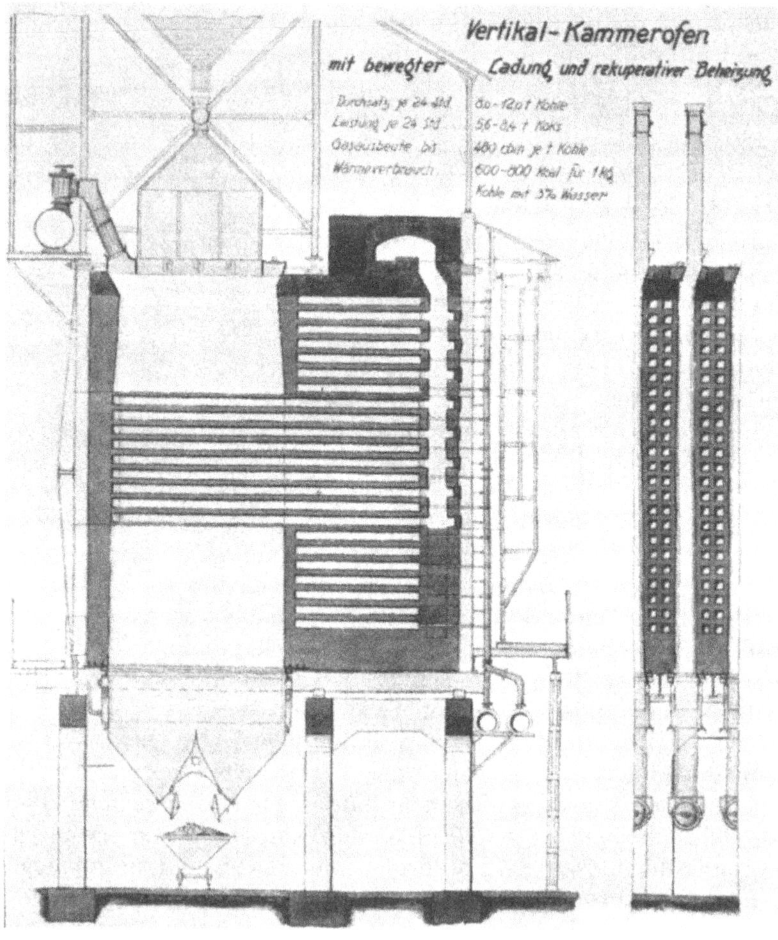

Abb. 68. Stetiger Ofen Dr. Otto.

Auch der Koppers-Ofen hat einen unbeheizten Kammerkopf und durch Kühlkanäle gekühlten Kammerfuß.

Der stetige Otto-Ofen benützt eine ganz andere Beheizung, die bei dem unterbrochen arbeitenden Ofen für große Ladungen (S. 35) bereits beschrieben und als um 90° gekantete Horizontalofenbeheizung gekennzeichnet wurde (Abb. 68). Auch beim stetigen Ofen wird Gas und Luft durch außenliegende Hauptleitungen mit Abzweigen in jeder Heizzughöhe zugeführt und jeder Zug für sich rekuperativ vorgewärmt. Diese Beheizung hat den Vorteil, daß unter allen Umständen an jeden Kammerteil die daselbst erwünschte Temperatur gebracht werden kann, erfordert aber u. U. mehr Einzelregulierung. Die Führung dieser rekuperativen Beheizung ist aus Abb. 69 ersichtlich. Bei dem abgebildeten Heizzug berührt die Flamme erst die rechte, dann die linke Kammerwand. In den darüber und darunter liegenden Heizzügen ist der Flammenweg von links nach rechts gerichtet und so eine gleichmäßige Beheizung der Kammern erreicht. — Der Kammerfuß ist schwächer beheizt und an die Mauerung schließt sich unmittelbar ein Wasserkühlmantel an, zur schärferen Kokskühlung unter gleichzeitiger Erzeugung des zum Einblasen in den Koks benötigten Dampfes.

Kammerfüllung und Gasabgang. Die Zuführung der Kohle muß zur Vermeidung von Gasverlusten bzw. von Luftansaugung gasdicht erfolgen. Man verwendet hierzu allgemein den schon von Woodall-Duckham anfangs gebrauchten Trommel- oder Walzenschieber (Zellen-

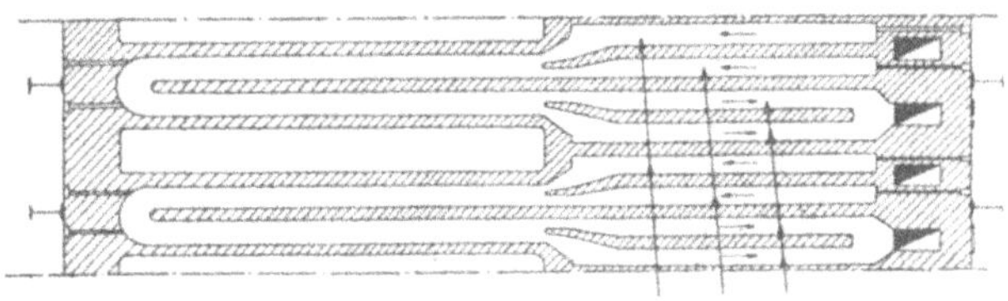

Abb. 69. Schnitt durch Rekuperation und Kammer.
1 Generatorgas, 2 Luft, 3 Abgase.

radventil), einen großen Hohlkükenhahn mit einer etwa $\frac{1}{4}$ des Umfanges breiten Öffnung des Hohlkükens oder ähnliche Ausführungen. Durch diese Öffnung füllt sich der Hohlkörper oder das Zellenrad bei Öffnung nach oben und entleert sich bei Drehung nach unten. Als unmittelbarer Kammervorrat dient ein auf der Kammer stehender Kohlebunker, dessen Kohlestand mittels eines Schwimmers mit nach außen geführter Kette ständig überwacht werden kann. Der Kohlebehälter geht in ein in die Kammer eingesetztes Mundstück über, das bei der stetigen Didier-Kammer nur kurz hineinragt, aber nur etwa die Hälfte des Kammerkopfes ausfüllt, so daß durch die Böschung der herausrutschenden Kohle ein ausreichender Gassammelraum gebildet wird. Der Gasabzug wird in dem unbeheizten Kammerkopf nicht durch Teerabscheidungen behindert, weshalb nur 1 (oberer) Gasabgang vorgesehen ist (Abb. 70).

Das Füllmundstück des Koppers-Ofens aus Spezialguß[1]) reicht tiefer in den an dieser Stelle erweiterten Kammerkopf (Abb. 64 u. 71), wodurch ein besonders großer Gassammelraum erreicht wird und un-

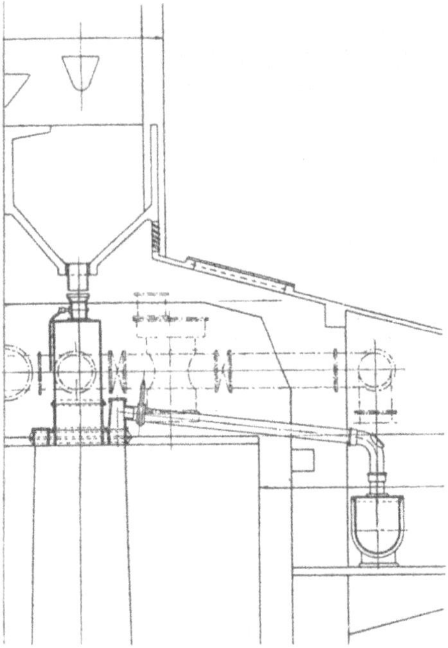

Abb. 70. Kammerkopf (Didier).

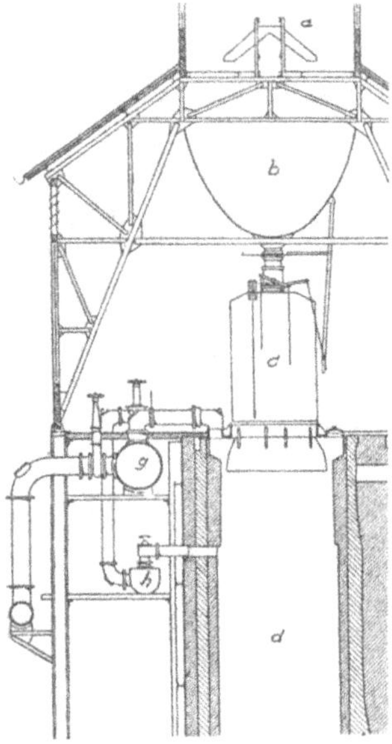

Abb. 71. Kammerkopf (Koppers).

mittelbare Erwärmung der Kohle in diesem Bereich wegfällt; trotzdem ist im allgemeinen noch ein 2. Gasabgang mit eigener Vorlage und Gasableitung zum oberen Gasabgang eingebaut, um bei sehr dicht lagernder Kohle einem Druckanstieg in der Kammer vorzubeugen. Solange die Kohle dies aber nicht verlangt, wird die untere Vorlage nicht benutzt, sondern die Spülwirkung des Wassergases auf die Kohle ausgenützt[2]).

Der Otto-Ofen läßt das Kohle-Einlaufstück ebenfalls zum Schutz gegen zu rasche Erwärmung tief in den bis fast oben hin heizbaren Kammerkopf einhängen und ordnet es in der Kammertiefe einseitig verschoben an, um den Kammerinhalt zum Stochen oder Abfühlen leichter zugänglich zu haben.

Koksaustragung und Dampf- bzw. Wasserzuführung, Durchsatzregelung. Nach Durchwandern der Kammer gelangt der Koks in einen im allgemeinen schräg seitwärts verschobenen Koksaus-

---

[1]) Koppers DRP 441568.

[2]) Schweiz. Ver. G.W.F., Mon.-Bull. 1928, Heft 7—10.

tragekasten, dessen Anordnung bezweckt, daß die Austragevorrichtung vom Druck der Kokssäule entlastet wird. Als Austragevorrichtung dienen Sternwalzen verschiedener Ausführung (Didier, Koppers) mit darüber angeordneten Staupendeln (Abb. 72). Die Sternwalzen sind mechanisch angetrieben und in der Antriebvorrichtung verstellbar, so daß der Aus-

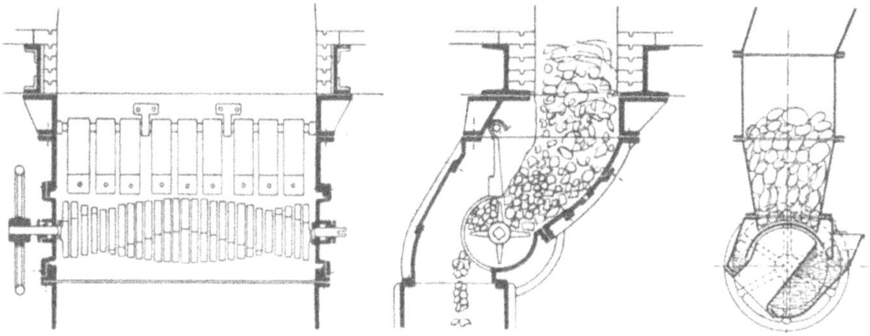

Abb. 72. Koksaustrageinrichtung des stetig betriebenen Vertikalkammerofens, Bauart Dresden.

trag und damit die Durchsatzgeschwindigkeit stets gleichmäßig ist, aber wechselnden Anforderungen durch Verstellen einzelner Kammern oder der ganzen Anlage angepaßt werden kann. Ebenfalls zur Beeinflussung der Leistung, aber hinsichtlich der Gasbeschaffenheit und Gasmenge dient die am Koksaustragekasten angebrachte Dampf- bzw. Wasserzuführung. Dampf, möglichst schon überhitzt, wird oberhalb der Austragwalze in den Koks der Kammer eingeblasen. Zur Löschung des noch heiß ankommenden Kokses wird Wasser mittels Spritzdüsen oder Eintropfvorrichtungen an der Austragwalze bzw. im Kokssammelkasten eingebracht, wobei der entstehende Dampf mit zur Kammerwassergaserzeugung abzieht.

Der Otto-Ofen verzichtet auf besondere Koksaustragevorrichtung und verwendet größere Kokssammelkästen mit Schrägrutschen und zwei Entleerungsdeckeln je Kammer, durch deren abwechselnde Bedienung der Durchsatz von Hand geregelt wird.

Beide Regelvorgänge, die Austragstärke und die Menge der Wassergaserzeugung, sind zwar in geringem Umfange ohne Beheizungsänderung umstellbar; bei großen oder anhaltenden Änderungen darf aber eine Überwachung und Nachregulierung der Temperaturen nicht außer acht gelassen werden.

Der Wärmefluß im stetigen Vertikalofen. Über die Wärmeverteilung in einem stetigen Vertikalofen bringt Schläpfer[1]) sehr eingehende Untersuchungen. Das nach diesen Zahlen zusammengestellte Wärmestrombild (Abb. 73) zeigt die Besonderheiten des stetigen Be-

[1]) Eidgen. Mat.-Pr.-Anst. T. Hochsch. Zürich 1935, Mon.-Ber. 96.

triebes am besten im Vergleich mit dem Wärmestrombild des unterbrochen arbeitenden Vertikalofens (Abb. 41 S. 50). Gleichzeitig zeigen diese 2 Wärmestrombilder grundsätzliche Unterschiede zwischen Einzel und Zentralgenerator und zwischen Rekuperation und Regeneration.

Von der Auswertung der Strahlungsverlustunterschiede soll im Hinblick auf das S. 47 Gesagte abgesehen werden.

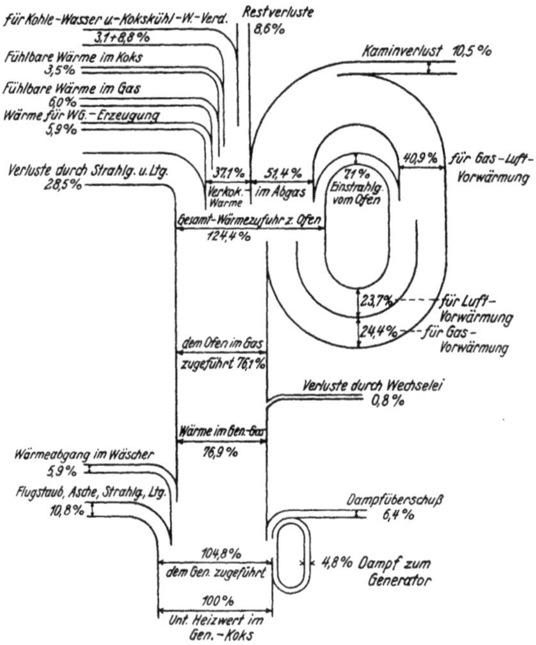

Abb. 73. Wärmefluß im stetigen Ofen (Schläpfer).

Hervortretend ist beim stetigen Betrieb der geringere Anteil des Verlustes an fühlbarer Wärme im Koks und auch im Gas, dafür erscheint aber ein Wärmegewinn für Kokskühl-Wasserverdampfung.

Einzelgeneratorbeheizung des stetigen Ofens erfordert zusätzliche Wärmezufuhr als Generator-Dampf, hat aber, unter Einrechnung der Wiedereinstrahlung vom Ofen, keine Wärmeverluste; Zentralgeneratorbeheizung liefert neben Überschußdampf den Generator Dampfbedarf selbst (der Kammerdampfbedarf wird im Ofen erzeugt), hat aber wesentliche Wärmeabgänge.

Die Regeneration muß diesen Wärmeabgang des Generators z. T. wieder einholen. Insgesamt erscheint der Wärmerückgewinn des Regenerators in obigem Bild (Abb. 73) unverhältnismäßig besser, doch sind dabei einerseits vorgenannte Wärmeabgänge des Generators, anderseits die Tatsache zu berücksichtigen, daß in Abb. 41 nicht die günstigste Ausführungsform des Rekuperators vorliegt und daß ein Teil des mangels anderer Verwendungsmöglichkeit höheren Abgasverlustes einen größeren Betrag Abhitzedampf ergibt, als der Kessel des Zentralgenerators liefert.

β) Betriebsergebnisse.

Beschaffenheit von Gas- und Nebenprodukten. Wie bei Aufzählung der Vorteile des stetigen Verfahrens bereits erwähnt wurde, ist die Besonderheit der Vorgänge in der Kammer von großem Einfluß auf die Beschaffenheit der Anfallstoffe. Die Menge und der Heizwert des Gases kann in breitem Umfange durch die Dampf- und Wasserzufuhr beeinflußt werden. Die Grenzen dieser Möglichkeit wurden bei dem Naßbetrieb der unterbrochen arbeitenden Kammer erwähnt (S. 62) und gelten im gleichen Sinne für den stetigen Betrieb. Ausgeführte Anlagen arbeiten mit Heizwerten von etwa 5000 kcal bis zum Normheizwert 4200 kcal. Versuchsweise ist z. B. im Dresdener Ofen von 5360 bis 3190 kcal variiert worden mit Dampfmengen von 1 bis 100 kg je kg Kohle. Der Mengendurchsatz an Kohle ist bei Koppers-Öfen mit 50% des Höchstdurchsatzes ohne merkliche Unterfeuerungsänderung durchgeführt worden.

Die durch das Fortschreiten der Entgasung unter gleichzeitigem Absinken der Ladung in der Kammer gebildete keilartige Form des von der Teernaht umschlossenen Kohlekernes ermöglicht es dem Gas, auf dem bequemsten Wege durch die Kohle und ohne starke Überhitzung abzuziehen. Dadurch werden alle Gasbestandteile, sowie die Teernebel weitgehend schonend behandelt und das hat zur Folge, daß aus dem stetigen Vertikalofen sogar ein mit aliphatischem Schwelteer gemischter dünnflüssiger Vertikalofenteer mit wenig freiem Kohlenstoff anfällt. Der Naphthalingehalt im Gas ist gering, dagegen wird neben guter Benzolausbeute ein hoher Methangehalt erreicht. Hierin liegt zugleich die hohe Gasausbeute des stetigen Ofens begründet; das hochwertigere Kohlengas ist besonders aufnahmefähig für Wassergaszusatz. Die Wassergaserzeugung findet gegenüber diskontinuierlichen Kammern infolge des noch längeren Weges und der dadurch sehr weitgehenden Dampfüberhitzung am glühenden Koks noch bessere Bedingungen, nicht nur für eine gute Wassergasbildung an sich, sondern auch für eine Autokarburation beim Zusammentreten mit den Kohlengasen im Kammerkopf. — Eine gewisse Gleichartigkeit mit den Zusammenhängen und Ergebnissen beim Rostocker Verfahren (S. 81) ist nicht zu verkennen. — Die besonders günstige Ausnützung der Kokswärme im stetigen Ofen hebt Baum hervor[1]) und ermittelt, daß die darin zur Verfügung stehende Wärme von rund 18000 kcal je 100 kg Rohkohle den Wärmeaufwand von 19,5 nm³ Wassergas %kg Kohle decken kann. Demgegenüber gehen Angaben von Bagas und Tomlinson, daß man 32 nm³ Kammerwassergas % kg Kohle erhalten kann, zweifellos zu weit.

[1]) Gas- und Wasserfach **76** (1933) S. 397.

Eine sehr viel besprochene und umstrittene Frage ist die der Koksbildung im stetigen Ofen. Die Überlegung, daß ein in Bewegung erstarrender Koks eine andere Form und Beschaffenheit haben müsse als ein ruhend erstarrender, wird bisweilen gestützt auf die Beobachtung, daß der obere Kopf eines Kokskuchens von gemahlener, stark gesinterter Kohle im unterbrochen betriebenen Vertikalofen eine auffallend blasige, lockere Struktur zeigt, infolge Absinken des inneren Kohlekerns neben bereits erstarrtem Wandkoks. Aber gerade dieser Vergleich zeigt den Vorteil des stetigen Betriebes, daß, wenn auch der Kohlekern hier niedersintert, sofort ein Nachrieseln der darüberliegenden Kohle einsetzen muß, wodurch dieser Schwund ausgeglichen wird. Gegenüber diesem grundsätzlichen Mißtrauen gegen jeglichen »stetigen Kammerkoks« darf billigerweise auch nicht die Forderung erhoben werden, daß der stetige Ofen jede Kohle verarbeiten müsse. Auch dem unterbrochen arbeitenden Vertikalofen darf nicht jede Kohle zugemutet werden. Blähende Kohle ist für beide Arten ungeeignet, in beiden wird der Koks um so besser, je mehr die Kohle der Eignung des Ofens entsprechend ausgewählt und aufbereitet ist. Im Hinblick auf das erwähnte Vorurteil gegen Koks aus stetigen Kammern, das von den schlechten Erfahrungen des ersten stetigen Retortenbetriebes mit wenig geeigneter, englischer Kohle herrührt, sei hiernach auf eine Anzahl sehr sorgfältiger und vielseitiger Betriebsversuche hingewiesen, die über die Beschaffenheit dieses Kokses an sich oder im Vergleich mit anderen Koksen Klarheit geben sollten.

Zwei Grenzfälle der Koksbeschaffenheit sind zuvor noch zu betonen: Weicher, klüftiger Gaskohlenkoks und harter Fettfeinkohlenkoks. Es wurde unter »Naßbetrieb« bei den unterbrochen arbeitenden Kammern (S. 61) erwähnt, daß bei langem Dampfen eines an sich sehr klüftigen Kokses die stärkere Ausarbeitung der Klüftung eine natürliche Folge ist. Dasselbe muß bei dem im Verhältnis meist noch längeren Dampfen des Kokses im stetigen Ofen eintreten und ist eine derartige Kohle dafür ebensowenig geeignet wie für andere Systeme, wenn auf guten Verkaufskoks gearbeitet wird. Daß »Gießereikoks« für Wassergasanlagen wegen seiner schlechten Reaktionsfähigkeit nicht brauchbar ist, ist bekannt. Daher ist es selbstverständlich, daß Fettfeinkohle Karoline (22,8% flücht. Best.) sich nach Versuchen von Koppers im stetigen Ofen nicht eignete, weil der dichte Koks weder Umsetzung, noch Gasdurchgang gestattete.

An Vergleichsversuchen über stetigen Kammerkoks sind zu erwähnen:

1. Mannheim, Versuch durch Gasinstitut, Kohle Bismarck, durchgesetzt in stetigen und periodischen Öfen, gleiche Mengen Koks getrennt über die Aufbereitung geschickt:

Anfall an	0—12	12—26	26—50	über 50 mm
Koks aus stetigen Öfen	17,6	15,5	39,1	27,8
» » periodischen Öfen . .	20,9	15,0	34,0	30,1

Der stetige Ofen ergab etwas weniger Kleinmaterial, anderseits weniger Grobstücke, insgesamt war in der Größenordnung eine nahe Übereinstimmung beider Sorten.

2. Berlin-Tegel, Werksversuch mit gleicher Kohle, gleiche Mengen gleich sortiert.

Anfall an	Grus	Kleinkoks	Grobkoks
Koks aus stetigen Öfen	5,6	8,8	85,6%
» » periodischen Öfen . . .	4,8	9,2	86,0%

3. Heilbronn, Koksuntersuchung durch Gasinstitut, Kohle Achenbach, Trommelprobe 40/60 ergab 73,2% über 40 mm, 16,6% 20/40 mm.

4. Deringer[1]) berichtet über eingehende Versuche mit dem Ergebnis, daß bei sorgfältiger Beachtung der Kohleauswahl (nach Verkokungseignung und Körnung) der im stetigen Ofen erzeugte Koks dem im periodischen Ofen (Coze-Öfen) erzeugten in keiner Weise nachsteht. Er fand bei Trommelproben mit Körnung 40/60 aus gleichen Kohlemischungen, in stetigen Vertikalkammern und Coze-Öfen verarbeitet:

Kohlemischung		Stetige Öfen	Coze-Öfen
Saar — Engl. — Ruhr	> 40	46,5%	26,8%
	10—40	37,1%	53,1%
	0—10	16,4%	20,1%
dgl. mit 20% Fettk.	> 40	57,4%	51,6%
	10—40	31,5%	35,9%
	0—10	11,5%	12,5%

Deringer legte zur Erreichung dieser Koksgüten besonderen Wert auf gleichmäßige Kohlekörnung.

Betriebszahlen. Hinsichtlich Betriebsleistungen und Leistungsversuche soll unter Hinweis auf die bei den periodischen Kammern gegebene Begründung von einer Gegenüberstellung einzelner Sonderversuche od. dgl. abgesehen werden. Zur Übersicht über die Leistungsfähigkeit der stetigen Vertikalöfen werden nachstehende Betriebsdaten, die in den Anlagen der verschiedenen Firmen erreicht wurden, als praktische Größenordnungen angegeben, und zwar sowohl für normale wie für zurückgesetzte Durchsatzleistungen.

Bei normalem Durchsatz von 8 bis 10 t/Tag/Kammer liegen die Heizwertzahlausbeuten, 0°/760 mm auf Reinkohle gerechnet, bei 2300 bis 2500; bei sinkendem Durchsatz und dementsprechend stärkerer Wassergaserzeugung geht zwar der Heizwert zurück, die Heizwertzahl aber steigt infolge verhältnismäßig stärkerer Karburation des Wasser-

[1]) Schweiz. Ver. G.W.F., Mon.-Bull. 1935, S. 251.

gases in der Kammer. Bei Heizwerten, die unter dem Normheizwert liegen, werden Heizwertzahlen von 2700 und mehr erreicht. Diese Ausbeuten sind natürlich mit von der Kohlensorte beeinflußt.

Der Unterfeuerungsverbrauch der stetigen Vertikalkammern ist im allgemeinen sehr günstig und hält sich auch bei nicht zu erheblichen Durchsatzminderungen in normalen Grenzen. Bei Berechnung als Reinkoksverbrauch auf Reinkohlendurchsatz ergeben sich Werte um 11%, bei hohem Durchsatz der Kammer auch bis unter 10%. Die Reinkoks-Unterfeuerung in kg Reinkoks auf 100 m³ Gaserzeugung (15°/760 Rohkohle) liegt bei 20—21 kg/%/m³, bei günstiger Belastung auch unter 20 kg/%/m³. Unterschreitungen bis zu 50% des Normaldurchsatzes erhöhen den Unterfeuerungsverbrauch je kg Kohle nicht wesentlich, nur bei besonders starker Wassergaserzeugung in der Kammer durch verstärkten Dampfzusatz muß mit entsprechendem Anstieg der Unterfeuerung gerechnet werden. (Vgl. Beziehungen zwischen Naßbetrieb und Unterfeuerungsverbrauch, S. 64, 65)[1]). Versuche zur Feststellung der in demselben Ofen erreichbaren Grenzwerte ergaben Heizwerte zwischen 4430 und 3190 kcal (GW Dresden).

Diese weitgehende Anpassungsfähigkeit des stetigen Vertikalofens ist also ein besonders hervorzuhebender Vorteil.

Die Betriebsüberwachung muß sich vor allem erstrecken auf die Überwachung ausreichender Kohlezufuhr und angemessener Wasser- bzw. Dampfzusatzmengen im Verhältnis zu der durch die Koksaustragevorrichtung geregelten Durchsatzmenge. Prüfen des Nachrutschens der Kohle in der Kammer ist bei richtiger Kohlauswahl und Beheizung nicht oder kaum notwendig, ist aber durch Stochlöcher neben dem Kohlefüllrumpf jederzeit möglich. Für die Entfernung des Graphits, der natürlich auch im stetigen Ofen nicht ausbleibt, hat sich eine schnell wirkende Arbeitsweise ausgebildet, die ohne Luft, nur mit Dampf arbeitet und ein Wiedereinschalten der Kammer innerhalb 24 h ermöglicht. Nach Entfernung des Graphits wird die Kammer mit Kleinkoks gefüllt, worauf man Kohle nachlaufen läßt.

C. Zusammenfassung und Ausblick.

Der in fortgesetzter Durcharbeitung und Umgestaltung weiterentwickelte Vertikalkammerofen ist in weit überwiegendem Umfange — für größere Werke restlos — an die Stelle seines Vorläufers, des Vertikalretortenofens getreten. Auch der Vertikalretortenofen ist neuzeitlich verbessert und in dieser Form für kleine Werke brauchbar, die nicht zur Vertikalkleinkammer übergehen wollen. Bei sonst ausreichender Be-

[1]) Baum, Gas- und Wasserfach **76** (1933) S. 39.

triebseinrichtung ist aber auch für kleinere Werke die Vertikalkleinkammer in mehrfacher Hinsicht der Retorte vorzuziehen; für mittlere Werke stellt sie eine denkbar günstige Bauform dar. — Bei den großen Vertikalkammern ist das auch bei anderen Ofenbauarten zeitweise vorhanden gewesene Bestreben nach möglichst weitgehender Kammervergrößerung nicht allgemein geworden. Die Großkammern von 5 bis 7 t dürften die obere und nur in Sonderfällen angewandte Gebrauchsgrenze bleiben.

Die eine Zeitlang sehr bevorzugte 24stündige Kammer hat wegen ihrer weniger günstigen Durchsatzleistung und der geringeren Anpassungsfähigkeit an Bedeutung verloren und entsprechend der gesteigerten Güte des Kammermaterials werden höherbeheizte Kammern mit kürzerer Ausstehzeit, vornehmlich 12—14 h, im Vordergrund bleiben.

Gegenüber der unterbrochen arbeitenden Kammer hat der stetige Vertikalkammerofen nicht die Anerkennung und Verbreitung gefunden, die ihm nach seinem Entwicklungsstand gebührt. Wenn er auch etwas sorgfältigere Überwachung voraussetzt, so bedeutet dieser Grund doch für neuzeitlich arbeitende Betriebe keine Erschwerung. Die meisten gegen diesen Ofen bestehenden Bedenken und Vorurteile sind nach dem neueren Stand seiner Ausbildung und seiner Betriebsergebnisse nicht mehr berechtigt.

6. Teil

Kleinraumöfen

Von

Obering. Ludwig Rodde

Stettin

A. Geschichtliche Entwicklung der Kleinraumöfen einschließlich ihrer Beheizungseinrichtungen.

1. Retortenöfen.

Seit Jahrhunderten sah man in den Kohlen wertvolle Bodenschätze, und längst ehe der Apotheker und nachmalige Prof. Pickel in Würzburg im Jahre 1786 in seinem Glaskolben ein brennbares Gas destillierte und Murdoch 1792 in England seine erste gußeiserne Retorte ins Feuer hing, war es bekannt, daß man aus Kohle außer Gas auch Koks erzeugen kann. Allerdings geschah diese Koksherstellung noch recht primitiv in Kohlenmeilern, die den Holzkohlenmeilern nachgebildet waren und das sich entwickelnde Gas ungenutzt entweichen ließen. Immerhin war dies der Ursprung der späteren sog. Bienenkorböfen, wie sie vereinzelt im Ausland sogar heute noch für die Kokserzeugung im Gebrauch sind.

So findet man an der Wiege der Gasindustrie zwei Entwicklungen nebeneinander laufen: den Koksofen und den Gasofen, die Kokerei und das Gaswerk, die seitdem fast ein Jahrhundert zur gegenseitigen Konstruktions- und Zweckangleichung gebrauchten. Erst in unseren Tagen der genormten Gasbeschaffenheit spricht man von Koppelung und Verbundwirtschaft dieser beiden Erzeugungsstellen von Koks, von gasförmiger Energie und sonstigen Kohlewertstoffen.

Der Anfang der Gasindustrie weist nach England, da dort die erste praktische Auswertung der Gasgewinnungsidee durchgeführt wurde. Anfänglich diente sie nur Beleuchtungszwecken, eine Aufbereitung der übrigen anfallenden Kohlewertstoffe war noch unbekannt. Murdoch und sein Schüler Clegg müssen wohl tüchtige Ingenieure und Konstrukteure gewesen sein, die die Notwendigkeiten des Betriebes richtig erfaßten, denn deren grundlegende Konstruktionsgedanken leben vielfach noch heute in unseren Gaswerkseinrichtungen weiter. Der Kohlenmeiler wie der Destillierversuch im Laboratorium hatten den Weg der Wärmezufuhr gewiesen für die weitere Aufschließung der Kohle.

Wärmewirtschaftlich waren die Feuerungen der damaligen Zeit allerdings noch sehr einfach. Ein durch die Feuertüre beschickter Planrost mit darunterliegendem Aschenfall und ein an den Feuerraum anschließendes Rauchabzugsrohr waren die Beheizungseinrichtung. Dort hinein hing Murdoch zunächst seine unten geschlossene eiserne Röhre, die oben mit einem Deckel und seitlich mit dem Gasabzugsrohr versehen war. Das Herausholen der entgasten Kohle, des Kokses, nach oben war recht umständlich. So entstand ein topfartig erweitertes Gebilde, das am nach innen gewölbten Boden einen seitlichen Entleerungsstutzen und oben, neben dem Fülldeckel, das Gasabzugsrohr besaß.

Als Zwischenstufe tauchte dann eine Schrägretorte auf, die etwa 45^0 Neigung hatte, oben beschickt und unten entleert wurde. Sie bestand beiderseitig aus krümmerartigen Kopfstücken mit den Verschlüssen und dem geraden, beheizten Flanschenrohr als Mittelteil, während die beiden Enden aus dem Ofen herausragten (Abb. 1).

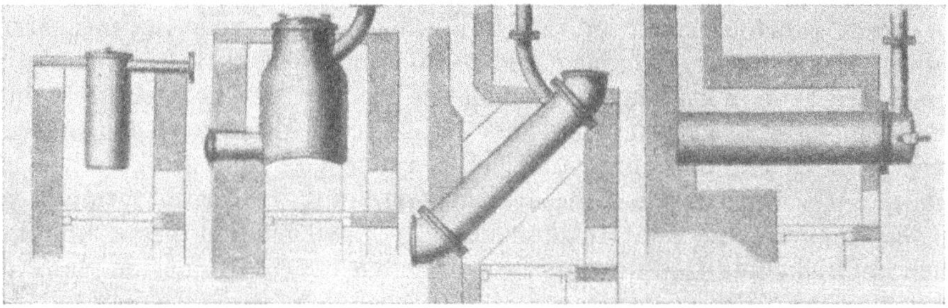

Abb. 1. Erste Gasretorten aus Eisen von Murdoch.

Diese Entwicklungsstufe stellt den Übergang vom Versuch zum Fabrikbetrieb dar. Die erste 1812 in London aufgestellte Anlage bestand aus 2 waagerecht nebeneinanderliegenden Retorten, die mit dem hinteren Ende auf dem Ofenmauerwerk auflagen und die Füllöffnung an der vorderen Ofenwand hatten. Hier befanden sich auch, ähnlich wie heute noch, die Gassteigerohre. Jede der Retorten hatte ihre eigene Feuerung, die von der Rückseite des Ofens aus bedient wurde.

Die weitere Entwicklung brachte dann eine erhöhte Ausnutzung der Feuerungsgase dadurch, daß man 2 zylindrische Retorten übereinanderlegte und so den Abgasweg verlängerte. Hierbei zeigte sich, daß die untere Retorte infolge Überhitzung bald zerstört, dagegen die obere Retorte nicht heiß genug wurde. Durch Einbau von muffelartigen Umkehrungen zwang man die Heizgase, abwechselnd die untere und obere Längsseite der unteren Retorte, dann ebenso der oberen Retorte zu bestreichen (sog. Zirkulationsheizung).

Diese Retorten waren mit angegossenen Längsrippen im Mauerwerk gelagert und besaßen besondere Isolierungen am Auflager in der vorderen Ofenwand. Man versuchte auch, 3 und 4 Retorten in dieser Weise in einem Ofen unterzubringen. Das ungünstige Verhältnis zwischen beheizter und unbeheizter Retortenfläche — hinten heiß, vorn kalt — und der große Abfall der Ofentemperaturen von unten nach oben ergaben ungünstige Destillationsverhältnisse und einen hohen Ausbesserungsstand neben hohen Unterfeuerungskosten. Nach Peckston waren die Maße dieser Retorten: Länge 1,80 m, lichte Weite 0,30 m, Wandstärke 3 cm aus zweimal geschmolzenem Gußeisen, Eigengewicht 500 kg, Lebensdauer der Retorten 8 bis 10 Monate, Unterfeuerung 10 kg Heizmaterial auf 50 kg Kohlen.

Kurz darauf folgte die Unterbringung von 5 frei liegenden Retorten in einem geschlossenen gemeinschaftlichen Raum, der durch eine »Ofenhülse« begrenzt und überbrückt wurde. Hier konnten sich die Feuergase ohne Umleitungskanäle frei entfalten. Die unteren 3 Retorten lagen dabei auf eisernen Unterstützungsstegen, während die oberen 2 mit eisernen Hängebügeln an der Decke des Ofenblocks befestigt waren. Feuerungstechnisch brachte diese Ofenart erhöhte Gleichmäßigkeit in der Beheizung, die durch 3 darunterliegende Feuer geschah.

Im Jahre 1819 begegnet man dem ersten Ofen, dessen eiserne Retorten den noch jetzt gebräuchlichen elliptischen statt wie bisher einen runden Querschnitt besaßen.

Bald folgten aber auch Versuche mit rechteckigen und ◠förmigen Retorten. Scharfe Ecken führen aber bekanntlich immer zu Gußspannungen. Sie wurden außerdem noch von der Feuerung stark angegriffen und von der Innenseite her durch das häufige Einbringen kalter Kohle abgekühlt. Eine Besserung dieser Verhältnisse ergab erst ein Kantenschutz, den man anfänglich aus Eisen, später aus feuerfesten Steinen und Platten schuf. Statt 3 Feuer findet man jetzt wieder nur mehr eines, das von einem kleinen Gewölbe überdeckt wird mit beiderseitigen Austrittsöffnungen für die Feuergase in den Ofenhülsenraum, in dem sich die Retorten befinden. Von diesen 5 Retorten waren die 3 unteren an der Sohle durch Platten gegen Überhitzung geschützt, die beiden oberen ruhten auf Tragstegen. Die Bedienung sowohl des Ofens wie auch der Unterfeuerung geschah von der Vorderfront des Ofens aus.

Die Fortentwicklung brachte dann eine weitere wärmewirtschaftliche Verbesserung durch Fallzüge im Abgasweg, die in einen Fuchs mündeten.

2. Tonretorten.

Grafton verwendete erstmalig Retorten aus keramischem Material anstatt aus Gußeisen. Er setzte sie der Länge nach aus einzelnen Stücken zusammen und verband sie durch feuerfesten Mörtel. Erst viereckig, nahm die keramische Retorte bald ◠förmigen Querschnitt an. Sie stellte eigentlich den ersten Kammerofen dar, denn ihre lichte Breite betrug 1,524 m, die Höhe 0,46 m, die Gesamtlänge 2,134 m, die Länge der Einzelteile 0,4 m. Der größere Querschnitt wurde anscheinend deshalb gewählt, weil man noch keine Erfahrungen mit dem keramischen Material besaß und für vorkommende Instandsetzungsfälle genügend Bewegungsfreiheit haben wollte. Das Kohlenfassungsvermögen betrug 350 kg je Retorte. Infolge der Wärmespeicherung war die Wärmeverteillung bei diesem Ofen gut, die Temperaturschwankungen beim Laden und Entladen waren gering, und die Gasausbeute war höher als bei den üblichen Retorten. Die Koksunterfeuerung betrug 22 bis 23 kg je 100 kg Kohle. Das Auftreten dieser keramischen Retorte wurde stark bekämpft.

Die vollkommene Dichtheit der gußeisernen Retorte war natürlich angenehmer als die dauernde Pflicht zur pfleglichen Behandlung einer mit Dichtfugen zusammengesetzten Tonretorte, und das Ausstoßen des Graphits erfordert bei der eisernen Retorte weniger Rücksichtnahme auf die Wandung als bei der keramischen Retorte. Die Ablehnung der keramischen Retorte wurde noch unterstützt durch den Umstand, daß am Anfang sowohl die Wahl des richtigen Rohstoffes als auch die Beherrschung des Brennprozesses noch zu wünschen übrigließ. Die ersten Retorten fielen zu mürbe und porös und wenig haltbar aus.

Die darauffolgende, aus einem Stück gebrannte Tonretorte wurde deshalb bald wieder abgelöst durch die aus einzelnen Steinen gemauerte Retorte mit kleinerem Querschnitt. Die gemauerten Retorten hatten immerhin eine Reihe von Vorzügen gegenüber den eisernen unter Beweis gestellt: sie waren billiger in der Beschaffung; schadhafte Stellen konnten ohne Betriebsunterbrechung durch Einsetzen neuer Steine ausgebessert werden; die Lebensdauer wurde damals schon mit 10 Jahren angegeben, und man brachte es im praktischen Betriebe fast auf das Doppelte, trotzdem die Entgasungstemperatur höher gehalten werden konnte als bei der eisernen Retorte. Dabei erhielt man nebenbei noch eine höhere Gasausbeute, was allerdings weniger geschätzt wurde, da man wegen der erwünschten Leuchtkraft des Gases auf einen möglichst hohen Anteil an schweren Kohlenwasserstoffen sah. Angenehm war besonders die Nachgiebigkeit beim Anheizen durch die dehnbaren Fugen der mit Nuten übereinandergreifenden Steine. Im Laufe der Zeit änderten sich die Retortenquerschnitte noch mehrmals. Im allgemeinen wurden die kleineren Querschnitte bevorzugt; auch das Steinmaterial erfuhr verschiedene Verbesserungen.

Clift war der erste, der die Retortenlänge verdoppelte, so daß die Öfen von beiden Seiten aus gleichzeitig bedient werden mußten. Diese Öfen haben in England, besonders in London, eine große Verbreitung gefunden. Der Vollständigkeit halber sei erwähnt, daß der Kampf zwischen eiserner und keramischer Retorte in England um die Hälfte des vorigen Jahrhunderts noch nicht eindeutig entschieden war, ja man baute sogar Öfen, die unten keramische und oben eiserne Retorten enthielten.

Wenn die Schilderung der Anfänge der Gasindustrie, die sich in England vollzogen, so ausführlich geschah, so deshalb, um den technischen Stand zu zeigen, den die deutsche Gasindustrie am Anfang ihrer Tätigkeit vorfand. Die Entwicklung der Gasindustrie in Deutschland war denn auch durch die englischen Vorbilder stark beeinflußt.

Die erste deutsche Übersetzung der bis dahin erschienenen englischen Gasliteratur rief in Deutschland eine ganze Reihe von Erfindern und Konstrukteuren auf den Plan. Bis Ende der vierziger Jahre verwendete man allerdings ebenfalls eiserne Retorten.

Man erkennt daraufhin zunächst zwei Richtungen in der deutschen Gasindustrie. In Mittel- und Norddeutschland entstanden nach englischem Vorbild Steinkohlengaswerke, die teilweise sogar durch englische Gasgesellschaften erbaut und betrieben wurden und deren Ablösung und Übergang in deutschen Besitz zum Teil erst im vergangenen Jahrzehnt erfolgte.

In Hessen und Süddeutschland, besonders im kohlenarmen, aber holzreichen Bayern entstanden seit 1845 durch die Zusammenarbeit zwischen Prof. Pettenkofer, München, und der Maschinenfabrik L. A. Riedinger in Augsburg zahlreiche Holzgasanstalten (ebenfalls mit eisernen Retorten). Die letzte Holzgasanstalt bestand bis 1899 in Bad Reichenhall.

Im In- und Ausland baute L. A. Riedinger in den Jahren 1854 bis 1871 allein 60 Gaswerke, in der gleichen Zeit noch etwa 10 kleinere Gaserzeugungsanlagen in industriellen Unternehmungen.

Interessant sind in diesem Zusammenhang die außer in einer internen Werksfestschrift sonst noch nicht veröffentlichten Angaben über die Holzgaserzeugung. Pettenkofer selbst teilt in seinem Korrespondenzbuch am 11. Juli 1849 (auszugsweise) folgendes mit:

»An Baron von Eichthal in Augsburg.

Ihre heute erhaltene Zuschrift gibt mir eine ohnehin gewünschte Gelegenheit, Ihnen einige Mitteilungen bezüglich der von mir und Eisenbahnbau-Oberingenieur Ruland neuerlich empfohlenen Leuchtgasbereitung zu machen.

Wir bereiten es aus sonst nicht verwertbarem Nadelholze oder Abfällen davon. Vorzüglich haben wir die Krummföhre, die unsere Moore Oberbayerns so häufig bedeckt (auch Latschen genannt), als Material ausersehen. Diese geben in ungetrocknetem Zustande — nach unserem Prinzipe destilliert — per Ztr. 750—850 Cub′ gereinigtes Leuchtgas. Nach einer photometrischen Untersuchung von Herrn Rektor Alexander zeigte ein einfacher Brenner, welcher 4 Cub′ per Stunde verzehrt, die Leuchtkraft von 5 Wachskerzen (wovon 6 auf ein Pfund kommen). — Die Destillation geht in den gewöhnlichen Gasretorten auffallend rasch vor sich, so daß ein gleiches Gewicht Holz wenigstens in der Hälfte der Zeit vergast, als ein gleiches Gewicht Stein- oder Braunkohlen.«

Weiter geht Pettenkofer auf die Reinigung, die chemischen und brenntechnischen Eigenschaften des Holzgases ein und stellt dann Betrachtungen an über Menge und Beschaffenheit des zur Verfügung stehenden Entgasungsmaterials. Er schreibt weiter:

»Ich getraue mir zu behaupten, daß bei einiger methodischer Sammlung München, Augsburg und Nürnberg prachtvoll und billig mit Gas nur aus Tannenzapfen und Föhrenzapfen beleuchtet werden können, ohne dadurch im geringsten einen Schaden für die Forsten oder eine Holzteuerung hervorzurufen. Überhaupt alle erdenklichen Abfälle der Nadelhölzer, sogar die gebrauchte Gerberlohe (der Lohkäse), liefern nach unserem Prinzip behandelt vortreffliches Gas. Die mit Latschen bewachsenen Filzflächen nur in den Landgerichten Weilheim, Rosenheim und Wasserburg, und von diesen nur diejenigen gerechnet, welche nicht weiter als 15 Stunden von München entfernt sind, betragen 32000 Tagwerke. Nach Bestimmungen, die Ruland an den schlechtest bestockten Teilen gemacht, darf man mit voller Sicherheit auf 54 Ztr. Holz per Tagwerk rechnen, mithin in Summa 1728000 Ztr., woraus man 1382 Millionen Cubik' Gas erzeugen kann. Rechnen wir München und Augsburg zusammen, bedürfen jährlich 40000000 Cubik' Gas, so dauert der Vorrat in den bezeichneten Distrikten allein 34 Jahre, angenommen, daß nichts nachwächst und daß man die Krummföhre nicht im Haspel- und Dachauermoos eigens kultivierte.

Ein Maß von 100 Cubfuß (eine Schachtruthe) dieses Krummholzes (samt Zweigen und Nadeln aufeinander gelegt) haben durchschnittlich ein Gewicht von 9¼ Ztr. Zu 6 Millionen Cub' Gas brauchen Sie (angenommen, daß 1 Pfd. Holz 8 Cub' Gas) 810 Schachtruthen Latschen. — Bezüglich der Aufspeicherung darf Ihnen gar nicht bange sein. Ein bayer. Tagwerk hat 40000 Quadrat'. Belegen Sie dieses 10' hoch, so bringen Sie auf ein Tagwerk 4000 Schachtruthen — i. e. den Bedarf zu fast 30 Millionen Cubikfuß Gas. Den Kostenpunkt anlangend, so wurde uns bereits von mehreren Seiten garantiert, daß die Schachtruthe Latschen aus 15 Stunden gebracht nicht theurer kommt, als 6 Gulden. Für 6 Millionen Cub' Gas brauchten Sie mithin um 4860 Gulden Holz. — Um das nämliche Quantum Gas aus Ihren Braunkohlen zu erzeugen, brauchen Sie etwa 15000 Ztr. à 40 xr. = 10000 fl. — aus Steinkohlen würden Sie etwa brauchen 12000 Ztr. à 1 fl. 30 xr. = 18000 fl.«

Im praktischen Betriebe ist es nicht bei der Entgasung von Holzabfällen geblieben. Es gab sogar Gaswerke mit eigenem Waldbestand und Holzfällerbetrieb.

Aber auch an anderen Stellen Deutschlands war man nicht untätig im Bau von Gaserzeugungsöfen und im Gaswerksbau.

In Magdeburg begann 1852 Unruh mit dem Gaswerksbau. Er gründete auch 1855 die Deutsche Continental-Gasgesellschaft in Dessau, die sich zu einem bekannten und bedeutenden Unternehmen entwickelt hat.

Als »Vater der deutschen Gasindustrie« gilt indessen der kgl. sächs. Kommissionsrat Rudolf Sigismund Blochmann, der nach einer im Jahre 1818 in Dresden durchgeführten Gasbeleuchtung des

Schlosses ohne jede englische Hilfe eine deutsche Gasindustrie ins Leben rief. Gleichzeitig sorgte er dafür, daß in Deutschland gastechnischer Nachwuchs entstand, der die Weiterentwicklung vorantrieb.

Sein Sohn G. M. S. Blochmann war der Miterbauer und nachmalige Direktor der ersten beiden Berliner Gaswerke.

In seinem 23. Lebensjahr trat der Ingenieur Wilhelm Kornhardt in die Dienste des Blochmann sen. Auch er war am Bau der Berliner Werke beteiligt und führte anschließend nach Blochmanns Plänen im Jahre 1848 den Bau des Stettiner Gaswerkes durch. Vom Rat der Stadt Stettin wurde er anschließend als Direktor des Werkes übernommen. Kornhardt hatte sich durch den Bau von 40 Gaswerken in 15 Jahren und durch seine umfangreiche Gutachtertätigkeit bald einen bedeutenden Ruf als Gasfachmann erworben.

Um vom Ausland bezüglich der Lieferung feuerfester Steine zum Ofenbau unabhängig zu werden, verband sich Kornhardt mit dem damaligen Stettiner Ziegeleibesitzer Friedrich Ferdinand Didier. Dieser erbaute kurz darauf die Stettiner Schamottefabrik, aus der die heutigen Didier-Werke A.-G. hervorgingen.

Mit 20 Mann begann im Jahre 1865 dieses spätere Weltunternehmen, dessen Abnehmer bald die bedeutendsten Gaswerke des Kontinents werden sollten. Selbst englische Gaswerke auf deutschem Boden bevorzugten deutsches Didier-Steinmaterial. Heute gehören 21 Werke zu dem Konzern mit einer gesamten Lieferfähigkeit von 620000 t feuerfesten Materials im Jahre. Weitere deutsche Ofenbaufirmen waren: F. S. Oest's Ww. & Co., Berlin, Vygen & Co. in Duisburg, J. R. Geith in Coburg.

Hierzu kamen im Laufe der Zeit noch mehrere andere Firmen.

Das klassische Werk der gastechnischen Geschichtsschreibung von Dr. N. H. Schilling berichtet, daß im Jahre 1861 schon 293 deutsche Gaswerke mit 7337 Retorten (fast ausschließlich Tonretorten) in Betrieb waren. Man findet dort auch ausführliche Schilderungen über die Anfertigung der Tonretorten, deren Form und Größe.

Im Jahre 1859 wurde der Deutsche Verein von Gasfachmännern auf Betreiben von Schilling gegründet und hielt in Frankfurt seine erste Tagung ab. Er beschäftigte sich 1867 mit der Normalisierung von acht Retortenbaumustern, nachdem durch Umfrage festgestellt war, daß im Jahre 1861 bereits in 36 Gaswerken 30 verschiedene Retortenformen in Gebrauch waren. Am zweckmäßigsten hat sich später eine Retorte elliptischen Querschnitts erwiesen mit den Maßen 52 cm Breite und 38 bis 39 cm Höhe. Dieses Retortenmaß hat sich im wesentlichen bis heute, also ein Dreivierteljahrhundert, erhalten (Abb. 2).

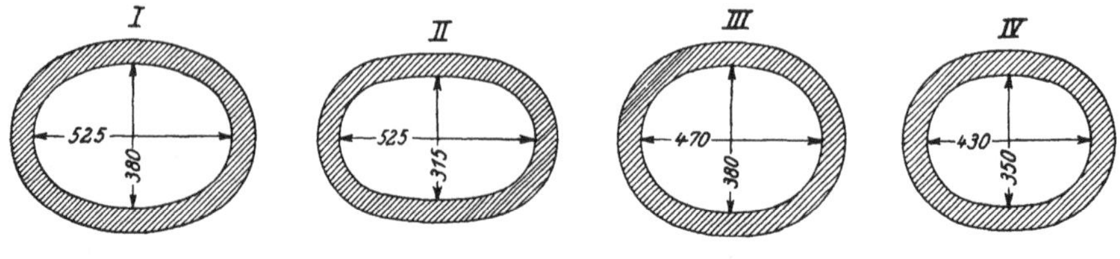

Länge und Gewichte der Retorten:

Länge	I.	II.	III.	IV.
2,450 m;	ca. 560 kg;	ca. 525 kg;	ca. 550 kg;	ca. 490 kg
2,600 m;	» 590 » ;	» 550 » ;	» 580 » ;	» 515 »
2,750 m;	» 620 » ;	» 580 » ;	» 600 » ;	» 540 »
3,000 m;	» 780 » ;			

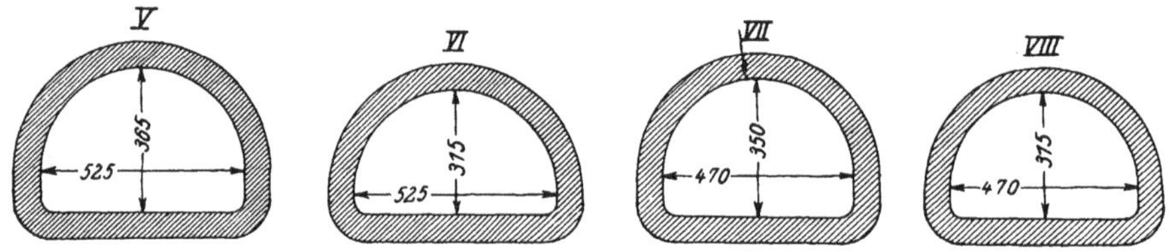

Abb. 2. Die gebräuchlichsten Retorten-Bauformen.

Länge	V.	VI.	VII.	VIII.
2,450 m;	ca. 510 kg;	ca. 490 kg;	ca. 490 kg;	ca. 475 kg
2,600 m;	» 535 » ;	» 515 » ;	» 515 » ;	» 515 »
2,750 m;	» 565 » ;	» 540 » ;	» 540 » ;	» 540 »

Die Wanddicke beträgt 60—65 mm, an der Mündung 100—110 mm.

Noch in den fünfziger Jahren des vorigen Jahrhunderts unterschieden sich die deutschen Öfen mit der Rostfeuerung nur wenig von den englischen Vorbildern (Abb. 3).

Anfänglich war es das Material der eisernen Retorten, das die Anwendung höherer Wärmegrade als 1000° im Ofeninnern von selbst verbot. Mit der einfachen Rostfeuerung war es auch nicht möglich, eine höhere Verbrennungstemperatur zu erzielen.

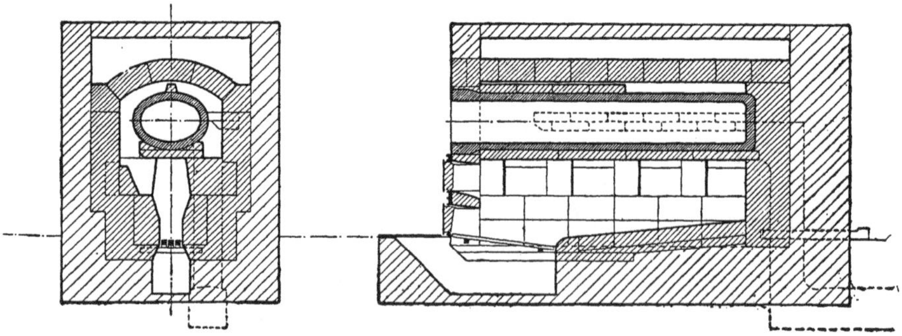

Abb. 3. Gaserzeugungsofen mit einer Retorte, Baujahr 1872.

Während man bei vollkommener Verbrennung reinen Kohlenstoffs einen höchsten Kohlendioxydgehalt der Rauchgase von 21 Volumenprozent erhält, erreichte man mit der Rostfeuerung wegen des angewandten Luftüberschusses nur 10% CO_2 im Rauchgas. Aber auch die Gasausbeute aus der Tonne Kohle betrug nur 130 bis höchstens 200 m³ bei einem Unterfeuerungsverbrauch von 40 bis 50% der entgasten Kohle.

Die ersten Schamotteretorten bezog man noch aus England. Bald aber eroberten sich die deutschen Schamotteretorten aus den genannten vier Firmen den Markt. Am Anfang betrug die Baulänge 2,5 m. Wegen der geringen Durchbruchfestigkeit mußten sie auf ihrer ganzen Länge durch ein Auflager unterstützt werden. Mit zunehmenden Güteeigenschaften der Schamotteretorte konnte man auf diese Unterstützung schrittweise verzichten. Man ging dazu über, sie durch eine Anzahl von Tragsteinen zu ersetzen. Erst waren es 8, die später bis auf 4 Tragsteine verringert werden konnten. Gleichzeitig gewann man aber an wirksamer Retortenheizfläche, wodurch sich die Wärmewirtschaft des Gaserzeugungsofens verbesserte.

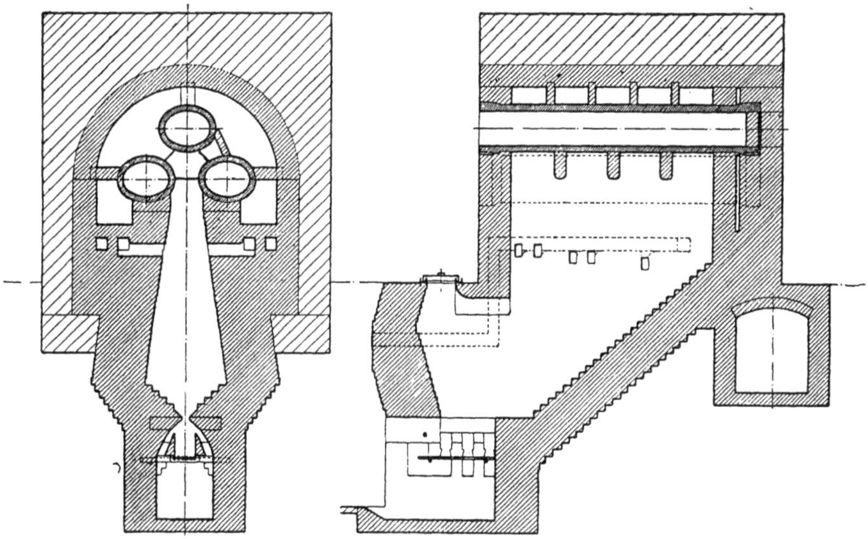

Abb. 4. Generatorofen nach Liegel mit 3 Retorten, Baujahr 1872.

Kornhardt erkannte richtig, daß die Einführung der Gasabsaugung die zweckmäßigste Ergänzung des Betriebes mit Schamotteretorten war. Durch das drucklose Entweichen des Gases aus der Kohle wurde es vor zu langer Berührung mit hocherhitzten Retortenwänden (bei dem damaligen geringen Füllungsgrad) geschützt und so in der Güte verbessert, aber auch der Menge nach, da ein Entweichen nach der Feuerseite durch Undichtheiten vermieden wurde (Abb. 4).

Im Jahre 1861 besaßen von 293 deutschen Gaswerken nur 90 der größeren Werke zusammen 107 Gassauger. In dieser Zeit galten die deutschen Tonretorten schon als wettbewerbsfähig mit jedem Auslandserzeugnis. Die erkennbaren Entwicklungsstufen sind etwa folgende:

Deutschland: Der einfache Rostofen mit 1 bis 7 Retorten.
Dessau: Der Oechelhäuser-Ofen: Dessauer Ofen.
Berlin: Der Ofen von Schnuhr und Hasse.
(England und Frankreich) Siemens-Feuerung (regenerativ).
Deutschland: Der Liegel-Ofen.
Frankreich: Der Ponsard- und Lencauchez-Ofen.
Deutschland: Der Didier-Hasse-Ofen.
München: Retortenofen von N. H. Schilling und H. Bunte.

Die vorgenannten Entwicklungen liefen zum Teil nebeneinander her.

Die hauptsächlichsten Merkmale der wichtigsten Öfen sollen nachfolgend geschildert werden (Abb. 5 u. 6).

In Deutschland hatte sich der Kornhardt-5-Retortenofen (1855 bis 1865) am meisten durchgesetzt, nach diesem der 7er Ofen. Heiztechnisch war es aber nicht leicht, die 7 Retorten mit der einfachen Rostfeuerung gleichmäßig zu beheizen.

Dies gelang aber nach den Vorschlägen Oechelhäusers, des Leiters der deutschen Continental-Gesellschaft in Dessau, nach dem Grundsatz der freien Flammenentfaltung. Oechelhäuser bildete die alte Rostfeuerung durch Vertiefung zum Generator aus. Die in hin und her gehenden Kanälen vorgewärmte Luft wurde dem erzeugten Kohlenoxydgas zur Verbrennung zugesetzt.

Sein 6er Ofen, der sog. »Dessauer Ofen«, leistete mit 6 Retorten etwa dasselbe wie der frühere 7er Ofen. Er wurde bald vorherrschend im deutschen Retortenofenbau. Die Gasausbeute konnte schon auf 200 bis 250 m^3 Gas/t Kohle erhöht werden, und bei den Öfen mit mehr als 5 Retorten sank auch der Unterfeuerungsverbrauch auf 22 bis 25%, bei den kleinen Öfen war er aber noch recht beträchtlich; er betrug bei dem 3er Ofen etwa 30%, beim 2er Ofen 35% und beim 1er Ofen noch 40%.

Der Durchsatz durch eine Retorte betrug am Tag noch nicht mehr als 600 bis 700 kg Kohle.

Wenn der Gasofenbau rückblickend überschaut wird, erkennt man deutlich, daß der Rostofen mit dem 1871 erfolgten Tode des Blochmann-Schülers Kornhardt den Abschluß seiner Entwicklung gefunden hat. Seine Stärke bestand in der Billigkeit und der raschen speicherlosen Heizwirkung, seine Schwäche in dem hohen Koksverbrauch.

Eine umwälzende Neuerung setzt anschließend ein, nämlich die Beheizung der Öfen mit Gas unter Anwendung von Wärmespeichern und Generatorfeuerung. Die Wege, die dabei eingeschlagen wurden,

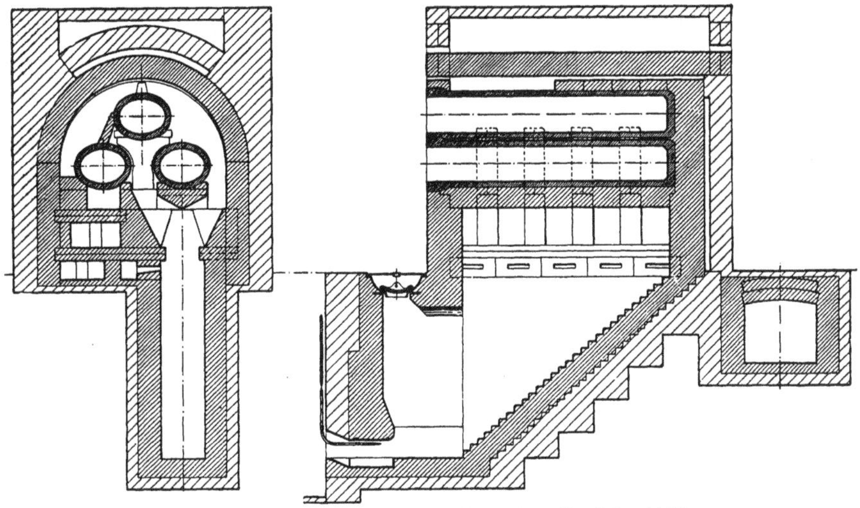

Abb. 5. Generatorofen mit 3 Retorten, Baujahr 1880.

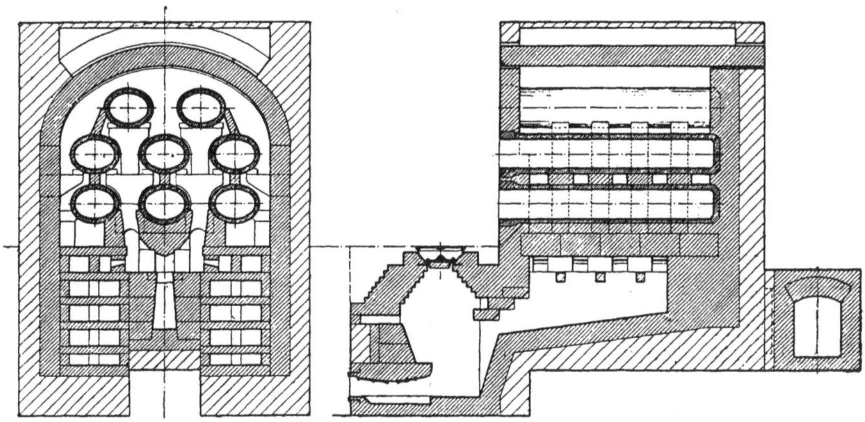

Abb. 6. Generatorofen mit 8 Retorten und Wärmeaustauscher.

sind verschieden. Es wurde die regenerative (Wechselzug-) Beheizung und die rekuperative (Gleichzug-) Beheizung ausgebildet. So wurden 1856 auf dem württembergischen Hüttenwerk Wasseralfingen die Retorten erstmalig mit Gichtgas von den Hochöfen beheizt. 1839 war schon Bergrat Bischof dazu übergegangen, Heizgas in eigenen Generatoren zu erzeugen.

Die Gebrüder Siemens verbanden in London die Generatoren mit sog. Regeneratoren. Dies waren Kanäle aus feuerfestem Baustoff, in denen sowohl die Heizgase als auch die Verbrennungsluft durch die abziehenden Ofenabgase vor ihrem Eintritt in den Ofen vorgewärmt wurden. Ein doppeltes Kammerpaar war umschaltbar eingerichtet, so daß durch das heißere Paar Heizgas und Verbrennungsluft zur Wärmeentnahme hindurchgeschickt wurden, während das kältere Kammerpaar von den abziehenden Abgasen wieder aufgeheizt wurde. In bestimmten Zeitabschnitten wurde zwischen diesen Kammerpaaren durch Umschaltung gewechselt.

In Deutschland arbeitete Liegel erfolgreich an dem Problem der Gasbeheizung mit einem Generator, der zwar unter dem Ofen lag, dessen Füllschacht aber nach vorn vorgezogen war. Die Luft wurde in einem Rekuperator vorgewärmt und dem unter absichtlichem Luftmangel erzeugten Kohlenoxydgas des Generators zur Verbrennung zugesetzt. Der Generator hatte einen ziemlichen Tiefgang. Er erweiterte sich in seiner ganzen Längsachse von oben nach unten und verengte sich dann wieder bis auf einen Längsschlitz.

Hier wurde die Wärmehöhe so hoch getrieben, daß die Koksasche zu Schlacke schmolz, auf einen untergebauten Rundstabrost fiel, dort eine Hilfsheizung (zur Flüssighaltung der Schlacke) bildete und von dort wieder beseitigt werden konnte (Abb. 2).

Liegel meisterte alle Schwierigkeiten, die sich aus der verschiedenen Schmelzbarkeit der verschiedenen Schlackensorten je nach der Kohlenherkunft ergaben. Bald mußte die Hilfsheizung den Schmelzfluß der Schlacke aufrechterhalten, wobei gleichzeitig eine künstliche Kühlung der stark beanspruchten seitlichen Schlitzbalken erforderlich war, bald konnte auf die Hilfsheizung ganz verzichtet werden. Westfälischer Koks ergab schwer schmelzbare Schlacke, während Saarbrükkener und schlesischer Koks leichtflüssige Schlacke lieferten. Auch englischer, sächsischer und böhmischer Koks eigneten sich für den Liegel-Generator, der etwa alle 2 h beschickt wurde. Der Generatoreinwurfdeckel war zur Vermeidung von Lufteinsaugung mit einer Wassertasse versehen. Bei aller Güte war dieser Ofen stark von der Zuverlässigkeit der Ofenhausarbeiter abhängig. Er wurde in verschiedenen Größen für die Beheizung von einer bis zu 11 Retorten gebaut.

In Frankreich versuchte man nach den Bauweisen von Ponsard und Lencauchez das Siemens-Prinzip durch rekuperativ wirkende Wärmespeicher aus Doppelhohlsteinen zu vereinfachen.

Hasse, Dresden, bediente je 2 Öfen von einem getrennt stehenden Vollgenerator aus, der mit Heißkoksbeschickung arbeitete. Der dazu gebräuchliche Kippwagen faßte eine ganze Retortenladung. Die Unterluft wurde durch 2 regulierbare Schlitzöffnungen zugeführt, die Oberluft trat an der Vorderseite des Ofens durch Regulierschieber in Zickzackkanäle ein. Unter der Längsachse des Verbrennungsraumes lag ein Mischraum. Von hier aus trat die zugeführte Oberluft auf den beiden Längsseiten mit je 5 Austrittsöffnungen in den Verbrennungsraum. Bei diesem Ofen, der als Didier-Hasse-Ofen bekannt wurde, war die Rekuperation der Oberluft gegenüber früheren Typen schon wesentlich verbessert.

Einen wärmewirtschaftlichen Fortschritt bedeutete der sog. Münchener Ofen, den Schilling mit seinen Mitarbeitern Bunte und Hollweck entwickelte. Die Retorten besaßen eine Länge von 2,8 m. Der Ofen hatte 8 Retorten in 3 Reihen: 2 × 3 und 1 × 2. Die unterste Mittelretorte wies sowohl kleineren Querschnitt auf als auch einen besonderen Überhitzungsschutz, da unterhalb von ihr zu beiden Seiten die Generatorgasbrennerreihen mit je 12 Mischöffnungen für vorgewärmte Luft mit dem Oxydgas lagen. Auch der Einbau des Ofens bestand aus Formstücken. Da der Generator für sich vor dem Ofen stand, konnte der gesamte Unterbau des Ofens für die Luftvorwärmung durch die abziehenden Feuergase ausgenutzt werden. Die Zweitluft wurde an der Vorderseite des Ofens eingeführt.

Dieser freistehende, unter Flur liegende Generator erforderte einen tiefen Aushub und viel Grundfläche, da sowohl der Rost unten im Kellergeschoß mit der dazu nötigen Bewegungsfreiheit bedient, als auch die Generatorwände und die Ofenvorderwand auf Dichtheit dauernd kontrolliert werden mußten.

Das Neue an diesem Ofen war die sog. nasse Vergasung durch Einführung von Dampf unter den Rost. Bunte erreichte damit eine Herabsetzung der Temperatur am Rost, so daß die Asche nicht mehr zum Schmelzen kam, sondern nur mehr eine beim Entfernen leicht zerbröckelnde poröse Masse bildete. Eine weitere Verminderung der Wärmegrade in den unteren Schichten des Generators wurde durch den großen Querschnitt des Rostes und die damit herabgesetzte Eintrittsgeschwindigkeit der Erstluft erreicht. Aber auch verbrennungstechnisch war diese Dampfeinführung bedeutsam und für die Zukunft wegweisend.

Der Deutsche Verein von Gas- und Wasserfachmännern hatte Bunte mit der Bildung eines Generatorausschusses beauftragt, der unverzüglich seine Arbeiten der wissenschaftlichen Durchdringung der Vorgänge im Generator aufnahm und seine Arbeiten 1878 zum Abschluß brachte. Durch planmäßige Versuche und durch die Einführung der feuerungstechnischen Betriebsüberwachung bekam man bald klaren Einblick in die chemischen Vorgänge im Generator, über die günstigsten Schütthöhen des Kokses, über Gasmenge und deren chemische Zusammensetzung. Erstmalig erforderten Unterschiede in der Schmelzbarkeit der Koksaschen keine Sonderkonstruktion am Generator mehr, sondern nur eine Veränderung der Menge des Wasserdampfes, der mit der Unterluft eingeführt wurde. Der Dampfzusatz schwankte in den Grenzen von 0,3 bis 0,75 kg je kg Koks. Am wirtschaftlichsten fand man eine Dampfmenge von 0,3 bis 0,4 kg je kg Koks.

Bei seinem Eintritt in die heiße Kokszone führte der Dampf zur Bildung einer Wassergasbeimischung (Halbwassergas). Hierdurch ergab sich ein höherer Heizwert des Generatorgases. Allerdings entsprach diesem Heizwertzuwachs gegenüber der trockenen Vergasung ein Wärmeverbrauch bei der Zersetzung des Wasserdampfes. Es laufen hier zwei Vorgänge nebeneinander her. Das Einleiten oder Durchsaugen von Luft in den Generator verbrennt den Kohlenstoff, es bildet sich Kohlendioxyd, das nachfolgend am glühenden Koks zu Kohlenoxyd reduziert wird. Hierbei wird Wärme frei, während umgekehrt das Einleiten von Wasserdampf zur wärmeverbrauchenden Wassergasbildung führt. Da die Abgasverluste gegenüber der trockenen Vergasung infolge des erhöhten Wasserdampfgehaltes und des damit abziehenden Wärmeinhaltes bei diesem Generator größer waren, lag es nahe, nach Mitteln und Wegen zu suchen, die Abgaswärme weitgehendst zurückzugewinnen. Dies geschah in einer gut ausgebildeten Rekuperation. Man nutzte die abziehenden Feuergase möglichst zur Vorwärmung der Zweitluft (Oberluft) im Gegenstrom aus. Die Menge der Zweitluft ist bei der nassen Vergasung je nach der Menge des zugesetzten Dampfes oder des verdampften Wassers größer als bei der trockenen. Raum zur Unterbringung von Wärmeaustauschkanälen war bei dem freistehenden Generator unter dem Ofen reichlich vorhanden. Die Rauchgase entwichen aber immer noch mit einer Temperatur von 600 bis 650° C in den Schornstein.

Eine Steigerung der Wärmerückgewinnung ließ sich erst erreichen, als man dazu überging, auch die Unterluft (Erstluft) vorzuwärmen und den benötigten Dampf aus einem unter dem Rost eingebauten Wasserschiff im Generator zu gewinnen, dessen Boden von Rauchgaskanälen beheizt wurde, die das Wasser verdampften. Die Erstluft wurde auf 180 bis 200° vorgewärmt, während die Zweitluft mit etwa 1000° in den Ofen eintrat. Die Erstluft strich über das Wasserschiff, belud sich dabei mit Wasserdampf, ging anschließend nochmals durch einen Vorwärmerkanal und trat dann unter die gesamte Fläche des Rostes. So gelang es, 65 bis 75% mehr an Abgaswärme zurückzugewinnen.

So ist der auf Grund eingehender wissenschaftlicher Untersuchungen entstandene Münchener Schilling-Bunte-Ofen zum bahnbrechenden Vorbild für die künftige Gestaltung der Entgasungsöfen geworden. Man versuchte die neugewonnenen Erkenntnisse auch auf die bestehenden Ofenbauarten anzuwenden.

Die Firma Didier ging dazu über, eine neue Ofenform, den sog. Halbgeneratorofen, in verschiedenen Abwandlungen zu schaffen. Der freistehende Generator und die ausgedehnte Rekuperation unter dem Münchener Ofen erforderten einen Tiefbau, wie er sich nicht überall teils aus Gründen der Fundierung (Grundwasser), teils mangels vorhandener Mittel bei kleineren und mittleren Werken ausführen ließ. Der Generator wurde nun in flacher Form unter den Ofen gebaut mit niedrigerem Tiefbau. Dies konnte allerdings nur auf Kosten der Größe der zu beiden Seiten liegenden Rekuperation geschehen. Immerhin hatten sie aber noch einen Unterfeuerungsverbrauch von 28 bis 30% bei einer

Gasausbeute von 230 m³ Gas je t Kohle, und dieser Typ hat sich noch lange Zeit auf mittleren und kleineren Werken erhalten.

Demgegenüber hatte der Münchener Vollgeneratorofen eine Unterfeuerung von nur mehr 16 bis 18% bei einer Gasausbeute von 260 bis 290 m³ je t Kohle im Dauerbetrieb.

Beurteilte man bisher die Leistung der Öfen nur nach der Gasausbeute, so zog man jetzt immer mehr auch die Einkünfte aus der für den Verkauf freien Koksmenge in Betracht, die abhängig war vom geringeren Eigenverbrauch bei der Unterfeuerung. Durch diese Mehreinnahmen ließen sich die Mehrausgaben für den wärmeökonomisch durchdachten, Heizmaterial sparenden Münchener Vollgeneratorofen in kurzer Zeit wieder einbringen.

Den Vorsprung, den England zu Beginn der deutschen Gasindustrie innehatte, hat Deutschland im Laufe der Jahrzehnte bis zur Mitte der achtziger Jahre des vorigen Jahrhunderts reichlich wettgemacht. Mit der Einführung der Generatorgasbeheizung und der Vorwärmung von Erst- und Zweitluft (Unter- und Oberluft) hatte die deutsche Gasindustrie die Führung übernommen.

Welche Bedeutung man auch im Ausland der deutschen Ofenbauentwicklung beimaß, kam deutlich zum Ausdruck auf einer Versammlung der englischen Gasfachleute 1884 in London, in der ein Redner betonte: Es verlange die Gerechtigkeit, besonders anzuerkennen, daß jeder Ofen, der gegenwärtig in England in Gebrauch stände, eine mehr oder weniger geänderte Nachbildung der einen oder anderen Bauart der in Deutschland gebräuchlichen Generatoröfen sei.

Aber nicht zufrieden mit dem Erreichten arbeitete man in Deutschland in den folgenden Jahren stetig weiter an dem Ausbau des Münchener Generatorofens. Man versuchte den Ofen wärmewirtschaftlich auf ein Höchstmaß zu bringen, die Wärmeverteilung möglichst gleichmäßig zu gestalten und durch Wärmerückgewinnung die Abgasverluste möglichst klein zu halten.

Der beim Münchener Ofen ursprünglich freistehende oder doch vorgebaute Generator wurde mit in den Ofenunterbau einbezogen. Der hierfür benötigte Raum mußte durch Verkürzung der Rekuperation geschaffen werden. Als Ausgleich für diese verringerte Leistungsfähigkeit vermehrte man die Abgas- und Luftkanäle. Die Strahlungswärme des Generators kam jetzt dem Ofen zugute, die Undichtigkeitsverluste verringerten sich.

Auch äußerlich erfuhr der Ofen insofern eine Änderung, als man dazu überging, die Retortenlänge zu vergrößern. Damit erhöhte sich auch die Ausstehzeit auf 6 h (gegenüber bisher 4 h). Im Ofeneinbau wurden ebenfalls noch Änderungen getroffen, die eine gleichmäßige Verteilung von Gas und Luft über die ganze Ofentiefe bezweckten. Dies wurde durch Anordnung von Drosselschiebern erreicht. So gelangte der

Didier-Münchener-Ofen allmählich zu einer solchen zweckmäßigen Durchbildung, daß er im Dauerbetrieb nur mit 15% Unterfeuerung, auf entgaste Kohle bezogen, auskam und heute noch betrieben wird. Der Horizontalretortenofen war aber nicht etwa nur eine Bauart für kleine und mittlere Werke, sondern er gehörte ebensogut zum Großgaswerk, das mit zunehmender Gasabgabe ein Retortenhaus nach dem anderen mit diesen Öfen bauen mußte.

Mit der inneren Entwicklung des Ofens hielt auch die seiner Umgebung Schritt. Der Lade- und Entladebetrieb wurde mechanisiert, dadurch die anstrengende menschliche Arbeit verringert und auf von Hand oder mechanisch bewegte Hilfsgeräte übertragen. Geradezu umwälzend wirkte bei den Horizontalretorten der später noch näher zu beschreibende Durchstoßbetrieb, der auch die Wassergaserzeugung in der Retorte und die mühelose Entleerung der Retorte ermöglichte.

Auch die Bewegung, Stapelung und Entnahme von Kohle und Koks wurde vielfach und vielgestaltig durch Einrichtungen mit Kraftantrieb (s. Abschnitt G) bewältigt. Es ist selbstverständlich, daß damit auch das gesamte Ofenhaus eine weitgehende Veränderung erfuhr.

Schon glaubte man, der Gaserzeugungsofen sei am Ende seiner Entwicklung angelangt, da tauchte die Schrägretorte auf, deren Vorläufer wir zu Murdochs Zeiten bereits kennengelernt hatten. Aber auch andere Versuche im Gasfach führten zu neuen Ofenbauarten, hauptsächlich zur Entwicklung der Großraumöfen, wobei zum Teil vollständig neue Wege beschritten werden mußten.

Soweit man in Großstädten neue Gaswerke errichtete, bei deren Ausgestaltung man völlig freie Hand in der Grundrißlösung und Raumausnutzung hatte, ging man zur Vermeidung unnötiger Bedienungskosten von den bisherigen Horizontalretorten ab und zu mechanisch bedienten Großraumöfen über, um die Gasselbstkosten möglichst weit abzusenken. Alten Werken aber, die bei dem heutigen Wachstum der Städte vielfach ins Stadtinnere geraten sind, fehlt oft jede örtliche Ausdehnungsmöglichkeit. Sie sind meist im Grundriß so verbaut, daß sie auch bei Änderungen stark an das Vorhandene gebunden sind.

Trotzdem haben sich auch hier neue Entwicklungs- und Leistungssteigerungsmöglichkeiten finden lassen. Überall dort, wo bei den Horizontalretorten der Durchstoßbetrieb möglich gemacht werden kann, besteht die Möglichkeit zum Übergang zur Kleinkammer. Eine Reihe von Ofenbaufirmen hat sich dieses neuen Entwicklungszweiges der Gasindustrie angenommen und durchaus brauchbare Lösungen herausgebracht. Vielfach konnten die vorhandenen Einrichtungen, wie sie beim Durchstoßbetrieb vorhanden waren, mitbenutzt oder zweckmäßig abgeändert werden.

Die Aufgabe der Gaserzeugung war seit der Einführung des Glühstrumpfes durch Auer v. Welsbach nicht mehr die Herstellung eines leuchtkräftigen Gases, sondern die eines heizkräftigen Stadtgases. Dies hatte zunächst keinen Einfluß auf den Ofenbau (abgesehen von der Steigerung der Wärmehöhe bei der Entgasung in den Großraumöfen), sondern war eine Sortenfrage bei der Wahl der Kohle. Mit einem Male konnten jetzt auch mittlere und kleinere Werke mehr und mehr von der teuren stückigen Gasförderkohle abgehen und dafür billigere Sorten der Fein- und Staubkohlen wählen, die sie früher wegen der an das »Leuchtgas« gestellten Forderungen nicht verarbeiten konnten. Waren die Zechen und Großgaswerke vielfach den Kleingaswerken noch mit ihrem großstückigen Koks überlegen, so hatte jetzt selbst das kleinste Werk auch die Möglichkeit, großstückigen Koks zu erzeugen bei entsprechender Kohlenwahl. Außer den koksbildenden Eigenschaften der Kohle war Voraussetzung ihre dichte Einlagerung im Entgasungsraum. Da die Zwischenräume, wie sie beim Einfüllen stückiger Kohle entstehen, bei der Feinkohle zum größten Teil ausgefüllt sind, läßt sich diese Bedingung auch beim Kleinraumofen einhalten. Bei den Großraumöfen kommt allerdings hinzu, daß bei der Gefügeumwandlung während des Erweichens der Kohle eine Verdichtung stattfindet infolge des Druckes durch die Lagerhöhe in der Kammer, wodurch der Koks sehr dicht und fest wird. Auch dies kann einigermaßen dadurch ausgeglichen werden, daß beim Kleinraumofen die Kohle möglichst nicht nur eingefüllt, sondern auch eingepreßt wird, was sich durch die neuen Beschikkungseinrichtungen unschwer erreichen läßt, wie in den nachfolgenden Abschnitten noch erörtert wird.

3. Horizontal-Kleinkammeröfen.

Die Großraumöfen hatten im Betrieb gezeigt, wie leicht große Lademengen maschinell bewältigt werden können. Es lag der Gedanke nahe, bei den mit mechanischer Beschickung und hinterem Ausstoß versehenen Retorten die Lademengen unter Verwendung der vorhandenen mechanischen Einrichtungen ebenfalls zu vergrößern, zumal dies unter Zusammenfassung zweier übereinanderliegender Retorten geschehen konnte, ohne daß an der Ofenhülse irgendwelche Änderungen vorgenommen werden mußten. Die Vorteile, die die Entgasung größerer Lademengen boten, konnten mit unerheblichem Mehraufwand an Mitteln erreicht werden. Die Gasausbeuten erhöhten sich dadurch, daß die von Kohlen unberührte Fläche an der Decke des Entgasungsraumes, auf die durchgesetzte Kohlenmenge bezogen, sich nicht unbeträchtlich verringerte, d. h. der Füllungsgrad sich vermehrte. Gleichzeitig verminderte sich der Gehalt des Gases an Naphthalin und Zyanwasserstoff, während die Ammoniak- und Benzolausbeute anstieg.

Die genormten Retortenprofile wurden eingangs schon besprochen, die meist einen ovalen oder elliptischen oder einen diesen angenäherten

Querschnitt aufweisen. Selbst im Großkammerofenbau besitzen aber die Kammern nur solche Breiten, wie sie etwa der kleinen Achse der Retorten (und noch weniger) entsprechen, damit die Wärme in der gewünschten Ausstehzeit auch den Weg vom Rand des Entgasungsraumes bis zum Kern der Ladung restlos durchschreiten kann.

Es wäre sonach falsch gewesen, die größere Achse der Retorte als durchgehende Kammerbreite für zwei zur Kammer zu vereinigende, übereinanderliegende Retorten zu wählen, da damit die Beheizungsverhältnisse sich vollständig verändert hätten.

Die Firma Didier schuf deshalb zunächst eine Kleinkammer, bei der etwa ein normales Retortenprofil einfach nach unten in verjüngter Form verlängert wurde. Die Kleinkammer war aus Nut- und Federsteinen zusammengebaut, und trotz des erheblich größeren Ladevermögens dieses Querschnittes war der Weg der Wärme von allen beheizten Außenwänden bis zum Kern der Beschickung annähernd gleich lang, so daß an den gewohnten Ausstehzeiten nichts geändert wurde.

Schon diese als Übergang zu wertende behelfsmäßige Ausführungsform war ein vollwertiger Ersatz der Normalretorten durch leistungsfähigere Kleinkammern, die den Vorzug hatten, billig zu sein und den Ofen am wenigsten zu verändern. Es bestand aber kein zwingender Grund, den Querschnitt der Horizontalkleinkammer von der früheren Retortenform abzuleiten wie bei dem eben besprochenen Baumuster. Didier wandte sich, wie auch die meisten anderen Ofenbaufirmen, bald dem rechteckigen Kleinkammerquerschnitt zu, wobei für den Einbau alle Erfahrungen ausgenutzt werden konnten, die man inzwischen beim Bau und Betrieb von Großkammeröfen gesammelt hatte und die nur auf die neuen Abmessungen entsprechend übertragen werden mußten.

Auch bei dem rechteckigen Querschnitt ging man zunächst davon aus, zwei übereinanderliegende Retorten durch eine Kammer zu ersetzen. Die Ofenpfeiler blieben stehen, manchmal sogar das Gewölbe. Diese Horizontalkleinkammern wurden zweireihig ausgeführt. Leistung und Sondereinrichtungen sollen nachfolgend noch besprochen werden.

Aber auch damit hatte die Horizontalkleinkammer noch nicht ihren Abschluß gefunden. Denkt man sich bei den vorgenannten zweireihigen Kammeröfen zwei übereinanderliegende Kammern wieder in der Weise zu einer einzigen zusammengefaßt, daß man von der unteren Kammer die Decke und von der oberen Kammer die Sohle herausnimmt, so erhält man eine Kammer doppelten Inhalts, die man zweckmäßig durch Einwurföffnungen von oben füllte. Bei dem zweireihigen Kammerofen wäre dies nur bei der oberen Reihe möglich gewesen, während die untere Reihe nach Art der mechanisch beschickten Horizontalretorten hätte beschickt werden müssen. Da man an einem Ofen aber keine zwei verschiedenen Einrichtungen für denselben Zweck schaffen wird, füllte man die obere Kleinkammerreihe mittels derselben Einrichtung wie die untere.

Mit der Ausführungsform der Kammerfüllung von oben ist die Annäherung an die in den Kokereien längst üblichen Horizontalkammeröfen betrieblich und aufbaumäßig weitgehend erreicht, nur unterscheiden sich diese Horizontalkleinkammeröfen von jenen hauptsächlich durch ihre bescheidenen Ausmaße. Aber auch die Kokereiöfen haben bezüglich der gasdichten Türen und durch die Ausbildung als Verbundöfen für wahlweise Stark- oder Schwachgasbeheizung eine starke Annäherung an den Gaswerksofen erhalten.

Im Gasfach fing die Entwicklung in der Richtung nach größeren Entgasungsräumen mit ihren Nebenvorteilen erst am Anfang dieses Jahrhunderts an, während die Koksofenindustrie fast von Anbeginn an den Großraumofen bevorzugte. Die Normbestimmungen für das Gas und seine Zusammensetzung haben auch auf die Durchbildung der Ausrüstung des Koksofens rückgewirkt. Der Zustand ist heute überwunden, wie er während des ganzen vorigen Jahrhunderts, d. h. während der Dauer der bedeutendsten Entwicklungsabschnitte beider Richtungen bestand, daß der Koksofenbauer keinen Gaswerksofen und der Gasofenbauer keinen Koksofen baute. Die beiden Arbeitsgebiete überschneiden und verschmelzen sich immer mehr.

4. Außerdeutsche Entwicklung der Kleinraumöfen.

In Frankreich versuchte Le Bon, der Erfinder der »Thermolampe«, das Leuchtgas einzuführen. Unternehmend und aufopfernd setzte er sein gesamtes Vermögen zu. Da er zwar ein ausgezeichneter Theoretiker war, aber des praktischen Gefühls für die Verwirklichung seiner Ideen ermangelte, war es ihm bis zu seinem 1802 plötzlich erfolgten Tode nicht vergönnt, die Früchte seiner Arbeit zu ernten. Seine Arbeiten wurden von einem aus Znaim in Mähren stammenden J. A. Winzler (der sich später in England Winsor nannte) fortgesetzt. Dieser gründete 1814 eine Gesellschaft und errichtete 1819 das erste Gaswerk in Paris. Pauwels übernahm später dieses Werk und brachte es zu günstiger Entwicklung. Zum Unterschied von Deutschland, wo die Gaswerke zu einem erheblichen Teil im Besitz der Gemeinden waren und noch sind, befinden sich die französischen Gaswerke zum großen Teil in privaten Händen. Die Gasversorgung Frankreichs wurde größtenteils von Engländern eingerichtet.

In den Vereinigten Staaten von Amerika beleuchtete erstmalig Henfrey 1801 einen großen Saal in Baltimore mit Lignitgas und erbaute 1802 dort das erste Gaswerk auf amerikanischem Boden.

Infolge der Erdölvorkommen entwickelte sich in Amerika die Gasindustrie nach anderer Richtung als auf dem europäischen Festlande. Immer mehr trat die Erzeugung von karburiertem Wassergas und Ölgas in den Vordergrund. Heute spielt außerdem das Erdgas eine große

Rolle in Amerika, so daß man dort unterscheidet zwischen Erdgas und »hergestelltem Gas«.

5. Derzeitige Bedeutung der Kleinraumöfen.

Im Gaswerksbetrieb zeichnet sich deutlich die Entwicklung zu den großen Lade- und Leistungseinheiten ab, die so groß sind, daß sie nur maschinell bewältigt werden können. Kohle, Koks, Teer, Ammoniakwasser, Reinigermasse u. dgl. werden hierbei nur einmal hochgefördert. Durch ihr Eigengewicht legen sie den Weg zu den Verarbeitungsstätten zurück.

Die Horizontalretorte wandelte sich dabei zur Schrägretorte, diese zur Vertikalretorte, die Horizontalkammer zur Schrägkammer, diese zur Vertikalkammer. Die Lademengen je Entgasungsraum nahmen zu, die Ladearbeit nahm ab, ebenso nahmen die Zahl der Arbeiter und der Unterfeuerungsverbrauch ab. Die nachfolgende Zusammenstellung zeigt eine Gegenüberstellung der Entwicklung des Gaserzeugungsofens in Deutschland und seine wirtschaftlichen Ergebnisse[1]).

Zahlentafel 1.

Entwicklung der Gaserzeugungsöfen.

Ofensystem	Jahr der Einführung der Bauart	Ladegew. je Entgas.-Raum	Anz. d. Ladg. je Entgas.-Raum 24 Std.	Kohlen-Durchsatz je Entg.-Raum 24 Std.	Gaserzeug. je Entgas.-Raum in 24 Std.	Unterfeuerg. in Form von Reinkoks je 100 m³ Gas	Arb.-Schicht 24 Std. für 100 000 m³ Gas
	Jahr	kg	Ladg.	kg	cbm	kg	Arbeit
Rostofen mit 6 St. 3 m lg. Retorten	1804	100	6	600	180	83	234
Generatorofen m. 9 St. 3 m lg. Retorten	1878	150	6	900	270	60	175
Schräg-Retorten-Ofen m. 9 St. 5 m lg. Retorten	1884	350	3	1050	315	60	114
Dessauer Vert.-Ofen m. 12 St. 5 m lg. Retorten	1905	570	2	1140	429	35,5	24
Münchn. Schräg-Kammerofen m. 3 K. je Ofen	1907	8000	1	8000	2700	40	22
Horizontal-Kammerofen	1909	10000	1	10000	3300	30,3	19
Vert.-Kammerofen periodisch betr.	1919	5000	1	5000	1900	35,5	21
Vert.-Kammerofen mit Wanderladung	1920	10000	dauernd	10000	4800	28	22

Fast könnte man nach dieser historischen Gegenüberstellung meinen, die Tage der Retorten- und sonstigen Kleinraumöfen seien unwiederbringlich zu Ende.

[1]) Deutsche Kommunal-Wirtschaft XIV (1924) S. 1050; Rodde: Die Mechanisierung des Gaswerksbetriebes.

Die Praxis zeigt aber weiter, daß die älteste Ofenart, der Horizontalretortenofen, trotz der geschilderten Entwicklung der anderen Ofenbauarten in Deutschland nicht nur immer noch vorhanden ist, also nicht nur von ihnen nicht verdrängt werden konnte, sondern daß er auch in der Nachkriegszeit bis heute in nahezu der gleichen Anzahl Jahr für Jahr erbaut wurde.

Die Mechanisierung bei den Großraumöfen blieb auch nicht ohne Einfluß auf den Kleinraumofen. Die hierbei bestehenden Möglichkeiten sollen anschließend auf S. 112 näher besprochen werden. Ferner wurde durch Einführung der vollgefüllten Retorte und der »nassen Entgasung« in den Kleinraumofen (s. S. 88) und die Fortentwicklung der Retorte zur Kleinkammer und der angewandten Abhitzeverwertung der Vorsprung der Großraumöfen fast restlos aufgeholt. Aus vorstehendem ist zu ersehen, daß der Kleinraumofen für kleine Werke heute keineswegs als veraltet angesehen werden kann. Nicht unerwähnt soll bleiben, daß kurz nach dem Kriege viele Werke, bei denen die Öfen stark beansprucht worden waren, wegen unregelmäßiger, vielfach unsachgemäßer Bedienung während des Krieges und Beschickung mit ungeeignetem Entgasungs- und Heizungsmaterial auf den Retortenofen zurückgriffen, der auch unter den verschlechterten Kohlenverhältnissen einen noch brauchbaren stückigen Koks mit geringerem Grusanfall erhalten läßt.

In England war es ebenfalls das Kohlensortenproblem, das beispielsweise das größte Londoner Gaswerk Beckton zu interessanten Schlußfolgerungen nach dem Kriege kommen ließ. Man war im Zweifel, ob man stets die für Öfen mit Wanderladung nötigen Kohlensorten zur Verfügung haben würde. Aus diesen und anderen Gründen erfolgte die Wiederausrüstung eines der riesigen Ofenhäuser mit Horizontalretortenöfen. Es kamen 3 Blöcke von je 9 Stück Zehneröfen, also 27 Zehneröfen mit zusammen 270 Stück 7 m langen, D-förmigen durchgehenden Retorten, mit Steigrohren an beiden Enden, 900 bis 1000 kg Ladegewicht, besonders tiefen Einzelgeneratoren mit 1400° C Ofentemperatur zur Ausführung, die zweimal täglich bedient werden, und zwar von einer einzigen Lade- und Stoßmaschine mit Schleudertrommel und Gelenkstößel. Die Öfen liefern 360 m^3/t Kohle mit einem oberen Heizwert von 5000 kcal/m^3.

Der Kleinraumofen hat somit einen Verjüngungsprozeß durchgemacht, der ihm noch lange seine altbewährte Stellung innerhalb der deutschen und auch der ausländischen Gaserzeugungsöfen erhalten und in der Form der »kammermäßig betriebenen Retorte« und des Kleinkammerofens immer neue Freunde erwerben dürfte.

B. Aufbau der Kleinraumöfen.

1. Unterbau.

Wie bei jedem Bauwerk spielt auch beim Bau von Entgasungsöfen die Güte des Baugrundes eine ausschlaggebende Rolle. Gaswerke legt man immer an die tiefste Stelle des Versorgungsgebietes, da durch den Auftrieb das Gas von selbst in höher gelegene Ortsteile steigt, aber in tiefer gelegene nur mit Druck befördert werden kann.

So kommt es, daß man in diesen Niederungen beim Gasofenbau häufiger mit Grundwasser zu kämpfen hat als anderwärts. Viele Gaswerke nützen auch für ihre Kohlen die billigen Wasserfrachten aus und liegen direkt neben einem Umschlagsplatz am Wasser. Dies erfordert in besonderem Maße Vorsicht beim Unterbau des Gaserzeugungsofens. Im ersten Fall ist meist trotz des Grundwassers tragfähiger Boden vorhanden. Immerhin wird man den Grundwasserstand am geplanten Bauplatz oder in dessen Nähe jahrelang beobachten müssen, denn abgesehen von der Schädigung des Unterbaues durch die aufsteigende Feuchtigkeit im Mauerwerk bedeutet Grundwasser eine dauernde Abkühlung des Ofens und damit dauernden Wärmeverlust und erhöhten Unterfeuerungsverbrauch. Es sind ferner Fälle bekannt, in denen das Fundament nachgegeben hat, der Ofen Risse bekam und dauernd Gasverluste aufzuweisen hatte. Handelt es sich um moorigen oder Schlickboden, so ist das Eintreiben eines Pfahlrostes notwendig. Die Einzelpfähle müssen je nach Untergrund eine Länge bis zu 15 m und darüber haben. Sie werden zweckmäßig aus eisenbewehrtem Beton nach bekannten Verfahren hergestellt.

Verlangt der Ofenunterbau samt Generator eine größere Tiefe als bis zum Grundwasserspiegel, so empfiehlt sich auf die Dauer der Bauarbeiten eine Absenkung des Grundwasserspiegels mittels einer Wasserhaltung. Ist der Boden tragfähig, so kann eine eisenbewehrte Betonplatte ausgeführt werden, deren Stärke und Bewehrung sowohl der Belastung von oben als auch dem Wasserdruck von unten entsprechen muß. Vorsichtshalber wird man gegen das Aufsteigen von Grundwasser auf diese Betonplatte eine Walzbleiisolierung aufbringen, darüber ein Gitterwerk aus hartgebrannten Klinkersteinen, dann 1 bis 2 Schichten rotes Mauerwerk, darüber einen Wärmeschutz, beispielsweise aus Asbestplatten (die allerdings unter keinen Umständen mehr Nässe aufnehmen dürfen), hierauf eine Schicht Schamottesteine und darüber kann der eigentliche Ofenaufbau beginnen.

Eine andere Ausführungsart, die sich gut bewährt hat, besteht darin, daß man den zu erbauenden Ofen einfach in einen Eisenkasten setzt. Das Blech braucht nur etwa 3 mm stark zu sein und erhält innen und außen eine Schutzschicht von wasserdichtem Beton von einigen

Zentimetern Dicke. Der »Kasten« wird mit seiner Oberkante um etwa 20 bis 25 cm höher ausgeführt, als der höchste bisher beobachtete Grundwasserspiegel liegt.

Hat man jedoch bei einer Neuanlage vollkommen freie Hand in der Wahl aller Maße, dann wird zweckmäßig der gesamte Ofenbau so hoch über dem Fußboden aufgeführt, daß Schwierigkeiten durch das Grundwasser in Wegfall kommen. Nur wenn man bei einer Altanlage bezüglich der Fördermittel an bestimmte Flur- oder Gebäudemaße gebunden ist, sind die oben geschilderten Sicherheitsmaßnahmen notwendig.

2. Aufbau des Entgasungsofens.

a) *Ofenhülse.*

Die Ofenhülse bildet das umschließende Gehäuse für den Ofeneinbau, der aus Generator-, Luft- und Rauchkanälen, Fuchs und den Retorten oder Kammern besteht. Die Hülse bleibt auch dann unverändert bestehen, wenn der Ofeneinbau nach Ablauf seiner Lebenszeit ganz oder teilweise erneuert oder anders gestaltet wird. Der Schnitt durch einen Ofen zeigt bei dem heutigen Stand der Wärmetechnik ein keramisches Filigranwerk. Dieses alles erhält seinen aufbaumäßigen Halt durch die Ofenhülse. Sie besteht aus den Pfeilern und dem Gewölbe.

Die Hülsen werden mit Rücksicht auf spätere Erweiterungen des Ofenbetriebes meist größer ausgeführt, als sie der augenblicklichen anfänglichen Retortenzahl entsprechen würden. Dies erleichtert später den Einbau weiterer Retorten oder Kleinkammern ohne ofenbautechnische Umbauten.

b) *Gewölbe.*

Zwischen den Pfeilern spannen sich die Gewölbe, die aus Schamottematerial hergestellt werden. Aus dem gleichen Material bestehen auch die Formsteine für das Widerlager. Über dem feuerfesten Gewölbe wird an der Vorder- und Rückseite ein Entlastungsbogen von 0,5 bis 0,8 m Breite oder auch ein durchgehender Entlastungsbogen eingespannt. Der Zwischenraum zwischen dem eigentlichen Gewölbe und dem Entlastungsbogen bleibt unausgefüllt und wirkt als Luftisolierung. Die Ofendecke über dem Entlastungsbogen wird mit Lehm, Sand oder Schlacke aufgefüllt und eingeebnet. Darüber werden eine Rollschicht oder zwei Flachschichten angebracht.

Die Gewölbe werden als Halbkreisbogen, als Ellipsenbogen und als Korbbogen ausgebildet. An den beiderseitigen Auflagern entstehen verhältnismäßig große tote Winkel, die bei der Auswechselung der Retorten durch Kleinkammern vielfach dadurch ausgenützt werden, daß man das Gewölbe höher setzt und es durch einen flacheren Stützbogen ersetzt, soweit man nicht ganz auf das Gewölbe verzichtet und eine

Tragdecke zwischen den Pfeilern einzieht nebst einer von Pfeiler zu Pfeiler reichenden Verankerung (Abb. 7a und b mit Zahlentafel 2).

Zahlentafel 2.

Abmessungen der Ofenhülsen für Retortenöfen.

Anzahl der Retorten	a Lichte Weite des Ofengewölbes bei Anwendung von Retorten			b Tiefe des Gewölbes für		c	d	e
	NPI 380×525 mm	D-Profil 400×600 mm	ovales Profil 400×650 mm	3 m lange Retorten	2,7 m lange Retorten	Tiefbau unter Flur	Höhe des Ofenmauerwerks über Flur	Lichte Scheitelhöhe des Gewölbes
2	1,25	1,25	1,25	3,4—3,5	3,1—3,2	0,5—2,0	3,00	2,30
3[1])	1,8—2,0	2,0	2,10	3,4—3,5	3,1—3,2	0,5—2,0	3,00	2,30
3[2])	1,5	1,7	1,2	3,4—3,5	3,1—3,2	0,5—2,0	3,00	2,30
4[1]	2,0	2,2	2,25	3,4—3,5	3,1—3,2	0,5—2,0	3,00	2,30
4[2]	1,8—2,0	2,0	2,3	3,4—3,5	3,1—3,2	0,5—2,0	3,00	2,30
5	2,3—2,6	2,6	2,7	3,4—3,5	3,1—3,2	0,5—2,0	3,00	2,30
6	2,3—2,6	2,6	2,7	3,4—3,5	3,1—3,2	0,6—2,0	3,00	2,30
7	2,7—2,8	2,9	3,0	3,4—3,5	3,1—3,2	1,0—2,0	3,30	2,60
8	2,7—2,8	3,1	3,2	3,4—3,5	3,1—3,2	1,0—2,0	3,30	2,60
9	2,8—2,8	3,1	3,2	3,4—3,5	3,1—3,2	2,0	3,30	2,60

[1]) Symmetrisch angeordnet. [2]) Unsymmetrisch angeordnet.

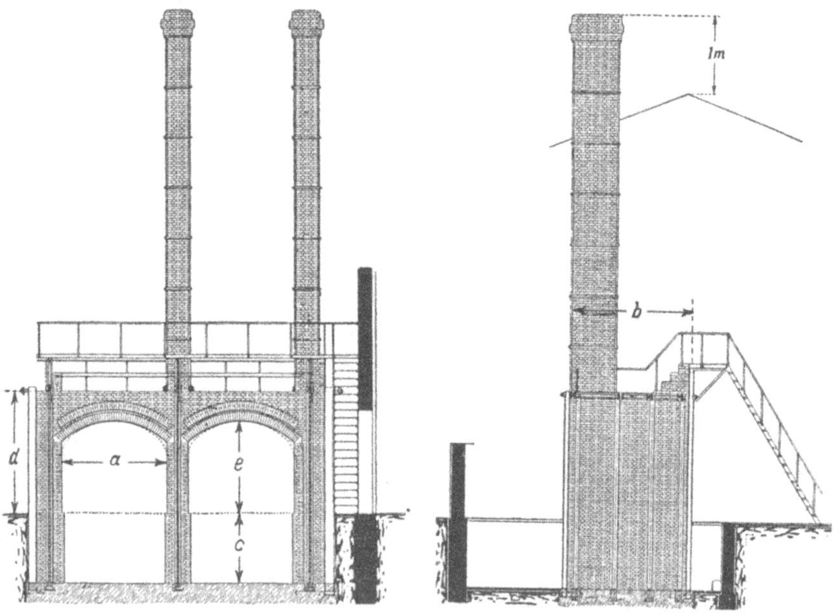

a) b)

Abb. 7. a) Anordnung der Hülsen, Schornsteine und Verankerung. b) Seitenansicht.

c) *Pfeiler.*

Die Pfeiler haben den Zweck, Träger der Ofenverankerung zu werden, das Widerlager für das Gewölbe zu bilden und den seitlichen Wärmeabfluß nach den benachbarten Öfen zu verhindern. Hieraus ergibt sich der Aufbau: Tragendes Mauerwerk, Isolierung als Zwischenlage und je nach Lage des Pfeilers noch Kanäle für die Zuganker. Da die Isolierung keine Tragfähigkeit aufweist, müssen nach einigen Schichten immer wieder Überbrückungen eingeschaltet werden, die die Last des darüberliegenden Mauerwerkes mit übertragen. Die Isoliersteine bestehen aus Kieselgur oder aus Sterchamolsteinen.

Man unterscheidet zwischen Mittelpfeilern und Endpfeilern. Ein Mittelpfeiler soll zweckmäßig mit nicht unter 63 cm Stärke ausgeführt werden, während die Endpfeiler eine größere Dicke erhalten. Vielfach werden auch die Endpfeiler nach Art von Tonnengewölben zwischen den Verankerungsträgern gemauert. An der Außenwandung kann natürlich Verblendmauerwerk an Stelle von Schamottesteinen verwendet werden.

Heute besteht auch kein Hinderungsgrund mehr, die Endpfeiler nicht mit einer Vorsatzplatte aus eisenbewehrtem Beton zu versehen, wodurch erheblich an den Walzeisenträgern der Verankerung gespart werden könnte. Die Pfeiler stehen unmittelbar auf dem Fundament. Für ihre wie für die Aufmauerung des gesamten Ofenbaues ist größte Sorgfalt zu verwenden.

Der Verfasser hat an einem Ofenblock von 6 Öfen eine Längenausdehnung an der Vorderfront dieser Öfen von 5 cm festgestellt als Unterschied zwischen dem kalten und dem warmen Ofenblock, d. h. daß praktisch im Betriebszustand kein Stein mehr genau dort war, wo er sich in kaltem Zustand befand. Diesen besonderen Umständen ist in allen Teilen des Ofenbaues sogar bei den Ofenhausbühnen, bei aufliegenden Förderanlagen oder Ofenhausbindern und vor allem auch bei der Verankerung Rechnung zu tragen. Deshalb empfiehlt es sich beispielsweise auch nicht, bei dem Aufbau roten Mauerwerks einen Mörtel in den Fugen zu verwenden, der härter wird als der Stein selbst, da sonst beim »Wachsen des Mauerwerks« die Fuge unverändert festhält, während der Stein rissig wird und abreißt.

Die Pfeiler bilden ferner das Auflager für das Gewölbe. Es ist meist bei älteren Öfen halbkreisförmig, bei späteren Öfen korbbogenartig, oder es besteht nur noch aus einem Flachbogen. Bei Horizontalkleinkammern mit Füllung von oben ist kein sich von Pfeiler zu Pfeiler spannendes Ofengewölbe mehr vorhanden, sondern jede Kleinkammer hat ein kleines Deckengewölbe. Die Ofendecke ist bei Retorten- und Kleinkammeröfen tragend ausgeführt zum Begehen evtl. auch zur Aufnahme von Lasten (Armaturen, Gleise usw.)[1]).

[1]) Wertvolle Hinweise über die Auswahl geeigneten Steinmaterials, seine Beklopfung, Befeuchtung, Bestreichung mit Mörtel, Versetzen im entsprechenden Verband und Kontrolle auf maßhaltigen Sitz bringt Schäfer A.; Einrichtung und Betrieb eines Gaswerks, 4. Aufl., München.

Da die Ofenhülse einen mehrmaligen Einbauwechsel zu überdauern hat, ist auf ihre Ausführung in allen Teilen besondere Sorgfalt zu verwenden. Für den Fall, daß der Einbau eines zwischen zwei in Betrieb befindlichen oder zwischen einem kalten und einem warmen Ofen liegenden Ofens ausgebrochen und nicht sofort wieder erneuert wird, empfiehlt es sich, durch Wiederzumauern der beiden Ofenstirnseiten zur Vermeidung von Wärmeverlusten die Abstrahlflächen zu verringern.

3. Einbauten.

a) Beheizung.

α) *Rostfeuerung.*

Der Vorläufer des Generators war die Rostfeuerung, wie sie auf Abb. 3 ersichtlich ist. Sie kommt heute nur noch für kleinste Gaswerke in Frage, die auf Billigkeit der Anlagekosten sehen müssen.

Der glühende Koks liegt auf einem Flachrost, meist aus 50-mm-Quadrateisen, aufgeschüttet. Die gesamte Verbrennungsluft streicht mit Hilfe des Schornsteinzuges von unten durch den Rost. Der Sauerstoff der Luft verbrennt den Kohlenstoff des Kokses nach der Gleichung

$$C + O_2 = CO_2$$

zu Kohlendioxyd.

Ist die Retortenfüllung entgast, so weist der Koks eine Temperatur von etwa 1000° auf. Da die Wärmezufuhr durch die Retortenwandung hindurch geschieht, muß auf der Feuerseite eine noch höhere Temperatur vorhanden sein, damit ein Wärmegefälle zur Verfügung steht. Beim einfachen Rostofen ist dementsprechend der Abgasverlust sehr hoch, besonders dann, wenn bei einer zu hohen Koksschicht über dem Rost unvollkommene Verbrennung nach der Gleichüng

$$CO_2 + C = 2\,CO$$

entsteht.

Die Verbrennungsstoffe umspülen die Retorten und ziehen dann in den Schornstein ab. Unter dem Rost befindet sich der Aschensammelraum. Die Bauhöhe dieser Feuerung ist gering, so daß auch nur ein geringer Aushub erforderlich ist.

Die Rostflächen betragen durchschnittlich

für Einer- und Zweieröfen	. 900 × 200 mm	=	0,18 m^2
» Dreieröfen.	. 900 × 250 mm	=	0,225 »
» Viereröfen	. 1000 × 280 mm	=	0,280 »

β) *Einbaugenerator und dessen Bedienung.*

Mit der Fortentwicklung der Rostfeuerung zum Generator nahm dessen Bauhöhe an Tiefenausdehnung zu (s. Abb. 4, 5 und 6), zumal aus

Gründen der bequemen Beschickung die Retorten nicht beliebig hoch über Flur gelegt werden konnten. Besonders tiefen Aushub verlangt der Vollgenerator (2 bis 3½ m). Da er sich bei schwierigen Gründungsverhältnissen nur mit hohen, den Ofen stark belastenden Kosten herstellen läßt, schuf man noch den Flachgenerator mit einem Tiefbau von 0,6 bis 1 m und den Halbgenerator mit einem Tiefbau von 1 m bis 1,50 m, bei denen allerdings nur auf Kosten der Unterfeuerung und der Gasbeschaffenheit an Bauhöhe gespart werden konnte.

Der eingebaute Generator liegt ganz unter dem Ofen. Die Züge des Rekuperators sind meist zu beiden Seiten des Generators angeordnet (beim Dreier- usw. Ofen evtl. auch einseitig). Die Einwurföffnung des Generators ist vielfach so weit vor die vordere Ofenwand vorgezogen, daß die Überführung von Koks in glühendem Zustand aus den Retorten direkt geschehen kann. Bei Retorten mit Durchstoßbetrieb (s. S. 114) wird auch die Einwurföffnung hinter dem Ofen angeordnet. Es gibt ferner Sonderausführungen, bei denen je eine Füllöffnung vor und hinter dem Ofen angebracht ist (s. Abb. 28 und 29). Bei Vollgeneratoren liegt der ganze Füllschacht vor oder hinter dem Ofen (Abb. 8).

H. Bunte ordnete erstmals unter dem Flachrost des Generators ein Wasserschiff an zur Hitzeminderung in der Rostebene durch die sog. nasse Vergasung. Zur Erhöhung der Dampferzeugung baute man später (1894) beim verbesserten Rostofen System Hasse-Vacherot zwei übereinanderliegende Wasserschiffe ein, von denen das untere von den abziehenden Rauchgasen beheizt wurde (Abb. 9).

Später wandelte sich der Flachrost zum sog. Treppenrost. Der moderne Didier-Neuner-Ofen (Abb. 50) verwendet zur Vergrößerung der wirksamen Rostfläche eine Hintereinanderschaltung von Treppenrost und Flachrost.

Der Treppenrost wurde weiterentwickelt zum sog. Steilrost und dieser zum wassergekühlten Rohrsteilrost.

Das Entschlacken der Generatoren ist eine der unangenehmsten Gaswerksarbeiten überhaupt. Sowie die Schlackendecke durchbrochen wird, ist der Arbeiter der Hitze des bis auf Weißglut gebrachten Kokses ausgesetzt, der er sich nicht entziehen kann, da er immer bis auf die Reichweite seiner Schürgeräte an die zu reinigende Fläche heran muß. Wird die Arbeit zu sehr beschleunigt, dann wird zu viel Brennbares mit der Schlacke entfernt, und es muß wieder viel Koks nachgefüllt werden; geht das Schlacken zu langsam vor sich, dann fällt der Generator zu sehr in seiner Leistung ab.

Der Generatorabraum wird mit gelochten Schaufeln aus dem Generatorsumpf entfernt. Meist lagert der Arbeiter den Abraum zunächst einmal neben oder hinter sich ab. Ist das Schlacken der Generatoren beendet, wird, wenn nötig, die Schlacke nochmals nachgelöscht und in Kipploren abgefahren.

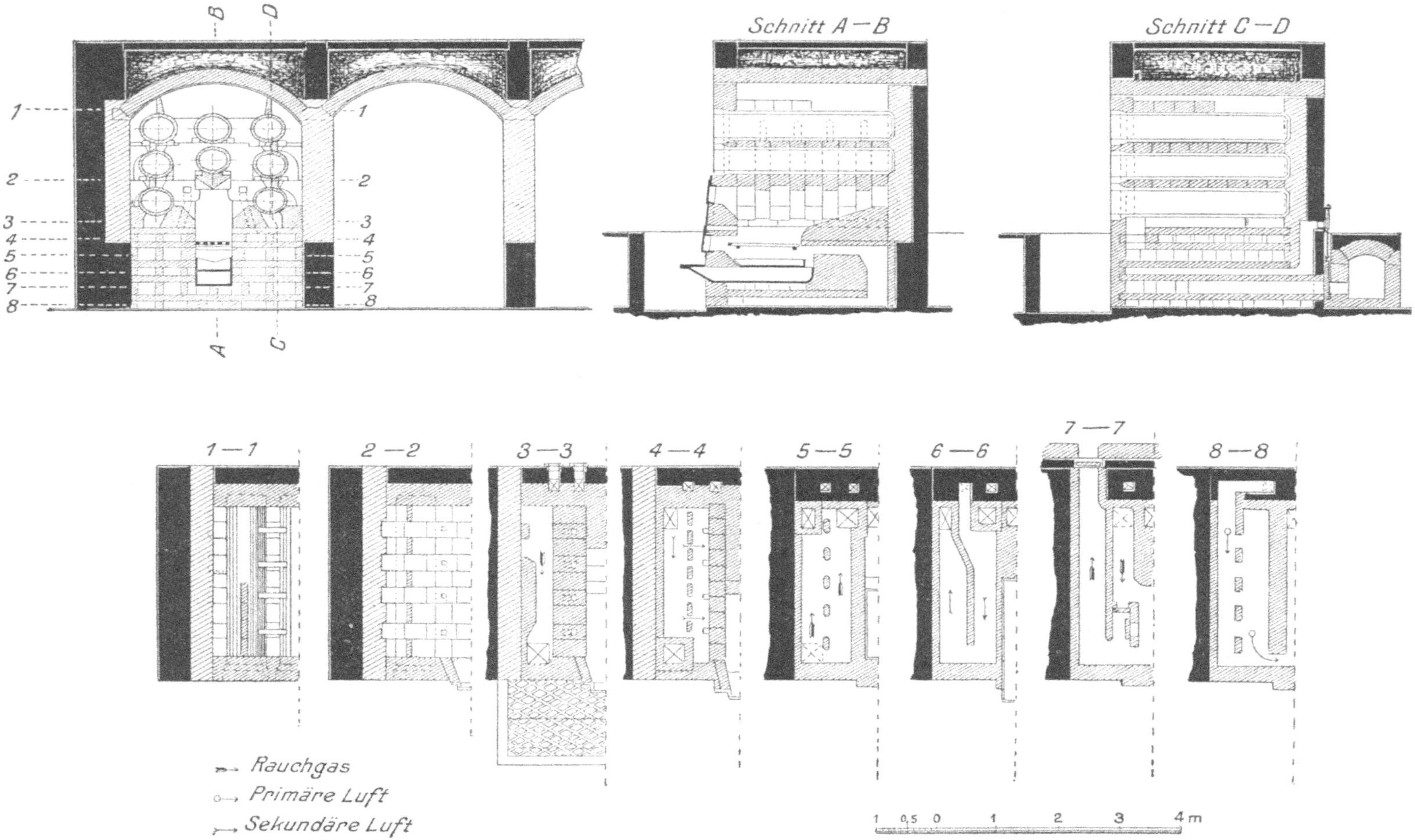

Abb. 8. Vollgenerator mit vorgebautem Schacht, Bauart Didier.

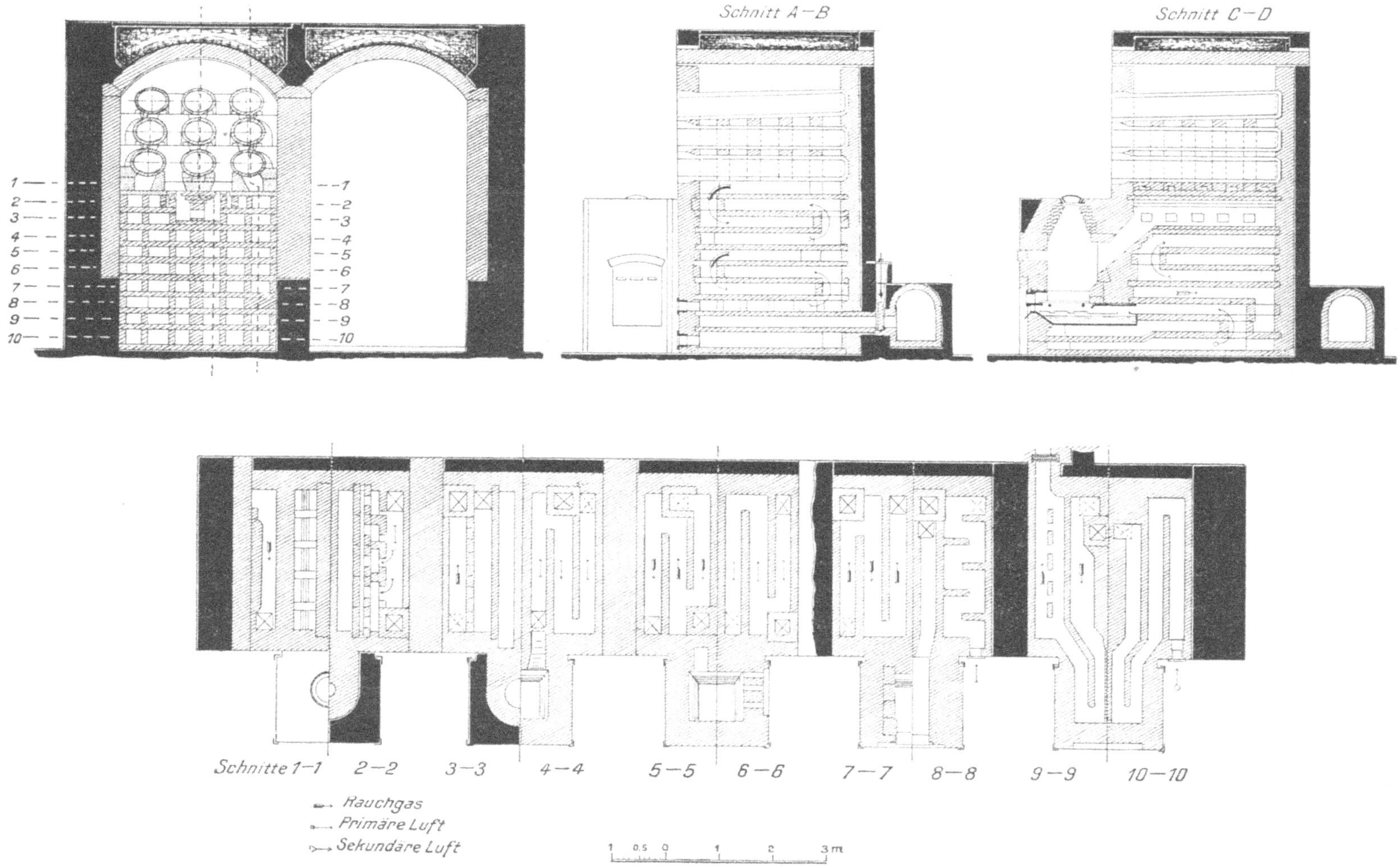

Abb. 9. Halbgenerator, Bauart Hasse-Vacherot-Didier.

Vielfach wird zur Erleichterung der Schlackarbeit die Kokssäule im Generatorschacht durch einen sog. Notrost abgefangen, der in dafür vorgesehene Büchsen oder Rasten über dem Treppenrost eingeschlagen wird, und der mit der Spitze auf der gegenüberliegenden Generatorenwand aufliegt. Der Verschleiß an diesen Hilfsrosten ist sehr hoch wegen der hohen Kokstemperatur. Aus diesem Grunde werden stellenweise sogar wassergekühlte Notroste verwendet.

Das Einschlagen und Wiederausziehen der Notroststäbe kostet Zeit und Mühe. Deshalb wird vielfach versucht, ohne Notrost auszukommen. Dabei kann es sich ereignen, daß die Koksüberbrückungen über dem Rost im Generatorschacht einbrechen und der heiße Koks an der von Schlacke befreiten Stelle wie aus einer Bunkeröffnung dauernd nachdrückt und herausquillt. Durch die modernen vorgenannten Rostkonstruktionen werden diese Vorkommnisse unmöglich gemacht oder doch stark eingedämmt.

War es früher notwendig, den Generator zwei- bis dreimal am Tage zu entschlacken, so geschieht dies bei modernen Rosten nur mehr ein- bis zweimal in der Woche. In der Zwischenzeit wird nur gestochert, d. h. es werden die Eintrittswege für die Erstluft wieder freigelegt, während eine Entfernung der Schlacke erst in größeren Zeitabschnitten stattfindet.

Die Einzelheiten der Rostkonstruktionen finden sich in dem Abschnitt »Armaturen« auf S. 66 und 67.

Der Abraum aus den Generatoren enthält noch ziemlich viel Koks. Auf größeren Werken war es üblich, daß dieser »Schlackenkoks« von Hand ausgelesen wurde. Später ging man dazu über, den Koks nach dem Schwimmverfahren von der schwereren Schlacke zu trennen. Solche Anlagen einfachster Art können von Hand betrieben werden. Die Großanlagen arbeiten mit motorischem Antrieb. Dabei findet eine ständige Hebung und Senkung des Wasserspiegels durch einen Verdrängerkolben statt. Koks und Schlacke verlassen auf getrennten Wegen die Maschine. Der Koks schwappt, auf dem Wasser schwimmend, bei der Hebung des Wasserspiegels über, während die Schlacke absinkt. Trotz des Waschprozesses hängen dem zurückgewonnenen Koks noch Schlakken- und Aschenteilchen an, die seinen Brennwert ebenso herabsetzen wie der hohe Wassergehalt, der durch Lagerung jedoch wieder zurückgeht.

Ein anderes Scheideverfahren beruht darauf, daß Schlacke in bestimmtem Grade magnetisch wird, während es der Koks bei den angewandten Feldstärken nicht ist. Die luftgetrocknete Schlacke läuft dabei über eine Walze, deren Mittelfeld oder mehrere Ringfelder, unter Strom gesetzt, als Magnete wirken und die Schlacke anziehen. Nach einem bestimmten Drehwinkel der Walze wird die Schlacke durch einen Räumer abgestreift. Der zurückgewonnene Koks ist im allgemeinen trockener als beim Tauch- oder Schwimmverfahren, das magnetische Verfahren erfordert aber höhere Betriebskosten.

γ) Wärmewirtschaft der Einzelgeneratorenbeheizung.

Nach K. Bunte[1]) ist die Unterfeuerungszahl in erster Linie abhängig von dem Verhältnis der wärmeübertragenden Innenflächen der Entgasungsräume zu den abkühlenden Außenflächen des Ofens, in zweiter Linie von der Temperatur der Heizflammen, d. h. von der Güte des Generatorgases sowie von der Vorwärmtemperatur von Heizgas und Luft. Die Beschaffenheit des Generatorgases ist abhängig von der Geräumigkeit des Generators und der Schütthöhe. Aus diesem Grunde ergibt der Vollgenerator im allgemeinen ein besseres Gas als der Halbgenerator.

Die schon von H. Bunte ermittelte günstigste Schütthöhe von 75 cm wurde neuerdings durch die eingehenden Versuche von Terres[2]) bestätigt und dahin gehend erweitert, daß die Anwendung von größeren Schütthöhen eine Verschlechterung des Endgases verursacht. Wichtig ist ferner die richtige Lage des Gasabganges aus dem Generator (70 bis 80 cm über dem Rost). Außerdem ist der Unterfeuerungsverbrauch abhängig von der Ofenbauart, und zwar von dem Verhältnis der Heizfläche zum Kohleninhalt des Entgasungsraumes. Schmale Entgasungsräume (Kammern) gestatten rasche Ausgasung. Silikamaterial ermöglicht die Anwendung einer höheren Temperatur als Schamottematerial bzw. eine raschere Entgasung.

Auch der Einfluß des Dampfzusatzes auf die Schlackenbildung usw. wurde von H. Bunte richtig erkannt. Die Schmelzbarkeit der Rückstände hängt nach seinen Versuchen von dem Verhältnis der feuerbeständigen und sauren Bestandteile (SiO_2 und Al_2O_3) zu der Menge der Basen und Flußmittel (Fe_2O_3, CaO, MgO) ab.

Der erforderliche Dampfzusatz in Abhängigkeit von der Zusammensetzung der Rückstände verschiedener Koksarten wurde von K. Bunte zu folgenden Werten ermittelt:

Kohlenart	Böhmische	Westfälische	Saar	Englische	O.-Schles.	Sächsische
SiO_2 } A	51,43	50,82	51,90	48,00	38,47	33,62
Al_2O_3 } A	32,91	28,09	25,27	24,82	20,86	18,24
Fe_2O_3 } B	11,57	15,81	12,33	19,24	11,22	25,62
CaO } B	2,67	2,11	3,60	10,87	18,41	20,10
MgO } B	0,95	—	2,66	—	9,07	2,43
A	84,34	79,91	77,17	72,82	59,33	51,86
B	15,19	17,92	18,59	30,11	39,09	48,15
A : B	5,55	4,46	4,16	2,42	1,52	1,08
kg Dampf	0,49	0,53	(0,70)	(0,71)	(0,71)	(0,79)
kg C	—	—	0,90	0,90	0,90	1,00

[1]) Gas- und Wasserfach **67** (1924), S. 101.

[2]) Gas- und Wasserfach **67** (1924), S. 257, 279, 296, 311, 325.

Der Generatorgaserzeugung ist eine Grenze gesetzt dadurch, daß nur bzw. vorwiegend Kohlendioxyd entsteht, wenn die Gasgeschwindigkeit in der Koksschicht über ein gewisses Maß gesteigert wird. Hierdurch tritt eine Verschlechterung des Endgases ein. Die Leistung kann also nur solange gesteigert werden, als diese Verschlechterung des Endgases in erträglichen Grenzen bleibt. Hieraus ergeben sich für die Generatorbeschickung mit Koks verschiedener Herkunft (s. vorstehende Zahlentafel) verschiedene Durchsatzmengen in der Stunde auf den m² Generatorschachtquerschnitt und daraus verschiedene Höchstleistungen in m³ Generatorgas je m² Schachtquerschnitt.

Z. B. bei Saar- und böhmischem Koks:

Für den Rostgenerator Höchstleistung	550 m³ Gas/m² Schachtquerschnitt/h.
	= 56 kg C/m² »
Für den Schlitzgenerator mit flüssiger Abführung der Schlacke Höchstleistung .	900 m³ Gas/m² »
	= 132 kg C/m² »

(Ähnliche Leistungen weist auch der Drehrostgenerator auf.)

Bei unter Druck betriebenen Generatoren liegen die Leistungen noch etwas höher.

Die Versuche von Terres (s. o.) zeigen noch den Einfluß der Bildung von Randgasen. Dies führt zu der Ableitung, daß der Schachtquerschnitt des Generators in dem Teil der Verbrennungszone, in dem noch Kohlenstoff zu Kohlendioxyd verbrennt, nicht größer sein soll als die Gesamtrostfläche, weil sonst eine erhebliche Verschlechterung des Endgases eintritt.

Die Erstluftmenge, die durch den Rost gesaugt wird, ist abhängig von dem Verhältnis der freien Rostfläche zur gesamten; auf den Nutzeffekt des Generators hat dieses Verhältnis keinen Einfluß, wohl aber ein möglichst großes Verhältnis von Gesamtrostfläche zum Schachtquerschnitt.

Die Gaserzeugung im Generator ist abgesehen von dessen Bauart abhängig von der Koksschütthöhe und der Koksqualität, vom Grad der Verschlackung des Generators, von der Einstellung der Luftschieber der Erst- und Zweitluft und vom Kaminzug. Wie sich die vorgenannten Umstände gegenseitig beeinflussen, soll in der nachfolgenden Zahlentafel 3 über den Betrieb des Heizgaserzeugers (Generator) für untergebaute, vorgezogene oder einzeln stehende Generatoren gezeigt werden.

Zahlentafel 3. Der Betrieb des Heizgaserzeugers (Einzelgenerator).

Veränderung					Auswirkung
Koks	Schlacke	Erstluft	Zweitluft	Kaminzug	
		gleichbleibend			Bestverhältnisse bei der Heizgasbildung.
		Veränderung von Erstluft, Zweitluft und Kaminzug im gleichen Verhältnis			Brauchbare Verhältnisse bei der Heizgasbildung.
Brennstoffschicht verschieden		Schieberstellung für Erst- und Zweitluft unverändert			Menge der Erstluft in der Zeiteinheit je nach Abbrand oder Auffüllung der Generatorschüttung verschieden, gleichbedeutend mit verschiedener Heizgasmenge.
	frisch geschlackt				Heizgaserzeugung nach Menge und Güte am besten, kurz nach dem Schlacken Neigung zu Oxydüberschuß.
	zunehmende Verschlakkung des Generators				Ständig wachsender Rostwiderstand, möglicherweise auch Querschnittsverengung in der Reaktionszone, dazu noch Verschlechterung der Oxydgaserzeug nach Menge und Güte.
		Schieberstellung für Erst- und Zweitluft unverändert		Kaminzug gleichbleibend	Bei zunehmender Verschlackung saugt gleichbleibender Kaminzug weniger Erstluft, dafür mehr Zweitluft. Zunehmender Luftüberschuß im Heizgas erzeugt Abkühlung bis zum nächsten Schlacken und steigenden Kohlensäuregehalt des Heizgases, hierdurch ein Absinken der Ofenleistung bis zum Schlacken.
				zunehmender Kaminzug	Zunehmender Kaminzug saugt sowohl mehr Erstluft als auch Zweitluft. Zunehmende Erstluft bringt unerwünschten Mehrkoksabbrand und Zunahme der Generatorleistung. Zunehmende Zweitluft verursacht erhöhte Temperatur in den Heizzügen des Ofens und Beschädigungsgefahr, ferner Betriebsschwierigkeiten (Verstopfungen durch Flugasche).
				Kaminzug abnehmend	Generatorleistung nimmt ab; Ofentemperatur und Ofenleistung fällt ab.
Beim Vorhandensein von nur 1 Generator je Ofen: dauernd wechselnde Verhältnisse, d. h. nie fortgesetzt gleichmäßige Verbrennung.					Regelmäßig wiederkehrende Temperaturschwankungen, regelmäßig wechselnder Heizwert des Heizgases; bei zunehmendem Kohlensäuregehalt = Heizwertabnahme des Heizgases und Luftüberschuß-Zunahme, weil Luftbedarf vermindert.

Vorstehende Verhältnisse können wesentlich dadurch verbessert werden, daß 1. man die Kaminzugverhältnisse oder ihren Einfluß auf die Erst- und Zweitluft selbsttätig gleichbleibend regelt, 2. man dem Gaserzeugungsofen Heizgas aus zwei benachbarten Generatoren zuführt, bei denen die Schlackzeiten gegeneinander versetzt werden.

Die auf der vorstehenden Zahlentafel 3 zusammengestellten gegenseitigen Beeinflussungen der Erst- und Zweitluft durch den augenblicklichen Zustand des Generators (und umgekehrt) kann man als Druckunterschied, d. h. als das

Verhältnis von $\frac{\text{Erstluftzugverlust}}{\text{Zweitluftzugverlust}}$ auf einen Schaubildstreifen aufzeichnen lassen (Abb. 10)[1]).

In Abb. 10 sind zwei solcher Wochenschaubilder wiedergegeben, und zwar beziehen sie sich auf einen Fünfer-Planrost- und einen Siebener-Retortenofen mit gemischtem Rost. Die Schwankungen sind bei kleineren Generatoren erheblicher als bei großen; bei den letzteren handelt es sich aber trotz der kleineren Schwankungen wegen der größeren Verbrennungsmengen auch um größere Wärmeverluste. Die »Hydro«-Apparatebauanstalt, Düsseldorf, hat aus diesem Unterschiedsdruckanzeiger einen Verbrennungsregler entwickelt, bei dem die Abweichung von der Nullinie dazu verwendet wird, Kräfte auszulösen, durch welche die Erstluftregelorgane entsprechend verstellt werden.

Die Abb. 10a zeigt den selbstschreibenden Verbrennungsregler in einer Übersichtsdarstellung. In der Abb. 10b u. c ist der Erfolg dieses Reglers dargestellt. Die Schwankungen sind verschwunden. Als Vorteile dieses Gerätes ergeben sich:

1. gleichbleibendes Luftverhältnis evtl. beträchtliche Brennstoffersparnis,
2. fortlaufende Aufzeichnung des Ofengangs (Luftverhältnis und Generatorbedienung),
3. zuverlässige, rasche Überprüfung des Ofenganges,
4. gleichbleibende Ofentemperaturen,
5. geringerer Ofenzug.

Sind mehrere Öfen zusammen an nur einen Schornstein angeschlossen, so ist es einfacher, nicht die Verhältnisse erst an den Vorkammern der Erst- und Zweitluftschieber zu regeln, sondern am Schornstein selbst.

Man schafft an geeigneter Stelle eine Beiluftöffnung, deren Querschnitt selbsttätig so geregelt wird, daß jeweils soviel Falschluft eingelassen oder abgedrosselt wird, daß gleichbleibende Kaminzugverhältnisse in gewünschter Höhe gehalten werden können. Solche Regler sind in verschiedenen Ausführungen handelsüblich; z. B. der Hera-Zugregler, der mit Klappe und gewichtsbelastetem Hebel arbeitet, oder der Aeosolo-Regler, bei dem zwei Ventilteller sich leicht auf jede Zugunregelmäßigkeit einspielen und sie ausgleichen.

Theoretisch verlaufen im Generatorgasprozeß nachstehende fünf Reaktionen, die in der Arbeit von Terres und Schierenbeck[2]) für eine Schütthöhe von 70 cm bestätigt wurden:

---

[1]) Gas- und Wasserfach **76** (1933), S. 723.
[2]) Gas- und Wasserfach **67** (1924), S. 296 und 313.

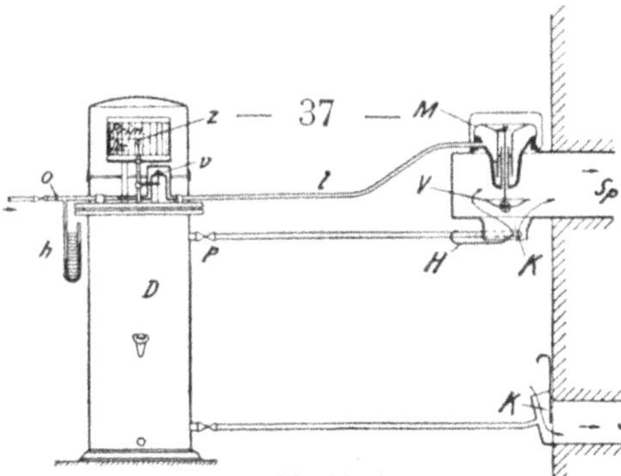

Abb. 10 a).

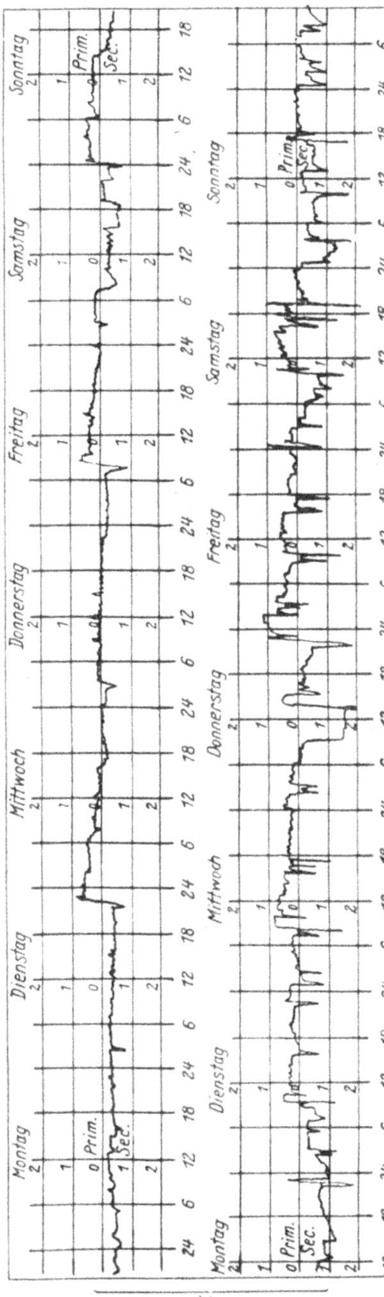

b)

Abb. 10. a) Selbstschreibender Verbrennungsluftregler für Generatoren. b) oben: Generatorgas-Schaulinie, ungeregelt; unten: Schwankende Luftverhältnisse. c) Geregelte gleichbleibende Luftverhältnisse.

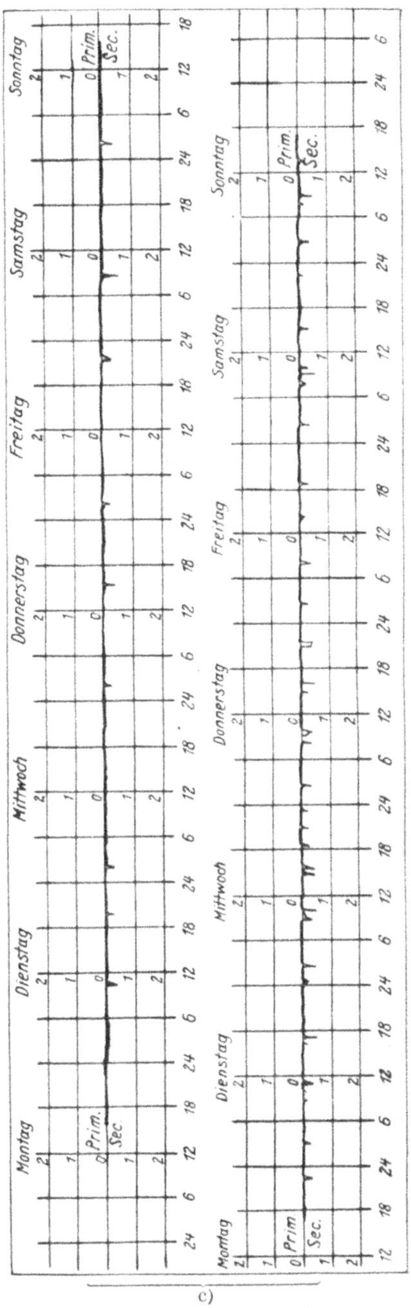

c)

1. $C + O_2 = CO_2 + 97000$ kcal,
2. $CO_2 + C \rightleftharpoons 2\,CO - 38400$ kcal,
3. $H_2O + C \rightleftharpoons CO + H_2$ (— 39050 kcal, bez. auf flüss. Wass.),
   (— 28290 » » » Dampf),
4. $2\,H_2O + C \rightleftharpoons CO_2 + 2\,H_2$ (— 39700 kcal, bez. auf flüss. Wasser),
   (— 18180 » » » Dampf),
5. $CO + H_2O \rightleftharpoons CO_2 + H_2 + 10110$ kcal (Wassergasgleichgew.)

Die angegebenen Wärmetönungen gelten für gleichbleibenden Druck und 15° C.

Die Aufstellung läßt erkennen, daß die Wassergasreaktion in den Reaktionsvorgängen im Generator eine geringere Rolle spielt, als man zu vermuten geneigt ist. Der nasse Generatorenbetrieb erzielt nach Terres also keine Erhöhung des Heizwertes, sondern nur eine Vergrößerung der je kg Brennstoff erzeugten Gasmenge, abgesehen vom Gewinn an fühlbarer Wärme infolge geringerer Leitungsverluste. Terres weist ferner darauf hin, daß bis zu einem Dampfzusatz von 0,5 kg/kg C die Verschlechterung des Heizgases noch so gering ist, daß sie praktisch vernachlässigt werden kann.

Wie bereits gezeigt wurde, beeinflussen die Baumaße des Generators ausschlaggebend die Beschaffenheit des zu erzeugenden Generatorgases. Die Firma Dr. Otto & Co. gibt beispielsweise der Reaktionszone im Generator ihrer Kleinraumöfen eine solche Größe, daß als Durchschnitt ein Gas folgender Zusammensetzung entsteht:

CO_2 . . .	6 bis 7%,
CO . . .	27 » 28%,
H_2 . . .	10,5 » 11,5%,
CH_4 . . .	0,2 » 0,4%,
N_2 . . .	54 » 56%,
H_0 . . .	1220 » 1250 kcal/m³,
H_u . . .	1160 » 1180 kcal/m³.

Nachfolgend[1]) sollen an einem Münchener Retortenofen mit Generatorfeuerung die Volumen-, Temperatur- und Wärmeverhältnisse in der Gasfeuerung aufgezeigt werden, wie sie der vor einigen Jahren verstorbene Gasfachmann Dr. Geipert in einer ausgezeichnet durchgeführten Berechnung klarlegt, und zwar sowohl für die Gasbildung im Generator selbst, als auch bei der Vorwärmung im Rekuperator und bei der Verbrennung im Ofen.

[1]) Geipert, Journ. f. Ggsbel. **49** (1906) S. 444; thermodynamische Zahlenwerte nach Brückner, H. Handbuch der Gasindustrie Band VI/1, Technische Gase und deren Eigenschaften.

Zusammensetzung des im Gaserzeuger vergasten Kokses:

C	=	88,1%
H	=	0,8%
O + N	=	1,8%
S	=	1,8%
Wasser	=	1,0%
Asche	=	6,5%
		100,0%.

Wasserstoff-, Feuchtigkeits- und Schwefelgehalt werden bei der Berechnung vernachlässigt.

1 kg Koks gibt $\frac{0,881}{0,536} = 1,64$ m³ CO_2, wobei $1,64 \times 4337 = 7113$ kcal entwickelt werden.

Verbrauch an Koks in 24 h: 920 kg,

Verbrauch an Wasser in 24 h: 860 kg.

Mittlere Zusammensetzung der Gase in Raumanteilen vom Hundertsatz:

Heizgas:

$CO_2 = 11,9\%$, entspr. $11,9\ O_2$

$CO = 20,0\%$, » $10,0\ O_2$

$21,9\ O_2$

$H_2 = 16,3\%$, entspr. $8,15\ O_2$

$N_2 = 51,8\%$, » $13,75\ O_2$

aus der Luft entsprechend

$$13,75 \cdot \frac{79}{21} = 51,7\ N_2.$$

Rauchgas:

$CO_2 = 19,4\%$, entspr. $19,4\ O_2$

$O_2 = 1,6\%$, » $1,6\ O_2$

$N_2 = 79,0\%$, » $21,0\ O_2$

entsprechend 79,0% N_2.

Ermittelte Temperaturen:

Erstluft beim Eintritt in den Ofen	0° C,
Erstluft mit Dampf unter dem Rost	200° C,
Wasser beim Einlauf	0° C,
Heizgase beim Austritt aus dem Gaserzeuger bzw. beim Eintritt in den Ofen	800° C,
Zweitluft beim Eintritt	0° C,
Zweitluft im obersten Winderhitzerzug	900° C,
Rauchgas aus dem Ofenraum abziehend	1000° C,
Rauchgas beim Eintritt in den Kamin	250° C.

Rauminhalt der entstehenden Gase.

1 m³ Heizgas enthält $(0{,}119 + 0{,}200) \cdot 0{,}536 = 0{,}171$ kg C.

1 kg Koks liefert $\frac{0{,}881}{0{,}171} = 5{,}15$ m³ Heizgas, und zwar:

$$\begin{aligned} 0{,}119 \cdot 5{,}15 &= 0{,}61 \text{ m}^3 \ CO_2, \\ 0{,}200 \cdot 5{,}15 &= 1{,}03 \text{ » } CO, \\ 0{,}163 \cdot 5{,}15 &= 0{,}84 \text{ » } H_2, \\ 0{,}518 \cdot 5{,}15 &= \underline{2{,}67 \text{ » } N_2,} \\ & 5{,}15 \text{ m}^3. \end{aligned}$$

1 m³ Rauchgas enthält $0{,}194 \cdot 0{,}536 = 0{,}104$ kg C.

1 kg Koks liefert $\frac{0{,}881}{0{,}104} = 8{,}47$ m³ Rauchgas, und zwar:

$$\begin{aligned} 0{,}194 \cdot 8{,}47 &= 1{,}64 \text{ m}^3 \ CO_2, \\ 0{,}016 \cdot 8{,}47 &= 0{,}14 \text{ » } O_2, \\ 0{,}790 \cdot 8{,}47 &= \underline{6{,}69 \text{ » } N_2,} \\ & 8{,}47 \text{ m}^3. \end{aligned}$$

Erstluft für 1 kg Koks.

Für 0,61 m³ $CO_2 = 0{,}61 \ O_2 \cdot \frac{100}{21} =$ 2,9 m³ Luft

» 1,03 » $CO = 0{,}515 \ O_2 \cdot \frac{100}{21} =$ 2,45 » »

abzüglich des Sauerstoffs aus dem

zersetzten Wasserdampf für 0,84 m³ $H_2 = 0{,}42 \ O_2 \cdot \frac{100}{21}$

= — 2,0 m³ m Luft

Erstluft = 3,35 m³ » »

Zweitluft für 1 kg Koks.

Für 1,03 m³ $CO = 0{,}515 \ O_2 \cdot \frac{100}{21}$ = 2,45 m³ Luft

» 0,84 » $H_2 = 0{,}42 \ O_2 \cdot \frac{100}{21}$ = 2,00 » »

» rechnerisch benötigte Zweitluft = 4,45 m³.

Der Luftüberschuß des Rauchgases beträgt $0{,}14 \ O_2 \cdot \frac{100}{21} = 0{,}67$ m³

Zugeführte Zweitluft . . . . = 5,12 m³

Zersetztes Wasser für 1 kg Koks.

Das Heizgas enthält je 1 kg Koks 0,84 m³ H_2,
entsprechend 0,84 m³ H_2O-Dampf.

Verdampft wurden für 1 kg Koks $\frac{860}{920} = 0{,}935$ kg Wasser,

entsprechend $\frac{0{,}935}{0{,}804} = 1{,}16\ m^3\ H_2O$-Dampf,

davon wurden zersetzt.	$0{,}84\ m^3 =$	$72{,}4\%$,
blieben unzersetzt.	$0{,}32$ » $=$	$27{,}6\%$,
	$1{,}16\ m^3 =$	$100{,}0\%$.

Wärmevorgänge.

A. Im Gaserzeuger.

Bildungswärme für CO_2 $0{,}61\ m^3 \cdot 4331 =$	2642 kcal
» » CO $1{,}03$ » $\cdot 1310 =$	1349 »
	3991 kcal
Zersetzungswärme für H_2O-Dampf $0{,}84\ m^3 \cdot 2570$	2158 »
Es bleiben übrig $=$	1833 kcal

Die Erstluft von 200° führt dem Gaserzeuger zu
$3{,}35\ m^3 \cdot 200 \cdot 0{,}313 = 208$ kcal,

und der Wasserdampf
$1{,}16\ m^3 \cdot 0{,}362 \cdot 200 = 84$ kcal — 292 kcal

2125 kcal

Beim Austritt aus dem Gaserzeuger ist der Wärmeinhalt des Heizgases bei 800° und unter Zugrundelegung der mittleren spez. Wärme bei konstantem Druck

$0{,}61\ m^3\ CO_2 \cdot 0{,}512 = 0{,}312$
$1{,}03$ » $CO \cdot 0{,}331 = 0{,}341$
$0{,}84$ » $H_2 \cdot 0{,}313 = 0{,}263$
$2{,}67$ » $N_2 \cdot 0{,}327 = 0{,}873$

$1{,}789 \cdot 800 = 1431$ kcal

$0{,}32\ m^3\ H_2O \cdot 0{,}396 = 0{,}127 \cdot 800 = 102$ » — 1533 kcal

Danach Verlust im Gaserzeuger — 592 kcal

B. Im Ofen.

Verbrennungswärme des Heizgases ($5{,}15\ m^3$)

für CO $1{,}03 \cdot 3020 =$	3110 kcal
» H_2 $0{,}84 \cdot 2570 =$	2159 »
	5269 kcal
dazu der Wärmeinhalt der Heizgase	1533 »
Insgesamt	6802 kcal

Die Rauchgase verlassen den Ofen mit 1000° entsprechend:

1,64 m³ $CO_2 \cdot 0{,}530 \cdot 1000 =$ 869		
0,14 » $O_2 \cdot 0{,}350 \cdot 1000 =$ 490		
6,69 » $N_2 \cdot 0{,}333 \cdot 1000 =$ 2228		
8,47 m³		
1,16 m³ $H_2O \cdot 0{,}409 \cdot 1000 =$ 474		4061 kcal
Der Wärmegewinn beträgt		2741 kcal
und wird durch die Vorwärmung der Zweitluft in der Winderhitzung auf 900° vermehrt um $5{,}12 \cdot 0{,}333 \cdot 900 =$		1534 kcal
Die an den Ofenraum abgegebene Wärme stellt sich auf		4275 kcal
Das sind vom Heizwert des Kokses (7113 kcal)		60,1%.

Berechnete Temperaturen.

A. Im Gaserzeuger.

Die dem Gaserzeuger zugeführten Wärmemengen sind folgende:

Wärmeinhalt der Luft und des Wasserdampfes	292 kcal
Freiwerdende Wärme bei der Vergasung des Kokskohlenstoffs	1833 „
	2125 kcal

Die Grenztemperatur tg beträgt

$$tg = \frac{2125}{0{,}540 \cdot 0{,}61 + 0{,}341 \cdot 1{,}03 + 0{,}318 \cdot 0{,}84 + 0{,}337 \cdot 2{,}67} = \frac{2125}{1{,}847}$$

$= 1150^0$.

Die Temperatur im Gaserzeuger beträgt also 1150°.

B. Im Ofen.

Das Heizgas tritt mit 800° ein.

Seine Wärmekapazität wurde soeben ermittelt zu 1,789 kcal

Die Zweitluft tritt mit 900° ein,

Ihre Wärmekapazität ist $5{,}12 \cdot 0{,}333 =$ 1,70

Der Temperaturausgleich zwischen Heizgas und Zweitluft ergibt sich aus dem Verhältnis 1,70 : 1,789

Daraus berechnet sich die mittlere Temperatur zu rund 850°.

Die Grenztemperatur tg beträgt nach der Näherungsformel[1]):

$$tg = \frac{Hu + Q + 120 V_{CO_2} + 120 V_{H_2O} + 40 V_{N_2}}{0{,}639 \cdot V_{CO_2} + 0{,}519 \cdot V_{H_2O} + 0{,}373 V_{N_2}}$$

$$= \frac{5269 + 1533 + 120 \cdot 1{,}64 + 120 \cdot 1{,}16 + 40 \cdot 6{,}69}{0{,}639 \cdot 1{,}64 + 0{,}519 \cdot 1{,}16 + 0{,}373 \cdot 6{,}69} = \frac{7405{,}60}{4{,}15}$$

$= \underline{1785^0}$.

[1]) Band VI/1 des Handbuchs der Gasindustrie S. 111 Formel 5.

Die Beheizung des Generatorofens stellt sonach eine (Fern-)Gasheizung dar. Das im Generator erzeugte Gas wird mit ca. 800° den Brennern zugeleitet, wo es mit vorgewärmter Verbrennungsluft gemischt und verbrannt wird. An der blauen Farbe der Flamme erkennt der Betriebsfachmann schon die Güte der Verbrennung bzw. die richtige Gasluftmischung. Außer von den in der Zahlentafel 3 S. 35 genannten Einflüssen ist die Güte der Generatorgasbeheizung in hohem Maße abhängig von der Güte des Kokses, der meist eigener Erzeugung entstammt. Schon wiederholt mußte beispielsweise bei der Inbetriebnahme neuer Ofenbatterien durch die Erbauerfirmen Fremdkoks zum Anheizen beschafft werden, da mit der vorhandenen anfallenden Kokssorte die Ofentemperaturen bzw. die Gewährleistungszahlen nicht zu erreichen waren.

Soweit die Ofenbauart oder der Einwurfschacht für den Generator dies zuläßt, wird man den heißen Koks ungelöscht in den Generator überführen. Der glühende Koks verläßt die Retorte oder die Kammer mit ca. 900 bis 1000° C. 1 kg Koks enthält bei einer spez. Wärme von 0,37 und 900° C noch 333 kcal fühlbare Wärme.

Man spart durch Überführung von Heißkoks sonach etwa 5% des Koksheizwertes; außerdem entlastet man um die Menge der Unterfeuerung nicht nur die Löschanlagen, sondern auch zweimal die Förderanlagen (zum und vom Lager). Außerdem spart man die sonst aufzubringende Wärme zur Verdampfung des Löschwassers und zur Erhöhung der Kokstemperatur auf Reaktionstemperatur.

Bei Horizontalretorten und -kleinkammern, die keinen sog. »Vorfüllkoks« verwenden (wie die Vertikalöfen und teilweise Schrägöfen), gelangt wenig Kleinkoks (nur im Ausmaß des Anfalls bei Rohkoksverwendung) mit in den Generator. Bei großer Preisspanne zwischen Kleinkoks und Grobkoks kann es aber auch wirtschaftlich erscheinen, eine anteilmäßige Beimengung von Kleinkoks zur Generatorheizung zu verwenden[1]). So zeigen die Abb. 11a den Kohlendioxydgehalt bei der Vergasung von Kleinkoks in eingebauten Generatoren während drei Schlackabschnitten von je 8 h bei einer Koksmischung von

[1]) E. Dubois, Gas- und Wasserfach **75** (1932), S. 921/926.

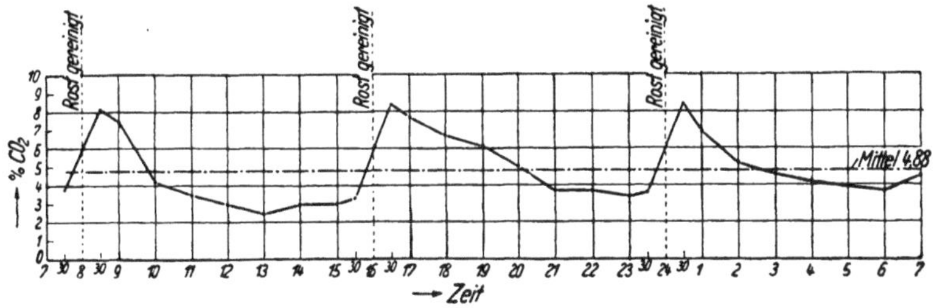

Abb. 11a. Kohlensäuregehalt des Generatorgases.

18% Körnung 5/15 mm,
82% » 15/25 mm,

und die Abb. 11b den oberen Heizwert des Generatorgases während dieser Zeitabschnitte.

Zentralgeneratoren ermöglichen sogar die Verwendung billiger Abfallbrennstoffe (Kleinkoks, Braunkohlenbriketts usw.). Hierdurch wird Stückkoks für den Verkauf frei. Auch die Gasbeschaffenheit ist bei Zentralgeneratoren gleichmäßiger als bei Einzelgeneratoren.

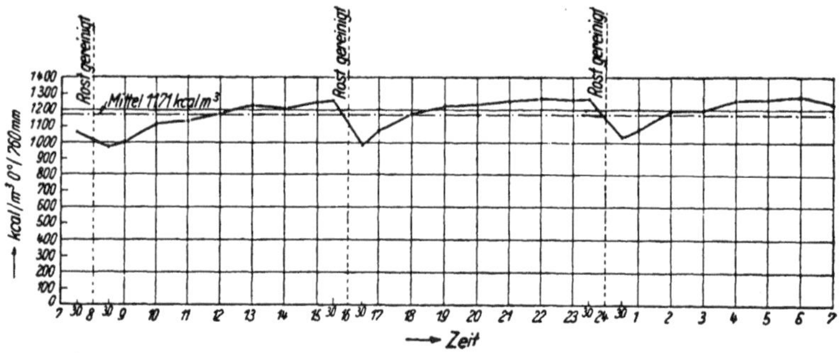

Abb. 11b. Oberer Heizwert des Generatorgases.

Es soll auch nicht unerwähnt bleiben, daß die Unterfeuerung stark beeinflußt wird von der Ofenbelastung, und zwar ist hierbei der Strahlungsverlust ausschlaggebend für die Erhöhung der anteilmäßig auf den 100-Satz treffenden Unterfeuerung bei Unterbelastung des Gaserzeugungsofens. Hierüber hat Dubois[1]) eingehend berichtet, der die Strahlungsoberflächen verschiedener Ofentypen zu folgenden Werten angegeben hat (Zahlentafel 4).

Die Abhandlung zeigt ausführlich, daß die Unterfeuerung bei Unterbelastung des Ofens in geringerem Maße zurückgeht als die Ofenleistung und die Ofentemperatur, d. h. daß sie mit abnehmender Ofenleistung allmählig ansteigt. Es wird daher der Begriff der »Strahlungskennziffer« eingeführt; diese ist der Wärmeverlust von 1 m² Strahlungsoberfläche je t Tagesdurchsatz. Es ergeben sich etwa 1600 kcal/t Kohle oder 0,02 kg Reinkoks je 100 kg Kohle bei einer Abnahme der Verkokungswärme von 50° C in den Entgasungsräumen und eine Verringerung des Strahlungsverlustes je m²/h von etwa 50 kcal.

A n d e r e G e n e r a t o r b e t r i e b s w e i s e n. Außer mit reiner Koksfüllung kann der Einzelgenerator auch mit Leucht- und Rauchgaszumischung zum Generatorgas arbeiten. Diese Überlegungen sollen in Abschnitt E noch näher mit den zugehörigen Einrichtungen erörtert werden.

[1]) Gas- u. Wasserfach **77** (1934), S. 556.

Zahlentafel 4. Strahlungsoberfläche verschiedener Ofenbauarten.

1	2	3	4	5	6	7	8	9
Ofenart	Lade-gewicht	Ausstehzeit	Ofen-durchsatz	Strahlungsoberfläche m²/t Kohlendurchsatz in 24 h				
				Einzel-ofen	End-ofen	Mittel-ofen	Armaturen	
	t/Raum	h	t/Tag				m²/t	% vom Mittelofen
5er Horizontalretortenofen 3,50 m lang, hinten geschlossen	0,200	6	4,0	20,4	16,1	11,7	0,85	7,3
8er Horizontalretortenofen 3,50 m lang, hinten geschlossen	0,200	6	6,4	15,0	11,7	8,5	0,73	8,7
desgl. Durchstoßretorten 3,50 m lang	0,200	6	6,4	15,2	11,9	8,7	1,17	13,5
9er Horizontalretortenofen Ladung mit Schleuder Durchstoßretorten 3,50 m lang	0,395	9	9,4	13,1	10,7	8,3	0,95	11,4
„ 4,— m „	0,470	9	11,2	11,8	9,4	7,1	0,80	11,2
„ 4,50 m „	0,540	9	13,0	10,8	8,9	6,3	0,68	10,9
8er Kleinkammerofen 4,00 m „	0,730	12	11,7	11,0	8,8	6,6	0,92	14,0
4er Horizontalkammerofen 4,00 m lang	1,350	10	13,0	9,3	7,5	5,6	0,82	14,4
5er Vertikalkammerofen	1,600	12	16,0	12,2	10,0	7,7	0,48	6,3
6er Vertikalkammerofen	3,000	12	36,0	7,4	6,1	4,8	0,33	7,1
6er Vertikalkammerofen	6,000	24	36,0	9,6	7,7	6,0	0,46	7,8
Koksofen 350 mm breit	8,14	12	16,3			2,4		
„ 450 mm „	20,5	19,8	24,9			2,0		
„ 450 mm „	28,6	22,0	31,2			2,0		
„ 450 mm „	12,5	11,8	25,4			1,6		

b) Sonstige Einbauten und Zubehörteile.

α) *Einbau der Retorten und Kleinkammern.*

Aus dem Oberbau ergibt sich die eigentliche Zweckbestimmung des Ofens. Er enthält die Entgasungsräume, Retorten oder Kammern.

Beim Einbau von Retorten ist es wichtig, daß eine möglichst gute und gleichmäßige Wärmeübertragung der Heizgase auf die Retortenwandung stattfindet. Die ursprünglichen Feuerzüge machten mit der Zeit einer freien Entfaltung der Flamme Platz.

Ferner müssen die Retorten durch zweckentsprechende Unterstützungen gegen ein Durchbiegen geschützt werden. Die Festigkeitseigenschaften eines erhitzten Steines sind naturgemäß gegenüber dem kalten Stein herabgesetzt. Die Unterstützungen dürfen andererseits durch ihre Auflagerfläche nicht zu viel von der wirksamen Heizfläche der Retorte beanspruchen, sonst entstehen bei der auf Entgasungstemperatur stehenden Retorte im Innern an diesen Stellen Dunkelflecke, die ein vermindertes Ausgaren der dort lagernden Kohle zur Folge haben. Außerdem muß aber die Retorte auch gegen seitliches Ausweichen gesichert werden; dies erfolgt zumeist konsolartig von den Haupt- und Zwischenpfeilern aus. Wichtig ist, daß keine Retorte eine zusätzliche Belastung durch eine darüberliegende erhält. Wandstärken, Normallängen und Gewichte der Normalretorten gehen aus der Abb. 2 hervor.

Ursprünglich besaßen die Retorten auf ihrer ganzen Länge gleichen lichten Querschnitt, sie waren hinten mit einem Boden verschlossen und in der Wandstärke am vorderen Kopfende verstärkt, um die Schrauben aufnehmen zu können, mit denen die gußeisernen Mundstücke mit dem Morton-Verschluß und den Gasabgängen befestigt wurden (Abb. 16).

Seit der Einführung des sog. Durchstoßbetriebes erhalten die Retorten einen nach hinten erweiterten Querschnitt. Die Erweiterung beträgt auf die ganze Länge etwa 40 bis 50 mm und erleichtert das maschinelle Ausstoßen, da sich die Wandreibung dabei vermindert. Immerhin können aber auch gut erhaltene Retorten durch Entfernung des Bodens und Ansetzen eines Kopfes mit dem hinteren Mundstück für den Durchstoßbetrieb mit oder ohne Verlängerung der Retorte ohne Schädigung verwendet werden. Bemerkenswert ist die Festigkeit der Retorten, insbesondere bei modernen, aus Einzelsteinen mit Nut und Feder an allen Seitenkanten ineinandergefügten Silika- oder Schamotteretorten.

Die neueren Entgasungsverfahren mit den »kammermäßig betriebenen Retorten«, bei denen die Entgasungsräume bis auf einen verhältnismäßig kleinen Gasabzugskanal an der höchsten Stelle der Retorte angefüllt, ja sogar vollgepreßt sind, ermöglichen Leistungssteigerungen um 65% (s. Zahlentafel 8 S. 118). Als die Retorte kaum zur Hälfte gefüllt war, konnte sich selbst treibende Kohle in der Retorte genügend ausdehnen, während bei dem heutigen Füllungsgrad die Drücke auf die Retortenwandung übertragen werden. Die betrieblichen und gastechnischen Vorteile der vollgefüllten Retorte werden an anderer Stelle besprochen.

Die Auswechslung der Retorten durch ein- oder mehrreihige Horizontalkammeröfen brachte im Aufbau auch wieder neue Aufgaben. Hat man früher die Gewölbe zu beiden Seiten zur Auffangung des Seitendruckes auf Stützpfeilern aufliegen lassen, so verloren diese Stützpfeiler beim Einbau der Kleinkammern an Bedeutung. Der besseren Raumausnutzung wegen verzichtete man vielfach ganz auf die Gewölbe und führte die zwischen den Retorten, jetzt Kammern, liegenden Mittelstege hoch bis an die Ofendecke, die dort mit kurzen Spannweiten aufgelagert werden kann und so den Druck auf das Ofenfundament überträgt, ohne auf die seitlichen Stützpfeiler zu drücken. Eine Verankerung von Pfeiler zu Pfeiler gewährleistet einen besseren konstruktiven Zusammenhalt. Als Aufbaustoffe treten beim Kammerofen die Plattensteine in Erscheinung. Die gleichmäßige Beheizung einer ebenen Wandfläche größeren Ausmaßes hat wieder ganz andere Voraussetzungen wie die einer elliptischen Retorte. Im allgemeinen ist das hochgestellte rechteckige Profil der Kleinkammer heizungstechnisch günstiger als das der Retorte. Immerhin muß auch hier die Wärmeverteilung außerordentlich gleichmäßig sein, um auf die ganze Kammerlänge und Kammerhöhe gleichbleibende Wärmehöhe zu erhalten. Während vergleichsweise bei der Vertikalretorte und -kammer die Wärmegrade und Querschnitte wegen der Verjüngung verschieden sind, im unteren Teil etwa 1100° C, am Kopfende nur 900° C, also ein Unterschied von ca. 200°, erfährt die Horizontalkammer nur nach dem hinteren Ende zu eine Erweiterung von etwa 50 mm gegenüber der vorderen Kammerbreite und erhält deshalb auch Heiztemperaturen, die sich am hinteren Ende kaum von denen an der Stirnseite unterscheiden. Eine Horizontalkammer liefert deshalb auch den am gleichmäßigsten durchgegarten Koks. Die Ausstehzeit ist nur abhängig von der Kammerbreite, nicht aber von der Kammerlänge und Kammerhöhe. Schmale Kammerbreiten ergeben kurze Ausstehzeiten und hohe Durchsatzzahlen je m^2 Bodenfläche. Bei 12stündigem Betrieb liegen die Normalbreiten bei 320 bis 350 mm, während man für 24stündigen Betrieb 450 mm Kammerbreite und darüber wählt.

Die Plattensteine der Kammerwände dürfen sich an keiner Stelle der Kammer verziehen oder ausbeulen. Ist dies der Fall, so deutet dies darauf hin, daß auf der Feuerseite die Stützweite der Zwischenverstärkungspfeiler zu weit gewählt wurde. Je größer eine Fläche ist, desto schwerer ist es, sie gasdicht für Druck und Saugung zu halten. Dies bezieht sich sowohl auf die Dichtflächen der Kammertürverschlüsse als auch der Türrahmen gegen die Ofenwand. Durch eine quergelegte Ofenverankerung und eine entsprechende Anzahl von Druckschrauben geschieht vielfach eine Erhöhung des Anpreßdruckes der Armaturen gegen den Ofen.

Die Berechnung der Heizung des Gaserzeugungsofens geht von der zu beheizenden Quadratmeterzahl der Retorten- oder Kammerwandfläche aus unter der Annahme, daß je m^2 und h etwa 4000 kcal übertragen werden können. Hieraus ergeben sich mit den entsprechenden Zuschlägen die vorzusehenden Rekuperatorflächen und der Generatordurchsatz (Schachtquerschnitt und Rostfläche). Bei der Berechnung des Oberbaues ist zu berücksichtigen, daß hohe Wärmegrade nicht durch hohe Gasgeschwindigkeiten an der Abstrahlung an den Entgasungsraum, also an schlechte Wärmeleiter, verhindert werden dürfen, zum Unterschied z. B. von Dampfkesseln, bei denen die Güte der Wärmeübertragung auf gutleitende Bleche und die gleichmäßige Wärmeverteilung mit steigender Heizgasgeschwindigkeit zunimmt.

β) Schornstein.

Man sagt, »der Schornstein ist der Motor der Feuerung«. Ihm obliegt die Ansaugung der notwendigen Verbrennungsluft und die Abbeförderung der gasförmigen Verbrennungsstoffe. Bei dem einfachen Rostofen, bei dem es sich nur um einfache Verbrennung des Heizmittels handelt, geht die gesamte Luftzufuhr unter dem Rost hindurch in das Brennstoffbett. Die Verbrennungsprodukte umspülen die Entgasungsräume und ziehen in den Schornstein ab. Je 1 m^2 Rostfläche wählt man 0,5 m^2 Schornsteinquerschnitt, Einzelschornsteine 0,06 bis 0,2 m^2, Höhe 1 m über Dachfirst. Der Rauchkanal soll 1 m Breite und 1 m Höhe betragen.

Es ist darauf zu achten, daß die Schornsteinausmündung von keinem überragenden Gebäudeteil (Förderturm, Dachfirst, Baum, Hügel usw.) strömungstechnisch benachteiligt wird durch Wirbel, Fallwind usw., und daß sie nicht in einem Gebiet statischen Überdrucks liegt (in einer Gebäudeecke, vor einem Wald usw.), sondern in frei strömender Luft. Außer den üblichen baupolizeilichen Vorschriften sind neuerdings gegebenenfalls auch die Flugsicherungen zu beachten. (Rotes Licht bei Nacht in der Nähe der oberen Ausmündung.) Gaserzeugungsöfen mit Rostfeuerungen, also ohne Generator und Luftvorwärmung, kommen nur selten mehr zur Anwendung. Bei den Generatoröfen hat der Schornstein die doppelte Aufgabe der Beschaffung der Erst- und Zweitluft, außerdem muß er die Widerstände der Heizzüge, der Wärmespeicher und der Abhitzeverwertung überwinden.

Die Größe des Schornsteinzuges ist von einer Reihe von Einflüssen abhängig, von denen die Schornsteinhöhe und die Abgastemperatur die wichtigsten sind. In der nebenstehenden Abb. 12 ist der Schornsteinzug aus der dabei angegebenen Formel errechnet und in Abhängigkeit von der Abgastemperatur und der Schornsteinhöhe graphisch aufgetragen. Stehen mehrere Gaserzeugungsöfen nebeneinander, so gibt es

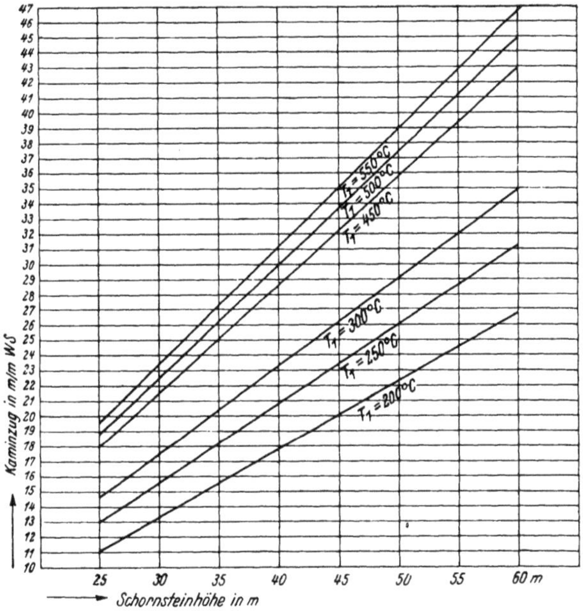

Abb. 12. Schornsteinzug in mm WS.

$$z = Hr\left(1{,}293 \cdot \frac{273}{273 + T_0} - 1{,}35 \cdot \frac{273}{273 + T_1}\right)$$

Hr = Schornsteinhöhe über Erdreich
1,293 = Dichte der Luft bei 0° C
1,35 = Dichte der Rauchgase bei 10% CO_2 bei 0° C
$\frac{1}{273}$ = Wärme-Ausdehnungszahl der Gase
T_0 = Temperatur der Außenluft bei + 15° C
T_1 = Temperatur der Rauchgase in Schornsteinfußhöhe.

für die Lösung der Schornsteinfrage verschiedene Wege. Man kann mehrere Öfen an einen Zentralschornstein anschließen durch einen Sammelfuchs. Dies erscheint bautechnisch am einfachsten, ist aber betrieblich nicht so vorteilhaft wie Einzelschornsteine. (Umgekehrt liegen allerdings die Verhältnisse im Hinblick auf eine einzubauende Abhitzeverwertung. Siehe S. 51.) Die Zugstärke der an einen Schornstein gleichzeitig angeschlossenen Öfen ist verschieden je nach der Entfernung vom Schornstein und der Bauart (Widerstände) dieser Öfen. Nach dem Gesetz des geringsten Widerstandes sucht der Schornsteinzug an den nächstgelegenen Öfen seinen Ausgleich, während weiter entfernt liegende Öfen einen geringeren Zug aufweisen würden. Um an allen Öfen gleichen oder den notwendigen Zug zu haben, müssen die Rauchschieber der einzelnen Öfen beim Anschluß an einen Zentralschornstein verschieden eingestellt werden.

Wird ein Ofen aus der Reihe abgeschaltet, dann muß meist auch eine Neueinregelung der übrigen Öfen erfolgen. Im Abschnitt 3 a γ wurde gezeigt, welchen Einfluß unregelmäßiger Kaminzug auf den Ofengang hat, und wie man versucht, ihn gleichmäßig zu gestalten. Es ist deshalb betrieblich (ohne zusammengefaßte Abhitzeverwertung) am angenehmsten, wenn jeder Ofen seinen Einzelschornstein erhält. Sind die Entgasungsräume frisch geladen, so zeigt der Einzelschornstein durch Rauch eindeutig an, wenn an einem Ofen sich Undichtigkeiten an den geladenen Retorten oder Kammern befinden, so daß sie mit Leichtigkeit aufgesucht und beseitigt werden können. Einzelschornsteine können niedriger ausgeführt werden und kommen auch nicht teurer im Aufbau als ein größerer Zentralschornstein. Es sind auch Ausführungen bekannt geworden, bei denen je Ofen beiderseitig zwei sog. Halbschornsteine angeordnet wurden, die auf den Ofenmittelpfeilern aufsaßen und bis zum Dach führten. Dort mündeten sie in eine am Dachbinder festsitzende muffenartige Erweiterung, von der die Ausdehnung des Schornsteinmauerwerks aufgenommen wurde. Über Dach gingen die Schornsteinhülsen aus Beton weiter, die mit Schamotte ausgefüttert waren. Bei den Halbschornsteinen münden also die zu beiden Seiten eines Mittelpfeilers gelegenen Ofenabgänge in einen gemeinsamen Schornstein. In diesem Fall beträgt die Anzahl der Einzelschornsteine $n + 1$, wenn n die Anzahl der Öfen bedeutet (Abb. 13).

Im allgemeinen stehen die Schornsteine hinter den Öfen auf einer eigenen Grundplatte, abgesehen evtl. von Einzelschornsteinen einschl. der Halbschornsteine, deren Abgang auch oben auf dem Ofen sitzen kann. Die auf den Hülsenpfeilern stehenden Einzelschornsteine weisen meist eine Wandstärke von einem Stein auf und werden mit einer ½-Stein starken Schamotteschicht innen ausgekleidet. Bei frei stehenden Einzelschornsteinen wählt man wegen der Standfestigkeit eine Wandstärke von 1½ bis 2 Steinen und zieht die Ausfütterung bis zum Ofenausgang bzw. bis zur Gründung herunter. Die Schornsteinverankerung geschieht durch Winkeleisen, die durch Rund- und Flacheisenstäbe zusammengehalten bzw. -geschraubt werden, bei Schornsteinen mit rundem Querschnitt durch Flacheisenringe.

Bei dem Übergang vom Handbetrieb zum Durchstoßbetrieb wird der Raum hinter dem Ofen für die Koksabförderung benötigt, die schlecht den vorgebauten Schornsteinen ausweichen kann. In solchen Fällen verlegt man nachträglich den Ofenabzug in den Ofenpfeiler oder schafft sonst (z. B. auf Kosten der Rekuperation) eine Möglichkeit, den bis zur Ofenhaussohle führenden Schornstein an dieser Stelle zum Verschwinden zu bringen. Dies kann mitunter auch dadurch geschehen, daß statt der bisherigen Einzelschornsteine ein Sammelfuchs (Rauchkanal) angelegt wird mit einem Zentralschornstein, der außerhalb des Fahrraumbedarfs für das Koksfördermittel errichtet wird. Im allge-

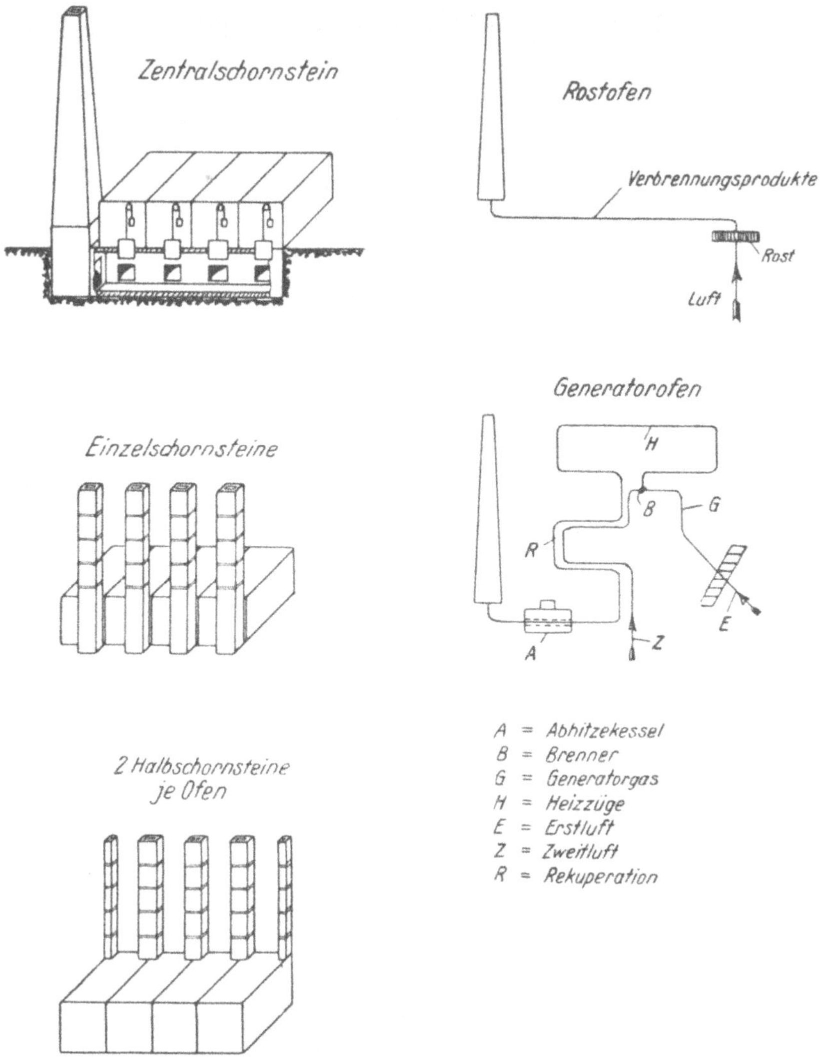

Abb. 13. Anordnung und Aufgabe des Schornsteins bei Gaserzeugungsöfen.

meinen wird man sich zu der billigeren Lösung entschließen. Eiserne Schornsteine sind wegen der starken Abkühlung und leichten Zerstörbarkeit durch chemische Einflüsse zu vermeiden. Gewarnt werden muß auch noch vor einer zu starken Unterkühlung der Abgase in der Abhitzekesselanlage — auch bei gemauerten Schornsteinen — wegen der dadurch bedingten Schwitzwasser- und Durchsottungsgefahr.

Der Fuchs soll nicht übermäßig lang sein, da dies Wärme- und somit Zugverlust bedeutet. Seine Lage richtet sich somit in erster

Linie nach der des Schornsteins. Im allgemeinen liegt der Fuchs hinter (evtl. auch vor) den Öfen; er kann aber auch unter den Öfen liegen, besonders dann, wenn der Schornstein an der Ofenschmalseite steht. Diese Lage des Fuchses hat den Vorteil des geringsten Wärmestrahlungsverlustes, aber den Nachteil der behinderten Zugänglichkeit. Entsprechend den auftretenden Wärmegraden wird der Fuchs wie der Schornstein mit feuerfestem Baustoff ausgekleidet. Über Abgastemperaturen siehe noch den Abschnitt: Abhitzeverwertung auf S. 106.

Auf die Ausführung der Rauchschieber im Fuchs ist besondere Sorgfalt zu verwenden; sie können aus Blech oder auch aus Gußeisen bestehen. Beide neigen aber ebenso wie ihre Führungsrahmen bei den in Frage kommenden Größen und Wärmegraden zu Verziehungen, so daß sie sich oftmals schwer oder gar nicht mehr bewegen lassen. Man wählt deshalb auch Schamotteplatten als Rauchschieber, die gegebenenfalls mittelst eingestemmter Winkelrahmen versteift werden. In jedem Falle ist die obere Schlitzführung zur Vermeidung der Einsaugung von Falschluft gut abzudecken, besser noch mit Schamottemörtel zu verschmieren.

γ) *Rekuperation und Regeneration.*

Um Wiederholungen zu vermeiden, kann bezüglich der Zweckbestimmung vorgenannter Wärmetauscher auf die Ausführungen auf S. 13 verwiesen werden.

Für den Rekuperator steht meist weniger Platz zur Verfügung als für den Regenerator, bei dem der Unterbau durch den abseits stehenden Zentralgenerator nicht in Anspruch genommen wird. Bei dem Ofen mit eingebautem Generator kann nur der Rekuperator Anwendung finden, während Öfen mit Zentralgeneratoren sowohl rekuperativ als auch regenerativ beheizt werden können. Der Rekuperator kann auch kleiner gewählt werden als der Regenerator, da bei dem eingebauten Generator das Gas heiß in den Ofen eintritt und nur noch die Luft erhitzt zu werden braucht, während bei der regenerativen Beheizung sowohl die Luft als auch das Fremdgas erwärmt werden muß. Beim Rekuperator erfolgt die Erhitzung der Luft im Gleichzug durch die Wandungen des Rekuperators hindurch, während beim Regenerator die Innenwand der Kanäle etwa in halbstündigem Wechsel als Wärmespeicher durch die heißen Abgase aufgeheizt oder als Wärmetauscher durch das kalte Fremdgas bzw. die Luft nach der Umschaltung (Wechselzug) gekühlt wird. Beim Rekuperator spielt daher der Wärmedurchgang die Hauptrolle, während es beim Regenerator auf die Wärmespeicherfähigkeit, allerdings auch auf die Wärmeentziehbarkeit, also auf rasche Wärmerückwanderung ankommt.

Die Bauart von Rekuperator und Regenerator hat im Laufe der Zeit verschiedene Entwicklungsstufen durchgemacht. Wegen der grö ßeren Wärmedurchlässigkeit verwendet man neuerdings für den Rekuperator statt Schamotte- mehr und mehr Silikasteine. Die Form der Kanäle ist rechteckig oder quadratisch. Die Wandstärken sind gegen früher geringer geworden. Hatte man früher die Kanäle sorgfältig gemauert mit Platten und Steinen, die mit Nut und Federn versehen waren, so ging man in neuerer Zeit dazu über, sog. Röhrenrekuperatoren zu bauen. Der Rekuperator wird in den verfügbaren Raum zwischen den Hülsenwänden und dem Generator eingebaut. Man verwendet für eine Normalretorte von 3 m Länge an Rekuperatorfläche bei Öfen

mit vorgebautem	Generator	(Münchener)	etwa	3,2 m^2 je Retorte,
» »	»	(Hasse-Didier)	»	2,4 » » » ,
» eingebautem	»	(Didier)	»	2,2 » » » .

Die Vierkantrohre verlaufen (s. Abb. 14a) meist gleichlaufend mit der Retorten- oder Kammerlängsachse. Rechtwinklig zu diesen Röhrensteinen sind mit Abständen Leistensteine gelegt, die die Führung für die vorzuwärmende Luft ergeben. Diese streicht also im Kreuzstrom zu den Heizgasen stets zwischen 2 Röhrensteinlagen hindurch und ge-

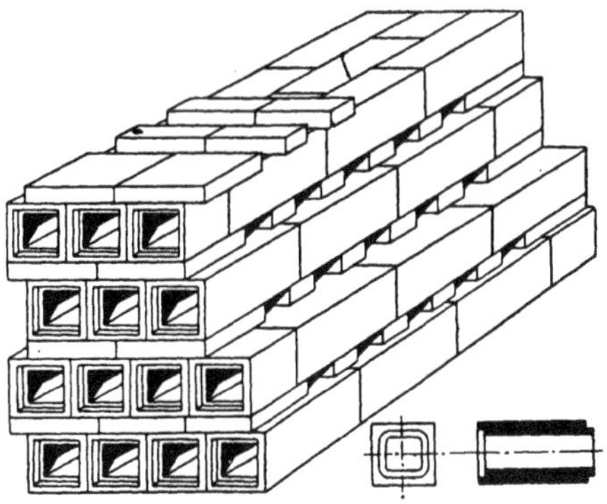

Abb. 14. Ausführungsformen für Rekuperationen. a) Liegender Pintsch-Rekuperator.

langt durch die an beiden Längsseiten der Rekuperation gelassene Verzahnung (durch Versetzen der Mittelebenen der Vierkantrohre) in die jeweils höher gelegene Schicht bis zu den Brennern. Die Firma Didier verwendet bei ihrer Kleinkammer- und Horizontalofenbeheizung eine senkrecht stehende Rekuperation, in der sich die Heizgase mit etwa gleichbleibender Geschwindigkeit von oben nach unten bewegen.

Mit zunehmender Abkühlung verändern sich Wärmegrade, Raumbedarf, spez. Gewicht und Geschwindigkeit der Abgase. Durch die dem Schornstein zustrebende, abwärts gerichtete Führung der Abgase werden die Verschiedenheiten nahezu wieder ausgeglichen.

Umgekehrt liegen die Verhältnisse bei der anzuwärmenden Luft, bei der mit fortschreitender Erwärmung das Gewicht leichter wird, da

Temperatur, Raumbedarf und damit die Geschwindigkeit zunehmen. Die Luft zieht im Zickzackweg von unten nach oben im Gegenstrom zu den Abgasen und kreuzt die Heizkanäle durch waagerecht gelagerte Züge dauernd. Die Luftkanäle sind ebenfalls aus Vierkantrohren hergestellt. Die Stoßfugen von Heiz- und Luftkanälen sind stets so versetzt, daß die Fugen von den Wandungen des anderen Kanals überdeckt werden, so daß eine grobe Undichtigkeit bei dieser Konstruktion

Abb. 14. b) Stehender Didier-Rekuperator.

kaum mehr möglich ist. Einen solchen senkrechten Röhrenrekuperator zeigt die Abb. 14b. Da also beim Rekuperator die Rauchkanäle wie die Luftkanäle ihre Zweckbestimmung nicht ändern, sondern dauernd in der gleichen Richtung von dem betreffenden Medium durchflossen werden, spricht man hier von Gleichzugwärmetauschern.

Die Regeneratoren hingegen, ähnlich im Aufbau, sind Wechselzugwärmespeicher, bei denen dem Ofen eine mechanisch bewegte Umschaltvorrichtung vorgebaut ist. Die Rekuperatoren sind durch Wegfall dieser Steuerorgane und ihrer Wartung einfacher im Betrieb, während der Regenerator meist größere Staubarmut und größere Gleichmäßigkeit des Heizgases für sich in Anspruch nehmen kann.

Es gilt allgemein, daß man nicht von der Überlegenheit des einen oder anderen Wärmerückgewinnungsverfahrens sprechen kann, zumal für die Wahl zwischen Rekuperator und Regenerator nicht nur wärmewirtschaftliche Gesichtspunkte maßgebend sind, sondern in erster Linie die Brennstoffauswahl und die Gesamtwirtschaftlichkeit. Bei richtig gewählter Unterbringung ausreichender Wärmeaustauschflächen steht der Rekuperator dem Regenerator in der Wirkungsweise durchaus nicht nach.

Die regenerative Beheizung ist bisher im Horizontalretortenofenbau nicht eingeführt worden, wohl aber bei Schrägretortenöfen. Auch ist für den Horizontalretortenofen die Frage: Einzel- oder Zentralgenerator keine einschneidende. Von größerer Bedeutung ist sie für den Horizontalkleinkammerofen, aber auch hier kann sie nicht grundsätzlich entschieden werden, sondern muß in jedem Einzelfall eingehend betrieblich, wärmewirtschaftlich und geldlich geprüft werden. Der Zentralgenerator mit seiner selbsttätigen Entschlackung bedeutet arbeitsgesundheitlich und betrieblich einen großen Fortschritt (vgl. Abschnitt: Entschlacken des Generators auf S. 29). Auf seinen Aufbau wird in Bd. II näher eingegangen. Die Staubarmut im Heizgas und die daraus sich ergebende Schonung der Ofenheizzüge wurde bereits erwähnt, ebenso ist auf die Möglichkeit der Vergasung billiger Brennstoffe wie von Koksabfall, Braunkohle und Braunkohlenbriketts usw. hinzuweisen.

Neuzeitliche Gaserzeugungsöfen können nach dem Wunsche des Bestellers für jede Beheizungsart eingerichtet und erbaut werden.

4. Armaturen.

Unter Armaturen am Kleinraumofen sind alle Einrichtungen am Ofen zu verstehen, die nicht aus keramischem Baustoff bestehen, also alle Guß- oder Schmiedeeisenteile: die Verankerung, die Verschlüsse, Generatorausrüstung, die Steigerohre, die Vorlage und die sonstigen Kleinarmaturen.

a) Verankerung.

Auf die Ofenverankerung wurde schon in dem Abschnitt »Ofenhülse« auf S. 26 hingewiesen. Das Grundsätzliche der Ofenverankerung zeigt die Abb. 7a u. b. Man erkennt dort sowohl die Längs- als auch die Querverankerung. Sie besteht meist aus senkrechten Walzeisenprofilen, U-Eisen oder Doppel-T-Trägern, die durch Flacheisenlaschen oder Querträger aus Walzeisen zusammengefaßt werden und dadurch die Druckübertragung oder -verteilung der waagerechten Zuganker übernehmen. Es ist üblich, die senkrechten Walzeisenträger an ihrem unteren Ende einzubetonieren, soweit schlechter Baugrund nicht noch weitere Sicherheitsmaßnahmen notwendig macht. Die Zuganker bestehen aus starken Rundeisen und besitzen an den Enden Ankerplatten. Um beim Anheizen die Verankerung etwas lösen zu können, haben die Zugstangen an ihren Enden Gewindegänge mit Muttern. Bei längeren Ofenblöcken verwendet man sog. Spannschlösser zur Verbindung bzw. Verlängerung der einzelnen Zuganker. Um die Verankerung nachgiebig zu gestalten, hat man schon an einem oder auch an beiden Enden der Anker Pufferfedern zwischen gußeisernen Federtellern eingeschaltet. Sie haben sich jedoch nicht restlos bewährt, da sich gezeigt hat, daß Ermüdungserscheinungen an den Federn auftreten und sie bei Entlastung nicht wieder in ihre ursprüngliche Lage zurückkehren. Die Federn werden neuerdings durch Hartholzplatten ersetzt, in die sich die Muttern bei wachsendem Mauerwerk eindrücken.

Dabei ist noch folgendes zu beachten: Die Formbeständigkeit von tonerdehaltigen Erzeugnissen (Schamotte) ist eine andere als die quarzhaltiger Steine (Silika). Hat man beim Silikastein mit einem Nachwachsen zu rechnen, so beim Schamottestein mit einem Nachschwinden. Beim ersteren berücksichtigt man das Nachwachsen dadurch, daß an bestimmten Stellen Wellpappe oder Holzleisten eingefügt werden, die beim Hochheizen herausbrennen und ein möglichst spannungsloses Wachsen des Silikaeinbaues gestatten. Umgekehrt sucht man die Wirkungen des Nachsinterns des Schamottemauerwerks unwirksam zu machen durch Verwendung möglichst dünner Mörtelschichten.

Zweck der Verankerung ist es sonach, dafür zu sorgen, daß der Gaserzeugungsofen in jedem Abschnitt des Anheizens und Abkühlens sowie des Betriebes durch die Anker gleich fest, ohne Risse zu bilden, zusammengehalten wird. Dies wird ermöglicht durch Lockerung oder Anziehen der Ankermuttern.

b) Verschlüsse.

Die Verschlüsse der Gaserzeugungsöfen der einzelnen Ofenbaufirmen sind zwar nicht genormt; im Laufe der Zeit ist es aber zu einer weitgehenden Bauformannäherung gekommen.

Die Verschlüsse an den Gaserzeugungsöfen müssen sowohl das Eintreten von Luft als auch das Austreten von Gas verhindern. Bei dem verhältnismäßig rauhen Betrieb und den herrschenden Temperaturen verzichtet man auf die Anwendung von besonderen Dichtungsmitteln, sondern stellt die Dichtheit durch Anpressen blanker, teilweise zugeschärfter Kanten auf flache geschliffene Sitzflächen her.

Der Exzenter (Morton-Verschluß) beherrscht fast durchwegs das Feld, wo es sich um die Erzeugung von Anpreßdrücken handelt, bei kleineren Ausmaßen in einfacher, bei größeren in mehrfacher Anordnung.

Nebenstehende Abb. 15a bis i lassen eine Reihe von Anwendungsbeispielen erkennen. Neben dem Exzenter spielt eine geringere Rolle die Selbstdichtung schräger, aufeinanderliegender Flächen, z. B. bei Generatoren, Einwurfdeckeln oder oberen Füllöffnungen von Horizontalkleinkammeröfen. Sowohl die Füllöffnungen als auch die Entleerungsöffnungen bei Retorten und Kleinkammern bezeichnet man als Mundstücke. Außer mit der Anpreßvorrichtung sind die Mundstücke auf

Abb. 15a.

Abb. 15b.

Abb. 15c.

Abb. 15d.

Abb. 15. Feuerungsarmaturen. a) Gußeiserne Schlacktür. b) Runde Feuerungstür für Vollgeneratoröfen. c) Ovale Feuerungstür für Vollgeneratoröfen. d) Feuerungstür für Halbgeneratoröfen.

Abb. 15e.

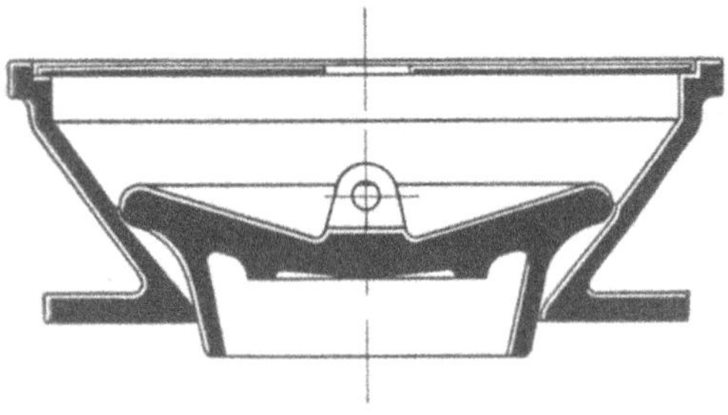

Abb. 15f.

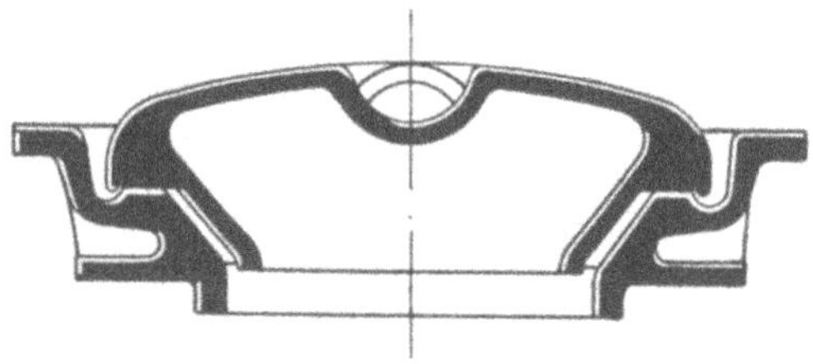

Abb. 15g.

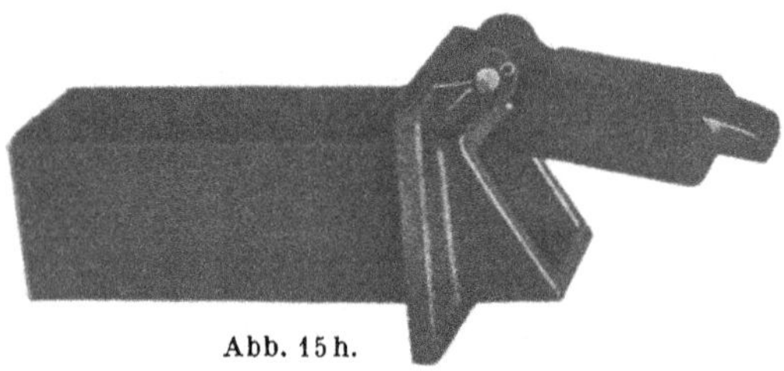

Abb. 15h.

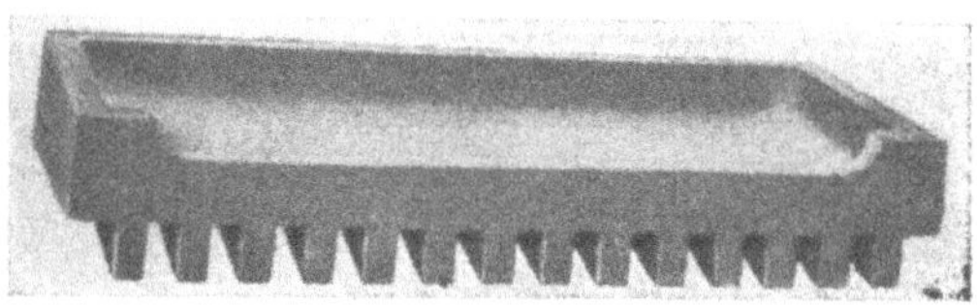

Abb. 15i.

Abb. 15. Feuerungsarmaturen. e) Offenes Wasserschiff. f) Fülltrichter mit Verschlußdeckel für Retortenöfen mit vorgebautem Generator. g) Fülltrichter mit Verschlußdeckel für Retortenöfen mit vorgebautem Generator. h) Schauklappe. i) Gußeiserne Tropfpfanne.

(mindestens) einer Ofenseite noch mit den Gasabgangsstutzen versehen, deren Fortsetzung die zu den Vorlagen führenden Steigerohre bilden (Abb. 16). Die Freihaltung der Gasabgänge wird zweckmäßig durch ein doppeltes Einsatzschild (Bauart König) erreicht, das in die Retorteeingesetzt wird und das auch Steigrohrverstopfungen weitgehend verhindert.

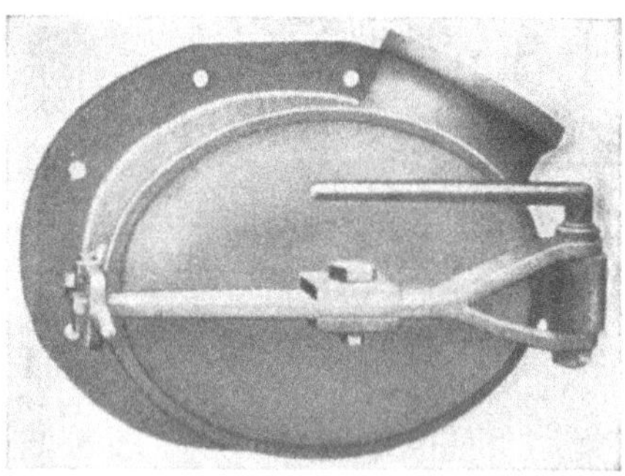

Abb. 16. Retorten-Mundstück mit schrägem Abgang.

Da die Entgasungsräume vielfach übereinanderliegen, müssen die Gasabgänge jeweils so gegeneinander versetzt werden, daß die Steigerohre den darüberliegenden Mundstücken und vorhandenen Steigerohren ausweichen können.

Für Kleinkammeröfen mit oberer Füllung hat (Abb. 17) Didier Fülldeckel entwickelt, die Schrägsitzdichtung und Dämmstoffausfütterung aufweisen und noch durch eine Zwischenlage von Asbest gegen zu große Wärmeaufnahme und -abstrahlung gesichert sind. Außerdem ist

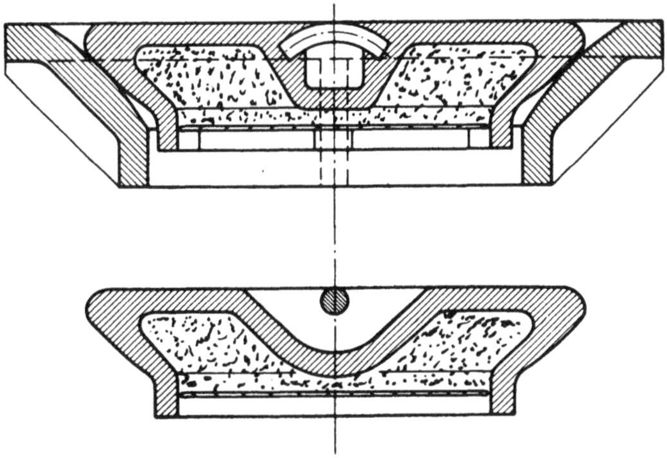

Abb. 17. Otto-Füllochrahmen mit Deckel.

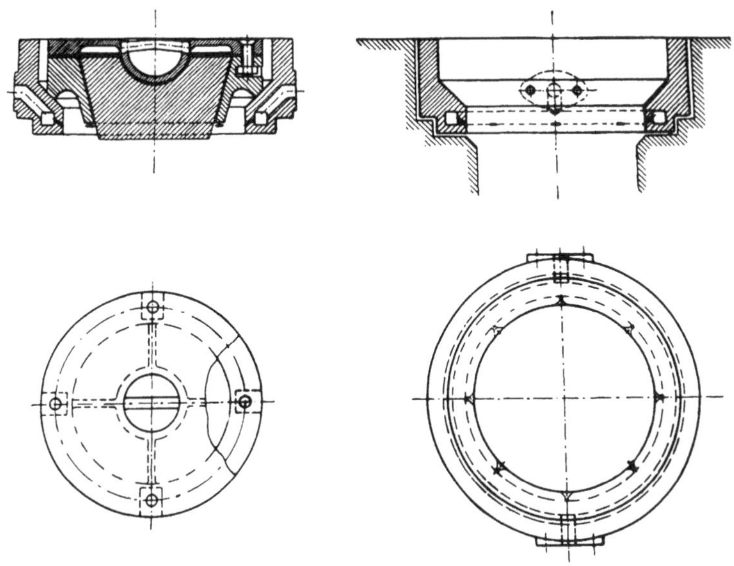

Abb. 18. Didier-Fülldeckel mit Dampfkranz.

der Deckelrahmen mit einem umlaufenden Dampfkranz versehen, der schräg nach unten gleichmäßig an etwa 8 Austrittsschlitzen Dampf austreten läßt und so die Bedienung vor auftretenden Stichflammen beim Öffnen des Deckels schützt, da solche im Keime erstickt werden. Selbstverständlich eignet sich diese Armatur auch für den Einwurfschacht etwa eines Vollgenerators (Abb. 18).

Die Steinausfütterung des Deckels bringt immerhin eine unerwünschte Gewichtsvermehrung mit sich. Vorteilhafter ist es, zunächst dafür zu sorgen, daß die Deckel der direkten Wärmeanstrahlung entzogen werden durch vorgebaute Wärmeprallsteine (Abb. 55a) oder durch Anordnung eines seitlichen Einrutschkanals bei Generatoren.

c) Steigerohre.

Die Steigerohre führen das Gas aus den Erzeugungsöfen ab. Sie sind fast durchwegs als Muffenrohre ausgebildet. Kurz vor der Vorlage wird vereinzelt noch eine eigene Ausdehnungsmuffe eingeschaltet. Firma Otto füttert die Steigerohre sogar mit Schamottesteinen aus. An der höchsten Stelle, d. h. bevor sie als Tauchrohr in die Vorlage abzweigen, haben die Steigerohre eine ebenfalls anpreßbare Putzöffnung, je nach der Linienführung der Steigerohre sogar mehrere.

Je nach dem Garungszustand der Kohle im Entgasungsraum ist die Temperatur im Steigerohr eine verschiedene. Bei Retorten und Kleinkammern werden in den Steigerohren mehrmals am Tage diejenigen Temperaturen überschritten, bei denen sich beispielsweise in der Teerdestillation der Pechrückstand von den öligen Bestandteilen des Teeres trennt. Wird auch diese Temperatur (ca. 400° C) noch weiter überschritten (der Verfasser hat — allerdings bei Vertikalretorten — zeitweise Temperaturen bis 600° C und darüber im Steigerohr festgestellt), so findet eine Verkokung von Pechrückständen vermengt mit Kohlenstaub statt, und es bilden sich Pechkoksverkrustungen im Steigerohr, die unangenehme Stocherarbeit verursachen und auf eine Gaszersetzung im Steigerohr hindeuten. Um die Steigerohre zu kühlen und den gasförmigen Teer vor Zersetzung zu schonen, ging man daher erfolgreich vielerorts dazu über, die Steigerohre mit Ammoniakwasser aus Zerstäubern zu berieseln und dadurch zu kühlen. Allerdings führt dies in der Vorlage und den Teergruben zu einer unerwünschten emulsionsartigen Schwimmteerbildung. Eine ähnliche Kühlwirkung wird erreicht ohne den Nachteil einer wesentlichen Schwimmteerbildung durch die Wassergaserzeugung im Entgasungsraum, so daß mit der Einführung der nassen Entgasung auch die unliebsamen Steigerohrverstopfungen verschwinden.

d) Vorlage.

Der Zweck der Vorlage, meist Teervorlage (am Anfang der Gastechnik auch Hydraulik) genannt, ist ein mehrfacher. Zunächst bildet sie das Sammelstück für mehrere Retorten oder Kammern mit einem gemeinsamen Gasabgangsstutzen zur Gassammelleitung. Dann besagt der Name Teervorlage, daß es sich um eine Vorabscheidung von Teer handelt. Die Hauptausscheidung erfolgt meist durch die Luft- und Röhrenwasserkühler vor dem Gassauger, die Restausscheidung schließlich durch den Teerscheider. Der Teer verläßt zunächst in dampfförmigem Zustand einschl. des Naphthalins und Ammoniakwassers, mitunter verunreinigt durch Flugstaub, den Entgasungsraum mit dem Rohgas. Das Gas muß allmählich von der Erzeugungstemperatur auf die günstigste Aufbereitungstemperatur von 15° C übergeführt, d. h. abgekühlt werden. Die Hauptkühlung geschieht in der sog. Kondensation, also in den vorerwähnten Luft- und Röhrenwasserkühlern, aber man kann ebenso die Rohgasleitung vom Ofen bis in diese Anlage als einen Teil der Kühlung betrachten (Abb. 19). Daraus ergibt sich folgendes:

Ist der Weg vom Ofenabgang kurz, ist z. B. die Kondensation nur durch die Ofenhauswand vom Ofenhaus getrennt, so muß die Vorlage als sog. Kühlvorlage ausgebildet werden: liegt jedoch die Kondensation für sich abseits und führt dahin eine längere Rohgasleitung, manchmal mit Absturz im Freien, vor dem Ofenhaus von der Höhe der Gassammelleitung über den Öfen bis zu dem Rohrkeller in der Kondensation, so können die Bemessungen der Vorlage wesentlich kleiner gewählt werden, beispielsweise bis zur Kleinstvorlage, der Einzelvorlage je Entgasungsraum, wie sie die Firma Didier bei den Kleinkammer- und Großkammeröfen bevorzugt (Abb. 20).

Der Zweck der Vorlage ist aber noch ein anderer. Von einer jährlichen Gasabgabe von etwa 200000 m³ an empfiehlt sich wirtschaftlich der Einbau eines Gassaugers, dessen Drehzahl selbsttätig so zu steuern ist, daß einerseits im Entgasungsraum kein Überdruck entsteht, das Gas also drucklos entweichen kann, andererseits aber auch der Unterdruck nicht so groß wird, daß etwa durch undichte Wände des Entgasungsraumes inerte, den Heizwert des Gases vermindernde Rauchgase eingesaugt werden. Die Wirkung des Gassaugers erstreckt sich sonach bis in den Entgasungsraum. Wird dieser entleert, d. h. werden Füll- und Entleerungstüren geöffnet, so bestünde jetzt eine direkte Verbindung der Außenluft mit der unter Unterdruck stehenden Gasleitung. Um dies zu verhindern, arbeiteten die ersten Vorlagen grundsätzlich mit Tauchung, d. h. jedes Abgangsrohr tauchte 1 oder mehrere cm in die Sperrflüssigkeit ein. Diese Widerstandshöhe mußte durch den Gasdruck aus den einzelnen Entgasungsräumen überwunden werden, bevor das Gas in den Gassammelraum über der Sperrflüssigkeit und von da

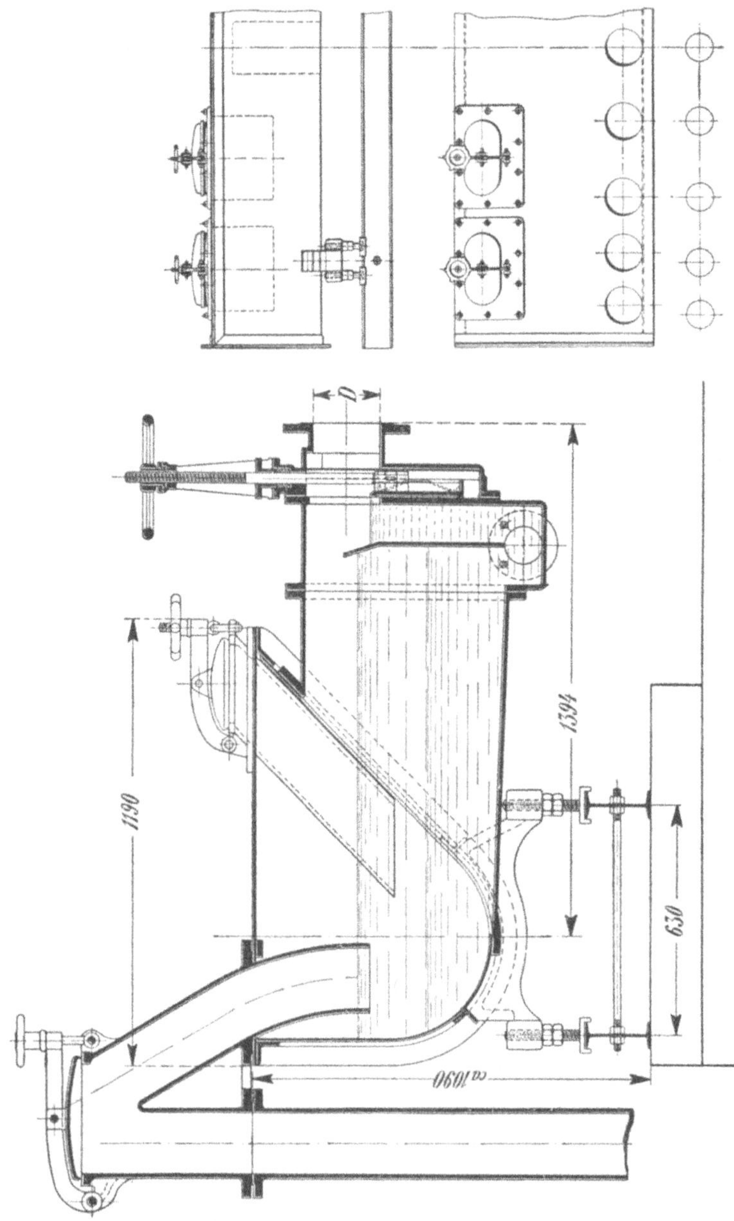

Abb. 19. Teervorlage mit Steige- und Tauchrohr, Reinigungsöffnung und gemeinsamem Gas- und Teerabgang, Bauart Drory.

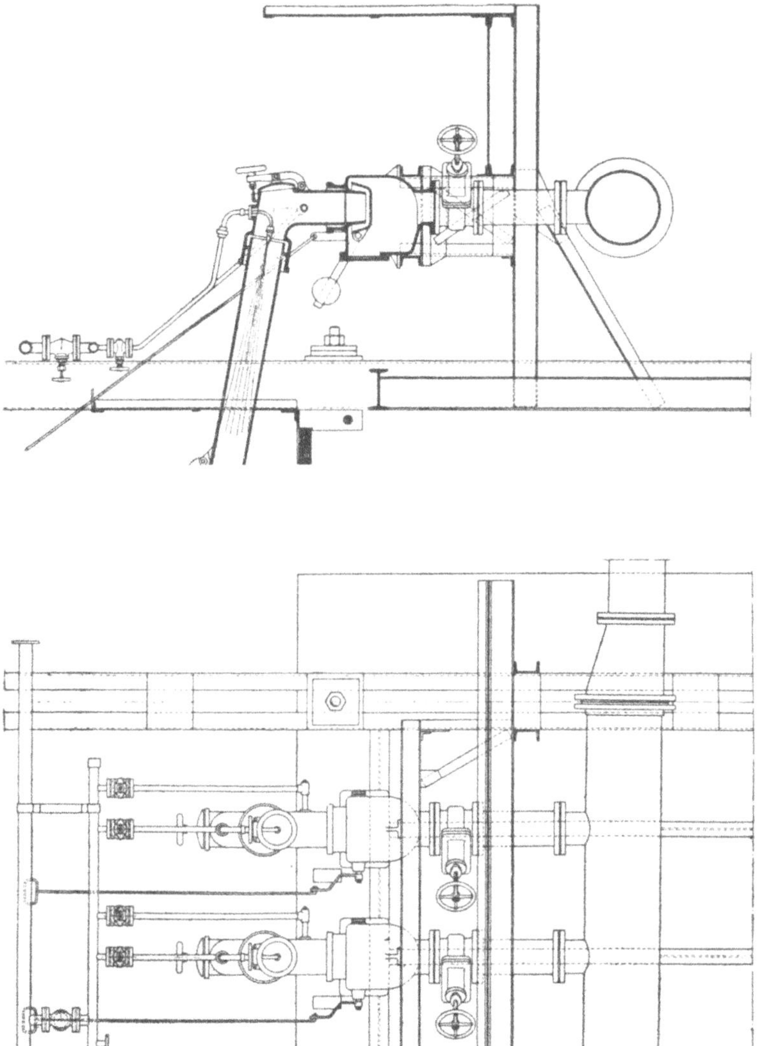

Abb. 20. Didier-Einzelvorlage mit zeitweiser Tauchung.

aus durch den gemeinsamen Abgang in die Gassammelleitung gelangen konnte. Jede Vorlage hatte ihren Gasabsperrschieber, durch den alle einmündenden Entgasungsräume gleichzeitig von der Leitung abgetrennt wurden. Diese Betriebsweise führte besonders bei älteren Öfen zu Gasverlusten. Neuerdings arbeitet man daher grundsätzlich ohne Tauchung und stellt diese nur während des Ladens her.

Die Vorlagen sind deshalb mit Vorrichtungen versehen, wodurch man einzelne Öfen, die eben geladen werden, vorübergehend durch die sog. Tauchung vom Gassammelrohr abtrennen kann. Ursprünglich erreichte man die Tauchung durch Hebung des Spiegels der Sperrflüssigkeit durch Zulaufenlassen frischen Wassers oder Ammoniakwassers oder durch Eindrücken eines Verdrängerkolbens, durch Einfügen einer Gasdruckkammer oder ähnlich. Im praktischen Betriebe haben sich mehr und mehr sog. Schöpftassen oder ähnliche Vorrichtungen eingeführt, die am unteren Ende jedes Tauchrohrs angebracht sind und durch Gestänge vom Ladeflur aus betätigt werden können. Die Sammelvorlagen mit »Schöpftassen« können sowohl nasse Vorlagen sein als auch trockene Vorlagen, sog. »Kühlvorlagen« oder »Vorkühler«.

Bei letzteren ist der Ausdruck »Schöpftasse« allerdings nicht mehr ganz am Platze, da tatsächlich die Tasse nicht schöpft, sondern sich nur in angeklapptem Zustand durch die Steigerohrberieselung füllt und so einen Flüssigkeitsabschluß (Tauchung) während des Ladens herstellt. Die letztgenannten Verhältnisse herrschen auch in der Einzelvorlage.

Die Vorlagen alter Bauart bestanden ganz aus Gußeisen. Sie waren mit regulierbarem Teerablauf einer großen Anzahl von Tauchrohren und mehreren Putztüren für die Herausnahme des »Vorlagenpechs« und sonstiger Verunreinigungen versehen. Die Geschränke der Putztüren reichten mit Tauchung ebenfalls bis in die Sperrflüssigkeit hinab. Später bestanden die Vorlagen teilweise aus Guß- und teilweise aus Schmiedeeisen. Mit dem Übergang zum Schmiedeeisen änderte sich auch die frühere etwa V-förmige Gestalt der Vorlage und näherte sich der runden Form, während die gußeisernen Einzelvorlagen ausgesprochene Topfform aufweisen. Hierbei verzichtet man auch auf den seitlichen Teerüberlauf und oberen Gasabgang, sondern wählt den Gasabgang (einschl. Kondensat- und Teerablauf) nach unten in die Gassammelleitung. Jeder einzelne Entgasungsraum kann so durch die Tauchklappe und außerdem durch einen Schieber von der Gasleitung getrennt werden, ohne andere Entgasungsräume dabei in Mitleidenschaft zu ziehen (wie bei der Sammelvorlage mit gemeinsamem Abgang). Durch die vorstehenden Abb. 19 u. 20 wird eine älterere und eine neuere Vorlage veranschaulicht.

e) Generatorarmaturen.

So verschieden wie die Generatoren sind auch ihre Armaturen. Schon der Rost, hervorgegangen aus glatten Vierkantstäben, nahm mitunter die Form von Kesselroststäben oder gar von dampfgekühlten Hohlrosten an. Es gibt feststehende und kippbare Roste, zusammengesetzte Roste aus Steil- und Flachrost, mit einem oder zwei übereinander angeordneten Wasserschiffen. Andere Bauarten (Treppenroste) verzichten ganz auf das eiserne Wasserschiff und betonieren die Generatorsohle als Sumpf aus. Auch die Geschränke der Schlacktüren richten sich ganz nach der jeweiligen Generatorart. Sie sind klein bei Flachrosten und wachsen bis zu den doppeltürigen Geschränken bei Steil- und Treppenrosten.

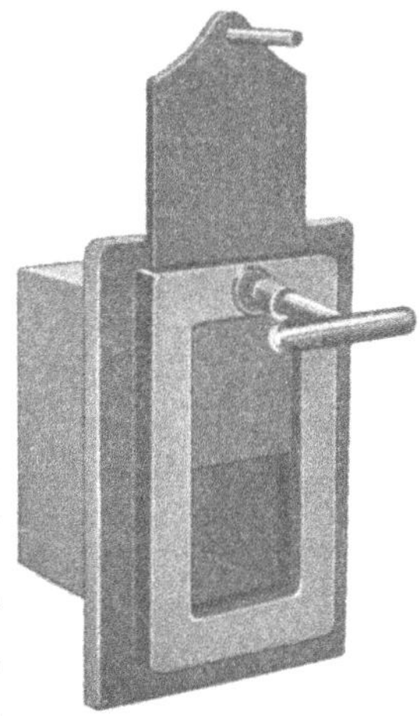

Abb. 21. Luftschieber für die Zuführung der Erst- und Zweitluft.

Die Erstluftschieber sind vielfach an den Feuerungstüren angebracht, können aber auch seitlich als eigene Armatur im Mauerwerk sitzen. Gemeinsam ist ihnen und den Armaturen für die Zweitluft (Sekundärluft) ihre Verstellbarkeit durch Gewindespindeln oder Klemmschrauben (Abb. 21).

Die Treppenroste setzen sich, wie der Name sagt, aus einzelnen Treppenstufen zusammen, die von oben nach unten immer weiter in den Generatorschacht vorrücken. Unter dem natürlichen Böschungswinkel liegt der Generatorkoks auf den einzelnen Stufen des Rostes auf, so dem Zutritt der Erstluft eine große Eintrittsfläche bietend. Die Stufen selbst sind vielfach als Pfannenbleche mit Randwulstverstärkung ausgebildet, die in der Mitte etwas eingeknickt sind und so die Wasserberieselung kaskadenförmig nach unten von Stufe zu Stufe tropfen lassen. Da sie wegen der Handlichkeit beim Entschlacken in der Baulänge beschränkt sind, befinden sich innerhalb des Gußrahmens mitunter mehrere Auflagerwangen, die im Bedarfsfall auch einzeln ausgewechselt werden können. Mit großen Feuerzangen werden die einzelnen Pfannen aus- und eingehoben. Die weitere Entwicklung führte zu den sog. Steilrosten aus senkrechten Profilstäben, die gleichlaufend etwa in der gleichen Schräge wie die Treppenroste angeordnet wurden. Auch sie werden mit Wasser berieselt und ergeben im allgemeinen eine bessere Wasserverteilung und Rostkühlung, da die einzelnen Pfannen zu Verziehungen neigten und dadurch vielfach ein ungewolltes und unüberwachbares Gerinnsel entstand. Die Profilstäbe können auch durch wassergekühlte Rohre ersetzt werden.

Die Firma A. Otto & Co. hat eine Bauart herausgebracht, bei der eine Verbindung zwischen Treppen- und Steilrost durch Unterteilung der Stäbe erreicht wird. Hierbei werden die schädigenden Einflüsse von den einzelnen Pfannen in weitgehendem Maße abgehalten (Abb. 22).

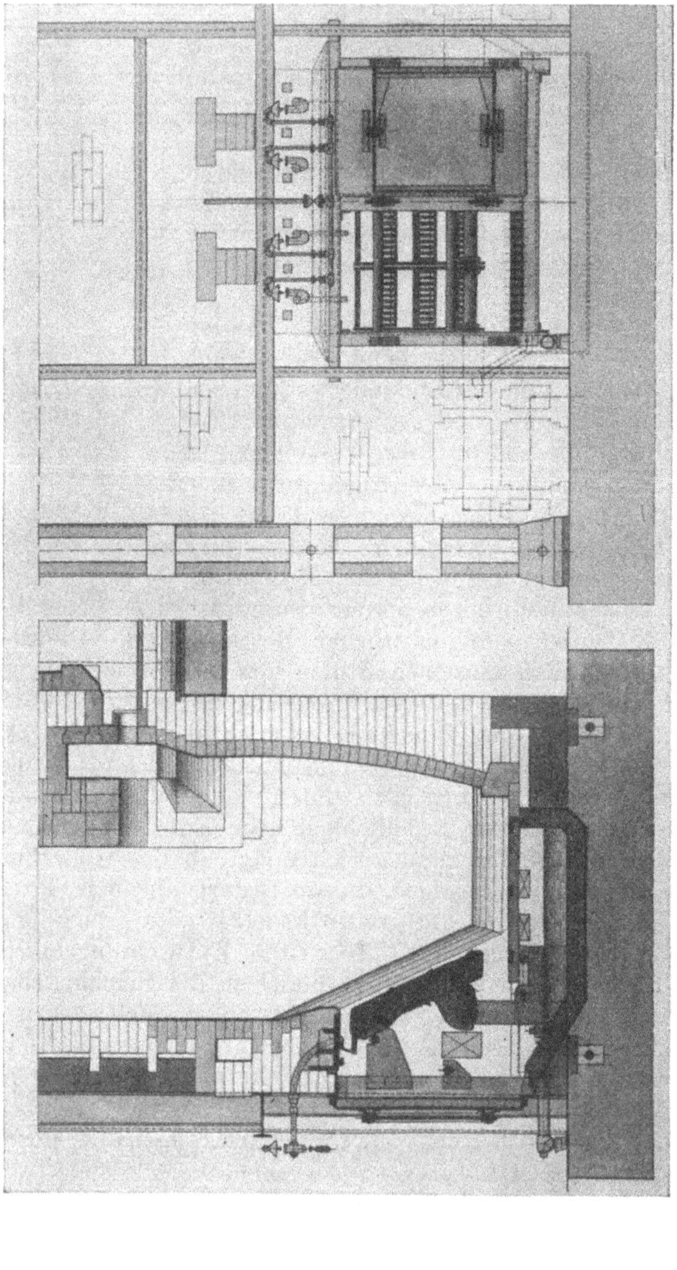

Abb. 23. Didier-Kleinkoksgenerator für Entgasungsöfen.

Auch die Firma Didier baut moderne Generatorroste ähnlicher Ausführung (Abb. 23).

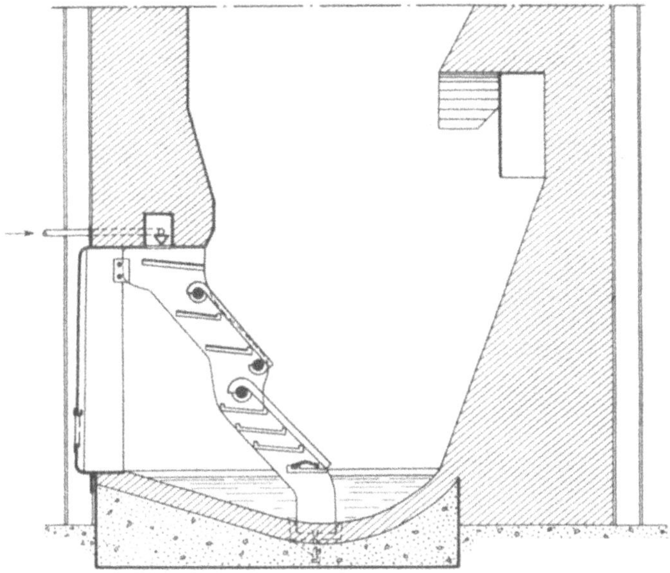

Abb. 22. Stabreihenrost für eingebaute Generatoren der Otto-Öfen.

f) Sonstige Armaturen.

An sonstigen Armaturen am Gaserzeugungsofen sind noch zu erwähnen die Schauluken zur Beobachtung der Ofentemperaturen, der Brennerdüsensteine (soweit vorhanden), zur Betätigung der Einstell-

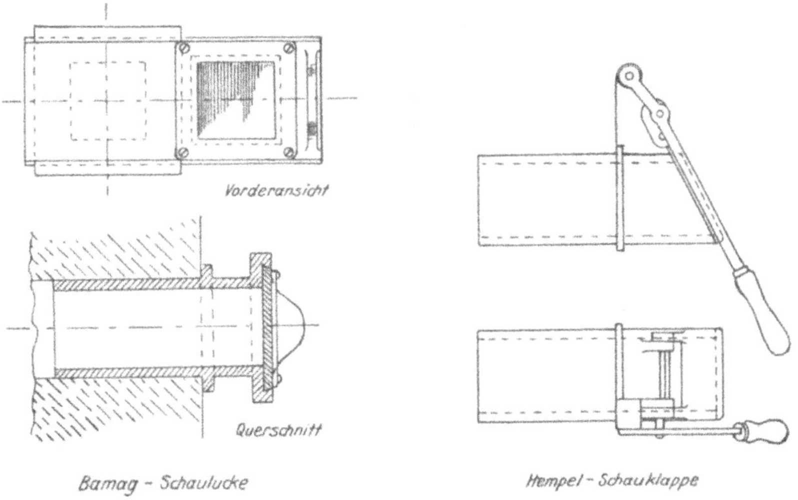

Abb. 24. Schauklappe.

schiebersteine in den Feuerzügen, zur Flugstaubbeobachtung und zur Rauchgasprobenahme. Sie sind entweder als Flachschieber in Rahmenführung mit Glimmerfenster oder als Klappen mit oder ohne Hebelgestänge ebenfalls mit Glimmerscheiben ausgebildet (Abb. 24).

Unter den erweiterten Begriff der Armaturen fallen noch die Ausrüstungsteile für Rohrleitungen. Neuerdings wird hierfür eine gelenkige

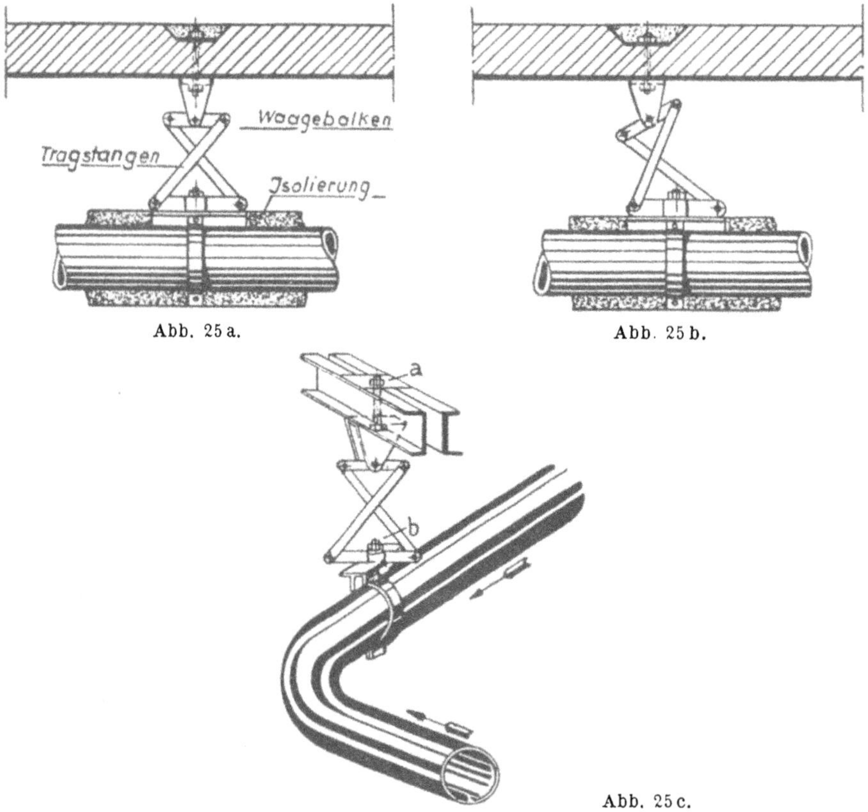

Abb. 25 a.

Abb. 25 b.

Abb. 25 c.

Abb. 25. Scherenaufhängung für Rohrleitungen.

Rohraufhängung empfohlen, die bei Wärmedehnungen oder -verkürzungen Bewegungen ergibt, die genau in der Rohrmittelebene verlaufen. Hängt eine Rohrleitung z. B. nahe unter einer Decke, Bühne, Laufsteg usw., so werden zumeist kurze Aufhängebügel aus Bandeisen od. dgl. verwendet. Tritt hierbei eine Rohrlagenveränderung ein, so kann sie nur im Kreisbogenpendelausschlag des kurzen Aufhängebügels erfolgen, d. h. die Leitung wird gehoben oder gesenkt, wodurch neue Spannungen verursacht werden. Aus nebenstehenden Abbildungen gehen die Ausführungs- und Bewegungsformen der neuen Scherenaufhängung, Bauart Demmer, hervor (Abb. 25 a bis c). Sie bedeutet auch bezüglich der Befestigung an der Decke eine Verbesserung und Vereinfachung gegenüber der sonst noch üblichen Rollenlagerung zwischen Flacheisenbügeln, da deren Rollen sich durch die Auflast zumeist schlecht drehten und so eine vermehrte Schubkraft auf die Hängerahmen an der Decke ausübten. Die Scherenaufhängung wird auch in Sonderausführung mit hängenden Federn geliefert. Lieferantin ist die Allgemeine Rohrleitungs-A.-G., Düsseldorf (Abb. 26a bis c).

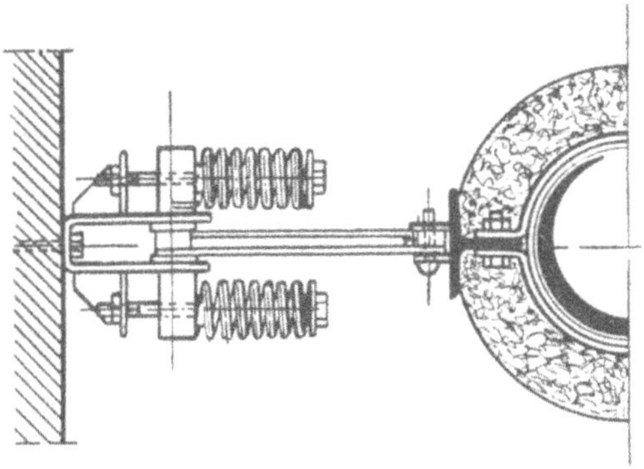

Abb. 26c.

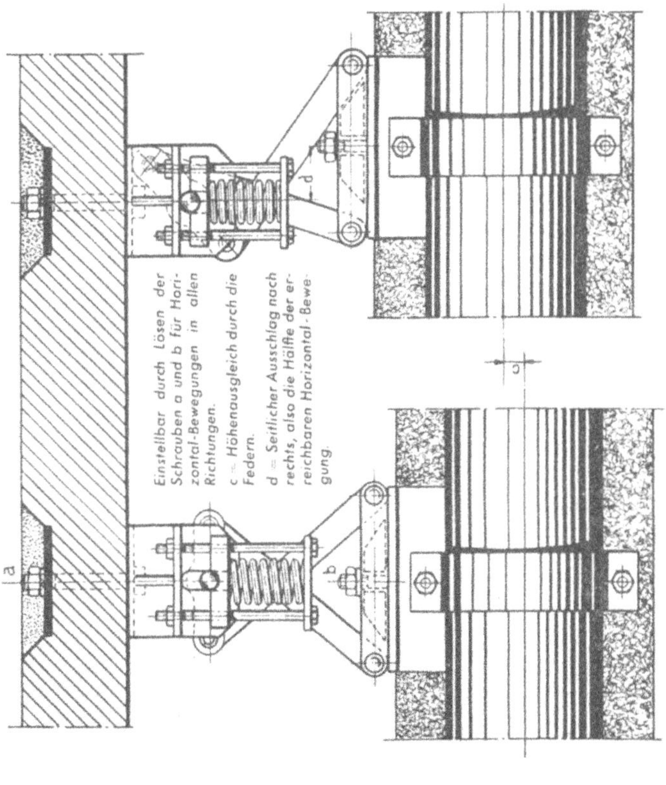

Abb. 26a—b.
Abb. 26. Federnde Scheren-Aufhängung.

C. Leistung des Kleinraumofens.

1. Wahl des Gaserzeugungsofens, Ofengröße, Ausstehzeit und ihre Folgerungen.

In der Wahl des Gaserzeugungsofens ist der Werksleiter vielfach gar nicht so frei, wie man dies annehmen sollte. Es klingt vielleicht etwas übertrieben — ohne es zu sein —, wenn man behauptet: Der Dienst am Gasverbraucher beginnt am Gaserzeugungsofen und nicht erst am Feuerhahn im Wohnhaus. Die falsche Wahl eines Ofensystems kann große Schwierigkeiten bringen und die Gasverbraucher dauernd verärgern. Da diese für das Gas einen festgesetzten Preis bezahlen, ist das Werk auch verpflichtet, ihnen dafür dauernd ein Gas von gleichbleibender Beschaffenheit zu liefern. In England besteht gesetzliche Verpflichtung zur Gleichmäßigkeit im Heizwert.

Zur Gleichmäßigkeit des Gases gehören in erster Linie ein gleichbleibender Heizwert, dann aber auch gleichbleibender Druck, gleichbleibendes Dichteverhältnis zwecks gleichbleibender Ausströmungsgeschwindigkeit an der Gasdüse und gleichbleibende brenntechnische Eigenschaften. Hieraus ergibt sich für den Werksleiter eine Unmenge von Aufgaben, die jeweils örtlich nach der Art und der Verfassung der Werksanlagen und des Stadtrohrnetzes und der Verlauf von dessen Belastung zu lösen sind.

Für die Wahl des Ofensystems ist der gesamte Werkszuschnitt maßgebend. Je mehr ein Betrieb mechanisiert ist, desto mehr findet eine Arbeitsverlagerung vom Werk nach dem Büro und der Werkstatt statt, d. h. frühere Handarbeit, die jetzt in zeitlich stark verkürzte Maschinenarbeit umgewandelt wurde, erfordert gut eingerichtete Werkstätten mit den nötigen Facharbeitern und Aufsichtspersonen, um den Betrieb störungsfrei in Gang zu halten; dazu ein kapitalbindendes Reserveteillager (Motoren, Wellen, Ritzel, Stirnräder, Schnecken, Anlasser, Schleifbügel, Laufräder, Lager, Pumpen, Gebläse, Meß- und Prüfgeräte usw.). Hieraus ist zu ersehen, wie sehr der Arbeitserleichterung auf der einen Seite eine Betriebsvergrößerung auf der anderen Seite entspricht.

Der Übergang zum Großraumofen hat aber auch noch andere Überraschungen gebracht; so z. B. die Erkenntnis, daß die alte Anhaltszahl der halbtägigen Behälterreserve nicht mehr haltbar ist. Beim Großraumofen ist eine mindestens 100proz. Behälterreserve nötig, möglichst aufgeteilt in zwei Behälter, von denen der eine als Mischbehälter, der andere als Abgabebehälter benützt wird. Der Behälter, dessen Glocke schwerer ist, dient als Mischbehälter. Kann dies aus irgendwelchen Gründen nicht geschehen, so muß die Glocke des anderen Behälters künstlich beschwert werden, damit das Gas in den zweiten Behälter überströmen kann.

Die anliegende Darstellung (Abb. 27) soll die Notwendigkeit genügenden Behälterraums veranschaulichen, dargestellt an dem Heizwertverlauf des Groß- und Kleinraumofens.

Die aus der Abb. 27 ersichtliche, über 24 h gehende Kurve stellt den Verlauf des Heizwertes des Gases aus einem Münchener Kammerofen dar. Ein ähnliches Bild ergibt der Verlauf der Gasabspaltung und des spez. Gewichtes. Alle drei Eigenschaften des Gases zeigen in den ersten Stunden ein steiles Anwachsen, dann aber ein ständiges allmähliches Absinken. Es zeigt sich also eine Mengen- und Güteverdichtung etwa im ersten Drittel der Entgasungszeit. Man könnte die Entgasung somit ebenfalls als einen »stoßweisen Betrieb« bezeichnen.

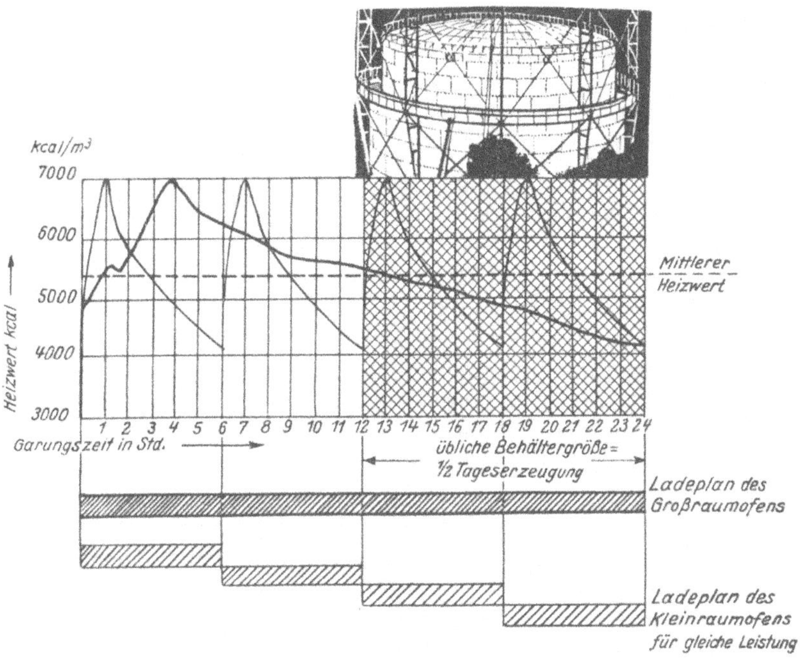

Abb. 27. Heizwert-Verlauf bei Entgasung im Groß- und Kleinraumofen.

Als Auswirkungen dieser Gesetzmäßigkeit hat es sich merkwürdigerweise ergeben, daß im Gasbehälter keineswegs sofort eine Vermischung des dort vorhandenen Gases mit dem neu einströmenden stattfindet, sondern daß sich die einzelnen Chargen der Großraumöfen genau so im Behälter schichtenweise einlagern, wie sie im Betrieb verfahren werden.

In der Abb. 27 ist andeutungsweise über dem schraffierten Teil der 24-Stundenkurve ein Gasbehälter dargestellt, der die Aufnahme der halben Tageserzeugung versinnbildlichen soll. Es geht daraus hervor, daß die nachmittags eingelagerte und aus dem Behälter an die

Verbraucher abgegebene Gasbeschaffenheit eine vollkommen andere ist wie die am Vormittag.

Liegen die Gasbehälterverhältnisse so wie vorstehend geschildert, und will man an der Betriebsweise der Öfen nichts ändern, dann bleibt nichts anderes übrig, als zu dem verhältnismäßig teuren Großraumofen mit seinen Nebenanlagen auch noch einen zweiten Gasbehälter zu bauen, der mindestens die zweite Hälfte der Tageserzeugung aufnimmt, wobei wie vorerwähnt vorteilhaft ein Behälter als Mischbehälter und der andere als Entnahmebehälter betrieben wird.

Wenn kein Mischbehälter zur Verfügung steht, muß auf den Hauptvorteil des Großraumofens — die Betriebsweise in einer einzigen Achtstundenschicht am Tage — verzichtet, die Ladezeiten der einzelnen Kammern müssen zeitlich auseinandergezogen und möglichst gleichmäßig über 24 h verteilt werden, so daß eine möglichst günstige Überschneidung der Heizwertkurven erfolgt.

In der Abb. 27 sind außer der 24-Stundenkurve auch noch vier kleine Heizwertkurven eingezeichnet. Der Abbildung ist die Annahme unterstellt, daß statt des 24stündig betriebenen Großraumofens ein Kleinraumofen gleicher Leistung mit kürzeren Ausstehzeiten betrieben wird. Durch diese Darstellung soll die heizwerttechnische Überlegenheit des Kleinraumofens für gleiche Leistung bei einem kleinen Werk angedeutet werden. Der mittlere Heizwert ist bei dem Großraumofen wie bei dem Kleinraumofen derselbe, nur wird das beim Großraumofen erst in 24 h erreichte Mittel beim Kleinraumofen schon in entsprechend kürzerer Zeit erreicht.

Der Kleinraumofen erfordert andererseits naturgemäß mehr Ladearbeit wie der Großraumofen. Da aber auch die neuzeitlichen Lade- und Entladeverfahren beim Kleinraumofen sehr arbeitsparend sind, spielt die Mehrarbeit keine ausschlaggebende Rolle.

Infolge der Heizwertüberschneidung beim Kleinraumofen ist es aber möglich, in Ausnahmefällen vom Ofen direkt auf das Stadtrohrnetz zu arbeiten. In der Abbildung ist nur die Heizwertkurve ein und desselben Entgasungsraumes, der viermal am Tage geladen wird, dargestellt. In Wirklichkeit finden so viele Heizwertüberschneidungen statt als gleichzeitig kleine Entgasungsräume in Betrieb sind. Wie gleichmäßig sich dabei der Heizwert einer Horizontal-Kleinkammerofenanlage unter Zuhilfenahme eines Absaugereglers gestalten läßt, beschreibt W. Gohl im Fachschrifttum[1]) und belegt dies durch die Aufzeichnungen eines selbstschreibenden Gerätes.

Die Unterteilung des Entgasungsraumes hat aber auch noch betriebliche Vorteile. Es wurde gezeigt, daß die Gaserzeugung als Stoßbetrieb anzusehen ist. Bei Großraumöfen verlagert sich die Dichte

---

[1]) Gas- und Wasserfach **77** (1934), S. 750.

der Gaserzeugung und die Belastung der Kühlung, Saugung, Teerscheidung, Ammoniakwäsche, Reinigung, Benzolwäsche usw., alles im Sinne der aufgezeigten Heizwertkurve des Großraumofens. Am empfindlichsten ist die Kühlung (besonders bei nasser Vergasung).

Also sowohl die Gasbehälterfrage, die Apparatenfrage und die Erfordernisse der gleichbleibenden Gasbeschaffenheit lassen den Kleinraumofen als besonders vorteilhaft für mittlere und kleine Werke erscheinen, zumal er, abgesehen von seiner Billigkeit, heute auch bezüglich der Be- und Entladearbeit weitgehende Erleichterungen bietet.

Besonders verhängnisvoll wirkt sich heizwerttechnisch der Großraumofen im Kleingaswerk dann aus, wenn er wegen Unterbelastung mit besonders verlängerter Ausstehzeit betrieben werden muß.

Wenn die grundsätzliche Entscheidung für den Groß- oder Kleinraumofen getroffen ist, dann kommt die zweite Frage: Horizontal-, Schräg- oder Vertikalbetrieb. Hierfür sind in erster Linie die Platzverhältnisse maßgebend und allenfalls vorhandene Förderanlagen oder Gebäude, Flure usw., die mitverwendet oder deren Höhenmaße eingehalten werden sollen.

Sind auf einem Werk allgemeinübliche Horizontalretortenöfen vorhanden, deren Retorten noch brauchbar sind, so wird man zunächst überprüfen, ob sich nicht der Durchstoßbetrieb einführen, vielleicht gleichzeitig die Retortenlänge vergrößern läßt. Durch das Vollfüllen der Entgasungsräume allein oder durch das Dampfen steigt schon die Leistung des Ofens wesentlich an. Beide Arten der Leistungssteigerung werden in den nachfolgenden Abschnitten noch näher beschrieben werden.

Handelt es sich nicht um eine Erweiterung, sondern um eine Neuanlage, so wird man vor der Wahl einer Ofenbauart erst eine planmäßige Verbrauchsuntersuchung für den Gasabsatz aufstellen, die sich mangels örtlicher Erfahrung an die Verbrauchszahlen anderer Orte mit gleicher bevölkerungspolitischer und wirtschaftlicher Schichtung halten wird. Oder es wird in der Weise verfahren, daß an Hand der örtlichen Jahresstatistiken festgestellt wird, ob der Ort sich langsam und stetig entwickelt oder durch irgendwelche Ursachen veranlaßt sprunghaft. Ist letzteres der Fall, dann versagt jede rechnerische Vorausbestimmung, handelt es sich aber um normale Entwicklung, so gibt die Rechnung einen für kürzere Zeit brauchbaren Anhalt. Bezeichnet:

E die derzeitige Einwohnerzahl, ohne Militär, das für sich zu rechnen ist,

E_n die Einwohnerzahl nach n Jahren,

p die jährliche prozentuale Zunahme der Bevölkerung,

so ist:

$$E_n = E(1 + 0{,}01\,p)_n,$$
$$= 100\left(\sqrt[n]{\frac{E_n}{E}} - 1\right).$$
$$n = \frac{\log E_n - \log E}{\log(1 + 0{,}01\,p)}.$$

Man wird heute bei der Ofenwahl zweckmäßig eine Ofenbauart wählen, die etwa 20% mehr Gas liefert, als augenblicklich im Höchstfall benötigt wird und wird das Überschußgas zur Unterfeuerung mitverwenden; dies wird dann in dem Maße verringert, als der Gasbedarf steigt (s. S. 100).

Die Zahlentafel 5 aus dem Jahre 1924 ist jetzt zum Teil als überholt anzusehen. Bei Annahme durchwegs vollgefüllter Retorten durch mechanische Beschickung mit Wurfbeschicker oder mit Ladeschnecke ergeben sich ohne weitere Änderungen Leistungssteigerungen von 35 bis 65%, so daß hiernach sich für die genannte Zahlentafel 5 bei den gleichen Öfen und Retortenzahlen folgende Jahresleistungen erzielen lassen würden unter der Voraussetzung, daß die Öfen für Durchstoßbetrieb eingerichtet sind oder sich einrichten lassen:

Lfd. Nr.	statt angegebener Jahresleistung	Mögliche Jahresleistung bei	
		Wurfbeschicker	Schneckenlader
1.	250000 m³	340000 m³	bis 410000 m³
2.	500000 »	680000 »	» 830000 »
3.	750000 »	1000000 »	» 1250000 »
4.	1000000 »	1360000 »	» 1650000 »
5.	1500000 »	2000000 »	» 2500000 »
6.	2000000 »	2720000 »	» 3300000 »
7.	2500000 »	3300000 »	» 4100000 »

Die Frage der nassen Entgasung ist hierbei noch ganz offen gelassen (s. hierzu Abschnitt Nasse Entgasung S. 81). Man sieht aber aus der Aufstellung ganz deutlich, daß es für Klein- und Mittelwerke vergleichsweise einfache Mittel gibt, um die Leistungsfähigkeit der vorhandenen Öfen auf eine Reihe von Jahren hinaus ausreichend umzugestalten und den Ofenbetrieb zu verbessern.

Selbst wenn diese Steigerungen noch nicht ausreichend erscheinen sollten, so besteht die Möglichkeit, auf gleicher Grundfläche die Retorten durch ein- oder mehrreihige Horizontalkleinkammern unter erheblicher Leistungssteigerung (bis zu 100%) zu ersetzen, wodurch am gesamten Werkszuschnitt noch nichts Wesentliches bei den Förderanlagen und dem Ofenhaus geändert werden muß. Die deutsche Gaserzeugungsofenindustrie hat gerade im Laufe der beiden letzten Jahrzehnte geeignete Kleinofenbauarten mit waagerechten Entgasungsräumen auf den Markt gebracht.

Zahlentafel 5.

Wahl der Ofenbauart bei verschiedenen Jahres-Leistungen für Kleingaswerke[1]).

Lfd. Nr.	Jahresleistung	Anzahl der Retortenöfen	Anzahl der Retorten je Ofen	Anzahl der Retorten zus.	Profil, Länge	Bemerkungen
1.	250 000 m³	1 1	3 7	10	Profil 1 3 m lang	Handlademulde — Nasse Entgasung ist nach Auffassung des Redners für die Größen bis 500 000 m³/Jahr im allgemeinen nicht zu empfehlen, weil bei Handbetrieb zu schwierig.
2.	500 000 m³	1 1 1	3 7 6 in 8er Hülse	16	Profil 1 3 m lang	Handlademulde — (wie 1.)
3.	750 000 m³	1 2	4 8	20	Profil 400/600 3 m lang	Evtl. mit nasser Entgasung. Elektr. Lade- und Stoßmaschinenantrieb nur bedingt zu empfehlen.
4.	1 Million m³ . . .	1 2	6 9	24	Profil 400/600 4,5 m lang	Lade- und Stoßmaschine mit elektr. Antrieb.
5.	1,5 Millionen m³ .	1 2 1	4 6 in 8er Hülse 9	25	Profil 400/600 Länge 4,5 m	Vertikalretorten oder ein anderes System nur bedingt zu empfehlen, wenn es gelingt, die Wirtschaftlichkeit vollkommen sicherzustellen. Sie werden aber nicht günstiger arbeiten als Horizontalöfen mit maschineller Bedienung und kommen hauptsächlich dann in Frage, wenn eine baldige Vergrößerung der Anlage in Aussicht steht.
6.	2 Millionen m³ . .	3 1	9 6 in 8er Hülse	33	Profil 400/600 4,5 m lang	
7.	2,5 Millionen m³ .	4	9	36	Profil 400/600 4,5 m lang	Vertikalofen oder Vertikalkammer bzw. Schrägkammerofen sind rentabel, bringen aber gegenüber den Horizontalöfen infolge der höheren Baukosten wahrscheinlich keine wesentlichen Ersparnisse.

[1]) A. Wilhelm, Gas- u. Wasserfach **67** (1924), S. 177.

Die nachstehenden Bilder Abb. 28 bis 31 und die Zahlentafel 6 zeigen Kleinöfen der Fa. Didier, Abb. 32 bis 34 einen Otto-Verbundofen

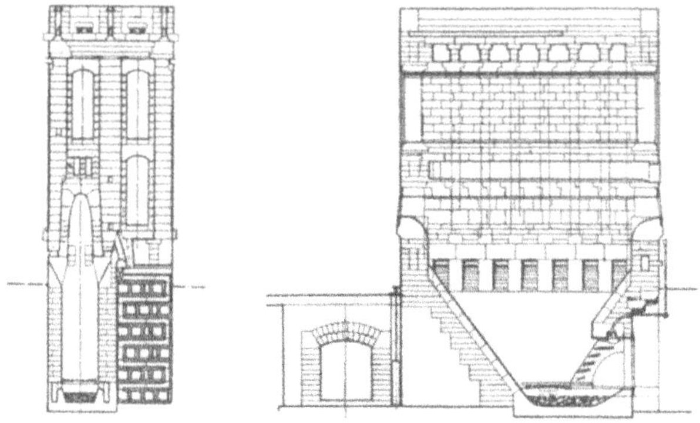

Abb. 28.

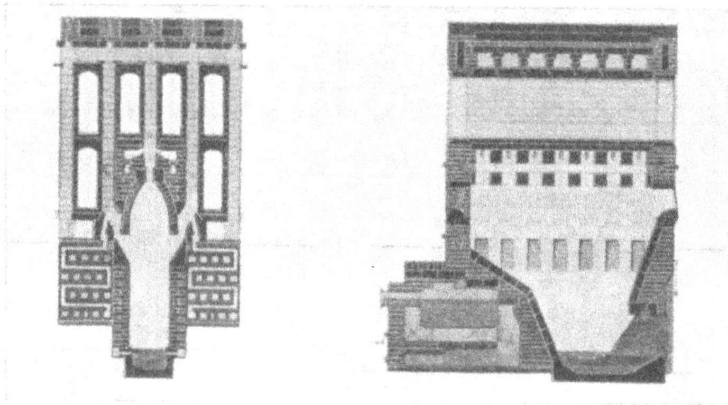

Abb. 29.

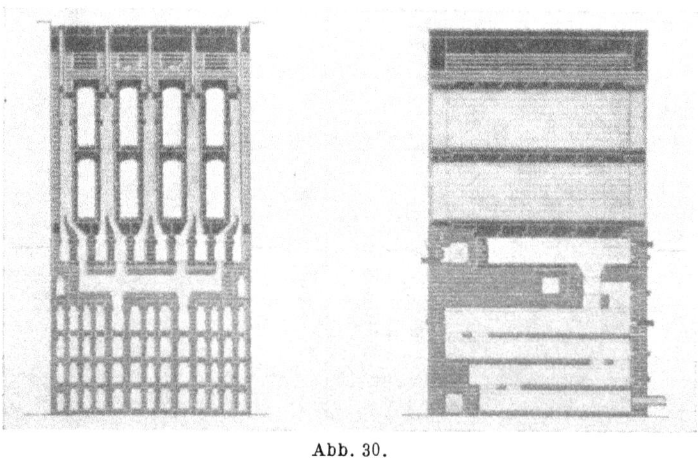

Abb. 30.

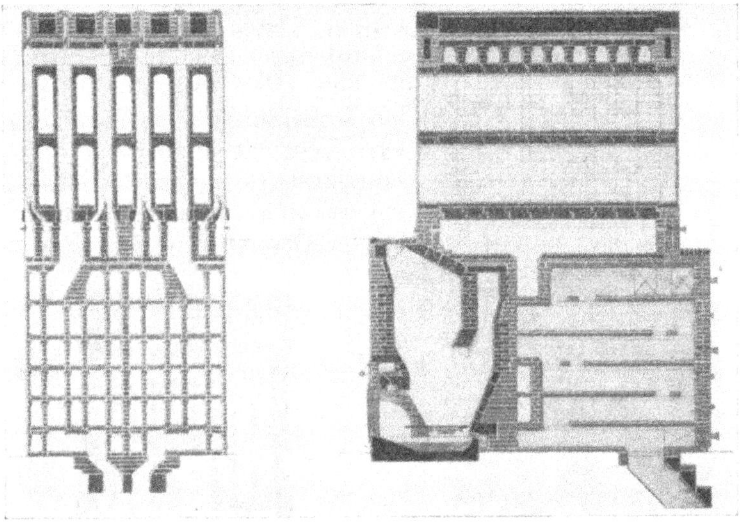

Abb. 31.
Abb. 28—31. Bauarten der Didier-Kleinraumöfen.

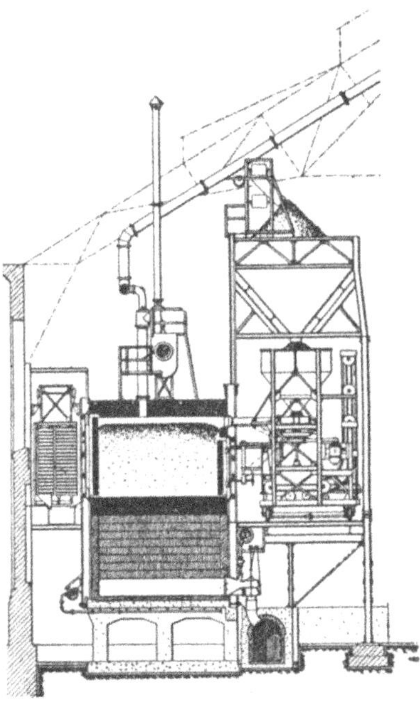

Abb. 32 (links). Horizontal-Verbundofen mit Zwillingsbeheizung nach dem Regenerativ-Verfahren der Fa. Otto-Bochum im Gaswerk Darmstadt. (Schnitt durch die Ofenanlage.)

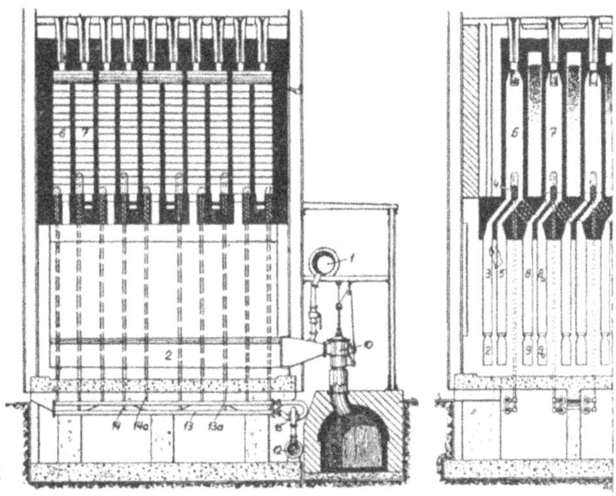

Abb. 33. Schnitte durch die regenerativen Beheizungseinrichtungen.

mit Zwillingsbeheizung nebst Einzelheiten, Abb. 35 einen Heizwandschnitt durch einen rekuperativ beheizten Otto-Ofen, Abb. 35a Wärmeverteilungsschaubild für einen solchen Ofen, ferner enthält Zahlentafel 6 eine Zusammenstellung von Betriebsergebnissen rekuperativ und regenerativ beheizter Otto-Öfen.

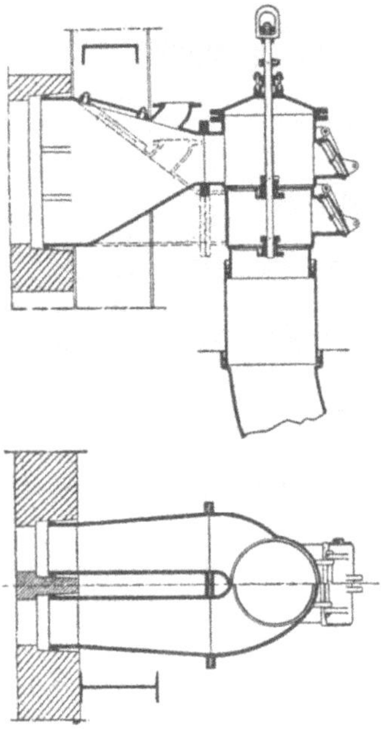

Abb. 34. Schnitte durch ein Wechselzugventil.

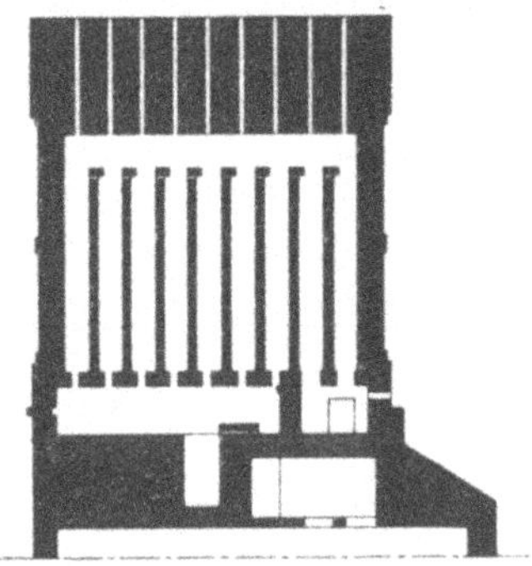

Abb. 35. Schnitt durch die Heizwand eines Otto-(rekuperativ-beh.)Horizontal-Kleinkammerofens.

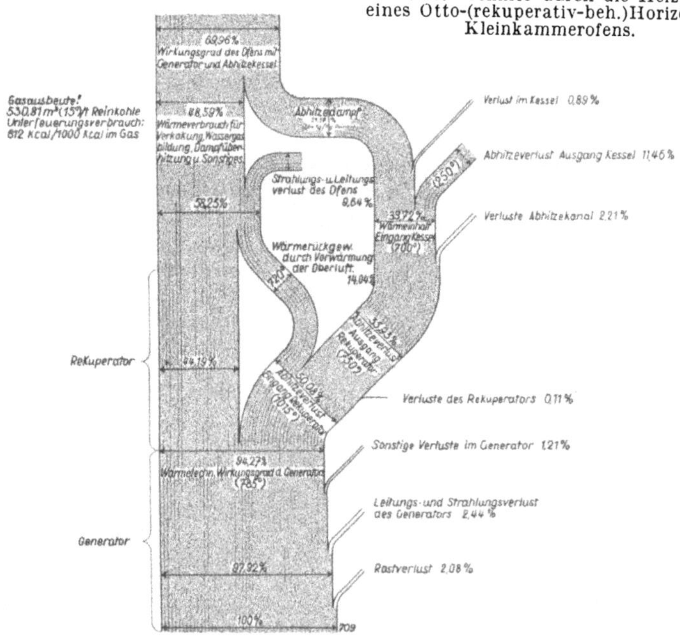

Abb. 35a. Wärmeflußbild im Otto-Horizontalkammerofen mit eingebautem Generator und Füllung von oben und Otto-Dampfungseinrichtung. Kleiner Rekuperator für Mehrerzeugung von Abhitzedampf.

Zahlentafel 6.

Zusammenstellung von Didier-Kleinkammeröfen mit waagerechten Kammern.
(Angabe der Firma.)

Anzahl der Kammern	Länge m	Garungszeit h	Kohlendurchsatz in 24 h	Ofenleistung 24 h	Generator	Rekuperator	Bemerkung	Abb. Nr.
3	3,5	12	3400 kg	1300 m³	Innenliegend mit komb. Plan- und Treppenrost	Röhren	Eingebaute Überhitzerschlange	28
6	3,5	12	6800 kg	2600 m³	wie vorstehend	Röhren	Eingebauter Abhitzekessel im Fuchs	29
8	3,5	12	9200 kg	3500 m³	Zentralgenerator für Schwachgas	Didier-Rekuperator aus Nut- u. Federsteinen	Unterbau vollkommen vom Rekuperator eingenommen.	30
8	3,5	8	12000 kg	4500 m³	Mit eingebautem Generator mit Plan- und Treppenrost		Gedrängte Bauart, Fuchs in Sohlenmitte, Dampf aus Überhitzerschlange.	—
10	4,25	8	18750 kg	7100 m³	Halbvorgezogener Generator mit komb. Plan- u. Treppenrost	Didier-Rekuperator aus Nut- u. Federsteinen	Eingebaute Überhitzerkammer, Fuchs außerhalb Kammerbreite 270/280 mm Kammerhöhe 1200 mm	31

Zahlentafel 7.

Leistung der Otto-Horizontal-Kleinkammern mit rekuperativer und regenerativer Beheizung. (Nach Versuchsergebnissen, Angabe der Firma.)

	Rekuperative Beheizung			Regenerative Beheizung	
Nummer des Versuchs:	I	II	III	I	II
Anzahl der Kammern	8	4	4	16	25
Kammerinhalt . . . t	1,600	1,420	0,980	4,500	3,000
Kohlendurchsatz/Tag . . . kg	19200	12960	6850	121000	101000
Gasleistung/Tag . . . m^3	9540	6800	3020	46805	39900
Gasausbeute/Rohkohle (15°)/t . . . m^3	496,7	524,5	440,5	386,4	392,5
Wassergehalt der Kohle . . . %	5,4	6,0	9,8	7,0	5,3
Mischgasheizwert kcal/Nm^3 (H_o) . . . kcal	4477	4335	4341	4920	4550
Erreichte Gaswertzahl (Rohkohle) kcal/kg . . . kcal	2072	2120	1782	1771	1664
Geipert Wertzahl (Rohkohle) kcal/kg . . . kcal	1572	1600	1543	1516	1548
Unterfeuerungsverbrauch: kg Reinkoks auf 100 m^3 (15°) Gas kg	25,78	25,05	39,55	—	—
Unterfeuerungsverbrauch % Reinkoks . . . %	12,81	13,15	17,42	—	—
Unterfeuerungsverbrauch bei Starkgas-Zusatzbeheizung: kg Reinkoks + Nm^3 Mischgas (obiger Heizwert) bezogen auf 100 kg Rohkohle . . . kg + Nm^3	—	—	12,97 kg + 7,84 Nm^3	—	—
dasselbe, bezogen auf 100 m^3 (15°) Mischgas . . . kg + Nm^3	—	—	29,45 kg + 17,78 Nm^3	—	—
Dampferzeugung aus Abhitze, bezogen auf durchgesetzten Reinkoks . . . kg/kg	2,21 kg mit 0,45 atü	—	1,55 kg mit 5,6 atü	—	—
Unterfeuerungsverbrauch kcal/kg Rohkohle . . . kg	—	—	—	619	563
kg vergaster C bezogen auf kg Kohle . . . kg	—	—	—	9,87	9,79
Unterfeuerungsverbrauch kcal/1000 kcal im erzeugten Gas . . . kcal/kcal	—	—	—	350	338
Gasanalyse CO_2 . . . %	3,4	4,5	5,2	1,6	2,3
CmHn . . . %	2,2	2,0	2,1	2,4	2,1
O_2 . . . %	0,1	0,1	0,0	0,2	0,0
CO . . . %	17,0	14,3	12,6	12,3	10,7
H_2 . . . %	51,8	56,4	55,4	56,7	55,2
CH_4 . . . %	19,3	17,5	18,9	21,4	22,2
N_2 . . . %	6,2	5,2	5,8	5,4	7,5
Gasleistung/m^2 Grundfläche m^3 (15°) . . . m^3/m^2	460	334	131	380	340
Mittlere Kammerbreite . . . mm	300	270	300	450	330
Dampfungsverfahren . . .	Otto	Otto	Otto plus Koksstopfen	Otto	Otto

D. Wassergas-Erzeugung im Entgasungsraum.

1. Geschichtliche Entwicklung.

Koning, ein holländischer Prediger von Ackersloot, stellte als erster durch Versuche fest, daß sich die Steinkohlengasausbeute durch Zusatz von Wasserdampf während der Destillation von 220 m^3 auf 500 m^3 (auf 1 t Kohle bezogen) steigern ließ. In einer Druckschrift aus dem Jahre 1816 berichtet er darüber. Diese Versuche sind somit als die erste praktische Darstellung von Mischgas anzusehen. Konings Ergebnisse werden (bezogen auf einen Heizwert von 4300 kcal/m^3) auch von den neuesten Verfahren nur unwesentlich überboten.

Beim Studium der Geschichte der technischen Entwicklung der Wassergaserzeugung stößt man immer wieder auf vielgestaltige Fragen und auf wirtschaftliche Betrachtungen.

Die Otto-Öfen waren ebenfalls schon in den achtziger Jahren des vorigen Jahrhunderts für die Zuführung von Wasserdampf eingerichtet[1]). Die Kohlenwasserstoffe, Benzol und Ammoniak hoffte man durch Kühlung mittels Spüldampfes zu schonen, d. h. vor Zersetzung zu schützen. Das heutige Steinmaterial verträgt auch die dafür notwendigen Hohlräume und Kanäle und die Einwirkungen des Dampfes besser als das damalige. Wenn auch der Erfolg des Spüldampfes nicht so groß war, wie man sich erhofft hatte, so hat sich doch auch diese Idee bis heute erhalten. Die Patentliteratur der vergangenen Jahrzehnte dieses Jahrhunderts bringt eine Anzahl verschiedener Ausführungsformen der Dampfzuführung zum Entgasungsraum. So hielten die Didier-Werke, Berlin (Stettiner Schamottefabrik) trotz anfänglicher Schwierigkeiten an dem Gedanken der Wassergaserzeugung im Entgasungsraum fest und haben ihn mit der angebauten Löschkammer, wie noch gezeigt wird, erfolgreich weiter ausgebaut.

Der Dessauer Vertikalofen von J. Bueb arbeitete erstmalig vorteilhaft mit der Einführung von Dampf am Ende der Garungszeit an der hohen Kokssäule entlang. Der Vertikalofen ist deshalb besonders dafür geeignet, weil die Kammern von oben nach unten sich konisch erweitern, wobei die Ofentemperaturen den Querschnitten angeglichen sind. Der waagerechte untere Verschlußdeckel mußte schon immer durch Vorfüllkoks gegen örtliche Überhitzung geschützt werden. Dieser örtlichen Überhitzung konnte man aber auch durch Einführen von Dampf wirksam entgegentreten. Wenn nun der Kammerinhalt nach den ersten Stunden anfängt zusammenzusintern, dann entsteht ein Spalt zwischen der Kammerwand und der Kokssäule. Hierdurch ist der Weg für den Dampf freigegeben. Der Dampf streicht an den heißen Kammerwänden hin und hat dabei dauernd Berührung mit der hohen heißen Kokssäule.

[1]) Stahl u. Eisen **3** (1883), S. 397.

Durch diese guten Erfahrungen erhielt die »nasse Vergasung« wieder einen neuen Anstoß, die in der Fachwelt immer sehr verschieden beurteilt wurde. Der praktischen Ausführung folgte die wissenschaftliche Durchdringung des Aufgabengebietes. Das Gasinstitut Karlsruhe hat mehrere ausführliche Untersuchungen an ausgeführten Anlagen vorgenommen und durch die Veröffentlichung die Grundlagen geschaffen für die einheitliche Beurteilung solcher Anlagen. Auch Körting, Geipert, Offe, Goffin u. a. bemühten sich um die wissenschaftliche Klärung aller Fragen und besonders auch der Wirtschaftlichkeit des Verfahrens.

2. Grundlagen der Wassergaserzeugung.

Bei der Wassergaserzeugung finden folgende Wärmevorgänge statt:

$$\begin{array}{lllll} C & + H_2O\,(\text{Dampf}) & = CO & + H_2 & = 2\ \text{m}^3\ \text{Wassergas} \\ 0{,}536\ \text{kg} & 1\ \text{m}^3 & 1\ \text{m}^3 & 1\ \text{m}^3 & \\ -2570\ \text{kcal} & +1308\ \text{kcal} & \multicolumn{3}{l}{= -1262\ \text{kcal je } 1\ \text{m}^3\ \text{zersetzten Dampfes}} \\ & & \multicolumn{3}{l}{= -1262\ \text{kcal je } 2\ \text{m}^3\ \text{Wassergas oder}} \end{array}$$

Wärmeverbrauch für 1 m³ Wassergas = <u>631 kcal.</u>

Nebenher läuft noch eine zweite Reaktion:

$$C + 2\,H_2O = CO_2 + H_2.$$

Die letztere Reaktion tritt hauptsächlich bei absinkender Temperatur ein und liefert infolge verminderter Dampfzersetzung eine schlechtere Beschaffenheit des Wassergases. Der CO_2-Gehalt ist somit ein Wertmesser für die Güte der Dampfzersetzung und damit auch für die des Wassergases. Auch bei der Wassergaserzeugung während der Destillation der Kohle, d. h. bei der Einführung von Dampf in den Entgasungsraum, folgt die Wassergasbildung (nasse Entgasung) genau denselben Reaktionen.

3. Durchführung des Verfahrens.

a) Allgemeines.

Die wirtschaftlichen Betrachtungen führten immer mehr zu der Einsicht, daß eine zeitliche Hintereinanderschaltung von Garungszeit und nachfolgender Wassergaserzeugung die Gestehungskosten des Wassergases stark belastet, besonders wenn größere Mengen von Wassergas verlangt werden. Es wird zwar mengenmäßig eine hohe Gesamtausbeute je t Kohle erreicht, aber auf Kosten der verlängerten Unterfeuerung und des anteiligen Kapitaldienstes der gesamten Gaserzeugungsanlagen für diese Zeit, in der die Entgasungsräume (einschl. Koksstopfen) ihrer eigentlichen Bestimmung, der Entgasung, entzogen sind und nur die Gelegenheit zur Wassergaserzeugung bieten, d. h. die Ofenleistung je 24 h geht zurück, während sie beispielsweise voll erhalten bliebe (ohne Koksstopfen) bei Einhaltung der normalen Garungszeiten und getrennter Wassergaserzeugung in gleichem Umfang, also für gleiche Heizwerterniedrigung.

Es waren also die Verfahren wirtschaftlicher, bei denen sich die Wassergaserzeugung zusätzlich während des Destillationsbetriebes durchführen ließ.

Den Beweis hierfür lieferten die stetig betriebenen Vertikalöfen, bei denen Dampf eingeführt wurde, um den Koks in gelöschten Zustand überzuführen. Die fühlbare Wärme des Kokses, die Wassergasbildung, der Spüldampf, alles kam hier dauernd ohne irgendeine Verlängerung der Garungszeit der Gaserzeugung zugute.

Wie aber waren diese günstigen Verhältnisse auf waagerechte Entgasungsräume zu übertragen, bei denen die Gas- und Wärmeauftriebsverhältnisse nicht so ideal gestaltet zur Verfügung stehen? Zunächst begann man auch bei den waagerechten Entgasungsräumen mit der Hintereinanderschaltung von Entgasungszeit und Vergasungszeit (Wassergaserzeugung), und eine Reihe von Anlagen arbeiten heute noch derart. Die Arbeitsweise wurde aber bald in den einzelnen Werken (besonders durch die Belassung eines Koksstopfens im Entgasungsraum) verschieden abgewandelt. Um nur einige aus der Literatur bekannt gewordene Arbeitsweisen an Horizontalretorten und Horizontalkleinkammeröfen aufzuzeigen, seien nachfolgend einige Beispiele angeführt:

Mezger, Stuttgart, schlug vor[1]), um die Feuerführung der Öfen bei Schwankungen im Gasbedarf möglichst gleichmäßig zu gestalten, entweder dann zur Starkgasbeheizung überzugehen, wenn der Markt für Koks aufnahmefähig ist oder, sollte dies nicht der Fall sein, ohne Anfall von Mehrkoks die Kammern zu dampfen. An einem Beispiel wird gezeigt, daß man eine Kammer, die nach 12 h gar ist, erst nach 18 h auszustoßen braucht, wenn man die verlängerte Zeit von 6 h dampft, wobei die Steinkohlengaserzeugung im Verhältnis 3:2 in den Öfen zurückgeht. Durch das Zugeben des Dampfes kann aber die Feuerführung unverändert beibehalten werden, und damit bleibt die Beanspruchung des Ofens gleich. Den Verbrauch an Unterfeuerungskoks für die Wassergaserzeugung schätzt Mezger, Stuttgart, nicht für größer, als den Aufwand an Unterfeuerung beim Wechseln der Ausstehzeiten. Jedenfalls handelt es sich hier bei der »Elastizität der Gaserzeugungsöfen« um einen interessanten und gangbaren Weg der Wassergaserzeugung im Entgasungsraum (Horizontalkammerofen).

b) Goffin-Verfahren.

α) *Wassergaserzeugung mit Durchstoßbetrieb.*

Terres[2]) berichtet auszugsweise über die am Gaswerk Frankfurt-Heddernheim vorgenommenen Versuche an umgebauten Horizontal-

[1]) Gas- und Wasserfach **74** (1931), S. 747.
[2]) Journ. f. Gasbeleuchtung **62** (1919), S. 258.

retorten. Die 3 m langen Retorten wurden auf 4,5 m Länge gebracht und für Durchstoßbetrieb eingerichtet. Die Versuche wurden im Naßbetrieb und im Trockenbetrieb durchgeführt.

Die durchgehenden Retorten wurden mit der Eitleschen Schleudermaschine vollgeladen. Die Ausstehzeit bei Saarkohle wurde, um die günstigsten Versuchsbedingungen zu ermitteln, beim Trockenbetrieb von 8½ auf 8 h verändert, im Naßbetrieb (mit Koksstopfen von 1 m) zwischen 10 h und 9½ h (einschl. einer Dampfungszeit von 7 bis 7½ h). Beim Dampfen wurde entsprechend dem periodischen Betrieb derart verfahren, daß man nur jeweils eine halbe Stunde dampfte und dann wieder eine halbe Stunde Aufheizzeit einschaltete. Der Unterfeuerungsverbrauch wird als ungewöhnlich hoch bezeichnet wegen der Zwangsbauweise des Generators (ungünstige Gründung) und dadurch, daß beim Naßbetrieb ⅓ des heißen Kokses in der Retorte belassen wurde. Die Heddernheimer Anlage veranschaulicht der Ofenhausquerschnitt Abb. 52.

Die wichtigsten Versuchszahlen der Goffinschen Anlage in Frankfurt/Heddernheim wurden von Terres[1]) wie folgt angegeben:

	Naß-betrieb	Trocken-betrieb
Ladegewicht des Ofens kg lufttrockene Kohle	3695	3679
mittleres Ladegewicht einer Retorte kg	411	409
Gasausbeute m³ in 24 h eines Ofens 15°/760	4156	3610
einer Retorte 15°/760	472	401
aus 100 kg Kohle trocken 15°/760	48,35	33,71
Koksausbeute % der Kohle	66,2	68,45
Unterfeuerung kg Rohkoks auf 100 kg lufttrockene Kohle	20,51	14,84
Gasbeschaffenheit oberer Heizwert 0/760	4640	5605
» » 15/760	4352	5225
Dichteverhältnis	0,519	0,490
Kohle-Heizwertzahl kcal/t	208000	175500

Entnimmt man vorstehender Zahlentafel die Ausbeuten je 24 h für 15° C/760 mm QS und die Heizwerte für 15° C/760 mm QS, und ermittelt sich daraus die in 24 h in Gasform gewonnenen Wärmemengen, so erhält man

4352 kcal × 4156 m³ = 18,0 Mio. kcal/24h/Ofen bei Naßbetr.
5225 » × 3610 » = 18,8 » » b. Trockenbetr.
oder 4352 » × 472 » = 2,054 » kcal/24h/Retorte bei Naßbetr.
5225 » × 401 » = 2,095 » » b. Trockenb.

Man findet also auch durch diese Versuche die Minderleistung der Öfen und Retorten beim Naßbetrieb bestätigt, sobald die Ausstehzeiten wegen der Wassergaserzeugung verlängert werden.

Die häufige Anschauung, daß die nasse Entgasung das geeignetste Mittel sei, die Gaserzeugung beliebig zu steigern, ist demnach

[1]) Journ. f. Gasbeleuchtung **62** (1919), S. 258.

nur bedingt richtig. Man kann eher umgekehrt sagen: Die nasse Entgasung gestattet, die Leistung des Ofens beliebig zu verringern, ohne die Gefahr der Überhitzung, wie sie beim trockenen Überstehen der Entgasungsräume vorliegt, in Kauf nehmen zu müssen.

Nachfolgend soll noch die Arbeitsweise einer Reihe anderer Werke beschrieben werden.

Gaswerk Lübben.

Tuckfeld[1]) berichtet über die dortigen neuen Betriebsverhältnisse: Stadt mit 8000 Einwohnern, Ofenumbau durch Firma Indugas getätigt, 2 vorhandene Halbgeneratoröfen mit Hinterschlackung und 1,7 m Unterflurtiefe erhielten unter Benutzung der alten Rekuperation neue Oberbauten mit je 5 und 6 Retorten (Normalprofil I 3,5 m lange Silikaretorten). Einführung des Durchstoßbetriebs, nasse Entgasung, Einbau eines Verdampfers und einer Überhitzerschlange aus Kruppschem alitiertem Stahlrohr.

Betriebsweise. Der Ofenbetrieb erfolgt derartig, daß stündlich — bei dem augenblicklichen Gasbedarf von 1200 m^3/24 h — eine Retorte des Fünferofens je $^1/_3$ Frischladung = 110 kg erhält. Die frühere Lademulde als jetziger Stößel schiebt die Retortenladung um $^1/_3$ Retortenlänge nach hinten. Dabei fällt der bisherige Koksstopfen in den hinter dem Ofen befindlichen Kokstransport und das erste freigewordene Drittel wird in 45 s vollgeschleudert. In der Retorte befinden sich also: im hinteren Drittel entgaste Kohle als Koksstopfen für die Wassergaserzeugung, in der Mitte das zurückgestoßene erste Drittel, welches noch weiter gast, und im ersten Drittel die Frischkohle. Ausbeuten bei westfälischer Gaskohle, gewaschene Nußkohle IV von Zeche Hugo Harpen 440 bis 450 m^3/t (H_o = 4450 bis 4500 kcal). Der Koks ist großstückig und silbergrau. Als Dampf für das Goffingas dient Maschinenabdampf mit nachträglicher Überhitzung.

Entgasungszeit = 3 × 5 h = 15 h/Retorte.

Unterfeuerung 900 kg/24 h auf 24 × 110 kg = 2640 kg Kohle.

Die Gaskosten werden mit 5,8 Pf./m^3 frei Behälter angegeben.

Unter Inkaufnahme der erhöhten Ladearbeit wird der vorgeschilderte Fünferofen trotz nasser Entgasung (45% Goffingas) bei dieser Arbeitsweise einen so gleichmäßigen durchschnittlichen Heizwert ergeben, daß man notfalls vom Ofen direkt ins Netz arbeiten kann.

Gaswerk Metternich bei Koblenz[2]).

Interessant sind die Verhältnisse dieses Kleinwerkes mit 200000 m^3 Jahresleistung. Vor dem Umbau Tagesabgabe 500 bis 600 m^3, Gas-

[1]) Gas- u. Wasserfach **73** (1930) S. 659.
[2]) Gas- u. Wasserfach **71** (1928) S. 1102.

behälter 600 m³, alter Sechser-Schamotteretortenofen, kein Gassauger, Gasausbeute erst 25%, später nur mehr 18%, Wassergas aus Kleinwassergasanlage; Gesamtausbeute 30 bis 35 m³/100 kg Kohle. Das Wassergas mischte sich nicht mit dem Produktionsgas; dauernd schwankte der Heizwert im Netz.

Nach dem Umbau: Ofen mit 4 Silikaretorten 380/525 mm/3,5 m Länge Durchstoßbetrieb, Gassauger, Goffingaseinrichtung. Dampf aus kleinem Abhitzekessel. Generator mit 2 m Tiefgang und Treppenrost. Laden und Entladen in den ersten 10 Monaten nach dem Umbau mit Lademaschine und geteilter Mulde unter Belassung eines Koksstopfens; dann Rückkehr zum Handladebetrieb.

Es wird betont, daß das Volladen der Retorten abzüglich des stehenbleibenden Koksstopfens und des nach der Mitte geschobenen Drittels für die Schaufelladung keinerlei Schwierigkeiten mehr bereitet.

Betriebsweise. Ladezeiten alle 8 h } je 1/3 Retorte.
bei starkem Gasbedarf. . . . . . . 6 h }

Ausstehzeiten je Retorte: 24 bzw. 18 h. Ausbeute 480 m³/t bei je 8 h. 1/3 Ladung und 130 kg Ladegewicht = 390 kg Tagesdurchsatz = 187 m³; bei 140 kg Ladegewicht = 420 kg/Tag = 201 m³.

Bei 6stündiger Ladezeit steigt die Leistung um 1/3 auf 268 m³; bei 1/2 statt 1/3 Ladung/6 h = 800 kg am Tag = 320 bis 380 m³. Das Fehlen jeglicher Steigrohrverstopfungen sowohl als auch des Vorlagendickteers wird auf den Einfluß des Goffingases zurückgeführt. Der Gaspreis frei Behälter wird mit 7,5 Pf./m³ frei Behälter angegeben.

Ferner sei auf folgende Mitteilungen hingewiesen:

	Veröffentlichung	Ofen-System	Goffingas	Ausbeute m³/100 kg Kohle	Heizwert H_o kcal/m³	Bemerkung
1.	Gas- u. Wasserfach (1924) 67 S. 155	Retortenofen	»	40—45	—	Ladung mit Mulde oder Schaufel, Entleerung mit Ziehkarren
2.	Gas- u. Wasserfach (1928) 71 S. 1102	Retortenofen	»	43—45	—	Ladung mit Mulde und Durchstoßbetrieb
3.	Gas- u. Wasserfach (1930) 73 S. 658	Retortenofen	»	52,08 49—51 als Jahresdurchschn.	4493	Versuch: Gaswerk
4.	Gas- u. Wasserfach (1931) 74 S. 1036	Kleinkammer	»	55,2 51—52 als Jahresdurchschn.	4405	Versuch: Gasinstitut

β) Wassergaserzeugung ohne Durchstoßbetrieb.

Goffingas kann auch in der einseitig geschlossenen Retorte (Ziehhaken) hergestellt werden.

So wird[1]) die Dampfung und Wassergaserzeugung nach dem Goffinverfahren in dem Schwarzwald-Gaswerk Triberg durchgeführt, das ebenfalls keinen Durchstoßbetrieb hat. An dem Viererofen dieser Anlage hat das Gasinstitut Versuche mit trockener und nasser Entgasung angestellt[2]).

Betriebsweise in Triberg. Jede Retorte wird zunächst voll geladen, nach 4 h beginnt das jeweils halbstündig unterbrochene Dampfen. Nach 6 h wird die Retorte zu $^4/_5$ entleert, der Rest zusammengestoßen, frisch geladen, dann erfolgt wieder 6 h lang halbstündiges Dampfen mit Unterbrechung. Darauf wird die Retorte ganz entleert.

Diese Betriebsweise macht allerdings eine gute Aufsicht erforderlich. Aus den Versuchsergebnissen werden folgende Schlußfolgerungen gezogen. Die Gasausbeute liegt beim Dampfen um 10 m^3/100 kg Kohle höher als beim Trockenbetrieb. Der Koksverbrauch beträgt 0,52 kg Koks/m^3 für Wassergas einschließlich der Dampferzeugung, während eine Kleinwassergasanlage 0,8 kg für 1 m^3 benötigt.

Das Dampfen in der Retorte oder Kammer verhindert Graphitansatz, vermehrt dadurch die Gasausbeute und verhindert Beschädigung des Entgasungsraumes durch die Stoßstangen beim Ausstoßen des Graphits; es erhält den Wärmedurchgang gleichmäßig aufrecht, verhindert Überhitzungen durch Wärmestau, verlängert die Lebensdauer des Entgasungsraumes, ermöglicht nachgiebigen Betrieb und Angleichung an den Gasbedarf durch Vergrößerung oder Verkleinerung des Kohlendurchsatzes und des stehenbleibenden Koksstopfens. Die Gewinnung von Abhitzedampf und überhitztem Dampf erfolgt ohne Mehraufwand an Bedienung, reichlicher als für die Erzeugung von Goffingas notwendig ist. Der Überschußdampf kann für Behälterheizung, für die Ammoniakfabrik, Bade- und Wascheinrichtungen, Raumheizung od. dgl. verwendet werden.

Die Hintereinanderschaltung von Entgasung und Dampfen, also die Verlängerung der Ausstehzeiten, verringert zwar das Ausbringen der Öfen an Wärmeeinheiten in Gasform/24 h, sie erhöht aber die Gasausbeute/100 kg Kohle.

Die Wassergaserzeugung im Entgasungsraum erhöht den Aschegehalt des Kokses. Da die Umsetzung in Wassergas im Entgasungsraum aber hauptsächlich an der Oberfläche des Kokses vor sich geht, wird die vermehrte Asche während der Sortierung fast restlos abgestoßen.

---

[1]) H. Sticksel, Triberg, Gas- und Wasserfach **66** (1923), S. 180 mit Abb.

[2]) Mitteilg. a. d. Gasinstitut, Gas- und Wasserfach **67** (1924), S. 155.

Gegenüberstellung.

Wassergaserzeugung in und außerhalb des Entgasungsraumes.

Eigene Wassergasanlage.	Goffin-Verfahren.
Wassergasgenerator, (Karburator, Überhitzer), Skrubber, Kühler, Gebläse mit Antrieb (Elektromotor, Dampfturbine usw.) Wassergas-Zwischenbehälter, Sauger, Reiniger, Uhr, Rohrleitungen, Armaturen, Platzbedarf für vorgenannte Einrichtungen, Gebäude, Bunker, Bühnen, Treppen usw.	nicht vorhanden. Goffingas wird gleichzeitig mit dem Steinkohlengas erzeugt.
Reserven (Generator, Gebläse, Sauger usw.) notwendig.	jede Ofenreserve ist gleichzeitig Goffingas-Reserve.
Instandhaltung der gesamten vorgenannten Anlagen.	Instandhaltung beschränkt sich auf Dampfventile und -blenden.
Kapitaldienst für vorgenannte Anlagen und Gebäude.	Bei geringstem Kapitalbedarf ist die Verzinsung und Tilgung höher als bei eigener Wassergasanlage.
Wasserverbrauch für Skrubber und Kühler.	Der Kühlwasserverbrauch beträgt etwa $^1/_3$ einer eigenen Wassergasanlage.
Strom- oder Dampfverbrauch für Gebläse und Sauger.	Elektr. oder mechanische Energie nicht erforderlich.
Arbeitslöhne für Koksförderung, für Erzeugung von Wassergas und Dampf, für das Entschlacken der Generatoren und Schlackenabfahren.	Löhne etwa $^1/_3$ der Wassergasanlage, sie entstehen nur anteilig im Verhältnis der für die Goffingas-Erzeugung aufgewandten Unterfeuerungsarbeiten, für die Dampferzeugung entstehen keine Arbeitslöhne. Sonstige Arbeit besteht nur im Öffnen und Schließen der Dampfventile.
Bestehen der Möglichkeit von Verpuffungs- und Vergiftungsgefahr.	Gefahren nicht vorhanden, da Goffingas im vollkommen gegen Luft abgeschlossenen Entgasungsraum erzeugt wird und sich bei evtl. Entweichen durch den Steinkohlengasgeruch bemerkbar machen würde.
Verluste durch Blasegase, Koksabbrand bei weniger als 3-Schichten-Betrieb.	Keine Blasegase, kein Koksabbrand im Sinne der Wassergasanlage.
Möglichkeit der Verunreinigung des Wassergases durch Restgase beim Umschalten von Blasen auf Gasen. Abhängigkeit von der Gewissenhaftigkeit des Arbeiters bzw. vom Verschlackungsgrad des Generators.	Kein Umschalten, keine Restgase, keine Bedienung.
Koksverbrauch 60 kg im Wassergas-Generator Dampfverbrauch 60 kg } für 100 m³ Wassergas.	Koksverbrauch für Unterfeuerung 18 kg Koksverbrauch für Wassergas 30 kg Dampfverbrauch 60 kg } für 100 m³ Wassergas.

Der Vorteil des Goffinverfahrens, d. h. der Wassergaserzeugung im Entgasungsraum mit durch Abhitze gewonnenem Dampf, besteht darin, eine Heizwertherabsetzung zugunsten besserer Brenneigenschaften des Stadtsgases im Sinne der Krummhübler Richtlinien vornehmen zu können, ohne eine eigene Wassergas- und eigene Dampfkesselanlage erstellen zu müssen.

Ursprünglich für Horizontalretorten entwickelt, fand das Verfahren später auch bei Horizontalkleinkammern und Horizontalkammeröfen in entsprechender Weise Anwendung.

Über die Wirtschaftlichkeit der Wassergaserzeugung im Entgasungsraum und in eigener Wassergasanlage hat Geipert[1]) (im Beispiel ist allerdings ein Vertikalofen angenommen) eingehend berichtet und kommt zu der Schlußfolgerung, daß bei den 1919 gültigen Preisen das Retortenwassergas um 24% je 100 m³ billiger zu erzeugen sei als in Generatoren. Diese Wirtschaftlichkeit glaubt er im großen und ganzen auch gesichert, selbst wenn man einige Faktoren (z. B. Unterfeuerung) ungünstiger einsetzen würde.

c) Weitere Verfahren zur Wassergaserzeugung im Entgasungsraum.

α) *Otto-Verfahren.*

Bei dem Goffinverfahren geschieht bisher größtenteils die Dampfeinführung durch ein Rohr gewissermaßen punktförmig, sowohl bei Retorten als auch bei Kammeröfen.

Die Firma Otto kommt zu einer anderen Art der Dampfeinführung, die Steding[2]) wie folgt begründet:

Die aus einer Kohle zu erwartende Gasausbeute bei Naßbetrieb läßt sich nach folgender Formel berechnen:

$$V = \frac{H_{WZ} \cdot 100}{H_{St}} + \frac{(H_{St} - H_n) \cdot H_{WZ} \cdot 100}{H_n - H_W \cdot H_{St}}$$

V = Gasmenge bei 0° je 100 kg Kohle,
H_{WZ} = Heizwertzahl der Kohle im Trockenbetrieb (nach Geipert),
H_{St} = oberer Heizwert des Steinkohlengases im Trockenbetrieb,
H_n = erwünschter oberer Heizwert des Mischgases im Naßbetrieb,
H_W = oberer Heizwert des Zusatzgases.

Steding leitet daraus ab, daß abgesehen von der verwendeten Kohle eine hohe Gasausbeute bei einem bestimmten Mischgasheizwert begünstigt wird durch:

---

[1]) Journal f. Gasbeleuchtung **62** (1919), S. 269.
[2]) Gas- und Wasserfach **75** (1932), S. 374.

1. Vermeidung von Gasverlusten bei der trockenen Destillation (Risse, Poren, Druckverhältnisse, Abzugsmöglichkeiten),
2. Erzielung eines möglichst hohen Heizwertes bei der trockenen Entgasung der Kohle (gleichmäßige Beheizung des mit Kohle gefüllten Teils des Entgasungsraumes, Abzugsmöglichkeit der Destillationsgase zwischen Kohlenoberfläche und Kammerdecke),
3. möglichst hohen Wassergasheizwert (Kokstemperatur nicht unter 900°, geringe Gasgeschwindigkeit, lange Berührungsdauer, geringe Dampfgeschwindigkeit, hoher Zersetzungsgrad des Dampfes).

Die Art der Dampfzuführung für den Naßbetrieb von Gaserzeugungsöfen ist in erster Linie von der Bauart dieser Öfen abhängig. Bei Vertikalöfen erfolgt die Dampfeinführung von unten, kann aber auch von oben geschehen, wenn dann für eine entsprechende Abführung des entstehenden Wassergases von unten gesorgt wird. Beim Vertikalofen mit Wanderladung kommt ferner noch die Spülwirkung des Gases hinzu, und diese ist es, auf der Otto auch das Dampfen der Horizontalöfen aufbaut.

Bei Horizontalkleinkammern und -retortenöfen beläßt man bei dem Goffinverfahren einen der gewünschten Ofenleistung entsprechenden Koksrest im Entgasungsraum, der hinter dem vollgefüllten Teil der Kammer oder Retorte zur Wassergaserzeugung dient, mit der Absicht auch einer Durchspülung des Kohleneinsatzes durch das Wassergas. Der Dampf wird an der Stelle zugesetzt, die vom Abzug des Gases am weitesten entfernt ist.

Bei dem Otto-Verfahren sind es hauptsächlich zwei Punkte, die als abweichend vom Goffinverfahren auffallen:

1. Erzielung weitestgehender Dampfzersetzung durch starke Überhitzung des Dampfes vor Eintritt in die Kammern,
2. Erzielung einer möglichst günstigen Dampfeintrittsverteilung über die ganze Kammerlänge durch eine Vielzahl von Dampfeintrittsstellen und ein System von Dampfkanälen und -düsen im Kammerboden und im unteren Teil der Kammerwände.

Bei dem Otto-Verfahren wird die ersten 6 bis 8 h zur Vermeidung der Verstopfung dieser Hohlwege durch irgendwelche Destillationsprodukte der Kohle eine geringe Menge Dampfes eingeblasen, der außer der Freihaltung der Dampfungsquerschnitte auch noch wärmeübertragend als Spüldampf auf den Kohleneinsatz wirkt, einerseits die Entgasungszeit beschleunigend, andererseits die schweren Kohlenwasserstoffe und auch das Ammoniak gegen Zersetzung schützend.

Die Abb. 36a—c[1]) zeigt einen weitgehenden Einblick in den Temperaturverlauf im Innern des Kohleneinsatzes in einer Otto-Horizontalkleinkammer, in der je 1 Thermoelement von einer Türseite aus etwa in Kammermitte in den Kokskuchen und ein zweites unter der Kammerdecke über dem Kokskuchen eingebaut waren.

Man sieht, daß trotz des allerdings nur in geringem Maße angestellten Spüldampfes die Temperaturen im Kokskuchen steil ansteigen (1180 bis 1250° C) bis zum Umschalten auf das Hauptdampfen zur Wassergaserzeugung. Aus dem durch das mitten im Kokskuchen stek-

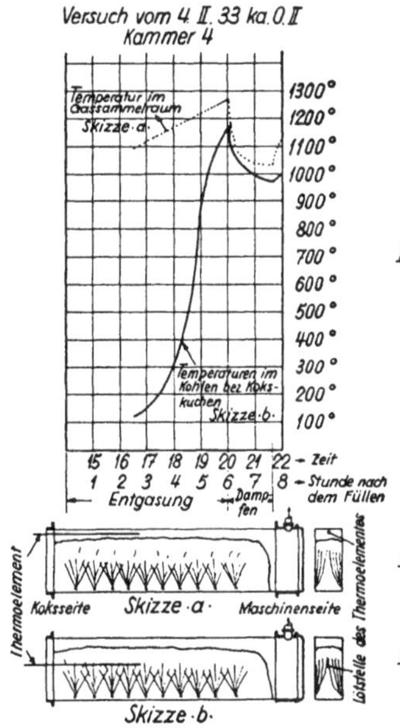

Abb. 36.

Abb. 36 a.

Abb. 36 b.

Abb. 36 a) u. b). Temperatur-Messungen in Horizontal-Kleinkammern während des Dampfens nach dem Otto-Verfahren.

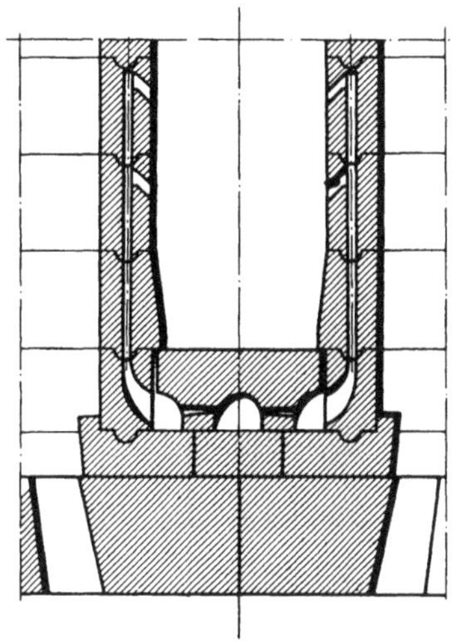

Abb. 36 c. Dampfungs-Einrichtung für Otto-Öfen.

kende Thermoelement angezeigten Wärmeabfall von 200° C schließt der Verfasser angeblich, daß der längs der Kammerwand eingeblasene Dampf bis zur Kokskuchenmitte eindringt, womit die Wirkung des Spüldampfes erwiesen wäre. (Bisher standen die Verfechter der nassen Entgasung auf dem Standpunkt, daß die Wassergaserzeugung sich nur an der Oberfläche des Kokskuchens abspiele, weshalb auch die Ascheanreicherung nur an der Oberfläche geschähe, die sich außerdem in der Koksaufbereitung leicht wieder beseitigen ließe. Bei der Tiefenwirkung des Spüldampfes würde sich die Aschevermehrung auch im Innern des Kokskuchens vollziehen. Der Wärmeabfall im Innern läßt sich dagegen auch unschwer als Wärmeabfluß nach der Außenseite des Kokskuchens erklären, wo der wärmebindende Wassergasprozeß sich abspielt.)

[1]) A. Knerr, Dtsch. Licht- und Wasserf.-Ztg. (1933), S. 398/404.

Die Abb. 37a zeigt das Goffinverfahren mit der punktförmigen Dampfeinführung in den »Koksstopfen« (etwa $^1/_3$ des Kammerinhalts). Die Abb. 37b veranschaulicht dagegen die Dampfungseinrichtung nach

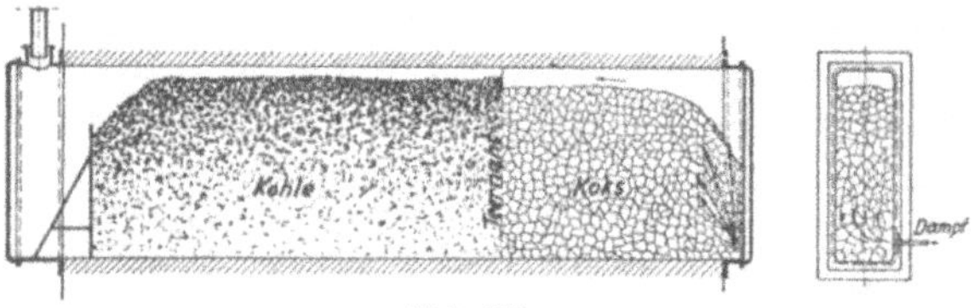

Abb. 37a.

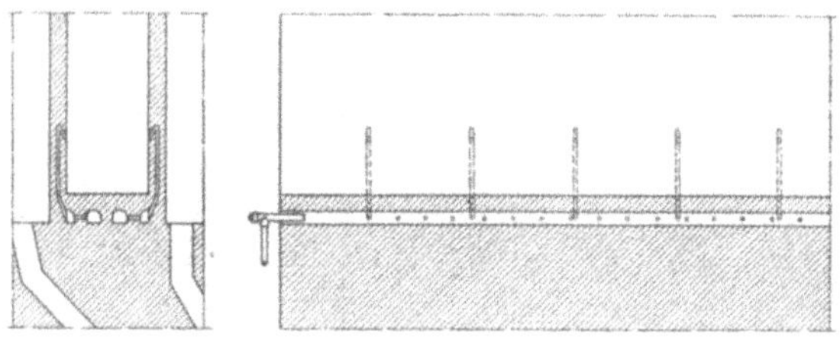

Abb. 37 b.

Abb. 37a) u. b). Dampfen nach dem Goffin- und nach dem Otto-Verfahren. a) Goffin-Verfahren, b) Otto-Verfahren.

dem Otto-Verfahren mit den Kanälen, Düsen und der Vielzahl der Ausströmöffnungen. Die angenommene Wirkung dieser Dampfverteilung wird in Abb. 36a u. b gezeigt.

Ferner finden wir in Abb. 38a bis d zeichnerische Darstellungen der Gaszusammensetzungen in diesen Kleinkammern ohne Dampfeinführung (a) und mit gleichzeitigem Dampfen nach dem Goffinverfahren (b bis d). Die Gegenüberstellung der Linienzüge a (ohne Dampf) mit den drei nachfolgenden (mit Dampf) soll den Beweis erbringen, daß keine wesentliche CO-Zunahme, also keine besondere Wassergasbildung, durch das Goffinverfahren eintritt.

In der Abb. 39 zeigen die Kurven a und b, daß die Wassergasbildung dagegen sehr gesteigert werden kann, wenn man bei dem Goffinverfahren stark überhitzten Dampf anwendet. In der Abb. 40 (Kurven a, b u. c) wird dargestellt, daß schon der Spüldampf nennenswerte Mengen von Wassergas bildet, die aber noch plötzlich ansteigen, sowie der Hauptdampf angestellt wird.

Eine weitere Steigerung der Gasausbeute läßt sich dadurch erreichen, daß man im Entgasungsraum nach dem Otto-Verfahren karburiertes Wassergas herstellt und zwar durch Teer- oder Gasölverkrackung. In Zeiten eines schlechten Koksmarktes kann das Bestreben vorherrschen, die Gasausbeute zu steigern. Ob zu diesem Zweck Teer oder Gasöl

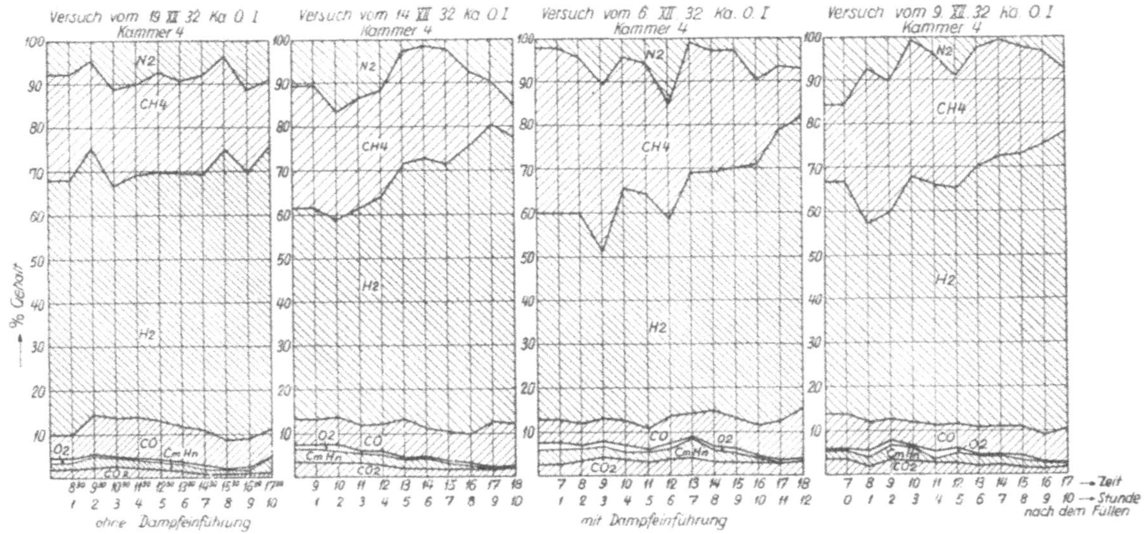

38a 38b 38c 38d

Abb. 38a—d. Gaszusammensetzung in Horizontal-Kleinkammern während der Entgasung der Kohle mit gleichzeitigem Dampfen nach dem Goffin-Verfahren.

a) ohne Dampfeinführung, b—d) mit Dampfeinführung.

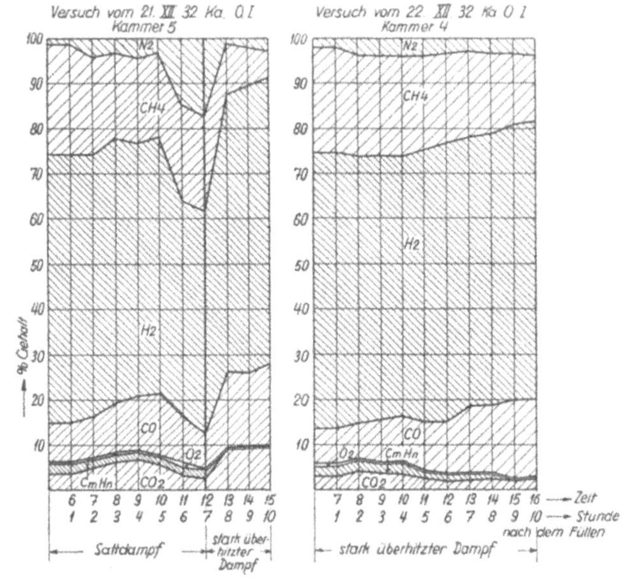

39a 39b

Abb. 39a) u. b). Gaszusammensetzung in Horizontal-Kleinkammern während der Entgasung der Kohle mit gleichzeitigem Dampfen nach dem Goffin-Verfahren bei Verwendung von stark überhitztem Dampf.

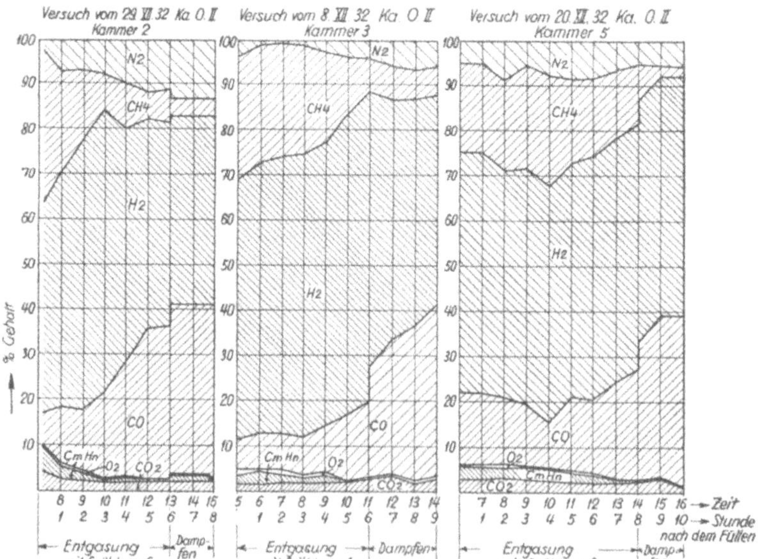

40a 40b 40c

Abb. 40a—c. Gaszusammensetzung in Horizontal-Kleinkammern während der Entgasung der Kohle und während des Dampfens nach dem Otto-Verfahren bei Normalbetrieb.

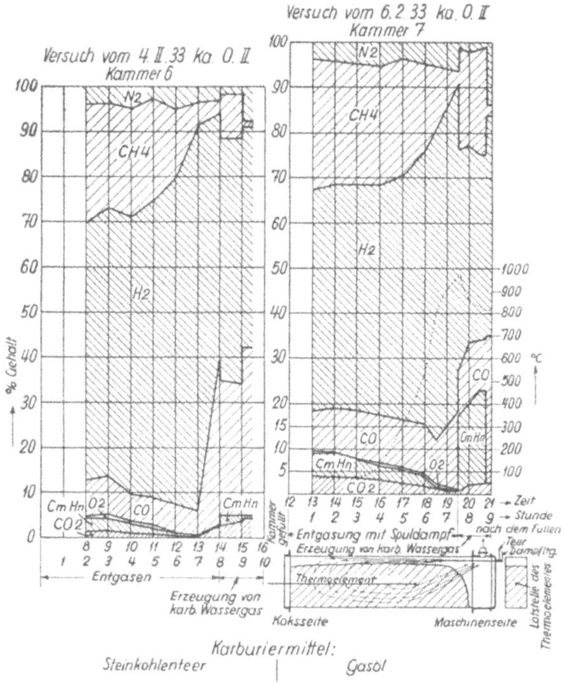

42a 42b

Abb. 42a) u. b). Karburiertes Wassergas, hergestellt in Horizontal-Kleinkammern. a) mit Steinkohlenteer, b) mit Gasöl.

besser verwendet wird, ist nach wirtschaftlichen Gesichtspunkten zu entscheiden.

In der Abb. 41 ist das Grundsätzliche des Karburierverfahrens dargestellt. Dampf und Karburiermittel werden gegen Ende der Entgasung bei Benutzung des Kokskuchens als Überhitzer unter Druck in den Entgasungsraum eingenebelt und so gezwungen, entgegen dem ohne Druck wirksamen Gesetz des geringsten Widerstandes erst den Umweg über die ganze Kammerlänge hin und zurück zu nehmen, bevor sie in Gasform den Entgasungsraum verlassen. Die Einführung kann von oben durch einen Einfüllstutzen oder auch von der Kammertürseite aus ge-

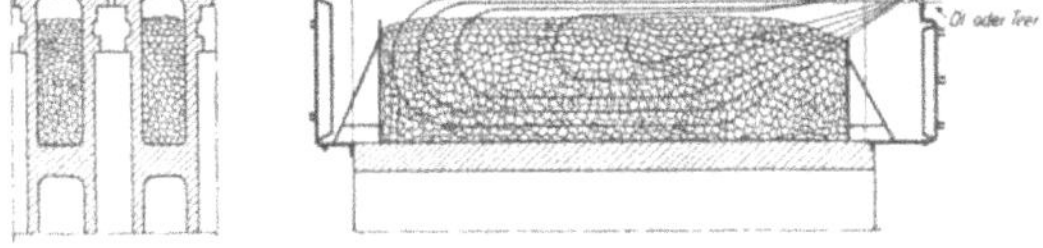

Abb. 41. Anordnung zur Herstellung von karburiertem Wassergas in Horizontal-Kleinkammern nach dem Otto-Verfahren.

schehen. Die wahlweise Veränderung der Heizwerte erfolgt lediglich durch Regulierung einer in der Düse eingebauten Verstellvorrichtung für das Karburiermittel durch ein Handrad.

Aus den Abb. 42a u. b ergibt sich deutlich der Erfolg der Karburation. Bei Gasöl ist die Zunahme an schweren Kohlenwasserstoffen besonders groß. In Abb. 42b erkennt man außerdem wieder den Wärmeanstieg und -abfall in der Kammer.

Der Verfasser hat sämtliche vorstehenden Analysen nachträglich noch dahin ausgewertet, daß er daraus jeweils den oberen, unteren und hieraus noch die beiden mittleren Heizwerte ermittelte. Abb. 36_H—42_H.

Es ist allerdings bei einem Vergleich der aus den Analysen errechneten Heizwertkurven untereinander zu berücksichtigen, daß der Heizwert der schweren Kohlenwasserstoffe abhängig ist vom Entgasungszustand der Kohle, von der Temperatur des Gassammelraumes und von der Verweilzeit des Gases in diesem.

Vergleicht man die errechneten Heizwertkurven mit den zugehörigen gleichnumerierten Gasanalysenkurven der Abb. 30 bis 34, so kann man erkennen, daß der Stickstoff- und Kohlendioxydgehalt von ausschlaggebender Bedeutung ist.

Die Heizwertkurven gelten also jeweils nur für den betreffenden durchgeführten Versuch. Um die Heizwertkurven der einzelnen Versuche untereinander vergleichen zu können, müßten außerdem eigentlich sämtliche Kurven noch auf den gleichen Stickstoffgehalt gebracht werden. Betrieblich könnte dies beispielsweise — gleichen Ofenzustand vorausgesetzt — erreicht werden durch Einzelkammer-Absaugeregelung.

Bei den Heizwertkurven bedeutet jeweils die obere Kurve den oberen Heizwert, die darunterliegende den unteren Heizwert des Gases, die geraden Linien sind die mittleren oberen und unteren Heizwerte.

Ein Vergleich der Kurven der Gaszusammensetzungen und Heizwerte zeigt jedenfalls deutlich, daß jede Wassergaszumischung mindestens eine gute Betriebsüberwachung voraussetzt.

Betriebsergebnisse an Otto-Horizontalkammern für kleine Leistungen mit Trocken- und Naßbetrieb im Gaswerk Keilehaven/Rotterdam sind ausführlich beschrieben worden[1]). Ähnlich günstige Ergebnisse sind auch von der Anlage in Darmstadt bekannt geworden[2]) (Abb. 32 bis 34).

β) *Didier-Goffin-Verfahren.*

Als letzte Art der Wassergaserzeugung und Spüldampfanwendung im Entgasungsraum ist noch das Didier-Verfahren näher zu beschreiben, das eine Weiterentwicklung des Goffinverfahrens darstellt.

Es wurde im vorstehenden wiederholt darauf hingewiesen, daß das Ausbringen an kcal in Gasform eines Gaserzeugungsofens in 24 h dann

[1]) Gas- und Wasserfach **75** (1932), S. 376.
[2]) Gas- und Wasserfach **75** (1932), S. 61.

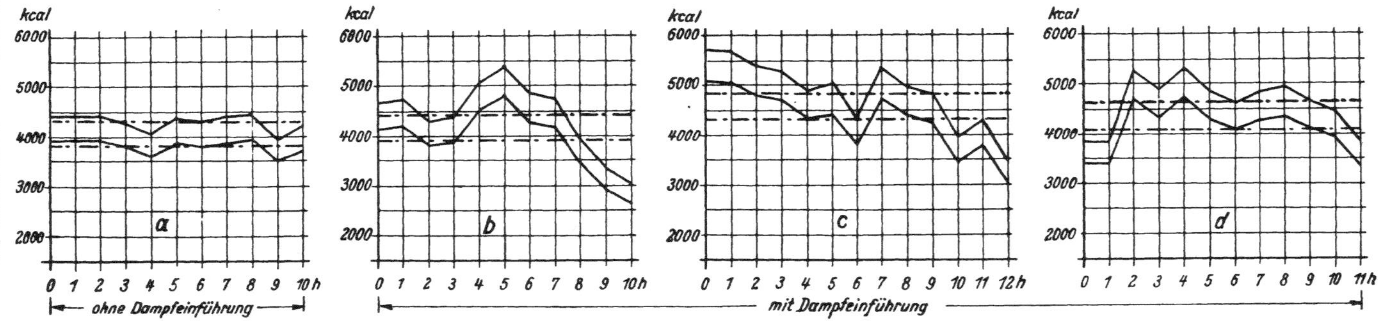

Abb. 38H. Heizwerte in Horizontalkleinkammern während der Entgasung der Kohle mit gleichzeitigem Dampfen nach dem Goffin-Verfahren.

Abb. 38H, Abb. 39H, Abb. 40H, Abb. 42H: oberer, unterer und mittlerer oberer und mittlerer unterer Heizwert zu den Analysenkurven gleicher Nummer.

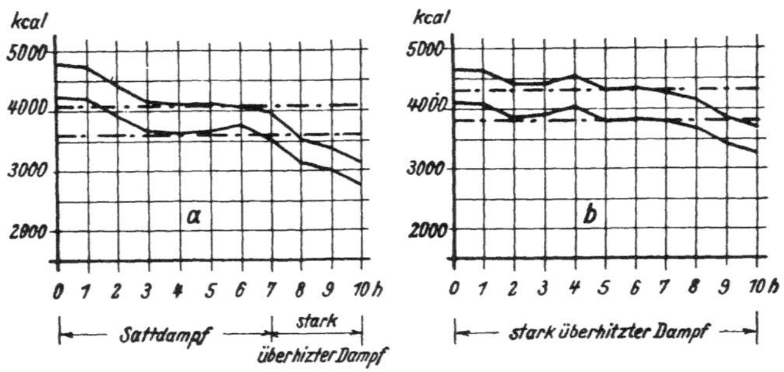

Abb. 39H. Heizwerte in Horizontalkleinkammern während der Entgasung der Kohle mit gleichzeitigem Dampfen nach dem Goffin-Verfahren bei stark überhitztem Dampf.

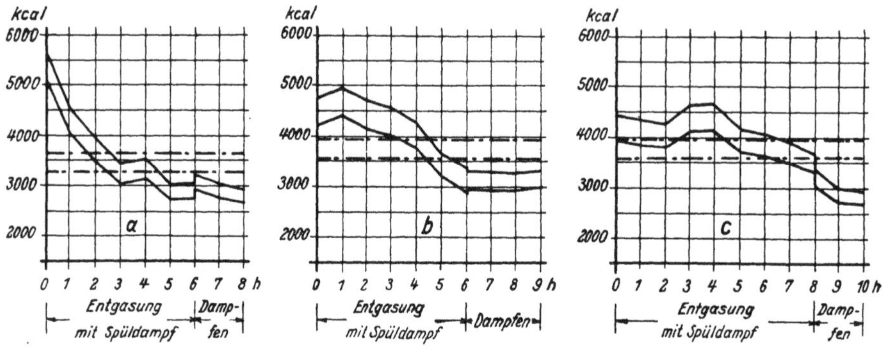

Abb. 40II. Heizwerte in Horizontalkleinkammern während der Entgasung der Kohle und während des Dampfens nach dem Otto-Verfahren bei Normalbetrieb.

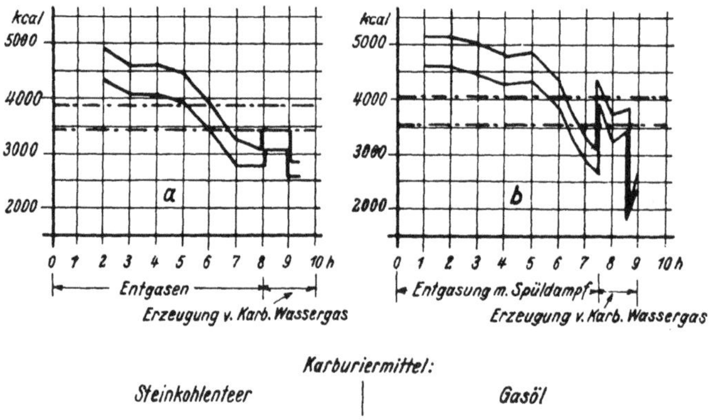

Abb. 42II. Heizwerte von karburiertem Wassergas hergestellt in Horizontalkleinkammern nach dem Otto-Verfahren.

zurückgeht, wenn ein kleinerer oder größerer Teil seines Entgasungsraumes seiner eigentlichen Zweckbestimmung, der »Entgasung« zeitlich entzogen und statt dessen für Zwecke der »Vergasung« (Wassergaserzeugung) verwendet wird. Das Didier-Verfahren vermeidet diesen Nachteil dadurch, daß es dem Entgasungsraum gewissermaßen eine eigene unbeheizte Wassergasanlage, die gleichzeitig als Kühl- und Löschanlage Verwendung findet, nachschaltet. Der ausgegarte Koks wird in die »Kühlkammer« geschoben und ohne Zeitverlust ist der ganze Entgasungsraum wieder frisch verwendungsfähig. Zwischen dem in die Kühlkammer geschobenen ausgegarten Koks und der Kohlenfrischladung befindet sich noch eine etwa 0,5 m tiefe »Differenzierungszone«. Die Kokskühlung geht dann in zwei Abschnitten vor sich. In dem ersten, in dem der Koks noch eine genügend hohe Reaktionstemperatur für die Wassergaserzeugung besitzt, läßt man ihn von Dampf bestreichen, wobei das Wassergas durch ein Steigerohr auf der Koksausdrückseite entweicht.

Wird die Temperatur von 900° C unterschritten, so wird das Steigerohr auf dieser Seite geschlossen. Der weiter eintretende Kühldampf wird anfänglich immerhin noch hoch erhitzt, wenn auch nicht mehr restlos zersetzt, durchzieht unter Wassergasbildung die Entgasungskammer und zieht dann durch das Steigerohr auf der Maschinenseite ab. Die Kokskühlung mittels Dampf wird solange fortgesetzt, bis der Koks praktisch als gelöscht betrachtet werden kann. Abb. 43 zeigt das Ausdrücken des Kokses aus der Kühlkammer eines Horizontalkleinkammerofens.

Didier arbeitet aber auch mit Spüldampf. Seine Dampfzuführung unterscheidet sich in wesentlichen Punkten von dem Otto-Verfahren.

Abb. 43. Austrag in der Kammer gelöschten Kokses aus Horizontal-Kleinkammeröfen mit Kokskühlkammer.

Gegenüberstellung.

Otto-Dampfungsverfahren.	Didier-Goffin-Verfahren.
Kammersohle dampfführend mit großen Aussparungen für Dampfverteilungskanäle und Düsen.	Kammersohle nicht dampfführend.
Dampfwege aus keramischem Material mit großen Zuführungs- und kleinen Verteilungswegen.	Dampfleitungen ohne Querschnittsänderung.
Zentrale Dampfzuführung von einer Ofenseite aus.	Dezentralisierte Dampfzuführung von beiden Seiten aus.
Dampfausströmungskanäle mit 2 übereinander liegenden Ausströmstellen, angeschlossen an die einseitige Dampfzuführung aus den großen Sammelkanälen.	Jede Dampfausströmstelle hat ihre eigene Dampfzuführung und gleiche Ausströmenergie, keine Abhängigkeit von dem Druckabfall an anderer Stelle.
Aufsteigende Dampfkanäle in den Kammerwänden.	Die Dampfausströmstellen liegen nur in den Heizwandsäulen.
Wassergaserzeugung beschränkt sich auf Spüldampf mit anschließendem Hauptdampf (kein Koksstopfen).	Dieselben Möglichkeiten und zusätzlich: Wassergas und Spüldampf aus der Kühlkammer (kein Koksstopfen im Entgasungsraum).

E. Starkgas-Zusatzbeheizung.

Da die Temperatur in den Feuerzügen höher liegt als im Entgasungsraum, in dem das Gas erzeugt wurde (Wärmegefälle), besteht die Gefahr der Starkgaszersetzung und Graphitbildung in den Heizzügen. Sie kann durch Dampfzusatz beseitigt werden, der den Kohlenstoff in Wassergas umsetzt. Ferner sind Flammenlänge, Luftbedarf, Abgasvolumen, benötigte Querschnitte und erzielbare Wärmehöhe bei Schwach- und Starkgas verschieden. Man ist deshalb im allgemeinen dazu übergegangen, das Starkgas durch Zusatz zum Generatorgas zu strecken. Für die Art der Zusetzung gibt es verschiedene Möglichkeiten. Das Gas kann in eigenen Brennern im Ofen verbrannt werden (s. Abb. 44), es kann aber auch (nach Geipert) mit Generatorgas gemischt werden, indem man es unmittelbar über dem Rost des Generators einströmen läßt, wobei es unter Schornsteinzug etwa denselben Weg wie die Erstluft fein verteilt und entleuchtet durch die Koksschüttung hindurchnimmt. Auf diese Weise lassen sich bis zu 50% Starkgas zum Generatorgas zumischen (Abb. 43a).

Eine andere Anordnung besteht darin, daß man einem Rauchgaskanal durch einen Rohrstutzen Rauchgas entnimmt, das in einer Mischdüse mit Starkgas versetzt wird. Das Gemisch wird dann über eine Gemischverteilungsleitung den Heizgasverteilungskanälen der Heizwände zugeführt. Zur Abstimmung der Gemischzusammensetzung dienen

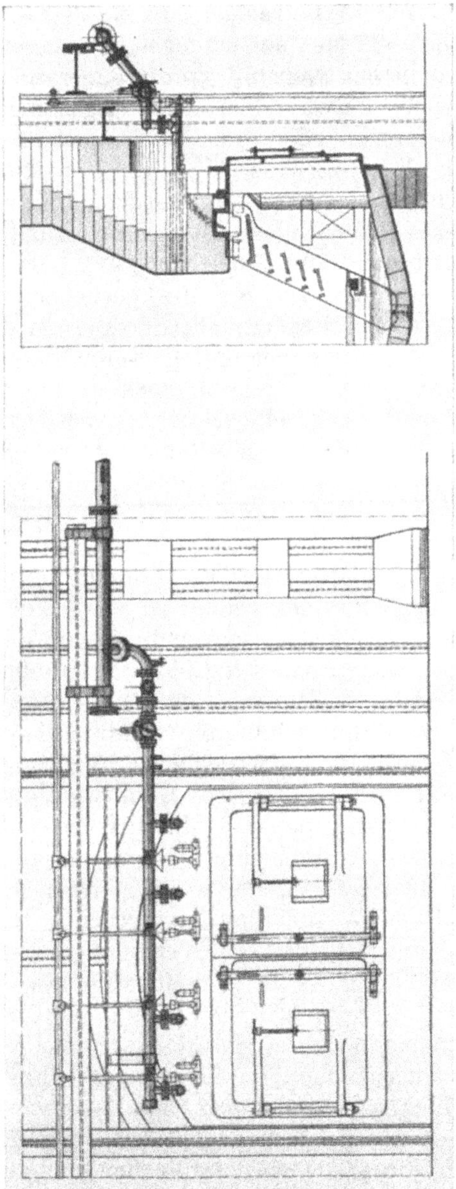

Abb. 43a. Starkgaszusatzfeuerung nach Geipert.

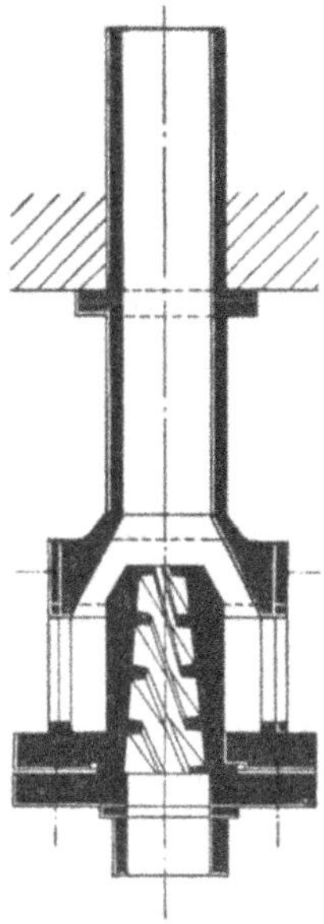

Abb. 44. Gasbrenner zur Starkgasbeheizung.

Schieber. Die Mischung läßt sich gemeinsam durch einen Ventilator vornehmen oder mittels eines Injektors für jeden Ofen gesondert. Hierbei kann der Starkgaszusatz bis zu 80% betragen.

Die Starkgasfeuerung ist aber nicht nur auf Öfen mit eingebauten Generatoren beschränkt, sie ist auch bei Öfen mit Zentralgeneratoren-(Fremdgas-)Beheizung durchführbar. Durch selbsttätige Regeleinrichtungen wird dabei zweckmäßig Generator- oder Rauchgas im gewünschten Verhältnis mengenanteilmäßig dem Starkgas beigefügt. Der Starkgaszusatz kann im Grenzfall soweit gesteigert werden, daß man 100proz. mit diesem fährt, d. h. man kann auf Schwachgaszusatz ganz verzichten. Eine Zündflammenleitung vervollständigt die Einrichtung.

Didier hat einen Bunsenbrenner entwickelt für Starkgasbeheizung, bei dem der austretende Gasstrahl einen Drall erhält, bevor er in den Luftansaugeinjektor eintritt und mit vollkommen entleuchteter Flamme verbrennt. Der Vorteil dieser Brenner besteht auch noch darin, daß das Gas keinen Graphit mehr absetzt (Abb. 44). Diese Art der Starkgasbeheizung, die bei allen Kleinofenbauarten anwendbar ist, hat sich gut eingeführt. Auch die Firma Otto verwendet bei ihren Horizontalkleinkammern im Gegensatz zu den meisten Firmen nicht das Geipert-Verfahren, sondern mischt das Starkgas dem Generatorgas zu.

Nachfolgend noch einige praktische Hinweise: Wenn auch das Gas für Unterfeuerungszwecke nicht von Schwefel gereinigt zu sein braucht, so wird man im allgemeinen diese Art der Gasanwendung nur dann wählen, wenn man Interesse an einer Entlastung der vorhandenen Schwefelreiniger hat. Gleichmäßigere Verhältnisse bezüglich Druck und Heizwert erhält man bei der Verwendung gereinigten Stadtgases, das den oder die Gasbehälter passiert hat. Das Halten gleicher Beheizungstemperaturen hängt nicht zuletzt davon ab, daß gleiche Brennstoffzufuhr wesentliche Nachregulierungen überflüssig macht. Falls das Gas unter Behälterdruck zugeführt wird, ist zur Ausschaltung der verschiedenen Teleskopdrücke den Brennern ein Regler vorzuschalten für gleichen Ausgangsdruck (etwa 60 mm WS). Ein oder mehrere Gasmesser, je nach Anzahl der Generatoren oder der augenblicklich zur Verfügung stehenden Messergrößen, dienen zur Feststellung des für Unterfeuerungszwecke verbrauchten Stadtgases.

Der Umfang der Starkgasbeheizung richtet sich nach der zur Verfügung stehenden Überschußgasmenge, jedoch empfiehlt es sich, nur in größeren Zeitabschnitten Umstellungen vorzunehmen (mindestens 3 bis 4 Wochen). Wird das Starkgas durch die Koksschicht im Generatorschacht geführt, so sind die Erstluftschieber mehr zu schließen, und zwar um den Luftbedarf des eingesparten Unterfeuerungskokses. Das Gas soll ja nicht im Generatorschacht verbrennen, sondern erst an den Düsenbrennersteinen vor dem Eintritt in den Umspülungsraum der Retorten oder Kammern, deshalb müssen die Zweitluftschieber mehr geöffnet werden.

Eine für alle Fälle gültige Verfahrensweise läßt sich nicht vorschreiben, sondern die Zweitluftschieber sind soweit zu öffnen, daß selbst im letzten Abgaskanal durch das Auge kein Kohlenoxyd bzw. durch die Analyse nichts Unverbranntes mehr nachzuweisen ist. Selbstverständlich ist, daß die Kokseigentemperatur stets über der Zündungstemperatur des Gases liegen muß und daß die Koksschütthöhe stets so hoch gehalten wird, daß niemals die Gaseinführungsstellen frei liegen. Eine Unmenge Hinweise über praktische Erfahrungen bei der Starkgasbeheizung hat Suhrbier[1]) gegeben.

Bei wirtschaftlichen Untersuchungen über Starkgasbeheizung kommt Dubois[2]) unter bestimmten Voraussetzungen zu einer Bejahung. An den Ergebnissen eines Sechserretortenofens mit Goffinverfahren von 1800 m^3 Höchstleistung wird bei verschiedenen Gasabgaben (800/1100/1400 m^3) durch Einführung des Begriffs der »unteren Unterfeuerungsgrenze« gezeigt, daß sich für Öfen mit starker Unterbelastung die Werte derartig verschieben können, daß selbst bei gleichen Kohlen- und Kokspreisen die verbundene Gas- und Koksunterfeuerung wirtschaftlicher ist als die reine Koksheizung. Dies wird durch Kurven und Zahlentafeln belegt. Diese Veröffentlichung führte zu einer weiteren bemerkenswerten Erörterung[3]), wobei der verbesserte Ofenwirkungsgrad bei Gasheizung und der verschlechterte Wirkungsgrad des Generators bei Unterbelastung berücksichtigt wurde. Aus dieser soll noch der Hinweis hervorgehoben werden, daß sich bei Öfen, die von vornherein für Starkgaszusatzbeheizung eingerichtet werden, eine Vergrößerung der normalen Rekuperationsheizfläche durch eine Steigerung der Wirtschaftlichkeit bezahlt machen wird.

F. Abhitze-Verwertung.

Bei den durch Einzelgeneratoren beheizten Gaserzeugungsöfen sind von der dem Ofen insgesamt zugeführten Wärme in der Rekuperation etwa 23% wieder rückgewinnbar. Etwa 29% der insgesamt eingeführten Wärme würden mit den Abgasen verloren gehen, wenn sie nicht in einer geeigneten Abhitzeverwertung weiter ausgenutzt würden.

Je nach Ausnutzung der Abgase in den mit Einzelgeneratoren beheizten Entgasungsöfen sind am Ofenausgang noch etwa 500 bis 800° C vorhanden. Bei modernen Silikaretorten oder -kleinkammern verträgt die Heizung ohne Materialschädigung dauernd auch höhere Temperaturen (etwa 1100 bis 1250° C). Hier kann gegebenenfalls ein noch größerer Wärmeüberschuß zur Verfügung gestellt werden. Eine bestimmte fühlbare Wärme ist zur Erzeugung des nötigen Auftriebs im Kamin not-

1) Ztsch. Licht u. Wasserf-Ztg. (1937) Nr. 18.
2) Gas- und Wasserfach **74** (1931), S. 269.
3) Gas- und Wasserfach **74** (1931), S. 617.

wendig. Hierfür genügen aber 200 bis 250° C. Was darüber liegt, kann für irgendwelche Wärmezwecke noch ausgenutzt werden.

Bei einer mittleren Temperatur der Abgase von $T_{1\max} = 273 + 2\,t$ wird die Höchstleistung eines Kamines[1]) erreicht. Hierin bedeutet t = Außentemperatur.

Bezeichnen

T = Anfangstemperatur im Ofen,

T_1 = Abgangstemperatur der Rauchgase aus dem Ofen,

T_2 = Abgangstemperatur der Rauchgase aus der Abhitzeverwertung,

so ist der

$$\text{Gewinn im Hundertsatz der Unterfeuerung} = \frac{100}{T} \cdot (T_1 - T_2),$$

die stündlich zu gewinnende Wärmemenge Q ist

$$Q = K \cdot G \cdot (T_1 - T_2) \cdot c_p;$$

hierin bedeuten:

K = stündlicher Abbrand im Generator in kg,

G = das Gewicht der stündlichen Abgasmenge aus 1 kg verbranntem Brennstoff in kg (bei 1,2- bis 1,5fachem Luftüberschuß ca. 10 bis 15 kg),

c_p = die spez. Wärme der Abgase (je nach Kohlensäure- und Wasserdampfgehalt 0,24 bis 0,32).

Für den beabsichtigten Ausnutzungszweck kann die Heizfläche des Abhitzekessels um so geringer ausfallen, ein je höheres Temperaturgefälle $(T_1 - T_2)$ zur Verfügung steht. Da der Wärmeverlust je lfd. m Rauchkanal 1 bis 2% des Wärmegehalts beträgt[2]), ergibt sich, daß man die Entfernung zwischen Ofenausgang und Eintritt in den Wärmetauscher möglichst kurz halten soll. Ein Versuch, den Abhitzekessel fahrbar zu gestalten, hat sich nicht bewährt[3]). Die Abhitzekessel sind nahe am Ofen, vorteilhaft schon in die letzten Züge der Rekuperation einzubauen.

Geipert[4]) hat vorgeschlagen, den Abgasstrom nach Verlassen der Heizzüge vor Eintritt in die Rekuperation zu teilen. Der eine Teil wird im Rekuperator auf etwa 330° C abgekühlt, während der andere Teil direkt der Abhitzeverwertung zugeführt wird. Hierdurch erhält man (s. oben) ein höheres Wärmegefälle. Geipert hält selbst einen Mehrverbrauch für Unterfeuerung für Zwecke der erhöhten Dampferzeugung für vorteilhafter als eine eigene Dampfkesselanlage.

Bei Zentralabhitzekesseln für mehrere Öfen läßt sich eine längere Verbindungsleitung zwischen den Ofenausgängen und dem Kessel nicht vermeiden. Hier empfiehlt es sich, Schamottekanäle mit dichter Eisen-

---

[1]) Gas- und Wasserfach **64** (1921), S. 23.
[2]) Gas- und Wasserfach **66** (1923), S. 683.
[3]) Gas- und Wasserfach **66** (1923), S. 672.
[4]) Gas- u. Wasserfach **76** (1933), S. 850.

ummantelung zu wählen. Besondere Sorgfalt ist der Abtrennung kalter Öfen durch dichte Schieber zu schenken. Die Ausführungsformen der Abhitzeverwertung sind vielgestaltig; sie kann sowohl als einfache Rohrschlange (aus alitiertem Eisen), als auch als Hochleistungsdampfkessel ausgebildet sein (Abb. 45).

Für kleinere Werke empfiehlt sich die indirekte Erwärmung des Brauch- oder Badewassers nach dem Schlangenboilerverfahren. Zur

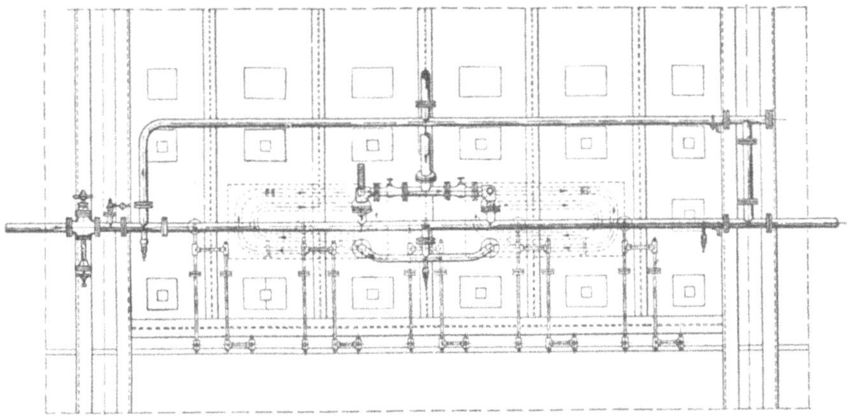

Vermeidung von Kesselstein wird die im Ofen eingebaute Heizschlange mit destilliertem Wasser gefüllt.

Am gebräuchlichsten sind überwachungsfreie, wenig Wartung erfordernde Niederdruckdampfkessel (0,5 atü) für Heizzwecke aller Art. Bei größeren Anlagen (mit Dampfmaschinenantrieb für Gassauger usw.) empfiehlt sich die Anlage von Hochdruckkesseln. Der Maschinenabdampf kann zweckmäßig noch zur Wassergaserzeugung im Entgasungs-

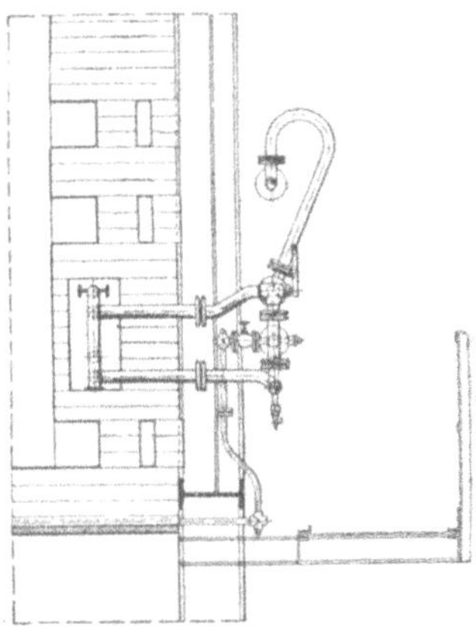

Abb. 45. Dampfüberhitzung für den Naßbetrieb.

raum wiederverwendet werden. Da die Güte der Wassergaserzeugung auch von der Dampfüberhitzung abhängt, empfiehlt es sich, den Abdampf vor Wiederverwendung nochmals zu überhitzen.

Vorteilhafter als eingemauerte Dampfkessel sind sog. Blechmantelkessel[2]), da hier keinerlei Undichtigkeiten durch Risse wie beim Mauerwerk entstehen können.

[2]) Gas- u. Wasserfach **67** (1924), S. 84.

Reicht die Abhitze für die beabsichtigten Verwendungszwecke nicht aus, so kann man außer der vorgenannten Unterfeuerungssteigerung die Abhitzekessel auch mit einer Vorfeuerung für Koks, Koksgrus oder Briketts oder mit einer Zusatzfeuerung für Schwach- oder Starkgas versehen.

Stündliche Dampfleistung von 1 m² Kesselheizfläche in kg/m² und erforderliche Kesselheizfläche für 100 kg Dampf in der Stunde in m² bei verschiedenen Rauchgas-Temperaturen[1].

Anfangswärme der Rauchgase	Warmwasserheizschlange 60° C		Niederdruckkessel 0,5 Atm.		Hochdruckkessel 2,5 Atm.	
T_1	Dampf kg/m²	Kesselheizfläche m²	Dampf kg/m²	Kesselheizfläche m²	Dampf kg/m²	Kesselheizfläche m²
350	6,6	15,0	3,8	22,0	2,2	25,0
400	7,5	13,7	4,5	20,0	3,2	22,3
500	8,9	11,6	6,0	17,0	4,9	19,0
600	10,0	10,0	7,0	14,4	6,0	16,0
700	—	—	8,0	12,3	7,1	13,9
800	—	—	9,0	11,3	8,0	12,3

Unter 400° C Abgastemperatur kommt in erster Linie nur noch Wasservorwärmung und Luftvorwärmung in Frage.

An eine gute Abhitzekesselanlage sind etwa folgende Bedingungen zu stellen[2]:

1. Wegen der niedrigen Temperaturen sind Bauteile zu wählen, die für die Wärmeübertragung besonders günstig sind.
2. Schwankungen in den Temperaturen, die im praktischen Betriebe unvermeidlich sind, setzen voraus, daß der Wärmeumformer gleichzeitig Wärmespeicher ist. Von der Fähigkeit des Wassers, Wärme aufzuspeichern und zur gegebenen Zeit wieder abzugeben, muß durch Schaffung großer Wasserräume Gebrauch gemacht werden.
3. Die Härte des Speisewassers zwingt dazu, Sorge dafür zu tragen, daß der Wärmeumformer Kesselsteinbildner an einer besonders hierfür vorgesehenen Stelle ausscheidet, damit sie von den Flächen, die der Wärmeübertragung und Verdampfung dienen, ferngehalten werden.
4. Große verdampfende Oberflächen und Dampfinhalte sind ein weiteres Erfordernis eines Dampferzeugers.

[1] Gas- und Wasserfach **61** (1918), S. 500.
[2] Gas- und Wasserfach **66** (1923), S. 83.

5. Wenn irgend möglich, wird man mit natürlichem Schornsteinzug auszukommen versuchen. Durch Abkühlung verlieren die Abgase an Auftriebskraft, deshalb ist auf geringsten Zugwiderstand des Kessels zu achten. Künstlicher Zug kann in bestimmten Fällen Vorteile bieten; im allgemeinen wiegt der immer gleichbleibende Bedarf an Antriebskraft einen erheblichen Teil der durch die Abhitze gewonnenen Vorteile wieder auf.
6. Gütemaßstab für den Abhitzekessel ist der erzeugte Wasserumlauf.

Der Widerstand von Abhitzekesseln liegt normal bei 2 bis 4 mm WS. Hinzuzurechnen ist der Auftriebsverlust im Schornstein durch die Abgasabkühlung in der Abhitzeverwertung. In allen Fällen, bei denen der Schornsteinzug um etwa 7 mm höher ist als der für die Öfen benötigte, besteht die Möglichkeit, die Abhitzeverwertung mit natürlichem Schornsteinzug zu betreiben. Hierbei beträgt die Eintrittsgeschwindigkeit der Rauchgase etwa 5,5 bis 6,5 m/s.

Für Absaugeanlagen wählt man Geschwindigkeiten von 9 bis 10 m/s. Infolge der höheren Rauchgasgeschwindigkeit liegt hier die Wärmedurchgangszahl bei künstlichem Zug um etwa 20% höher als bei natürlichem Schornsteinzug, oder umgekehrt bei mechanischer Absaugung kommt man mit einer 20% kleineren Heizfläche für gleiche Dampfleistung aus.

Vergleichsweise am teuersten stellen sich die Abhitzeverwerter bei Einzelschornsteinen, besonders durch die Vielzahl der Armaturen und Schaltorgane; trotzdem bringt auch hier schon die Abhitzeverwertung Vorteile.

Zusammenfassend kann gesagt werden, daß sich eine Abhitzeverwertung bei rekuperativ beheizten Horizontalretorten oder Kleinkammern immer empfiehlt. In jedem Falle kann der Dampfbedarf für die nasse Entgasung sichergestellt werden. In den meisten Fällen reicht der Dampf aber noch für einen Teil der sonstigen Antriebseinrichtungen im Werk aus. Werden Dauerverbraucher auf motorischen Betrieb (Gasmotor, Strom) umgestellt, so ist es andererseits in manchen kleineren Werken möglich, gänzlich ohne eigene Dampfkesselanlage auszukommen.

Hierzu Schrifttum:

Heller, Abhitzeverwertung in Gaswerken und Verwendung des Dampfes im eigenen Betriebe. Gas- und Wasserfach **66** (1923), S. 312. Petersen, Abhitzekessel. Gas- und Wasserfach **66** (1923), S. 83, Erörterung S. 84. Paul Meyer, Abhitzekessel im Gaswerksbetrieb. Gas- und Wasserfach **66** (1923), S. 219 mit Zahlentafel und vielen Abbildungen. Ploppa, Wärmewirtschaft in mittleren Gaswerken. Gas- und Wasserfach **66** (1923), S. 297. Ausnutzung der Abwärme der Retortenöfen, Betriebserfahrungen. Gas- und Wasserfach **66** (1923), S. 510. Heller, Neue Gesichtspunkte auf dem Gebiet der Abhitzeverwertung. Gas- und Wasserfach **66** (1923), S. 672, 684 mit vielen Abbildungen. Ploppa, Wärmewirtschaft in mittleren

Gaswerken. Gas- und Wasserfach **67** (1924), S. 82. Zuschriften an die Schriftleitung. Gas- und Wasserfach **67** (1924), S. 142. Fr. Parchem, Zur Abwärmeverwertung in kleineren Gaswerken. Gas- und Wasserfach **67** (1924), S. 306. von W. Wendhut, Ferngasbezug für kleinere und mittlere Werke und Abwärmeverwertung im Abhitzekessel bei Horizontalretorten-Ofenanlagen. Gas- und Wasserfach **67** (1924), S. 437. W. Rottengatter, Leistungsversuche an einer Klein-Kammerofen-Anlage im Gaswerk Alzey (Hessen). Gas- und Wasserfach **74** (1931), S. 1036. I. Ipfelkofer, Neuere Abhitzedampferzeuger für Gaswerke. Gas- und Wasserfach **76** (1933), S. 849/856 mit vielen Abbildungen.

G. Beschickung und Entleerung der Kleinraumöfen.

Die Beschickung der einseitig geschlossenen waagerechten Retorten von 2,5 bis 3 m Länge geschah ursprünglich mit der Handschaufel, der sog. Ballastschaufel, die sich von der abgerundeten Erdschaufel dadurch unterscheidet, daß ihre Vorderkante gerade ist. Sie waren Künstler ihres Berufs, die alten Ofenheizer, die mit stets verändertem Schwung die unteren und die oberen Retorten vollwarfen vom hintersten Ende bis zum vorderen Retortenverschluß; nur ganz selten verfehlten sie ihr Ziel. Vereinzelt trifft man heute noch kleinere Gaswerke mit reinem Handladebetrieb. Es ist interessant zu sehen, wenn zwei gut aufeinander eingespielte Mannschaften, den Rücken der Retorte zugewandt, die Kohle in flottem Tempo abwechselnd über die Schulter hinweg in die Retorte schleudern. Dabei ist der Füllungsgrad durchaus als gut zu bezeichnen. Wie unter dem Abschnitt Goffingas gezeigt wurde, gibt es heute Werke, die bei der Eigenart dieser Betriebsweise: $^1/_3$ Retorte Frischladung, also ca. 1 m Retortenlänge, vom mechanischen Laden wieder zum Handbetrieb zurückkehren (Abb. 46).

Schon Clegg führte zur Erleichterung des Ladegeschäftes die sog. Lademulde ein. Dies war eine dachrinnenförmige Blechmulde, die vor dem Ofen mit Kohle vollgeschaufelt, in die Retorte eingeführt, um 180^0 gekippt und wieder herausgezogen wurde. Drei Mann waren zum Laden der Retorte notwendig: Zwei Mann, die mit einem in der Mitte muldenförmig durchgebogenen Eisenquerstab die Mulde anhoben und das Vorderende in die zu ladende Retorte einführten — die Mulde hatte am anderen Ende eine T-förmige Eisenstabverlängerung —, das Quereisen mit beiden Händen fassend, schob der dritte Mann die Mulde, mit seinem ganzen Körpergewicht sich dagegenstemmend, vollends in die Retorte ein, entleerte sie durch Umdrehen und zog sie an den beiden Handgriffen des T-förmigen Verlängerungsstabes wieder heraus, um sie erneut mit Kohle zu beladen.

Bald lagerte man die Mulde verschiebbar auf zwei Auslagerarmen eines Blechschildes, das durch zwei senkrechte Stäbe geführt und an einer dazwischenliegenden Zahnstange auf- und abgekurbelt werden konnte. Dadurch, daß diese Vorrichtung fahrbar (Gaardener Ladewagen) eingerichtet wurde, benötigte man nur noch einen Mann zur Bedienung (Abb. 47).

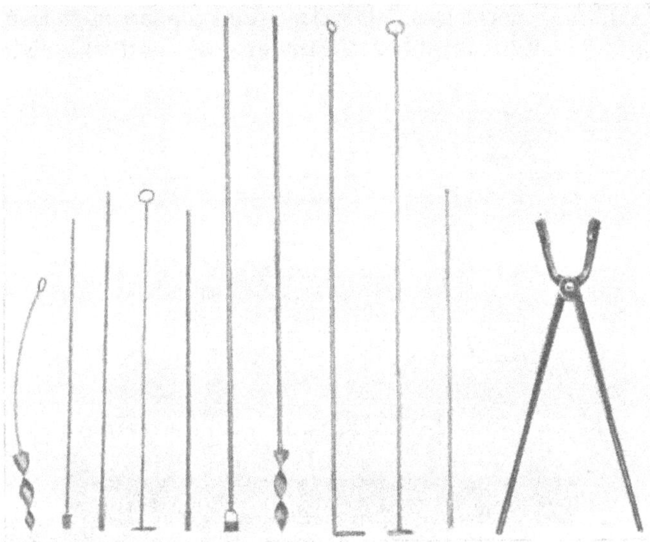

Abb. 46. Werkzeuge zum Bedienen der Retorten-Öfen.

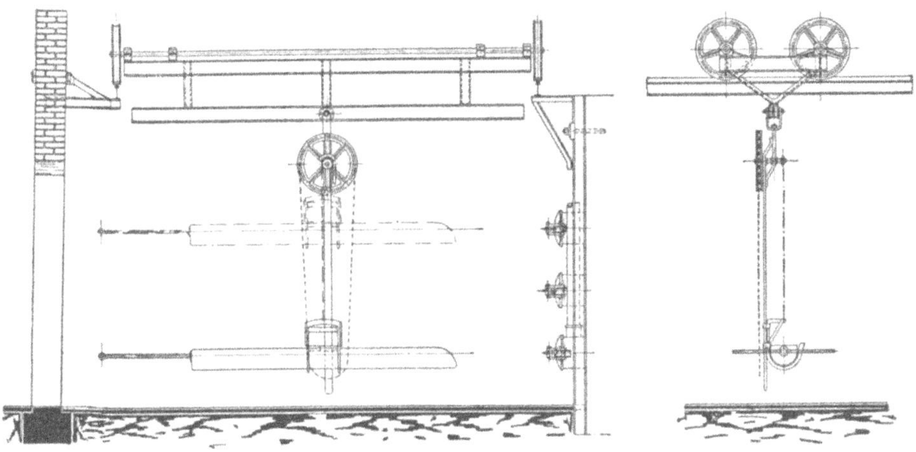

Abb. 47. Kleine Retortenlademaschine.

Die Firma Eitle führt bei ihren Retortenlademaschinen vielfach die Mulde zweiteilig klappbar aus, wodurch Mulde und Retorte mehr geschont werden und die Entleerung der Mulde in der Retorte erleichtert wird. Es gibt Klappmulden, deren Schalen nach außen aufschlagen, und solche, die sich nach innen drehen (Abb. 48). Die Mulde ist in der Form als Zwillingsmuldenbelader heute noch in vielen kleinen Werken in Benutzung. Laufkranartig ist die Vorrichtung vor den Öfen verfahrbar. An dem Kranträger selbst läuft in Retortenlänge eine Katze, die wie das Fahrwerk durch einen Kettenzug bewegt wird. Die Katze trägt zwei senkrechte Profileisenstiele, an denen die Laufrollen der beiden in ihrer Achse drehbaren Mulden auf- und ablaufen.

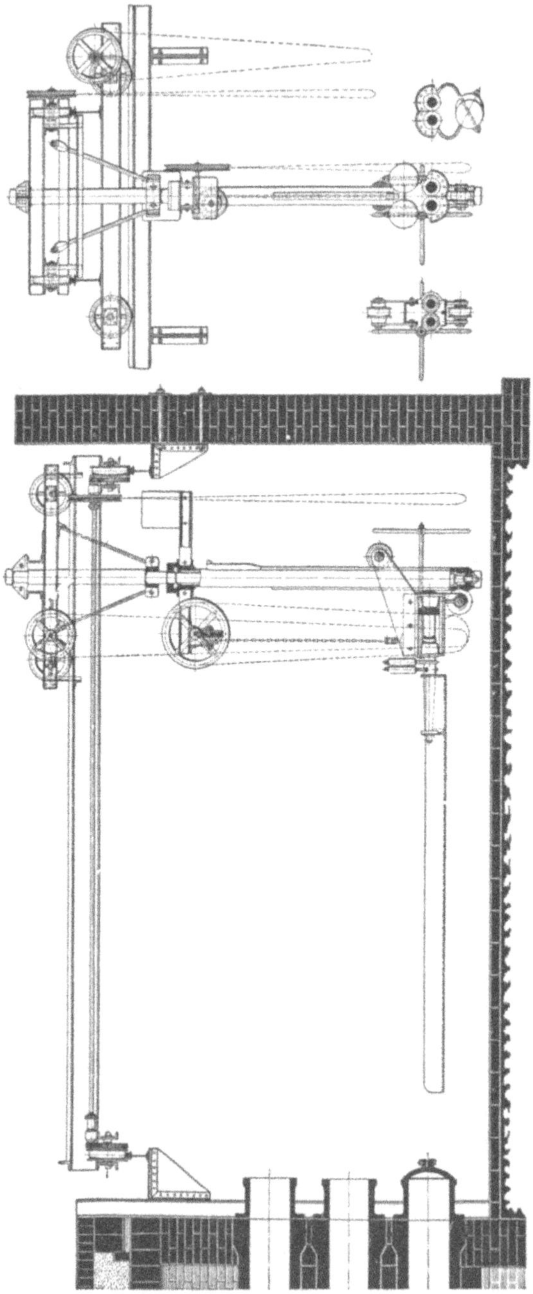

Abb. 48. Retortenlademaschine mit **Klappmulde.**

Bei den D-förmigen Retorten geschah die Befüllung durch Einführung eines mit Entgasungskohle gefüllten, aus drei Wänden bestehenden Kastens, bei dem zunächst der Boden und dann die Seitenwände herausgezogen wurden. Es ist auch eine in Gefache gliederartig aufgeteilte mechanische Füllvorrichtung bekannt geworden, die Abb. 49a u. b wiedergibt. Seit Einführung des Schleuderbetriebes ist auch bei dieser Retortenform die Benutzung des Kastens überflüssig geworden.

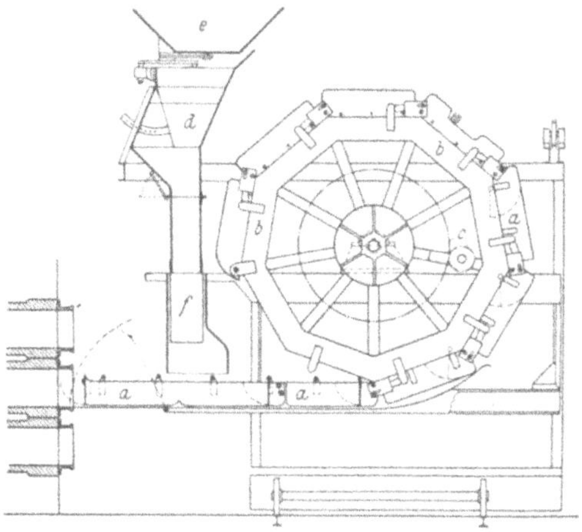

Abb. 49a. Ausstoß- und Beschickeinrichtung mit Gliedermulde.

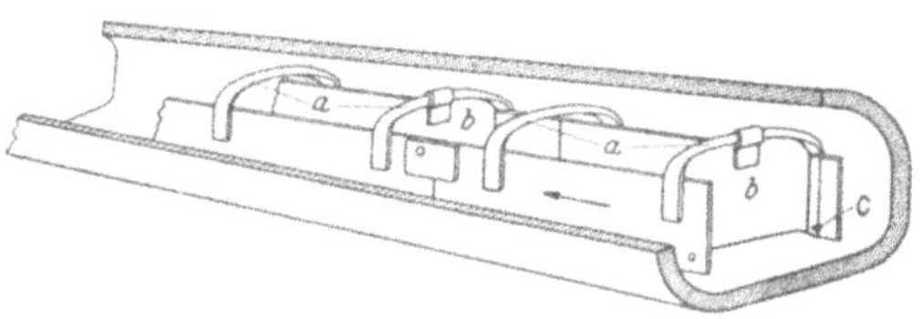

Abb. 49b. Gliedermulde in der Retorte.

Bei den am hinteren Ende geschlossenen Retorten geschah und geschieht heute noch in den Kleinwerken das Entleeren der Retorten mit dem sog. Ziehhaken, einem Rundeisenstab von etwas mehr als Retortenlänge, der an dem einen Ende einen ösenartigen Handgriff und am anderen Ende einen Haken besitzt. Es ist klar, daß diese Art der Retortenentleerung eine langwierige und anstrengende Arbeit ist. Nicht nur, daß der Arbeiter lange vor der geöffneten heißen Retorte stehen muß, er muß auch noch der Hitzestrahlung des den Koks aufnehmenden Karrens standhalten. Schon seit Beginn der Gasindustrie bemühte man sich, auch das Entladen der Retorten selbsttätig zu gestalten. Die Ziehmaschine, die unter sehr ungünstigen Verhältnissen arbeitete, konnte sich nirgends richtig einbürgern. Eine grundlegende Änderung trat erst mit dem Augenblick ein, in dem man die Retorten am hinteren

Ende nicht mehr mit festem Boden, sondern ebenfalls mit einem Retortenverschluß versah. Dadurch bestand die Möglichkeit, den Koks statt nach vorne herauszuziehen, nach rückwärts auszudrücken, also im kleinen das nachzuahmen, was beispielsweise bei den Horizontalöfen der Kokereien schon immer üblich war.

Neben der Lademaschine entstand die Stoßmaschine, oft auf demselben Fahr- und Hubgestell untergebracht. Es lag der Gedanke nahe, die Beschaffungskosten dadurch zu verbilligen, daß man als Ausdrückstempel die Lademulde oder die Zwillingsmulde selbst ausbildete, die man bisher schon zur Retortenfüllung verwendete. Sie erhielten zu diesem Zwecke an der Stirnseite ein klappbares Stoßschild von etwa Retortenprofil vorgesetzt, das beim Einfahren den heißen Koks vor sich herschob, beim Zurückfahren aber der miteingefahrenen Kohlenfüllung auswich.

Es sind auch Ausführungsformen bekannt geworden, bei denen (vom früheren Retortenziehbetrieb her) vor den Öfen beispielsweise eine Löschrinne lief. Bei Einführung des Durchstoßbetriebs ordnete man in solchem Fall die Stoßmaschine auf der Rückseite des Ofens an und drückte den Koks nach vorne, also nach der Ladeseite zu, aus. Da die Platzverhältnisse hinter dem Ofen meist beengter sind als vor dem Ofen, muß in solchem Fall der Stößel gliederartig unterteilt werden, so daß er in andere Ebenen abgelenkt bzw. aufgerollt werden kann; beim Einschieben in die Retorte aber tritt Selbstsperrung ein, so daß genügende Steifigkeit für das Ausstoßen vorhanden ist. Solche Bauarten sind übrigens auch vor dem Ofen in Verbindung mit

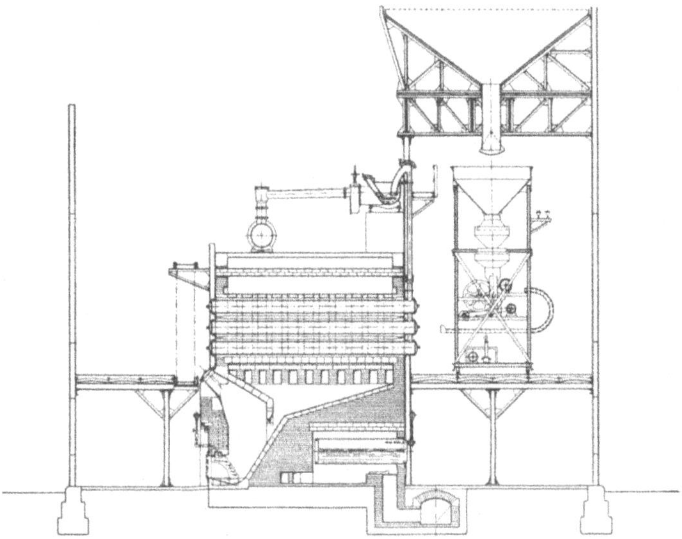

Abb. 50. Wurfbeschicker und Durchstoßbetrieb an einem neuzeitlichen Entgasungsofen, Bauart Didier, mit 9 durchgehenden Retorten.

Schleudermaschinen oder auch einzeln von einer Reihe von Firmen vorgeschlagen worden (Abb. 50). Allen Muldenladern haftet der Nachteil an, daß mit ihnen die Retorte nur etwa halb vollgeladen werden kann, weil die Möglichkeit bestehen bleiben muß, mit dem Ladegerät wieder auszufahren, ohne die Kohle dabei wieder mitzunehmen.

Einen großen Fortschritt bedeutete es, als man dazu überging, die Kohle mechanisch in die Retorte einzuschleudern. Der Füllungsgrad der Retorte nahm beträchtlich zu (Abb. 51). Die Firma Eitle-Stuttgart entwickelte einen Flurwurflader, d. h. eine Lademaschine, die nach dem Wurfsystem arbeitete und auf dem Ofenhausflur verfahrbar war. Größtenteils arbeitete der Wurflader mit einer getrennt laufenden Stoßmaschine (wie vorstehend beschrieben). Der Füllungsgrad der Retorte kann bei dieser Maschine beliebig geregelt werden. Häufig wurde diese Schleudermaschine auch in Gaswerken benutzt, in welchen hinter dem Ofen nicht genügend Platz für den Ausstoßbetrieb vorhanden ist. Bei solch beengten Räumen muß die Entleerung der Retorten wieder mit dem Ziehhaken nach der Ladeseite geschehen. Dieser Eitle-Flurwurflader ist auf die Besonderheiten einer nicht ausstoßbaren, hinten geschlossenen Retorte abgestellt. Er besitzt eine besondere Vorrichtung, um die Retorte nur so hoch vollzuschleudern (etwa $^2/_3$), daß noch genügend Platz zum Einführen des Ziehhakens freibleibt. Der Flurwurflader fährt seinen Kohlenbunker mit sich. Über einen Fülltrichter und ein verschiebbares Teleskoprohr (je nach Höhenlage der Retorte) gelangt nach Öffnung eines Schiebers die Kohle in ein Schleuderrad, auf dessen Welle ein schweres Schwungrad sitzt, das über eine Scheibe mit Reibungskupplung motorisch angetrieben wird. Die lebendige Kraft des Schwungrades wird so bemessen, daß sie anfangs bei der Höchstdrehzahl eben zur Überwindung der größten Wurfweiten ausreicht, mit abnehmender Wurfweite aber auch an Geschwindigkeit verliert, so daß der Füllungsgrad auf die ganze Länge der Retorte derselbe bleibt (etwa $^2/_3$). Abgesehen von diesem Sonderfall besteht der Hauptvorteil der mechanischen Schleuder gerade in dem hohen Füllungsgrad des Entgasungsraumes (Retorte oder Kleinkammer).

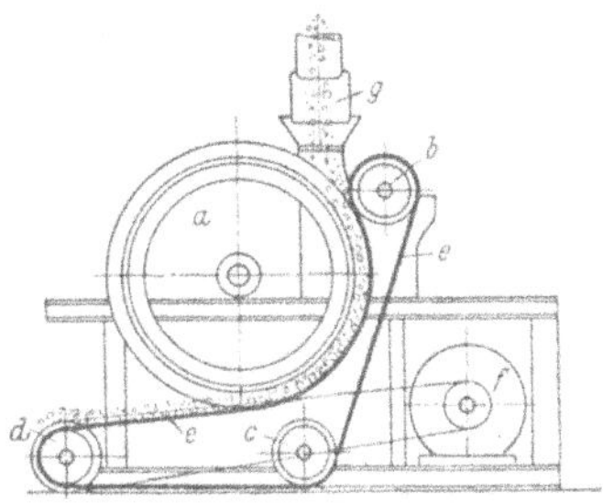

Abb. 51. Wurfbeschicker. *a* Rad, ohne Antrieb gelagert, *b, c* Leitrollen, *d* Antriebsrolle, *e* endloses Band, *f* Elektromotor, *g* Gliederrohr.

Eine unangenehme Beigabe des Schleuderbetriebes ist das Mündungsfeuer an der Einfüllstelle. Es entweichen hier die sog. Füllgase. Ist die Retorte durch die Stoßmaschine oder mit dem Ziehhaken entleert, so füllt sie sich naturgemäß sofort mit Luft. Dieses Luftvolumen wird durch das Einschleudern der Kohle wieder verdrängt und noch dadurch vermehrt, daß zwischen den Kohlenteilchen auch noch Luft in die Retorte mitgerissen wird. Da die Retortenwände auf einer Temperatur von etwa 1000 bis 1100°C stehen, fängt mitgeschleuderter Kohlenstaub sofort heftig zu gasen und beim Vorhandensein von genügend Luftsauerstoff am Retortenmundstück unter Rauch-, Ruß- und Hitzeentwicklung heftig zu brennen an. Es hat deshalb nicht an Versuchen gefehlt, diese Erscheinung nach Möglichkeit einzudämmen und für die Lademannschaft unschädlich zu machen. Eine solche Vorrichtung ist

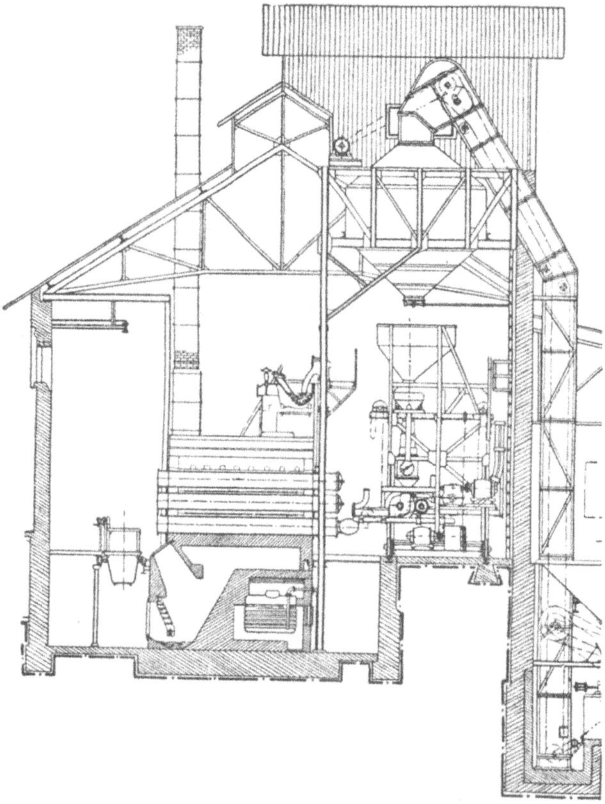

Abb. 52. Lademaschine mit Füllgasstutzen (Anlage Heddernheim).

krümmerartig an der neueren Eitle-Lademaschine angebracht, die als Stoßwurfmaschine mit Hochbunker und zwischengeschalteter Wiegevorrichtung ausgerüstet ist, bei der auf einem großen Zifferblatt das jeweilige Retortenladegewicht abgelesen werden kann. Am Schleudermundstück ist ein nach oben gebogenes Abzugsrohr angebracht, um die vorgeschilderten Füllgase sofort aus der Arbeitsebene weg nach oben abzulenken. Der Stößel ist bei dieser Stoßwurfmaschine hinten hochgebogen, um die Maschine auch in engeren Ofenhäusern verwenden zu können. Der Lade- und Stoßvorgang sowie das Heben und Senken wird stets mittels eines Elektromotors bewerkstelligt, während das Verfahren vor den Öfen hin und her elektrisch oder mittels Handbetriebs erfolgen kann (Abb. 52, Anlage Heddernheim).

Eine weitere Vereinigung zwischen einer Stoß- und Lademaschine kam dadurch zustande, daß man das Schleudermundstück, das man bisher an die Retortenöffnung anpreßte, um eine Retortenlänge zurücksetzte, dafür aber vor dem Schleudermundstück einen hohlen Stößel anordnete, durch den die Kohle nach Ausstoßen des Kokses einfach hindurchgeschleudert wurde (Abb. 53).

Nach Öffnen der Retorten oder Kleinkammerverschlüsse fährt man mit dem freitragend angeordneten Stoßrohr in den Entgasungsraum

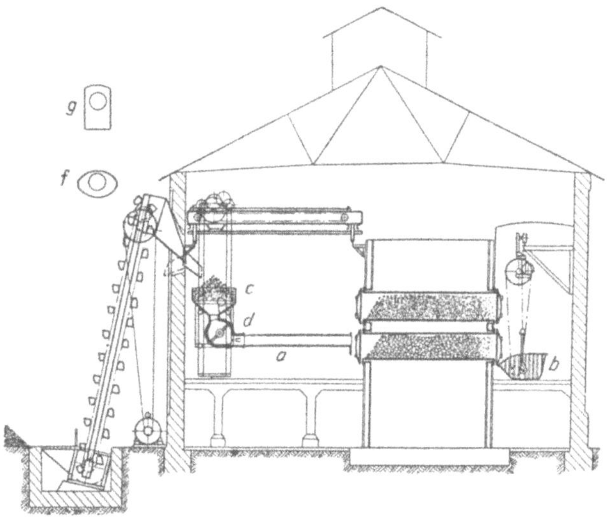

Abb. 53. Lade- und Stoßmaschine für kleinere Gaswerke.
a freitragendes Stoßrohr, *b* Kokswagen, *c* Trichter, *d* Stahlgußgehäuse des Schleudergerätes, *f* Stößel für Retorten, Ansicht von vorn, *g* Stößel für Kleinkammern, Ansicht von vorn.

und drückt den Koks durch den geöffneten hinteren Retortenverschluß in den vorhandenen Kokstransport. Während oder nach erfolgtem Rückgang des Stößels wird die Kohle aus dem mitgeführten Trichter den in einem Stahlgußgehäuse laufenden Stahlflügeln zugeführt, die ihr die notwendige waagerechte Beschleunigung erteilen. Da die erteilte Beschleunigung größer gewählt ist, als der notwendigen Wurfarbeit entsprechen würde, entsteht im Entgasungsraum eine feste Einlagerung der Kohlenteilchen. Hierdurch gewinnt man auch im Kleinraumofen einen Koks, der in seiner Dichte, Härte und Großstückigkeit dem aus Großraumöfen stammenden nicht viel nachsteht. Zur Platzersparnis und damit in der Ruhezeit der Durchgang durch das Ofenhaus frei bleibt, ist das Stoßrohr schwenkbar befestigt. Die Garungszeit einer derartig beschickten Retorte kann damit auf 12 h verlängert werden, d. h. auch das Kleinwerk kann zum Zweischichtenbetrieb übergehen. Wie später noch gezeigt wird, ist durch das Vollfüllen der Entgasungsräume auch die Voraussetzung geschaffen worden für die nasse Entgasung.

Außer den Wurfbeschickern gibt es zum Füllen der Retorten und Kleinkammern noch die Ladeschnecken, die in einem Rohr eingebettet sind und, in Drehung versetzt, die Kohle aus dem Rohr schieben. Die Ladeschnecke trägt an der Stirnseite ein auf die Rohrhülse aufgeschweißtes Stoßschild. Ist der Stößel bei geöffnetem rückwärtigem Retortenverschluß motorisch oder von Hand bis auf die gewünschte Länge des stehenbleibenden Koksstopfens eingefahren (Goffingas), und ist der hintere Verschluß wieder geschlossen worden, so setzt man die Schnecke in Bewegung, die dann die Retorte voll Kohle preßt. Diese Pressung

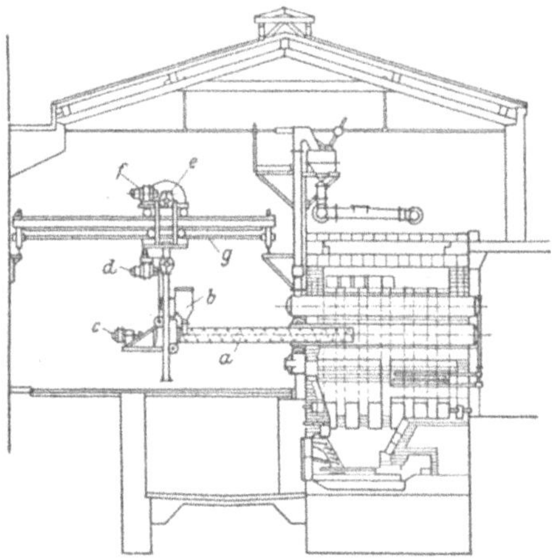

Abb. 54. Ausstoß- und Beschickungseinrichtung mit Förderschnecke (Bauart Sonnabend/Klaßmann).
a Rohrmulde mit Förderschnecke, *b* Kohlenbehälter, *c* Antriebsmotor für die Schnecke, *d* Hubmotor, *e* Laufkatze, *f* Fahrmotor, *g* Welle.

kann dadurch noch weiter erhöht werden, daß sich der Bedienungsmann mit seinem Körpergewicht gegen die Schnecke stemmt, die durch den Kohlenrückdruck selbsttätig wieder aus der Retorte herausgeschoben wird.

Schneckenlader werden von einigen Firmen geliefert. In der »Bauart Sonnabend« stellt sie die Firma Reubold, Zossen, her. Die Füllung der Retorte ist dabei eine vollkommene. Zur Vermeidung von Gasdruckerhöhungen bei der dichten Einlagerung der Kohle brachte Klaßmann an dem angeschweißten Stoßschild einen fingerartigen Räumer an, der bei dem Ausfahren der Schnecke einen Gaskanal am höchsten Punkt der Retorte in die Kohlenfüllung scharrt. Obwohl die Ausführung Sonnabend mit der Zusatzeinrichtung Klaßmann erst verhältnismäßig kurze

Zeit auf dem Markt erschienen ist, wurde von der Firma Reubold schon eine erstaunliche Anzahl dieser Maschinen eingeführt; dies weist darauf hin, daß sie einem lebhaften Bedürfnis der kleinen Werke entspricht. Abb. 54 zeigt einen Schneckenlader bei der Arbeit. Klaßmann[1]) hat in anschaulicher Weise die Vorteile des Schneckenladers herausgearbeitet. Man erkennt dabei deutlich, wie die von Kohle unberührte und daher überhitzte Retortenfläche bei den einzelnen Verfahren immer mehr abnimmt, dem Gas keinerlei Gelegenheit mehr zur Zersetzung und dem Graphit nur geringe Möglichkeit zum Absetzen bietend. Neben einer Leistungssteigerung von 65% gegenüber dem Klappmuldenbetrieb, einer Durchsatzsteigerung von 130 kg in 24 h, einer verlängerten Ausstehzeit um 2 h, ergab sich eine verbesserte Koks- und Gasbeschaffenheit und die Möglichkeit der nassen Vergasung.

Die gleichen Ladevorrichtungen können ebenso vorteilhaft auch zur Füllung von mehrreihigen Horizontalkleinkammern Verwendung finden. Um hier die Ladezeit noch weiter abzukürzen, wird man zweckmäßigerweise zwei Schnecken neben- oder auch übereinander anordnen. Das Stoßschild wird dem Profil der Kammer angepaßt.

Ein weiterer betrieblicher Vorteil der Schnecke ist der, daß nicht wie bei dem Wurfbeschicker Luft mit in die Retorte eingeschleudert wird, sondern der eingefahrene Lader verdrängt schon ein solches Luftvolumen, daß beim Einlagern der Kohle kein nennenswertes Mündungsfeuer durch Füllgas mehr entsteht.

Die Bewegungen des Laders, Heben und Senken und Verfahren, können leicht von Hand bewältigt werden, ebenso das Ausdrücken. Das Laden selbst durch die Schnecke geschieht motorisch und damit auch das selbsttätige Ausfahren. Die vorgenannten Verrichtungen können aber ebensogut durch Kraftantrieb ausgeführt werden. Die dichte Einlagerung der Kohle durch die vorgeschilderten Beschickungsvorrichtungen ermöglicht auch den Kleinwerken die Verwendung von Feinkohle bei gleichzeitiger Erzeugung eines großstückigen, silbergrauen Kokses und eine Verbilligung der Kohlenkosten.

Ferner schufen die vollgefüllten Retorten auch die Möglichkeit der Wassergaserzeugung im Entgasungsraum, da der Dampf nicht mehr unzersetzt über der Kohle abziehen kann, sondern einerseits Berührung mit der beheizten Retortenfläche, andererseits mit dem Entgasungsgut der Retorte oder Kleinkammer hat. Der Durchstoßbetrieb bei Retorten und Kammern ermöglicht in einfachster Weise einen beliebig großen oder geringen Nutzungsgrad des Entgasungsraumes und so eine Anpassung an den augenblicklichen Gasbedarf. In den meisten Fällen läßt sich der Durchstoßbetrieb auch bei vorhandenen Retorten durch geringfügige Änderungen erreichen. Manchmal sind die Schornsteinbauten für

[1]) Deutsche Licht- und Wasserf.-Ztg. (1937) S. 343. Klaßmann: »Die Horizontalretorte und deren betriebliche Entwicklung«.

Zahlentafel 8.

Zusammenstellung (nach Klaßmann*)) über die Beschickungsarten der Retorten.

Füllungsgrad der Retorte	Beschickungsart	Kohlebeladener Retortenquerschnitt %	Einlagerungsdichte	Ladefähigkeit je lfd. m Retorte kg/m	Garungszeit Trockenbetrieb h	Durchsatzleistung je lfd. m Retorte kg/24 h	Leistungssteigerung %
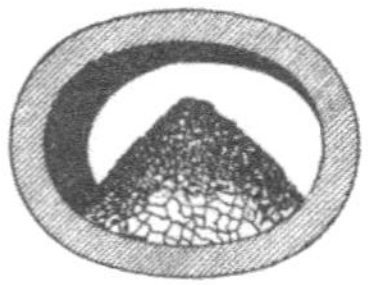	Doppelte Lademulde Drehrichtung von innen nach außen	42	0,95	50	6	200	100
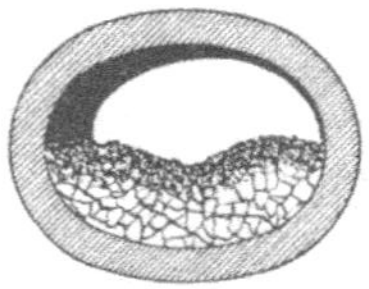	Doppelte Lademulde Drehrichtung von außen nach innen	48	0,95	55	6	220	110
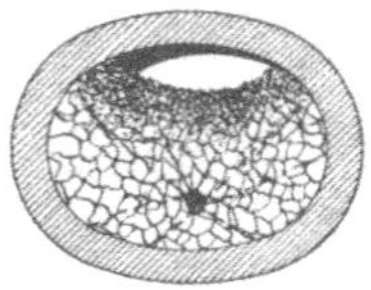	Wurfbeschicker	75	1,—	90	8	270	135
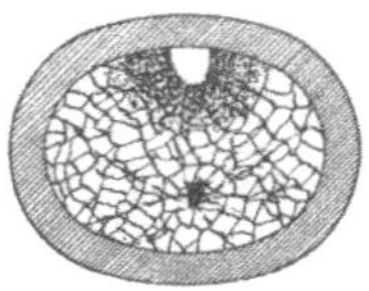	Ladeschnecke (Rückdruckfüllung] und künstlicher Gasabzugskanal)	90	1,05	110	8	330	165

*) Klaßmann: Deliwa (1937), Nr. 19, S. 342: Die Horizontalretorte und deren betriebliche Entwicklung.

den rückwärtigen Koksabtransport hinderlich, aber in den meisten Fällen findet die Ofenbaufirma einen Ausweg (Versetzen des Schornsteins, Einzelschornsteine für jeden Ofen usw.). Dasselbe gilt für die Auswechselung der Retorten gegen Kleinkammern.

Bei einreihigen waagerechten Kammern geschieht die Füllung am einfachsten von oben durch zwei oder mehrere Füllöcher mittels eines verfahrbaren Kohlenfüllwagens; eine Tasche dieses Wagens oder ein zweiter selbständiger Wagen ist für die Einfüllung des Generatorkokses eingerichtet, wenn der Generator nicht untergebaut, sondern an den Endpfeilern eingebaut ist. Da sich die Einfüllung der Kohle hier gleichzeitig auf mehrere Füllöcher verteilt, verkürzt sich die Füllzeit noch mehr als bei den Lademaschinen. Die Füllwagen fahren entweder auf der Ofendecke (Ladeflur) oder hängebahnartig an den Ofenhausdachbindern. Die Schüttkegel, die durch das Einfüllen der Kohle in den Kammern entstanden sind, ebnet der Stößel einer Planiermaschine, über der Kammertüre einfahrend, ein. Hierdurch wird der freie Abzug des Gases aus der Kammer gewährleistet (Abb. 55).

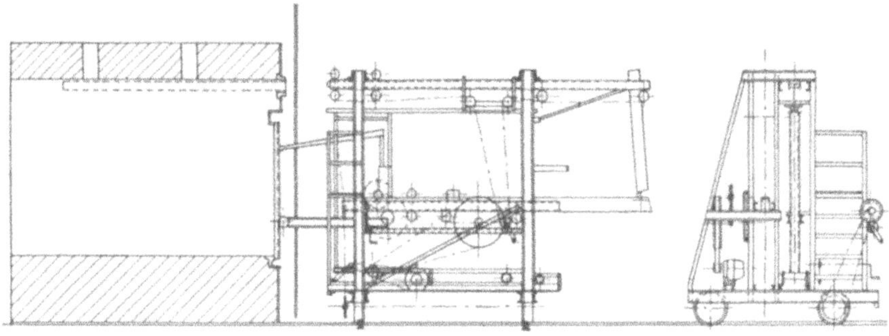

Abb. 55. Entlader für Kleinkammern mit Türabhebe- und Einebnungsvorrichtung.

Didier füllt neuerdings von einem Fülldeckel aus durch je zwei Kanäle die Kohle in die Kammer ein und erreicht dadurch ein Doppeltes:

1. bildet der zwischen den beiden Füllkanälen stehenbleibende Steinsattel einen erwünschten Wärmeprallstein, zum Schutze der Einwurfdeckengarnitur (Abb. 55a),
2. werden die Schüttkegel bei dieser Vielzahl so klein, daß ein nachträgliches Einebnen durch die Planierstange überflüssig wird.

Bei den Kleinkammern, die keine seitlich schwenkbaren Kammertüren haben (es gibt auch solche), werden diese durch eine Türabhebevorrichtung entfernt. Leergedrückt werden die Kammern in jedem Fall durch eine Ausdrückmaschine mit einfahrendem Stempel und Stoßschild. Die Ausbildung dieser Hilfsmaschinen, die vielfach noch mit einer Planierstange ausgerüstet sind, richtet sich ganz nach den vor-

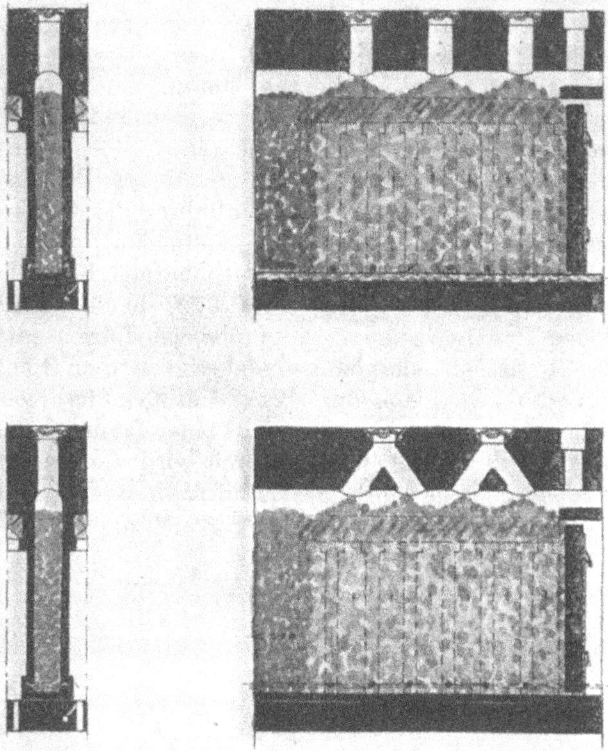

Abb. 55 a). Horizontalofen für kleinere Leistungen mit Didier-Goffin-Dampfverfahren.

handenen Platzverhältnissen. Gegebenenfalls muß auch hier der Stößel aufgerollt werden. Einige Ausführungsbeispiele zeigen die nachstehenden Abb. 65, 67.

H. Be- und Entlüftung des Ofenhauses.

Lage und Gestalt des Ofenhauses ist bedingt durch die geographische Lage, den Gesamtgrundriß des Werkes, durch die Förderanlagen, die gewählte Ofenbauart und die vorgesehene Art der Werkserweiterung. Liegende Retorten und Horizontalkleinkammern erfordern neben einer Unterkellerung für den Generator meist nur einen eingeschossigen Bau. Man sorgte bisher möglichst dafür, daß die Dämpfe, insbesondere die schweflige Säure, wie sie beim Entschlacken der Generatoren entstehen, durch eine Massivdecke gehindert werden, vom Kellergeschoß nach oben ins Ofenhaus zu dringen. Dies hatte zur Voraussetzung eine Abdichtung zwischen Decke und Generator. Bei Neuausführungen wird man anstreben, den Ofen so hoch zu legen, daß der Generatorflur ebenerdig zu liegen kommt, nicht mehr in den Keller. Er dient dann zumeist auch als Flur für die Koksabfuhr. Die früher vorhandene Volldecke entfällt heute ganz und macht einer Schiebebühne Platz, die von dem Bedienungsmann hinter den Öfen vereinigt mit einer Überleitschurre oder Aufnahmebunker auf der Entladeseite verfahren wird. Dadurch erhält auch der früher düstere Generatorflur Licht und Luft, und Dämpfe usw. können frei nach oben abziehen. Der Generatorflur hat meist keine Fenster, sondern nur Schiebe- oder Hubtüren. Der Ladeflur kommt gleichzeitig um Generatorbauhöhe höher zu liegen, wodurch die Förderanlagen beeinflußt werden.

Hat das Ofenhaus noch mehrere Zwischenbühnen, z. B. bei oberer Füllung der Horizontalkammern, so empfiehlt es sich, deren außerhalb des Ofens gelegenen Belag mit gelochten Blechen, Stegrosten oder sog. »Streckmetall« auszurüsten, wodurch die Belichtung und Entlüftung des Ofenhauses nicht gestört wird. Außerdem ist auch die Möglichkeit für Staubablagerung verringert und die Sicht und Verständigung des Ofenhauspersonals untereinander erleichtert gegenüber Vollblechbühnen oder Volldecken.

Eine Reihe von Ofenbaufirmen geht auch dazu über, die Lüftungsverhältnisse im Ofenhaus dadurch zu verbessern, daß sie für Abführung der beim Laden aus den Entgasungsräumen austretenden Füllgase sorgen. Nachdem heute die Herstellung der Einzeltauchung während des Ladens schon die Regel geworden ist, das Steigerohr also während dieser Zeit an seiner Ausmündung in der Vorlage, dem Tauchrohr, durch einen Flüssigkeitsabschluß gedichtet ist, besteht die Möglichkeit, dieses Steigerohr vor der Einmündung in die Vorlage wahlweise trennbar an eine über Dach führende Entlüftungsleitung anzuschließen. Es sind auch Ausführungen bekanntgeworden, bei denen mehrere Ofenabzüge über den Putzdeckeln der Steigerohre mit einer Sammelhaube zusammengefaßt werden und so gruppenweise ein gemeinsames Abzugsrohr über Dach erhalten. Die erstgeschilderte Ausführung der Einzelrohre ist aber vorzuziehen (Abb. 56).

Die Entlüftung der Ofenhäuser geschah früher meist durch das Aufsetzen einer oder mehrerer sog. Dachlaternen. Trotzdem sie vielfach die ganze Länge des Dachfirstes ausmachten, ließ ihre Wirkung sehr zu wünschen übrig. Zu beiden Längsseiten dieser Dachreiter (Laternen) lagen sich schräggestellte Leitstreifen gegenüber, die jeden Querwind oben an der höchsten Stelle des Ofenhauses glatt durchließen, aber nach unten wie ein nachgiebiger Schieber wirkten, jeden Abzug im Ofenhaus verhindernd (Abb. 56). Richtiger ist es deshalb, keine sog. Laternen zu verwenden, sondern konische Entlüftungsschächte, die oben vollkommen offen bleiben und gleichzeitig als Lichteinfallschächte wirken. Dadurch entsteht ungestörter Auftrieb (Abb. 57).

Es erübrigt sich der Hinweis, daß jedes Löschverfahren außerhalb des Ofenhauses demjenigen im Ofenhaus (Löschrinne usw.) vorzuziehen ist, soweit nicht der Koks in der Kammer selbst gelöscht wird.

Die mehrreihigen waagerechten Kleinkammern, die in vorhandene Ofenhülsen eingebaut werden, stellen keine neuen Anforderungen an die Ausgestaltung des vorhandenen Ofenhauses. Wenn aber eine Ofen-

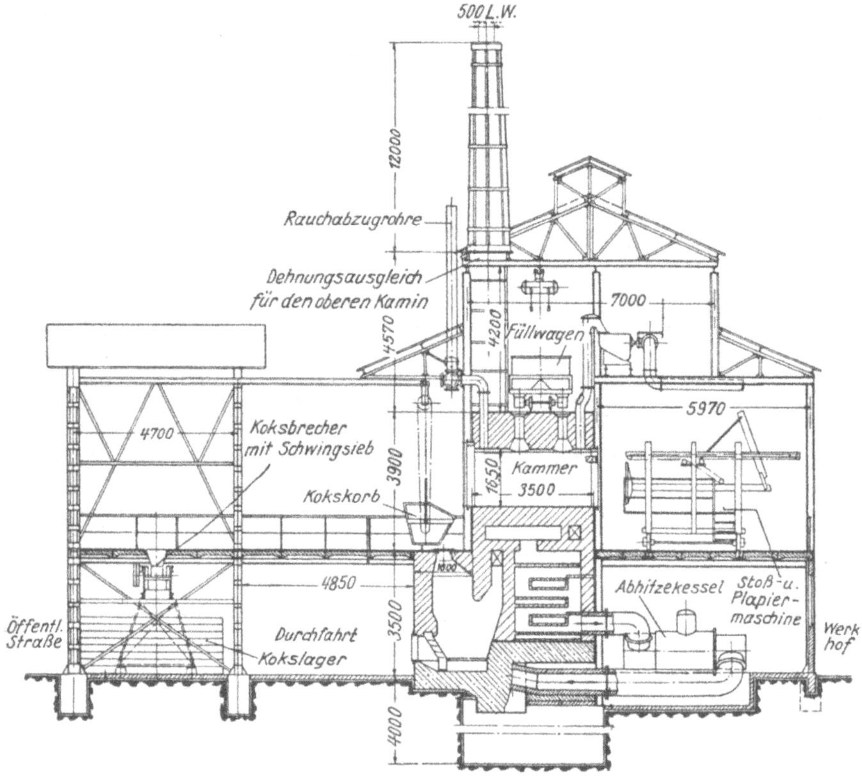

Abb. 56 a). Horizontalkammerofen Crailsheim mit Beschickungs- und Entleerungsvorrichtung, Füllgasabzug und Abhitzeverwertung.

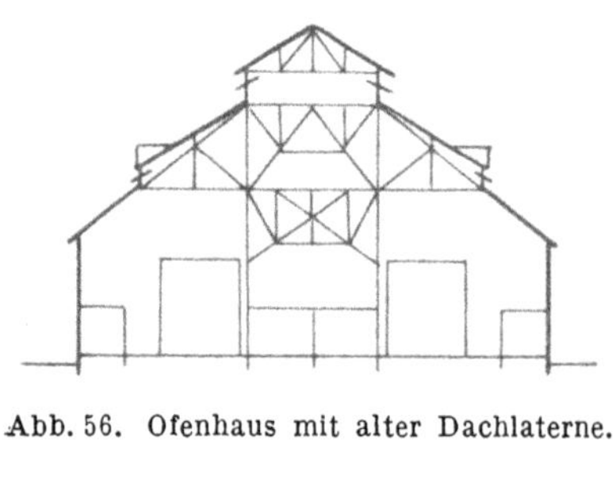

Abb. 56. Ofenhaus mit alter Dachlaterne.

Abb. 57. Ofenhaus mit richtiger Dachentlüftung.

anlage an anderer Stelle neu aufgebaut wird, geht man im Gaswerksbetrieb mehr und mehr dazu über, die Öfen ohne Ofenhaus ins Freie zu stellen und höchstens die Ofenverankerung durch Stiele (gelenkig) zu verlängern als Tragstützen für ein Dach über eine allseitig offene Ofen- und Bedienungsbühne. Irgendwelche gesundheitlichen Schädigungen des Heizerpersonals haben sich bisher aus dieser Bauweise im deutschen Klima nicht ergeben. Strahlende Ofenwärme oder Kokshitze verlieren hier an Wirksamkeit. Licht- und Luftzutritt bei dieser Bauweise finden immer mehr Anklang. In kalten Gegenden wird man ohne schützendes Ofenhaus nicht auskommen.

I. Ablöschen von Koks.

1. Löscheinrichtungen.

Da der Koks neben dem Gas das Haupterzeugnis des Gaswerks darstellt, muß beim Löschen und Fördern darauf geachtet werden, daß er in keiner Weise an Wert verliert. Bei Retorten, die am hinteren Ende geschlossen sind, geschieht heute noch die Entleerung mittels Ziehhaken in einen schubkarrenartig ausgebildeten Kastenwagen und die Ablöschung entweder im Ofenhaus selbst oder auf dem Werkshof. Der Arbeiter zieht den zweirädrigen Wagen hinter sich her, damit er sich beim Fahren stets im frischen Luftzug (Fahrwind) bewegen kann; beim Schieben würde die Gluthitze dauernd auf ihn zugetrieben werden. Manchmal findet auch vor den Öfen schon eine Vorlöschung durch Überbrausen statt, während das Ablöschen erst auf dem Hof geschieht. Ein Wassereimer, eine Gießkanne oder ein Schlauch waren und sind heute noch die einfachsten Löschgeräte (Abb. 58).

Der Unterfeuerungsbedarf der ersten Öfen (der nach Möglichkeit mit ungelöschtem Koks gedeckt wurde) war vergleichsweise hoch (etwa

Abb. 58. Schubkarre zur Koksbeförderung.

30 bis 50%), so daß auf kleinen Werken das Löschproblem keine bedeutende Rolle spielte und heute noch nicht spielt.

Bei den größeren Werken, die anfänglich alle mit einer Vielzahl von Horizontalretorten arbeiteten, waren auch die Anfallmengen und damit die Löscharbeit erheblicher, so daß man eigene Vorrichtungen schuf für das Ablöschen. Wird beispielsweise der Koks unterhalb des Retortenhausfußbodens abgeführt, so ordnet man vor den Öfen bewegliche Brausen an. Ein fahrbarer Trichter wird vor die zu entleerende Retorte gebracht, der so eine Überleitschurre bildet zwischen dem Retortenmundstück und der Fußbodenöffnung. Unter dieser Öffnung befindet sich gewöhnlich ein Sammelbehälter, aus dem der aufgefangene Koks in Feld- oder Hängebahnwagen abgezogen und damit weitergefahren werden kann.

Bei ebenerdiger Abfuhr befestigt man an einer Wand einen Wasserbehälter mit selbsttätig zulaufender, abgemessener Wassermenge, die der zu löschenden Koksmenge entspricht, und entleert den Wasserinhalt durch eine einfache Zugvorrichtung. Das Wasser fließt dann einer ortsfesten Leitung zu, die am Auslaß ein System von Brauserohren besitzt, so daß die Koksfläche möglichst gleichmäßig abgebraust wird. Bringt man unter dieser Vorrichtung einen Wasserablauf mit einer Sammelgrube zum Abscheiden von Feinkoks an und darüber noch einen Abzugsschlot, so stellt dies den Übergang zum »Löschturm« dar.

Der Kokskarren, den früher ein vollwandiger Blechkarren bildete, wurde später fast ausschließlich aus Flacheisengitterstäben hergestellt, so daß Überschußwasser leicht ablaufen konnte und die Instandhaltung leicht vorzunehmen war. Diese Art der Ausführung gestattete auch die Anwendung des sog. Tauchverfahrens. Zu diesem Zwecke war der Kokskarren so ausgebildet, daß der Korb vom Fahrgestell abgehoben werden konnte. Die Hubvorrichtung, an die der Löschkorb umgehängt und dann in die Löschgrube abgesenkt werden konnte, befand sich ortsfest im Löschturm. Dieser konnte gemauert sein oder auch in Leichtbauweise aus Rabitzwänden hergestellt werden.

Nach Abheben des Kokskorbes wird der Koks durch das Hubwerk schnell abgelassen und vollständig untergetaucht. Das Wasser läuft in alle Zwischenräume der Koksschüttung, jedes Koksstückchen außen befeuchtend und eine Dampfschicht darum bildend, so daß ein weiterer Abbrand verhindert und die Glut erstickt wird. Wassergasflammen, die allenfalls an der Oberfläche auftauchen, werden durch Deckenbrausen erstickt. Man läßt dem Koks keine Zeit, Wasser aufzusaugen, sondern sowie die Dampfbildung anfängt, an Heftigkeit nachzulassen, wird der Kokskorb schnell wieder hochgezogen, auf das Fahrgestell abgesetzt, zum Lager gefahren und dort ausgekippt. Durch die dem Koks noch anhaftende Innenwärme findet eine Nachverdampfung statt. Während dieses Vorgangs wird auch das einzelne Koksstückchen in seinem Kern durch Wärmeabfluß nach der nassen kalten Außenseite so weit unterkühlt, daß seine Eigenwärme unter den Zündpunkt sinkt, so daß selbst bei Sturmwind ein Wiederentzünden und Verbrennen des Kokses ausgeschlossen ist. Vorgenannte Löscheinrichtung ist als »Gülich-Löschturm« bekanntgeworden und hat sich in der Praxis gut eingeführt.[1]) (Abb. 59).

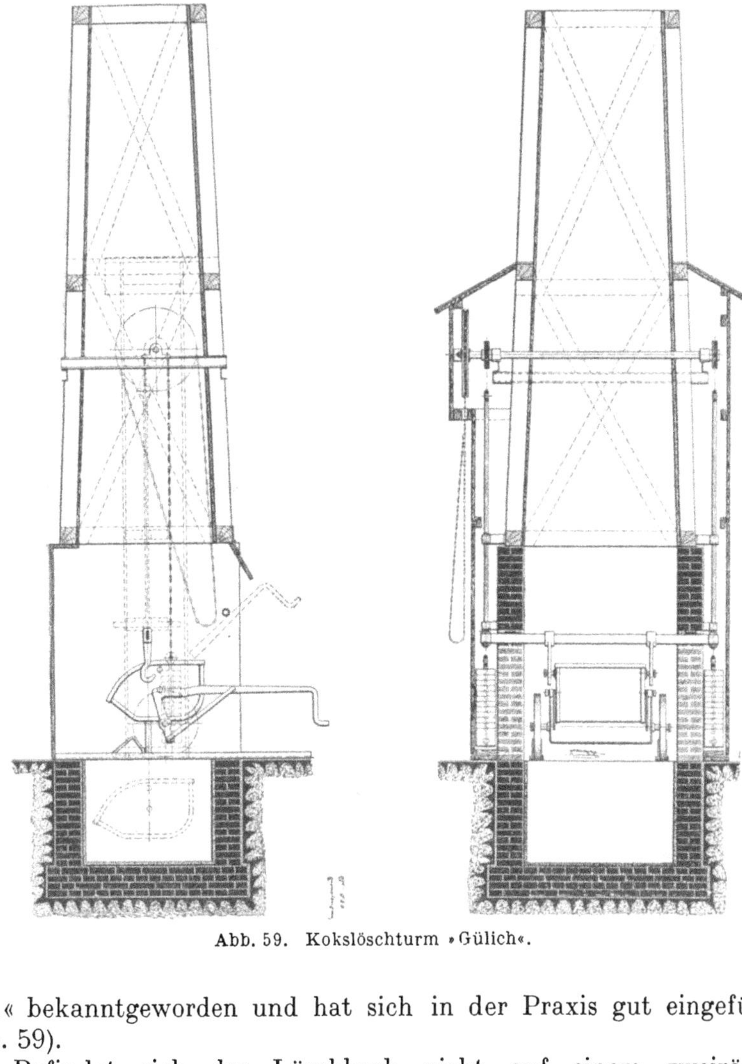

Abb. 59. Kokslöschturm »Gülich«.

Befindet sich der Löschkorb nicht auf einem zweirädrigen Fahrgestell, sondern an einer Hängebahn, so waren bisher einerseits große Einfahrtstüren in den Löschturm notwendig, andererseits litten die Laufkatzen stark unter der Einwirkung des Löschdampfes. Diesen

[1]) Journal f. Gasbeleuchtung **51** (1908), S. 946.

Nachteil vermeidet die in Abb. 60 gezeigte Löschturmausführung der Firma Eitle, Stuttgart, Bauart Wollersheim, bei der die Katze samt Laufschiene und Rolle oder gegebenenfalls auch das Kranseil außerhalb des Löschturms bleiben kann. Dies wird erreicht durch einen mit Einweisern versehenen Längsschlitz durch das Dach des Löschturms, der das Löschturmgebäude eigentlich in zwei selbständige Teile zerschneidet. Das Gehänge des Kokskorbes ragt durch diesen Schlitz hindurch. Befinden

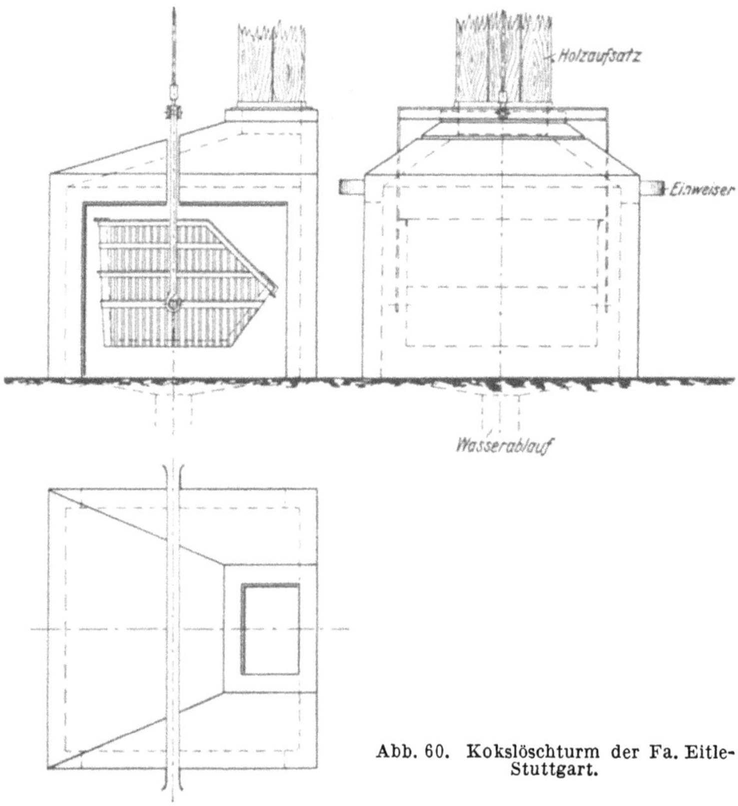

Abb. 60. Kokslöschturm der Fa. Eitle-Stuttgart.

sich Korb und Gehänge an einem Hubwerk, dann kann in dem Löschturm auch das Tauchverfahren oder das Bodenlöschverfahren angewandt werden (Abb. 60).

Wichtig, aber selten ausgeführt ist es, daß die Ein- und Ausfahrtstore des Löschturmes während des Löschens zur Zugunterbindung geschlossen werden, je nach den örtlichen Verhältnissen mittels Hub-, Schiebe- oder Flügeltüren. Geschieht dies nicht, so reißt der aufsteigende, überhitzte Dampf große Mengen kalter Luft mit in das Löschturminnere, manchmal den Koks besonders an den Ecken des Löschwagens zur

Glut anfachend, in jedem Falle aber eine Menge von Flugkoksstaub mit sich führend, der bald alle Dachrinnen des Werkes eben ausfüllend zerstört und sich auch in der Umgebung des Gaswerkes unliebsam bemerkbar macht. Bei geschlossenen Türen soll im Löschraum ein Überdruck entstehen, der ein Eindringen von Kaltluft verhindert und eine Stickwirkung auf den Koks ausübt. Lediglich der entstehende Dampfüberdruck soll durch den Abzug entweichen. Man wird den Löschturm so legen, daß bei der Hauptwindrichtung der Löschdampf nicht ins Ofenhaus getrieben wird.

Der Baustoff, der für Löschrampen, Löschtürme (ortsfeste) und Löschgruben verwendet wird, besteht zweckmäßig aus hartgebrannten Klinkersteinen oder -platten, die sowohl dem Abrieb, den Wärmeschwankungen als auch den chemischen Einflüssen standhalten. Wegen der schwefligen Dämpfe eignet sich Blech für Löschdampfschlote am wenigsten. Man bevorzugt Holz, Leichtbeton, Eternitplatten oder ähnliche Baustoffe.

In vielen Werken geschah und geschieht die Ablöschung in sog. Löschrinnen, die vor oder hinter dem Ofen angeordnet sind je nach der Entleerungsrichtung der Öfen. Bei den Löschrinnen gibt es eine Vielzahl von Abwandlungen: solche, die durch Mitnehmerstege, die zwischen einer Schleppkette angeordnet sind, in einem Löschtrog den Koks schiebend bewegen (Kratzer-Rinnen), oder als tragende Rinnen auf eigener vielteiliger Unterlage den Koks durch einen Wassertrog tragen. Man hat sogar die Kette mit Laufrollen und Schmiervorrichtungen für die Bolzen versehen, wobei die Tragrinne hängend auf Schienen im Löschtrog liegt.

Allen Löschrinnen gemeinsam ist hoher Verschleiß durch die ungünstigsten Betriebsverhältnisse: Erhitzen des Baustoffs durch den ca. 1000° heißen Koks und dann plötzliches Abschrecken durch das Löschwasser. Die Temparaturunterschiede, die dabei im Baustoff Verziehungen und Spannungen erzeugen, tragen neben den ausgedehnten Löschleitungen und der entstehenden Paste aus Wasser und feinem schmirgelartigem Koksstaub zu den unerwünschten Entladestörungen mit ihren Rückwirkungen auf den Ofenbetrieb bei.

Die Löschrinnen hatten einen schlecht genutzten Kraftaufwand insofern, als sie stundenlang im Dauerbetrieb liefen, solange die Ofenladungen andauerten, obwohl sie während der Füllzeiten der Retorten und Generatoren gar nicht in Anspruch genommen wurden. Sie liefen über Kettensterne an beiden Enden, die verschiebbar mit Nachspannvorrichtungen versehen waren und von denen sich in Laufrichtung das eine Ende aus dem Löschtrog ansteigend zur Abwurfstelle erhob; das entladene Trumm kehrte endlos an der Unterseite des Löschtroges über den hinteren Umlenkstern wieder in den Trog zurück (Abb. 61).

Wesentlich größer ist die Schonung des Kokses bei den Kübelbetrieben, die den Inhalt mindestens eines Entgasungsraumes fassen und die den Koks meist ohne Zwischenumladung von der Anfallstelle über die Löschvorrichtung nach dem Lager oder zur Koksaufbereitung bringen (Abb. 62). Die Löschung geschieht bei den Kübelbetrieben fast ausschließlich in Löschtürmen. Die Kübel sind meist wieder Körbe aus Flacheisenstabrosten, die als Hängebahn mit Hubwerk (wegen der verschiedenen Entladehöhen bei den Retorten und Kleinkammern) von

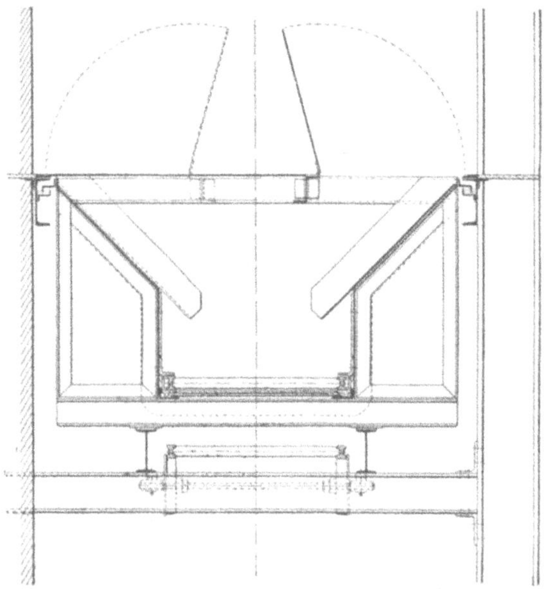

Abb. 61. Rinne zum gleichzeitigen Löschen und Abfördern von Koks.

Abb. 62. Koks aus Feinkohle, in den Horizontalkammeröfen des Gaswerks Beuel erzeugt.

Hand oder durch Kraftantrieb bewegt werden. Befindet sich der Kraftantrieb unmittelbar über dem Korb, so wird er zweckmäßig gegen Hitze und Löschdampf durch ein mit Dämmstoffen versehenes Schild geschützt.

Bei den Horizontalkleinkammern, die an Stelle der Horizontalretorten eingebaut wurden, bleiben im allgemeinen die gleichen Förder- und Löschmittel bestehen, nötigenfalls wurden sie in den Ausmaßen etwas vergrößert. Ein Beispiel hierfür bietet die Ofenanlage im Gaswerk Langenthal, Schweiz[1]), die nachstehend abgebildet ist (Abb. 63). Man erkennt einen Neuner-Horizontalretortenofen und daneben einen Kleinkammerofen mit drei Kammern von 3750 mm Länge, 1650 mm Höhe, 270 mm mittlerer Breite für eine Tagesleistung von 2500 m^3

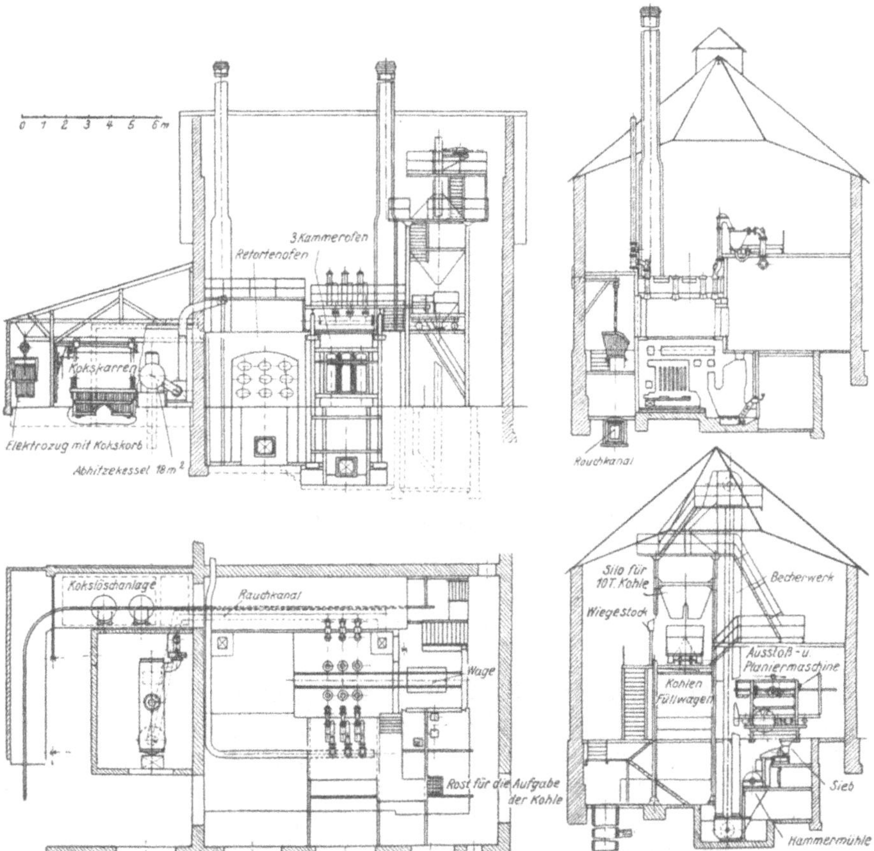

Abb. 63. Retorten und Kleinkammern im Gaswerk Langenthal mit angepaßten Fördermitteln.

[1]) Monatsbulletin d. Schweiz. Ver. v. Gas- u. Wasserfachm. 16 (1936).

Gas in 24 h bei Naßbetrieb. Das Ladegewicht beträgt bis zu 780 kg Kohle, dementsprechend das Koksgewicht bis 540 kg gegenüber einem früheren Retortenkoksgewicht von nur 120 kg. Die Kokskörbe mußten entsprechend verlängert werden, ebenso die Löschkessel, in die hinein die Körbe versenkt werden. Nach erfolgter Abkühlung des Kokses werden die Körbe mittels des vorhandenen Elektrozuges hochgezogen und zur Kokssortierung gefahren.

Außerdem sind noch eine ganze Reihe von Lösch- und Erstickungsverfahren entwickelt worden mit dem Endzweck, den Koks möglichst

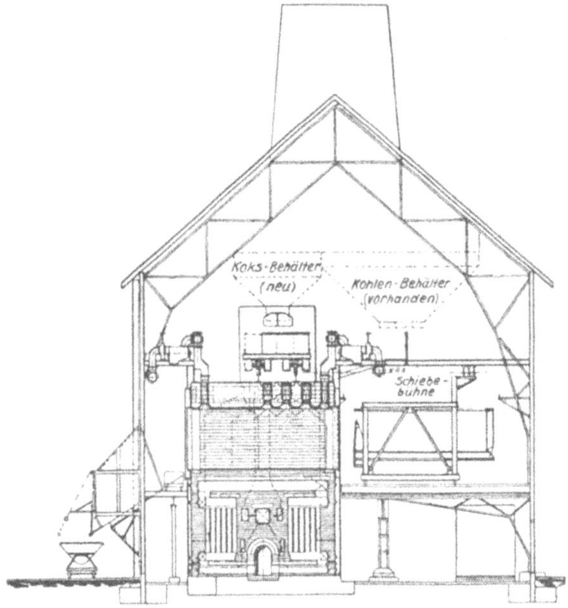

Abb. 64. Horizontalkammerofen in ein bestehendes Ofenhaus eingebaut.

zu schonen und seine fühlbare Wärme in irgendeiner Form wieder zurückzugewinnen. Dies führte zu kostspieligen Anlagen für trockene Kokskühlung mit eigenen Heißkoksförderanlagen (oft noch mit Hubwerken) mit Kammern aus Metall, Stein oder Beton, gas- und dampfdichten Verschlüssen, Armaturen, Rohrleitungen, Gebläsen, Röhrenkesseln usw. Trotz der wünschenswerten Rückgewinnung dieser Wärme haben sich solche Anlagen infolge der hohen Beschaffungs- und Instandhaltungskosten weder im In- noch im Auslande in nennenswertem Umfang einführen lassen.

Eine einfache Lösung der Kokslöschung und Wärmerückgewinnung ohne Anhäufung von Apparaten und Fördermitteln hat die Firma Didier gefunden mit ihrer Kühlkammer. Dadurch ist es ihr tatsächlich gelungen, die Vorteile des Vertikalofens mit ununterbrochener Wanderladung, bei dem der Koks im Ofen gekühlt und gelöscht wird, auf den unterbrochenen Betrieb des Horizontalofens zu übertragen, wobei keinerlei Wertminderung des Kokses eintritt wie bei dem Ofen mit Wanderladung. Bei den nassen Löschverfahren, die sich außerhalb des Ofens vollziehen, wird die fühlbare Kokswärme, die dem Ofen entzogen wurde, tatsächlich vernichtet (mit Ausnahme der oben angedeuteten Rückgewinnungsanlagen), während sie bei der Didier-Kühlkammer dem Ofen (wie beim Ofen mit Wanderladung) wieder restlos zurückgegeben wird. Bei diesem schließt sich an einen Horizontalofen für kleine Leistung noch eine zweite unbeheizte Kammer an (Abb. 64). Ist die Kohle ausgegart, dann wird sie von der Maschinenseite aus um die Länge der beheizten Kammer in die unmittelbar anschließende Kühlkammer geschoben. Hier kann sofort mit der Wassergasherstellung begonnen werden (s. S. 133). Der Wasserdampfzusatz in der Kühlkammer wird fortgeführt bis zur völligen Kühlung des Kokses, der bei seiner Entleerung normalerweise keiner Nachlöschung mehr bedarf.

Da diese Kokslöschung jeden Zwischentransport zu irgendwelchen außerhalb des Ofens liegenden Löscheinrichtungen vermeidet und im Ofen selbst geschieht, also ohne all die vorgenannten kostspieligen Anlagen, und da die frei werdende Löschwärme dem Ofen, dem sie entnommen wurde, wieder zurückgegeben wird, so ist nach dem heutigen Stand der Löschtechnik kaum ein Verfahren denkbar, das noch billiger, mit weniger Verschleiß und wärmewirtschaftlich richtiger arbeiten könnte. Bemerkenswert ist auch, daß die Ofenänderung, d. h. die Verlängerung durch Anbauen der Kühlkammer, sogar ohne Betriebsunterbrechung der in Betrieb befindlichen Öfen vorgenommen werden kann. Die Kammer erhält solange eine provisorische Abschlußwand. Es wird erst der neue Kammerboden ausgeführt und dann nacheinander die linke und die rechte Kammerwand. Die Möglichkeit eines solchen Kühlkammeranbaus besteht sowohl bei den Kleinkammern als auch bei den mittleren und Großkammern, soweit die Platzverhältnisse hinter dem Ofen dies gestatten.

Bei Horizontalkammeröfen, die nicht mit Kühlkammern ausgerüstet sind, bei denen sich die Löschung außerhalb des Entgasungsraumes vollzieht, ist man bestrebt, beim Ausdrücken den Koks in möglichst niederer Schicht breit auszulegen (Wagen, Rampe, Löschturm), damit die durch das Abbrausen erreichte Oberflächenkühlung möglichst groß wird und auch die Auskühlung in der Tiefenrichtung wirksam vor sich gehen kann[1]).

---

[1]) Siehe auch Preisausschrb. d. DVGW. (Binder, Buchholz, Rodde, Gas- u. Wasserf. **66** (1923), S. 314, 410 u. 518).

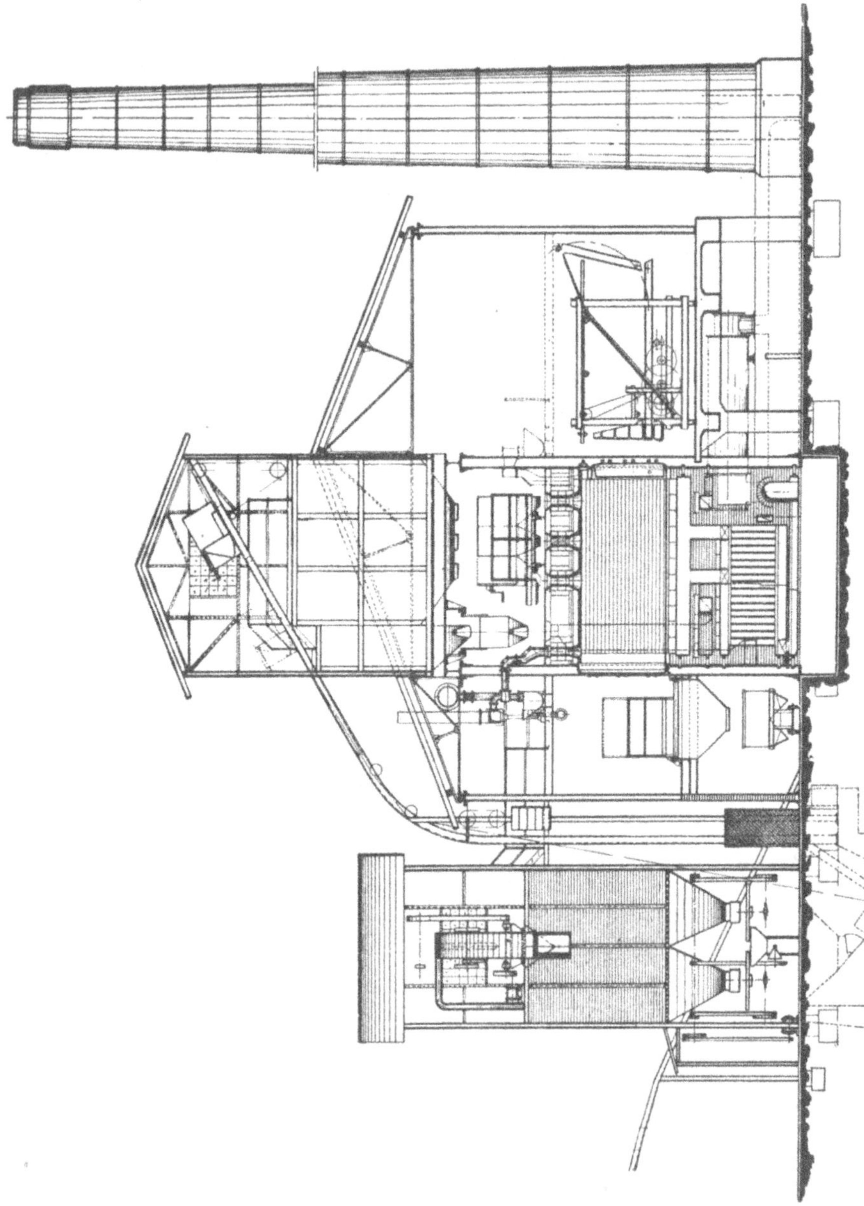

Abb. 65. Horizontalkammerofen mit Rekuperator und Kühlkammer.

2. Verbindung von Entgasungskammer mit der Kühlkammer.

Eine bemerkenswerte Neuerung im Bau von Gaserzeugungsöfen stellt der Didier-Horizontalkammerofen mit Kühlkammer dar. Zunächst kann die Horizontalkammer in ihrer ganzen Länge (5 m) als normale Entgasungskammer beschickt werden. Dafür sind Heizzüge, Rekuperator, Generator und die Ausdrückmaschine usw. eingerichtet (Abb. 65). Soll dieser Ofen aber zur Hälfte als Kühlkammer betrieben werden, so wird auf der Seite der Kühlkammer all das stillgelegt, was nicht benötigt wird. Die oberen Füllöcher in der Decke und die Gas- und Luftkanäle zur Beheizung der Wände werden abgemauert, und der Generator wird in seiner wirksamen Fläche durch Vermauern der oberen Stufen des flach liegenden Treppenrostes verkleinert.

Wird der Ofen ohne Kühlkammer, also vollgeladen betrieben, und wird der Koks ungelöscht ausgestoßen, so muß dieser in der üblichen

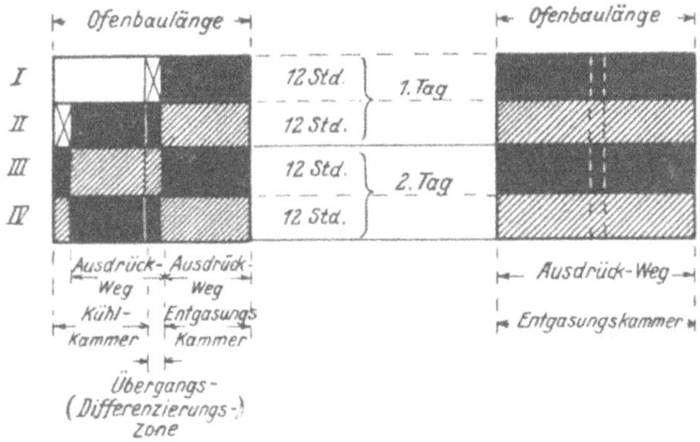

Abb. 66. Betriebsplan für Didier-Horizontalöfen.

Weise in einem Löschturm gelöscht werden; wird der Ofen aber mit Kühlkammer, also zur Hälfte geladen betrieben, d. h. wird der Koks im Ofen selbst mit Dampf gelöscht, so wird nur noch ein Kaltkokstransport benötigt.

In letzterem Falle geht der Betrieb praktisch so vor sich, daß die Kohle etwa 12 h in der Garungskammer bleibt, worauf der Koks in die Kühlkammer geschoben wird, um dort nochmals 12 h zur Wassergas- und Spüldampferzeugung einschließlich Kühlung bzw. Löschung zu verbleiben. Die nebenstehende Darstellung (Abb. 66) läßt deutlich den Ladeplan bei der doppelt möglichen Verwendungsweise des Ofens erkennen.

Man erkennt, daß es sich hier um einen Horizontalkammerofen handelt, der in sich eine 100proz. Bereitschaft hat, wenn die hintere Kammerhälfte nicht als Kühlkammer, sondern ebenfalls als Entgasungs-

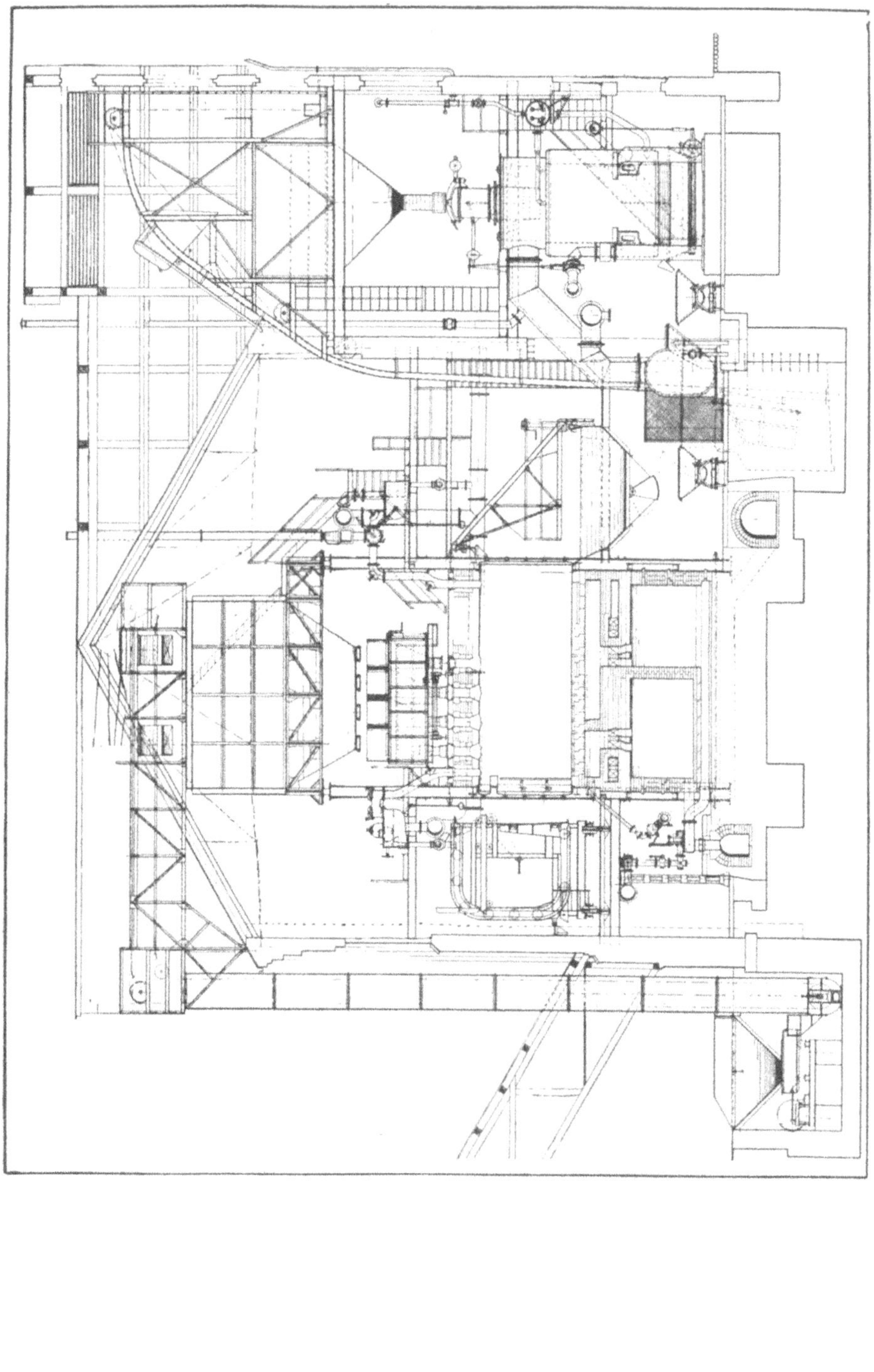

Abb. 67. Horizontalkammerofen mit Kühlkammer, Regenerator und Zentralgenerator.

raum Verwendung findet, d. h. die Leistung einer solchen Ofenanlage auf gegebener Grundfläche verdoppelt sich auf die Länge der Horizontalkammer. Diese Bauart ist aus kleinen Anfängen hervorgegangen, und zwar zunächst aus zweireihigen Kleinkammern mit 1 m bis 1,2 m Kammerhöhe und 0,34 m mittlerer Breite und bis 5 m Länge, wobei der vordere Teil der Kammer, und zwar $2\frac{1}{4}$ m als Garungsraum, 0,5 m als »Differenzierungsraum« und weitere $2\frac{1}{4}$ m als Kühlraum ausgebildet waren. Die damit erzielten Erfolge ermutigten die Firma Didier, diese Einrichtung auch bei einreihigen Kammern mit Füllung von oben einzuführen, wobei schrittweise die lichte Kammerhöhe auf 1,5 m, dann 2 m und zuletzt auf 2,5 m bei einer Gesamtlänge von 5 m anwuchs (Abb. 67).

Würden Garungs- und Kühlkammer übergangslos aneinanderstoßen, so würde der ausgegarte Koks, nachdem er in die Kühlkammer gedrückt wurde, zwar mit seiner Schmalseite zunächst die eingesetzte Frischkohle beheizen, in weiterem Verlauf der Kühlung aber wieder abkühlen. Es fände ein ständiger Wärmeabfluß nach der Kühlkammer statt, und beim Leerdrücken würde eine Zone nichtgelöschten Kokses mit ausgestoßen. Um diese gegenseitige Beeinflussung beider Kammerfüllungen unwirksam zu machen, war die Zwischenschaltung der sog. Differenzierungszone in einer Tiefe von $\frac{1}{2}$ m notwendig. Sie ist nach dem Ausdrücken der Kammer stets angefüllt mit dem letzten Teil des Kohleneinsatzes, der bisher an der Türe der Maschinenseite lag und eben ausgegart wurde, und erhält hier in der Trennzone gewissermaßen noch eine Nachgarung. Beim nächsten Ausstoßen wandert die Füllung dieser Zone bis an die Ausstoßtüre. Hier wird sie mit in die Kühlung einbezogen und das nächste Mal mit ausgestoßen. Da sich beiderseitig der Zone deutlich eine sog. Koksnaht bildet, bleibt beim Ausstoßen eine senkrechte Kokswand bestehen.

Beim erstmaligen Füllen bleibt die Kühlkammer unbesetzt. Die Trennzone wird durch ein miteingesetztes Holzschild angedeutet, das mit entgast und später mit ausgestoßen wird. Bis dahin hat sich aber die Kohle bei der Verkokung schon so weit verfestigt, daß die vordere Schmalseite als senkrechte Wand stehenbleibt. Von hier aus beginnt der vorgeschilderte Normalbetrieb.

Der Vorteil der Kühlkammer besteht darin,

1. daß der Koks bei der Dampflöschung in der Kühlkammer gegenüber dem Abschreckverfahren mit kaltem Löschwasser wesentlich mehr geschont wird. Es können sich langsam innere Spannungen ausgleichen, ohne den Koks zu zersprengen, und der Koks kommt trocken aus der Kammer, wodurch für Lagerkoks im Winter die Gefahr der Wertminderung durch Frost verkleinert wird,

2. daß der sonst übliche Löschwasserverbrauch mit der damit verbundenen Eingefriergefahr entfällt, mit dem wegfließenden Überschußwasser, das leicht zu Verstopfungen der Werkskanalanlage führt. Ferner verbessert sich das Aussehen des Kokses, da sich bei der trockenen Löschung kein Koksgrus anhängt, wie bei der Naßlöschung,
3. daß die Löschung selbst ganz ohne durch Kraftantrieb bewegte Löscheinrichtungen vor sich geht, deren Reparaturen sonst zwischen den Ladezeiten von der Werkstatt erledigt werden mußten, und daß für die Abfuhr nur mehr ein wenig beanspruchtes Kaltkoksfördermittel in Frage kommt,
4. daß beim Löschen in der Kühlkammer kein Flugkoksstaub entsteht, der mit den Löschschwaden fortgerissen wird und sich irgendwo im Werk und seiner Umgebung absetzt, und daß die sonst gen Himmel aufsteigenden Löschdampfwolken damit verschwunden sind,
5. daß die in der Garungskammer aufgenommene fühlbare Wärme durch die Kühlkammer dem Ofen fast restlos wieder zurückgegeben wird unter Bildung von Spüldampf und Wassergas, ohne die sonst üblichen Geldmittel bindenden und hohem Verschleiß unterliegenden Wärmerückgewinnungsanlagen,
6. daß die Möglichkeit besteht, bei steigendem Gasbedarf in kurzer Zeit und mit geringen Änderungen die Kühlkammer ebenfalls als Garungsraum verwenden zu können.

7. Teil

Kokskühlung Koksaufbereitung

Von

Dr.-Ing. Fritz Wehrmann
Duisburg

A. Einleitung. Das Beiprodukt Koks; Anforderungen an die Koksbeschaffenheit und Koksaufbereitung.

Der Koks hat im Entwicklungsgange der Gaswerke vom ursprünglich lästigen bzw. als unvermeidbar hingenommenen Nebenerzeugnis eine immer ausgeprägtere Bedeutung gewonnen, nicht nur als für viele Zwecke besonders geeigneter Brennstoff, sondern vor allem auch als wichtiger und oft entscheidender Faktor in der Wirtschaftlichkeits- und Selbstkosten-Berechnung der Gaswerke. Er kann heute nicht mehr als Nebenprodukt bezeichnet werden, sondern er stellt ebenfalls ein Hauptprodukt dar, und seine Erzeugung und Behandlung ist im allgemeinen in ähnlicher Weise in den Vordergrund getreten und jetzt der Gaserzeugung gleichbewertet, wie in den Kokereien die früher nebenbeachtete Gaserzeugung in gleiche Bewertung mit der Kokserzeugung aufgerückt ist.

Der höheren Bedeutung des Kokses entsprechen die gesteigerten Bemühungen um verbesserte Erzeugung, Behandlung und Aufbereitung.

Hinsichtlich der für die Koksbildung und Verbrennlichkeit maßgebenden Einflüsse (Kohlen-Auswahl und Mischung, Ofenbauart, Entgasungstemperaturen u. dgl.) kann auf die einleitenden Ausführungen (Bd. I, Einl., 1, 2) verwiesen werden.

Die Anforderungen, die an den Verkaufskoks gestellt werden, sind: Wassergehalt in angemessenen Grenzen; Korngrößen-Begrenzung entsprechend der Handelsbezeichnung der Sortierung; möglichst geringer Gehalt an Unterkorn (Zerfall und anhängender Grus); möglichste Lager- und Transport-Beständigkeit.

Die Auswirkung dieser Anforderungen ist naturgemäß örtlich verschieden; bei günstiger Absatzlage pflegen die Anforderungen weniger hoch zu liegen; harter Koks erfordert weniger weitgehende Einrichtungen als weicher Koks. Grundsätzlich soll aber der Gaswerkbetrieb nicht erst Absatzschwierigkeiten abwarten, sondern von vornherein oder bei jeder sich ergebenden Änderungsmöglichkeit die Vorkehrungen treffen, die die Abgabe des wichtigen Beiproduktes Koks in bester Form sichern.

B. Koksbehandlung ab Ofen bis Aufbereitung.

1. Durch Betriebsverhältnisse bedingte Voraussetzungen.

Die Koksbehandlung ist zunächst stark beeinflußt durch die Werksgröße. Weitgehende Mechanisierung kann bei einer gewissen Kleinheit des Betriebes unwirtschaftlich werden und dann ein weitgehender Handbetrieb mit Kokskarre und Koksgabel die wirtschaftlichste Form sein. Aber je größer die Kammereinheit und damit die jeweils zu fördernde Koksmenge ist, besonders bei aus Lohngründen zusammengedrängten Chargen, desto mehr ist die Mechanisierung notwendig und wirtschaftlich einzurichten. Behr[1]) bezeichnet Gaswerke von 1,5 Mill. m^3/J. an als geeignet für elektrisch betriebene Koksaufbereitung.

Weiter ist der Kokstransport vom Ofen zur Aufbereitung von der Ofenbauart abhängig. Seine Ausbildung am Horizontal-, Schräg- und Vertikal-Ofen ist bereits in den vorangegangenen Abschnitten bei den betreffenden Ofensystemen eingehend geschildert, so daß auf diese verwiesen wird. Nur hinsichtlich der Kokslöschung ist kurz zurückzugreifen.

Beim Löschvorgang, wie auch bei der späteren Behandlung der Koksaufbereitung, ist besonders auf die Arbeiten hinzuweisen, die bei dem vom DVGW in Erkenntnis der Wichtigkeit dieser Betriebsfragen 1922 erlassenen Preisausschreiben über Koksbehandlung[2]) mit Preisen ausgezeichnet wurden[3]) [4]) [5]). In diesen sind die damaligen und im wesentlichen auch jetzt noch geltenden Erfahrungsgrundsätze umfassend zusammengestellt.

2. Kokslöschung.

a) Grundsätze der Kokslöschung.

Wenn ein erstarrter Schmelzfluß, wie ihn der Koks darstellt, im glühenden Zustande einer Abschreckung unterzogen wird, so ist die Ausbildung starker Gefügespannungen unvermeidlich. Hinzu kommen treibende Kräfte im Inneren des Koksstückes, da dieses infolge seiner Porosität nicht nur mit Gasen beladen ist, sondern noch zusätzlich Gasbildung erfolgt, solange die Temperatur im Kern noch eine Umsetzung der von außen eindringenden Wasserdämpfe gestattet. Auf dieser Voraussetzung beruhen die immer wieder betonten Forderungen nach schonender Koks-Löschung und Behandlung.

Nicht nur beim Löschen ist eine gewisse Schonung nötig, sondern auch in der weiteren Behandlung ist sie besonders erwünscht, solange der Koks noch nicht durch Abdampfen und langsame Durchkühlung, etwa auf Lufttemperatur, diese Spannungen und inneren Drücke hat ausgleichen und abklingen lassen können. Deshalb gibt ein im heißen Zustande auf dem Schüttelsieb herumgeworfener Koks mehr Zerfall als ein kalt sortierter. Ferner ist der Koks mit zunehmendem Wassergehalt transportempfindlicher, deshalb soll der Koks nur soweit gelöscht wer-

---

[1]) Gas- u. Wasserfach **71** (1928), S. 158.
[2]) DVGW, Gas- u. Wasserfach **65** (1922), S. 161.
[3]) Binder, Gas- u. Wasserfach **66** (1923), S. 313.
[4]) Buchholz, Gas- u. Wasserfach **66** (1923), S. 409.
[5]) Rodde, Gas- u. Wasserfach **66** (1923), S. 521.

den, daß der heiße Kern der großen Stücke das überschüssige Wasser noch nachverdampfen kann[1]).

b) Arten der Kokslöschung.

Der vorgenannten Forderung, den Koks bis zur vollendeten Abkühlung schonend zu behandeln, entspricht der Koks-Rampen-Betrieb, wie er bei den Horizontaklammeröfen allgemein üblich und auch bei Vertikalöfen in Stettin versucht worden ist. Im übrigen aber überwogen im Gaswerkbetrieb Einrichtungen, die den Koks in seinem empfindlichsten Zustand weniger schonen, und erst in neuerer Zeit entwickeln sich Abänderungen und Neuformen, die, nicht nur in Großwerken, die alten Fehler vermeiden.

Am schädlichsten ist die früher oft bevorzugte Form der Tauchlöschung, die den Koks durch Ersäufen teilweise explosionsartig zersprengt. Obwohl dieses Verfahren sogar patentiert wurde[2]), wurde es doch von Fachleuten wegen seiner Nachteile wiederholt abgelehnt[1]) [3]) und auf die Notwendigkeit einer Ablöschung in möglichst dünner Schicht hingewiesen.

Die Rinnen-Transporte brachten den Koks zwar in dünner Lage zum Löschen, schadeten aber durch den Heißtransport und die mechanischen Einflüsse sehr. Deshalb wurde dieser jetzt überholte, aber in kleinen und mittleren Einheiten noch gebrauchte Löschtransport sehr verschieden ausgebildet.

Die Brouwer-Rinne schleppte den Koks mit einer Mitnehmerkette durch einen gußverkleideten Rinnentrog unter Löschbrausen entlang; besonders bei aufsteigender Anordnung der Rinne wurde der Koks stark zerkleinert[4]). Die Eitle-Rinne ging deshalb zu einem unterteilten, kettenartig zusammengesetzten Stahlgußtrog über, der in einem Blech-Rinnentrog läuft, daher die mechanische Kokszerkleinerung mindert; ebenso die Bamag-Marshall-Rinne[4]), die kettenartig zusammenhängende Eisenkörbe benutzt und durch deren Böden zugleich eine Bodenlöschung ohne Gefahr des Ersäufens ermöglicht. — Die Rinnentransporte sind, abgesehen von der Kokszerstörung, wegen der mit Zunahme der Kammergrößen gestiegenen Beanspruchung und Bruchgefahr stark zurückgetreten. Ein weiterer Nachteil war die Schädigung der Öfen und Ofenarmaturen durch die Löschdämpfe. Diese Schadengefahr besteht auch bei dem Löschturm-Wagen der Schrägkammeröfen, weshalb Müller[5]) diesen Wagen in Leipzig als Überleitungsbunker umbildete und den Koks in einem Muldenwagen einem Löschturm zuführte.

---

[1]) Rodde, Gas- u. Wasserfach **66** (1923), S. 521.
[2]) Schöndeling, DRP. 348331.
[3]) Schumacher, E., Gas- u. Wasserfach **72** (1929), S. 97.
[4]) Strache, H., Gasbeleuchtung u. Gasind., 1. Aufl., Braunschweig 1913.
[5]) Gas- u. Wasserfach **70** (1927), S. 677.

Der je nach Betriebsverhältnissen möglichst flach ausgebildete, zum Löschturm verfahrbare Koksentleerungswagen ist jedenfalls das neuzeitlichste, bewährte und jedem Ofensystem anzupassende Fördermittel.

Der Löschvorgang soll, wie erwähnt, zu plötzliche Abschreckung vermeiden. Es wird deshalb mit gleichmäßig und fein unterteilten Brausen gelöscht und möglichst noch der entwickelte Dampf als Löschmittel verwendet, meist im seitlich und unten fast geschlossenen Kübel, in dem der Dampf vom Wasser zum Teil nach unten gezwungen wird[1]) oder auch durch Wasserzutritt von unten[2]), so daß der aufsteigende Dampf durch den Koks steigt.

Die Dampfwirkung kann verstärkt werden durch Schließen des Löschturmes nach Einfahren des Wagens und geeignetes Einschnüren des Dampfabzuges zum Schlot, so daß in der Löschkammer ein geringer Überdruck herrscht. Worbs berichtet über dieses Verfahren[3]), daß Löschwasser gespart, weniger Grus gebildet und trockener Koks erhalten wird. Diese Arbeitsweise stellt einen Übergang zu den Kokskühl-Verfahren (s. später) dar.

Der Löschturm wird zweckmäßig mit Hartklinkern ausgemauert[4]), da Putz und Eisenbeton zu sehr unter den Löschdämpfen leiden. Auch Holzauskleidung, die sich mit Wasser vollsaugt, hat sich bewährt[3]).

Die je Koksladung gebrauchte Wassermenge wird in einem mit Schwimmer und Skala versehenem Zwischenbehälter dem Löschturm zugemessen. Bei geeigneter, nicht zu hoher Koksschicht genügen 0,5 bis 0,6 t Wasser je t Koks[2]), um einen Grobkoks mit unter 5% Wassergehalt zu erhalten.

Verschmutztes Löschwasser kann den Koks äußerlich unansehnlich machen. Eine Wägung des anfallenden Kokses ist im allgemeinen nicht üblich, aber vereinzelt ausgeführt worden[4]).

In England und Amerika ist die Kokslöschung und Behandlung ähnliche Wege gegangen, wie vorstehend beschrieben wurde[5]).

3. Kokskühlung.

a) Grundlagen der Kokskühlung.

Die erwähnten unangenehmen Begleiterscheinungen der Naßlöschung, die zu den verschiedenen Abarten ihrer Handhabung führten, vor allem aber die selbst dem Laien auffallende Tatsache, daß bei der Naßlöschung gewaltige Wärmemengen nutzlos vernichtet werden, führten immer wieder zu Versuchen, dieses Problem auf eine wirtschaftlichere

---

[1]) Buchholz, Gas- u. Wasserfach **66** (1923), S. 409.

[2]) Rodde, Gas- u. Wasserfach **66** (1923), S. 521.

[3]) Gas- u. Wasserfach **69** (1926), S. 869.

[4]) Müller, Gas- u. Wasserfach **70** (1927), S. 677.

[5]) Ellwood, Colliery Guardian 1926, S. 19; Iron and Coale Trad. Rev. 1926, S. 84.

und für das Erzeugnis Koks günstigere Art zu lösen. Die Veröffentlichungen hierüber bringen meist utopistische Berechnungen der gesamten, in Deutschland oder in der Welt aus dem Koks gewinnbaren Wärmemengen. Daß selbst diese gewaltigen Zahlen nicht zu einer schnelleren oder breiteren Entwicklung der Kokskühlung an Stelle der Kokslöschung geführt haben, ist ein Beweis für gewisse, der technischen oder wirtschaftlichen Durchführung vielerorts entgegenstehende Schwierigkeiten, auf die im folgenden noch zurückzukommen ist.

Anderseits ist nicht zu verkennen, daß auch manche innere Ablehnung diesem an sich durchaus richtigen Gedanken entgegenstand,

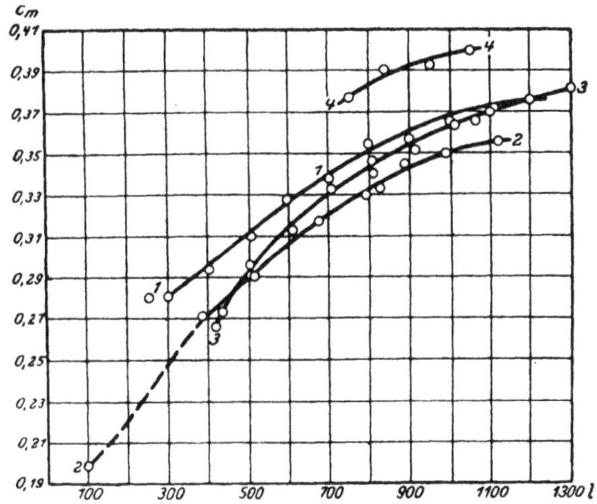

1: c^t_{20} Zechenkoks, 9,45 % Asche, nach Wöhler
2: c^t_{20} Zechenkoks, 10 % Asche, nach Debrunner
3: c^t_{21} Koks, 15 % Asche, nach Terres u. Schaller
4: c^t_0 Koks nach Otto.

Abb. 1. Mittlere spezifische Wärme verschiedener Kokse.

daß z. B. in vergangener Zeit viele Werke kein Interesse hatten, ihren Koksanfall durch Verringerung des Wasserballastes gewichtsmäßig zu vermindern. Erst seit sich in den letzten Jahren das Bemühen um Gütesteigerung des Kokses allgemeiner durchgesetzt hat, bieten sich der Kokskühlung wieder bessere Aussichten.

Der Wärmeinhalt des glühenden Kokses ergibt sich aus seiner Temperatur und der spezifischen Wärme. Der Einfluß des Aschegehaltes auf diese, den Terres und Schaller untersuchten[1]), ist in den praktischen Grenzen nicht von entscheidender Bedeutung. Abb. 1 gibt eine Übersicht über die von den verschiedenen Forschern gefundenen, mittleren spezifischen Wärmen. Die Werte nach Otto kommen zwar den in der Praxis erhaltenen Ergebnissen am nächsten, doch ist hierbei eine teil-

[1]) Gas- u. Wasserfach **65** (1922), S. 761.

weise Verbrennung noch mit berücksichtigt. Deshalb sind die nahe übereinstimmenden Kurven 1 bis 3 als theoretische Werte wahrscheinlicher.

Bei den betriebsüblichen Temperaturen beträgt der Wärmeinhalt von 1 t Koks rund 400000 kcal, wovon etwa 75%, also 300000 kcal je t, bei geeigneter Anordnung gewinnbar sind, entsprechend etwa 2 bis 2½% des Wärmeinhalts der durchgesetzten Kohlenmenge.

Nicht nur im Wärmegewinn liegt der Vorteil der Kokskühlung, sondern auch in der Gütesteigerung des Kokses. Die obengenannten, die Struktur schädigenden Einflüsse der Naßlöschung fallen weg, es wird also weniger Verlust durch Grus- und Kleinkoks-Abspaltung und ein stückfesterer, besser aussehender Koks erhalten. Der gegebenenfalls zu weitgehende Gewichtsverlust durch Wegfall des ganzen Wassergehaltes kann durch geeignete Betriebsmaßnahmen (s. später) vermindert werden, wenn der Kokspreis nicht der Güte entsprechend zu steigern ist. — Ein weiterer Vorteil, besonders für in der Stadt liegende Werke, ist der Wegfall der Schwaden- und Flugstaub-Belästigung des Naßlöschens. — Der oft für den Naßbetrieb betonte Vorteil, daß der Koks entschwefelt würde, wird anderseits teils bestritten, teils als unwichtig erklärt[1]).

b) Arten der Kokskühlung.

α) *Vorläufer (Vorschläge und versuchte Verfahren).*

Die Versuche, den glühenden Koks zu ersticken, gingen 2 Wege, einerseits das Ersticken in Wasserdampf, zum Teil mit dem Nebenzweck, Wassergas zu erzeugen, anderseits das Abkühlen in einem Strom inerter Gase.

Ein Übergangsverfahren der Dampferstickung ist das erwähnte von Worbs[2]) (S. 6). Auch Rodde[3]) weist auf die Dampflöschung hin, bezeichnet sie aber als zu teuer in der Anordnung. Kümmel und Kropf[4]) brachten den glühenden Koks in eine Art Gaserzeuger und erstickten ihn mit durchströmendem Dampf, der hochüberhitzt zum Dampfen der Retorten verwendet wurde. Diese Arbeitsweise ist sehr betriebsabhängig; die Kühldauer wird mit 5½ h angegeben.

Die Ausnutzung der Kokswärme zur Wassergaserzeugung bezweckte das in Potsdam betriebene Verfahren Dr. Heller-Bamag, das den Koks in einer gasdicht schließenden Kammer mit heißem Spritzwasser unter Wassergasbildung erstickt. Mit dem Wassergas-Dampf-Gemisch wird in einem Röhrenkessel unter Abgabe eines Teiles seines fühlbaren Wärmeinhalts Dampf erzeugt und das Wassergas zu der Ofengasleitung weiter-

[1]) Müller, Fr., Kokereiausschuß-Bericht 24/1926, Gas- u. Wasserfach **69** (1926), S. 938 TR.

[2]) Gas- u. Wasserfach **69** (1926), S. 869.

[3]) Gas- u. Wasserfach **66** (1923), S. 521.

[4]) Gas- u. Wasserfach **64** (1921), S. 375 TR.

geleitet (Abb. 2). Es wurde technisch gut durchgebildet, war betriebssicher und ergab nach Dr. Heller[1]) je t Koks 290 bis 300 kg Dampf und etwa 50 m³ Wassergas; als besonderer Vorteil wird hervorgehoben, daß der Koks ohne Umschüttung im entsprechend ausgebildeten Entleerungswagen gekühlt und auf jeden gewünschten Wassergehalt gebracht werden kann. Nachteilig ist, daß wegen der Löschdampf-Unreinigkeiten die Rauchröhren des Kessels und die Armaturen aus Spezialbronze gefertigt sein müssen und daß die für Erzeugung eines brauchbaren Wassergases nötigen Temperaturen sehr bald unterschritten werden.

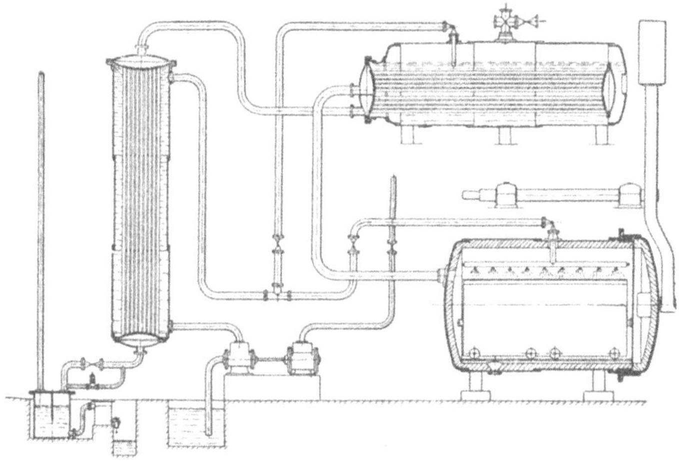

Abb. 2. Kokslöschanlage nach Dr. Heller-Bamag.

Von ähnlichen Gedanken der Kühlung unter Wassergasbildung ging Siegwart-Genf aus[2]).

Die Kühlung von Koks ohne Wasser oder Dampf ist im Ausland und in Deutschland wiederholt versucht und patentiert worden. Außer älteren englischen Patenten[3]) benutzten Walch[4]) und Schwenke[5]) sowie Ludwig-München einen Strom indifferenter Gase — Rauchgase der Öfen[4]) oder im Koks gebildetes Rauchgas — zur Kühlung des Kokses und unmittelbar angeschlossenen Dampferzeugung. Eine betriebsmäßige Ausführung baute Wunderlich-Karlsbad[6]) mit dem guten Betriebsergebnis von 400 kg Dampf/t Koks. Der Koks wurde aus dem Ofen unmittelbar in eine ausgemauerte, verfahrbare Kokskühlkammer gebracht und an eine feststehende Dampfkessel-Ventilator-Anordnung angeschlossen.

[1]) Gas- u. Wasserfach **69** (1926), S. 903.
[2]) Siegwart, DRP. 276272.
[3]) Cantieny, Glückauf **1923**, Nr. 14.
[4]) Walch, DRP. 275436.
[5]) Schwenke-Zeche de Wendel, DRP. 348654.
[6]) Gas- u. Wasserfach **70** (1927), S. 199.

β) Eingeführte Kokskühl-Verfahren.

Am meisten eingeführt und praktisch bewährt ist das Sulzer-Verfahren, das der Gebr. Sulzer-A.-G., Winterthur, erstmalig 1917 patentiert wurde[1]) und jetzt von der Deutschen Ofenbau-Ges. ausgeführt wird. Es besteht darin, daß der Koks auf möglichst kurzem Wege in einem mit Bodenentleerung versehenen Kokskübel zu der in möglichster Nähe der Öfen erstellten Kühlanlage gebracht und in den generatorähnlichen Schacht entleert wird (Abb. 3). Dieser Schacht hat oben und unten seitliche Verbindungen mit dem nebengebauten Dampfkessel, und eine Ventilatoranlage saugt am Fuße des Kessels das im Kühlschacht gebil-

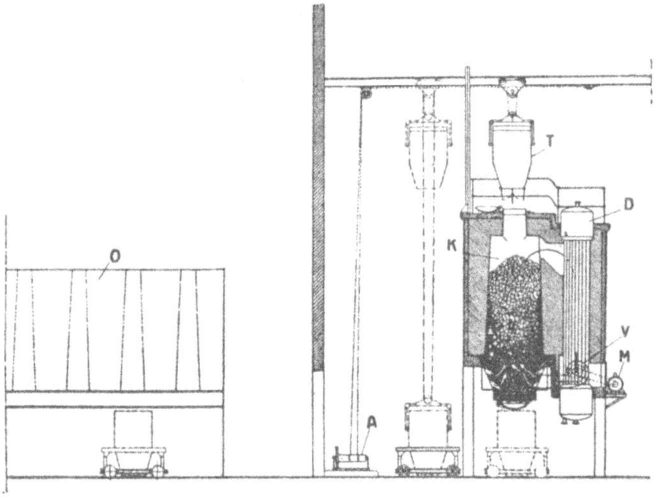

Abb. 3. Kokskühlanlage nach Gebr. Sulzer.

dete inerte Gasgemisch aus der heißen Koksfüllung heraus durch den Kessel hindurch und drückt es in ständigem Kreislauf wieder unten in die Kühlkammer. Die Leistung dieses Umwälz-Ventilators ist regelbar; hierin liegt die Anpassungsfähigkeit dieses Kühlverfahrens an die verschiedensten Chargen- und Dampfentnahme-Verhältnisse begründet. Der Koks wird unten aus der Kühlkammer mit 250 bis 300° abgezogen und mit einer geeigneten Fördereinrichtung zur Sieberei gebracht.

Verschiedene grundsätzliche Bedenken gegen in dieser Arbeitsweise liegende Gefahren prüfte Eitner[2]) mit dem Ergebnis, daß bei normalem Betrieb die Koksverbrennung im Schacht durch Luftzutritt beim Öffnen verschwindend gering und die Bildung explosiver Generatorgasgemische nicht möglich ist. Wesentliche Falschluftansaugung durch bauliche Undichtheiten ist nicht zu erwarten, da der größte Unterdruck in dem am

[1]) Gebr. Sulzer, DRP. 369699, 372256, 375785 und weitere 11 Zusatzpatente.
[2]) Gas- u. Wasserfach **65** (1922), S. 731.

wenigsten erhitzten Unterteil der Anordnung herrscht. Analysen der Umwälzgase zeigten, daß sowohl eine Nachentgasung als auch bei hoher Kokstemperatur eine teilweise Reduktion des Kohlendioxyds stattfindet.

Eine umfangreiche Literatur[1]) zeigt das starke Interesse, das die guten praktischen Erfahrungen dieser Bauart seit Beginn ihrer Entwicklung ständig erweckt haben. Anlagen sind in Betrieb für 30 bis 100 t Kokskühlung in Deutschland (Lörrach, Mannheim) und bis 300 t in Holland (Utrecht), ferner Großanlagen in Kokereien bis 900 t/Tag (Homécourt). Die Leistung der Anlage Mannheim wurde 1924 durch einen Abnahmeversuch des Gasinstituts Karlsruhe erwiesen. Die Dampfleistung der Sulzer-Anlagen beträgt 350 bis 400 t überhitzten Hochdruckdampf bzw. 50 bis 60 kW elektrische Leistung je t Koksdurchsatz. Auf die Fragen der Wirtschaftlichkeit wird später zurückgekommen.

Praktisch bewährt ist ferner das ebenfalls mit Inertgasen arbeitende Kokskühlverfahren von Collin[2]). Im Gegensatz zum Sulzerverfahren verwendet dieses keine zentrale Kühlkammer, um die bei größeren Einheiten schwierigeren Heißkoks-Transportanlagen zu vermeiden, und ordnet an Stelle der Koksrampe für je mehrere Horizontalkammern Einzel-Kühlkammern an, die mit Wassertauchdeckeln verschlossen werden und durch absperrbare Kanäle mit dem Dampfkessel verbunden sind. Ein Ventilator am Kesselausgang bewirkt die Umwälzung des Rauchgases aus den Kühlkammern; der Koks wird, auf etwa 220° abgekühlt, am Fuße der Kühlkammern abgezogen. Die in dieser Weise arbeitende Anlage in Hattingen erzeugt 400 kg Dampf/t Koks. — Eine Sonderausführung ist die Collin-Anlage in Kiel, bei der die Kokskühlkammern nicht vom Umwälzgas, sondern von dem den Öfen zugeführten Generatorgas durchströmt werden; das Heizgas wird zwar am Koks nicht, wie zunächst angenommen, durch Restentgasung aufgebessert, aber gut vorgewärmt. Da deshalb nur noch eine Luft-Vorwärmung nötig ist, gehen die Ofenabgase heiß ab und die einschließlich Abhitzkessel erzeugte Dampfmenge von 670 kg/t Koks ist nicht mit anderen Kokskühldampf-Ergebnissen direkt vergleichbar. Da die verfügbare Generatorgasmenge weit hinter der möglichen Umwälzgasmenge zurückbleibt, wird in Kiel nur eine Kühlung auf 450 bis 480° Koks-Endtemperatur erreicht, deshalb ist noch Wasser-Nachlöschung nötig.

Die Tatsache, daß trotz des Vorhandenseins betriebsbrauchbarer Verfahren und trotz anerkannter[3]) besonderer Güte des trockengelösch-

[1]) Sulzer, Gas- u. Wasserfach **64** (1921), S. 204; Kukuck, Gas- u. Wasserfach **65** (1922), S. 729; Escher, Feuerungstechnik 1925, S. 105; Pichler, Gas- u. Wasserfach **70** (1927), S. 213; Mon.-Bull. Schweiz. G. u. W.-F. 1926, S. 167; Ges.-Ing. 1927, S. 692; u. a. m.

[2]) Stahl u. Eisen 1928, S. 903; Elvers, Gas- u. Wasserfach **69** (1926), S. 1037; Siebel, Gas- u. Wasserfach **80** (1937), S. 619.

[3]) u. a. Pichler, Gas- u. Wasserfach **70** (1927), S. 213; Escher, Feuerungstechnik 1925, S. 105.

ten Kokses die Kokskühlung nur in einer verhältnismäßig begrenzten Zahl von Werken eingeführt wurde, hat im wesentlichen zwei Ursachen, betriebliche und wirtschaftliche. Betrieblich ist es bei vorhandenen Anlagen oft nicht möglich, eine Anlage der erforderlichen Größe so zentral unterzubringen, daß der heiße Koks ohne zu viel Transporteinrichtungen und ohne zu große Abkühlung gefördert werden kann. In wirtschaftlicher Hinsicht liegen die Verhältnisse für die Kokskühlung örtlich außerordentlich verschieden und sind auch wieder zum Teil betriebsbedingt. Es ist oft nicht angängig, daß die Betriebsführung die Chargengröße und -folge nur von der günstigsten Belastung der Kokskühlanlagen abhängig macht. Ist das doch möglich, so kommt es darauf an, ob der stark schwankende Dampfanfall ebenso stoßweise verbraucht werden kann oder ob der anlegbare Dampfpreis die zusätzliche Erstellung eines ausgleichenden Dampfspeichers gestattet. Überhaupt sind der örtliche Dampfpreis, das Ausreichen der vorhandenen Dampferzeugung, gegebenenfalls eine Eigenstromerzeugung aus überschüssigem Dampf u. a. m. Punkte, die von Fall zu Fall die Wirtschaftlichkeit der Kokskühlung sehr verschieden beeinflussen. Es sei aber im Hinblick auf die grundsätzliche Bedeutung dieser Verfahren nochmals auf die Beachtung der erwähnten Vorteile der Kokskühlung, des Mehranfalles an Grobkoks infolge der langsamen, keine inneren Spannungen bewirkenden Abkühlung und des sauberen Betriebes hingewiesen, außerdem auf den Dampf- bzw. Stromgewinn. Dem Nachteil des Staubens des Kokses bei völligem Trocknen kann begegnet werden durch gut dosiertes Besprühen des abgezogenen Kokses mittels Sprüh- oder Nebeldüsen in Verbindung mit einer geeigneten Austragevorrichtung.

Auch in Frankreich und England wird die Bedeutung des Sulzer-Verfahrens wiederholt hervorgehoben[1]). In der amerikanischen Literatur wird auf den höheren Wert inertgasgekühlten Kokses für den Hochofenbetrieb hingewiesen[2]). Ein Verfahren der Syracuse-Ligthing-Co. NY.[3]) läßt den glühenden Koks unmittelbar zwischen den Kesselrohren hindurch auf Blech-Jalousie-Rutschen durch den Kesselraum gleiten und befördert die Abkühlung durch Gasumwälzung. Die Dampferzeugung wird trotz der unmittelbaren Einwirkung der Kokswärme geringer angegeben als bei den deutschen Verfahren (235 kg/t Koks).

4. Förderung des gelöschten Kokses.

a) Allgemeine Fragen der Koksbehandlung.

Wie bereits oben unter Kokslöschung ausgeführt wurde, ist naßgelöschter, noch warmer Koks besonders empfindlich gegen Wurf und Stoß.

---

[1]) Carette, Chaleur et Ind., Heft IV, Nr. 40; The Gas World, 1924, S. 16; 1926, S. 14; The Engineer, 9. 5. 1924.

[2]) Miller, The Iron Age NY. 1923, S. 12/15;

[3]) Koschmieder, Bergtechnik 1929, S. 78.

Binder berichtet[1]) über Vergleichsversuche von Kalt- und Warmsortierung, die im letzten Falle wesentlich mehr Kleinkoks ergaben. Es ist jedenfalls wichtig, daß warmer Koks nicht unnötig geworfen wird, wenn man ihn großstückig erhalten will. Soweit kein Absatz, aber genügend

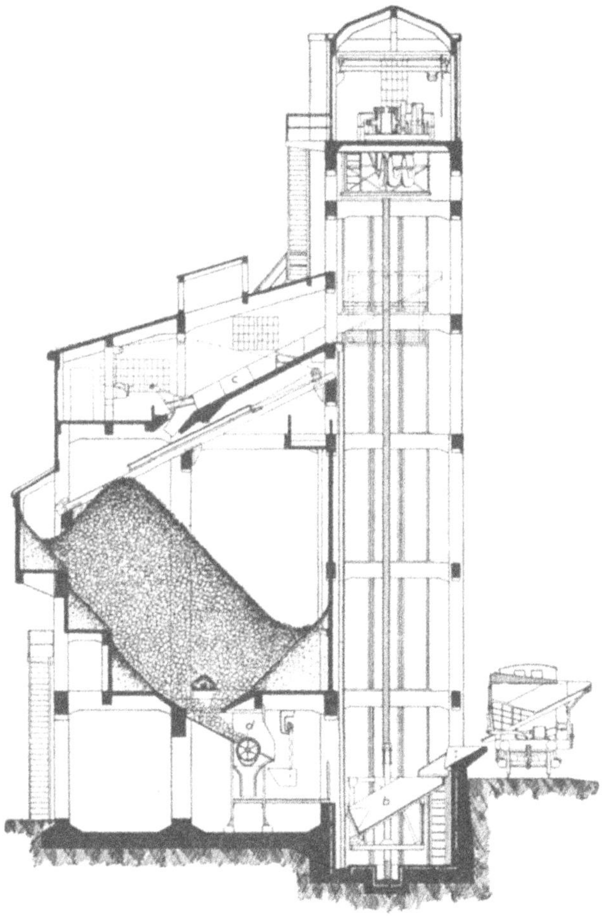

Abb. 4. Koksbunker mit Schrägrampen-Aufzug (Koppers).

Lagerplatz vorhanden ist, ist es ratsam, warmen Koks zur langsamen Abkühlung unsortiert auf Lager zu nehmen und erst bei Bedarf aufzubereiten[1]). Es gibt aber auch Einrichtungen, die dem Koks vor der Sortierung die nötige Ruhe zum Spannungsausgleich bieten, in erster Linie die Schrägrampe des Horizontalkammerofens (in Stettin auch am Vertikalkammerofen); vom unteren Rand der Schrägrampe wird der Koks mit handbetätigten Staukappen auf unterhalb vorfahrende Kübel oder

[1]) Binder, Gas- u. Wasserfach **66** (1923), S. 313.

ein vorbeiführendes Transportband abgelassen. Die Schrägrampe ist auch in verschiedener Weise mit dem Gebäude der Aufbereitung vereinigt worden. Koppers bringt eine nur für Großanlagen mit Schrägrampenwagen (vgl. Horizontalkammeröfen) in Frage kommende Ausführung (Abb. 4), die den Koks im Wagen oder in einem Umfüll-Schrägkübel mit Aufzug bis zu einer über dem Hauptkoksbunker angeordnete Abdampf-Schrägrampe, von der der Koks ohne Fall in den ebenfalls mit Schrägboden versehenen Hauptbunker rutscht[1]).

Abb. 5. Schrägrampen-Koksbunker.

Buchholz zeigt ebenfalls einen Schrägboden-Hauptbunker, dem der Koks mit einer durch Einsatzbleche beliebig zu verkürzenden oder zu verlängernden Propellerschurre so zugeführt wird, daß er nur auf dem Schrägboden oder einer Koksböschung abrutschen kann. Eine von Binder[2]) gezeigte Ausführung benutzt ähnlich obiger Koppers-Bauart eine Schrägrampe mit verschiebbarer Übergangsrutsche über einem Schrägbodenbunker. Auch Quarfort[3]) zeigt eine auf diesem Grundsatz beruhende Doppel-Schrägbunker-Bauart (Abb. 5).

Dieser Gedanke weitgehender Koksschonung wird oft zu wenig beachtet, bisweilen allerdings auch übertrieben. Man kann hier nicht allgemeingültig urteilen, sondern muß von Fall zu Fall entscheiden. In einer Hochofen-Kokerei, die den nur vom Kleinkoks abgetrennten, möglichst großstückigen Koks in die zum Hochofen gehenden Kübel zu bringen hat, muß jede Bewegung des Kokses schonend eingerichtet sein. Ein Werk aber, das den Grobkoks ohnehin auf Verkaufssortierungen

---

[1]) Gras, W., Ztschr. VDI. 1930, S. 983.
[2]) Gas- u. Wasserfach **66** (1923), S. 313.
[3]) Gas- u. Wasserfach **73** (1930), S. 77.

brechen muß, braucht zunächst der späteren zwangsläufigen Zerkleinerung nicht durch teure Sondereinrichtungen vorzubeugen.

b) Fördermittel.

Becherwerke, die den aus den Koksentleerungswagen in eine Grube gekippten Koks aus dieser herausarbeiten, wirken zermalmend und sind deshalb nicht anzuraten.

Der Schrägaufzug, ein im Zusammenhang mit Rinnentransporten beliebtes Fördermittel zur Aufbereitung, entnimmt den Koks aus einem Sammelbunker, indem der Kübel, unter dessen Auslauf fahrend, den Auslaufverschluß selbst öffnet und beim Wegfahren durch ein Gegengewicht wieder

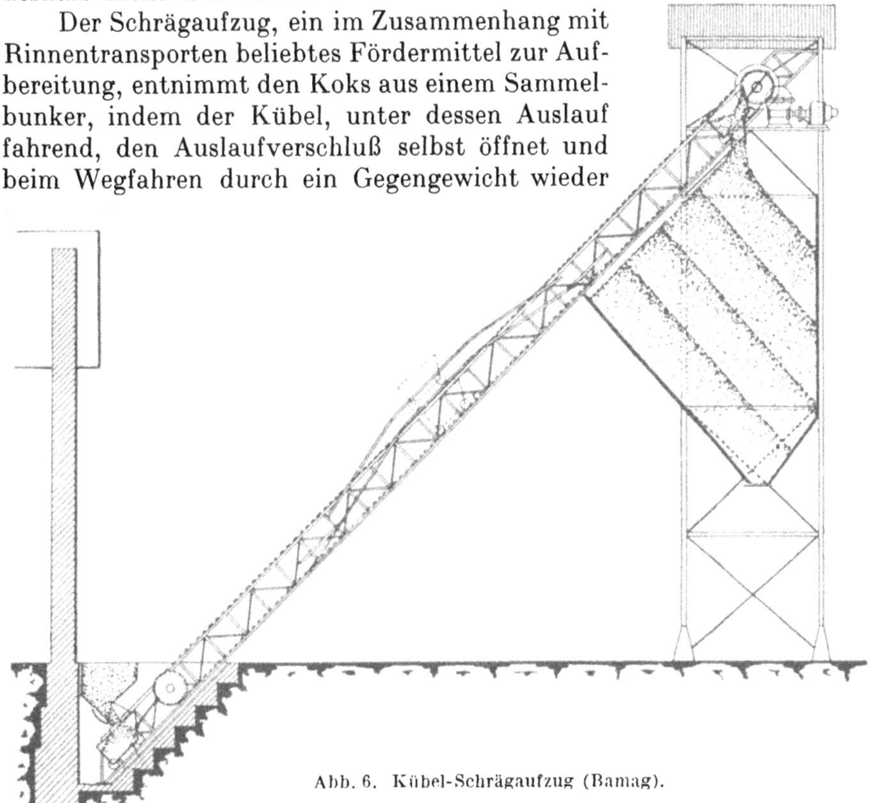

Abb. 6. Kübel-Schrägaufzug (Bamag).

schließen läßt. Abb. 6 zeigt einen Bamag-Doppelkübel-Schrägaufzug mit Ausweiche; der Anschlag für Auslösung der Kübelentleerung über dem Bunker ist zur Verminderung unnötiger Fallhöhen verstellbar. Auch ohne Rinnentransport ist der Kübel-Schrägaufzug, auch als Steil-Schräg-Aufzug, in den verschiedensten Ausführungen und Größen in Gebrauch (Abb. 7).

Ein besonders günstiger Transport ist immer der im Entleerungs-Kübel (Klapp- oder Kipp-Kübel) ohne Umfüllung bis zum Aufbereitungsbunker. Der Kübel wird zu diesem Zweck in eine Traverse oder einen Kippbügel eingehängt und durch einen Kran, eine Hängebahn-Laufkatze, für kleine Leistung auch durch einen an einem Ausleger über der Aufbereitung verfahrbaren Elektrozug (Stotz, Demag u. a.) (Abb. 8) o. dgl. zum Aufbereitungsbunker befördert.

Ist die Aufbereitung weiter vom Ofen entfernt, so ist in mittleren Betrieben eine Hängebahn mit Führerstand-Laufkatze sehr geeignet, die

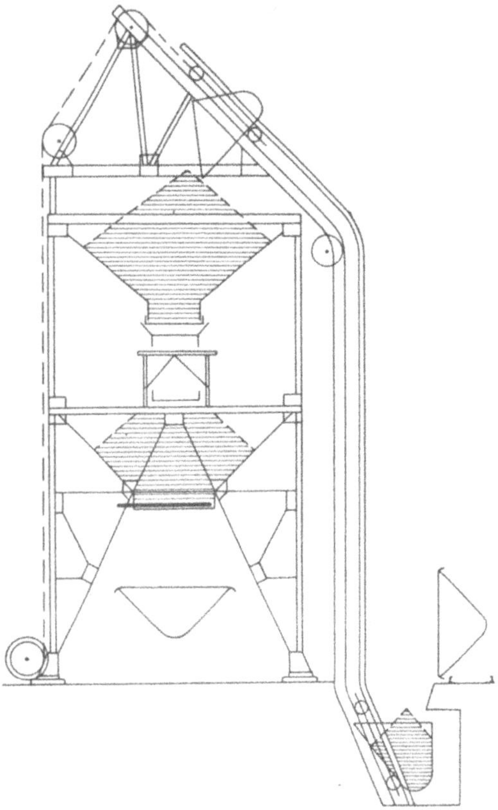

Abb. 7. Kübel-Aufzug.

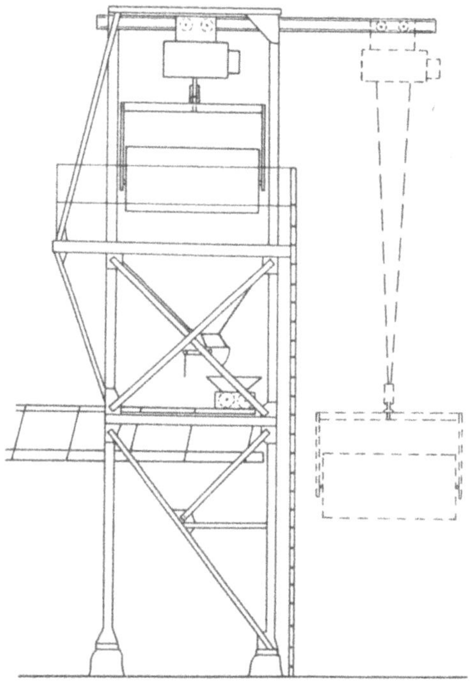

Abb. 8. Kübel-Aufzug (Stotz).

zugleich ein Kokslager mit bedienen kann (vgl. Kokslager-Bedienung). Eine solche Anlage ist allerdings schwer zugänglich und nicht leicht zu überwachen. Deshalb ist für Kleinbetriebe der auf Gleis verfahrbare, an der Aufbereitung hochzuwindende Kübelwagen (vgl. oben) richtiger. Große Betriebe benutzen Kranbahnen (Demag u. a.) oder Band-Transporte (wie u. a. das Gaswerk Berlin-Mariendorf (Bamag) oder das Gaswerk Mainz (MAN).

An Transportbändern sind üblich 1. Gummitransportbänder, deren Laufrollen bei größeren Bandlängen zur Vermeidung seitlichen Abrollens des Fördergutes muldenförmig angeordnet sind (Mulden-

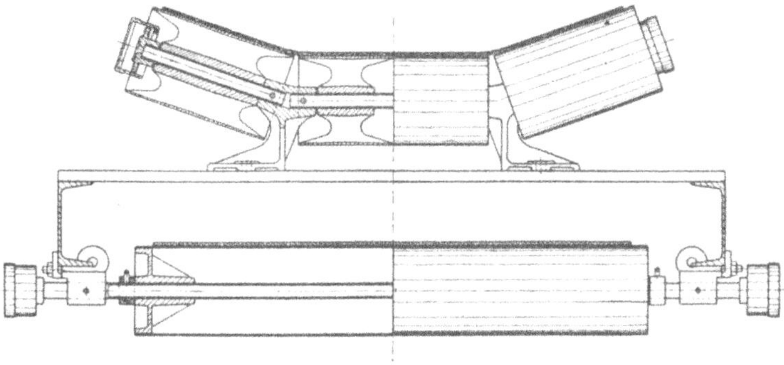

Abb. 9. Tragrollen zum Mulden-Förderband (Bamag).

Transportbänder) (Abb. 9); 2. Stahlgliederbänder aus kettenartig zusammengesetzten Stahlblechgliedern mit hochgebogenen Wangen (Carlshütte, Demag, Bleichert u. a.) (Abb. 10); 3. Stahl-Zellenbänder in Form von Stahlgliederbändern mit Querrippen oder Querwänden an jedem oder jedem zweiten bis dritten Blechglied. Während Mulden- und Stahlglieder-Bänder nur für geringe Steigungen bis zu 15 bis 19° anwendbar sind (für Grobkoks höchstens 17°), eignen sich Zellenbänder auch bei stärkeren Steigungen bis zu 50°. Bandtransporte bieten, wenn genügend Raum vorhanden, eine Gelegenheit zu einer ebenso zweckmäßigen wie formschönen Auflockerung der Betriebsanlagen.

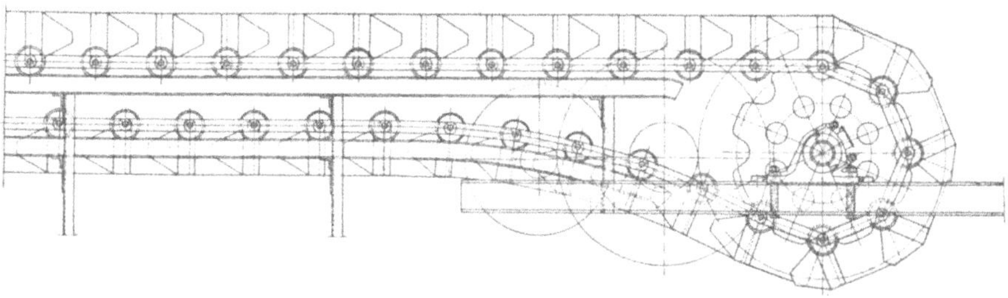

Abb. 10. Stahlglieder-Transportband (Carlshütte).

C. Koksaufbereitungen.

1. Anordnung von Koksaufbereitungsanlagen.

Wie schon bei der Frage der Schonung der Koksstruktur erwähnt wurde, sind die Anforderungen an den Ausbau der Koksaufbereitung sowohl grundsätzlich als auch örtlich zu betrachten, und zwar einerseits nach dem Verwendungszweck oder den an das Erzeugnis gestellten Anforderungen, anderseits nach den örtlichen Möglichkeiten, die bisweilen einen als richtig erkannten Weg technisch nicht im erstrebten Maße erreichbar machen.

Zechenkokereien trennen den möglichst schonend auf hohen Stückkoksanfall behandelten Koks meist in einer Grobsieberei in den unmittelbar zur Verwendungsstelle zu fördernden Stückkoks und das einer gesonderten Kleinsieberei zuzuführende Unterkorn. Eine Großsieberei wurde oben in Abb. 4 gezeigt. Bei älteren Koksofenbatterien mit waagrechter Rampe sind auch fahrbare Einrichtungen üblich, die den Koks von der Rampe aufgreifen und über ein eingebautes Sieb unmittelbar in die Grobkoks-Transportwagen bringen. Die Kleinsieberei ist der in Gaswerken üblichen Aufbereitung ähnlich, hat aber meist keinen Koksbrecher.

Die in Gaswerken gebräuchlichen Aufbereitungen sind fast stets mit einem Brecher ausgerüstet; um nicht unnötig viel Kleinkoks zu erhalten, wird das unter der Brecher-Spaltweite liegende Korn möglichst durch ein Vorsieb um den Brecher herumgeleitet.

Die Siebeinrichtungen, deren verschiedene Bauarten später gezeigt werden, sortieren im allgemeinen in die handelsüblichen Körnungen. Nachstehende Übersicht zeigt, daß die Normung dieser Körnungen (für Gaskoks im Jahre 1926 durch das Gaskoks-Syndikat eingeführt)[1]) sich weitgehend durchgesetzt hat und lediglich in den Handelsbezeichnungen einige Unterschiede bestehen:

Körnung in mm	Handelsbezeichnung bei Gaskoks	bei Zechenkoks	in Österreich genormt
0—10	Gaskoksgrus	—	Gries
10—20	Gasperlkoks	Perlkoks bzw. Brechkoks IV	Perl
20—40	Gasbrechkoks III	Brechkoks III	Nuß
40—60	Gasbrechkoks II	Brechkoks II	Würfel
über 60	Gasbrechkoks I	—	Stück
bzw. 60—90	—	Brechkoks I	—

Die Schweizer Normen[2]) sehen Grieß 0—15 mm, Perl 15—25 mm, Nuß 25—40 mm vor. — An Stelle der Sortierung über 60 mm ist allerdings auch in Gaswerken die strengere Bezeichnung 60—90 mm vorwiegend eingeführt und in manchen Werken wird noch ein Stückkoks über 90 mm für besondere industrielle Zwecke oder Großheizungen gehandelt oder in der Wassergasanlage selbst verarbeitet. Anderseits sind vereinzelt aus örtlichem Herkommen noch andere Zwischengrößen, z. B. 25/40 oder 60/80 mm u. ä. üblich. Eine allgemeine Durchführung der Normen, mindestens im Zusammenhang mit Neueinrichtungen, ist aber dringend erwünscht. Auf den Einfluß der Siebausbildung auf die Körnung wird später noch zurückgekommen.

[1]) Wirtsch. Vereingg. D. Gasw., Gas- u. Wasserfach **69** (1926), S. 664.

[2]) Schweiz. Mon.-Bull. 1926, S. 201, 272.

Koksaufbereitungen werden in Gaswerken als zentrale Gesamtaufbereitungen oder auf Ofenblocks verteilte Einzelanlagen ausgeführt. Die zentrale Anordnung überwiegt infolge der neuzeitlich verbesserten Fördermöglichkeiten.

Die Sortiereinrichtungen müssen so eingebaut oder ausgebildet sein, daß sie keine Gebäudeschwingungen hervorrufen. Die neuere Entwicklung der Siebeinrichtungen entspricht dieser Notwendigkeit. — Außer der in der Koksaufbereitung zunächst vorzunehmenden Sortentrennung ist vor der Abgabe an den Verbraucher oder der Waggonverladung eine Nachsortierung notwendig deren Bedeutung für den Verkaufswert des Kokses sich in neuerer Zeit immer mehr durchgesetzt hat.

An ausführlichen Darstellungen der Entwicklung der Koksaufbereitungen sind zu erwähnen die Arbeiten von Thau[1]) und Steding[2]), sowie der Vortrag von W. S. Edwards (England) zur Brennstofftagung der Weltkraftkonferenz London 1928[3]).

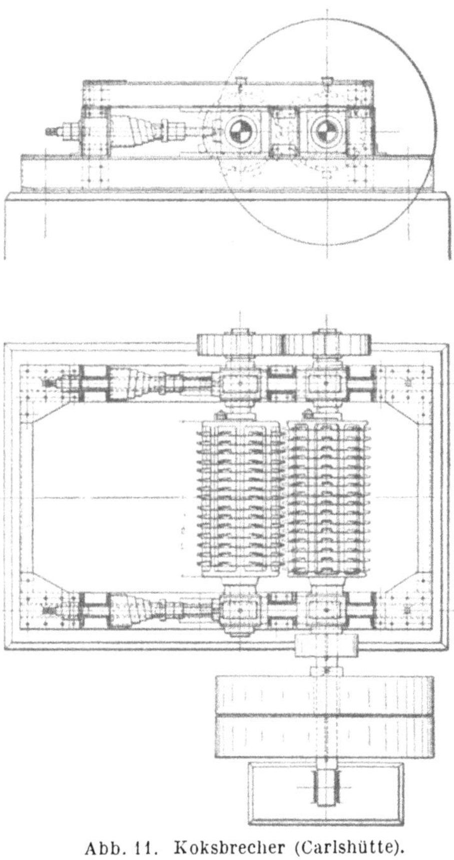

Abb. 11. Koksbrecher (Carlshütte).

2. Koksbrecher.

a) Walzenbrecher.

Die ursprünglichste und am meisten eingeführte Form der Koksbrecher ist der Walzenbrecher, in Kleinausführung mit einer Zahnwalze, die gegen eine Brechplatte arbeitet, sonst allgemein als Zweiwalzenbrecher, der dadurch, daß die eine Walze mit feststehender, die andere mit federnd und verstellbar gelagerter Welle ausgeführt ist, eine Anpassung an verschiedenste Anforderungen von Grob- bis Kleinkokszerkleinerung ermöglicht, je nach der Ausbildung der Brecherzähne (s. später). Die einfachste Form des Antriebes an der feststehenden Welle mit Übertragung durch ein Zahnradpaar

[1]) Glückauf 1922, S. 1369, 1404, 1425, 1451; Stahl u. Eisen 1922, S. 1868.
[2]) Gas- u. Wasserfach **71** (1928), S. 931.
[3]) Gas- u. Wasserfach **71** (1928), S. 610 TR.

auf die verstellbare Welle gestattet eine Änderung des Walzenabstandes nur im Rahmen der Schnittiefe der zwei Zahnräder (Abb. 11). Eine größere Verstellbarkeit ergibt der Antrieb jeder Walze einzeln von gemeinsamer Transmission, wobei allerdings von Fall zu Fall Änderungen der Riemenlänge bei der Verstellung nötig werden. — Diese Schwierig-

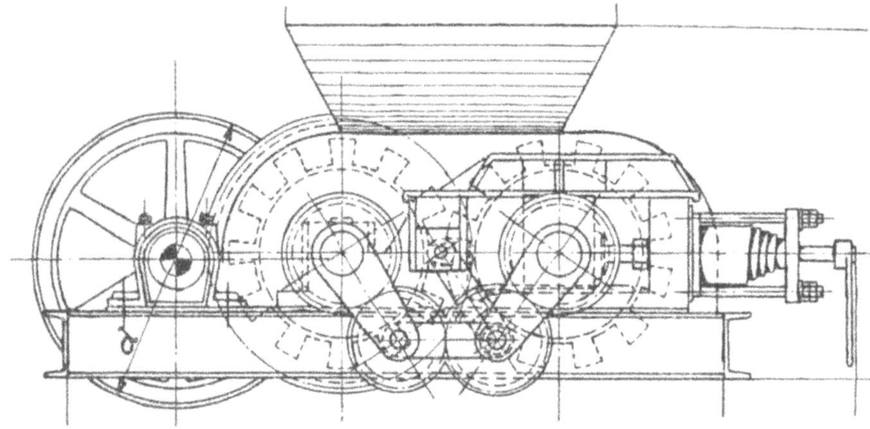

Abb. 12. Walzenbrecher mit Zahnradkette (Bamag).

keit umgeht der Bamag-Walzenbrecher mit »Zahnradkette«[1]), d. h. mit einer beweglichen Verbindung der beiden Walzen (Abb. 12). Diese besteht aus 2 zwischen den beiden Walzen-Zahnrädern in einer Laschenanordnung, der sog. Parallelogramm-Führung, beweglich aufgehängten, mit den großen Zahnrädern gleichgeschnittenen Zahnrädern; die Wellen dieser 4 Räder bleiben bei jeder Stellung der Walzen in gleichem Abstand untereinander, die bewegliche Welle kann also im Betrieb weitestgehend verändert werden.

Abb. 13. Koksbrecher, Pyramidenzähne.

Die Brecherwalzen sind als Zahnwalzen ausgebildet. Die Brecherzähne werden meist als Brecherringe, entweder als ganze oder als zweiteilige Ringe, auf die Grundwalze aufgeschoben oder aufgeschraubt, können aber auch als Zahnleisten längs auf den Walzenkörper gesetzt oder als Einzelzähne eingeschraubt werden. Als Zahnform war früher wie beim Kohlenbrecher der pyramidenförmige Zahn üblich (Abb. 13). Er ist aber wegen seiner nachteiligen quetschenden Wirkung verlassen

[1]) Bamag-Meguin A.-G., DRP. 503661, 627435.

worden und an seine Stelle traten Zahnformen der verschiedenartigsten Ausbildung. Diese wirken durch stechenden oder schneidenden Angriff vorwiegend auf die in der Koksstruktur bereits vorgebildete Klüftung, anderseits lassen sie durch ausreichende Zwischenräume kleineres Korn ohne Weiterzerkleinerung durchfallen. Als Beispiele zeigt Abb. 14 einen Brechring mit punktförmig wirkenden Zähnen, Abb. 15 einen messer-

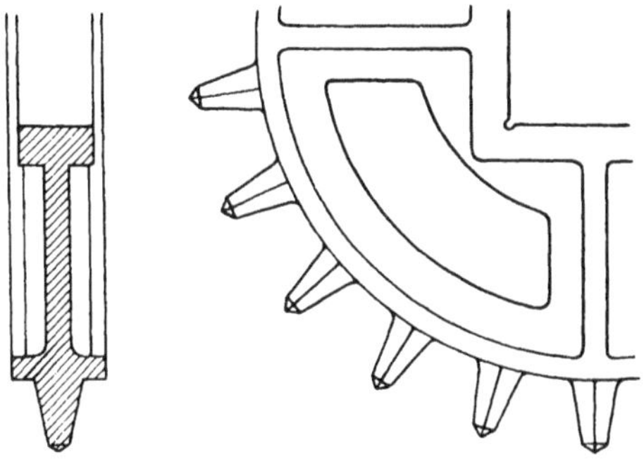

Abb. 14. Koksbrecher, Spitzzähne.

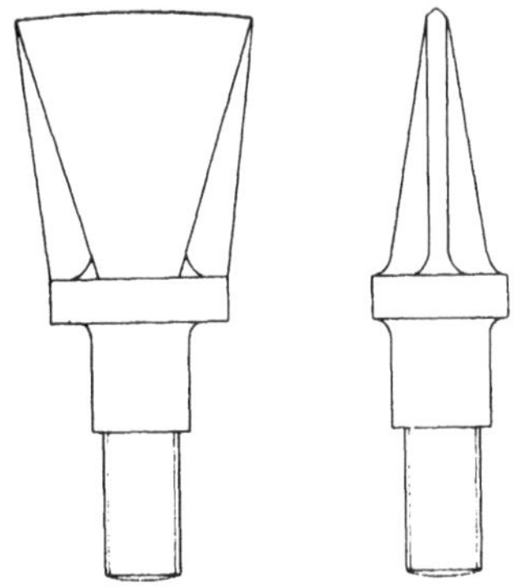

Abb. 15. Koksbrecher, Messerzähne.

artig schneidenden Einzelzahn und Abb. 16 einen Brechring mit hinterschnittenen Zähnen, die die Punkt- und Schneidwirkung aufeinander folgen lassen. Zähne dieser Art müssen natürlich, um ihren Zweck zu erfüllen, aus einem besonders verschleißfesten Material hergestellt werden; vornehmlich bewährt hat sich Mangan-Hartstahlguß oder auch oberflächengehärteter Stahlguß.

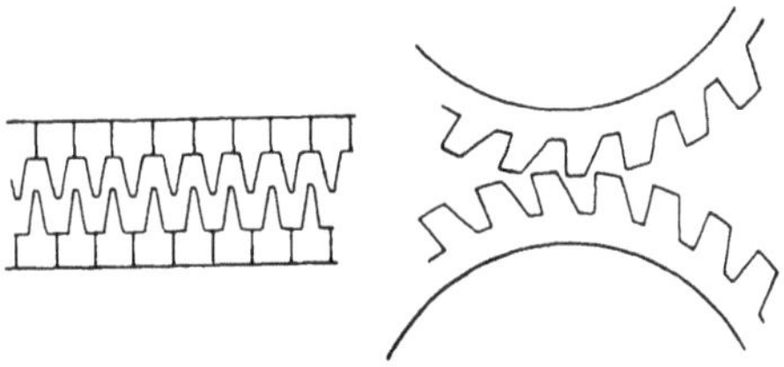

Abb. 16. Koksbrecher, Messerzähne.

Walzenbrecher werden von den zahlreichen Aufbereitungsfirmen für Leistungen von 1 bis 50 und mehr t/h hergestellt, auch bis 100 t/h (Humboldt), doch steigt dabei der Kraftbedarf unverhältnismäßig stark an. Eine Teilung in 2 Systeme ist dann oft vorteilhafter.

Außer der üblichen Anordnung eines Brechers sind für Fälle weitgehender Zerkleinerung (Bamag)[1]) oder zur Gewinnung eines möglichst hohen Anteils an Mittelkorn (Humboldt) 2 Brecher verschiedener Einstellung mit Zwischenabsiebung verwandt worden, wobei sich ein geringerer Kleinkoksanfall ergab.

Zur Gruppe der Walzenbrecher gehören auch die Feinkoks-Walzwerke, die in der Koksaufbereitung eine zunehmende Bedeutung ge-

[1]) Steding, E., Gas- u. Wasserfach **71** (1928), S. 931.

winnen. Der Koksgrus kann in feingemahlener Form als Zusatz (Magerungsmittel) zur Kohle wirtschaftlich verwendet werden, und zwar um so besser, je feiner er gemahlen und je inniger er der Kohle beigemischt ist. Eine wirkliche Feinmahlung des harten Grus-Kornes zwischen bereits vorhandenem nassem Feinstkorn kann nur in Glattwalzwerken mit

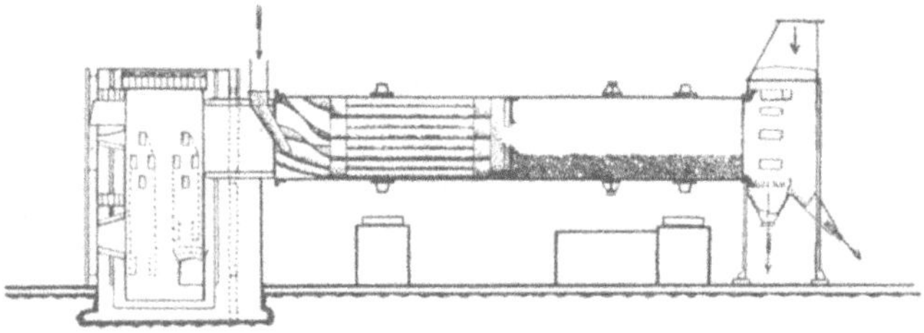

Abb. 17. Koksgrus-Trocken-Mahl-Trommel.

feststehenden Walzen aus besonders verschleißfestem Manganhartstahl erfolgen. Soweit nicht für die Fernhaltung von Fremdkörpern Sondereinrichtungen vorgeschaltet sind, kann eine Welle in Gummipuffern federnd gelagert werden. Von entscheidender Wichtigkeit ist infolge der starken Verschleißwirkung des Kokses das Glatthalten der Walzen, deshalb wird der Aufbau eines Schmirgelstein-Schleifwerkes mit Sonderantrieb vorgesehen oder ein solches fest eingebaut. Feinwalzwerke dieser Art werden für Leistungen von 30 bis 1 t/h abwärts (Eschwerke Duisburg) und auch bis ½ t/h (Masch.-Fbr. Deutschland Dortmund) hergestellt und haben sich in einigen Gaswerken und Kokereien bewährt.

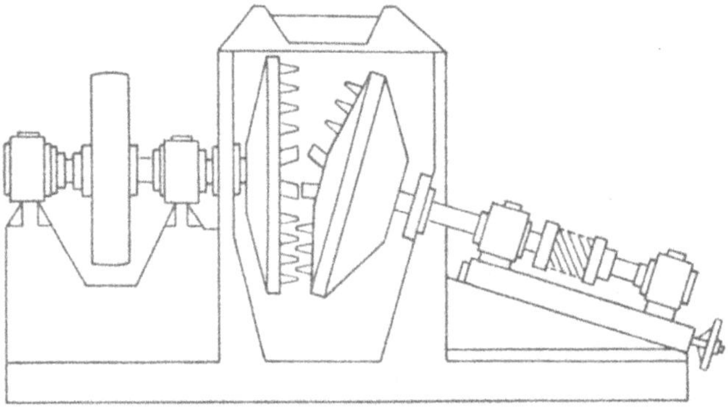

Abb. 18. Nadel-Brecher (Koppers).

Auf grundsätzlich andere Art wird der zur Kohle zuzusetzende Feingrus erhalten in der Trocken-Mahl-Trommel der Büttnerwerke (Ürdingen) (Abb. 17). Der Grus wird auf 2 bis 3% Endfeuchtigkeit durch heiße Gase getrocknet und in der anschließenden Kugelmühle feinstgemahlen. Umdrehung, Trommellänge und Aufgabemenge sind so abgestimmt, daß der Grus in einem Durchgang auf die verlangte Feinheit gemahlen wird. Die Anlage eignet sich jedoch nur für große Leistungen (ab 5 t/h).

b) Scheibenbrecher.

Eine den Walzenbrechern verwandte, aber grundsätzlich neue Bauart ist der Nadelbrecher (Koppers, Abb. 18), der den Koks zwischen zwei gleichsinnig gedrehten, mit Brechnadeln besetzten Scheiben aufsprengt und eine Grusbildung dadurch zurückhält, daß die Nadeln langsamer als beim Walzenbrecher in das Koksstück eingetrieben werden und Kleinkoks sich zwischen die Nadeln legt. Die horizontal starr gelagerte Scheibe ist plan, die verschiebbar und gefedert schräg gelagerte Scheibe stumpfkegelig geformt, die Nadeln aus hochwertigem Material sind auswechselbar. Dieser Brecher kann, außer als schonender Grobstückbrecher auch so ausgebildet werden, daß er von jeder Großkörnung auf beliebiges Kleinkorn arbeitet.

c) Kegelbrecher.

Auf weitgehende Brechung und gleichmäßiges Kleinkorn arbeitet auch der Kegel- oder Kreiselbrecher. Er besteht aus einem trichter-

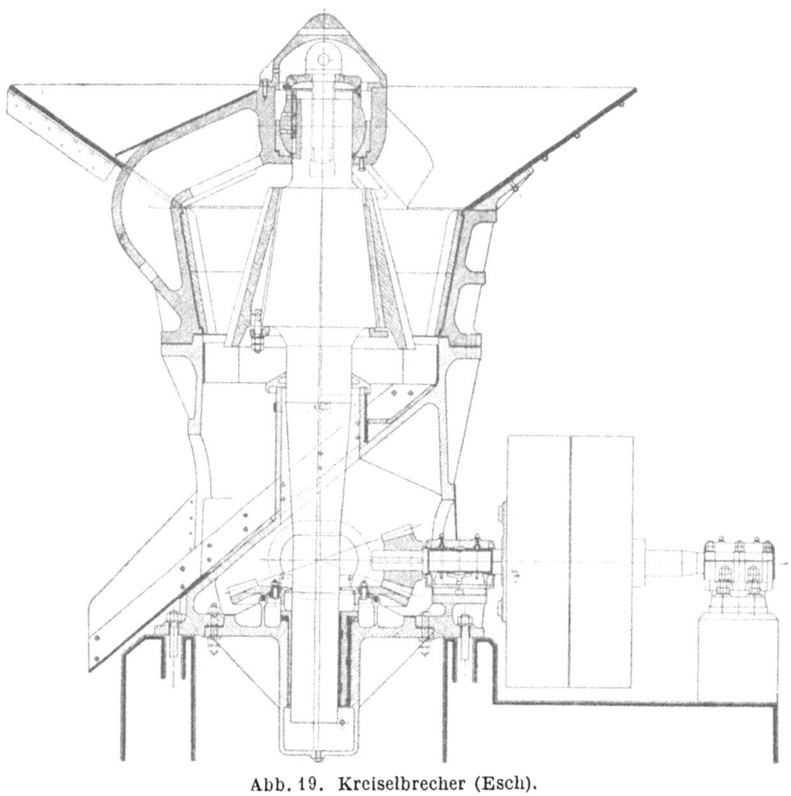

Abb. 19. Kreiselbrecher (Esch).

förmigen Brechmaul und einem in dessen Mitte in Taumelbewegung kreisförmig pendelnden Stumpfkegel. Je nach dem Neigungswinkel von Trichter und Kegel und nach der unteren Spaltweite kann von jeder auf jede Körnung gebrochen werden. Abb. 19 zeigt einen Esch-Kreiselbrecher, ähnlich ist der Symons-Kegelbrecher[1]) (Krupp-Gruson). Brecher dieser Art kommen für Koksaufbereitung wohl nur in Sonderfällen in Frage, wenn der Kleinkoksbedarf den Anfall ständig sehr überschreitet.

3. Kokssortieranlagen.

a) Roste.

Für die erwähnte Vorabsiebung von Grobkoks vor der Kleinsieberei oder vor dem Brecher (also für Stücke über 90 oder 80 mm, in Sonderfällen auch bis 50 mm) werden vorwiegend bewegte Roste verwendet. Feststehende Stabschrägroste sind selten gebraucht und praktisch wenig wirksam. Bewegte Stabroste mit Exzenterantrieb sind ebenso wie Lochblechvorsiebe auch in Gebrauch, doch bringen die meisten dieser Ausführungen trotz Massenausgleich am Schwungrad die Gefahr von Gebäudeschwingungen. Die günstigste Form der Vorabsiebung sind Rollen- oder Scheibenroste, die stoßfrei arbeiten.

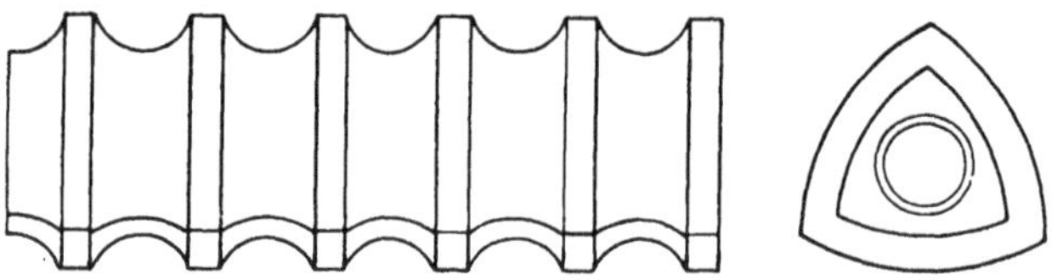

Abb. 20. Kaliber-Rollenrost (Humboldt).

Rollenroste bestehen aus einer Reihe paralleler, fest oder veränderbar eingebauter Hartgußwalzen von elliptischem, exzentrisch-rundem oder dreikantigem Querschnitt, auch als Kaliberrost (z. B. Humboldt, System Distl-Susky) mit an die Welle angegossenen Rippen (Abb. 20). Rollenroste zeichnen sich durch sehr große Leistung aus und erreichen mit bis 2,5/5,0 m Fläche bis zu 300 bis 450 t Koks/h. Der Antrieb der Rollen erfolgt durch Gallsche Kette oder Kegelräder, ebenso bei den Scheibenrosten. Diese bestehen aus ebenfalls parallelen Wellen mit aufgeschobenen Scheiben, deren Höhe und Nabenlänge der Korngröße angepaßt wird. Gleiches Material vorausgesetzt, ist an den schmaleren Tragflächen der Scheibenroste ein stärkerer Verschleiß zu erwarten; dagegen ist der üblicherweise in der Mitte des Rostes stärkere Verschleiß bei Scheibenrosten leichter auszuwechseln.

Den Rostscheiben werden verschiedene Formen gegeben, die teils

[1]) Dollinger, Ztschr. östr. Ver. G. u. W.-F. 1934, S. 106.

eine gute Fortbewegung des aufliegenden Gutes, teils einen guten Durchfall des Unterkorns bezwecken.

Der Fortbewegung dienen Fingerscheiben oder Fingeransätze (an allen Scheiben oder nur in Abstand mehrerer Scheiben), Exzenter-

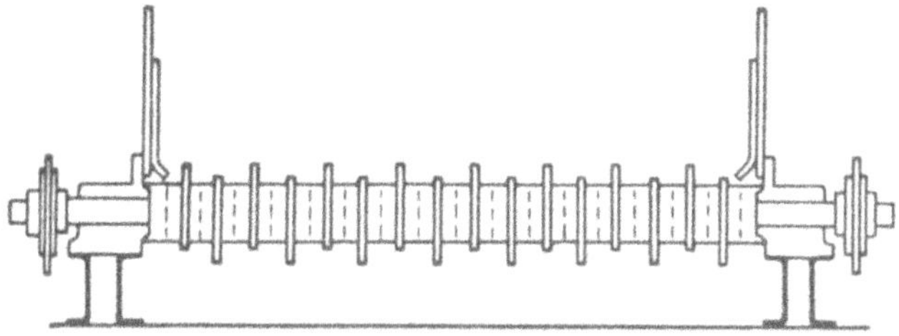

Abb. 21. Exzenterscheiben-Rost (Humboldt).

scheiben mit versetzter Exzentrizität (Humboldt, Abb. 21) oder gezahnte Scheiben (Koppers, Abb. 22)·(Blomquist-Schweden)[1]), deren Zahnform mitnehmerartig wirkt.

Für einen guten Koksdurchfall ist der Molin-Scheibenrost gebaut, indem der Rostscheibe an der Nabe eine wesentlich geringere Stärke

Abb. 22. Zahnscheiben-Rost (Koppers).

gegeben wird als am Umfang (Abb. 23)[2]). Ein in den Hohlraum zwischen diesen Scheiben durchfallendes Koksstück wird also nicht so leicht wie bei außen abgenutzten Planscheiben festgeklemmt, aber natürlich nur, solange die äußere Scheibenverstärkung noch nicht verschlissen ist.

[1]) Gas- u. Wasserfach **69** (1926), S. 298.

[2]) Quarfort (Stockholm), Gas- u. Wasserfach **73** (1930), S. 77.

Rollen- und Scheibenroste können mit Zubringereinrichtung arbeiten oder den Koks am Bunkerauslauf selbst wegarbeiten.

Auch für Nachsiebung (s. später) eignen sich diese Roste.

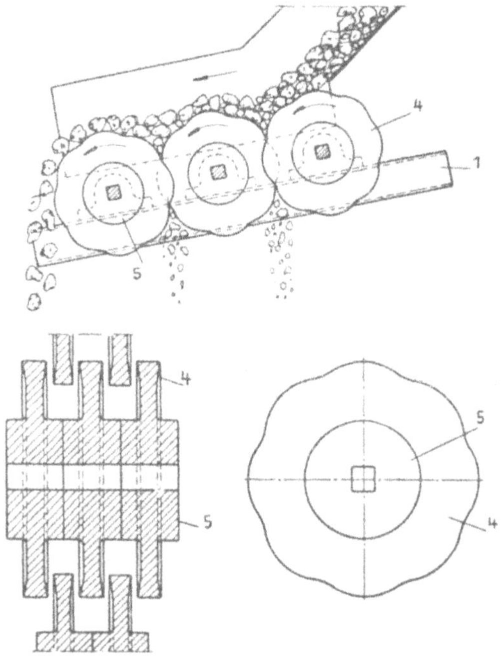

Abb. 23. Hohlscheiben-Rost (Molin).

b) Plansiebe.

α) *Sieb-Einrichtungen.*

Die Kokssiebtechnik hat in den letzten 10 Jahren eine außerordentlich vielseitige Ausbildung gefunden, nicht nur hinsichtlich der Zahl der vorgeschlagenen Ausführungsformen und der Zahl der herstellenden Firmen, sondern auch verschieden in bezug auf die Bewährung der Ein-richtungen. Wiederholt haben sich Anordnungen, die entweder ins Auge fallende Vorteile zeigten oder in anderen Zweigen der Siebtechnik bewährt waren, in der Kokssiebung nicht oder nur vorübergehend halten können oder sie wurden in verschiedenen Werken ganz verschieden beurteilt. Dies ist einmal im Material Koks an sich begründet, das durch seine Härte (Schmelzflußcharakter) hinsichtlich der Verschleißfestigkeit ebenso hohe Anforderungen stellte, wie hinsichtlich der Siebausbildung durch die Verschiedenartigkeit seiner Kornformen. Dazu kommt noch die Verschiedenheit der Kokseigenschaften in den einzelnen Werken und damit die wechselnden Anforderungen.

Die zunächst vorherrschende Bauart war das einteilige, lange, mit den Siebblechen aller Lochungen besetzte Schüttelsieb mit Antrieb von einer starr verlagerten Kurbelwelle. Die Siebbleche waren in der Siebrichtung mit zunehmender Lochgröße angeordnet, so daß die ganze Koksmenge auf das Sieb aufgebracht wurde und der mengenmäßig größte Anteil, der Grobkoks, über die ganze Sieblänge hin sowohl selbst geworfen und damit geschädigt wurde als auch verschleißend wirken mußte. Hierzu kamen bei der Vollbelastung des Siebes und der einseitigen Bewegung eine schwere Ausbildung des Antriebes und nicht zu vermeidende Gebäudeschwingungen.

Die weitere Entwicklung ging sehr verschiedene Wege, die sich teils überschneiden, und zwar:

1. Aufteilung des einteiligen Schüttelsiebes in zwei gegenläufige Hälften (zur Teilung des Koksstromes und Ausgleich der Schwingungen) oder in noch mehr Einheiten,
2. Ganzer oder gruppenweiser Übergang zur Anordnung in abnehmender Lochung,
3. Umbildung des Antriebes auf praktisch oder ganz erschütterungsfrei in sich schwingende Anordnung,
4. Zunahme der Umlaufzahl des Antriebes und Übergang vom schwingenden zum vibrierenden Sieb.

Zwischen schwingenden und vibrierenden Sieben ist keine eindeutige Grenze zu ziehen, zumal nicht nur die Schwingungszahl allein für die Charakteristik des Siebvorganges maßgebend ist, sondern auch die Amplitude, d. h. die Höhe, Länge und Kurve des Schwingungsausschlages. Auch hinsichtlich der übrigen Entwicklungsrichtungen ist keine einfache Gruppierung möglich, sondern es können nur eine Anzahl der üblichsten und neuesten Ausführungen kurz nebeneinander gestellt werden, ohne auf Vollständigkeit Anspruch zu erheben.

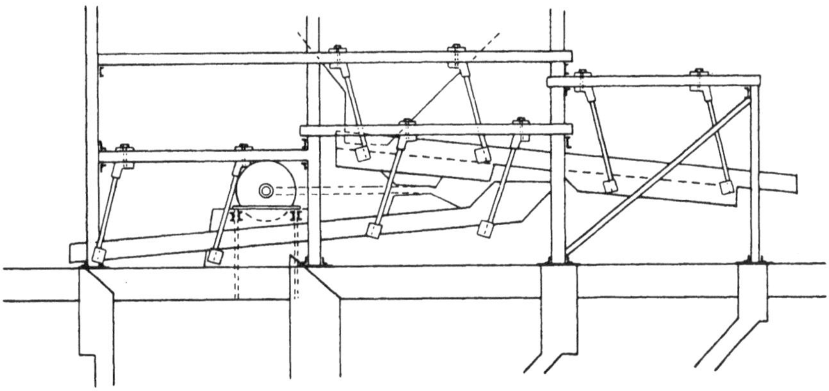

Abb. 24. Doppel-Kurbelschwingsieb (Bamag).

β) Schwingsiebe.

Zweiteiliges Kurbelschwingsieb. Gegenüber dem obengenannten einfachen Kurbelschwingsieb gibt das sehr verbreitete Doppelschwingsieb (Abb. 24) mit Antrieb von einer gemeinsamen Kurbel- oder Exzenterwelle einen gewissen Ausgleich der schwingenden Massen, der aber zusätzlich durch entsprechende Bemessung der Teilgewichte und der Schwungradgewichte erreicht werden muß und dennoch Schwingungsübertragungen auf das Gebäude nicht ganz vermeiden kann, weil die Schwere des Antriebes zu dessen festem Einbau in die Konstruktion zwingt. Der Koks fällt im allgemeinen auf das 40-mm-Sieb des oberen Siebkastens, durch das alles Korn unter 40 mm auf das unterliegende Schwingsieb mit Grus- und Perlsieb abgezweigt wird, während das Grobkorn auf dem oberen Sieb über die 60- und 90-mm-Lochung läuft.

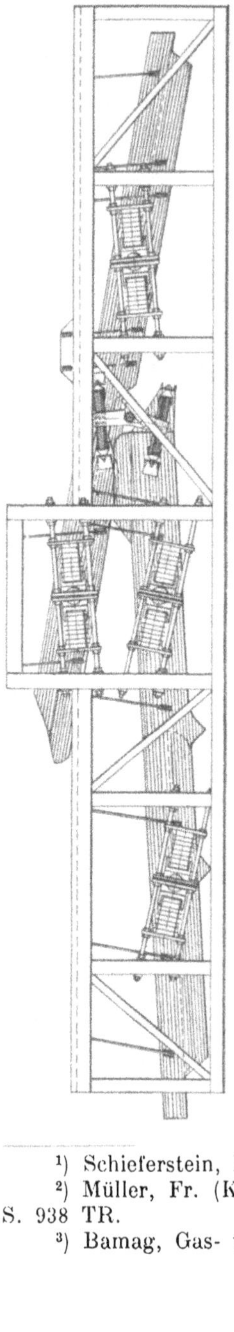

Abb. 25. Resonanz-Sieb (Schieferstein-Carlshütte).

Der Angriff von der Kurbelwelle auf die Siebkästen wird durch Schubstangen bewirkt, die den zu übertragenden Kräften entsprechend starr und festverbunden sein müssen und nur durch ihre Formgebung eine gewisse Elastizität haben, z. B. ausgekehlte Flachvierkantholzfedern (Bamag) oder in Gußköpfen gehaltene parallele Rundholzstangen (Eschwerke). — Die Siebkästen hängen oder stehen, wie bei den Schwingsieben bisher üblich, in schräggestellten Schwingern (Holzfedern, Stahlfedern, Manilarohre).

Die Umdrehungszahl der Antriebswelle beträgt 200 bis 300/min. Das Siebgut erhält bei jedem Hub des Siebes eine Wurfbewegung und fällt auf das Sieb zurück. Trotz dieser Hubbewegung ist eine Schrägstellung der Siebe notwendig, um die Fortbewegung des Kokses zu beschleunigen.

Resonanzsiebe. Der plötzliche Richtungswechsel der beim Schwingsieb in kurzer Folge hin und her gehenden Massenkräfte beansprucht den Antrieb stärker als die eigentliche Siebarbeit. Diese Massenkräfte führen die Resonanzsiebe (Carlshütte, System Schieferstein-Carlshütte; Humboldt; Krupp-Gruson)[1] als nutzbare Schwingungen auf die bewegten Siebkästen zurück durch Anordnung starker Spiralfedern besonderer Bauart, die an den die Siebkästen tragenden Schwingern rechtwinklig zu diesen eingebaut sind. Sie verwandeln also kinetische Energie in potentielle und sparen dadurch wesentlich an Antriebsenergie[2][3]. Diese Kraftumwandlung stellt allerdings an diese »Resonanzfedern« sehr erhebliche Anforderungen, die in der Zeit ihrer Entwicklung öfter zu Brüchen und

[1]) Schieferstein, DRP. 431928 u. Zusatz- und Auslands-Pat.
[2]) Müller, Fr. (Kokereiaussch.-Ber. 24/1926), Gas- u. Wasserfach **69** (1926), S. 938 TR.
[3]) Bamag, Gas- u. Wasserfach **72** (1929), S. 436.

zu einer dementsprechend schweren Ausbildung führten. Die Theorie und Praxis dieser Schwingungen sind vom Laboratorium für Schwingungstechnik, Berlin, weitgehend durchgearbeitet worden, so daß auf diese Veröffentlichungen[1]) besonders hinzuweisen ist.

Die jetzt bis zu Leistungen von 100 t/h ausgeführten Schieferstein-Carlshütte-Schwingsiebe können sowohl in geneigter wie waagerechter Anordnung gebaut werden (Abb. 25); sie lassen »die Siebkästen zwischen elastischen Mitteln in der Resonanzlage oder in deren Nähe schwingen«. Der Antrieb wird durch Schubstangen oder durch ein in Öl laufendes Schwinghebelgetriebe über elastische Verbindungen vermittelt. Der Schwingungsausschlag der Siebkästen ist innerhalb weiter Grenzen regulierbar. Die Siebblechanordnung entspricht der des gegenläufigen Doppel-Kurbelschwingsiebes.

Bamag-Schwingsieb. Die gegenläufigen ausgeglichenen Siebkästen dieser Bauart hängen ähnlich den Resonanzsieben in einem Gitterträger. Dieser ist nicht mit dem Gebäude verankert, sondern die geringen verbleibenden Schwingungen werden durch eine lose Rollenverlagerung übernommen, so daß Gebäudeerschütterungen nicht in Frage kommen; eine leichte Federung hält das Siebgerüst in Mittellage[2]). Die Art der Siebbewegung gestattet eine waagerechte Anordnung der Siebfläche, also günstigsten Durchgang des Siebgutes. Die Umdrehungszahl ist normal 300/min.

Koppers-Isodyn-Sieb. Die ebenfalls in einem Gitterträger gegenläufig aufgehängten Siebkästen sind in ihrer Bewegung nicht nur statisch, sondern einschließlich einer beliebig wechselnden Siebaufgabe auch dynamisch ausgewuchtet[3]) (Abb. 26). Der Antrieb wird auf die Siebkästen über freischwingende Schwingrahmen (*G* in Abb. 26) übertragen, die sich bei Veränderung der Siebbelastung selbsttätig gegenseitig so verlegen, daß sich die Massenkräfte ausgleichen. Außerdem sind alle Gelenke außer den Pleuelstangen-Kopflagern zur Aufnahme der kinetischen Energie des Siebrichtungswechsels gummigepuffert. Die Umdrehungszahlen um 300/min und der Hub werden dem Siebgut angepaßt durch Herstellung des für dieses günstigsten Verhältnisses zwischen senkrechter und waagerechter Materialbewegung. Hierzu dient die Verbindungsspindel der Schwingrahmen (*H* in Abb. 26). Dieses Sieb zeichnet sich besonders durch Schwingungsfreiheit der Konstruktion und geringen Kraftverbrauch aus. Die Siebkästen hängen waagerecht und werden nicht durch eingespannte Schwingerfedern, sondern durch in Gelenken hängende Tragstäbe gehalten.

---

[1]) Schieferstein, H., Bayr. Ind. u. Gew.-Blatt 1925, Nr. 19/20; »Maschinenbau« (VDI-Verl.), Bd. 7, S. 749; Ztschr. VDI. **77** (1933), Nr. 3.

[2]) Bamag-Meguin A.-G., DRP. 472049.

[3]) Koppers, DRP. 606397 und Ausl.-Pat.

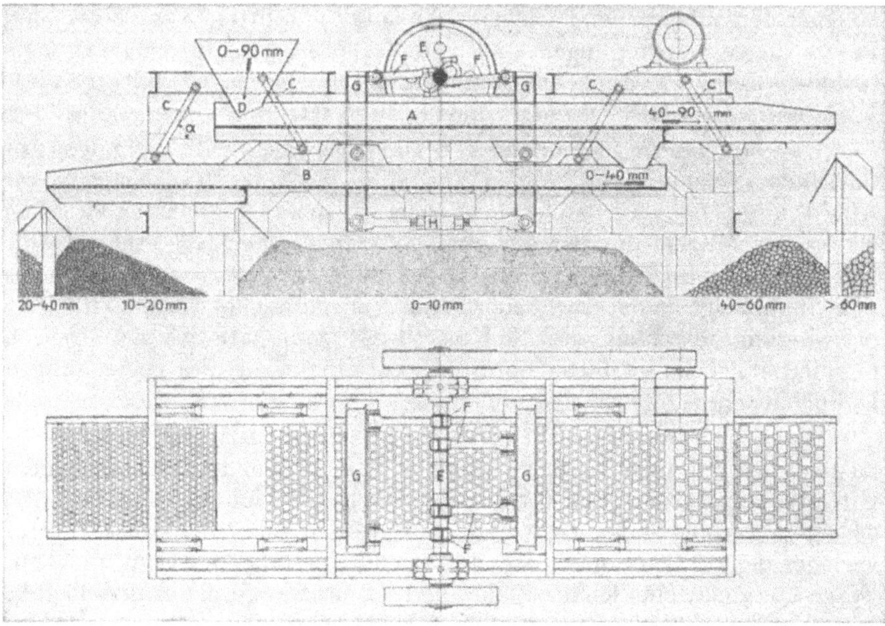

Abb. 26. Isodyn-Sieb (Koppers).

Das Humboldt-Wißmann-Ellipsensieb[1]), nach seiner geringen Umlaufzahl von unter 200 min und dem starken Hub als Schwingsieb zu bezeichnen, gibt der Siebbewegung durch besondere Übertragung des Kurbelantriebes die Form einer Ellipse und dem Siebgut einen fast senkrechten Fall auf das waagerecht schwingende Sieb. Die Schwingungen sind durch Schwungräder mit Gegengewichten ausgeglichen.

Ein Schwingsieb mit Antrieb nach Schenck-Heymann wurde im Gaswerk Darmstadt 1932 an Stelle eines älteren Kurbel-

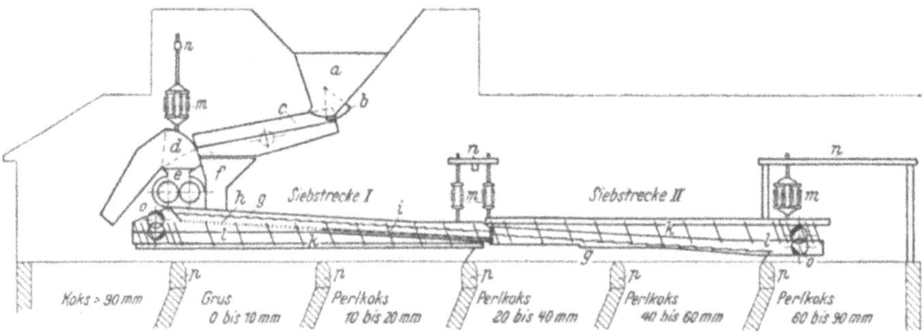

Abb. 27. Schwingsieb (Schenck-Heymann).

[1]) Humboldt-Wißmann, DRP. 98658.

schwingsiebes eingebaut[1]), und zwar aus örtlichen Gründen ein hintereinandergeschaltetes doppeltes Flachschwingsieb (Abb. 27). Die Siebkästen hängen bzw. stehen auf schrägen Blattfedern in als »Isolierbett« bezeichneten Gitterträgern, die in starken Spiralfedern hängen zur Verhütung von Gebäudeschwingungen. Der Antrieb nach Schenk-Heymann mit 1000 U/min bei niedrigem Schwingungshub ergibt eine den Vibratoren (s. später) nahekommende Bewegung und eine besonders hohe Siebgeschwindigkeit. Dieser Antrieb erfolgt für jeden Siebkasten getrennt durch am Ende angebrachte Schwingungserreger (Exzenter-Rotoren); diese sind mit dem direkt gekuppelten Motor durch eine Gelenkwelle verbunden. Diese Anlage ist auch insofern bemerkenswert, als dem oben unter einfachen Kurbelschwingsieben erwähnten fördertechnischen Nachteil der Belastung der Kleinsiebe mit der gesamten Koksmenge dadurch begegnet ist, daß das Asche- und Perlsieb von einem großgelochten Kaskadensieb überlagert ist. Dieses läßt nur das Kleinkorn unter 20 mm auf die Kleinsiebe kommen, entlastet sie aber völlig vom Grobkokstransport.

Das Reubold-Freilauf-Schwingsieb[2]), eine auf schrägen Schwingern mit mittlerer Umlaufzahl (400/min) und sehr geringem Hub waagerecht angeordnete Siebrinne, hat die besondere Einrichtung, daß der Fliehkraft-Antrieb erst mit dem Sieb gekuppelt wird, wenn er normale Betriebsdrehzahl erreicht hat, und entsprechend bei Stillsetzen sofort ausgekuppelt wird. Dadurch wird das bei vibrierenden Sieben (s. später) oft störende allmähliche »Aufschaukeln« mit unerwünscht großen Interferenzschwingungen vermieden.

γ) *Vibrationssiebe.*

Die Vibrationssiebe, die in der neuzeitlichen Siebtechnik eine ständig wachsende Bedeutung gewinnen, werden grundsätzlich durch Unbalancen, d. h. exzentrisch belastete, nicht ausgewuchtete Wellen angetrieben, wobei die exzentrisch liegende Masse verhältnismäßig gering ist. Diese Unbalancewelle ist im Siebrahmen fest eingebaut und würde diesem, wenn er frei aufgehängt wäre, eine der Schwerkraftverlagerung entsprechende kreisende Schwingung übertragen. Der Siebrahmen wird aber auf einem Unterrahmen oder Unterbau in Federn aufgestellt und die kreisende Schwingungsneigung wird dadurch in eine stark gedämpfte, vibrierende Schwingung übergeführt. Die Unbalance-Welle wird durch Riemen oder unmittelbar durch Gelenkwellenkupplung mit 1000 bis 3000 U/min angetrieben. Beim Anlaufen des Siebes überwiegt einige Sekunden lang die kreisende Siebrahmenbewegung, bis das Tragfedersystem zu gleichmäßiger Schwingung erregt ist und ergibt das sog.

[1]) Nuß, M., Zeitschr. VDI. **76** (1932), S. 757.
[2]) Reubold, W., DRP. 530483.

Abb. 28. Girotor (Strebtechnik).

Abb. 29. Vibrator (Carlshütte).

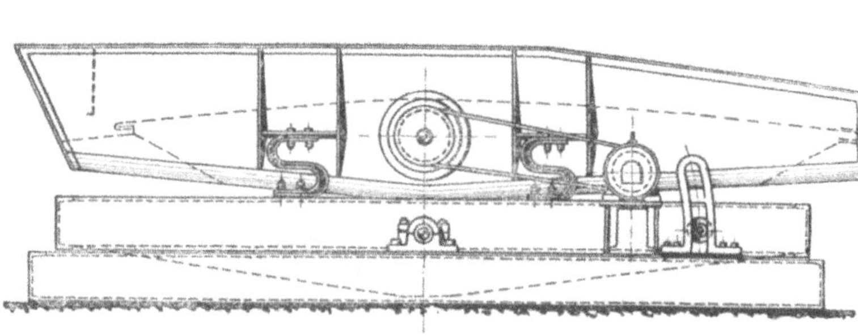

Abb. 30. Vibrator (Flämrich).

Aufschaukeln des Vibrators; ebenso folgt beim Stillsetzen kurz vor dem Stillstand ein kurzes »Abschaukeln« des Siebrahmens.

Hinsichtlich Art der Siebe wird auf die Besprechung der Siebbeläge (S. 37) verwiesen. Die leichten Siebe kleiner Körnungen werden gewölbt aufgespannt, nur schwere Beläge plan aufgelegt.

Die dem Siebgut vom vibrierenden Sieb übertragene Bewegung ist keine Wurfbahn wie beim Schwingsieb, sondern ein entsprechend der Art und Zahl der Impulse weniger hohes, aber häufigeres Springen, das einem Schweben nahe kommt. Im einzelnen ist die Bewegungsart des Kornes auf der Siebfläche beeinflußt von der Form, Lage und Stärke der Federn, der Umlaufzahl und Stärke der Unbalance, der Neigung

Abb. 31. Vibrator (Esch).

der Siebfläche und der Korngröße und Menge der Aufgabe. Die Abstimmung von Korngröße, Aufgabemenge und Siebneigung ist für den Sieberfolg besonders wichtig. Größeres Korn erfordert größere Neigung.

Vibratoren werden sowohl mit einem Siebbelag ausgeführt und in dieser Form wegen der guten Übersicht oft bevorzugt, anderseits aber auch mit 2 oder 3 Belägen — in abnehmender Sieblochung — zur Gewinnung mehrerer Sortierungen auf engstem Raum gebaut.

Der Kraftbedarf ist, da keine großen Massen zu bewegen, sondern nur die Schwingungen einzuleiten und zu erhalten sind, sehr gering und beträgt nur wenige PS. Die Isolierung der Siebschwingungen gegen die Gebäudeschwingungen ist beim Vibrator an sich leichter, weil seine Schwingungzahlen mit 1000 bis 3000/min wesentlich höher liegen als die bei festen Gebäuden vorkommenden; bei den üblichen Vibratorsieben erfolgt deshalb keine Schwingungsübertragung. — Die zunächst für kleinere Leistungen bewährten Vibratoren werden in neuerer Zeit für immer größeren Durchsatz erfolgreich angewandt.

Nachfolgend sind einige Ausführungsformen von Vibratoren — ohne kritischen Vergleich — nur hinsichtlich der augenfälligen, in der Anordnung der Federung liegenden Unterschiede als Beispiele angeführt.

Die Vibratoren (leichte Bauart) und Girotoren (schwere Bauart, bis 5 m² Siebfläche und bis 125 t Koks/h) der »Siebtechnik« stehen in paarig zusammengefaßten, hufeisenförmigen Federn (Abb. 28, 41), die Carlshütte-Vibratoren auf schräggestellten S-Federn (Abb. 29), die Flämrich-Vibratoren auf waagerecht gestellten Mehrblatt-S-Federn (Abb. 30).

Abb. 32. Vibrator (Schenck).

Spiralfedern verwendet der Esch-Vibrator (Abb. 31), der den Siebkasten auf geführte Spiralfedern stellt, und der Schenck-Heymann-Vibrator (Wuchtsieb), der das Sieb zwischen stehenden und hängenden Spiralfedern anordnet (Abb. 32).

Die in der Federung liegende Betonung der senkrechten Wurfkomponente wird mehrfach als für den Vibratoreffekt besonders wichtig hervorgehoben.

Vibratoren können praktisch jedem Siebzweck entsprechend ausgebildet werden. Besonders geeignet sind sie aber ihrer Natur nach für Aussiebung eines relativ kleineren Unterkornanteils (vgl. Nachsiebung), wobei die Siebfläche durch das Oberkorn weitgehend gleichmäßig belastet bleibt.

δ) *Rätter.*

Zu den Plansieben gehört noch der durch seine Bewegungsform einzeln stehende Rätter. Seine Bewegung ist der beim Sieben mit Handsieb üblichen waagerecht schwenkenden nachgebildet.

Die Planrätter (Humboldt), meist als Doppel-Planrätter ausgeführt, sind geneigte, kugelgelagerte Plansiebe, die durch eine senkrechte Kurbelwelle eine waagerechte, schüttelnde Bewegung erhalten.

Im einzelnen hat der gebietsweise verbreitete Rätter je nach dem Verwendungszweck eine sehr verschiedene Ausbildung erfahren.

Bei allen mehrsiebigen Anordnungen der Vibratoren und Rätter sind die Siebbeläge in abnehmender Lochung eingebaut, im allgemeinen auf 2 übereinander angeordnete Aggregate verteilt, wobei jeweils das Unterkorn auf das nächst kleinere Sieb durchfällt und jeder Siebbelag nur die ihm entsprechende Körnung zu fördern hat.

c) Trommelsiebe.

Gegenüber den starken Schwingungen und Massenbewegungen der Kurbelschwingsiebe und den dafür nötigen großen Antriebskräften haben die Trommelsiebe den Vorteil eines völlig schwingungsfreien Laufes und nur geringen Kraftbedarfs.

Abb. 33. Herold-Siebtrommel (Reubold).

Der vereinzelt im Kokereibetrieb angewandte Trommelrost, eine Siebtrommel aus in Richtung der Achse angeordneten Stäben, diente sowohl zum Wegtransport von Koks am Bunkerauslauf als auch gleichzeitig zum Absieben des Kleinkokses, der erst in das Trommelinnere und entgegengesetzt wieder hinausfällt (vgl. in Abb. 4 am Bunkerauslauf).

Trommelsiebe bestanden ursprünglich aus einem Rohr mit Sieblochung, dem zum besseren Fördern Leit- oder Förderbleche eingebaut wurden.

Eine grundsätzlich neue Art der Trommelabsiebung stellt die vielfach gebrauchte Herold-Siebtrommel dar[1]). Bei dieser sind auch die Förderbleche im Innern der Trommel als Siebkörper ausgebildet und die Trommelwandung ist nur soweit gelocht als sie vom Koksstrom berührt wird (Abb. 33). Die Fördersiebkörper stellen Gewindegänge im Trommelraum dar; durch Öffnungen in der Trommelwand wird der durch die Innensiebe abgetrennte Koks in unterliegende Bunker auf schnellstem Wege abgelassen. Die Trommel läuft mit 8 bis 10 U/min. Diese wegen ihrer an sich sehr sauberen Klassierung lange Zeit und örtlich auch jetzt noch beliebte Siebtrommel[2]) hat allerdings besonders den Nachteil

[1]) Reubold, W., DRP. 325627.

[2]) Steinbach, Gas- u. Wasserfach **72** (1929), S. 182.

der zunehmenden Lochung mit einem Gesamtkokstransport durch den kleingelochten Anfang der Trommel, damit also starken Verschleiß, dessen Ersatz naturgemäß schwieriger ist als bei einem Flachsieb. Bei sehr nassem Koks wird durch die sanftere Bewegung in der Trommel der anhängende Grus nicht gut abgeschüttelt. Diese Siebart hat deshalb in anderen Industriezweigen auf die Dauer mehr Bewährung gefunden als für den ihr ungünstigeren Koks.

d) Siebbeläge.

Das früher fast allein übliche Rundlochsieb ist zwar auch jetzt noch vielerorts in Gebrauch, in sehr vielen Fällen ist es aber durch andere Locharten oder andersartige Beläge verdrängt worden, hauptsächlich

34 a

34 b

Abb. 34. Dovex-Siebe (Herrmann).

wegen seiner verhältnismäßig geringen freien Siebfläche. Mit einem Viereckloch läßt sich je m² Siebblech viel mehr freie Öffnung unterbringen, natürlich je nach Stegbreite noch verschieden, und es sind Viereckloch-bleche sowohl in diagonal-quadratischer, wie neuerdings in seitenparallel-quadratischer oder auch schwach rechteckiger Lochung stark verbreitet.

Als Material wird neben handelsüblichen Stahlblechen, die durch Koks schnell verschleißen, ein zähhartes Mangan-Hartstahlblech vorgezogen, dessen hoher Preis der besseren Verschleißfestigkeit entspricht, oder auch Flußstahlbleche höherer Festigkeit.

Noch weiter als die Vierecklochbleche gehen hinsichtlich der freien Siebfläche die Drahtgewebesiebe, sie sowohl aus Runddraht wie auch aus Profildraht hergestellt werden (Herrmann-Dovex-Siebe) (Abb. 34). Der Profildraht bezweckt gegenüber dem parallelwandigen Loch des Lochblechs oder dem in der Mitte eingeschnürten Loch des Runddrahtsiebes eine in der Durchfallrichtung erweiterte Öffnung zur Verhütung des Festklemmens von kleinen Stücken. Diese Drahtgewebe eignen sich weniger für Schwingsiebe, die dem Koks nur eine Wurfbewegung geben. Diese Bewegung genügt nicht, um ein stengeliges oder keilförmiges Koksstück, das senkrecht in einer Masche steckt, wieder hinauszuwerfen. Dagegen ist bei vibrierenden Sieben mit stark vertikaler Komponente das Drahtsieb besonders geeignet. Wegen der geringen Stegbreite können nur sehr verschleißfeste Drähte verwendet werden (Federstahl, Manganhartstahl, für Feinsiebe auch Phosphorbronce).

Abb. 35. Harfen-Vibrator (Flämrich).

Abb. 36. Stufensieb (Herrmann).

Zur Absiebung von Feinkorn oder Staub wird, weil ein so enges Maschensieb sich leicht zusetzt, ein Langmaschengewebe oder besser noch ein Harfengewebe (Querdrahtabstand 100 bis 150 mm) vorgezogen. Noch weiter geht in dieser Richtung der Flämrich-Harfenvibrator, der das Siebgewebe durch in Bündeln zusammengefaßte, über gerillten Querstäben straffgespannte Einzeldrähte ersetzt[1]) (Abb. 35). Die dadurch völlig glatte Oberfläche und eine leichte Eigenschwingung der langen Drahtabschnitte ermöglichen eine sehr weitgehende Feinabsiebung.

Zwecks ständiger Umlagerung und dadurch verbesserter Absiebung werden auch Treppensiebe mit den üblichen Rund- und dgl. Lochungen,

[1]) Flämrich, DRPa.

oder besser mit dem in der Wurfrichtung erweiterten, sich daher nicht versetzenden Schlitzloch (Herrmann-Dresden) (Abb. 36) verwendet. Letzteres ist auch besonders geeignet als feststehendes Schrägsieb für Nachsiebung kleiner Körnungen (s. daselbst). Zur Gruppe der Treppensiebe gehört auch das Kaskadensieb nach Schenk[1]) (Abb. 27).

Hinsichtlich des obenerwähnten Überganges vom Rundloch zu den viereckigen Lochungen oder Maschen muß darauf hingewiesen werden, daß z. B. ein 60-mm-Rundloch mit einem 60-mm-Quadratloch keinesfalls gleich bewertet werden kann, daß vielmehr letzteres infolge der um 28% größeren freien Öffnung wesentlich größere Koksstücke durchfallen läßt als das Rundloch. Verschleißt das Quadratloch auf z. B. 63 mm Kantenlänge, so ist seine Öffnung um 40% größer als ein 60-mm-Rundloch, während ein auf 63 mm Dmr. verschlissenes Rundloch nur 10% größer ist als bei 60 mm Dmr. Ähnlich sind die Größenverhältnisse bei den 40- und 90-mm-Rund- und Quadratlochsieben.

Da, wie oben erwähnt, die Handelskörnungen genormt sind, ist es nicht gleichgültig, ob das Korn durch ein der Normbezeichnung entsprechendes Rundloch oder eine wesentlich größere Sieböffnung abgetrennt wird. Im Interesse der Vereinheitlichung der Verkaufserzeugnisse muß gefordert werden, daß so starke Abweichungen der Lochgrößen vermieden werden. Das kann, wie durch eingehende Versuche des DVGW-Ausschusses »Kokssiebnormung« 1936/37 festgestellt wurde[1]), durch Verwendung einer der Rundlochöffnung näherkommenden Vierkantöffnung erreicht werden, deren Durchmesser wenige mm niedriger liegt als der des entsprechenden Rundloches. Auf vorgenanntes Beispiel angewandt ergibt dies folgendes: Ein Quadratloch von 57 mm hat nur 15% mehr Öffnung als das 60-mm-Rundloch, und bei Verschleiß erreicht es nicht so schnell so abweichende Werte wie das an sich schon viel zu große 60-mm-Quadratloch. Es ist deshalb richtiger, Quadratlochblechen grundsätzlich eine um wenige mm kleinere Lochung zu geben, z. B. 37-, 56-, 85-mm-Vierkantloch statt 40-, 60-, 90-mm-Rundloch.

Zur Prüfung der Kokskörnungen wurde von obengenanntem Ausschuß ein Prüfverfahren (Durchsteckverfahren) ausgearbeitet (vgl. auch »Untersuchungsmethoden« in Band 5), das jede Kokskörnung eindeutig zu charakterisieren gestattet[2]), durch Festlegung der Begriffe Überkorn, Normalkorn und Unterkorn, sowie einer einfachen Versuchseinrichtung, die reproduzierbare Werte ergibt.

e) Bunker, Nachsieb- und Verlade-Einrichtungen.

Zwischen den sich grundsätzlich widersprechenden Forderungen auf möglichst großen Bunkerraum als Verladereserve, möglichst geringe Fallhöhe im Bunker und vielseitige, aber auch vollständige Entleerbar-

---

[1]) Nuß, M., ZVDI 76 (1932), S. 757.

[2]) Wehrmann, Fr. (Ausschußbericht), Gas- u. Wasserfach **81** (1938), S. 164.

keit muß nach örtlichen Verhältnissen ein geeigneter Mittelweg gesucht werden.

Die erwähnte, für Grobkoks sehr dienliche Schrägbodenbunker-Bauart (S. 14) ist wohl für Sammelbunker geeignet, für die Grobkörnungen in der Aufbereitung aber baulich schwer unterzubringen. Eine gewisse Fallhöhe muß deshalb im allgemeinen in Kauf genommen werden. Der zerstörende Fall von Grobkoks kann nur durch Einbauten gemildert werden, z. B. durch Einbau einer Schrägfläche in der oberen Hälfte des Bunkers oder besser durch Spiralrutschen (Humboldt, Carlshütte) (Abb. 37).

Das Bunkerinnere muß wegen der verschleißenden Wirkung des Kokses, wenigstens bei Grobkör-

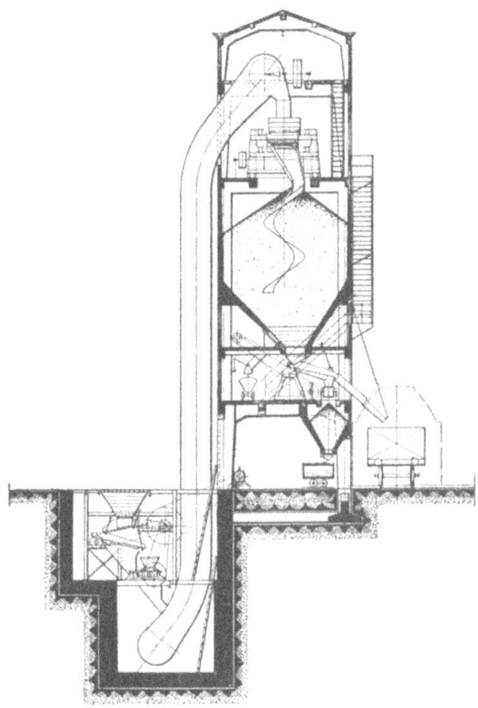

Abb. 37. Spiralrutsche im Koksbunker (Carlshütte).

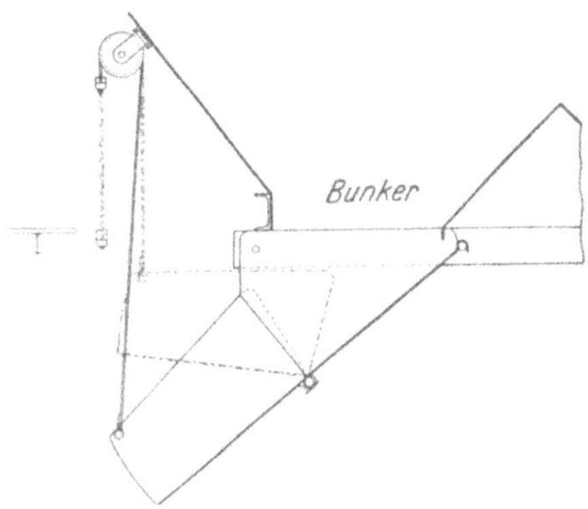

Abb. 38. Koksbunker-Auslaufschurre.

nungen, gut geschützt sein, Eisenbunker durch leicht auswechselbare Schleißbleche, auch Gußplatten, oder Betonbunker durch einen Torkret-Spritz-Putz. Bei Bunkern für Grus hat sich auch Glasverkleidung bewährt.

Die Ausbildung des Bunkerbodens richtet sich nach der Zahl der verlangten Entleerungsmöglichkeiten, zumeist üblich sind ein Auslauf in der Mitte für Waggonverladung und zwei Seitenausläufe. Beschränkung auf zwei Zapfstellen je Bunker ermöglichen bessere Bunkerraumausnützung.

Die Bunkerausläufe sollen möglichst den Koks schonen. Rund- und Flachschieber quetschen den Koks beim Schließen, günstiger sind Klappschurren (Abb. 38), die durch Böschungswinkel abschließen, oder bewegliche, wegfördernde Einrichtungen, z. B. Trommelroste, Rollenroste oder Förderbänder, die den Koks am offenstehenden Auslauf wegarbeiten.

Über Vorrichtungen zum Schutz der Bunkerausläufe gegen Froststörungen mittels Heizung sind verschiedene Vorschläge gemacht worden[1] [2]. Das einfachste Verfahren ist eine Gasfackel, ein mit Schlauch an eine geeignete Zapfstelle an der Aufbereitung angeschlossenes Gasrohr von solcher Länge, daß die Ausläufe damit von unten erreichbar sind, zum Auftauen nach längerer Gebrauchspause.

Von besonderer Wichtigkeit ist die Nachsiebung des Kokses vor der Verladung oder Einzelabgabe, um so mehr, je weicher und klüftiger die Koksbeschaffenheit und je größer die Fallhöhe im Bunker ist. Unterkorn in Mengen von mehr als 2 bis 3% schädigt das Aussehen einer Körnung und damit den Verkaufswert, sowie zumeist auch den praktischen Verbrauchswert. Alle vorher aufgewandte Sorgfalt ist unter Umständen nutzlos, wenn die Nachsiebung vernachlässigt wird. Die obenerwähnten Arbeiten über Kokssiebnormung[3] erstreckten sich insbesondere auch hierauf und es wurde als Ergebnis festgestellt:

> Feststehende Flachsiebe sind praktisch wertlos, wenn der Koks nicht in ganz dünner, unter normaler Leistung liegender Schicht darüberrollt;
>
> für kleine Körnungen (Nuß III) und bei sehr hartem, an sich unterkornarmem, gröberem Koks ist ein feststehendes Stufensieb im allgemeinen anwendbar;
>
> für Unterkorn enthaltenden Koks sind aber grundsätzlich bewegte Nachsiebeinrichtungen notwendig.

Scheibenroste sind für diese Nachsiebung brauchbar, haben aber den Nachteil, daß sie das untere Grenzkorn, das noch zur Sortierung gehört, mehr durchfallen lassen als Loch- und Maschensiebe. Flachsiebe mit vorwiegend horizontaler Wurfbahn sind, da das durch das Sieb fallende Gut in seinem Mengenanteil sehr gering ist, viel weniger geeignet als Vibrationssiebe und diese um so mehr, je stärker die vertikale Bewegungskomponente ausgeprägt ist. Ferner ist zu beachten, daß der verhältnismäßig große, auf dem Sieb bleibende Anteil geringere Siebbelastungen zuläßt als beim Sieben stark unterschiedlicher Körnungsgemische.

Nachsiebeinrichtungen müssen entsprechend den örtlichen Absatzverhältnissen so bemessen sein, daß Fahrzeugbeladungen ohne Überlastung des Siebes in angemessener Zeit erfolgen können. — Um Nachzerkleinerung nach der Nachsiebung einzuschränken, wird der Koks

---

[1] Pfeiffer, Gas- u. Wasserfach **65** (1922), S. 582.

[2] Gaswerk Horsens, Gas- u. Wasserfach **66** (1923), S. 89.

[3] Wehrmann, Fr., Gas- u. Wasserfach **81** (1938), S. 164.

vom Nachsieb über ein heb- und senkbares Gummiförderband mit möglichst geringer Fallhöhe in den Waggon oder das Fahrzeug abgerollt. — Einrichtungen für Sackverladung oder für den Verkauf über Raumgefäße werden zweckmäßig in Fuhrwerkshöhe angebracht, um ein Hochheben der Säcke oder Kübel zu vermeiden.

D. Kokslager und Lagerbewegung.

1. Das Kokslager.

Die Meinungen über die zweckmäßigste Durchführung des Kokslagerns sind sehr geteilt und werden vorwiegend örtlich zu beurteilen sein.

Buchholz[1]) fordert, daß Überschußkoks sofort sortiert werden soll, weil unsortierter beim Nachsortieren nochmals Zerfall gibt. Binder[2]) zieht die Lagerung des unsortierten Kokses vor, damit er durch langsame Abkühlung auf dem Lager weniger Zerfall hat. Rodde[3]) verlangt gedeckte Lagerung wegen Frostgefährdung.

Weiter ist die Forderung zu erwähnen, daß selbst sortierter Koks nur nachsortiert abgesetzt werden darf.

Alle diese Forderungen haben ihre grundsätzliche Berechtigung. Der Vorteil der Kaltkoks-Sortierung wurde oben (S. 4, 13)[2]) betont. Nachsortieren ist auf jeden Fall nötig. Lagern unsortierten Kokses bedeutet zugleich einen Mehr-Lagerbestand von 10 bis 15% Kleinkoks, der bei Zentralgeneratorbetrieb oder dgl. laufend verarbeitet werden kann und bei knappem Lagerplatz sehr stört. Zweimaliges Sortieren gibt natürlich etwas mehr Zerfall als einmaliges, aber bei gutem festem Koks ist dies nicht erheblich. Gedeckte Lagerung ist meist nicht durchführbar. Nasser Lagerkoks wird möglichst mit Frischkoks in der Aufbereitung gemischt. In frostreichen Gegenden kann durch Zerfrieren nassen Kokses zeitweise ein Mehranfall an Kleinkoks eintreten, doch ist dieser Schaden sicher geringer als die Anlage- und Betriebskosten für eine Halle mit Sondertransportanlagen.

Abgesehen von der Frostgefahr und den Wassergehaltänderungen durch Regen bleibt der Lagerkoks physikalisch unverändert; chemisch tritt langsam eine Verringerung des Sulfid-Schwefel-Gehaltes durch Oxydation des Schwefeleisens ein[4]).

2. Die Bedienung des Kokslagers.

Mehr noch als die grundsätzliche Behandlung des Kokslagers zeigen die zugehörigen Transportanlagen eine ungeheure Verschiedenartigkeit, so daß nur ein Überblick über die grundsätzlichen Möglichkeiten gegeben

---

[1]) Gas- u. Wasserfach **66** (1923), S. 409.
[2]) Gas- u. Wasserfach **66** (1923), S. 313.
[3]) Gas- u. Wasserfach **66** (1923), S. 521.
[4]) Brüggemann, Glückauf 1927, S. 564.

werden kann, nebst Erwähnung einiger ausgeführter, besonders hervortretender Anlagen.

Kleinwerke bis zu 1,5 Mio m³ kommen, wie erwähnt[1]), im allgemeinen mit Handbedienung zum und vom Lager aus und sortieren dann den Bedarfskoks mit einem verfahrbaren Schüttelsieb. Als erste Hilfs-

Abb. 39. Fahrbare Koksaufbereitung (Bamag).

einrichtung tritt hierzu das fahrbare Gummitransportband (Bleichert, MAN, Bamag u. a.) sowohl zum Stapeln als auch zur Zuführung des Kokses zur fahrbaren Siebanlage. Die fahrbaren Siebanlagen mit oder ohne Brecher haben je nach Größe die verschiedensten Ausbildungen erfahren, die im kleinen die oben geschilderten Entwicklungen der Aufbereitungstechnik wiederspiegeln (Eitle, Bamag (Abb. 39), Stotz, Schenk, Siebtechnik (Abb. 40) u. a. m.)[2]). Die zentrale, feststehende Aufbereitung ist aber vorzuziehen und setzt sich immer mehr durch wegen der einfacheren Bedienung. Zur Verbindung

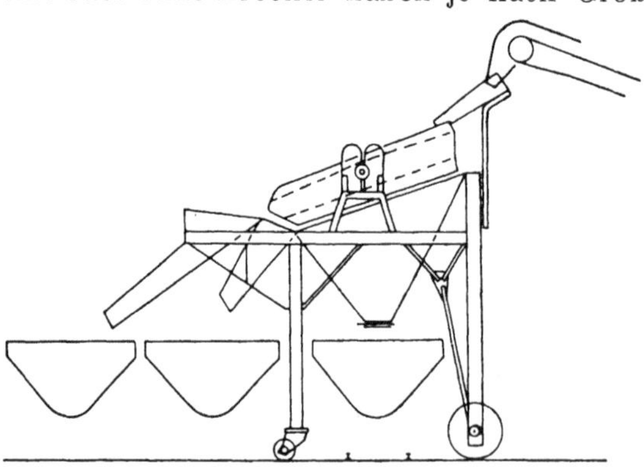

Abb. 40. Fahrbare Koksaufbereitung (Siebtechnik).

[1]) Behr, Gas- u. Wasserfach **71** (1928), S. 158.

[2]) Haasters, C., Gas- u. Wasserfach **69** (1926), S. 27; Het Gas 1923, Nr. 6.

zwischen dem Lager und der Aufbereitung dienen Fördereinrichtungen, die möglichst sowohl zwischen den Öfen und der Aufbereitung als auch zwischen der Aufbereitung und dem Lager arbeiten.

Die einfachste und anpassungsfähigste Form hierfür ist die Hängebahn mit Führerstand-Laufkatze und Greifer bzw. Traverse. Die Hängebahn ist, vor allem für geringe Leistungen, räumlich leicht unterzubringen, anderseits ist sie schwer zugänglich und zu überwachen. Die Laufkatze hat offenen Führersitz und Elektrozug oder bei größerer Anlage Führerhaus und Windwerk (Abb. 41, 42).

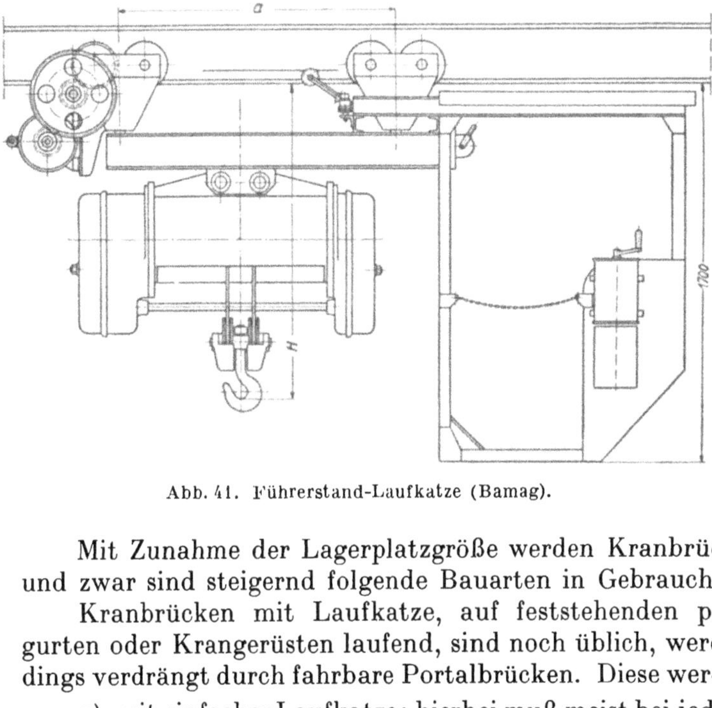

Abb. 41. Führerstand-Laufkatze (Bamag).

Abb. 42. Führerhaus-Laufkatze mit Greifer-Windwerk.

Mit Zunahme der Lagerplatzgröße werden Kranbrücken verwandt, und zwar sind steigernd folgende Bauarten in Gebrauch:

Kranbrücken mit Laufkatze, auf feststehenden parallelen Laufgurten oder Krangerüsten laufend, sind noch üblich, werden aber neuerdings verdrängt durch fahrbare Portalbrücken. Diese werden ausgeführt:

a) mit einfacher Laufkatze; hierbei muß meist bei jedem Arbeitsgang Katze und Brücke gleichzeitig verfahren werden (Abb. 43), oder
b) mit Drehkatze; diese hat einen Ausleger von beschränkter Länge, bestreicht also immerhin einen breiteren Streifen ohne Verfahren der Brücke;

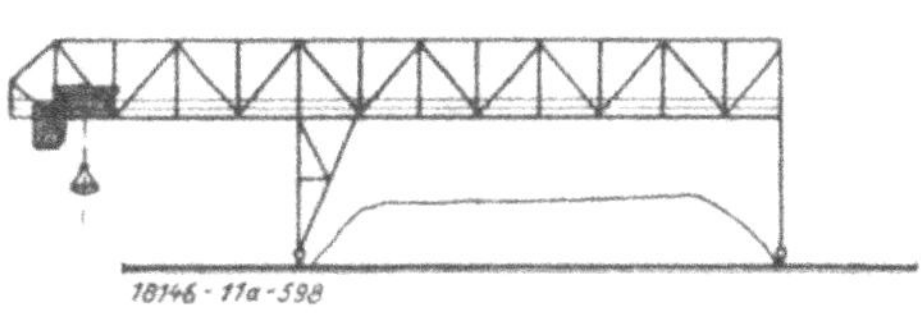

Abb. 43. Brücke mit Laufkatze (Demag).

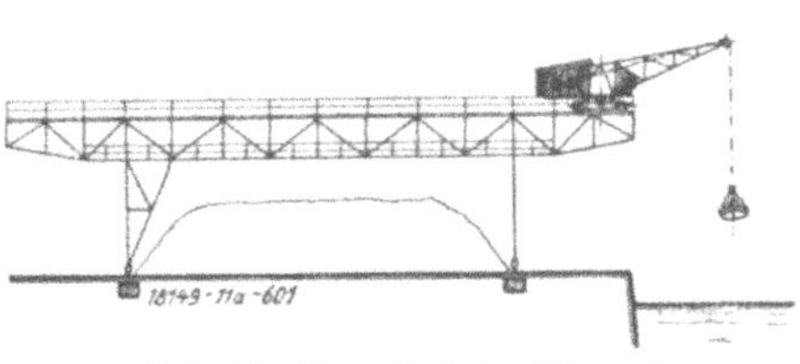

Abb. 44. Kran-Brücke (Demag).

c) auf der Brücke fährt ein Drehkran, der einen je nach Ausladung breiteren Streifen bestreicht (Abb. 44), und

d) Brücke mit Wippkran, der die besten Ausnützungsmöglichkeiten infolge seines großen Auslegerbereichs bietet.

Die Ausführungen mit Laufkatze sind leichter und billiger, erfordern aber eine um die Katzenhöhe höhere Brücke, während der auf der Brücke laufende Kran die ganze lichte Höhe der Brücke auszunützen gestattet (Abb. 43, 44).

Abb. 45. Kranbrücke mit eingebauter Siebanlage (Demag).

Langgestreckte schmale Lagerplätze oder Werksgrundstücke werden mit einem auf langer Kranbahn verfahrbaren Dreh- oder Wippkran bedient. Die Kranbahn kann gegebenenfalls auch in Kurve (bis zu $r = 140$ m) geführt werden.

Bei großen Lagern mit ausgedehnten Verladeanlagen ist der Rücktransport des Kokses zur zentralen Aufbereitung zu umständlich; dann kann eine Sortier- oder Nachsiebanlage auch in die Verladebrücke (s. oben) eingebaut werden (Abb. 45).

An Darstellungen mit Abbildungen von Großanlagen sind zu erwähnen die Berichte über die Kokstransportanlagen der Berliner Werke[1]) und von München[2]).

Zum Greifen des Kokses vom Lager ist fast ausschließlich der Schalengreifer in Gebrauch, meist als Zweiseil-Greifer, mit Hubwerk und Schließwerk. Eine neue, an jedem nur mit Hubwerk ausgestatteten Kran bzw. Laufkatze verwendbare Bauart ist der Einseil-Greifer (Ulmog-Greifer)[3]) (Abb. 46). Der Schließmotor mit der von ihm angetriebenen Schließhydraulik ist im Kopf des Greifers eingekapselt, die Kabelzuführung wird von einer selbstaufrollenden Trommel geführt. Der Greifer ermöglicht sehr raschen Übergang von Seilbetrieb auf Greiferbetrieb. — Der für Grobkoks sehr günstige Polyp-Greifer (Demag; Abb. 47) kommt nur für Sonderanlagen in Frage.

Abb. 46. Ulmog-Einseil-Greifer.

E. Zusammenfassung und Ausblick.

Abb. 47. Polyp-Greifer.

Der grundsätzlich durchgeführten Gütesteigerung des Kokses entspricht die Steigerung der Anforderungen an die Koksaufbereitung. Als ungeeignet erkannte Förderarten zwischen Öfen und Aufbereitung sind, wenn auch örtlich stellenweise noch berechtigt, im allgemeinen neueren Ausführungen gewichen, die auf tunlichste Koksschonung, geringen Wassergehalt und

[1]) Schoeneberg, W., Gas- u. Wasserfach **69** (1926), S. 828, 858, 880.

[2]) Spaeth, W., Gas- u. Wasserfach **79** (1936), S. 363.

[3]) Unruh u. Liebig, DRP. 620332.

gutes Aussehen hinzielen. Im Rahmen dieser Bestrebungen gebührt der Kokskühlung an Stelle der Naßlöschung eine größere Bedeutung als sie praktisch erreicht werden konnte.

In der Koksbrechung setzten sich die den Koks möglichst wenig zermalmenden Bauarten durch, in der Absiebung die schwingungsarmen und schwingungsfreien Siebanordnungen. Die Vibrationssiebe und einige Sonderbauarten ausgeglichener Schwingsiebe werden an Stelle der schweren Kurbelschwingsiebe zunehmende Anwendung finden.

Die vielerorts schon erkannte Notwendigkeit, eine normgemäße und von abweichendem Korn möglichst freie Körnung zu erzeugen, muß noch allgemeiner durchgeführt werden. Eine Verbesserung der oft noch unzureichenden Nachsiebung ist hierfür besonders wichtig, ebenso eine laufende oder zeitweise Prüfung der Körnung und damit der Arbeitsweise der Aufbereitung.

Die Ausgestaltung des Kokslagerplatzes und der damit zusammenhängenden Fördermittel wird mit dem zunehmenden Erfolg der örtlichen Koksabsatzwerbung und mit steigender Werksgröße immer wichtiger und kann bei der Fülle der neuzeitlichen Fördermöglichkeiten in jedem Falle eine den vorliegenden Erfordernissen günstigste Lösung finden.

8. Teil

Regeln für Gewährleistungen und deren Nachweis an Gaserzeugungsöfen

I. Regeln für Gewährleistungen. Grundlagen.

Den Gewährleistungen zugrunde zu legen sind Angaben, die weitgehend den Betriebsbedingungen auf dem Gaswerk entsprechen. Bei der Festlegung der Kohle (Richtkohle), die in der Gaserzeugungsanlage zur Verarbeitung gelangen soll, ist dieser Grundsatz besonders zu beachten. Nach denselben Grundsätzen ist die Beschaffenheit des Unterfeuerungskokses festzulegen. Den Gewährleistungen wird also die Verarbeitung betriebsüblicher Kohle bestimmter Herkunft zugrunde gelegt. Das Mischungsverhältnis mehrerer vom Werk bezogener Kohlensorten und die Körnung vor dem Ofen sind anzugeben. Auf eine gleichmäßige Mischung ist unbedingt Wert zu legen. Wird vom Gaswerk keine bestimmte Kohle für die Gewährleistung festgelegt, so gilt als Richtkohle eine Kohle mit nicht mehr als 4% Wasser- und 8% Aschegehalt.

Das Schüttgewicht der zu verarbeitenden Kohle ist vom Gaswerk anzugeben. Das Schüttgewicht der Kohle darf beim Abnahmeversuch um nicht mehr als 5% vom Sollwert abweichen.

Für die Bewertung des Gasgehaltes der Kohle ist deren Heizwertzahl je Kilogramm Reinkohle maßgebend. Heizwertzahl ist das Produkt aus Gasausbeute (0° C, 760 mm QS, trocken) je Kilogramm Reinkohle und oberem Heizwert (0° C, 760 mm QS, trocken), wobei der Heizwert wesentlich ist. Die Heizwertzahl wird den Gewährleistungen zugrunde gelegt. Die Heizwertzahl der bei den Abnahmeversuchen verwendeten Kohle (Versuchskohle) soll nicht niedriger sein als die Heizwertzahl, auf der die Gewährleistungen aufgebaut sind.

Der Nachweis hiervon ist erforderlichenfalls vor Versuchsbeginn durch eine neutrale Stelle mittels eines vor Vertragsabschluß zu vereinbarenden Laboratoriumsverfahrens zu erbringen. Zur Bestimmung der Heizwertzahl im Laboratorium wird die Geipertsche Methode empfohlen.

A. Tagesleistung.

Die Tagesleistung der Anlage ist zu gewährleisten in m^3 Gas bei dem vom Gaswerk anzugebenden Raumgewicht der zu verarbeitenden Kohle, das auf den Wassergehalt der Richtkohle umgerechnet wird. Gasvolumina werden bezogen auf 0° C, 760 mm QS, trocken oder auf 15° C, 760 mm QS, feucht. Der Umrechnungsfaktor beträgt 1,073 bzw. $\frac{1}{0,932}$. Bei periodisch betriebenen Öfen ist auch die hierbei erforderliche Ausstehzeit (Betriebszeit) zu gewährleisten. Die betriebsnormalen Ofentemperaturen sind in geeigneter Weise festzulegen und dürfen eine vereinbarte Grenze nicht überschreiten. Ebenso sind die Meßstellen zu bestimmen.

Obige Gewährleistungen sind anzugeben:

a) für Trockenbetrieb,

b) für Naßbetrieb

oder für eine der beiden Betriebsarten.

Überschreitet der Wassergehalt der beim Abnahmeversuch verarbeiteten Rohkohle den Wassergehalt der festgesetzten Richtkohle, so erniedrigt sich die Gewährleistung auf die Tagesleistung für jedes Mehrprozent Wasser um 3%. Im gleichen Verhältnis kann die zulässige Garungszeit bei periodisch betriebenen Gaserzeugungsöfen erhöht werden. Weicht das Schüttgewicht von dem angegebenen innerhalb der zulässigen Grenzen ab, so ist die Tagesleistung entsprechend umzurechnen.

Die Gewährleistung, bezogen auf die Tagesleistung, darf bis zu 5% ihres Wertes unterschritten werden.

B. Gasausbringen und Gasbeschaffenheit.

Gasausbeute.

Die Gasausbeute ist zu gewährleisten in m^3 je t Richtkohle und je t Reinkohle, berechnet auf 0° C, 760 mm QS, trocken und 15° C, 760 mm QS, feucht.

Heizwert.

Der Heizwert des Gases ist zu gewährleisten als mittlerer oberer Heizwert je m^3, berechnet auf 0° C, 760 mm QS, trocken. Falls verschiedene Heizwerte angegeben werden, sind auch die jeweilig dazu gehörenden Gasausbeuten zu gewährleisten.

Heizwertzahl.

Maßgebend für die Erfüllung der Gewährleistungen ist das Produkt aus Gasausbeute aus 1 kg Reinkohle und mittlerem oberem Heizwert des Gases, beide bezogen auf gleiche Temperaturen und Drücke. Diese Gewährleistung auf die Heizwertzahl darf bis zu 5% ihres Wertes unterschritten werden. Hierbei darf der mittlere obere Heizwert selbst nicht mehr als 100 kcal/m^3 von dem gewährleisteten abweichen.

Gasbeschaffenheit.

Der Gehalt an unbrennbaren Bestandteilen (Kohlendioxyd, Stickstoff und Sauerstoff) im erzeugten Gas soll einen vereinbarten Betrag nicht überschreiten. Übersteigt der Sauerstoffgehalt, gemessen vor einem evtl. Luftzusatz, 0,5% und stammt er vom Ofen, so ist er hierbei hinzuzurechnen.

C. Unterfeuerung.

Der Unterfeuerungsaufwand ist zu gewährleisten

in kg Reinkoks je 100 kg Reinkohle unter Zugrundelegung eines unteren Reinkoksheizwertes von 7950 kcal je kg,

oder in kcal im Koks je 1 kg Rohkohle,

oder in kcal mittlerem unterem Heizwert des kalt zugeführten Heizgases je 1 kg Rohkohle.

Als Koksverbrauch ist der dem Gaserzeuger zugeführte Koks einzusetzen, der Auslesekoks ist entsprechend dem »Nachweis der Gewährleistungen« (II D Unterfeuerung 1e) zu berücksichtigen. Die so ermittelte Gewichtsmenge des verbrannten Kokses ist nach Wasser- und Aschegehalt auf Reinkoks umzurechnen.

Wird die Ofenanlage mit Fremdgas beheizt, so soll der mittlere untere Heizwert für Koksschwachgas 1050 kcal, für Braunkohlenbrikett-Schwachgas 1300 kcal (0° C, 760 mm QS, trocken) nicht unterschreiten. Die Temperatur des kalten Gases soll 35° C nicht überschreiten. Der Staubgehalt, trocken und teerfrei, soll nicht mehr als 0,1 g je m³ betragen.

Ein höherer Wassergehalt über den der Richtkohle berechtigt zu einem Zuschlag von 1000 kcal je 1 kg Wasser, wenn die Unterfeuerung in Gasform am Ofen je kg Rohkohle gewährleistet ist, dieser Zuschlag erhöht sich auf 1300 kcal, wenn die Unterfeuerung auf Reinkoks im Generator sich bezieht. Diese Umrechnung ist nur zulässig bei einem Mehr-Wassergehalt bis zu 2 kg je 100 kg Brennstoff im Vergleich zur Richtkohle.

Für Verwendung von Feinkohle in Großraumöfen können wegen des Einflusses des Wassergehaltes der Kohle auf den Unterfeuerungsaufwand besondere Vereinbarungen getroffen werden.

Die Gewährleistung für die Unterfeuerung darf bis zu 5% des Wertes überschritten werden.

Falls die Gewährleistungen für verschiedene Heizwerte und Gasausbeuten gegeben werden, können entsprechend verschiedene Unterfeuerungszahlen gewährleistet werden.

Wird gleichzeitig Gasausbeute und Unterfeuerung überschritten, so ist für die Erfüllung der Gewährleistung die Unterfeuerung (in kg Reinkoks oder in kcal in Gasform) je 100 m^3 erzeugten Gases maßgebend.

Beschaffenheit des Unterfeuerungskokses.

Es ist anzugeben, ob der Koks kalt oder glühend, wie er anfällt oder aufbereitet (Angabe der Korngröße und Kornabstufung) verwendet wird, und ob er von der jeweils verarbeiteten Kohle stammen soll.

Der Aschegehalt des Unterfeuerungskokses darf beim Abnahmeversuch 15%, berechnet auf Trockenkoks, nicht übersteigen.

Der Wassergehalt des Unterfeuerungskokses darf 15% nicht überschreiten. Die Verdampfungswärme des Wassers wird bei Verwendung in Schwachgaserzeugern nicht angerechnet.

In Einzel-Gaserzeugern ist für jedes kg Wasser im Unterfeuerungskoks ein Unterfeuerungsmehrverbrauch von

$$1000 \text{ kcal} = \frac{1000}{7950} = 0{,}126 = 1/8 \text{ kg Reinkoks zulässig.}$$

Im Falle der Verwendung anderer Brennstoffe als Koks für die Unterfeuerung sind besondere Abmachungen zu treffen, welche den vorstehenden Festsetzungen entsprechen.

D. Dampf für Wassergaserzeugung.

Bei Naßbetrieb sind Menge und Zustand des je kg Rohkohle für Wassergaserzeugung erforderlichen Dampfes zu gewährleisten, für die Erfüllung gelten $\pm$ 5% Toleranz.

Bei Betrieb von Abhitzekesseln sind je kg Reinkohle für Unterfeuerung zu gewährleisten:

Dampfmenge,
Druck und Temperatur des Dampfes.

E. Gewährleistungen für Haltbarkeit.

Es werden gewährleistet als Betriebsdauer der feuerfesten Baustoffe vom Tage des Anheizens an,

a) bei unstetig betriebenen Öfen mit 24stündiger und längerer Garungszeit bis zu 1000 Feuertagen,
b) bei unstetig betriebenen Öfen mit geringerer Garungszeit als 24 Stunden bis zu 1000 Kammerfüllungen,
c) bei stetig betriebenen Öfen bis zu einer Durchsatzleistung des 1000fachen Kammerinhaltes zwischen den Heizzügen mit der Maßgabe, daß die Zahl der gewährleisteten Feuertage 600 nicht unterschreitet.

Längste Gewährleistungsdauer vom Tage der Fertigstellung an beträgt 3 Jahre unter der Voraussetzung, daß das Bauwerk während dieser Zeit keine Schäden erlitten hat, welche zu Lasten des Unternehmers gehen.

Für jedes Außerbetriebsetzen und Wiederanheizen während der Zeit der Gewährleistung, das nicht auf die Bauausführung oder die Beschaffenheit der Baustoffe zurückzuführen, sondern lediglich durch betriebliche Gründe bedingt ist, sind von der Zeit der Gewährleistung

a) bei unstetig betriebenen Öfen mindestens 100 Feuertage bzw. die dieser Zeit entsprechende Zahl der Kammerfüllungen,
b) bei stetig betriebenen Öfen eine Durchsatzleistung der 100fachen Kammerfüllung zwischen den Heizzügen,

für Außerbetriebsetzen und Wiederanheizen zusammen abzuziehen. Eine Unterbrechung des Ofenbetriebes ist als Außerbetriebsetzung anzusehen, sobald die Temperaturen in den Heizzügen unter 700° sinken. Die Meßstellen sind festzulegen.

Alle während dieser Zeit sich zeigenden Mängel, die nachweislich auf schlechte Bauausführung oder mangelhafte Beschaffenheit des Materials zurückzuführen sind, sind kostenlos zu beseitigen. Durch normalen Verschleiß, durch Schlacken und chemische Angriffe verursachte oder durch den Betrieb bedingte Instandsetzungen sind von der Gewährleistung ausgeschlossen. Voraussetzung ist, daß das Anheizen und der Betrieb sachgemäß und nach den gegebenen Vorschriften erfolgt ist, und daß eine vorzeitige Zerstörung nicht auf die Verwendung treibender Kohle zurückzuführen ist.

Bei treibenden oder blähenden Kohlen sind über die Haltbarkeitsgarantie besondere Vereinbarungen zu treffen.

Vom Tage der Inbetriebnahme ab sind zu gewährleisten:

a) für die maschinellen Teile 6 Monate (bei Tag- und Nachtbetrieb 3 Monate),
b) für die elektrischen Teile 6 Monate (bei Tag- und Nachtbetrieb 3 Monate),
c) für die Baulichkeiten 24 Monate.

Diese Zeitangaben entsprechen den »gemeinsamen allgemeinen Lieferbedingungen« des Zentralverbandes der deutschen elektrotechnischen Industrie und des Vereins deutscher Maschinenbauanstalten. Hierbei wird vorausgesetzt, daß sich die Inbetriebnahme unmittelbar an die Fertigstellung anschließt.

F. Maßeinheiten und Benennungen.

Alle Maße sind in gesetzlichen Einheiten auszudrücken. Es sind die Zeichen und Bennenungen zu verwenden, die vom Ausschuß für Einheiten und Formelgrößen (A. E. F.) festgelegt und in DIN 1301 u. ff. enthalten sind.

G. Gesamtwirtschaftlichkeit der Anlage.

Für den Fall, daß eine Wirtschaftlichkeitsberechnung zugrunde gelegt wurde, gelten die Vertragsverpflichtungen als erfüllt, wenn die Gesamtwirtschaftlichkeit der Anlage nicht schlechter ist als die Wirtschaftlichkeit, welche sich bei Erreichung aller Einzel-Gewährleistungen ergeben würde. In der Berechnung sind die beim Angebot zugrunde gelegten Größen zu verwenden und nicht etwa die durch die Änderung der Wirtschaftslage veränderten Werte zur Zeit der Abnahme.

II. Nachweis der Gewährleistungen.

Versuchsdauer: mindestens 3 × 24 Stunden in ununterbrochener Folge im Beharrungszustand der Anlage. Jeder 24stündige Versuch muß für sich abgeschlossen sein.

A. Kohle.

Zu den Versuchen ist gleichbleibende Kohle zu verwenden, tunlichst die den Gewährleistungen zugrunde gelegte Kohle (Richtkohle). Bei Kohlenmischungen sind die Kohlenarten und ihr Mischungsverhältnis festzustellen. Lagerkohle ist nur ausnahmsweise zu verwenden und soll dann nicht länger als 3 Monate gelagert haben.

Die Kohlengewichte sind durchweg durch Wägung in dem Zustande der Kohle festzustellen, in dem diese zur Entgasung gelangt. Schätzungen nach Volumen sind nur bei Zwischenabschlüssen oder nur für geringe Anteile unter 1% der Tagesmenge zulässig. Können in Ausnahmefällen die Bunker nicht täglich entleert werden, so sind die Tagesabschlüsse mit gestrichen vollgefüllten Bunkern vorzunehmen. Die zum Auffüllen benötigte Kohle zählt gewichtsmäßig für den vergangenen Tag, die Kohlenprobe für den Tag, an dem die Kohle, von der sie stammt, durchgesetzt wird. Es ist darauf zu achten, daß zu Beginn und Ende des Versuches Kohle von praktisch gleichem Raumgewicht gefördert wird.

Sämtliche Waagen sind auf richtige Anzeige und auf Ausschlag auf $^1/_{2\,000}$stel des Bruttogewichtes der normalen Belastung zu prüfen. Gleisunterbrechungswaagen und selbsttätige Waagen sind nicht mittels der Sprungzählwerke, sondern in unmittelbarer Wägung mit Laufgewicht zu benutzen. Conveyorwaagen und ähnliche Einrichtungen sind für Versuchszwecke unbrauchbar.

Die Proben werden zur Zeit der Wägung laufend aus der Kohle in dem Zustand entnommen, wie sie gewogen wird. Bei der Probenahme müssen Stück- und Feingehalt dem Durchschnitt entsprechen. Je ungleicher die Kohle und je größer die Anlage, desto größer muß die Probe sein, keinesfalls unter 100 kg je Tag. Können die Proben nicht sofort verarbeitet werden, so sind sie vor Wasserverlust zu schützen.

Das Schüttgewicht wird nach einem vor Vertragsabschluß zu vereinbarenden Verfahren bestimmt[1]).

Bei Bestimmung der groben Feuchtigkeit können, um die Trockenzeit abzukürzen, bei nicht zersetzlichen und nicht stark wasserhaltigen Kohlen die Kohlenproben, statt sie durch Lagerung an der Luft bis zur Gewichtskonstanz zu trocknen, sofort nach der Entnahme durch Diagonalteilung nach bekannter Vorschrift[2]) bis auf einen Rest von etwa 2 kg eingeengt werden. Diese Proben werden dann bei 50° C beschleunigt (15 bis 20 h Trockenzeit) getrocknet und danach etwa 2 h zum Ausgleich mit der Luftfeuchtigkeit bei Außentemperatur ausgebreitet.

Die Kohlenanalyse, die sich auf die ursprüngliche Kohle zu beziehen hat, muß mindestens angeben:

Gesamtwasser (grobe Feuchtigkeit + hygroskopisches Wasser)[3]),
Asche[3]),
Reinkohle,
flüchtige Bestandteile[4]),
Heizwertzahl[5]),
Treibdruck.

B. Gasmenge.

Die Gasmenge ist mit einem Stationsgasmesser zu messen, dessen Nachprüfung nach Vorschrift erforderlich ist[6]). Zur Reduktion der Gasmenge auf 15° C, 760 mm QS, feucht, werden stündlich Barometerstand, Temperatur am Ausgang und Druck am Eingang des Gasmessers vermerkt.

Luftzusatz und Benzolgewinnung sind nach Möglichkeit während der Versuche abzustellen, anderenfalls aber bei der Bewertung zu berücksichtigen.

---

[1]) Vgl. Gas- u. Wasserfach **78**, 107 (1935).
[2]) DIN DVM 3711.
[3]) DIN DVM 3721.
[4]) DIN DVM 3725.
[5]) Methode nach Geipert.
[6]) Journal f. Gasbeleuchtung **55**, 682 (1912); **69**, 240 (1926).

C. Gasbeschaffenheit.

Festzustellen sind der mittlere obere Heizwert[1]), der Kohlendioxydgehalt, der Stickstoffgehalt[2]) und sonst erforderliche Bestimmungen, und zwar nach folgender Weise:

1. Stündlich. Die Feststellung des Heizwertmittels im Verlauf von 24 h geschieht in der Weise, daß man jeweils das Produkt aus der stündlich erzeugten Gasmenge und ihrem Heizwert bildet. Die so erhaltenen Beträge der stündlichen kcal-Erzeugung werden über 24 h zusammengezählt und durch die während dieser Zeit erhaltene Gasmenge geteilt. Ebenso sind in stündlichen Durchschnittsproben der Kohlendioxydgehalt und der Stickstoffgehalt im gereinigten Gas zu bestimmen. Die Summe der sich hieraus ergebenden stündlichen Mengen an unverbrennlichen Bestandteilen im Gas ist durch die Gesamterzeugung zu teilen. Die so erhaltene Zahl ist das Mittel der unverbrennlichen Bestandteile im Gas.

2. 24stündige Durchschnittsprobe.

a) Bei schwankender Gasmenge kann mit Schöpfgasmesser und kleinem Gasbehälter unter geregeltem Druck oder mit einem Aspirator unter geregeltem Druck und mit absenkbarem Ablauf, der vom Gasmesser gesteuert wird, eine Durchschnittsprobe entnommen werden.

b) Bei Erzeugung annähernd konstanter Gasmengen wird die Gasprobe in einem mit Ablaufregler[3]) versehenen Aspirator über 24 h gesammelt, um eine der Zeit verhältnisgleiche Absaugung zu erhalten.

D. Unterfeuerung.

1. Bei Beheizung der Ofenanlage durch Schwachgas aus Einzelgaserzeugern.

a) Der gesamte Unterfeuerungskoks ist in jedem Fall zu wägen. Wird glühender Koks ungewogen verarbeitet, so ist die Koksausbeutebestimmung an täglich mindestens vier Retorten oder Kammern auszuführen, die Ladungen der für die Unterfeuerung verwendeten Retorten sind jedesmal besonders zu wiegen.

b) Die Probenahme des kalten Kokses erfolgt entsprechend der für Kohle. Bei Verarbeitung von Koks verschiedener Körnungen sind die Proben getrennt zu nehmen und getrennt aufzubereiten. Die auf die ursprüngliche Probe zu beziehende Koksanalyse muß mindestens angeben:

Gesamtwasser (grobe Feuchtigkeit + hygroskopisches Wasser),
Asche,
Reinkoks.

[1]) Mittels des Junkers-Kalorimeters.
[2]) Stickstoffbestimmung nach Jäger.
[3]) Beschreibung eines Ablaufreglers, Gas- u. Wasserfach **73**, 810 (1925).

c) Die Gaserzeuger sind bei Versuchsbeginn und ebenso bei den täglichen Versuchsabschlüssen gestochert voll zu füllen.

d) Das Schlacken der Gaserzeuger muß entsprechend dem regelmäßigen Betrieb in gleichen Zeitabschnitten erfolgen.

e) Auslesekoks über 20 mm Korngröße wird vom Unterfeuerungskoks abgezogen oder beim Auffüllen dem Gaserzeuger wieder zugeführt.

2. Beheizung der Ofenanlagen durch Schwachgas aus besonderen Schwachgaserzeugern.

(Siehe Regeln für Schwachgaserzeuger in Band II).

3. Bei Beheizung der Ofenanlage durch Starkgas.

Die Gasmenge ist bei Starkgasbeheizung entweder mit einem Stationsgasmesser oder mittels Staurandes unter Zugrundelegung der neuesten, zuverlässigsten Beiwerte zu bestimmen. Der Heizwert ist wie in II C zu bestimmen.

E. Dampf für Wassergaserzeugung.

Die Dampfmenge kann bei Naßbetrieb durch Dampfmesser oder durch Normblende[1]) ermittelt werden. Druck und Temperatur des Dampfes sind festzustellen.

Für die Untersuchung sind die Bestimmungen der örtlichen Aufsichtsbehörden für Überwachung der Dampfkessel maßgebend.

F. Temperaturzustand der Ofenanlagen.

Die mittlere Ofentemperatur muß bei Versuchsbeginn und Versuchsabschluß praktisch gleich sein.

[1]) DIN 1952.

Sachverzeichnis.

Die erste Zahl vor dem Komma bezeichnet den Teil, die zweite Zahl hinter dem Komma bezeichnet die Seitenzahl.

HANDBUCH DER GASINDUSTRIE

Herausgegeben von **Dr.-Ing. Horst Brückner**
GASINSTITUT · KARLSRUHE

Anlageplan und Mitarbeiter

BAND 1 **Gaserzeugungsöfen.** 584 Seiten, 317 Abb. Gr.-8°. 1938.

1. Grundlagen der Entgasung und Koksbildung .... Dr.-Ing. Horst Brückner
2. Die Kohlen .... Betriebsdirektor Franz Reichard
3. Horizontalkammeröfen .... Prof. Dr. Heinrich Hock
4. Der Schrägkammerofen.................... Dr.-Ing. e. h. Bernh. Ludwig
5. Vertikalöfen .... Dr.-Ing. Fritz Wehrmann
6. Kleinraumöfen .... Obering. Ludwig Rodde
7. Kokskühlung, Koksaufbereitung .... Dr.-Ing. Fritz Wehrmann
8. Regeln für Gewährleistungen und deren Nachweis an Gaserzeugungsöfen

BAND 2 **Generatoren**

1. Generatoren für Luftgas u. Wassergas. Obering. Dipl.-Ing. Werner Rottengatter
2. Doppelgaserzeuger .... Regierungsrat Dr.-Ing. Josef Gwosdz

BAND 3 **Gasreinigung und Nebenproduktengewinnung.** Erscheint im Frühjahr 1939.

1. Gasförderung und Gaskühlung .... Dr.-Ing. Fritz Wehrmann
2. Gasreinigung und Nebenproduktengewinnung
   Oberchemierat Dr. phil. Theodor Payer u. Chemierat Dipl.-Ing. Willi Baum
3. Gastrocknung .... Dr.-Ing. Horst Brückner
4. Gasentgiftung .... Dr.-Ing. Fritz Schuster
5. Abwasserreinigung (Entphenolung) .... Dr.-Ing. Horst Brückner

BAND 4 **Gasspeicherung, Großgasmessung, Gasverteilung**

1. Gasspeicherung .... Dipl.-Ing. Karl Fischer
2. Großgasmessung .... Direktor Dr.-Ing. Wilhelm Schultes
3. Gasverteilung .... Obering. Georg Knobbe

BAND 5 **Untersuchungsmethoden für feste und gasförmige Brennstoffe sowie für Nebenprodukte**

1. Untersuchungsmethoden für Kohle und Koks .... Dr.-Ing. Horst Brückner
2. Gasuntersuchungsmethoden .... Dr.-Ing. Horst Brückner
3. Untersuchungsmethoden für Nebenprodukte und
   Hilfsstoffe .... Dr.-Ing. Horst Brückner

BAND 6 **Technische Gase und deren Eigenschaften.** 363 Seiten, 85 Abb., zahlreiche Tabellen. Gr.-8°. 1937. In Leinen gebunden. RM. 27.50.

1. Gastafeln. Physikalische, thermodynamische und brenntechnische Zahlentafeln für Gase und sonstige Brennstoffe .... Dr.-Ing. Horst Brückner
2. Sonstige technische Gase .... Dr.-Ing. Horst Brückner

BAND 7 **Personen-, Patent- und Sachverzeichnis.**

VERLAG R. OLDENBOURG · MÜNCHEN 1 UND BERLIN

Gasverteilung. Genormtes Stadtgas zwischen Erzeugung und Verbrauch. Herausgegeben von Dr. Wilhelm Bertelsmann und Mag.-Baurat i. R. Ernst Kobbert unter Mitwirkung von Dipl.-Ing. F. Flothow, Dr. H. Chr. Gerdes, Dr. techn. Dipl.-Ing. F. Schuster. 184 Seiten, 50 Abbildungen, 21 Zahlentafeln. Gr.-8⁰. 1935. In Leinen RM. 9.60

Gasbeleuchtung. Taschenbuch für Gasingenieure. Herausgegeben vom Deutschen Verein von Gas- und Wasserfachmännern e. V., Berlin. 93 Seiten, 92 Abb. Din-A 5. 1937. In Leinen RM. 4.50

Tankstellen für Stadtgas und Methan. Von Obering. A. Henke. 35 Seiten, 16 Abbildungen. Gr.-8⁰. 1936. RM. 2.—

Der Zündvorgang in Gasgemischen. Von Dr.-Ing. Georg Jahn. 76 Seiten, 25 Abbildungen, 11 Zahlentafeln. Gr.-8⁰. 1934. RM. 6.—

Reduktionstabelle für Heizwert und Volumen von Gasen. Von Obering. K. Ludwig. 4. Auflage. 16 Seiten. Lex.-8⁰. 1937. RM. 1.30

Einrichtung und Betrieb eines Gaswerkes. Von Direktor Alwin Schäfer unter Mitarbeit von Dipl.-Ing. E. Langthaler. 4., vollständig neubearbeitete Auflage. 819 Seiten, 495 Abbildungen, 6 Tafeln. Gr.-8⁰. 1929. In Leinen RM. 39.60

Auftriebsverhältnisse bei Feuerungen unter besonderer Berücksichtigung der Gasfeuerstätten. Ein Beitrag zur Lösung der Kaminfrage. Von Baurat E. Schumacher. 148 Seiten, 80 Abbildungen, 1 Tafel. Gr.-8⁰. 1929. RM. 9.—

Schornstein-Handbuch. Von Dr. Ernst Schumacher
Band I: Die theoretischen Grundlagen. 141 Seiten, 38 Abbildungen. 8⁰. 1936. RM. 6.—, Lw. RM. 7.—

Großraumwirtschaft in der deutschen Gasversorgung. Von Dr.-Ing. Lüder Segelken. 147 Seiten, 51 Abbildungen. Gr.-8⁰. 1937. RM. 9.—

Kochen mit Elektrizität oder Gas. Von Dr. Rudolf Tautenhahn. 114 Seiten, 31 Abbildungen. Gr.-8⁰. 1933. RM. 6.—

Kostenrechnung und Tarifgestaltung in der Gasversorgung. Eine energiewirtschaftliche Studie. Von Dr.-Ing. Hans Vogt. 123 Seiten, 21 Abbildungen, 17 Zahlentafeln. Gr.-8⁰. 1938. RM. 6.—

Technische Vorschriften und Richtlinien für die Einrichtung von Niederdruckgasanlagen in Gebäuden und Grundstücken. DVGW-TVR Gas 1938. 54 Seiten, 13 Abbildungen. Din-A 5. 1938. Brosch. RM. 1.20, in Leinen RM. 1.80

Regler für Druck und Menge. Von Guido Wünsch. 215 Seiten, 190 Abbildungen. 8⁰. 1930. RM. 9.90, geb. RM. 11.70

GWF Das Gas- und Wasserfach. 81. Jahrgang 1938. Erscheint wöchentlich. Bezugspreis vierteljährlich RM. 7.50

www.ingramcontent.com/pod-product-compliance
Lightning Source LLC
LaVergne TN
LVHW080748300926
849162LV00008BA/1775